高 等 学 校 教 材

先进制造技术

主　编：盛晓敏　邓朝晖

副主编：杨旭静　陈根余

参　编：叶久新　陈芳祖　卢远志　吴耀

主　审：李敏贤

副主审：张松滨　卢楚鎏

机械工业出版社

本书共分五章，分别是：先进制造技术的发展及体系结构、现代设计技术、先进制造工艺技术、制造自动化技术、先进制造生产模式。系统地阐述了先进制造技术的内涵、体系结构及技术发展趋势。从现代设计、机械加工、制造成形与改性、制造自动化系统管理及技术集成等方面，全面介绍先进制造技术的基本内容和最新技术，并突出介绍了国民经济急需的优先发展技术和关键技术。

本书对满足新世纪制造技术向系统化、集成化发展的需要，培养复合型人才、制造工程专家、企业家等战略型人才具有一定的指导意义。

本书可供高等院校机械工程、工业工程、管理工程以及与制造有关的理工科专业作为本科生或研究生专业课教材，也可作为制造行业工程技术人员、管理人员和决策人员的参考读物。

图书在版编目（CIP）数据

先进制造技术/盛晓敏，邓朝晖主编．—北京：机械工业出版社，2000.9（2025.1重印）
高等学校教材
ISBN 978-7-111-08198-2

Ⅰ.先… Ⅱ.①盛… ②邓… Ⅲ.机械制造工艺学-高等学校-教材 Ⅳ.TH16

中国版本图书馆 CIP 数据核字（2000）第 66451 号

机械工业出版社(北京市百万庄大街22号　邮政编码100037)
责任编辑：商红云
封面设计：李雨桥　　　责任印制：常天培
固安县铭成印刷有限公司印刷
2025年1月第1版第22次印刷
184mm×260mm・22.75印张・562千字
标准书号：ISBN 978-7-111-08198-2
定价：59.80元

电话服务　　　　　　网络服务
客服电话：010-88361066　机　工　官　网：www.cmpbook.com
　　　　　010-88379833　机　工　官　博：weibo.com/cmp1952
　　　　　010-68326294　金　　书　　网：www.golden-book.com
封底无防伪标均为盗版　机工教育服务网：www.cmpedu.com

序

在已经过去的世纪里，工业发生了根本性变化，科技进步对工业发展产生了前所未有的强大推动力。知识作为财富的最重要源泉比历史上任何时候表现得更为突出，在工业发达国家里，技术进步对经济增长的贡献率已超过 60%。

一个崭新的 21 世纪已经到来，随着全球经济一体化进程的加快和中国加入世界贸易组织，我国工业发展既受到越来越大的竞争压力和严峻挑战，同时也得到难得的发展机会。

在 21 世纪，制造业仍然是影响国民经济发展、提高人民生活水平的主要产业。

先进制造技术是集机械、电子、信息、材料、能源和管理等各项先进技术而发展起来的高新技术，它是发展国民经济的重要基础技术之一。先进制造技术也是改造传统产业的有力武器。先进制造技术的发展与产业化，将对国民经济的发展产生越来越大的影响。

在我国，发展先进制造技术已引起了各方面的关注。自 1995 年在北京召开先进制造技术发展战略研讨会之后，我国先进制造技术获得了较快的发展。在"九五"期间，从基础研究、应用开发、推广、示范直到产业化，都获得了丰硕成果。但与我国国民经济发展需要相比，与工业发达国家实际水平相比，还存在着阶段性差距。因而在高等院校设置有关先进制造技术课程，是一项具有战略意义的重要措施。

《先进制造技术》一书是湖南大学一批中青年教师，积多年教学经验及科研成果，查询了大量国内外资料，经消化吸收后，编著而成。该书较好地反映了国际、国内有关先进制造技术的新发展和新成果，是一本内容新颖、信息量大、系统性强的教科书。我深信本书的出版，必将对培养新一代制造人才，推动先进制造技术发展起重要作用。

孙大涌

中国科学技术协会副主席

原机械工业部机械科学研究院院长

2000 年 2 月 1 日于北京

前 言

当我们步入 21 世纪之际，以电子技术、信息技术、自动化技术、人工智能技术和新材料技术为核心的新一代技术的迅速发展和在制造领域广泛渗透和应用，使制造业的面貌发生了翻天覆地的变化。面对全球技术、经济、市场变革的挑战和机遇，技术、经济竞争将成为世界各国竞争的焦点和社会发展的主要动力，对于制造业来说，竞争的核心将是新产品和制造技术的竞争。

为适应新世纪技术和经济竞争的需要，我们以现代制造技术的前沿性、综合性、交叉性和适用性为原则，组织力量编写了《先进制造技术》这本书。编写中，力争在选材上注重国内外新成果、新技术的采用，对我国制造业优先发展的关键技术作重点介绍，注重学科之间的交叉融合，较系统地阐明先进制造技术的各项关键技术的内涵、特征、技术发展前沿和关键技术等。

本书对满足新世纪制造技术向系统化、集成化发展的需要，培养复合型人才、制造工程专家、企业家等战略型人才具有一定的指导意义。

本书可供高等院校机械工程、工业工程、管理工程以及与制造有关的理工科专业作为本科生或研究生专业课教材，同时，也可作为制造行业工程技术人员、管理人员和决策人员的参考读物。

本书共分 5 章，第 1 章由湖南大学盛晓敏编写，第 2 章由湖南大学杨旭静编写，第 3 章由湖南大学邓朝晖、陈根余等编写，其中，3.1，3.7～3.10，3.12 节由邓朝晖编写，3.2～3.6 及 3.11 节由陈根余、叶久新、陈芳祖、卢远志编写；第 4 章由湖南大学邓朝晖编写，第 5 章由湖南大学盛晓敏编写，吴耀参加编写。全书由盛晓敏统稿。

本书由机械科学研究院李敏贤教授级高级工程师、张松滨教授级高级工程师、北京机械工业自动化研究所卢楚鋆教授级高级工程师审阅。中国科协副主席、原机械工业部机械科学研究院院长孙大涌教授在百忙之中给本书作了序言。编者在此谨表谢意。

由于本书知识面广，错误和不当之处在所难免，殷切希望广大师生及广大读者提出宝贵意见。

编者

1999.12

目 录

序
前言
第1章 先进制造技术的发展及体系结构 ··· 1
1.1 知识经济条件下制造业的发展 ··· 1
1.1.1 制造系统的定义和内涵 ··· 1
1.1.2 知识经济条件下的制造业 ··· 1
1.2 制造业的变革及挑战 ··· 2
1.2.1 知识经济条件下以社会、市场、环境和资源为背景的制造业 ··· 3
1.2.2 知识经济条件下以社会、市场、环境和资源为背景的制造技术 ··· 3
1.2.3 21世纪对制造业的挑战 ··· 4
1.3 先进制造技术的提出及工业化国家制造业的发展战略 ··· 6
1.3.1 先进制造技术的提出 ··· 6
1.3.2 美国制造业领先地位的动摇以及新的竞争策略 ··· 6
1.3.3 日本制造业的茁壮兴起 ··· 8
1.3.4 西欧制造业寻找与美日抗衡的途径 ··· 8
1.3.5 先进制造技术在我国的进展 ··· 9
1.4 先进制造技术的内涵、技术构成及特点 ··· 10
1.4.1 先进制造技术的定义 ··· 10
1.4.2 先进制造技术的内涵及技术构成 ··· 11
1.4.3 先进制造技术的特点 ··· 12
1.5 先进制造技术的体系结构及分类 ··· 13
1.5.1 先进制造技术的体系结构 ··· 13
1.5.2 先进制造技术的分类 ··· 13
1.6 先进制造技术发展趋势 ··· 15
1.6.1 企业生产方式面临重大变革 ··· 15
1.6.2 绿色制造将成为21世纪制造业的重要特征 ··· 15
1.6.3 设计技术不断现代化 ··· 16
1.6.4 成形制造技术向精密成形或净成形的方向发展 ··· 16
1.6.5 加工制造技术向着超精密、超高速以及发展新一代制造装备的方向发展 ··· 16
1.6.6 新型加工方法以及复合工艺不断发展 ··· 17
1.6.7 应用快速原型制造技术的快速制造技术得到快速发展和应用 ··· 17
1.6.8 虚拟技术将广泛应用 ··· 17
1.6.9 工艺模拟技术得到迅速发展 ··· 17
1.6.10 技术创新将成为21世纪企业竞争的焦点 ··· 18
1.7 先进制造技术的技术前沿 ··· 18

参考文献 ··· 21
第 2 章　现代设计技术 ··· 23
　2.1　现代设计技术概述 ··· 23
　　2.1.1　概述 ·· 23
　　2.1.2　现代设计技术的发展趋势与未来 ··· 24
　2.2　优良性能设计基础技术 ·· 29
　　2.2.1　可靠性设计（Reliability Design） ··· 29
　　2.2.2　系统动态设计（Dynamic Design） ··· 37
　　2.2.3　摩擦学设计（Tribology Design） ·· 41
　　2.2.4　优化设计（Optimal Design） ·· 46
　2.3　竞争优势创建技术 ··· 51
　　2.3.1　创新设计技术 ··· 51
　　2.3.2　快速响应设计技术 ·· 55
　　2.3.3　智能设计技术 ··· 59
　　2.3.4　仿真与虚拟设计（Simulation and Virtual Design）技术 ································ 63
　　2.3.5　工业设计技术 ··· 66
　2.4　全寿命周期设计技术 ·· 68
　　2.4.1　概述 ·· 68
　　2.4.2　全寿命周期设计技术 ·· 68
　　2.4.3　并行设计技术 ··· 70
　　2.4.4　面向制造的设计技术 ·· 74
　2.5　绿色产品设计技术 ··· 77
　　2.5.1　绿色产品的定义及内涵 ·· 78
　　2.5.2　可持续发展的概念及内涵 ··· 78
　　2.5.3　绿色产品设计的主要内容及评价标准 ··· 79
　　2.5.4　绿色产品设计特点 ·· 80
　　2.5.5　绿色产品设计的关键技术 ··· 82
　2.6　现代设计技术特点 ··· 87
　　参考文献 ··· 88
第 3 章　先进制造工艺技术 ··· 90
　3.1　先进制造工艺技术概述 ·· 90
　　3.1.1　先进制造工艺技术的定义、内涵及技术地位 ··· 90
　　3.1.2　先进制造工艺技术发展现状 ··· 91
　　3.1.3　先进制造工艺技术发展趋势 ··· 94
　3.2　精密洁净铸造工艺 ··· 95
　　3.2.1　近代化学硬化砂铸造工艺 ··· 95
　　3.2.2　高效金属型铸造工艺及设备 ··· 98
　　3.2.3　消失模（气化模）铸造技术 ··· 103
　3.3　精确高效金属塑性成形工艺 ·· 106

		3.3.1 概述 …… 106

- 3.3.1 概述 …… 106
- 3.3.2 超塑和等温成形工艺 …… 106
- 3.3.3 辊锻和楔横轧技术 …… 112
- 3.3.4 粉末成形工艺 …… 116

3.4 优质高效焊接及切割技术 …… 119
- 3.4.1 精密焊接 …… 119
- 3.4.2 特殊环境下焊接成形技术 …… 123
- 3.4.3 现代切割技术 …… 124
- 3.4.4 焊接机器人 …… 129

3.5 优质低耗洁净热处理技术 …… 130
- 3.5.1 真空热处理 …… 131
- 3.5.2 离子热处理 …… 133
- 3.5.3 激光表面合金化 …… 135
- 3.5.4 热处理工艺专家系统与性能预报 …… 136

3.6 优质清洁表面工程技术 …… 138
- 3.6.1 表面改性技术 …… 139
- 3.6.2 表面覆层技术 …… 147
- 3.6.3 复合表面技术 …… 152

3.7 超高速加工技术 …… 155
- 3.7.1 概述 …… 155
- 3.7.2 超高速切削、磨削机理 …… 159
- 3.7.3 超高速主轴单元制造技术 …… 161
- 3.7.4 超高速加工进给单元制造技术 …… 162
- 3.7.5 超高速加工用刀具、磨具 …… 163
- 3.7.6 超高速加工机床支承及辅助单元制造技术 …… 164
- 3.7.7 超高速加工测试技术 …… 165

3.8 超精密加工技术 …… 166
- 3.8.1 概述 …… 166
- 3.8.2 超精密切削加工 …… 170
- 3.8.3 超精密磨削和磨料加工 …… 171
- 3.8.4 超精密特种加工 …… 175
- 3.8.5 超精密加工装备 …… 176

3.9 微型机械加工技术 …… 177
- 3.9.1 概述 …… 177
- 3.9.2 微型机械加工技术的关键技术 …… 180
- 3.9.3 微型机械的微细加工工艺 …… 181
- 3.9.4 微型机械加工技术的相关技术 …… 186

3.10 非传统加工技术 …… 189
- 3.10.1 概述 …… 189

		3.10.2	电火花加工	195
		3.10.3	高能束加工	197
		3.10.4	复合加工	201
		3.10.5	虚拟轴机床及其相关技术	203
	3.11	快速原型制造技术		208
		3.11.1	快速原型制造技术内涵、范围及技术地位	208
		3.11.2	快速原型制造技术的国内外技术进展	211
		3.11.3	基于RPM快速制造模具技术	215
		3.11.4	快速制造金属原型零件	216
	3.12	虚拟成形与加工技术		219
		3.12.1	概述	219
		3.12.2	板料冲压过程的计算机仿真技术	220
		3.12.3	材料热加工虚拟制造成形	223
		3.12.4	机械加工的虚拟技术	226
		3.12.5	机械产品的虚拟装配技术	227
	参考文献			228

第4章 制造自动化技术 ... 231

	4.1	制造自动化技术概述		231
		4.1.1	制造自动化技术的定义、内涵及技术地位	231
		4.1.2	制造自动化技术的发展历程及现状	232
		4.1.3	制造自动化技术的发展趋势	237
		4.1.4	制造自动化技术的关键技术	238
	4.2	数控技术		242
		4.2.1	数控技术概况	242
		4.2.2	数控技术的发展	245
		4.2.3	计算机数字控制（CNC）系统	249
		4.2.4	数控加工编程技术	255
		4.2.5	非圆截面零件数控车削技术	258
	4.3	工业机器人		259
		4.3.1	工业机器人定义、组成、分类、运动轴系、自由度和技术地位	259
		4.3.2	机器人技术的发展	263
		4.3.3	工业机器人驱动与控制系统	267
		4.3.4	机器人软件	273
		4.3.5	机器人智能技术	275
		4.3.6	工业机器人的应用	277
	4.4	柔性制造技术和智能制造技术		279
		4.4.1	柔性制造技术概述	279
		4.4.2	智能制造技术概述	281

    4.4.3 柔性制造系统的组成和工作原理 … 283
    4.4.4 柔性制造系统（FMS）的控制 … 286
    4.4.5 分布式网络化 IMS 原型系统 … 289
  4.5 自动化制造系统中的检测与监控技术 … 291
    4.5.1 概述 … 291
    4.5.2 传感技术 … 292
    4.5.3 检测与监控技术基础 … 294
    4.5.4 自动化制造系统中主要信号检测方法 … 295
    4.5.5 自动化制造系统中监控技术 … 298
    4.5.6 基于神经网络的机械加工信息融合 … 300
    4.5.7 基于计算机网络的远程加工工况信息集成技术 … 303
  参考文献 … 305
第 5 章 先进制造生产模式 … 306
  5.1 制造业生产模式的演变及产生背景 … 306
    5.1.1 制造业生产模式的演变 … 306
    5.1.2 制造业生产模式产生的背景 … 308
  5.2 先进制造生产模式创立基点及战略目标 … 308
    5.2.1 先进制造生产模式的创立基点 … 308
    5.2.2 制造系统的工程属性和经济属性 … 309
    5.2.3 运营目标对制造系统的功能要求 … 310
    5.2.4 先进生产模式的战略目标 … 310
  5.3 先进制造生产模式的管理 … 311
    5.3.1 组织创新 … 311
    5.3.2 集成经营 … 314
    5.3.3 新的质量保证体系 … 314
    5.3.4 重组工程 … 315
    5.3.5 以人为本 … 315
    5.3.6 人机分工，人机匹配 … 316
    5.3.7 用分工协作代替全能 … 316
    5.3.8 用并行或交叉作业代替串行作业 … 317
  5.4 先进制造生产模式 … 317
    5.4.1 敏捷制造 AM（Agile Manufacturing） … 317
    5.4.2 精益生产 LP（Lean Production） … 321
    5.4.3 并行工程 CE（Concurrent Engineering） … 323
    5.4.4 智能制造系统 IMS（Intelligent Manufacturing System） … 328
    5.4.5 全能制造系统 HMS（Holoson Manufacturing System） … 331
    5.4.6 绿色制造 GM（Green Manufacturing） … 332
  5.5 管理综合自动化技术 … 337
    5.5.1 计算机集成制造系统 CIMS（Computer Intergrated Manufacturing System） … 338

5.5.2 企业资源计划 ERP（Enterprise Resource Planning）以及智能资源计划 IRP
（Intelligent Resource Planning） ………………………………………………… 342
5.5.3 虚拟制造 VM（Virtual Manufacturing） ……………………………………… 345
5.5.4 分散化网络制造系统 DNPS（Dispersed Networked Production System）……… 348
参考文献 ……………………………………………………………………………………… 351

第 1 章 先进制造技术的发展及体系结构

摘要 本章阐述了在知识经济条件下,制造业及先进制造技术的重要地位,制造业在社会市场环境、资源和技术背景下的变革及挑战,综述了工业化国家制造业的发展战略及我国先进制造技术的发展,论述了先进制造技术的内涵、特点、体系结构及分类,提出了先进制造技术前沿及发展趋势,指出我国先进制造技术的优先发展方向。

1.1 知识经济条件下制造业的发展

1.1.1 制造系统的定义和内涵

制造业是将制造资源(物料、能源、设备、工具、资金、技术、信息和人力等),通过制造过程,转化为可供人们使用与利用的工业品与生活消费品的行业。它涉及到国民经济的许多部门,是国民经济和综合国力的支柱产业。制造系统是制造业的基本组成实体。

制造过程及其所涉及的硬件、软件和人员组成的一个将制造资源转变为产品(含半成品)的有机整体,称为制造系统。制造系统还有以下三方面的定义:

(1) 制造系统的结构定义。制造系统是制造过程所涉及的硬件(物料、设备、工具和能源等)、软件(包括制造理论、制造工艺和制造信息等)和人员所组成的一个具有特定功能的有机整体。

(2) 制造系统的功能定义。制造系统是一个输入制造资源(原材料、能源等),通过制造过程输出产品或半成品的输入输出系统。

(3) 制造系统的过程定义。制造系统可看成是制造生产的运行过程,包括市场分析、产品设计、工艺规划、制造装配、检验出厂、产品销售及售后服务等各个环节的制造全过程。

制造技术是完成制造活动所需的一切手段的总和。

1.1.2 知识经济条件下的制造业

目前,全球经济正处于一个根本性的变革时期,人类社会正在由工业经济时代步入知识经济时代,在以高技术为主要产业支柱,以智力资源为主要依托的知识经济条件下,高科技的知识经济促使制造业发生了革命性的变化。

与农业经济、工业经济不同,知识经济是以知识为基础的经济,它直接依赖于知识和信息的生产、扩散和应用。知识经济是工业化演进的必然结果,是一种比工业经济更高级的经济形态。在工业经济时代,生产要素主要是资本和劳动力;而在知识经济时代,知识、资本、劳动力成为生产要素的共同组成,而且知识在其中起核心作用。知识被认为是提高生产率和实现经济增长的驱动器。

发展高科技是促进知识经济发展的重要途径。高科技的发展包括三个方面：① 开发研究高科技；② 发展高科技产业；③ 对传统产业全面改造以实现高科技化。高科技的发展与传统产业的改造、升级是密切联系、互相促进的两个方面，一方面高科技的引入有利于传统产业的创新设计；另一方面，传统产业的技术进步为高科技产业的发展提供了广阔的市场。

知识经济对制造工业的影响表现在对产品和消费观念的改变，产品设计和制造过程的数字化和智能化，以及经营和制造活动的全球化等。

在知识经济条件下，制造技术正在发生质的飞跃。

制造技术已成为一个涵盖整个生产过程、跨多个学科、高度集成的高新技术。同时，支撑制造技术的电子、光学、信息科学、材料科学、生物科学、激光及管理科学等也逐步成为制造业的新兴技术与新兴工业的综合体。

在知识经济条件下，制造业是参与市场竞争的主体。

按照世界经济发展规律，国际上越来越多的人们已开始认识到一个没有工业基础和制造业的城市是没有根基的城市。制造业能极大地推动金融、贸易、保险、房地产和服务业的发展。没有制造业作为基础，无论哪一个产业都将失去存在和发展的条件。例如已经成为美国中部金融服务中心的芝加哥，该市政府为鼓励产业结构调整，提供了许多优惠政策，扶植附加值高、能耗低和无公害的制造业。

在知识经济条件下，制造业始终是国民经济的支柱产业。

制造业是国民经济的基础，它创造了人类社会财富的 60%～80%。但在全球出现许多新兴工业的 20 世纪 80 年代，制造业曾被人们忽视。为此，美国制造工程师学会于 1993 年撰文呼吁全社会"重新发现制造业"，并用最简单的数字告诉美国人民：美国 1992 年的国民经济总产值和经济活动的一大半来源于制造业！这使许多美国人感到震惊。因为长期以来不了解这样一个简单的事实，美国人民在整个 20 世纪能达到如此高的生活水准完全归功于先进的制造业。

1.2 制造业的变革及挑战

制造技术的发展是由社会、政治、经济等多方面因素决定的。纵观近两百年制造业的发展历程，影响其发展最主要的因素是技术的推动及市场的牵引。人类科学技术的每次革命，必然引起制造技术的不断发展，也推动了制造业的发展。另一方面，随着人类的不断进步，人类的需求不断产生变化，因而从另一方面推动了制造业的不断发展，促进了制造技术的不断进步。

两百年来，在市场需求不断变化的驱动下，制造业的生产规模沿着"小批量 → 少品种大批量 → 多品种变批量"的方向发展；在科技高速发展的推动下，制造业的资源配置沿着"劳动密集 → 设备密集 → 信息密集 → 知识密集"的方向发展，与之相适应，制造技术的生产方式沿着"手工 → 机械化 → 单机自动化 → 刚性流水自动化 → 柔性自动化 → 智能自动化"的方向发展。

1.2.1 知识经济条件下以社会、市场、环境和资源为背景的制造业

传统的制造业是建立在规模经济的基础上，靠企业规模、生产批量、产品结构和重复性来获得竞争优势的，它强调资源的有效利用，以低成本获得高质量和高效率。其生产赢利是靠机器取代人力、复杂的专业加工取代人的技能来获取的。在此条件下，机器的非柔性、要求标准的产品设计以获得高产出，但却难以满足市场对产品花色品种和交货期的要求，为此工业经济时代对传统制造业也提出了严峻的挑战。

世纪之交，国际关系多极化、消费多样化、经济全球化和贸易自由化、科学技术进步和信息社会的到来以及国际社会对人类赖以生存的资源和环境的高度重视，都促使世界各国更加重视制造业的社会地位和作用，重新审视其生产方式，对制造的发展提出了更高的要求和制约条件。在知识经济时代，制造业面临着新的历史性发展机遇和更加严峻的挑战。其特点是：

1. 产品生命周期缩短

现代科技以日新月异的速度发展，新产品层出不穷。产品的生命周期（一个产品从开发设计到被市场淘汰所经历的时间）大大缩短。

2. 用户需求多样化

用户追求多样化和个性化已逐渐成为世界的潮流。

3. 大市场和大竞争

世界市场的开放程度越来越大。随着计算机通信技术的迅速发展和信息高速公路的建立，使得全球集成制造有实现的可能。这样可以使资源得以更充分的利用，原料和产品的运输距离得以更显著的缩短，交货期也能得到进一步缩短，产业分工的国际化已成为发展潮流。

4. 交货期成为竞争的第一要素

根据客户对产品需求的变化，要求迅速作出反应，已经成为压倒一切的竞争要素。

5. 信息化和智能化

计算机技术的深入和广泛的应用，使企业的控制进一步信息化和智能化，使企业的工作内容、对象和方法发生了根本的改变。

6. 人的知识、素质和需求的变化

企业职工的知识、素质有较大提高，对工作内容和环境有更高要求。

7. 环境保护意识的增强与可持续发展

人类发展与环境的矛盾日益加深和尖锐。作为人类经济活动反思的重大成果之一，国际社会于1992年确立了《21世纪议程》，一致提出要遵循可持续发展模式。

1.2.2 知识经济条件下以社会、市场、环境和资源为背景的制造技术

20世纪末，以微电子、信息、新材料、系统科学等为代表的新一代工程科学与技术的迅猛发展及其在控制领域中的广泛渗透、应用和衍生，极大地拓展了制造活动的深度和广度，急剧地改变了现代制造业的设计方法、产品结构、生产方式、生产工艺和设备以及生

产组织结构，产生一大批新的制造技术和制造模式。现代制造业已成为发展速度快、技术创新能力强、技术密集甚至是知识密集的部门。许多产品的技术含量和附加值增大，进入了高技术产品的行列。制造技术给制造业带来了重大变革，其主要特点是：

1. 常规制造工艺的优化

常规工艺优化的方向是高效化、精密化、清洁化、强韧化，以形成优质高效、低耗、少无污染的制造技术为主要目标，在保持原有工艺原理不变的前提下，通过改善工艺条件、优化工艺参数来实现。由于常规工艺至今仍是量大面广、经济适用的技术，因此对其进行优化有很大的技术经济意义。

2. 新型（非常规）加工方法的发展

由于产品更新换代的要求，常规工艺在某些方面（场合）已不能满足要求，同时高新技术的发展及其产业化的要求，使新型（非常规）加工方法的发展成为必然。新能源（或能源载体）的引入，新型材料的应用，产品特殊功能的要求等都促进了新型加工方法的形成与发展，如激光加工技术、电磁加工技术、超塑加工技术及复合加工技术等。

3. 专业、学科间的界限逐渐淡化、消失

在制造技术内部，冷热加工之间，加工过程、检测过程、物流过程、装配过程以及设计、材料应用、加工制造之间，其界限均逐渐淡化，逐步走向一体化。

4. 工艺设计由经验走向定量分析

应用计算机技术和模拟技术来确定工艺规范，优化工艺方案，预测加工过程中可能产生的缺陷及防止措施，控制和保证加工件的质量，使工艺设计由经验判断走向定量分析，加工工艺由技艺发展为工程科学。

5. 信息技术、管理技术与工艺技术紧密结合

微电子、计算机、自动化技术与传统工艺及设备相结合，形成多项制造自动化单元技术，经局部或系统集成后，形成了从单元技术到复合技术，从刚性到柔性，从简单到复杂等不同档次的自动化制造技术系统，使传统工艺产生显著、本质的变化，极大地提高了生产效率及产品的质量。

管理技术与制造工艺进一步结合，要求在采用先进工艺方法的同时，不断调整组织结构和管理模式，探索新型生产组织方式，以提高先进工艺方法的使用效果，提高企业的竞争力。

1.2.3 21世纪对制造业的挑战

人类进入21世纪后，社会与政治环境、市场需求、技术创新预示着制造业将发生巨大变化。美国国家科学研究委员会工程技术委员会、制造与工程设计院"制造业挑战展望委员会"对2020年制造业所面临的形势，提出了六大挑战（或基本目标）。

1. 快速响应市场能力的挑战——全部制造环节并行实现

并行制造将显著缩短产品从概念到实现的时间。在合作企业中，各外围企业不同区段的核心能力和知识将动态组合，通过精确的估算、优化以及对产品成本利润的跟踪，将大大减小投资风险。并行制造将使人们组织各层次研究、开发、生产的方式发生革命性的变化。

并行制造是一个重大的挑战，不仅在通信和数据处理方面需要重要的新技术，而且需要制造企业有新的社会与文化氛围。这对于全球性的、多学科的、多文化的、高度瞬态变化的组织尤为重要。

2. 打破传统经营面临的组织、地域及时间壁垒的挑战——技术资源的集成

制造者面对全球竞争将承受巨大的竞争压力。为此企业必须具有敏捷性，以保持对时间和技术的控制，把时间和技术视为对生产率的挑战，不管制造企业是合作企业的一部分，还是网络的一部分，他们都必须是小型的、柔性的。具备有强大竞争力的制造企业将需要集成系统和自动运转的功能。

有五个主要的因素促使技术资源的集成：

（1）为满足市场需求，企业必须快速响应那些具有很高期望和多种选择的顾客。

（2）快速响应环境要求在组织的各个层次上进行高效的通信，特别是与顾客、供应者和合作者的通信。

（3）新技术的快速吸收要求整个企业具有快速的学习能力。

（4）频繁的生产要素重构要求企业采用系统方法。

（5）成功企业要求工人具有自我激励精神和在制造与经营过程中的主人翁意识。

3. 信息时代的挑战——信息向知识的转变

制造业已基本上依赖于信息技术，未来这种依赖的趋势将更趋强烈，包括信息的收集、贮存、分析、发布和应用。如果计算机和信息技术（硬件和软件）保持目前的指数增长速率，到 2020 年将能满足制造业的需求。主要的两个挑战是：① "及时"捕获、贮存数据和信息，并将其转化为有用的知识；②在任何地点、任何时间需要时，用户能用熟悉的语言和格式"及时"得到该有用的知识。从各种资源中，将信息及时地转变为有用的知识并作出有效决策是 21 世纪的重大挑战。

4. 日益增长的环保压力的挑战——可持续发展

2020 年世界人口将从今天的 56 亿增至 80 亿。随着人口的增长以及目前技术的不断开发，全球生态系统将受到严重的制约。这一挑战是把生产废弃物及产品对环境的影响减少到"接近于零"。开发不影响环境的、成本低且有竞争力的产品和工艺，尽可能利用回收材料作原料，在能源、材料或人才资源各方面不造成大的浪费。

5. 制造全球化和贸易自由化的挑战——可重组工程

随着世界自由贸易体制的进一步完善及全球通信网络的建立，国际经济技术合作交往日趋紧密，全球产业界进入了结构大调整的重要时期，世界正在形成一个统一的大市场，在全球范围内基于柔性、临时合作模式的格局正在逐步形成。

6. 技术创新的挑战——全新制造工艺及产品的开发

这一挑战采用制造单元工艺这一全新的概念，它将导致生产能力的急剧变化。由于设计和制造的产品的尺寸愈来愈小（最终可达分子级和原子级的水平），制造工艺可能取得巨大的进步。

2020 年，技术创新的单元将在以下诸方面具有新的巨大的能力：

（1）多单元工艺技术集成为单一工艺将显著减少投资、检验时间、搬运和加工时间。

（2）全部可编程的、不需要硬工装的工艺将使产品的制造迅速转产成为可能。

(3) 自我导引工艺的创建将简化工装和编程的要求，并提供更大的加工柔性。

(4) 对分子或原子级的处理将导致新材料的产生，取消分散件联接与装配操作，允许在一个零件中材料成分产生变化。

这些创新工艺的发展能够制造出新的产品，例如由分子级的元器件组成的生物计算机，能在分子或细胞级上进行手术的、只有分子大小的外科工具，高效且便宜的太阳能收集器。

1.3 先进制造技术的提出及工业化国家制造业的发展战略

1.3.1 先进制造技术的提出

进入 80 年代以来，各国制造业面临复杂多变的外部环境：科学技术突飞猛进，供求关系变化频繁，产品更新日新月异，各国经济与国际市场纵横交错，竞争对手林立等等。因此，当局和企业界都在寻求对策，以获取全球范围内竞争优势。传统的制造技术已变得越来越不适应当今快速变化的环境，先进的制造技术，尤其是计算机技术和信息技术在制造业中的广泛应用，使人们正在或已经摆脱传统观念的束缚，跨入制造业的新纪元。

先进制造技术 AMT（Advanced Manufacturing Technology）就是在这种大环境下，美国根据本国制造业的挑战与机遇，对制造业存在的问题进行了深刻反省，为了加强其制造业的竞争能力和促进国民经济增长而提出来的。从技术的角度来看，以计算机为中心的新一代信息技术的发展，使制造业技术达到了从未有过的新高度，先进制造技术的提出也是这种进程的反映。

"先进制造技术"这个专有名词一经提出，立即获得欧洲各国、日本及亚洲新兴工业化国家的响应。

1.3.2 美国制造业领先地位的动摇以及新的竞争策略

美国的经济领导地位，无论在国内或国外，都面临着强烈挑战。当美国对此挑战还未作出相应的反应时，其国际市场上的竞争能力便已受到侵蚀。即使像高技术方面原来遥遥领先的地位也正在丧失。特别是制造业，它是美国经济的主要支柱，因为美国财富的 68% 来源于制造业。但近 20 年里，其领先地位已被动摇。除民用飞机和化学制品等少数产品的产值还基本维持不变外，美国的汽车、机床、纺织品、民用电子、钢材等均为负增长，其中汽车产量下降幅度最大。造成这种状况的根本原因，就在于美国对制造业未予足够重视，以致制造技术恶化、生产设备陈旧、管理落后。

自从数控机床出现以来，计算机和通信技术在过去 20 多年内一直参与全球的市场和竞争，美国的独立经济体制已被全球相互依存的现实所取代。70 年代，美国政府和工业界开始感受到全球竞争的压力；政府采用工资和物价控制等政策以抑制通货膨胀并未收到实效，造成经济上的无规律，使先前受保护的工业和市场陷入更激烈的竞争之中；各公司不再像过去那样能轻易地将产品制造过程中增长的成本转嫁给用户。当问题增多时，速决的作法已证明无效,不得不把更多的注意力集中到了制造业。

美国通过大量研究报告为美国制造业的发展勾画蓝图。国家自然科学院和工程科学院、白宫科技政策办公室、国防部、商业部以及其他政府部门,都着手对制造业进行调查,以评估目前和近期有多大能力对付可能面临的竞争。国会也参与有关美国企业竞争危机的讨论,并通过立法,促进制造业和制造技术的发展和进步:

- 国会设立了"国家研究委员会"(NRC),其中包括制造专委会,为政府制定发展战略和提供资助。
- 政府提出了"新的制造工程研究规划",为制造研究专拨了经费,资助在制造研究与开发关键技术方面取得新突破。1991年4月公布的《国家关键技术》报告中,包括了制造技术领域中的计算机集成制造、智能加工装置、微米级和纳米级的制造、系统管理技术等。
- 国家科技基金会每年资助制造领域项目约400项,还建立了8个"国家制造工程研究中心"(ERC),26个"工业大学合作研究中心"(IUCRC)和7个"制造技术中心"(MTC)。
- 1993年,克林顿总统批准将"先进制造技术计划"列为1994年预算重点扶持的惟一科技领域,政府投入14亿美元巨款。
- 1990年开始实施由商务部主持的"高技术计划"(APT)。1993年投资6800万美元,1994年预算为1.9亿美元,到1997年将达7.5亿美元。
- 克林顿提出1997年前成立100多个全国制造技术中心。
- 组织美日双边制造工程研究会,学习日本经验。

其中先进制造技术计划是美国联邦政府科学、工程和技术协调委员会的六大科研和开发计划之一。其目标是:

(1)为美国工人创造更多高技术、高工资就业机会,促进美国经济增长。
(2)不断提高能源效益,减少污染,创造更加清洁的环境。
(3)使美国的私人制造业在世界市场上更具有竞争力,保持美国的竞争地位。
(4)使教育系统对每位学生进行更富有挑战性的教育。
(5)鼓励科技界把确保国家安全以及提高全民生活质量作为核心目标。

该项计划1994年度的预算14亿美元,商务部、国防部、能源部、内务部、环保局、宇航局、国家科学基金会、农业部等8个联邦政府机构介入。围绕三个重点领域开展研究:

(1)下一代的"智能"制造系统。
(2)为产品、工艺过程和整个企业的设计提供集成的工具。
(3)基础设施工作。如强调扩展和联合已有的各种推广应用机构;建立地域性的技术联盟(技术联合体);制定有关国家制造技术发展趋势的监督和分析机制,制定评测基准和评测指标体系等。

先进制造技术计划的一个重要项目是协助联邦政府机构开发新一代汽车,这是美国总统技术计划的组成部分。1993年9月公布的新一代汽车计划目标是:① 设计和制造——所有汽车生产的改进;② 近期改进——促进不断完善;③ 燃烧效率提高3倍——实现油耗下降目标。参加单位包括:产业界——福特、通用、克莱斯勒三大汽车公司;政府部门——商务部(DOC)、国防部(DOD)、能源部(DOE)、国家宇航局(NASA)、国家科学基金会(NSF)。

1.3.3 日本制造业的茁壮兴起

日本从第二次世界大战的战败国一跃成为世界经济强国，在许多重要领域把工业实力很强、科学技术先进的美国和德国挤出了市场。

美国曾以福特方法赢得全世界制造技术的优势。而日本人却在福特方法的基础上，不断更新技术以适应市场需求。70 年代，日本汽车大举进入美国市场，以其价廉质优和多品种将美国三大汽车公司推向倒闭的边缘。70 年代末 80 年代初，日本通过大规模倾销，毁掉了美国的消费电子业。美国 27 家生产收音机和电视机的大型工厂，包括 RCA 公司在内，得以存活者只有一家。1990 年，单日本 FANUC 公司生产的数控系统装置数量就占世界市场的一半。

日本制造业的巨大成功，固然有政治因素，但主要是和日本人在技术上善于吸收他国成功的经验，注重研究开发，又能根据市场需求的变化及本国情况，研究出一套套灵活的生产系统有关。比如美国麻省理工学院（MIT）的 J. Womack 等人在 1990 年出版的《The Machine That Changed the World》一书中提出的"精益生产"（Lean Production），早在十多年前，日本就已开始形成精益生产的模式。在这一模式中，能以低成本快速生产出高质量的让用户满意的产品；受到良好训练的工人能在心情舒畅、健康的环境下工作；更少强调等级制度，更多强调分担责任、人人参与管理的合作伙伴关系。

日本公司注重了解和满足客户的需求。供应商和各级承包商都是生产的组成部分，并尽量使其了解计划，鼓励技术上的竞争。管理是精益生产的关键所在，日本人的这种模式已对全球制造业产生了深远的影响。

1987 年，日本十位工业界代表着手一项五年规划，讨论日本制造业的未来，主题是智能制造技术计划。早稻田大学的系统科学研究所负责进行该项研究。最初由日本机械基金会资助，随后各参与公司也提供资金，在其研究过程中，吸引了工业界各方的广泛参与并引起管理阶层的极大关注。该规划的核心是如何将分散的制造单元变成有机的整体。1989 年，通产省（MITI）公布了一项草案，即未来制造业核心技术的智能制造系统（IMS）的开发，很快得到美国、西欧、加拿大等国的响应。到 1990 年，MITI 已组成了一个拥有 80 多个公司的集团，形成了一个大型的国际研究项目。

从 1992 年秋至 1994 年的大约两年时间内，IMS 选择了六个试验项目开展为期两年的研究，以探讨全面实施计划的可行性。这六个项目是：① 流程型工业（化学工业等）的无污染制造技术；② 全球化同步工程技术；③ 全球制造的企业集成技术；④ 自律分散型（Holonic）控制系统；⑤ 产品快速开发技术；⑥ 知识系统化技术。这六个项目共有来自各参加国的 73 个企业和 67 个大学、研究机构参加，经过近两年的实施，均获得成功。该计划经过 5 年调查和可行性试验，决定于 1995 年 1 月正式启动，为期 19 年，总投资 40 亿美元。

1.3.4 西欧制造业寻找与美日抗衡的途径

西欧制造业已明显受到来自美国和日本的压力，就连一向以产品质量和技术高超而自豪的德国也不得不承认与日本存在着不小的差距。就以美国而言，美国三大汽车公司就占有 1/4 的西欧市场，而西欧 17 国 1993 年汽车销量比 1992 年下降 15.9%。美国计算机公司（IBM、DEC、HP 和 Apple 等）已握有很大一部分计算机市场。西欧清楚地知道：如果欧洲共同体成员保持各自分离的市场，那将无法同美日抗衡。正如德国总理科尔所说："任何一个欧洲国家都不可能仅靠自身的力量有效地对付美国和日本的技术挑战，欧洲只有把财力和人力集中起来，才能保持自己在未来世界上的经济地位"。法国总统密特朗提出，要使欧洲不致落后太多，一个统一的欧洲是激发国家创造力的重要支柱，"欧洲必须团结在一项伟大工程的周围"才能拯救欧洲。1992 年由显赫的企业家和政治家们共同掀起了一场旨在通过"欧共体统一市场法案"（SMAEC）的运动。这项法案得到公众的多数支持。这些国家已表明，为避免在工业上落后，他们是愿意在政治上付出代价的。

1985 年，欧共体的白皮书阐明了统一的初期阶段，然而不到五年，就采纳了建立统一市场的决定。1993 年 1 月 1 日，欧洲统一市场正式生效，拥有约 6 万亿美元的巨额市场。1994 年 1 月 1 日，欧洲经济一体化协议（EEA）正式生效，翻开了欧洲经济一体化发展历史的新篇章。此外，欧共体国家立即筹建一系列资金雄厚的跨国机构，以便合作开发极具竞争力的制造技术前沿，来武装欧共体国家的制造业：

- "尤里卡计划"（EREKA），1988 年用 5 亿美元资助涉及 16 个欧洲国家中 600 家公司的 165 个合作性高科技研究开发项目。
- 由欧共体制定的"欧洲信息技术研究发展战略计划"（ESPRIT）在 13 个成员国向 5500 名研究人员提供了资助。把 CIM 中信息集成技术的研究列为五大重点项目之一，明确要向 CIM 投资 620 万欧洲货币单位作为研究开发费用，抓好 CIM 的设计原理、工厂自动化所需先进微电子系统以及采用实时显示显像系统进行生产过程和管理的三大课题。
- "欧洲工业技术基础研究计划"（BRITE），1991~1994 年期间计划投资 7.48 亿欧洲货币单位，资助材料、制造加工、设计以及复杂工厂系统运作方式等方面的研究。
- 欧洲联盟决定在 1994~1999 年间投入 1540 亿欧洲货币单位，用于西欧汽车工业结构调整。每年投入 40 亿欧洲货币单位，加强汽车新技术的研究与开发。
- 1987 年 9 月，在布鲁塞尔召开了欧共体成员开发部长会议，确定在"欧洲技术开发总计划"中耗资 54 亿欧洲货币单位，资助 3000 多项研究，决心在计算机、集成电路和机器人等尖端领域迎头赶上日美两国。
- 法国在其信息技术开发计划中把人工智能和计算机辅助一体化生产等列为七大项目中的两项。

1.3.5 先进制造技术在我国的进展

我国制造技术经建国以来 40 余年的发展已形成较完整的技术体系，为国民经济发展所需各类机械产品的制造提供基本的工艺技术，并取得了重要成就。然而与国外工业发达国家相比，仍存在着阶段性的差距。同时在 80 年代受到"第三次浪潮"的影响，一度认为制造业进入了夕阳阶段，影响到制造技术的发展。近几年来对制造技术的发展获得了重新认识，我国政府及有关领导对先进制造技术的发展给予了高度的关注。

- 国务委员宋健 1995 年 4 月在接见先进制造技术专家时，对于发展先进制造技术给予高度的重视。宋健指出："先进制造技术是一个国家、一个民族赖以繁荣昌盛的重要手段"，"如果制造技术不发达，这个国家、民族就不可能富裕"，"因此，我国相当长的时间内，发展制造技术是至关重要的"。他强调："科委、自然基金会要加强对制造技术的投资比例"。

● 1995 年 5 月《中共中央、国务院关于加速科技进步的决定》中提出：为提高工业增长的质量和效益，要重点开发推广电子信息技术、先进制造技术、节能降耗技术、清洁生产和环保技术等共性技术。

● 1995 年 9 月《中共中央关于制定国民经济和社会发展"九五"计划和 2010 年远景目标的建议》中明确要大力采用先进制造技术。

● 国家计委、国家科委、国家经贸委在联合编制《全国科技发展"九五"计划和到 2010 年长期规划》中明确将先进制造技术专项列入高技术研究与发展专题。

● 在"九五"计划的实施中，国家科学技术部的"国家科技攻关计划"、"国家高新技术研究发展计划"、"国家基础研究重大项目计划（攀登计划预选项目）"、"国家技术创新技术"都列入有关项目并付诸实施，其中"精密成形与加工研究开发和应用示范"、"金属材料热成形过程动态模拟及组织性能质量优化控制"、"CIMS"以及智能机器人等项目已全面实施。

国家计委也十分重视先进制造技术的发展，在"九五"期间实施了一批发展先进制造技术项目。如：数控系统及装备研究、自动测试系统及设备技术研究、现场总线、智能化仪表研究、传感器技术研究、30 万辆轿车规模生产关键技术及装备研究等。

国家自然科学基金会近年来已将不少经费投入先进制造技术发展的基础性研究，组织开展了"先进制造技术基础优先领域战略研究"。在此基础上，加大了对发展先进制造技术的支持，以加强发展先进制造技术的后劲，提出了先进制造技术重大项目，目前已开始付诸实施。

● 有关部门及地方对先进制造技术给予了重视。原机械工业部和国家机械工业局在编制《机械、汽车工业"九五"科技发展规划纲要和 2010 年轮廓设想》和《机械工业"十五"科技发展规划》时，都明确提出了以发展先进制造技术为重点，在规划发展重点及关键技术中先进制造技术的发展占有相当大的比例。原机械工业部通过各种渠道落实、安排这些项目。机械工业科技发展基金会近年来把支持先进制造技术作为主要任务，并加大了经费投入的力度。

1.4 先进制造技术的内涵、技术构成及特点

1.4.1 先进制造技术的定义

先进制造技术是为了适应时代要求提高竞争能力，对制造技术不断优化及推陈出新而形成的。它是一个相对的、动态的概念。先进制造技术作为一个专有名词提出后，至今没有一个明确的、一致公认的定义，经过近来对发展先进制造技术方面开展的工作，通过对其内涵、特征的分析研究，可以定义为："先进制造技术是制造业不断吸收机械、电子、

信息（计算机与通信、控制理论、人工智能等）、能源及现代系统管理等方面的成果，并将其综合应用于产品设计、制造、检测、管理、销售、使用、服务乃至回收的制造全过程，以实现优质、高效、低耗、清洁、灵活生产，提高对动态多变的产品市场的适应能力和竞争能力的制造技术的总称"。

1.4.2 先进制造技术的内涵及技术构成

先进制造技术在不同发展水平的国家和同一国家的不同发展阶段，有不同的技术内涵和构成，对我国而言，它是一个多层次的技术群。先进制造技术的内涵和层次及其技术构成如图 1-1 所示。

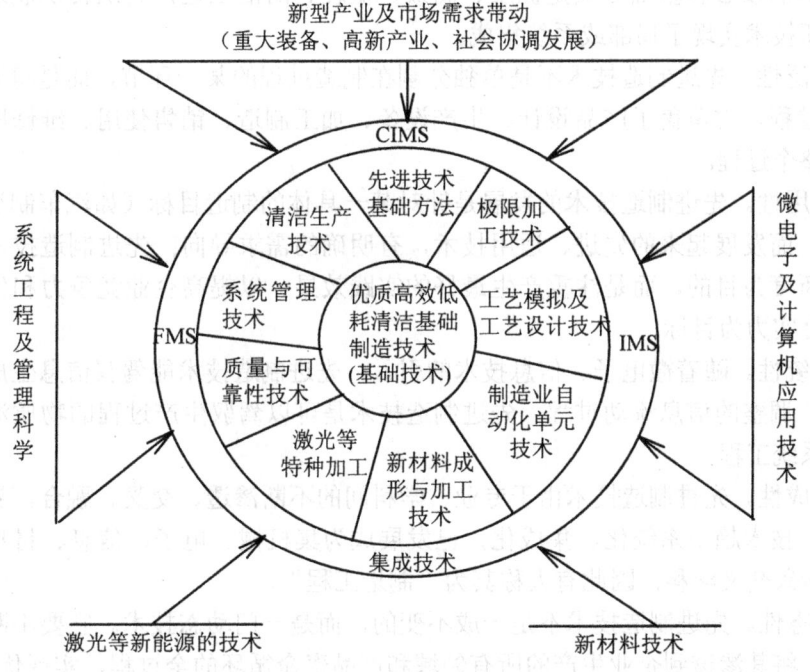

图 1-1 先进制造技术的内涵、层次及其技术构成示意图

1. 基础技术

第一层次是优质、高效、低耗、少无污染基础制造技术。铸造、锻压、焊接、热处理、表面保护、机械加工等基础工艺至今仍是生产中大量采用、经济适用的技术，这些基础工艺经过优化而形成的优质、高效、低耗、少无污染基础制造技术是先进制造技术的核心及重要组成部分。这些基础技术主要有精密下料、精密成形、精密加工、精密测量、毛坯强韧化、少无氧化热处理、气体保护焊及埋弧焊、功能性防护涂层等。

2. 新型单元技术

第二个层次是新型的先进制造单元技术。这是在市场需求及新兴产业的带动下，制造技术与电子、信息、新材料、新能源、环境科学、系统工程、现代管理等高新技术结合而形成的崭新的制造技术。如：制造业自动化单元技术、极限加工技术、质量与可靠性技术、系统管理技术、现代设计基础与方法、清洁生产技术、新材料成形与加工技术、激光与高密度能源加工技术、工艺模拟及设计优化技术等。

3. 集成技术

第三个层次是先进制造集成技术。这是应用信息、计算机和系统管理技术对上述两个层次的技术局部或系统集成而形成的先进制造技术的高级阶段。如：FMS、CIMS、IMS 等。

以上三个层次都是先进制造技术的组成部分，但其中每一个层次都不等于先进制造技术的全部。

1.4.3 先进制造技术的特点

（1）先进性。作为制造技术的基础——制造工艺，必须是经过优化的先进工艺，因而，先进制造技术的核心和基础必须是优质、高效、低耗、清洁工艺，它从传统制造工艺发展起来，并与新技术实现了局部或系统集成。

（2）广泛性。先进制造技术不是单独分割在制造过程的某一环节，而是将其综合运用于制造的全过程，它覆盖了产品设计、生产设备、加工制造、销售使用、维修服务，甚至回收再生的整个过程。

（3）实用性。先进制造技术的发展是针对某一具体的制造目标（如汽车制造、电子工业）的需求，而发展起来的先进、适用技术，有明确的需求导向；先进制造技术不是以追求技术的高新度为目的，而是注重产生最好的实践效果，以提高企业竞争力和促进国家经济增长和综合实力为目标。

（4）系统性。随着微电子、信息技术的引入，先进制造技术能驾驭信息生成、采集、传递、反馈、调整的信息流动过程。先进制造技术是可以驾驭生产过程的物质流、能量流和信息流的系统工程。

（5）集成性。先进制造技术由于专业、学科间的不断渗透、交叉、融合，界限逐渐淡化甚至消失，技术趋于系统化、集成化，已发展成为集机械、电子、信息、材料和管理技术为一体的新兴交叉学科，因此有人称其为"制造工程"。

（6）动态性。先进制造技术不是一成不变的，而是一门动态技术。它要不断地吸收各种高新技术，将其渗透到企业生产的所有领域和产品寿命循环的全过程，实现优质、高效、低耗、清洁、灵活的生产。同时反映在不同时期和不同的国家地区，先进制造技术就有其自身不同的特点、目标和内容等。

（7）技术与管理的更紧密结合。对市场变化作出更敏捷的反应及对最佳技术经济效益的追求，使先进制造技术十分重视生产过程组织管理体制的合理化和最佳化，它是技术与管理、自然科学与社会科学紧密结合的产物。

（8）先进制造技术强调的是实现优质、高效、低耗、清洁、灵活生产。先进制造技术的核心和基础是优质、高效、低耗、清洁、少无污染工艺，它是从传统的制造工艺发展起来的，并与新技术实现了局部或系统集成，其重要的特征是实现优质、高效、低耗外，还要针对 21 世纪人类面临的有限资源与日益增长的环保压力的挑战，实现可持续发展，要求实现低耗、清洁。此外，先进制造技术也必须面临人类在 21 世纪消费观念变革的挑战，满足对日益"挑剔"的市场的需求，实现灵活生产。

（9）先进制造技术是面向 21 世纪的技术系统，其目的是提高制造业的综合经济效益，赢得激烈的市场竞争。

1.5 先进制造技术的体系结构及分类

1.5.1 先进制造技术的体系结构

1994 年，美国联邦科学、工程和技术协调委员会（FCCSET）下属的工业和技术委员会先进制造技术工作组提出将先进制造技术分为三个技术群：① 主体技术群；② 支撑技术群；③ 制造技术环境。

这三个技术群相互联系、相互促进，组成一个完整的体系，每个部分均不可缺少，否则就很难发挥预期的整体功能效益。见图 1-2 先进制造技术的体系结构。

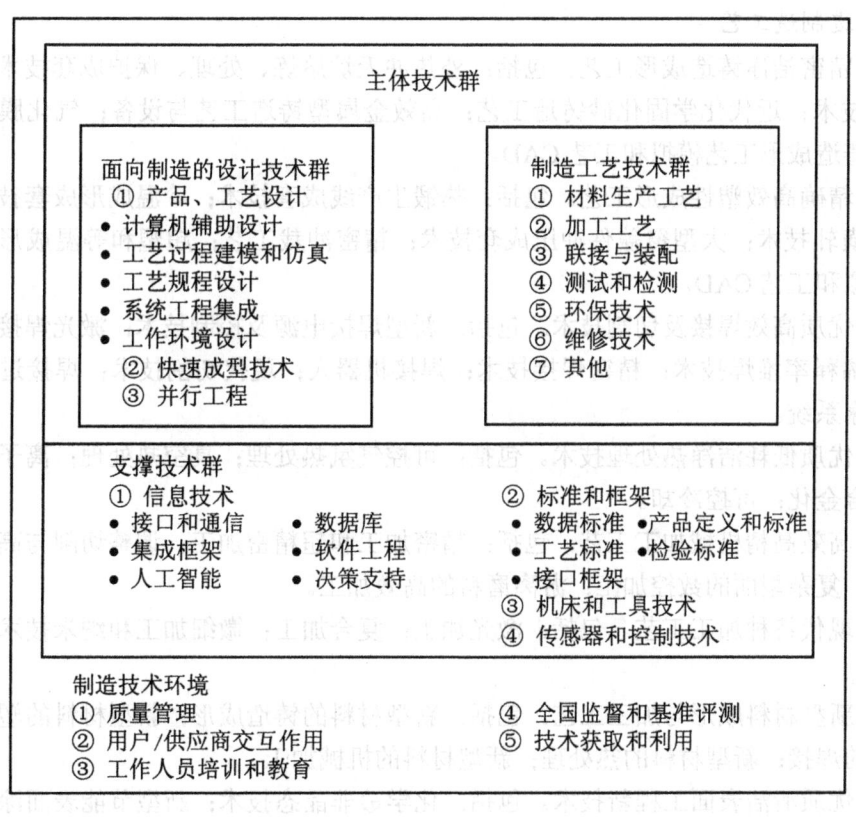

图 1-2　先进制造技术的体系结构

1.5.2 先进制造技术的分类

将目前各国掌握的制造技术系统化，对先进制造技术的研究分为下述 4 大领域，它们横跨多个学科，并组成一个有机整体。

1. 现代设计技术

（1）计算机辅助设计技术。包括：有限元法；优化设计；计算机辅助设计；反求工程技术；模糊智能 CAD；工程数据库。

（2）性能优良设计基础技术。包括：可靠性设计；安全性设计；动态分析与设计；防断裂设计；疲劳设计；防腐蚀设计；减摩和耐磨损设计；健壮设计；耐环境设计；维修性设计和维修性保障设计；测试性设计；人机工程设计。

（3）竞争优势创建技术。包括：快速响应设计；智能设计；仿真与虚拟设计；工业设计；价值工程设计；模块化设计。

（4）全寿命周期设计。包括：并行设计；面向制造的设计；全寿命周期设计。

（5）可持续性发展产品设计。主要有绿色设计。

（6）设计试验技术。包括：产品可靠性试验；产品环保性能试验与控制、仿真试验与虚拟试验。

2. 先进制造工艺

（1）精密洁净铸造成形工艺。包括：外热冲天炉熔炼、处理、保护成套技术；钢液精炼与保护技术；近代化学固化砂铸造工艺；高效金属型铸造工艺与设备；气化膜铸造工艺与设备；铸造成形工艺模拟和工艺 CAD。

（2）精确高效塑性成形工艺。包括：热锻生产线成套技术；冷温成形成套技术；精密辊锻和楔横轧技术；大型覆盖件冲压成套技术；精密冲裁工艺；超塑和等温成形工艺；锻造成形模拟和工艺 CAD。

（3）优质高效焊接及切割技术。包括：新型焊接电源及控制技术；激光焊接技术；优质高效低稀释率堆焊技术；精密焊接技术；焊接机器人；现代切割技术；焊接过程的模拟仿真与专家系统。

（4）优质低耗洁净热处理技术。包括：可控气氛热处理；真空热处理；离子热处理；激光表面合金化；可控冷却。

（5）高效高精机械加工工艺。包括：精密加工和超精密加工；调整切削与高速磨削；变速切削；复杂型面的数控加工；游离磨料的高效加工。

（6）现代特种加工工艺。包括：激光加工；复合加工；微细加工和纳米技术；水力加工。

（7）新型材料成形与加工工艺。包括：新型材料的铸造成形；新型材料的塑性成形；新型材料的焊接；新型材料的热处理；新型材料的机械加工。

（8）优质清洁表面工程新技术。包括：化学镀非晶态技术；新型节能表面涂装技术；铝及铝合金表面强化处理技术；超声速喷涂技术；热喷涂激光表面重熔复合处理技术；等离子化学气相沉积技术；离子辅助沉积技术。

（9）快速模具制造技术。包括：锻模 CAD/CAM 一体化技术；快速原型制造技术。

（10）拟实制造成形加工技术。包括：材料热加工拟实制造成形；机械加工的拟实制造技术；机械产品的拟实装配技术。

3. 自动化技术

（1）数控技术。包括：数控装置；进给系统和主轴系统；数控机床的程序编制。

（2）工业机器人。包括：机器人操作机；机器人控制系统；机器人传感器；机器人生产线总体控制。

（3）柔性制造系统（FMS）。包括：FMS 的加工系统；FMS 的物流系统；FMS 的调度与控制；FMS 的故障诊断。

（4）计算机集成制造系统（CIMS）。

（5）传感技术。

（6）自动检测及信号识别技术。包括：自动检测 CAT；信号识别系统；数据获取；数据处理；特征提取；识别。

（7）过程设备工况监测与控制。包括：过程监视控制系统；在线反馈质量控制。

4. 系统管理技术

（1）先进制造生产模式。包括：精益生产；CIMS；敏捷制造；分散网络化制造系统；智能制造。

（2）集成管理技术。包括：并行工程；MRP 与 JIT 的集成—生产组织方法；基于作业的成本管理（ABC）；现代质量保障体系；现代管理信息系统；生产率工程；制造资源的快速有效集成。

（3）生产组织方法。包括：虚拟公司理论与组织；企业组织结构的变革；以人为本的团队建设；企业重组工程。

1.6 先进制造技术发展趋势

人类已进入一个新的世纪，处于新技术革命巨大浪潮冲击下的制造业，面临着严峻的挑战和机遇：① 新技术革命的挑战；② 信息时代的挑战；③ 有限资源与日益增长的环保压力的挑战；④ 制造全球化和贸易自由化的挑战；⑤ 消费观念变革的挑战。

在新世纪中，制造业发展的重要特性是向全球化、网络化、虚拟化方向发展，未来先进制造技术发展的总趋势是向精密化、柔性化、智能化、集成化、全球化方向发展。

1.6.1 企业生产方式面临重大变革

随着需求的个性化及制造的全球化、信息化，改变了制造业的传统观念和生产组织方式。精益生产、敏捷制造、智能制造、虚拟制造、分散网络化制造系统等新的生产方式不断出现。其特点是：① 以技术为中心向以人为中心转变；② 以金字塔式的多层次生产管理结构向扁平的网络结构转变；③ 从传统的顺序工作方式向并行工作方式转变；④ 从按功能划分部门的固定组织形式向动态的、自主管理的小组工作组织形式转变；⑤ 快速响应市场的竞争策略是制胜的法宝。

1.6.2 绿色制造将成为 21 世纪制造业的重要特征

日趋严格的环境与资源的约束，使绿色制造越来越重要。中国的资源、环境问题尤为突出，制造业不仅要解决生产过程的污染和资源浪费问题，更重要的是要为社会提供在全寿命周期内没有污染、节约资源的产品。主要技术是：

（1）绿色设计技术。在产品设计阶段就考虑在其生命周期全过程的无污染、资源低耗和回收。

(2) 清洁生产技术。
(3) 拆卸回收技术。
(4) 生态工厂的循环制造技术。
(5) ISO14000 环保管理标准。

1.6.3 设计技术不断现代化

产品设计是制造业的灵魂。现代设计技术的主要发展趋势是：

(1) 设计方法和手段的现代化。它突出反映在数值仿真或虚拟现实技术的发展，以及现代产品建模理论的发展上。

(2) 新的设计思想和方法不断出现。如并行设计，面向"X"的设计 DFX（Design For X），健壮设计（Robust Design），优化设计（Optimal Design），反求工程技术（Revese Engineering）等。

(3) 由简单的、具体的、细节的设计转向复杂的总体设计和决策，要通盘考虑包括设计、制造、检测、销售、使用、维修、报废等阶段的产品的整个生命周期。

(4) 由单纯考虑技术因素转向综合考虑技术、经济和社会因素。设计不是单纯追求某项性能指标的先进和高低，而注意考虑市场、价格、安全、美学、资源、环境等方面的影响。

1.6.4 成形制造技术向精密成形或净成形的方向发展

展望 21 世纪，成形制造技术正在从制造工件的毛坯、从接近零件形状（Near Net Shape Process）向直接制成工件即精密成形或称净成形（Net Shape Process）的方向发展。主要技术是：

(1) 精密铸造技术。
(2) 精密塑性成形技术。
(3) 精密连接技术。

1.6.5 加工制造技术向着超精密、超高速以及发展新一代制造装备的方向发展

(1) 超精密加工技术。目前世界已达到加工精度为 0.025μm，表面粗糙度 R_a 为 0.045μm，进入纳米级加工的时代。超精切削加工技术，其切削厚度由目前的红外波段正朝着可见光波段甚至更短波段趋近；超精加工机床向多功能模块化方向发展；超精加工材料由金属扩大到非金属。

(2) 超高速切削。目前超高速切削铝合金切削速度已超过 1600m/min；铸铁为 1500m/min；超耐热镍合金达 300m/min；钛合金达 200m/min。超高速切削的发展已转移到一些难加工材料的切削加工上。

(3) 新一代制造装备的发展。市场竞争和新产品、新技术、新材料的发展推动着新型加工设备的研究与开发，其中典型的例子是"并联桁架式结构数控机床"（或俗称"六腿"

机床）的发展。它突破了传统机床结构方案，采用通过六个轴长短的变化以实现刀具相对于工件的加工位姿的变化。

1.6.6 新型加工方法以及复合工艺不断发展

（1）激光、电子束、离子束、分子束、等离子体、微波、超声波、电液、电磁、高压水束流等新能源或能源载体的引入，形成了多种崭新的特种加工及高密度能束切割、焊接、熔炼、锻压、热处理、表面保护等加工工艺。其中以多种形式的激光加工发展最为迅速。

（2）超硬材料、高分子材料、复合材料、工程陶瓷、非晶微晶合金、功能材料等新型材料的应用，扩展了加工对象，导致某些崭新加工技术的产生，如：超塑成形、等温锻造、扩散焊接及其复合工艺（超塑成形/扩散连接）；加工陶瓷材料的热等静压、粉浆浇注、注射成形；超硬材料的高能束加工；高分子材料、复合材料的水束流切割；沉积 TiN、TiC、CNB、人造金刚石等超硬薄膜的 CVD、PVD、PCVD 等。

1.6.7 应用快速原型制造技术的快速制造技术得到快速发展和应用

快速原型制造技术是一项具有广泛应用前景、能给制造业带来革命性变化的高技术。快速制造技术包括：

（1）基于三维曲面设计的快速设计技术。
（2）快速三坐标测量技术。
（3）快速原型制造技术。
（4）快速零件制造技术。
（5）并行工程。

1.6.8 虚拟技术将广泛应用

虚拟制造技术是以计算机支持的仿真技术为前提，对设计、加工、装配等过程统一建模，形成虚拟的环境、虚拟的过程、虚拟的产品。主要包括：

（1）虚拟设计。
（2）虚拟制造。
（3）虚拟研究开发中心。将异地、各具优势的研究开发力量，通过网络和视像系统联系起来，进行异地开发、网上讨论。
（4）虚拟企业。为了快速响应某一市场需求，通过信息高速公路，使产品制造得到一个由不同公司临时组建成的没有围墙、超越空间约束、靠计算机网络联系、统一指挥的合作组织实体。

1.6.9 工艺模拟技术得到迅速发展

先进制造技术的一个重要发展趋势是工艺设计由经验判断走向定量分析，加工工艺由技艺发展为工程科学。

热加工过程的数值模拟与物理模拟是一个重要发展方向，它是使热加工工艺由技艺走向科学的重要标志。应用数值模拟于铸造、锻压、焊接、热处理等工艺设计中并与物理模拟和专家系统结合，来确定工艺参数、优化工艺方案，预测加工过程中可能产生的缺陷及采取的防止措施，控制和保护加工件的质量。采用这种科学的模拟技术并与少量的实验验证相结合，以代替过去一切都要通过大量重复实验的方法，不仅可以节省大量的人力和物力，而且还可以通过数值模拟来解决一些目前尚无法在实验室进行直接研究的复杂问题。

工艺模拟也发展并应用于金属切削加工过程、产品设计过程。最新的进展是在并行工程环境下，开展虚拟成形制造，使得在产品的设计完成时，成形制造的准备工作（如铸造）也同时完成。

1.6.10 技术创新将成为 21 世纪企业竞争的焦点

随着市场的动态多变性，迫使企业必须及时调整经营策略。

美国制造业的经营策略变化历程如下：60 年代 —— 规模效益第一；70 年代 —— 价格第一；80 年代 —— 质量第一；90 年代 —— 市场响应速度第一；预计 21 世纪将是技术创新第一。

1.7 先进制造技术的技术前沿

制造业为迎接 2020 年的重大挑战，经美国国家科学研究委员会工程技术委员会制造与工程设计院"制造业挑战委员会"经过专题研讨和调研、预测，优选出 10 项具备较大技术潜力的技术领域，这些技术领域可作为迎接 2020 年重大挑战的必须解决和发展的关键技术与支撑技术。

1. 可重组制造系统

开发能够满足用户对产品质量、性能及服务等广泛需求的集成工艺及装备系统，包括硬件、软件、子工艺、子系统等。该系统适应性强，易重组。能以易编程的方式与跨越产品整个寿命周期的高层工艺和系统相结合。支持可重组制造系统的研究主要有以下五个方面：

（1）制造工艺与工装。适应性强、可重组的制造工艺包括：可编程的、无需硬工装的净成形工艺（如自由成形制造），快速原型工艺技术，直接由分子标准元件制成的材料、零部件的纳米制造，将各种分子聚合在一起，生产出具有各种功能与特性的生物工艺。工装将从能在生产线上快速更换的工装发展到硬工装可由软件所代替的新型工装。

（2）基础理论。该系统需要研究以面向工艺特性的制造系统仿真理论、自适应系统理论。

（3）新的制造系统。该系统可进行大量的产品制造，优化系统价值等，为此，需要在自组织制造系统上开发自主制造模型、生物工艺技术、混沌理论、合弄理论以及区分制造设备、工具、人力/组织资源和软件系统的新概念和模型。

（4）建模与仿真。在可重组企业中，具备对整个企业的系统评价（包括工艺和企业经营的建模与仿真能力）是十分重要的。它可使制造者对企业的技术和经营进行优选，寻求最佳方案。主要技术包括优化重组方法、神经网络和人工智能等。

（5）控制和通信。适应性强的或易于重组的工艺需要柔性的传感器和控制算法，以便对一系列工艺和环境进行精确的过程控制。通信和控制系统的重组依赖于通用的编程和控制结构，也依赖于柔性的和适应性强的软件，这种软件无需重新编程，但能给操作者提供丰富的实时工艺信息，以便进行有效的干预、故障诊断和控制。

2. 无浪费工艺

使生产浪费最小、能量消耗最低的制造工艺是未来的一项关键技术。通过不产生废弃物的工艺（如用自由成形制造来代替切削加工）、产生的废弃物可在后续的制造中作为原料加以重新利用的工艺、能使能耗最低的工艺（如以室温下粘接代替高温固化的工艺），保护资源、降低成本，而且能降低能量生产中间接产生的环境影响。

为满足无浪费生产需要在以下两个重要领域进行研究：

（1）废弃物的减少和利用。减少对环境影响的最有效的方法是采用无副产品的工艺，其中包括净成形工艺（包含净成形、铸造和直接沉积）、在化学合成中减少或消除副产品的新工艺路线以及生物构建工艺。另一个减少浪费的关键研究领域是副产品的再利用工艺，即将废弃物在本厂进行循环再利用，也可以将产生的废弃物作为另一生产线的原料再利用。为此，必须研究开发一个多种材料利用的数据库，以便将废弃的材料与潜在的用户建立起联系。

（2）产品设计和分析。在整个生命周期内对环境无害的可持续的产品生产，需要对设计进行改进并按照"面向再利用的设计"原理设计，它包含对主要零部件或子系统的回收，对它们重新利用。

3. 新的材料工艺

新材料和零件的工艺创新其目标是开发出具有超常物理性能的新材料（如具有高强度、高耐磨性、良好电磁性能等）。随着产品向微型化发展，对于亚微米级的微型化产品而言，需要具有能够对其在分子级上进行控制其性能的材料。特别是对于亚微米级大小的元件，需要研究原子和分子物理化学性能的设计方法学。在许多情况下，这些新材料是有机物，而且其设计方法学也是建立在生物学基础上的。制造这些材料和元件的工艺可能要在其原子级上进行处理（纳米制造），这些工艺类似于基因链接，也可能是生物工艺。

支持具有超常性能新型材料工艺的开发的研究可在下列三大领域展开：

（1）创新的工艺过程。创新的工艺方法包括纳米制造和改进的净成形工艺。其主要技术包括纳米加工（如纳米固化成形、超精研磨加工、利用原子力显微技术和扫描隧道显微技术等对原子和分子进行放置）、物理化学工艺过程（如分子自集合、自组织结构和超细粒子生产）、生物工艺。在纳米制造技术真正实现之前，工艺测量和控制技术、支持设计和建模能力的工艺基础研究都必须首先有巨大的进步。

可编程的净成形工艺使得适应性强的、可重组工艺方法成为可能。一旦可以不需要硬工装而直接根据数字描述来生产产品，将使成本效益最佳的、用户化的、几近零浪费的小批量生产工艺成为可能。

另一个研究领域是可用于亚微米大小级别的测量和控制技术的开发（如扫描隧道显微

技术、虚拟现实和正反馈控制)。随着设计、工艺和从分子级到宏观大小各种级别尺寸制造过程精密控制的传感和控制技术的发展，将可以生产出无缺陷结构的产品，而且这些产品的可靠性和耐用性将远远超出目前的产品。

(2) 设计和分析方法。创新工艺能力的提高需要对全寿命周期材料设计的新思想进行研究，包括复杂系统的设计和分析方法，如"新式的 (smart)"材料（能适应服务需求变化）、仿生材料（根据生物模型生成的材料）和功能梯度材料等。

(3) 理论基础。新材料工艺需要有对极小尺寸材料进行计量和描述的能力、依据基本原理来设计材料和元件的能力以及精确控制工艺和材料结构的能力。

4. 生物制造技术

生物制造技术研究将基于对生物制造过程的精度和柔性的理解以及能否找到某种办法来克服其本身的固有缺陷（如工艺过程慢和对可用材料的限制等）。这一技术的突破有可能导致创新的新产品和制造工艺产生革命性的进展。

新型生物注入和生物派生 (bioinspired and bioderived) 产品不仅包括生物存储体和逻辑装置（这些逻辑装置具有生物组织识别环境刺激、学习和适应变化等优点），还包括基于生物结构的特殊材料和经久耐用的超软薄膜材料。

工艺方面的进步包括利用设计酶、细胞组织和生物催化剂的零部件制造，还包括自组织制造系统和利用生物原料生产新颖、特制材料的遗传工程。

5. 企业建模和仿真

对制造业的所有活动进行建模和仿真，模拟企业的任何活动，使企业能根据多变的环境作出决策。描述整个产品生命周期的集成子模型构成的制造业的详细模型，可以用于制造业各层次的实时控制（各层次是指从制造单元和工厂现场到整个全球分布的企业）。模型和仿真应包括各种各样的人与人之间、人与机器之间的相互作用的描述。

支撑建模和仿真能力开发的研究主要在下面两大领域：

(1) 通信与信息技术。企业模型需要开发出统一的通信方法和信息交换协议，它们可以用作制造业各层次工艺子模型的集成（从个人和工艺操作到整个企业）。关键的研究领域包括工艺和知识的规范化表达方式，该表达方式能够将基本的工艺信息和设计信息转化以供不同的环境使用，还包括可重新利用的包含新知识的软件模型、企业模型以及面向柔性决策模型的人工智能的应用。

企业建模需要开发信息技术，在这方面有前途的研究课题包括可以实时决策的规划工具、困难的抽象和远景的表达方式（如价值判断）、大量可变因素的表示（这些可变因素如：信息源、内容、可靠性、稳定性、确切度和应用性等）。

(2) 建模工具。对企业建模工具的研究包括："软"建模（如将人的行为作为系统一个要素的模型以及信息流与通信模型）、混合模型的优化与集成、硬件系统的优化、组织结构的模型、交叉组织行为模型以及复杂的或者非线性系统与过程的模型。

6. 信息技术

将信息转化为知识以便作出有效决策的技术是一项优先发展技术。集成信息技术将鉴别进行专门决策所需的信息，从分散的资源中将信息合成、过滤多余的信息以及提供有用信息，以便能方便而迅速地应用。信息系统结构包含用于传送、过滤和融入数据和信息的语义学、协议、算法等，以便于人们在决策时利用。

7. 满足多层次用户需求的产品及工艺设计方法

能够满足用户广泛需求的产品及工艺设计方法将成为制造的优先发展技术。一般说来，模块化设计方法能用来满足快速变化的客户需求，这种方法能够适应可变比例的、参数化定义的系列产品和工艺，也能适应单个的、用户定制的产品以及大批量生产的产品。设计工具也应该能使企业将产品的数字描述（digital product description）直接转移到生产工艺和工具的开发上。

设计方法还必须考虑到产品和工艺的重组、产品和生产工艺的并行设计、生命周期成本优化、模块化装配、健壮的生产工艺、产品的柔性以及社会和环境目标。

8. 增强型人－机界面

对2020年的制造业来说，在人、设备和信息技术之间必须有增强型人—机接口。通信联系必须从语义上是正确的，考虑人们语言和文化的差异，除了传递事实之外，还必须能够传递思想。该接口必须包括所有通信用的相关媒体，以及目前虚拟现实所用的技术指令系统的构架。理想的接口还应该是适应性强的、可用户化的（例如这些接口可以由专门的人员在其使用过程中改进通信方式）。

9. 劳动力教育和培训

当企业全球化后，由于工作和技能的改变以及新技术、新工艺的采用，人们受教育和培训的方式也将随之改变。制造业的不断变化对人们获取和使用新知识提出了更高的要求。基于学习理论、认知及语言科学的教育和培训技术，能成为各领域的人容易使用的方式。这些学习技术将以面向交互学习、多媒体和远程学习的信息技术以及能够为特定的用途筛选知识和融汇知识的信息科学作支持。

主要研究包括：和语言与文化无关的教育工具的开发，能够利用在认知科学上的成果的技术，仿真和虚拟现实的并互技术，以及能够适应和满足个性化教育需求的学习模式。

10. 智能协作系统软件

面向协作工程的智能系统可以使全世界范围内具有不同的技术专长、用不同的语言交流、且有着不同的文化背景的人们能够通过自动化的工艺和机器进行联系和协作。协作系统包括能适应不同使用者的技术专长、语言和文化的人—机接口，还包括那些能够解决问题和有助于组织机构相互交流的算法和方法学。

这些新型工具必须完全适应包括会议、企业协作和过程控制等在内的远程交互作用（romote interaction）。长期研究的目标包括：成组通信协议的开发、专用于制造业的网络通信协议（如电子数据交换的标准和协议）、在分布式企业中控制生产过程的方法和标准以及分享企业和工艺知识的方法。

在协作软件方面的研究应包括基于能够代表人的行为和特征的人类交往动态的交互接口。其目标是为那些具有不同技能、语言、文化、组织状况和术语规范的人们进行合作提供一个虚拟空间。

参 考 文 献

1 国家自然科学基金会工程与材料学部，机械工程科学技术前沿编委会主编机械工程科学技术前沿·北

京：机械工业出版社，1998
2　张曙．迈向知识经济的制造业．机电一体化，1998（6）
3　蔡建国，任凯春．振兴我国制造业对策刍议．机电一体化，1995（2）
4　吴联银，蒋锐权．谈知识经济条件下制造业的发展．机械制造，1999（1）
5　张伯鹏等．先进制造技术基础研究的现状及发展趋势．中国机械工程，1997，8（2）
6　房贵如，刘维汉．先进制造技术的总体发展过程和趋势．中国机械工程，1995，6（6）
7　李敏贤．先进制造技术的定义、特点及发展趋势．我国先进制造技术发展战略学术讨论会论文集．上海：1998
8　周志雄等译．2020年制造业挑战的展望，1999.8
9　先进制造技术发展前瞻研究．北京：机械科学研究院，1999.10
10　先进制造技术前沿分析．北京：机械科学研究院，1999.10
11　机械与汽车制造技术考察团．日本、美国机械与汽车制造技术考察报告，1996.12
12　陈贤杰，曹源忠，李敏贤．先进制造技术在我国进展．我国先进制造技术发展战略学术研讨会论文集，上海：1998

第2章 现代设计技术

摘要 现代设计技术是在传统设计的基础上继承和发展起来的，它是一门多专业、多学科而且相互交叉的综合性很强的基础技术科学。随着科学技术的不断发展，其设计范畴不断扩大，设计手段不断现代化，已发展到应用计算机网络技术，实现异地设计、虚拟设计与制造等。

现代设计技术涉及的学科领域很多，本章主要介绍：优良性能设计基础技术；竞争优势创建技术；全寿命周期设计技术；绿色产品设计技术等四大部分。其中重点阐述现代新兴的竞争优势创建技术；全寿命周期设计技术和绿色产品设计技术。其他众多的设计技术，受本书篇幅所限，在此就不赘述了。

2.1 现代设计技术概述

2.1.1 概述

设计是人类高级而复杂的创造性思维活动，它是运用已有的知识和技术解决问题或创造出新事物以满足社会需要的一种技术活动，是创造人为事物的科学。设计建立在多学科的基础上，涉及到数学、物理、化学、机械学、电子学、计算机学、制造工艺学、材料学、认知科学和设计学等领域的基础知识。根据设计活动中创造性的大小，设计可分为三类：常规设计（Routine Design）、革新设计（Innovative Design）和创新设计（Creative Design）。其中，创新设计旨在提供有重要社会价值的新颖独特的设计成果，在设计领域中最富挑战性，也是设计人员追求的最高目标。

现代设计技术是根据产品功能要求和市场竞争（时间、质量、价格等）的需要，应用现代技术和科学知识，经过设计人员创造性思维、规划和决策，制定可以用于制造的方案，并使方案付诸实施的技术。

现代设计技术使产品设计建立在科学的基础上。随着科学技术的不断发展，其设计范畴也不断地扩大，从单纯的产品设计扩展到全寿命周期设计，包括考虑环境因素的绿色设计；在设计的组织方式上，从传统的顺序设计方式过渡到并行设计方式；在设计手段上，从传统的手工设计向现代化计算机辅助设计过渡，应用计算机网络技术发展了异地设计等。

现代工程设计技术涉及的范围很广，它包括有：①计算机辅助设计 CAD；②计算机辅助工程分析 CAE；③计算机辅助工艺规程设计 CAPP；④计算机辅助制造 CAM；⑤计算机辅助装配工艺设计 CAAP；⑥智能 CAD 和概念设计；⑦面向"X"的设计 DFX；⑧可靠性设计；⑨优化设计；⑩动态设计；⑪有限元分析；⑫健壮设计；⑬精度设计；⑭三次设计；⑮外观造型设计；⑯工作环境设计；⑰模块化设计；⑱防腐蚀设计；⑲疲劳设计；⑳快速原型法；㉑价值工程；㉒反求工程技术；㉓质量功能配置 QFD；㉔系统建模与仿真；㉕虚拟设计；㉖设计与制造集成；㉗设计过程管理和工程数据库；㉘创新设计；㉙快速响应设计；㉚并行设计；㉛异地设计；㉜绿色产品设计等。

支撑现代工程设计的相关学科技术有：①系统工程技术；②虚拟现实技术；③人工智能技术；④多媒体技术；⑤数据标准与接口技术；⑥数据库技术；⑦人机工程学；⑧设计方法学；⑨决策支持系统；⑩计算机网络等。

现代设计技术是先进制造技术的一个重要组成部分，它是制造技术的第一个环节。据有关资料介绍，产品设计成本约占产品成本的 10%，但却决定了产品制造成本的 70%～80%，在产品质量事故中，约有 50%是由于不良设计所造成的，所以设计技术在制造技术中的作用和地位是举足轻重的。在当前激烈的市场竞争中，除了确保产品的功能、质量外还要有创新意识和快速的响应。

世界已过渡到了一个新的世纪，世界正经历前所未有的变化。

（1）现代化的通信网络将世界连接成整体，经济的全球化进程使世界变成了一个统一的市场。

（2）社会需求的多样化和个性化，人们对产品的要求不仅在于物质功能的需求，而且附加了非物质的如文化、艺术、营销方式等方面的需求。

（3）可持续发展的理念及对生态环境方面的关注，使人们在生产过程和消费过程中更加注意生态和环境方面的相容性和友善性。

（4）人们对劳动环境、劳动内容和自身主动地位的要求不断提高。人们希望逐步摆脱在生产过程中的被动地位，在发挥主动创造性工作中享受乐趣。

（5）现代科技的迅猛发展，尤其是微电子、新材料和集成技术的进展，使产品结构发生了革命性的变化，机电一体化、模块化已成为工程产品的发展趋势。

（6）计算机技术的飞速发展和广泛应用，深刻地影响着设计开发过程、制造过程、营销及售后服务过程，并改变着产品的结构和功能。

（7）先进工艺技术和先进制造系统为现代工程设计提供了前所未有的工艺技术手段和社会化制造体系。

这些变化深刻地影响着设计技术的发展。

设计作为人们运用科技知识和方法，有目标地创造工程产品的构思和计划过程，设计几乎涉及到人类活动的全部领域，从生产工具到生活资料，从公共工程到家庭用品，从化学产品、药品到医疗仪器，从运载工具到武器装备，从服装食品到工艺设备，从通信及计算机设备、电子产品到软件设计等等。设计的费用往往只占最终产品成本的一小部分，然而它恰恰对产品的先进性和竞争能力起着决定性的影响。设计是现代社会工业文明的最重要支柱，是工业创新的核心环节。设计的水平和能力是一个国家和地区工业创新能力和竞争能力的决定性因素。因此，研究现代设计技术的发展趋势和未来有着十分重要的意义。

2.1.2 现代设计技术的发展趋势与未来

由于世界市场的激烈竞争性，用户需求的多样化和个性化，环境生态和技术标准与法律严格限制，工艺技术和生产经营组织观念日新月异的发展，现代设计成败的核心因素已在于产品开发应市的质量、时间和成本，如图 2-1 所示。

质量：不仅满足用户功能要求还应以自身的特点满足用户的非物质功能方面的需求，符合有关法律、标准和生态环境要求，安全性、可靠性、合理的寿命、方便使用和维护保养并提供及时必要的用户培训、质量保证和维修服务。

时间：设计开发的周期，供货的时间、方式、供货的数量、品种和方式等方面的适应能力。

成本/价格：产品成本、合理利润、一次性安装费用和经常性维持费用等。

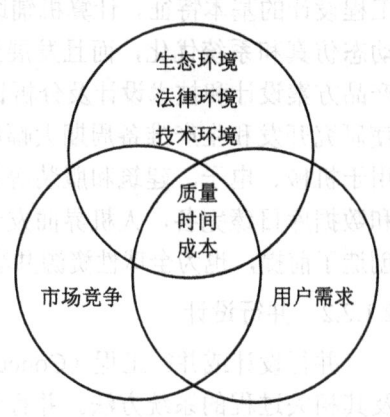

图 2-1 现代工程设计和产品开发的核心因素

现代设计和开发面向市场和用户，是设计、开发、生产和营销全过程的决定性环节。它已成为工业创新链中不可分割的一部分，设计开发过程始于对市场或用户需求的分析综合，形成设计开发目标——任务书；并考虑法律、生态及技术约束条件进行方案设计、技术设计、施工技术（工艺设计），开发原型样机，小批量试产并投放市场，吸收信息反馈，修改产品设计及工艺，最后大批量投产售销。过程中每一阶段中都进行质量、时间和成本的优化和反馈。以达到系统优化的目标，如图 2-2 所示。

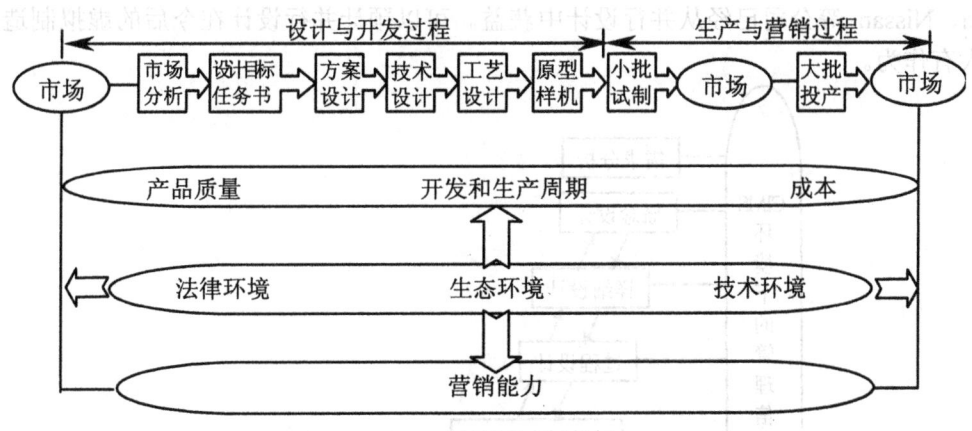

图 2-2 现代工程设计开发与生产营销过程

伴随着计算机和信息技术的进步，制造系统生产方式的革命，竞争和合作的全球化，人们对环境和生态危机的关切及人们对参与创新活动的自主精神增强，现代设计技术的发展趋势可归纳为：设计过程的数字化以及并行设计、协同设计，面向集成制造和分布式经营管理的设计，面向环境的绿色设计，综合优化设计等获得快速与应用。

2.1.2.1 设计过程的数字化

计算机辅助设计 CAD（Computer Aided Design）技术已经历了 30 余年的历史，随着计算机技术的飞速发展，其硬件存储能力不断增加，运算速率不断提高，工程软件水平日益提高，数据库日臻完备以及网络技术日渐成熟，这些都使得设计过程的数字化已成为现代工程设计的基本特征。计算机辅助设计过程不仅在于数据处理、结构强度分析、结构设计、动态仿真和系统优化，而且发展到动态三维图形可视化和多媒体虚拟现实阶段；不仅用于产品方案设计和技术设计及分析评价，还用于工艺过程仿真、全面质量管理、成本评估等，使研究开发和生产准备周期大幅度缩短，成本下降。迄今，计算机辅助设计不但被广泛应用于机械、电子、建筑和服装等设计，也被用于化学品和药物的分子设计。各类软件平台和数据库日臻完备，人机界面友善，数字化设计为实现以人为核心的计算机辅助智能设计创造了前提，也为全球性资源共享和快速响应虚拟先进制造体系创造了条件。

2.1.2.2 并行设计

并行设计或并行工程（Concurrent Engineering）是指集成地、平行地处理产品设计制造及其相关过程的系统方法。并行设计要求产品的设计开发者一开始就考虑产品整个生命周期（从概念设计到产品报废处理）的所有因素。并行设计改变了传统的串行工作方法，使得在设计阶段就可能有制造和营销服务人员的介入和彼此信息交互。可以避免失误，减少反复，增强了综合协同，从而达到提高质量、缩短开发周期和降低成本的目的。

并行设计或并行工程工作模式如图 2-3 所示。其主要特征是信息资源共享，即时交互和协同。因此企业的组织结构将从集中层次式转变为平面分布式，企业文化更加强调员工的使命感和协同精神；并行工程强调系统集成，不仅注重企业内部的技术和信息集成，也重视与企业外部供应商、营销代理和最终用户之间的信息交互和集成。并行设计需要统一的信息管理系统，并采用公共的 CAD/CAPP/CAM 软件平台，Chrysler、Boeing、Honda、Toyota、Nissan 等公司已经从并行设计中获益。可以预计并行设计在今后的虚拟制造体系中将大有作为。

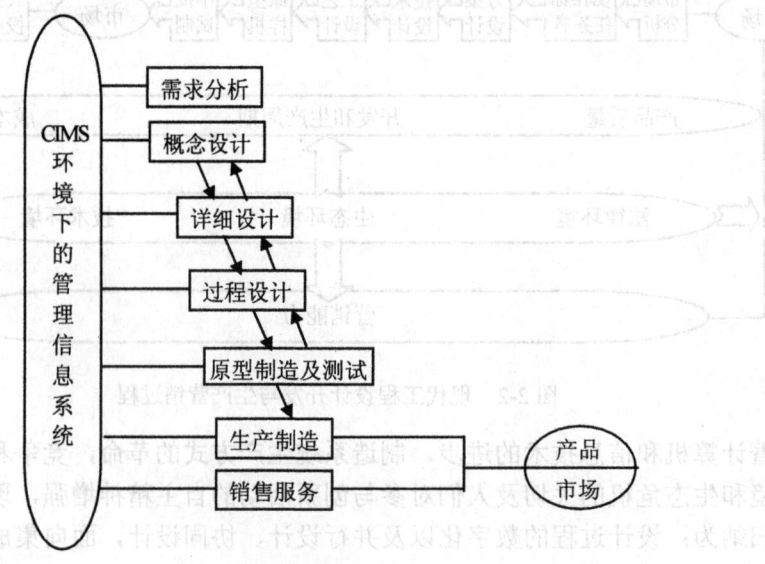

图 2-3 并行设计工作模式

2.1.2.3 协同设计

全球性计算机网络使得实时交互协同设计成为可能。不同的设计人员之间，不同的设计组织之间，不同的部分工作人员之间，均可实现资源共享，实时交互协同参与，合作设计,从而提高设计效率,避免不必要的重复工作。协同设计工作模式如图 2-4 所示。成功的协同设计例子是电视和电影的协同制作系统、全球性民航票务和调度系统、远距离的医疗诊断与手术系统等。

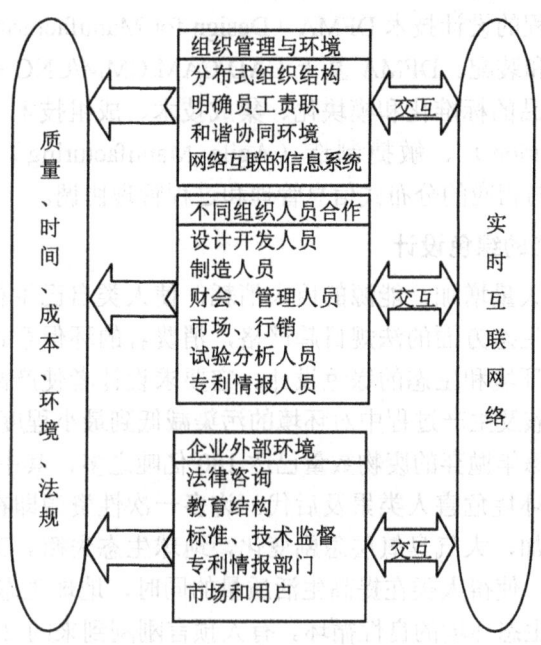

图 2-4 协同设计工作模式

协同设计有助于发挥员工的创造精神和主动精神,形成以人为核心的企业内外计算机辅助工程协同系统。有助于跨学科科技人才之间的交互和合作。从而提高设计质量,缩短设计开发周期,降低设计开发成本,并采用先进技术合理集成,从而提高产品的竞争力。

2.1.2.4 面向集成制造和分布式经营管理的工程设计

在传统的制造体系中,产品设计师对制造过程考虑较少。这必然带来不必要的过程反复、质量下降和周期延长。现代工程设计不仅面向需求,同时面向制造和经营管理。设计过程中不仅对功能和结构优化,同时对制造工艺、营销和服务实施优化,从而达到提高竞争力的目标。

面向集成制造的重要趋势是使得设计过程和成果能以最快速度转入制造过程。其中,快速原型制造技术 RPM(Rapid Prototype Manufacturing)是其典型技术之一。该技术 80 年代末源于美国,很快发展到欧洲和日本,堪称是近 20 年来制造技术最重大进展之一。其特点是能以最快的速度将设计思想物化为具有一定结构功能的产品原型或直接制造零件,从而使产品设计开发可能进行快速评价、测试、改进,以完成设计制造过程,适应市场需求。

RPM 技术源于激烈的市场竞争需求和现代设计工艺和材料科学的进步。在 RPM 技术中,CAD 技术的进展,使人们可以迅速地将设计思想转化为三维动态可视图像和数据模型;数控 NC(Numerical Control)和计算机辅助制造 CAM(Computer Aided Manufacturing)技术的进展使人们可能实现激光光束的精确扫描和控制,从而实现物料的精细转换、涂覆堆积、加工和改性;材料科学的进步为我们提供了可供快速精密成形的微粉材料或光敏成形材料。RPM 技术正是利用 CAD 三维模型数据控制桌面快速成形系统,借助立体光刻 SLA、分层实体制造 LOM、选择性激光烧结 SLS、熔溶沉积制造 FDM、三维印刷 3D—P 等数据分层成型技术快速制造精密零部件。CAD 技术与 RPM 技术的结合从而形成快速原型制造能力。

面对制造和装配过程的设计技术 DFMA（Design for Manufacturing and Assembly）有利于实现快速低成本制造和装配。DFMA 基于 CAD/CAM/CMM/CNC 技术、快速成形工艺技术、快速连接技术、产品的标准化和模块化、集成技术、成组技术（GT）、FMS/CIMS、精益生产（Lean Prodution）、敏捷制造（Agile Manufacturing）和虚拟制造（Virtual Manufacturing）等，并与相应的分布式信息管理和过程管理协调。

2.1.2.5 面向环境与生态的绿色设计

工业排放废弃物的大量增加，能源的巨大消耗，使人类自己生存的地球生态环境日趋恶化，各国有关环保和生态方面的法规日趋严格，消费者的环保意识日趋强烈。现代工程设计的另一趋势是面向环境和生态的绿色设计。它要求设计者使产品的材料、能耗、运行排放和产品报废后的残骸及生产过程中对环境的污染减低到最小程度。

据估计，目前美国每年抛弃的废物数量已达 180 亿吨之多，其中含各种化学物质 60 万种以上。有毒废物污染环境危害人类累及后代。许多一次性资源即在使用中耗散变质不能可逆转化。二氧化碳增加，大气臭氧层急剧变化，地球生态失衡。工业生态系统的调整即是通过绿色技术的推广，使得人类在提高生活质量的同时，地球生态和资源平衡得以保持，系统地低成本实现资源生态环境的良性循环。有人预言刚刚到来的 21 世纪应该是绿色产品和技术的世纪。

从绿色制造的概念出发，工程设计应遵循的原则：

（1）生态环境友善。在制造和使用过程中对人体无危害，对生态环境无影响，人机环境舒适、友善。

（2）节约资源。节料、节能、节约人力资源，尽可能利用可再生资源包括太阳能，可再生生物资源（不破坏生态平衡为度）和信息资源等。

（3）延长产品使用寿命。延长产品使用寿命，设计可更新产品，采用易损零部件可更换结构。

（4）可回收性。尽可能减少用材种类，选用可回收、可分解材料，以利报废分类回收，提高产品部件可更新率，提高材料可回收率、可重用率等。德国奔驰汽车公司已将材料可回收率列入未来开发目标之一。希望其汽车金属部件、塑料部件和液体介质的可回收率达到 95%以上。

2.1.2.6 综合智能优化设计

由于现代工程对象的复杂性、系统性和综合性导致设计寻优目标的系统化和综合化。优化目标从传统的局部走向系统整体，从单目标走向多目标综合。

由于设计对象往往是多变量、多目标、多个约束条件的复杂系统。解决综合优化的出路在于：

（1）基于知识的人工智能建模和寻优。

（2）引入新的数学方法和理论。例如模糊推理、小波分析、分形几何、混沌理论、非线性规划、神经网络、自学习和自组织理论等分析方法。

（3）依托多媒体虚拟现实技术建立人机一体化智能综合优化技术体系。

设计是人类创造物质文明的工程活动，它伴随着人类文明的起源和发展，并受自然、社会环境的科技发展水平的制约和社会需求的推动。

21世纪是信息化的时代，是经济全球化竞争和合作的时代，是生态环境协调可持续发展的时代，也是生产劳动组织走向自主协同的时代。未来的工程设计将更具有时代的特征：设计制造营销一体协同实现对市场需求的快速响应，计算机虚拟现实、快速制造体系和精密、节能、洁净、高效工艺技术的集成体系；未来的工程设计系统必然是以人为核心的人机一体的智能化集成化体系。

2.2 优良性能设计基础技术

2.2.1 可靠性设计（Reliability Design）

2.2.1.1 可靠性设计的理论基础——概率统计学

在产品的运行过程中，总有可能发生各种各样的偶然事件（故障）。这种偶然事件的内在规律很难找到，甚至是捉摸不定。但是，偶然事件也不是完全没有规律的，如果我们从统计学的角度去观察，偶然事件也有其某种必然的规律。概率论就是一门研究偶然事件中必然规律的学科，这种规律一般反映在随机变量与随机变量发生的可能性（概率）之间的关系上。用来描述这种关系的数学模型很多，如正态分布模型、指数分布模型和威布尔模型等。其中最典型的为正态分布模型即

$$f(t) = \frac{1}{\sigma\sqrt{2\pi}} e^{-\frac{1}{2}\left(\frac{t-\mu}{\sigma}\right)^2} \tag{2-1}$$

式中，t 为随机变量；μ 为平均值；σ 为标准差（或方差）。

平均值和标准差是正态分布的主要参数。平均值 μ 决定正态分布的中心倾向或集中趋势，即正态分布曲线的位置；而标准差 σ 决定正态分布曲线的形状，表征分布的离散程度。如图2-5所示。

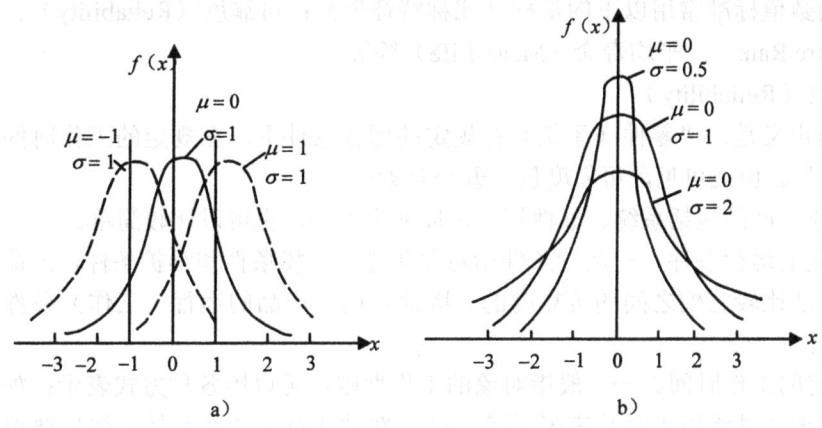

图2-5 均值 μ 和标准差 σ 对正态分布曲线的影响

a）对位置的影响　b）对形状的影响

上述数字模型称为随机变量 t 的概率密度函数,它表示变量 t 发生概率的密集程度的变化规律。随机变量 t 在某点以前发生的概率可按下式计算

$$F(t) = \int_{-\infty}^{t} f(t) \, dt \tag{2-2}$$

$F(t)$ 称为随机变量 t 的分布函数,或称积累分布函数。对于时间型随机变量而言,它反映了故障发生可能的大小,它的值是在(0,1)之间的某个数。数值愈小,表示故障发生的可能性就愈小。

2.2.1.2 可靠性的概念和指标

可靠性最早只是一个抽象的定性的评价指标,如很可靠,比较可靠,不大可靠,根本不可靠等。通常情况下,我们把可靠性定义为"产品在规定条件下和规定时间区间内,完成规定功能的能力"。这其中的两个规定具有某种数值的概念。一个数值是"规定的时间内",它具有一定寿命的数值概念。不能认为寿命愈长愈好。要有一个最经济有效的使用寿命。当然,这个规定的时间指的是产品出厂后的一段时间。这一段时间可以叫作产品的"保险期"。另一个数值是"规定功能",它说的是保持功能参数在一定界限值之内的能力,不能任意扩大界限值的范围。

产品丧失规定的功能称为出故障,对不可修复或不予修复的产品而言,它又称为"失效"。为保持或恢复产品能完成规定功能的能力而采取的技术管理措施称为"维修"。可以维修的产品在规定条件下,并按规定的程序和手段实施维修时,产品在规定的使用条件下,保持或恢复到能完成规定功能的能力,称为产品的"维修性"。我们把可以维修的产品在某时所具有的,或能维持规定功能的能力称为"可用性"。

产品完成规定功能包括有:①性能不超过规定范围的"性能可靠性";②结构不断裂破损的"结构可靠性"两方面的内容。这两方面的可靠性称为"狭义可靠性"。把狭义可靠性、可用性和保险期综合起来考虑时的可靠性则称为"广义可靠性"。

当所考虑的产品是由部件或子系统所组成的系统时,我们不能期望它的组成部件或子系统都是等寿命的。因为影响各组成部件或子系统的因素是复杂的。因此,现在多是用概率和统计的数学方法来对可靠性的数值指标进行描述的。

可靠性的数值标准常用以下的指标(或称特征值):可靠度(Reliability);失效率或故障率(Failure Rate);平均寿命(Mean Life)等等。

1. 可靠度(Reliability)

可靠度的定义是:"零件(系统)在规定的运行条件下,在规定的工作时间内,能正常工作的概率"。由此可见,可靠度包含五个要素:

(1)对象。产品包括系统、部件等,可以非常复杂,也可以比较简单。

(2)规定的运行条件。——运行条件指对象所处的环境条件和维护条件,产品的运行条件不同,是无法比较它们之间的可靠度的。因此,同一产品的运行(工作)条件不同,设计依据也不同。

(3)规定的工作时间。——一般指对象的工作期限,可以用各种方式表示:如汽车以公里数来表示,滚动轴承以小时数来表示等。可靠性设计对于某些产品往往只要求它在一定的工作时间内达到规定的可靠度就行了,而不是用高成本去追求更长的寿命或更大的可靠

度，因为这样会造成更大的浪费。所以可靠性设计人们往往更追求"产品总体寿命的均衡"。即希望在达到规定的工作时间后所有零件的寿命均告结束。

（4）正常工作。——是指产品能达到人们对它要求的运行效能。否则，我们就说产品失效了。有时，产品虽能工作，但不一定能达到要求的运行效能；而有时，产品虽某个零件出现故障，但仍能正常工作，能达到所要求的运行效能。

（5）概率。——就是可能性，它表现为（0,1）区间的某个数值。根据互补定理，产品从开始起动运行至时间 t 时，不出现失效（故障）的概率，即可靠度为

$$R(t) = 1 - Q(t) \tag{2-3}$$

如果概率密度函数为 $f(t)$，则它的可靠度函数为

$$R(t) = 1 - \int_0^t f(t)\,dt = \int_t^\infty f(t)\,dt \tag{2-4}$$

如果随机失效按指数分布规律，则可靠度为

$$R(t) = e^{-\int_0^t \lambda(t)\,dt} = e^{-\lambda \int_0^t dt} = e^{-\lambda t} \tag{2-5}$$

2. 失效率（Failure Rate）

失效率 $\lambda(t)$ 定义为

$$\lambda(t) = \frac{t\text{时刻附近单位时间失效的产品数}}{t\text{时刻附近仍正常工作的产品数}}$$

$$= \frac{\dfrac{d}{dt}N_Q(t)}{N_R(t)} = \frac{1}{N_R(t)} \frac{dN_Q(t)}{dt} \tag{2-6}$$

式中，$N_R(t)$ 为未失效的零件数；N_Q 为已失效的零件数；N 为零件总数，$N = N_R(t) + N_Q(t)$。

故该类零件的可靠度定义为 $R(t) = \dfrac{N_R(t)}{N}$ \hfill (2-7)

它的失效（故障）概率定义为 $Q(t) = \dfrac{N_Q(t)}{N}$ \hfill (2-8)

如果随机失效按正态分布规律，则正态分布的概率密度函数为

$$f(t) = \frac{1}{\sigma\sqrt{2\pi}} e^{-\frac{1}{2}\left(\frac{t-\mu}{\sigma}\right)^2}$$

失效概率为 $\quad Q(t) = \displaystyle\int_{-\infty}^t \frac{1}{\sigma\sqrt{2\pi}} e^{-\frac{1}{2}\left(\frac{t-\mu}{\sigma}\right)^2} dt$ \hfill (2-9)

可靠度为

$$R(t) = 1 - Q(t) = \int_t^\infty \frac{1}{\sigma\sqrt{2\pi}} e^{-\frac{1}{2}\left(\frac{t-\mu}{\sigma}\right)^2} dt \tag{2-10}$$

失效率为

$$\lambda(t) = \frac{f(t)}{R(t)} = \frac{e^{-\frac{1}{2}\left(\frac{t-\mu}{\sigma}\right)^2}}{\int_t^\infty e^{-\frac{1}{2}\left(\frac{t-\mu}{\sigma}\right)^2} dt} \tag{2-11}$$

3. 平均寿命（Mean Life）

平均寿命有两种情况：对于可修复的产品，是指相邻两次故障间工作时间的平均值 MTBF（Mean Time Between Failure），称作平均失效间隔时间，即平均无故障工作时间；对于不可修复的产品，是指从开始使用到发生故障前工作时间的平均值 MTTF（Mean Time To Failure），称作平均失效前时间。

平均寿命即平均无故障工作时间，可由下式计算

$$\text{MTBF（或 MTTF）} = \int_0^\infty t f(t) dt = \int_0^\infty R(t) dt \tag{2-12}$$

平均无故障工作时间是个很重要的指标，因为它比较直观。对于某些长寿命的产品，如电冰箱、电视机等，多用这个指标来规定其可靠性。

大量的研究表明，机电产品零件的典型失效率曲线，即失效或故障模式如图 2-6 所示。它明显地可以划分为三个区域，即：早期失效区域、正常工作区域和功能失效区域。

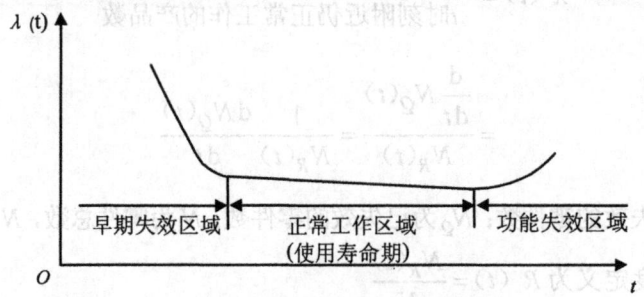

图 2-6 机电产品零件典型失效曲线

早期失效区域的失效率较高，故障率由较高的值迅速下降。一般属于试车的跑合期。为了消除早期失效，在产品交付使用前，应在较为苛刻的条件下试运行一段时间，以便发现故障并将其排除。

正常工作区域出现的失效具有随机性，故障率变化不太大，有的微微下降或上升。可以称为使用寿命期或偶然故障期。在此区域内，故障率较低。

功能失效区域的失效率迅速上升。一般情况下，零件表现为耗损、疲劳或老化所致的失效。预测这一时间意义非常重大。

失效率曲线的三个区域反映了产品零件的三种失效率或故障模式。它们均具有一定的概率分布特性。了解它们的特性对研究产品的可靠性有很大帮助。

所谓的可靠性设计就是在满足产品功能、成本等要求的前提下，使产品可靠地运行的设计过程。它包括确定产品的可靠度、失效率（故障率）、平均无故障的工作时间（平均寿命）等。在上述指标确定的前提下，进行系统的可靠性设计，根据指标的要求，进行零件的可靠性设计、确定零件的尺寸、材料和其他技术要求等。

2.2.1.3 系统的可靠性设计

一个机械系统常由许多子系统组成，而每个子系统又可能由若干单元（如零、部件）组成。因此，单元的功能及实现其功能的概率都直接影响系统的可靠度。在设计过程中，不仅要把系统设计得满足功能要求，还应设计得使其能有效地执行功能。因而就须对系统进行可靠性设计。系统的可靠性设计有两个方面的含义，其一是可靠性预测，其二是可靠性分配。

系统的可靠性预测是按系统的组成形式，根据已知的单元和子系统的可靠度计算求得的。它可以是按单元→子系统→系统自下而上地落实可靠性指标。这是一种合成方法。

系统的可靠性分配是将已知系统的可靠性指标（容许失效概率）合理地分配到其组成的各子系统和单元上去，从而求出各单元应具有的可靠度。它比可靠性预测要复杂。可以说，它是按系统→子系统→单元自上而下地落实可靠性指标。这是一种分解方法。

为了计算系统的可靠度，不管是可靠性预测还是可靠性分配，首先都需要有系统的可靠性模型。

1. 系统的可靠性模型

（1）串联系统。若系统是由若干个单元（零、部件）或子系统组成的（为了简略，以后子系统略），而其中的任何一个单元的可靠度都具有相互独立性，即各个单元的失效（发生故障）是互不相关的。那么，当任一个单元失效时，都会导致整个系统失效，则称这种系统为串联系统或串联模型。

（2）并联系统。在由若干个单元组成的系统中，只要有一个单元仍在发挥其功能，产品或系统就能维持其功能；或者说，只有当所有单元都失效时系统才失效，就称此系统为并联系统或并联模型。并联系统又称并联贮备系统。

（3）混联系统。混联系统是由一些串联的子系统和一些并联的子系统组合而成的。它可分为：串-并联系统（先串联后并联的系统）和并-串联系统（先并联再串联的系统）。相应的模型如图2-7所示。图中的a是串-并联系统或称附加通路系统；图中的b是并-串联系统或附加单元系统。

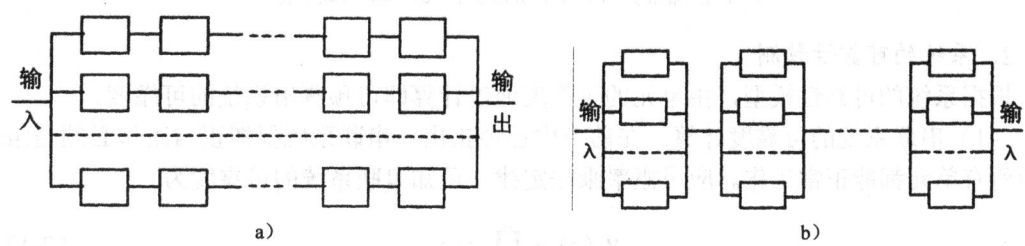

图2-7 混联系统模型
a）串—并联系统 b）并—串联系统

（4）备用冗余系统。一般地说，在产品或系统的构成中，把同功能单元或部件重复配置以作备用。当其中一个单元或部件失效时,用备用的来替代(自动或手动切换)以继续维持其功能。这种系统称为备用冗余系统或称等待系统,又称旁联系统,也有称为并联非贮备系统的。这种系统的一个明显特点是有一些并联单元,但它们在同一时刻并不是全部投入运行的。例如,飞机起落架的收放系统,一般是采用液压或气动系统,并装有机械的应急释放系统。这类系统的模型如图 2-8 的图 a 和图 b 所示。图 a 中是备用冗余系统,图 b 是并-串联等待系统。当系统中某个正在工作的单元失效时,检测装置向转换装置发出信号,备用的等待工作单元即进入工作,系统仍继续工作。

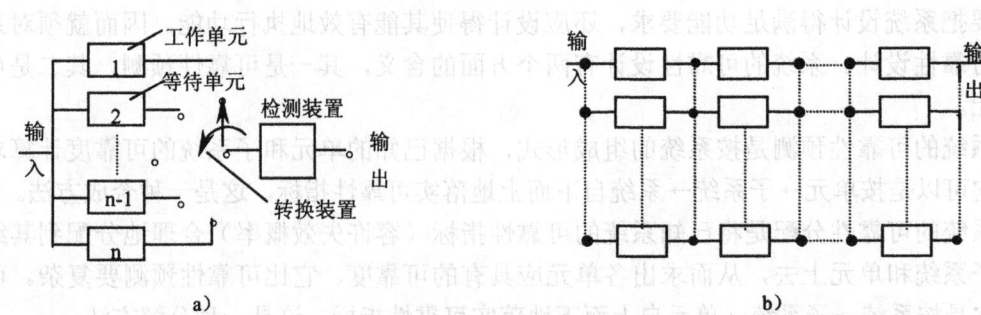

图 2-8 备用冗余系统模型
a) 一般的备用冗余系统 b) 并-串联等待系统

在并-串联等待系统中,并联的那些单元在同一时刻并不全都投入运行。此外,备用冗余系统是待机工作的,而并-串联系统象并联系统一样都是同机工作的,可以把它们称作工作的冗余系统(工作贮备系统)。

(5) 复杂系统。非串、并联系统和桥式网络系统都属于复杂系统,如图 2-9a,b,c 所示。图 a 中是桥式网络系统,图 b 和图 c 是两个非串、并联系统。

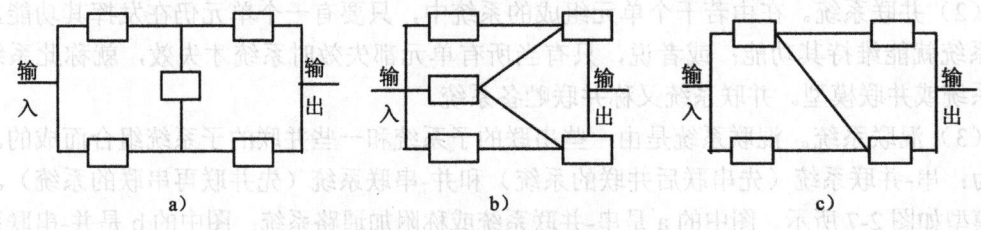

图 2-9 复杂系统模型
a) 桥式网络系统 b) 非串-并联系统 c) 非串-并联系统

2. 系统的可靠性预测

根据系统的可靠性模型,由单元的可靠度通过计算即可预测出系统的可靠度。

(1) 串联系统的可靠度计算。在前节中已经指出,串联系统要能正常工作必须是组成它的所有单元都能正常工作。应用概率乘法定律,可知串联系统的可靠度为

$$R_s(t) = \prod_{i=1}^{n} R_i(t) \tag{2-13}$$

式中,$R_s(t)$ 为系统的可靠度;$R_i(t)$ 为单元 i 的可靠度,$i = 1, 2, \cdots n$。

由于 $0 \leqslant R_i(t) \leqslant 1$,则上式可知,串联系统的可靠度将因其组成单元数的增加而降

低，且其值要比可靠度最低的那个单元的可靠度还低。因此，最好采用等可靠度单元组成系统，并且组成单元越少越好。

如果在串联系统中，各单元的失效率 λ_i 服从指数分布，则系统的失效率等于各组成单元失效率之和，即

$$\lambda_s = \sum_{i=1}^{n} \lambda_i \tag{2-14}$$

这样，根据上式可得系统的可靠度

$$R_s(t) = e^{-\lambda_s t} = e^{-(\sum \lambda_i) t} \tag{2-15}$$

所以，根据组成单元的失效率，同样可以计算出系统的可靠度可得系统的平均无故障工作时间为

$$\text{MTBF（或 MTTF）} = \frac{1}{\lambda_s} = \frac{1}{\sum_{i=1}^{n} \lambda_i} \tag{2-16}$$

对于串联系统，虽然提高其组成单元的可靠度或降低它们的失效率可以提高整个系统的可靠度，但提高单元可靠度必将提高产品的制造成本，因此宜权衡其得失。例如，对于一个由 10 个单元组成的串联系统。假定这 10 个单元的可靠度都相同，则当失效率从 10% 降低到 1%，系统的可靠度将从 0.0026% 升高到 36.6%。然而，这个数值对一般产品或系统来说，并不是很理想。但失效率从 10% 降到 1% 却是件不容易的事。这样一权衡，可能是得不偿失的。

如果把同种零、部件进行并联组合，却可在不提高零件可靠度（即不降低失效率）的条件下，提高产品或系统的可靠度。

（2）并联系统的可靠度计算。由于这类系统只有当所有的组成单元都失效时系统才失效，所以应用概率乘法定理，得系统的失效概率或故障概率（不可靠度）为

$$Q_s(t) = \prod_{i=1}^{n} Q_i(t) \tag{2-17}$$

式中，$Q_s(t)$ 为系统的失效概率；$Q_i(t)$ 为第 i 个组成单元的失效概率。

自上式可写出系统的可靠度为

$$R_s(t) = 1 - Q_s(t) = 1 - \prod_{i=1}^{n} [1 - R_i(t)] \tag{2-18}$$

由于 $1-R_i(t)$ 是个小于 1 的数值，则自式（2-18）可知，并联系统恰好和串联系统相反，它的可靠度总是大于系统中任一个单元的可靠度。另外，并联系统的组成单元越多，系统的可靠度越大。

当单元的失效率为指数分布，且每个单元的失效率都相等时，则并联系统的可靠度为

$$R_s(t) = 1 - (1 - e^{-\lambda t})^n \tag{2-19}$$

式中的 n 为组成系统的单元数目。

根据式（2-16）系统的平均无故障工作时间为

$$\text{MTBF（或 MTTF）} = \frac{1}{\lambda_s(t)} \tag{2-20}$$

此时

$$\lambda_s(t) = \frac{-\mathrm{d}[R_s(t)]/\mathrm{d}t}{E_s(t)} = \frac{n\lambda e^{-\lambda t}(1-e^{-\lambda t})^{n-1}}{1-(1-e^{-\lambda t})^n} \tag{2-21}$$

或用下式计算系统的 MTBF（或 MTTF）

$$\text{MTBF（或 MTTF）} = \int_0^\infty R_s(t)\,\mathrm{d}t = \frac{1}{\lambda} + \frac{1}{2\lambda} + \cdots + \frac{1}{n\lambda} \tag{2-22}$$

（3）混联系统的可靠度计算。混联系统是串联和并联系统的组合，它们的可靠度计算可直接参照串联和并联系统的公式进行。例如，对于图 2-10 所示的并-串联系统，若设各单元 A_i 的可靠度为 $R_i(t)$，则系统的可靠度将是

$$R_{s1}(t) = \prod_{i=1}^{n}[1-(1-R_i(t))^m] \tag{2-23}$$

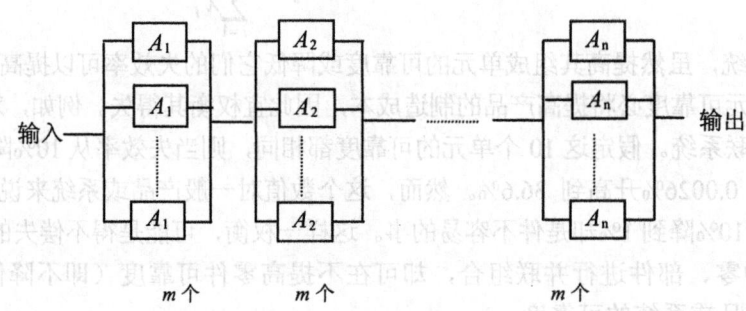

图 2-10　并-串联系统

而对于图 2-11 所示的串-并联系统，若设各单元 A_i 的可靠度为 $R_i(t)$，则对于由 m 个串联系统组成的并联系统，它的可靠度将是

$$R_{S2}(t) = 1 - [1 - \prod_{i=1}^{n} R_i(t)]^n \tag{2-24}$$

这两种系统的功能是一样的，但可靠度却不一样。也可以采用"等效单元"的办法进行计算，即首先把其中的串联和并联系统分别进行计算，得出"等效单元"的可靠度，然后再就等效单元组成的系统进行综合计算，从而给出系统的可靠度。

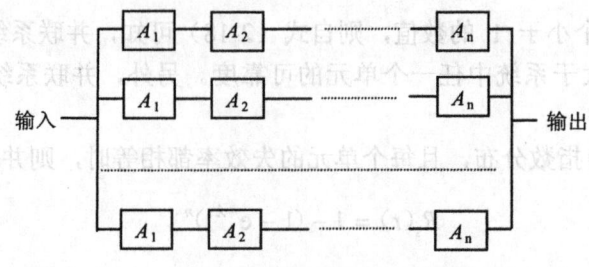

图 2-11　串—并联系统

2.2.2 系统动态设计（Dynamic Design）

2.2.2.1 概述

动态设计是相对静态设计而言的。在结构设计领域，静态设计认为结构是相对"不动的"，它承受的载荷和周围介质的状态参数（如温度、压力、流速、电磁场）等也是"不变的"，只对其静态性能进行分析、评价与设计。动态设计与静态设计的本质区别在于：变"不动"为"运动"，变"不变"为"变化"，动态设计是对结构动态特性，如固有频率、振型、动力响应和运动稳定性等进行分析、评价与设计，谋求结构系统在工作过程中，受到各种预期可能的瞬变载荷及环境作用时，仍然保持良好的动态性能与工作状态。

在机械工业领域，系统动态设计的技术内涵主要体现在：建立可靠的数学模型，借助电子计算机技术，采用先进的科学计算方法，以实验数据为依托，全面分析研究机械结构系统在预期可能的各种载荷与周围介质作用下，力与运动、结构变形、内部应力以及稳定性之间的关系；据此调整结构参数，确保机械结构系统在实际工作运行中，具备优良的动态性能、足够的稳定裕度、良好的工作状态。

系统动态设计技术是机械产品现代设计的最重要的内容之一，是结构设计的核心与关键，是CAD技术的重要技术支撑和组成部分，是提高产品动态性能（如振动、噪声、舒适性、稳定性等）和工作性能（如生产效率、工作质量等）以及运行可靠性和寿命的根本保障。

产品的动态性能优劣直接影响到产品质量，而系统动态设计的主要任务就是解决产品的动态性能问题。然而，由于动态设计要考虑机械设备系统在实际工作状态下承受的各种复杂可变载荷和环境因素的作用，设计出的机械结构不仅要完成指定的功能、结构要经济合理，而且其动态性能和动强度均要满足规定的要求，其使用寿命要达到规定的期限。显然，动态设计要比静态设计复杂得多，困难得多。正因为如此，系统动态设计技术在有些方面至今尚未有很好突破。

随着科学技术的发展，人们对客观世界的认识不断深化，振动理论、结构疲劳、材料疲劳、断裂理论、计算机技术、数据库技术和试验及测试技术等共性基础技术的进步，尤其是有限元和试验模态分析技术与计算机结合并日趋完善，为机械结构系统的动态设计奠定了坚实的基础。目前，一些先进工业国家在产品设计中已普遍采用动态设计技术，在设计阶段已能对产品结构的动力学性能和使用寿命进行预估，给出可靠性指标，研制了先进的动态分析与设计软件，积累了丰富的经验，建立了数据库，制定了动态设计准则和判据，从而使产品设计建立在先进动态设计技术的基础上，并与CAD技术相结合，大大缩短设计周期，降低成本，提高质量和加速产品更新换代。

2.2.2.2 系统动态设计方法

1. 传递函数分析法

传递函数是动态分析设计法研究的中心内容。因为利用传递函数不必求解微分方程就可研究初始条件为零的系统在输入信号作用下的动态过程，同时还可研究系统参数变化或结构参数变化对动态过程的影响，因而使分析和研究过程大为简化。另一方面，还可以把对系统性能的要求转化为对系统传递函数的要求,把系统的各种特性用数学模型有机地结合在一起,使综合设计易于实现。

系统微分方程的一般形式为

$$a_n \cdot \frac{d^n y(t)}{dt^n} + a_{n-1} \frac{d^{n-1} y(t)}{dt^{n-1}} + \cdots + a_1 \frac{dy(t)}{d(t)} + a_0 y(t)$$

$$= b_m \frac{d^m x(t)}{dt^m} + b_{m-1} \frac{d^{m-1} x(t)}{dt_{m-1}} + \cdots + b_1 \frac{dx(t)}{dt} + b_0 x(t) \tag{2-25}$$

式中,$x(t)$、$y(t)$ 为输入量和输出量。

对式(2-25)进行拉氏变换,根据微分定理,当初始条件为零时可得拉氏变换后的代数方程为

$$[a_n s^n + a_{n-1} s^{n-1} + \cdots + a_1 s + a_0] y(s) = [b_m s^m + b_{m-1} s^{m-1} + \cdots + b_1 s + b_0] x(s) \tag{2-26}$$

从式(2-26)可得

$$W(s) = \frac{y(s)}{x(s)} = \frac{b_m s^m + b_{m-1} s^{m-1} + \cdots + b_1 s + b_0}{a_n s^n + a_{n-1} s^{n-1} + \cdots + a_1 s + a_0} \tag{2-27}$$

式中,$W(s)$ 为微分方程在初始条件为零时输出量的拉氏变换与输入量的拉氏变换之比,称为系统的传递函数。

这里的 s 是复变数,称为拉氏算子。

利用式(2-27),我们得到三类处理问题的数学模式。

(1)当系统或设备本身的特性参数和输入情况已知,求系统或设备的输出响应时,利用下式进行求解

$$y(s) = W(s) \cdot x(s) \tag{2-28}$$

(2)当系统或设备本身的特性参数和输出响应已知,求系统或设备的输入情况时,利用下式进行求解,即

$$x(s) = \frac{y(s)}{W(s)} \tag{2-29}$$

(3)当系统或设备的输入和输出已知,求系统或设备本身的特性参数时,就可直接利用式(2-27)进行求解。

根据系统的传递函数,通过一定的代数运算和拉氏变换,求出系统在时域的微分方程式并直接求解,便可得到系统的稳态响应和瞬态响应,从而知道系统的性能。

系统的传递函数 $W(s)$ 是复变量 s 的函数,经因式分解后常可写成

$$W(s) = K \cdot \frac{(s-z_1)(s-z_2)\cdots(s-z_m)}{(s-p_1)(s-p_2)\cdots(s-p_n)} \tag{2-30}$$

式中，z_1，z_2，$\cdots$，z_m 为 $W(s)$ 的分子多项式方程等于零时的根，称为系统的零点；p_1，p_2，$\cdots p_n$ 为 $W(s)$ 的分母多项式方程等于零时的根，称为系统的极点。

当系统的输入信号一定时，系统响应 $y(t)$ 的曲线形状由传递函数的零点和极点来决定。这样在分析系统或设备的动态特性时，不用解微分方程，只要通过系统的零点和极点就能知道系统或设备的性能。反之，如果知道系统或设备的性能，就能知道对系统零点和极点的要求。

传递函数是动态分析中的一个重要概念。但是在利用传递函数分析系统时，必须注意它的适用范围和局限性。它只适用于线性系统且初始条件等于零的情况，即只适用于求输出响应中只包含零初始条件这种情况的解。当初始条件不为零时，为求得系统总的特性，必须考虑非零初始条件对输出的影响。同时，系统的传递函数只反映了所研究的"黑箱"（内部情况不明的系统）对输入和输出的影响，而未反映出"黑箱"内各变量之间的关系以及它们的变化情况。为了能对系统或设备的性能进行更深入的分析和研究，"传递函数法"必须和实验以及其他的动态分析方法相结合。

利用传递函数研究系统和设备时，可以按照传递函数的构成形式对组成系统的元件进行分类。分类后的元件称为典型环节。系统的传递函数或复杂设备的传递函数由一个或多个典型环节组成。对于线性系统，其典型环节有：比例环节、积分环节、惯性环节、振荡环节、微分环节和延迟环节等。

在研究典型环节的传递函数时，应明确环节是根据数学模型来区分的。一个系统或设备可能包括一个或几个典型环节。系统或设备的传递函数就是在典型环节的基础上求得的。

若把系统或设备的传递函数写进方框里，则输入量、输出量的拉氏变换和传递函数的关系 $y(s) = W(s) \cdot x(s)$ 就可以在方框图中表现出来。这种方框图称为传递函数结构图。图 2-12 是电位器的传递函数结构图。这是一个比例环节，图中的 k_1 为比例环节的传递函数。

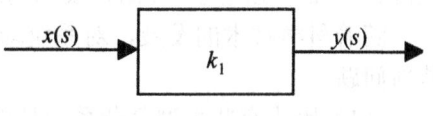

图 2-12 电位器的结构图

如果已经知道系统的组成和各组成部分的传递函数，就可以画出各部分的结构图。把它们联接在一起，则构成了整个系统的传递函数结构图。

传递函数结构图也是系统在复域中的数学模型。结构图的变换相当于在结构图上进行数学方程的运算。一个复杂的系统可以由典型环节的串联、并联或反馈等形式组成。因此，整个系统的传递函数则要依靠对结构图的等效变换来求出。在复域中，对一些变量在结构图中进行运算，比起在时域中进行运算更为简单。所以，结构图及其运算，即结构图的等效变换是分析系统或求出系统传递函数的有效工具。

结构图的变换必须遵循的规则是变换前后的数学关系保持不变。因此，结构图的变换是一种等效变换。

常用的变换方式可以归纳为两类，一是环节的合并，另一类是信号分支点或相加点的移动。

2. 模态分析法

为了求解大型多自由度复杂结构的动态特性，通常需要建立一个复杂的运动微分方程组。从数学观点讲，这样的方程组是完全可以求解的，但实际上由于运算过程相当繁冗，因而难于应用，尤其是当方程组内部存在耦合时，运算工作更为繁重。

应用传递函数进行系统或设备的动态特性分析虽然方便，但首先需要有相应的传递函数，而在许多情况下，求不出相应的传递函数。

为了解决这样一些问题，可以采用模态分析法。

将一个多自由度振动系统的固有特性，用一系列所谓模态参量来表达，这些参量的关系就形成了系统的传递函数。一个具有 n 个自由度的振动系统，将有一个 n 阶的传递函数矩阵。用实验和其他数据处理（如有限元方法）手段找出该系统特有的模态参量或传递函数，并用以对系统的动态性能进行分析、预测、评价和优化，这种处理问题的方法就叫作模态分析法。

对一个多自由度系统，如果通过动态测量得到准确的传递函数曲线，则根据此曲线能够识别系统的各阶模态参数。但是，由于试验的测量误差以及离散数据处理造成的误差，所得到的传递函数的曲线也包含了一定的偏差。在靠近曲线的峰值处和极值处，这种偏差可能更为严重，并对所识别的参数的准确性有直接的影响。因此，参数识别的最大问题在于如何找到最佳的或最接近真实的传递函数曲线。

3. 模态综合法

前面所讲的动态分析方法是以对实际系统的试验和测试为基础，并采用适当的数学模型进行分析和计算，从而具有一定的科学依据和可靠性。但是，对一个大型的复杂系统，由于试验和计算的方法和手段的限制，用上述办法只能进行一些定性的分析和比较，而且没有把握。因而，在实际结构设计时仅能做一些粗略的、原则性的考虑，无法寻求出一个经济、合理并能满足预先给定要求的结构。

随着科学技术的发展，对系统动态分析的要求越来越高了，因而对分析计算提出了一些新问题：

（1）因为有些大型复杂系统是由许多子系统装配而成的，而各个子系统又是在不同的部门和不同的时间设计、生产的。这样，就给整个系统的计算分析和振动测试造成了很大的困难。这就要求我们寻求在分别对各个子系统或部件进行动态分析的基础上，就能计算出整个结构系统的动态特性的方法。

（2）由于大型复杂系统是由若干个子系统组成的，这就要求能够计算出各个子系统在整个系统的动态特性中所占的比重。或者，如果当整个系统的动态特性不能满足预期的要求时，则应知道如何修改某一个子系统，并且使其只用较少的计算量就能修改整个系统的计算。这样才能为系统设计的方案论证阶段和最优化设计阶段提供方便。

（3）对一些大型复杂结构，需要分析其动态特性和外界激励的响应。如果用一个很精细的有限元模型来描述它，那将使我们面临着下述一系列的问题：例如，方程的阶数很高，超出了计算机的容量，使计算无法进行；或者即使计算能够运算，但是计算所需的时间很长，并延长了完成工程所需要的时间。这也给我们提出了一个问题，即如何寻找一个分析精度高、计算时间短的计算方法。

基于以上各方面的考虑，长期以来，很多人都在致力于系统动态特性的子结构分析方法的研究，并提出了模态综合的构想。随着结构矩阵分析的发展，模态坐标这一概念的提出和数字计算机的应用，现阶段模态综合这一系统动态分析的子结构方法得到了进一步的发展和完善。

模态综合法的基本思想是：首先，按照工程观点和结构（系统）的几何特点将整个结构划分为若干个子结构；其次，建立子结构的运动方程，进行子结构的模态分析；再次，将子结构的运动方程变为模态方程，在模态坐标下将各个子结构进行模态综合，从而计算整个结构系统的模态；最后，再返回到原物理坐标，以再现整机结构的动态特性。它的主要特点是：第一，通过求解若干个小型的特征值问题来取代计算大型的特征值问题；第二，对于不同的子结构还可以用不同的方法来进行分析。例如，有些子结构目前还不宜采用计算的方法直接分析，则采用实验的方法测出它的动态特性。

从动态设计的应用对象看，遵循的是从部件到整机，进而发展到全面考虑整个系统的动态性能问题。正因为如此，系统动态设计技术对交叉学科知识和综合解决问题的能力提出了更高要求。实际工程中涉及的热力耦合、机电耦合、流固耦合等，都需要有科学准确的力学、数学模型来描述，而数学模型的建立要有可靠的实验数据的支持。因此可以说，发展试验技术、完善理论方法、提高计算速度，是此项技术发展的三大要素。做好这些前期工作，促进此项技术从整机到系统实现动态仿真，进一步结合 CAD 技术，使其得以全面推广应用。

2.2.3 摩擦学设计（Tribology Design）

2.2.3.1 概述

摩擦学设计是运用摩擦学的理论、方法、技术和数据，将摩擦和磨损减小到最低程度，从而设计出高性能、低功耗、具有足够可靠性及合适寿命的经济合理的新产品。

摩擦学（Tribology）是研究相互运动、相互作用表面的摩擦行为对于机械及其系统的作用，接触表面及润滑介质的变化，失效预测及控制的理论与实践，它是以力学、流变学、表面物理与表面化学为主要理论基础，综合材料科学、工程热物理学科，以数值计算和表面技术为主要手段的边缘学科。它的基本内容是研究工程表面的摩擦、磨损和润滑问题。摩擦学研究的目的在于指导机械及其系统的正确设计和使用，以节约能源和原材料消耗，进而达到提高机械装备的可靠性、工作效能和使用寿命的目的。

为了传递运动和动力实现其预期的功能，机器的结构可以分为两大类：一类是机械的构件，如连杆、轴承、轴、机架等；另一类是相对运动的运动副，如轴承、铰链、螺旋、导轨、活塞和汽缸等。运动副的工作条件远比构件本身严酷。运动副的工作状态和影响因素不仅很多而且复杂。工作载荷、相对运动、环境温度、磨粒进入、两个零件的材质、表面状况和中间的润滑介质等都对其摩擦学性质有明显的影响。而且摩擦过程中摩擦表面的尺寸、形状和润滑剂的情况有显著的时变特征，而一旦磨损件被新的备件更换或更换新的润滑剂时，则这对摩擦副的性质就发生一个阶跃变化，有时机器在维修之后发生事故，原因就是没有处理好阶跃变化。

在汽车、发电设备、冶金、铁道、宇航、电子和农机等各方面的机械都大量存在着摩擦学的问题。据统计,全世界约有 1/2~1/3 的能源以各种形式消耗在摩擦上,如果从摩擦学方面采取正确的措施,就可以大大节约能源消耗。磨损是机械零部件三种主要的失效形式之一,所导致的经济损失是巨大的,据文献介绍,大约有 80%的机械零件由于各种磨损导致失效。根据我国冶金矿山、农机、煤矿、电力和建材等五个行业不完全统计,每年因磨损报废或更换的备件达 100 多万吨。

充分利用摩擦学知识,所节约的费用大致可占到国民经济总产值的 1.1%~1.8%,其所需投资仅占所得效益的 2%。因此提高摩擦学设计水平有着十分重大的意义。

2.2.3.2 摩擦学设计简介

由于摩擦现象发生在表面层,其理论分析和试验研究都比较困难,目前摩擦学研究正由宏观转向微观、由定性转向定量、由静态转向动态、由单因素发展到多因素的综合研究阶段。相应地摩擦学设计中遇到的许多问题也随着计算机技术及摩擦学理论研究的发展而得到解决。对摩擦学设计现简要介绍如下:

1. 流体动压润滑

两摩擦表面相对运动时,具有一定粘度的流体将被带进两表面之间,靠粘性流体的动力学作用产生流体压力,形成润滑膜以承受载荷并将两表面完全分隔开的润滑方式,称为流体动压润滑。

流体润滑中所用的粘性流体可以是液体,如润滑油、水、液态金属等,也可以是气体,如空气、混合气体等。所以相应地称液体润滑或气体润滑。

流体动压润滑的理论基础是粘性流体力学,以及由它导出的流体润滑基本方程——雷诺(Reynold)方程。随着计算机技术的发展以及许多流体动压润滑软件的问世,用数值法求解各种类型轴承润滑问题已日益成熟,从而有力地推动了流体动压润滑理论的应用及发展。

有关本节中涉及的润滑油的粘度及其性质;雷诺方程推导与简化;以及应用该方程设计计算轴承润滑问题;如何设计计算经向轴承和瓦块轴承;如何设计计算挤压膜润滑问题;如何应用计算机及其软件求得轴承设计精确解等问题可参考有关专著。

2. 弹性流体动压润滑

弹性流体动压润滑简称弹流润滑,是摩擦学近代发展的重要领域,它主要研究名义上是点线接触摩擦副的润滑问题。

1886 年在机械学领域中出现了雷诺(Reynold)润滑理论,随后又出现了赫兹(Hertz)接触理论。长期以来,人们分别应用这两个理论处理不同接触表面摩擦副的设计问题。对于滑动轴承一类面接触的摩擦副,用雷诺理论进行润滑设计计算,发现能很好与实际情况相符;对于齿轮滚动轴承等点线接触摩擦副,原则上是按赫兹接触理论计算,但能否形成润滑油膜,一直是人们关注和争议的问题。按经典的雷诺理论计算,否定了油膜存在的可能性;然而,在实践中又确实发现点线接触的摩副被油膜所隔开。怎样解释这一矛盾?不少学者做了长期的观察研究,直到 40 年代,人们才将这两个理论成功地统一应用于分析点线接触问题,并获得理论与实际的一致。这就是所谓的弹性流体动压润滑理论 EHL (Elasto-Hydrodynamic Lubrication),简称弹流润滑,它是研究在点线接触中弹性体间的液体动力润滑问题。

与面接触的液体润滑状态相比,点线接触副的弹流润滑状态极为特殊,主要是油膜极薄,一般只有~1μm 量级;油膜压力很高,最大可在达~1GPa;瞬态接触,润滑剂通过接触区的时间只有~10^{-3}s 量级;有时还伴随着显著的温升。由于施加在点线接触运动副上很高的载荷会使弹性体产生很大的局部变形,从而剧烈改变润滑油膜几何形状,而改变后的润滑油膜几何形状又反过来决定压力分布规律,所以,在求解 EHL 问题时,在必须满足基本的弹性方程和润滑方程的同时,还需考虑接触表面的形貌和润滑剂的非牛顿特性。目前全膜弹流润滑理论基本上成熟,特别是随着计算机技术的发展,EHL 在齿轮、凸轮、滚动轴承、金属辗压和拔丝等工程设计领域获得了广泛应用。

3. 流体静压润滑

静压滑动支承是靠外部的流体压力源向磨擦表面之间供给一定压力的流体,借助液体静压力来承受载荷。这种支承的特点是:流体润滑状态的建立与其润滑表面的相对运动速度无关,静压支承可在很宽的速度范围(包括静止)和载荷范围内无摩损地工作。由于运动副之间完全被油膜所隔开,这就大大减少了因支承表面加工误差所带来的影响,而使支承具有很高的运动精度。

随着静压技术的不断改进和完善以及其计算方法的进一步发展,静压技术已获得愈来愈广泛的应用。它不仅应用于高精度机床、高效机床、重型机床上,还应用到精度仪表机床及小型仪器上,并推广使用到轧钢机、球磨机、船闸起重机等重型设备上。可以预料,其应用范围还将越来越广泛。

液体静压支承是由支承、补偿元件(节流器)和供油系统所组成。静压支承中各个独立的承载部分叫油垫,每个油垫则又由腔(或油室)、封油面(或封油边)和进油孔所组成。油垫表面形状随支承表面几何形状而定。如向心(径向)轴承,其油垫表面是圆柱面;止推轴承的平面轴端或轴肩,其油垫表面是平面等。一个轴承中的油垫数目,要看具体的性能要求和结构条件而定。例如:向心轴承大多数是四个油垫,也有三个或六个油垫的;止推轴承有的只有一个油垫,有的则有多个油垫。

支承的表面形状虽然多种多样,但大多数止推轴承和导轨都是平面的,圆柱面也可以等效平面来设计计算。有关流体静压润滑支承的设计与计算方法、静压支承的补偿原理及补偿元件、静压支承的承载能力和油膜刚度、静压支承的流量、功率和温升等可参阅有关文献。

4. 边界润滑

摩擦界面如果存在着一层与介质的性质不同而又具有良好润滑性能的膜,则这种润滑状态称为边界润滑。边界润滑现象广泛地存在于各种机器设备中,如普通滑动轴承、机床导轨、气缸与活塞环、凸轮与顶杆间等。

边界润滑中起润滑作用的膜称为边界膜。一般讲,边界膜是由于润滑剂的"极化"而形成的,能"极化"的润滑剂或润滑材料称为活性材料。当极性分子吸附在金属表面上达到饱和状态时,极性分子紧密排列,并与金属表面吸附得很紧,有一定的油膜强度。当摩擦界面相互滑动或滚动时,边界膜起着良好的润滑作用,以防止摩擦界面的直接接触。

边界润滑是一个很复杂的过程,是由固体—润滑剂—固体这样一个边界系统所决定的。就边界润滑剂的作用而言，是在运动表面之间形成一层润滑膜，使其能将两摩擦界面隔开以减少固体与固体之间的直接接触，且这层膜本身要求容易被剪切。一些长链分子的润滑剂具备上述条件，它们的分子链之间具有强的吸引力，可以附着在固体表面上以防止摩擦界面间的相互嵌入，减少磨损，其分子之间具有低的剪切强度，可降低摩擦阻力。

边界润滑机理是相当复杂的，它涉及到表面和润滑剂之间的物理性质和化学性质；涉及到表面润滑膜与固体之间的吸附性能；涉及到接触力学、接触化学、接触物理学等许多边缘学科的内容。有关边界润滑中边界膜的形成机理、边界膜的强度、边界膜的摩擦，磨损特性、刚体的边界润滑、弹性体的边界润滑等设计问题可参阅有关资料。

5. 摩擦理论

当两个相互接触的物体在外力作用下发生相对运动或具有相对运动的趋势时，在接触表面之间将产生阻止其相对运动或相对运动趋势的作用力，这种阻力称之为摩擦力，这种现象称之为摩擦现象。或者说：阻止两物体的接触表面产生切向相对运动的现象称为摩擦。两接触表面有相对运动必然有摩擦，其摩擦力的方向永远是沿着接触面的切线方向，与物体的相对运动方向相反或与物体有相对运动趋势的方向相反，阻碍着物体之间的相对运动。

机器的运转都依赖其零件的相对运动来实现。当机器运转时，其相对运动表面必然有摩擦力产生。为克服这些摩擦力必须消耗一部分能量，致使机器的效率降低，因此，摩擦力是机器运转中最有害的阻力。摩擦将使机器表面产生磨损，导致其配合间隙增大，影响机器的工作精度，寿命和可靠性等。在摩擦理论中，目前研究较多也较为活跃的有滑动摩擦机理、滚动摩擦机理、摩擦力的动态特性等基础理论。

6. 磨损理论

磨损理论是一门综合性的技术科学，它是机械工程的基础理论之一，将直接影响到机器设备的效率、寿命和可靠性，在许多情况下是影响产品性能的关键因素。对于大多数的机器设备，都是由于工作表面的磨损而降低工作精度或丧失工作能力。因此，研究磨损科学是提高机器工作效率和延长机器寿命，减少零件磨耗的一项迫切的国民经济任务。

研究磨损的目的就在于揭露磨损现象产生的原因，探讨磨损的规律、研究磨损的机理，从而找到降低磨损的方法，以满足现代机器在高强度、高速度、高度自动化和特殊工况条件下的工作需要。

磨损是机械零件是一种破坏形式，它破坏工作表面，影响机器的功能，消耗材料和能源，并降低机械设备的使用寿命。但磨损也有好的作用，例如，机器设备在跑合阶段的磨损，以及利用磨损原理的机械加工方法，如研磨加工等，都属于有益的磨损。

磨损是一种很复杂的过程，它涉及的问题很广，影响的因素很多。若仅对其表面做宏观的观察，则很难彻底认识其机理和规律。随着科学技术的发展，测试手段的进步，人们对磨损理论的认识已取得很大进展，已开始由宏观到微观，由静态到动态，由定性到定量的研究阶段，但仍远远未臻完善，至今仍未得出统一的磨损理论。就其磨损机理而言，研究得比较多的有：磨粒磨损机理、粘着磨损机理、疲劳磨损机理、腐蚀磨损机理、微动磨损机理、气蚀磨损和冲蚀磨损机理等。

关于摩擦学设计技术除上述六个方面的研究内容之外，还有润滑油、润滑脂、润滑剂的添加剂，固体润滑剂等各种润滑材料；还有减摩材料，耐磨材料，摩擦材料等各种结构材料；还有表面热处理，表面形象强化处理，表面化学热处理，表面电镀处理，放电熔渗表面强化处理，离子注入表面强化处理，气相沉积强化处理，表面喷涂与喷焊处理等各种表耐磨强化处理等方面。

2.2.3.3 技术现状及发展趋势

1. 国外技术现状

早期有关摩擦、磨损和润滑的研究分散于机械、材料、化工等各个学科中，忽视了摩擦现象的综合特性及学科交叉的特点。60年代末，英国发表 Jost 的调查报告，正式提出 Tribology 一词，摩擦学从此成为一门独立的学科，发展十分迅速。

随着计算机和数值计算技术的发展，以前不能用解析法解决的问题大都可以进行准确的定量计算，所分析的因素更加全面和符合实际。目前，经典流体润滑理论已经基本成熟，研究的重点转向特殊介质和极端工况下的润滑理论，例如，超层流润滑、多相流体和流变润滑理论，特别是针对异向曲面摩擦副的润滑问题所建的的弹性流体动力润滑理论与应用研究取得重大进展。

混合润滑是最为普遍的润滑状态，在国外受到广泛的关注。近年来，混合润滑理论和边界润滑机理的研究有较大的进展。边界润滑膜的研究成果，已经能够对改进润滑性能起指导作用。通过表面形貌润滑效应和润滑膜形成与失效的研究，有利于建立和完善混合润滑模型，逐步建立定量计算方法。

材料磨损研究已从早期的宏观现象分析转向微观机理研究，应用现代表面分析技术提示磨损过程中表面层组织结构与物理化学变化。目前国际上提出基于能量理论或材料疲劳机制的各种磨损理论。可以作为摩擦副材料选择和抗磨损设计的依据。

此外，新型轴承和动密封装置的结构；新型材料与表面热处理技术；新型润滑材料与添加剂等方面的研究均有较大的进展。

2. 国内技术现状

从 1956 年至今，摩擦学受到广泛的重视，现已初步形成一批研究设备和手段配套的基地，并拥有一支训练有素的研究队伍，近期还成立了摩擦学国家重点实验室。

在理论研究方面，我国润滑理论研究具有相当高的学术水平，其中弹流润滑理论、滑动轴承静动态性能与系统稳定性，以及动静压混合轴承等方面的研究已经达到或接近国际先进水平。我国在材料磨损方面进行了长期的研究工作，累积了大量的数据，磨料磨损和表面强化处理的研究受到国外同行的瞩目。

在应用研究方面，国产某些精密机床的研制达到世界先进水平，大型水轮发电机和汽轮发电机的自行设计制造成功、人造卫星等尖端技术跃入世界先进行列，凡此种种，其基础件的摩擦学性能和寿命都有较大提高，这一切均标志着我国摩擦学应用研究在某些领域已达到较高的水平。

但是，和国外相比，我国机械产品普遍存在能耗高和磨损寿命低的缺点，基础件的质量在总体上和国外先进水平还存在很大的差距。例如，大多数摩擦副的有效寿命只相当于国外同类产品的 30%～50%；国外每辆载重汽车润滑油年消耗量不到 20kg，而我国达130kg。由于零部件的耐磨性能不高，不仅影响机械设备的生产效率，而且增加了备件的消耗和储备量，使备件生产和维修所需的人力、物力和设备在整个生产能力中占据很高的比例。

3. 发展趋势

国际摩擦学的发展总趋势可以归纳为：由静态特性研究转为动态过程研究；由定性分析转为定量计算；由宏观现象分析深入到微观机理研究；由单一学科分散研究逐渐进入对摩擦学系统诸多影响因素进行多学科的研究。

同时，高技术的发展和不断被引入，进一步丰富了摩擦学的内容。工业发达国家已相继建立了摩擦学数据库和专家系统，用系统工程的观点来解决机械工程中的摩擦学问题，并把摩擦学的研究成果应用到各个领域。

我国应针对汽车发动机典型摩擦副和主要基础零部件摩擦副进行系统摩擦学设计理论、方法和计算软件的研究。重点研究典型摩擦副设计技术，润滑系统设计技术，状态预备系统设计技术。结构参数补偿，控制系统设计技术，表面功能覆层摩擦学设计技术等等。提出摩擦学设计一般准则，提供机械产品摩擦设计参考资料和相应计算机软件，进而在汽车发动机典型摩擦副、主要基础零部件摩擦副中获得以应用。

2.2.4 优化设计（Optimal Design）

2.2.4.1 概述

在现代工程设计中，设计方案往往不是唯一的，从多个可行方案中寻找"尽可能好"的或"最佳化"方案的过程，称为"优化"设计。传统的设计过程是从构思方案—评价—再构思—再评价的过程，这也是一种寻优过程。但由于受到诸多客观条件的限制，这种设计过程只可能得到"较好的可行解"，无法得到设计的最佳解。为了得到最佳解，国外从70年代，国内从80年代初开始，利用计算机辅助寻优，出现了最优化设计这一高新技术。

最优化设计是以数学规划为理论基础，以计算机为工具，在充分考虑多种约束的前提下，寻求满足某项预定目标的最佳设计方案。

2.2.4.2 优化设计的分类

按优化设计涉及的对象，可将优化设计分为方案的优化设计和参数的优化设计。方案的优化设计是利用人工智能和专家系统原理对产品的布局方案进行优化选择，这是一种创造性的设计过程，有时称为智能优化设计。由于无法用数学方程准确描述设计对象，智能优化设计的难度很大，但它的效果却比参数优化设计显著得多。参数优化设计是利用优化方法确定具体的设计参数，由于可以建立设计目标和设计参数之间的数学模型，就可以采用数学规划方法寻求最佳设计参数的组合。

根据抽象得到的数学形式的不同，需要应用不同的数学规划方法去求解，在这个意义上我们又可以将优化设计方法分为：线性规划问题，非线性规划问题，动态规划，整数规划，0~1规划等。根据是否有设计约束，又可将优化问题划分为约束最佳化问题和无约束最佳化问题。关于优化设计方法的详细分类可参考图2-13。

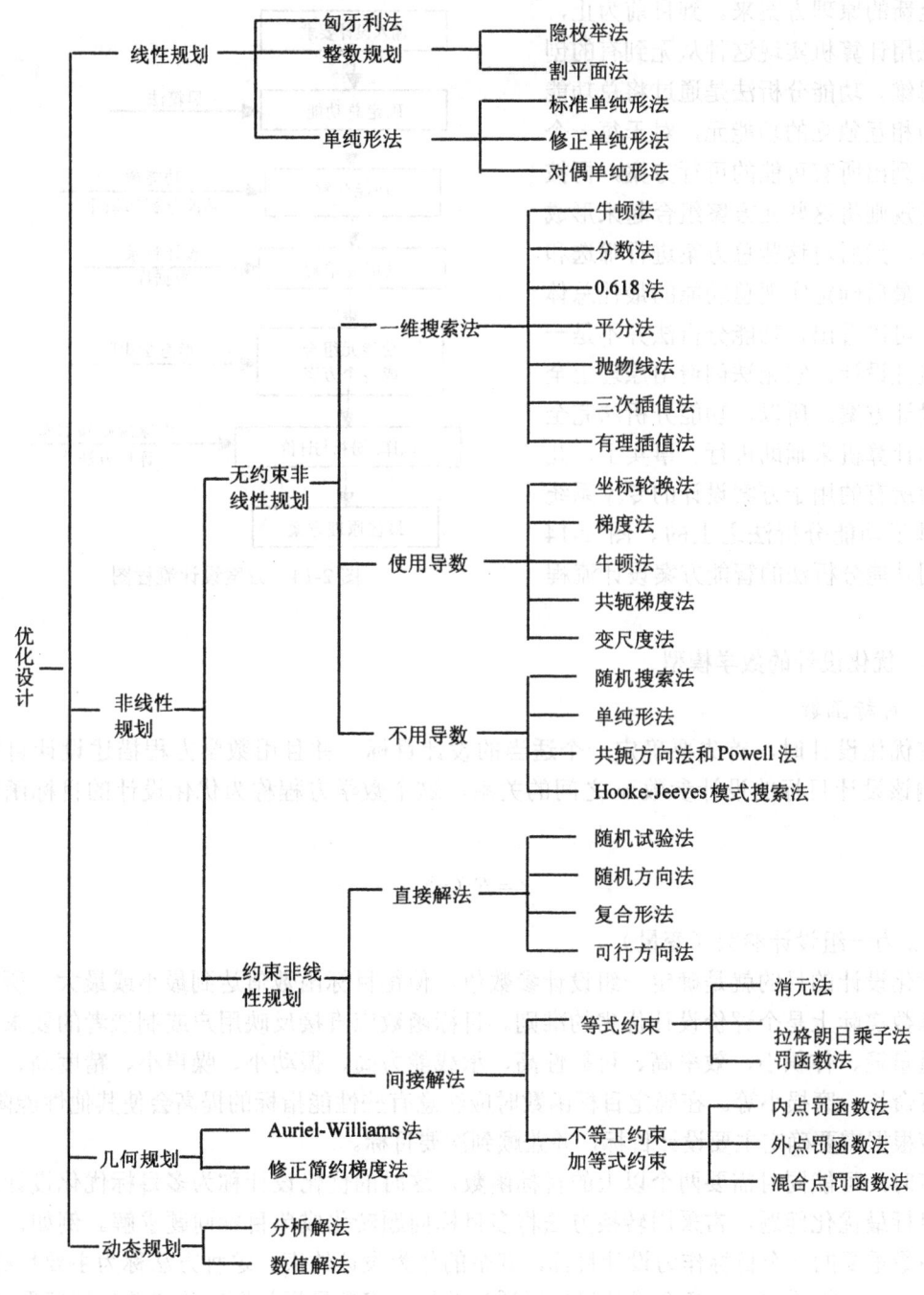

图 2-13 常用优化设计方法的分类

2.2.4.3 方案设计（Conceptual Design）

所谓方案设计，是根据产品总的功能要求，创造出相应的原理方案来。可见方案设计是个创造性过程。根据设计方法学，进行方案设计时可采用两种方法：功能分析法和创造性思维法。一般来讲，创造性思维法要求充分发挥设计人员的创造能力，从无到有创造出一种全新的原理方案来。到目前为止，还无法用计算机实现这种从无到有的创造性思维。功能分析法是通过将总功能分解为相互独立的功能元，对于每一个功能元列出所有可能的可行方案，再按一定的规则将这些元方案组合起来形成总方案，然后对这些总方案进行筛选和评估，最后确定实现总功能的最佳总体方案。可以看出，功能分析法并不是一种创造性设计，它无法创造出原理上全新的设计方案。所以，功能分析法完全可以由计算机来辅助进行。事实上，几乎目前所有的用于方案设计的专家系统都是基于功能分析法之上的。图 2-14 表示用功能分析法的智能方案设计流程图。

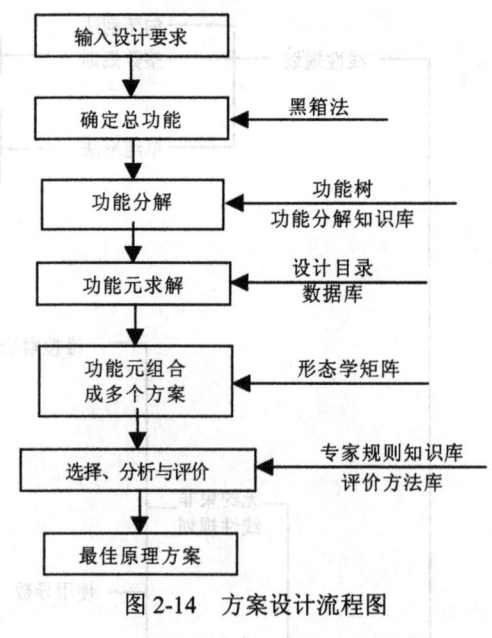

图 2-14 方案设计流程图

2.2.4.4 优化设计的数学模型

1. 目标函数

在优化设计时，首先要确定一个适当的设计目标，并且用数学方程描述设计目标 Y 和影响该设计目标的设计参数 x 之间的关系，这个数学方程称为优化设计的目标函数。即

$$Y = F(x)$$

式中，x 为一组设计参数（变量）。

优化设计的目的就是确定一组设计参数值，使得目标函数值达到最小或最大。所以，目标函数实际上是个评价设计优劣的准则。目标函数应直接反映用户或制造者的要求，例如：重量轻、体积小、效率高、可靠性高、承载能力高、振动小、噪声小、精度高、成本低、寿命长、磨损小等。在确定目标函数时应注意有些性能指标的提高会使其他性能降低，所以应根据需要确定主要设计目标，并兼顾到次要目标。

有时，可能同时需要两个以上的目标函数，这时的优化设计称为多目标优化设计。对于多目标最优化问题，常采用转换方法将多目标问题转化成单目标问题求解。例如，可以将其中最重要的一个目标作为设计目标，其余的作为设计约束。这种方法称为主要目标法。也可以引入加权系数，给各个设计目标以适当的权，将多目标问题转化成单目标问题求解，从而使问题得以简化。

2. 设计变量

所谓设计变量，就是那些对设计目标有影响的，因而要在优化设计过程中优化确定的设计参数。设计变量一般用一个列矩阵表示

$$X = (x_1, x_2, \cdots, x_n)^T$$

设计变量一般是一些相互独立的参数，如外形尺寸、截面尺寸、机构的运动尺寸等一些几何参数，也可以是频率、力、力矩等一些物理量。

某项设计所取设计变量的多少叫设计的自由度。设计变量愈多，设计的自由度也愈大，愈容易达到较好的优化目标。但随着设计变量的增多，优化设计的难度也随之增加。因而，一般情况下，应尽量减少设计变量的个数，只将那些对目标函数影响大的参数列为设计变量，而将那些影响不大的参数根据经验预先给定，以减少设计的难度。

设计变量按允许的变化规律可分为连续设计变量和离散设计变量两大类。连续设计变量可在某一区间内任意变化，如齿轮的变位系数。离散设计变量只能在某些离散点上取值，例如齿轮的模数、齿数等。离散变量的优化设计算法没有连续变量优化设计成熟。所以，一般情况下，常将离散变量优化问题按连续变量处理，最后对设计结果进行圆整。这样得到的结果一般仅为近似最优解。

3. 约束条件

在设计过程中，设计变量的取值不是无限的，某些性能也有一定限制。所谓的约束条件就是加给设计变量和产品性能的限制。约束的形式一般有两大类，等式约束和不等式约束。等式约束可表示为

$$g_i(x) = 0 \quad i = 1, \cdots, q$$

不等式约束可表示为

$$g_i(x) \leqslant 0 \quad i = q+1, \cdots, p$$

约束又可分为边界约束和性能约束两大类。边界约束一般限制设计变量的取值范围；性能约束是加给设计性能的约束条件，如：对零件变形的限制，对振动频率、机械传动效率、输出扭矩波动最大值的限制，对运动参数如位移、速度、加速度的限制等。约束条件的确定以满足设计要求为前提，过多则会增加求解的困难；还要注意那些重复的约束、矛盾的约束和线性相关的约束。

在确定了目标函数、设计变量和约束函数后，就可以得到优化设计的数学模型

$$X = (x_1, x_2, \cdots, x_n)^T$$

min $\quad F(X)$

s.t. $\quad g_i(X) = 0 \quad\quad i = 1, \cdots, q$

$\quad\quad g_i(X) \leqslant 0 \quad\quad i = q+1, \cdots, p$

在优化设计的数学模型中，目标函数、设计变量和约束条件称为设计模型的三要素。

优化设计包括两个方面的内容：

（1）将工程实际问题数学化，抽象成优化设计的数学模型。实际上是确定目标函数，设计约束和设计变量。这是优化设计的一个重要内容，是工程优化设计的关键，也是设计人员进行优化设计的主要任务，也往往是最困难的任务。优化设计的结果也主要取决于建立的数学模型是否真正反映设计的需求。

（2）选择合适的优化计算方法，在计算机上求解数学模型。求解数学模型的最优化方法，属于计算数学和应用数学的范畴，是优化设计的一种工具。目前市场上有各种成熟的

优化设计程序，工程设计人员一般不必自己动手编写这些程序，只需要了解这些程序的结构和使用方法，知道这些程序的应用范围，掌握根据实际问题选择适当优算法和程序的方法，会应用所选程序求解所建立的数学模型即可。

2.2.4.5 优化算法的基本思想和常用优化方法

优化算法各种各样，但大多数方法都是采用数值计算法，其基本思想是搜索、迭代和逼近。就是说，在求解时，从某一初始点 x^0 出发，利用函数在某一局部区域的性质和信息，确定下一步迭代的搜索方向和步长，去寻找新的迭代点 x^1。然后用 x^1 取代 x^0，x^1 点的目标函数值应比 x^0 点的值为小（对于极小化问题）。这样一步步的重复迭代，逐步改进目标函数值，直到最终逼近极值点。图 2-15a 表示了一个无约束极值问题 $F(X)$ 的迭代和逼近过程。

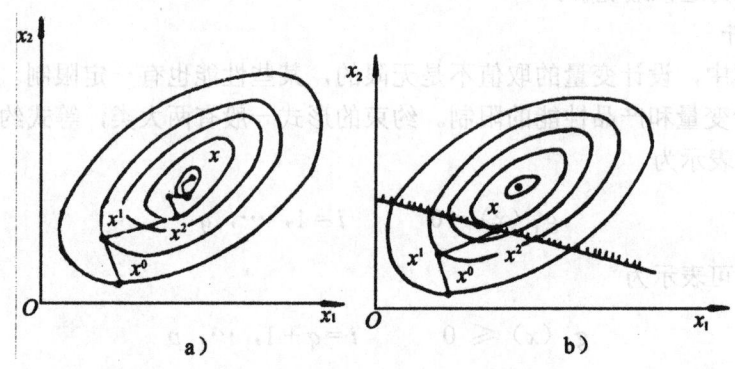

图 2-15 优化迭代和逼近过程
a) 无约束条件　b) 约束条件 $g(X)$

这样一个逐步寻优的过程跟"盲目登山"很相似，求极大值相当于登山顶，求极小值相当于下山谷。以盲人登山为例，它有两个特点：一是每走一步都要认真研究这个新点周围的信息，以确定下一步的方向和步长，然后到达下一个点；二是每走一步都比前一步高。正是由于这两个特点，盲人总是可以到达山顶。优化算法也应具备这种步步登高的性质。对于目标函数是多"峰"的情况，这不仅要求得局部最优，还要采用一定的方法求得全局最优。在寻优过程中，最重要的是确定每一步的搜索方向和迭代步长，而各种优化算法的主要区别也在这里。

对于约束极值问题，其数值解法的基本思想仍然是搜索、迭代和逼近，不同的是需要考虑约束条件的存在，如图 2-15b 所示，如果增加一个约束条件 $g(X)$，就好像盲人登山过程中遇到一堵墙，所能达到的最高点必须在墙内，攀登的路线也会随之改变。盲人登山，主要目标是登上山顶，同时也希望越快越好。优化算法也有类似的两个标准，即收敛性和收敛速度，这是衡量算法优劣的两个重要指标。

常用的优化设计算法分为无约束最优化的解析方法、无约束最优化的直接搜索法、约束最优化方法。约束最优化方法常被转化成无约束最优化问题求解。在优化算法中，还常用到所谓的一维搜索寻优法，常用的有：黄金分割法、分数法、牛顿法、割线法和抛物线插值法等。

2.3 竞争优势创建技术

2.3.1 创新设计技术

2.3.1.1 概述

创新是设计的本质,也是设计活动的最终指标。没有创新就没有丰富多彩的世界。随着科学技术突飞猛进的发展,大量科技成果转化为生产力,产品更新的周期大大缩短,产品的市场竞争也日益激烈。在这种形势下创新设计是产品适应新的市场形势的最好途径,创新产品能满足甚至创造出新的需求,因而必然有较强的市场竞争力。

产品创新是为企业利益服务的。除掉技术上的创新,当然还可以有管理上的创新,销售上的创新,售后服务上的创新等等。我们主要讨论技术上的创新。

在制造业中,我们一般把产品的技术创新分为如下两类:

一种是无重要新技术,但在形式上翻新,因而能获得相应竞争能力,例如按用户定单生产不同颜色的自行车,虽然在生产管理上有所创新,也形成了新的竞争能力,但自行车的性能并无重要变化,其中也没有融入多少新的技术。

第二种是含有(开发了)重要新技术,使产品竞争力有重要提高,或形成新竞争力的制高点,例如电动汽车,如果谁能设计和制造出远远超出现在的长寿命电池,就是一种新竞争力制高点,那么这种创新将不仅具有世界意义,而且是具有历史意义的。

2.3.1.2 创新与设计思维

创造性思维具有两种形式:直觉思维与逻辑思维。

直觉思维是一种在下意识状态下,对事物内在复杂关系突发式的领悟过程,具有创造灵感忽然降临的色彩。

在今天市场竞争十分激烈的情况下,企业必须根据市场上出现的需求,快速地创造开发全新的产品去占领市场,单凭依靠天赋灵感的创造方式显然不能满足要求。人们必须根据所提出的创造目标,进行逻辑推理式的思维,把目标展开、分解和综合,寻求各层分目标的解,然后找出最终整体解,用主动的可按部就班的工作方式向目标逼近,这就是逻辑推理型创造思维方式。

实际上,大量的创造过程是这两种思维方式交叉和综合的结果。人们首先对自己提出一个创造目标,这个目标本身也可能就是一个创造灵感,但是为了实现这个目标,必须一步步地进行分析推理。在此过程中会出现一些技术难关,人们就不得不进行反复的试验,经历一次又一次的失败,最后找到解决问题的办法。

1. 创新思维法则

在对创造性思维的机理认识的基础上,人们自然会产生第二个问题,即能否人为地去催化这一进程?回答是肯定的。创造学为此建立起促发创造思维的一些法则,作为外部因素的有:

(1)激发创造激情。科技史中,凡作出重大创造发明的人,都是充满创造激情的人。因为只有在激情的支配下,人脑的智力活动才能被高度激发,形成突发灵感。这种创造激情可能由市场压力或诱惑力等经济因素促成；也可能出自科学家的崇高事业心；也可能出自政治需要。创造激情的激励的手段可以是精神鼓励，经济刺激，政治动员，甚至民族感情。

（2）增强信息获取方式。创造建立在大量知识和信息的基础上，尤其是处于现在科学技术高度发达的时代，有关新技术的信息显得特别重要，往往一项新技术的发明会引发出一连串的发明创造。在建立了信息高速公路的条件下，人们可以用最便捷的手段捕捉大量的信息，这无疑为创造发明提供了极好的条件。在随之而来的创造发明的竞争中，信息的快速获取将成为成败的关键因素。

（3）促进知识融合。科学技术发展到今天，学科界限越来越模糊，创造发明往往是多学科知识融合的结果。一个发明人大脑中储存的知识不足以构成所求的解，很多创造灵感是在学科交流中产生，因此，创造各种条件让不同学科的人频繁交流，也是促进科技创新的重要手段。

了解创造思维内在的特点，在创造过程中主动加以运用，是促进创造思维的重要内部因素。在技术性的创新设计中，常用的有如下几种思维形式：

（1）分析与综合思维。分析与综合是一个逻辑性很强的思维过程。

面对所提出的创造对象、任务或设想，首先需要进行分析。要对问题的提法有清晰而明确的描述，然后去伪存真，由表及里，把本质和非本质的问题加以区别。对于复杂的问题，要将其分解为逻辑层次与关系清晰的各级子问题，必要时，在完成一轮分析过程后，反馈到起点，对问题做重新描述，以生成一个新的更合理的起点。

综合是分析的反向过程。在求得各子问题的解之后，必须通过建立联结，构成总体，实现最终需要的总体功能。这种联结可能已在分析过程中初步建立，但在各子问题的解求得之后，联结将会发生变化，甚至通过综合过程，建立含有多种联结方式的解域然后借助各种评价手段，确定最佳解，综合过程常常是一个创新的过程。

分析与综合是最基本的创造思维过程，由它们构成一个创造过程的思维框架。

（2）收敛与发散式思维。创造意味着寻求一个解，我们可以先确定一个原始解，它可以是一个完全满足所提要求的理想系统，然后以它为目标，寻求凡是想得出或可能的，通向这个目标的途径。对每一条通向目标的途径进行论证。最后找到一条最好的途径，它使目标成为可实现的解，并且与理想解的差异是最能够被接受的。由于条条思维途径都指向一个收敛目标，即原始提出的理想系统，所以这种创造思维称为收敛式思维。这种思维方式的关键是人们能否提出一个理想目标，它常常受到认识的限制，而通向目标的途径，又常常受到技术的限制，创造正是在这两点上的突破。

我们也有可能已经掌握了一个原始解，以其为出发点，去寻找更多更好的解。这些新解不一定是原始解的变异，它很可能是在保证系统功能前提下，一种新的原理和系统。这种创造思维称为发散式思维，由原始解出发辐射出多根思维射线，其终点常常是一些创新解。

将创造原点抽象化，然后用收敛或发散的思维模式求解，是一种十分有效的创造思维法则。

（3）对应与联想式思维。科技史上很多发明创造都是对应联想的产物。人们看到鸟在天上飞，联想到人也装上翅膀飞；看到鱼在水中游，联想到人也能在水中游，为此不断的创造，终于发明了飞机和轮船。直到今天，对应联想法则依然是创造思维的重要法则。对应是指作为类比的对象，它距离人们常规的思维范畴越远，越容易激发新思路，实现创新与发明。联想把类比对象的某些特征引导到现实的创造任务中。

（4）离散与组合式思维。很多事物将其分解意味着创新。也有很多事物，彼此组合意味着创新，在科技发明创造中充满这类实例：眼镜片与镜架分离，成为隐形眼镜；电话听筒与主机分离，成为子母式电话机。但是相反，电视与电话组合，成为可视电话。所以，分解与组合是对立统一的思维，很多场合，分解是为了组合，而为了形成最佳组合，首先应将对象分解。有人预言，未来的机械将是由大量的，专业化程度极高的功能模块组成。

（5）换元与移植式思维。客观事物都有内在的运动规律，有很多规律表现的因素不同，但规律相同，数学很好地反映了这一点。三大数学物理方程并没有针对特定的物理量，但却在振动、热传导，液体动力学不同领域得到应用。方程中的 X、Y、Z 可以用不同的物理元代入，解决不同的问题。这种思维方法转移到创造学中，成为换元法则。

移植是把某一领域内的一种方法或研究成果在另一领域内的应用，它常导致一门新的学科、领域或学说的创立。如把物理学研究手段用于化学，产生了物理化学；将力学研究手段用于生命体，产生生物力学等等。技术方面移植的实例也很多，特别是为军事、宇航、核能等领域开发的许多技术，移植到民用技术领域，产生很多创新成果。

（6）正向、迂回与反向思维。正向、迂回与反向思维是人们常用的思维方式。

正向、直线前进的思维方式在科学演绎中运用很多，每证实一步就再往前进一步，直到关系成立。在工程技术中，这也是主要的，基本的思维方式。

逆向的、求异的思维是创造性人才必备的的素质。对现有的解地行分析，对其每一部分提出疑问，想一下"能否不是这样"，会解脱"思维定势"的束缚，引发出好的想法。

迂回思维则反映了创造人的灵活性，用侧面代替正面，用间接代替直接，用阶段前进代替一步到位等等。近几年产生的快速原形制造技术，就是用平面生成立体地迂回创新思维的产物。

2. 创新工作方法

通过组织学手段可以帮助创新思维的展开，为此人们创造出很多工作方法：

（1）智暴法。智暴法是一种让智力像山洪一样暴发的方法。它的基本思想是组织一些来自不同领域但思想活跃的人，向他们提出会议的主题，鼓励大家提出无偏见的主意，规定每一个人只能补充别人的思想，不许否定或批评对方，努力构成新思想的联合。参与智暴法活动的人来源应尽量广泛，与非专业，非技术人员交往有时会得到绝妙的充实，从智暴法活动中得到的往往是原始的主意，进一步需要和专业人员分析提出的主意，建立切实可行的方案。

（2）635 法。635 法是由智暴法进一步发展而成，在宣布了活动主题后，要求参加者每次在写下三个解并作提纲式的注释，然后传给邻座，后者读后再提出三个进一步解或作补充。这个活动常有 6 人参加，因此每个参加者的建议都将经过 5 个人的补充或组合发展，故称 635 法。与智暴法相比，在 635 法中，一个有内容的主意将会得到系统的补充或开发，而且消除了活动领导人的影响。缺点是不够自由活泼，对积极思维有一定影响。

(3) 陈列法。陈列法的前提条件和小组构成与智暴法相同，但参与者把自己的主意用简图加以适当的文字描述，然后把每一个人的结果像美术画廊式陈列出来，以便所有参与者交流讨论，然后形成新的想法，由参加者作进一步发展，最后进行审视、排队和补充完善，选出有成功希望的初始解或原始主意。这种方法能防止不着边际的讨论，而且特别适合结构设计的创新。

(4) 哥顿法。哥顿法是一个用抽象类比思维方式开发创造活动的方法。会议主持人在开始时并不宣布所要讨论的具体内容，而是把问题抽象化，提交与会者讨论。例如，要研究开罐头的工具，可把问题抽象化为："打开东西有什么办法？"；采用这种方式能引导与会者无约束地进行思考，提出各种方案，最后，由主持人亮出所要解决的具体问题，从所提方案中评选适用的解。

(5) 输入输出法。这是一种以逻辑推理为主的创造技法。当所需创造开发的问题描述清楚后，输入、输出和制约条件也就相应而定。为求得问题的解，人们可以提出各种设想。在今天，已有很多解的手册或库可供查阅，它们提供了很多物理、化学、生物等现象间的联系或转换关系。借助这些解库或直觉思维所建立的第一批设想通过可行性评价作出筛选，对可用方案作引申设想，建立第二轮方案。如此重复评价与设想，直到最终解的获得。

3. 人的创造力

在对创造性哲理分析中，人们提出的第三个问题就是创造能力，它是否只属于少数天才所有？这里安徒生和泰勒在总结创造者的智力结构模式和个人特点时，列举了在科学技术领域内进行创造活动所必须的能力和心理特点：

- 突出的干劲、热情和勇气；
- 诚实、沉着、正直；
- 独创性、勤奋（机智）；
- 搜集整理资料的能力；
- 毅力、专心致志的能力；
- 协作的能力；
- 实际能力；
- 弄清事实的渴望；
- 弄清规律的渴望；
- 做实验的能力；
- 迅速吸收知识的能力；
- 克服旧思想习惯的能力；
- 韧性、适应新事物的能力；
- 从整体上看问题的能力；
- 分析能力；
- 联合能力；
- 综合能力；
- 独立性、怀疑精神；

- 创见；
- 出现问题的能力；
- ……等等。

归纳起来，创造型人才具有五个方面的特征见表 2-1。

创新是一个广义的概念。它可以是爱因斯坦发现相对论，也可以是家电市场上的一个新产品，也可以是一项技术革新。人的创造能力是完全可以培育的。科学的、有意识的创新教育十分重要。人们可以在各种层次上发挥自己的创造力，因为创造造就了人类文明的发展，也是当今产品市场竞争的焦点。

表 2-1 创造型人才的五个特征

创造型人才	描 述
精神素质	一个富于创新的人必须充满创造的激情，为创造而废寝忘食几乎成为古今中外一切作出发明创造人物的共同写照
怀疑精神	不为眼前的现象所迷惑，不为前人的结论所束缚，勇于提出不同的看法，大胆设想，冲破传统
强烈的求知欲望和很强的学习能力	凡富于创造人的人都是发奋学习的人，也是具有很强学习能力的人。只有这样，才能积累创造所需的丰富知识
勇于实践	创造是一个艰苦的过程，需要在实践中经历反复的实验与失败，需要具有解决实际问题的能力
群体能力	在科学高度发展的今天，大多数创造活动都是群体活动。那种评成果奖必须排名次，写论文只认第一作者的违反科学的做法，必然会给创造活动带来阻力。如果过去科学园区里充满个人的塑像，那 21 世纪将是为群体塑像的时代。善于联合集体的智慧，具有群体工作艺术，将是创造能力的重要组成部分

2.3.2 快速响应设计技术

2.3.2.1 快速响应设计技术提出背景

20 世纪末，世界经济最大的变化是全球买方市场的形成和产品更新换代速度的日益加快，由四通八达的铁路、公路、远洋巨轮、航空运输、通讯卫星和"信息高速公路"组成的网络已将全球紧密地联成一个整体，庞大的人流、物流、信息流和资金流无时无刻不在沿着各自的管道奔腾流淌，使世界成为一个喧嚣的大市场。同时，由于生产力的高度发展，使得社会的总供给能力远大于需求量，因而普遍形成买方市场，所有企业都必须经受这个全球买方市场的挑战。市场竞争的加剧，加上现代科技的日新月异使得产品的更新换代不断加快，市场寿命周期不断缩短。据估计，近 30 年来出现的新技术、新产品，已远远超过了过去两千年的总和。根据各个时期一些代表性产品更新速度与变化情况分析，一种新产品从构思、设计、试制到商业性投产，在 19 世纪大约要经历 70 年的时间，在 20 世纪两次世界大战之间则缩短为 40 年，战后至 60 年代更缩短为 20 年，到了 70 年代以后又进一步缩短为 5~10 年，而到现在许多新产品的更新周期只需 2~3 年甚至更短的时间。可见现代社会的生产发展和科技进步已经加快到何等的高度。这种态势必将导致市场竞争焦点的快速转移。在以快交货 T(Time)、高质量 Q(Quality)、低成本 C(Cost)和重环保 E(Environment)去争取市场份额的市场竞争中，缩短交货期，快速响应市场需求，已经成为竞争的第一要素。

事实上，制造业的生产方式和市场竞争焦点会随着社会生产力的发展水平和科学技术的进步状况而不断地改变。在工业化初期，由于生产力水平还比较低下，市场上产品短缺，企业生产什么顾客就买什么，"皇帝女儿不愁嫁"，所以企业就拼命扩大产量、降低成本，因而形成以"规模效益第一"为特点的少品种、大批量生产方式。当产品产量达到一定水平以后，企业之间的竞争逐步从"价廉、物美"转变为"物美、价廉"，使"质量第一"成为市场竞争的焦点。到了90年代，由于社会生产力高度发达，市场上产品日趋丰富，消费者的选择余地日益扩大，所以对产品就提出越来越高的要求，使用户需求呈现出差异而多变，这迫使企业跟随用户，采用多品种、小批量的生产方式，按定单组织生产。同时，面对瞬息万变的市场环境，更要求企业具有高度的灵敏性，能抓住稍纵即逝的机遇，不断地迅速开发新产品，以吸引顾客，变被动适应用户为主动引导市场，这样才能保证企业在竞争中立于不败之地。可见，在这种时代背景下，市场竞争的焦点就转移到速度上来，即凡能"领先一步"，快速提供更高的性能/价格比产品的企业，将具有更强的竞争力。因此，我们提倡实施"快速响应工程"、采用快速响应设计技术以适应市场环境的变化和用户需求的转移是增强企业市场竞争的有效途径。

2.3.2.2 快速响应工程的含义

快速响应工程主要内容包括以下一些内容：
（1）建立快速捕捉市场动态需求信息的决策机制。
（2）实现产品的快速设计。
（3）追求新产品的快速试制定型。
（4）推行快速响应制造的生产体系。

为了提高快速响应能力，企业首先应能迅速捕捉复杂多变的市场动态信息，并及时做出正确的预测和决策，以决定新产品的功能特征和上市时间。现代机械产品由于用户的要求越来越高，产品结构日益复杂，科技含量愈来愈高，所以使得产品的开发周期趋于延长。如何解决好产品市场寿命缩短和新产品开发周期延长的尖锐矛盾，已经成为决定企业成败兴衰的生死攸关问题。

产品开发周期包括设计、试制、试验和修改等一系列环节，明确了新产品的开发项目以后，采用快速响应设计技术，实现快速设计是其非常重要的一环。在快速响应设计技术方面，人们提出了并行工程 CE、面向制造、装配、检验、质量、服务等的设计 DFX、计算机协同工作支持环境 CSCW 和功能分解组合的设计思想，这将引起对现代设计方法和 CAD 发展的新探索。

产品开发周期中除了设计以外的后几个环节可以统称为试制定型阶段。在此阶段加快产品的试制、试验和定型，以快速形成生产力，需要尽量利用制造自动化的各种新技术，如 FMS、快速成形 RP（Rapid Prototyping）和虚拟制造 VM（Virtual Manufacturing）。如快速成型技术能以最快的速度将 CAD 模型转换为产品原型或直接制造零件，从而使产品开发可以进行快速测试、评价和改进，以完成设计定型，或快速形成精密铸件和模具等的批量生产能力；虚拟制造充分利用计算机和信息技术的最新成果，通过计算机仿真和多媒体技术全面模拟现实制造系统中的物流、信息流、能量流和资金流，可以做到在产品制出之前就能由虚拟环境形成虚样品（Soft Prototype），以替代传统制造的实样品（Hard Prototype）

进行试验和评价,从而大大缩短产品的开发周期。

另外,在快速响应工程中推行产品的快速响应制造,必然导致企业从组织形式到技术路线的一系列变革。首先,在企业内部,应改变传统的以注重规模和成本为基础建立起来的生产管理系统和组织形式,按照快速响应制造的战略思想,探索一套全新的组织生产方式,例如将生产部门从以功能为基础的工序组合改变为以产品为对象的加工单元,并且尽量采用各种先进制造技术手段,等等。其次,从面向全局的视野出发,以产品为纽带,以效益为中心,不分企业内外、地域差异,实行动态联盟,有效地组织产品的设计、制造和营销。企业在确定产品目标后,可以只先进行总体设计,即功能设计、方案设计和经济分析,然后通过公共信息网络,寻找最佳的零部件供应商和制造商,进行跨地区、跨行业的合作,实行生产资源的优化组合,并由承包商按照快速响应的原则进行具体设计,即结构设计、详细设计和工艺设计,组织产品的快速响应制造,以保证产品及时上市,经由遍布各地的营销网络迅速抢占市场。

由此可知,实施快速响应工程,可以使企业及时交货、争先抢占市场、因缩短制造时间和消除各种浪费而降低制造成本,因加快产品更新换代而向市场大量提供质量更高、价格更低的高性能产品。其结果就大大提高了企业的综合竞争力和持续发展的生命力。

2.3.2.3 快速响应设计关键技术

实现快速响应设计的关键,是有效利用各种信息资源。人类自有文明以来,任何人工制品(即产品)和产品的制造系统均由物质、能量和信息三大要素组成。当我们步入21世纪之际,以信息技术为中心的科技革命浪潮汹涌澎湃,知识经济时代悄然来临,这时,第三大要素——信息就逐渐成为主宰社会生活和生产活动的决定性因素。那么,如何估计产品中的信息含量呢?可以从三个层次加以分析。首先,在许多现代化产品(尤其是信息产品和机电一体化产品)中,凝集着信息(知识)的软件已经成为产品的重要组成部分,产品的智能化程度越高,这部分的比重就越大。其次,在产品的制造过程中,也直接需要使用各种信息,这包括产品信息和制造信息两大类。所谓产品信息,指的是为了正确设计产品和确切描述产品特征所需的信息,包括产品的几何形状、尺寸、精度、材质,以及各种规范和技术知识等;所谓制造信息,指的是为了进行某一步制造过程,以获得能满足预定要求的产品所需要的各种信息,包括工艺信息和管理信息。第三个层次包含在产品中的间接信息。这指的是包含在产品硬件部分的材料(以及标准与外购零部件)中和制造过程所需的能源中的信息。例如一块钢材,作为另一制造过程的产品,从矿石到轧制成材,也需要使用一定的产品信息和制造信息。依此类推,归根结底,人类一切制品都由自然物(如矿藏、野生动植物、阳光、空气和水等)通过注入各种信息加上一定的能源消耗而制成的。由此可见,随着科技水平和深加工层次的提高,产品的信息含量也越高。所谓高科技产品,也是高信息含量的产品。产品的信息含量越高,信息对产品的交货期、质量和成本的影响也就越大。毫无疑问,高信息产品就意味着是高性能、高质量和高价值的产品。可是,信息含量高并不能自动缩短交货期,弄得不好,反而可能延误时间。那么,如何有效利用产品的信息资源,以实现快速响应设计呢?

试观信息及其载体(例如图样、图像、文件、资料、软盘等),同以实物呈现的硬件

（材料、能源）相比，具有明显的"虚"的特点，即能量级小、存储性好（体积小、重量轻）、渗透力强（传播迅速）、处理方便（加工容易）等等。此外，信息还有一个非常重要的优点，就是共享性极佳。一项新的信息（如软件、知识、经验、资料），虽然需要投入相当的人力、资金，经历一定的时间进行开发、制作，但是一旦这项信息成果业经造出（获得），它的复制（学习）却是极其便捷的，所以大量用户很快可以共享。根据这些特点，利用现代计算机和通信技术迅猛发展所提供的对信息的高度储存、传播和加工能力，人们主要采取两项策略，以达到使企业能快速响应市场的目的，这两项一为重用产品信息资源，二为虚拟制造过程。先进行对产品信息资源的重复使用。企业在长期的生产活动中，积累和蕴藏了大量的极其宝贵的产品信息（图样、文件、数据、经验、标准、规范等），对这些信息进行充分挖掘和科学重组，使之资源化，成为有用和便于重复利用的产品信息资源，再将这些信息资源存储在庞大的数据仓库之中，加上在先期开发中所积累的信息资源，就足以有效支持对市场的快速响应。其要点是在新产品的设计、研制和制造过程中，尽量重用已有的信息资源（尤其是机电产品中的成熟零部件），对于那些确实必须新作的产品信息（如新技术、新结构、新零部件），也尽量通过先期的开发活动加以创建。这样，自然能够实现快速响应，尤其是快速设计。其次，关于虚拟制造过程，它指的是将有关产品制造过程的信息从实际制造过程中抽取出来，依靠计算机的高速大规模信息处理能力，实行由计算机试验（仿真）、虚拟制造和智能优化组成的一个相对独立的软过程，以代替传统的样机（模型）制作、实物试验、反复修正的硬过程，达到在产品正式投产之前，就能通过在计算机上的试验、改进和优化，迅速完成对产品的性能预测和设计定型。显然，虚拟制造过程可以比实过程做得更快捷、更灵便、更省钱。例如，计算机仿真无疑比实物试验简便得多。这是利用信息技术实现快速响应的一个范例，尤其对于产品设计定型。

2.3.2.4 用变型设计实现快速响应设计的策略

对企业生产活动的大量调查表明，产品设计制约着包括技术准备（试制、工艺、工装、采购）在内的产品生产周期。在产品快速响应设计技术中采用变型设计的策略是快速响应市场的有效有手段之一。变型设计即通过对成熟产品的变型设计，以充分利用企业的产品信息资源，最大限度地控制新零件的种类和数量，并在加快整个生产周期的同时，有效地控制成本和保证质量。

变型设计策略的要点可以概括为：①重组企业工作流程，将开拓未来市场的"慢动作"创新产品开发与面对当前需要的"快节奏"变型产品设计区别开来，用变型设计快速响应市场需求；②重组企业产品信息，使企业在设计开发领域中积累的丰富技术资料，转变为有用和好用的宝贵信息资源，以期尽量利用已有的成熟零部件设计新产品，即用尽量少的新设计零部件，组成尽可能多的变型系列新产品；③建立集成的关系型产品模型和跨功能的并行工作环境，并采用基于实例推理的智能技术，以期通过产品结构的重组，来支持快速变型设计。简而言之，就是业务过程重组、信息资源重组和产品结构重组。

1. 变型设计在快速响应生产活动中的作用

机械产品的设计，通常可分为新颖性/创新设计和适应性/变型设计两大类。前者基于全新的工作原理，采用基本新颖的结构方案，设计出创新的机械产品；后者基于已有的工作原理，采用基本不变的结构方案，只按功能需求对具体结构进行局部调整，以产生适应性的变型产品。从企业的产品信息资源在设计活动中的可重用程度考察，创新设计涉及的可重用信息资源较少，它的实现过程需要耗用可观的企业资源（人力、物力、财务和时间等）以验证与完善产品结构；变型设计在原有产品的基础上，按市场需求进行结构重组，它的实现过程可以最大限度地重用企业已有的成熟产品资源，具有很强的灵活性和适应性。

2. 产品信息资源重组的意义

在机械制造企业中，创新设计毕竟很少，大量的总是变型设计。事实上，许多设计人员的确也是经常使用变型设计去响应用户需求，但是这种传统的变型设计方法并不能自动保证产品的快速交货、高质量和低成本，有时甚至于适得其反。主要表现在企业生产零件的多样性和缺乏可重用性，并导致新零件数目的失控，许多新的零件被源源不断地设计出来，紧接而来的就需要动用过多的人力、物力和时间去支持后续的工艺、工装、试制和试验等一系列技术准备过程。引起这种失控现象的原因，在于企业产品信息资源的无序状态和设计者的随意性。要使无序的企业产品数据变成有效支持快速变型设计宝贵信息资源，就需要对它们进行规范化、标准化重组。

3. 按关系型产品模型进行信息重组和变型设计

重用企业产品信息资源，进行快速变型设计，应以产品资源的合理定义与表达为基础，这需要先进的产品建模理论和方法的指导。产品模型是一种数字化的信息模型，它以一定的数据抽象，定义和表达在产品生命周期中有关产品的信息，包括数据、结构和关系等。产品信息可分显式和隐式两类。显式信息用图样、文档等描述产品设计最终结果的物化形式，如形状、尺寸、材料和加工方法等。但在产品开发过程中，即从抽象的概念到具体的结构的物化过程中，需要应用大量的知识和规范，需要进行许多计算和选择，需要对各种信息进行提取和加工，这些大量蕴含在物化过程中的信息，可称为隐式信息。对这些隐式信息进行抽象和归纳，可以得到多种关系，恰恰是这些关系的存在和发现，才能保证变型设计的正确、快速和合理。关系型产品模型以变型产品开发过程中的种种关系为核心，能够最大限度地利用企业已有的产品资源，因而成为能支持富有竞争力的快速响应产品设计策略的最有力工具。

4. 以产品数据管理系统作为进行快速变型设计的数据平台

产品数据管理将所有与产品相关的信息和产品开发过程集成起来，创造出一种透明度很高的虚拟环境，能适应复杂多变的变型设计的需求，保证在整个产品生命周期中使产品数据具有一致性定义的条件下，进行产品设计的数据管理和过程控制，是集成计算机辅助工具（CAX）的重要武器，成为能支持基于关系型产品模型的快速变型设计的数据平台。

2.3.3 智能设计技术

2.3.3.1 智能设计概述（Intelligent CAD）

智能化是设计活动的显著特点，也是走向设计自动化的重要途径。这是因为设计的本质是创造和革新，作为一种创造性活动，设计实际上是对知识的处理和操作。

在 CIMS 环境下，为了提高制造业对市场变化和小批量、多品种要求的迅速响应能力，设计正在向集成化、智能化、自动化方向发展。要实现这一目标，就必须大大加强设计专家与计算机工具这一人机结合的设计系统中机器的智能，使计算机能在更大范围内，更高水平上帮助或代替人类专家处理数据、信息与知识，做出各种设计决策、大幅度提高设计自动化的水平。智能设计就是要研究如何提高人机系统中计算机的智能水平，使计算机更好地承担设计中各种复杂任务，成为设计工程师得力的助手和同事。

在设计技术发展的不同阶段，设计活动中智能部分的承担者是不同的，以人工设计和传统 CAD 为代表的传统设计技术阶段，设计智能活动是由人类专家完成的。在以智能 CAD（ICAD）为代表的现代设计技术阶段，智能活动由设计型专家系统完成，但由于采用单一领域符号推理技术的专家系统求解问题能力的局限，设计对象（产品）的规模和复杂性都受到限制，不过借助于计算机支持，设计的效率大大提高，而在以集成化智能 CAD（I_2CAD，Integrated Intelligent CAD）为代表的先进设计技术阶段，由于集成化和开放性的要求，智能活动由人机共同承担，这就是人机智能化设计系统。虽然人机智能化设计系统也需要采用专家系统技术，但它只是将其作为自己的技术基础之一，两者仍有较根本的区别。

（1）设计型专家系统只处理单一领域知识的符号推理问题，而人机智能优化设计系统则要处理多领域知识，多种描述形式的知识，是集成化的大规模知识处理环境。

（2）设计型专家系统一般只解决某一领域的特定问题，比较孤立和封闭，难以与其他知识系统集成。而人机智能化设计系统则面向整个设计过程，是一种开放的体系结构。

（3）设计型专家系统一般局限于单一知识领域范畴，相当于模拟设计专家个体的推理活动，属于简单系统。而人机智能化设计系统涉及多领域多学科知识范畴，是模拟和协助人类专家群体的推理决策活动，是人机复杂系统。

（4）从知识模型看，设计型专家系统只是围绕具体产品设计模型或针对设计过程某一特定环节（如有限元分析）的模型进行符号推理。而人机智能化设计系统则要考虑整个设计过程的模型、设计专家思维、推理和决策的模型（认知模型）以及设计对象（产品）的模型。

由此可见，人机智能化设计系统是针对大规模复杂产品设计的软件系统，它是面向集成的决策自动化，是高级的设计自动化。

智能设计作为计算机化的设计智能，乃是 CAD 的一个重要组成部分，它在 CAD 发展过程中有不同的表现形式，传统 CAD 系统中并无真正的智能成分，这一阶段的 CAD 系统虽然依托人类专家的设计智能，但作为计算机的设计智能并不存在，智能设计在其中的作用也就无从谈起。而在 ICAD 阶段，智能设计是以设计型专家系统的形式出现的，但它仅仅是为解决设计中某些困难问题的局部需要而产生的，只是智能设计的初级阶段。对于 I_2CAD 阶段，智能设计的表现形式是人机智能化设计系统，它顺应了市场对制造业的柔性、多样化、低成本、高质量、迅速响应能力的要求。作为 CIMS 大规模集成环境下的一个子系统，人机智能化设计系统乃是智能设计的高级阶段。

上面讨论的有关设计技术和智能设计的若干概念及其对应关系可归纳为表 2-2。

表 2-2 设计技术及其说明

设计技术	代表形式	智能部分的承担者	说明
传统设计技术	人工设计/传统 CAD	人类专家	
现代设计技术	ICAD	设计型专家系统	智能设计的初级阶段
先进设计技术	I₂CAD	人机智能化设计系统	智能设计的高级阶段

2.3.3.2 设计分类及其与智能设计的联系

前已述及，设计的本质是创造和革新，根据设计活动中创造性的大小，可将设计分为常规设计、革新设计和创新设计三类。显然，革新设计是作为常规设计与创新设计的中间形式来界定的。所谓常规设计是指以成熟技术结构为基础，运用常规方法来进行的产品设计，它在工业生产中大量存在，并且是一种经常性的工作。为了满足市场需求，提高产品的竞争能力，就需要改进老产品、研制新品种、降低生产材料、能源的消耗、改进生产加工工艺等等。在这种情况下，就需要设计中采用新的技术手段、技术原理和非常规方法，即需要进行创造性设计，而我们这里所说的创造性设计是创新设计和革新设计的统称。创新设计旨在提供具有社会价值的、新颖而独特成果的设计，它是设计探索中最富有挑战性的领域，通常没有现成的设计规划，有时甚至没有类似的已有设计作为借鉴，完全凭设计者去"无中生有"。革新设计是指为增加原有产品的功能、适用范围、提高它的性能或改进其结构、尺寸或外形的变型设计，因此也可称为是改进设计，这项任务实际也包含了部分创造性内容，但与"无中生有"相比，它属于"举一反三"。

设计行为是思维活动的反映，因而与人的思维密切相关。著名学者钱学森先生将人的思维划分为逻辑思维、形象思维和灵感思维三种形式，并且指出实际上人的每个思维活动过程都不会是单纯的一种思维在起作用。三种思维形式的特点可归纳为表 2-3。从中可知它们在创造性方面有不同的表现：灵感思维最强，形象思维次之，逻辑思维最次。

表 2-3 思维的基本特点

思维形式	载体特点	特征
逻辑思维	一些抽象的概念、理论和数字等	抽象性、逻辑性、规律性、严密性、思维过程是一维性
形象思维	形象，如语言、图形、符号等	形象性、概括性、创造性、运动性、思维过程是二维性
灵感思维	既可是抽象的概念等，又可是形象	突发性、偶然性、独创性、模糊性、思维过程是三维性

常规设计主要是通过逻辑思维实现的。创新设计通常是指采用发散而不是聚合的思维过程的设计，这就使得形象思维乃至灵感思维在创新设计中显得更为关键和重要。

在智能设计发展的不同阶段，解决的主要问题也就不同。设计型专家系统解决的主要问题是模式设计、方案设计，它基本属于常规设计范畴，但也包含一些革新设计的问题。与设计型专家系统不同，人机智能化设计系统要解决的主要问题是创造性设计，包括创新设计和革新设计。这是因为在 CIMS 这样的大规模知识集成环境中，设计活动涉及了多领域、多学科的知识，其影响因素错综复杂，当前颇为引人注目的并行工程（Concurrent Engineering）和并行设计（Concurrent Design）就鲜明地反映出面向集成的设计这一特点。CIMS 环境对设计活动的柔性提出更高要求，很难抽象提炼出有限的稳态模式。换言之，即使存在设计模式的话，设计模式也是千变万化，几乎难以穷尽，这样的设计活动必定更多地带有创造性色彩。

根据前面关于设计思维的论述，设计型专家系统主要模拟的是人类专家的逻辑思维，人机智能化设计系统除了逻辑思维外，主要模拟人类专家的形象思维，甚至包括某些灵感思维。

综上所述可得如下结论：①在 CIMS 的推动下，设计技术发展到先进设计技术阶段，其代表形式是 I_2CAD；② I_2CAD 的智能部分工作则由人机智能化设计系统承担，它构成了智能设计（计算机化的设计智能）的高级阶段；③以人机智能化设计系统为代表的智能设计乃是新世纪内进设计技术的核心。

2.3.3.3 智能 CAD 系统的关键技术

1. 设计过程的再认识

智能 CAD 系统的发展，乃至设计自动化的实现，从根本上是取决于对设计过程本身的理解。尽管人们在设计方法、程序和规律等方面进行了大量探索，但从计算机化的角度看，设计方法学的水平还远远没有达到此目的，智能 CAD 系统的发展仍需进一步的探索适合于计算机程序系统的设计理论和有效的设计处理模型。

2. 设计知识的表示

设计过程是一个非常复杂的过程，它涉及到多种不同类型知识的应用，包括经验性的常识性的以及结构性的知识，因此单一知识表示方式不足以有效表达各种设计知识，如果建立一个合理而有效表达设计知识的知识表达模型始终是设计类专家系统成功的关键。一般需采用多层知识表达模式，将元知识、定性推理知识以及数学模型和方法等相结合，根据不同类型知识的特点采用相应的表达方式，在表达能力，推理效率与可维护性等方面进行综合考虑。面向对象的知识表示，框架式的知识结构是目前采用的流行方法。

3. 多方案的并行设计

设计类问题是"单输入/多输出"问题，即用户对产品提出的要求是一个，但最终设计的结果可能是多个，它们都是满足用户要求的可行的结果，设计问题的这一特点决定了设计型专家系统必须具有多方案设计能力。需求功能逻辑树的采用，功能空间符号表示，矩阵表示和设计处理是多方案设计的基础。另外，针对设计问题的复杂性，将其分成若干个子任务，采用分布式的系统结构，进行并行处理，从而有效地提高系统的处理效率。

4. 多专家系统协同合作以及信息处理

较复杂的设计过程可以分解为若干个环节，每个环节对应一个子专家系统，多个专家系统协同合作，各子专家系统间互相通信，它是概念设计专家系统的重要环节。模糊评价和神经网络评价相结合的方法是目前解决多专家系统协同合作中的多目标信息处理的最有效的方法。

5. 再设计与自学习机制

当设计结果不能满足要求时，系统应能够返回到各个层次进行再设计，利用失败信息、知识库中的已有知识和用户对系统的动态应答信息进行设计反馈，完成局部和全局的重新设计任务；同时采用归纳推理和类比推理等方法获得新的知识，总结新经验，不断扩充知识库，进行自学习和自我完善。将并行工程设计的思想应用于概念设计过程中是解决再设计问题的最有效方法。

6. 多种推理机制的综合运用

智能 CAD 系统中，在推理机制上，除了演绎推理之外，还应有归纳推理（包括理想、类比等推理）、各种非标准推理（如非单调逻辑推理、加权逻辑推理等）以及各种基于不完全知识与模糊知识的推理等等。基于实例的类比型多层推理机制和模糊逻辑推理方法的运用是目前智能 CAD 系统的一个重要特征。

7. 智能化的人机接口和设计过程中人的参与

良好的人机接口对智能 CAD 系统是十分必要的。怎样能实现系统对自然语言的理解，对语音、文字、图形和图像的直接输入输出是一项重要的任务。同时，对于复杂的设计问题，设计处理过程中某些决策活动，如果没有人的适当参与也很难得到理想的设计结果。

8. 设计信息的集成化

概念设计是 CAD/CAPP/CAM 一体化的首要环节，设计结果是详细设计与制造的信息基础，必须考虑信息的集成。应用面向对象的处理技术，实现数据的封装和模块化，是解决机械设计 CAD/CAPP/CAM 一体化的根本途径和有效方法。

2.3.4 仿真与虚拟设计（Simulation and Virtual Design）技术

所谓仿真，简单的说就是动态模型做实验。以缩小比例的模型代替实物，在计算机中进行动态运行，并可重复数学模型求解。计算机仿真技术是以计算机系统为工具，以相似原理、信息技术和控制论为基础，根据系统实验的目的，建立实际或联想的系统模型，并在不同条件下，对模型进行动态运行（实验）的一门综合性技术。仿真技术的本质是对真实的物理、化学系统或其他系统在某一层次上的抽象，在这个抽象出来的模型上，可以更高级、更灵活、更安全地对系统进行设计和了解。然而仿真和建模的技术在逼真性和虚拟性这两个方面还不能很好地满足人们的要求，这是因为用户希望在仿真系统中与在真实系统中所得到的感受尽可能的相同，同时希望能沉浸在仿真系统之中，并能通过自然感官功能与仿真系统进行交互作用。也就是说，用户需要仿真系统具有身临其境的逼真感。另一方面，某些实际应用领域希望从仿真系统中得到在真实世界中无法亲身体验到的感受，从而能突破物理空间和时间的限制，避开危及生命和环境危险而又真切地体会和感受某一过程。也就是说，需要仿真系统具有超越现实的虚拟性。这些客观需求推动了一种新兴的技术——虚拟现实 VR（Virtual Reality）技术的发展。实质上，近年来不断涌现和迅速发展的高新技术，如计算机仿真建模、CAD/CAM 及先期技术演示验证、可视化计算、遥控机器、计算机艺术等，都有一个共同的需求，这就是建立一个比现在计算机系统更为真实方便的输入输出系统，使其能与各种传感器相连，组成更为友好的机界面，人能沉浸其中，超越其上，进出自如又能交互作用的多维化的信息环境。这个环境就是计算机虚拟现实系统（VRS），在这个环境中从事设计的技术称之为虚拟设计 VD（Virtual Design）。

VR 技术是计算机仿真技术在更高层次上的延伸与扩展。由于 VR 技术要为用户提供逼真的感觉，包括三维视觉、立体听觉、触觉和嗅觉等，用户可以通过自然技能，如手摸、头转、身体姿势和调整等与虚拟世界进行交互作用，从而使人成为系统中集成的一部分，进入了沉浸—交互—构想，（即三个"I"（Immersion-Interaction-Imagination）的信息环境。因而，VR 技术是在人机完善结合环境下的先进设计技术，它使设计者可以用各种方式表达和实现自己的设计意图，最大限度地充分发挥创造力和想像力，在一种丰富自然的多维信息环境中完成一项工程或一个产品的设计、修改、制造、装配、测试和使用，从根本上改变产品设计的方式，使设计真正作为与产品的制造、装配乃至整个生命周期紧密联系在一起的"工程"，而不仅仅是产品生产的一个先行阶段，而是融入企业的生产与营销的整个活动中，VD 技术可以广泛地应用于快速设计与快速原型（RP）、面向装配的设计（DFA）、面向制造的设计（DFM）、产品设计进入市场的并行处理和人员培训及产品维护等领域，为工程设计带来了革命性的进步。

2.3.4.1 仿真与虚拟设计技术发展前景

随着我国市场经济的快速发展，企业必须不断地推出新技术，新产品才能保持其在市场中地位，用户需求的多样化和个性化，生态环境和技术标准与法律的严格限制，使得设计、工艺技术和生产经营等都发生了巨大变化。一个现代制造企业成败的核心因素可以归纳成 T、Q、C、S 四个要素：T —— 新产品的开发周期和产品上市时间；Q —— 产品质量；C —— 产品成本；S —— 为满足用户的需求而提供的增值服务。鉴于工程信息技术的进步，人们提出了各种现代工程设计的新思想和新方法，如并行设计、协同设计、面向集成制造和分布式经营管理的设计等。作为各种现代设计思想和方法的共同技术、软、硬件支持环境和计算机仿真与虚拟设计等均具有广泛的社会需求；同时仿真与虚拟设计技术将使 CAD/CAM/CAE 技术向更深入和更高级的阶段发展，它将使各种设计方法学与分布、并发、开放、多媒体及智能仿真技术相结合，在基于 VR 建模仿真技术和原型（Virtual prototyping）的基础上，由与传统设计系统连接使用，逐渐过渡到取代传统的设计系统。预计未来十年左右，由于 VR 的仿真与设计技术将成为工程和产品设计的主要形式，并出现可以推广使用的成熟商品化系统，且仿真和虚拟设计的原理将十分成熟，其理论成果和软、硬件产品将在各个领域得到广泛应用。

2.3.4.2 仿真与虚拟设计技术发展趋势

建模/仿真方法学、仿真计算机和仿真软件将仍然是计算机仿真技术中的重要课题。科学计算的可视化 VISC（Visualization in Scientific Computation）作为仿真的重要基础将进一步向深入方向发展，为了适应 VD 环境的要求，高质量的跟踪（tracking）和控制（steering）仿真模型运行方式将有很大发展；鉴于网络环境是由多台处理机（异构或同构）连接而成的分布仿真系统，将可以支持多个仿真任务协调统一执行。分布仿真系统将成为我国电力、邮电、铁路、金融等行业的通用技术。面向对象的建模/仿真技术将逐步发展到面向特征、面向产品的加工和装配等；并发仿真环境将作为并行设计技术的一种支撑技术而形成通用的支持系统；专家系统、模糊决策和人工神经网络技术将全面引入仿真系统，在仿真建模、仿真实验设计、仿真结果分析和模型的修正及维护等多个方面大大改善仿真系统的适应性和仿真的准确性，形成高效的智能仿真系统。VR 技术将很快进入一个快速发展的时期，其主要趋势是头盔式显示器（HMD、数字手套等可视化设备、人体（或四肢）方位跟踪系统、触觉系统等 VR 专用硬件将全面上市，其性能价格比会迅速提高，VR 技术所需求的高性能计算机将以用户可以接受的价格出现。VR 设备驱动软件和用新型传感装置测得大量数据的高效处理软件也将面市、ISO 标准化组织将推出有关的信息交换标准，但由于对人脑思维和人体行为的基础的研究难以在短时期内突破，故 VR 技术还会有一个较长的发展时期。

2.3.4.3 仿真与虚拟设计技术发展前沿分析

实时仿真和 VR 技术都要求有极高的图像和图形处理速度，除了高性能并行处理计算机，一般的计算机系统目前还很难达到要求。所以，在产品或工程系统的整体仿真和虚拟设计阶段，研究实现以复杂工程分析计算为背景的实时动态图形仿真技术就显得特别重要。研究实现跟踪和控制方式的可视化计算方法，探讨充分利用计算机空间和时间协调达到动态、实时显示要求的软、硬件技术将十分有意义，分布式仿真主要研究的问题是仿真模型和实验的并行化分配，以及有效的分布仿真环境的建立。如静、动态数据及模型和功能分割技术，防止通信死锁技术等。美欧等国已将分布交互仿真技术用于局部战场的仿真（EADSIM）。面向对象的仿真技术主要体现在两个方面，一是利用通用的面向对象程序设计语言，如 C++、Smalltalk 等，建立仿真软件包。二是基于 O-O 方法等，建立适于某一范围的建模与仿真软件包。并发仿真技术的主要目的是将仿真任务各个阶段的"人"和"工序"有机地、及时地联系起来，从而将一个逐步实现的仿真工程变成一个并发实现的工程当前研制的一体化仿真环境是迈向并发仿真环境的重要一步。并发仿真的核心部分是数据库系统，它既是仿真建模、验模、实验、优化、分析与处理的信息源泉，又是仿真各部分协调配合的连接点。智能仿真技术中主要研究如何引入知识表达及处理技术以扩大仿真模型中知识描述的能力；如何引入专家知识和推理，以辅助一般用户对仿真结果做出各种决策；辅助模型的修正和维护等。VR 和 VD 系统包括计算机生成环境、物理实现的建模环境和真实环境三部分，其关键技术包括基于 VR 的建模方法，如设计对象给人的视觉、听觉、触觉等有关的静、动态属性的定义与表示；定性和定量模型的实时算法；VR 支撑系统有关算法；VR 支持系统有关技术：如多用户冲突处理、网络化、数据库及操作、声音组装技术等；多媒体有关技术：如数据压缩与编码、媒体同步、多媒体网络和超媒体等。

2.3.4.4 技术发展特点

（1）仿真与 VD 技术逐步融合与发展。VD 是工程设计仿真技术的高级形式。仿真技术的基础也可以成为 VD 技术的部分基础。因而，在开始阶段，VD 过程发展不会太快，一旦硬件环境改善，仿真与 VD 技术将一同高速发展。

（2）VD 技术与 CAD / CAM / CAE 密不可分。VD 建模技术最自然和经济的途径是基于 CAD 技术，尤其是将 VD 用于面向拆卸的设计 DFD（Design for Disassembly）、面向装配的设计 DFA、面向制造的设计 DFM 时，CAD / CAE / CAM 技术是其基础。

（3）VD 与 RP 技术结合将真正搭起设计与制造技术的桥梁。

2.3.5 工业设计技术

2.3.5.1 概述

所谓工业设计技术是从工业产品美学的角度来考虑产品的宜人性，其内涵和意义随工业设计而发展。从技术领域的角度看，工业设计是解决人造物与人之间的关系问题，比如汽车的安全性、舒适性、美观性和工作、生存环境与空间的合理性等。

工业设计是从人造物与人的关系出发，尤其是从人的需求、市场的需求，从人的生活和工作方式与质量的角度出发，全面提高产品的设计质量。而不像工程设计那样，主要是解决人造物中"物与物"之间的关系问题（如机械、设备、交通工具）等，具体地说如汽车的汽缸和活塞之间的关系，机床刀具与工件的运动链关系等。

工业设计技术是指一个构思与表达的过程。设计构思是受市场营销学、普通心理学、消费心理学、人机工程学、技术美学和现代科学技术等因素的约束而形成的；表达设计即传达设计思想的方法为表现技法，可以从简单、传统的手工绘制的效果图、外观模型到复杂的计算机辅助设计效果图、电子模型和快速成型（RP）方式完成的精确效果模型。同时工业设计技术是典型的多方案设计技术。技术应用的成效取决于设计技术和手段的完善以及设计师的设计能力。

工业设计是我国一门新兴的、综合性的应用科学，是科学与艺术浑然一体的专业技术，在促进产品升级换代，提高国际国内市场占有率，树立产品形象、企业形象和创造知名品牌等方面起着不可替代的重要作用。对于我国在 21 世纪最初十年建立与国际接轨的设计技术体系，创造中国自己的知名品牌和知名企业，树立中国产品形象的地位，发展有中国文化特色设计造型风格，参与国际国内市场竞争，具有特别重要的意义。

工业设计技术最先应用于大规模制造业是在美国，比如通用电器（GE）、柯达（KODAK）、福特（FORD）、波音（BOEING）等公司。到 80 年代，在一些工业发达国家，工业设计技术和工业设计教育已形成体系，为制造业和跨国公司竞争提供技术和人才，同时受到各国政府和私人企业的重点资助。由于工业设计是解决人造物与人之间的关系问题，从其技术内涵来看，工业设计的工业产品不仅是工程技术的载体，而且是文化艺术的载体，因此，设计不是一个可有可无的活动，而是与人类生存休戚相关的重要活动。

工业设计技术既有独特性又有与其他技术的相关性。因此，工业设计技术的应用和发展需要不断完善与相关技术的配套和协调，从而构成有效的设计体系。

2.3.5.2 技术前沿

影响现代工业设计技术的基本因素包括：现代技术条件、现代生产条件、现代经济和市场状况、现代文化艺术风格和现代社会价值标准等。因此，对工业设计技术的需求将取决于工业现代化的进程。

现代技术和生产条件的进步是以数字化技术等为代表的，高技术与高感情设计是未来设计的最高境界。比如：日本 SONY 公司就已经提出"人情味的技术"（technology with human touch）设计路线；日本 SHARP 公司也提出"方便使用第一"（priority easy operation）的观念等。这种以工程技术为基础，以人为核心的设计观念，突出了工业设计技术的地位。

现代世界经济的主要特征是市场调节与市场竞争，工业设计则是面向人和面向市场的技术。跨国公司以其雄厚的财力物力和世界知名品牌的优势，迫使我国企业必须全面提高产品的设计品质，其中，工业设计技术起着不可替代的重要作用。

现代文化艺术和社会价值标准的进步使市场竞争成为"文化力"的竞争，现代工业设计各种风格层出不穷，如后现代主义（past-modern）、解构主义（deconstruction）、高科技风格（high-tech）等等。美国设计的大方、日本设计的精巧、德国设计的严谨、意大利设计的浪漫和北欧设计的自然，成为一种文化和文明的符号。要改变我国产品的低档廉价的形象，就必须发展工业设计技术。

2.3.5.3 技术发展趋势

工业设计发展特别注重设计方法及设计手段的现代化，现代工业设计方法和设计技术是建立在电脑技术、人机工程、价值工程、技术美学、设计方法学和设计管理学等学科基础上的。特别是计算机辅助工业设计 CAID（Computer Aided Industry Design）将成为设计不可缺少的力量。

CAID 的基础是现代设计技术的深入研究。科学方法特别是数理统计（如多元分析）方法大量应用于设计分析和市场分析，比如大众审美模型、舒适性模型、色彩形象尺度模型和用户模型等。

工业设计技术的技术对象将从单个产品的造型设计发展为产品的研发（Research & Development）策划技术，使产品开发始终围绕市场和人的需求，特别注重企业无形资产的开发，如品牌、形象等。

1. 关键技术

产品形象技术及 CAD；产品造型技术及 CAD；色彩设计技术及 CAD；快速成形技术及 CAD；造型工程技术及 CAD；人机工程技术及 CAD。

2. 技术发展特点

计算机辅助工业设计是工业设计领域的前沿，这不仅意味着设计手段的改变，同时改变了工业设计的思维方式。特别是国际上的一些软件公司推出一批操作简便，功能强大的 CAD 软件，这些软件大都能完成三维造型、上色、赋材料质感、三维动画、工程制图、工程分析、CAD/CAM 转换等功能，为工业设计提供了良好的软件平台。在这些工作平台上开发的应用软件，可进行各类机械产品的设计，实现从产品概念、零部件设计、结构设计、机构设计、装配、外观造型及动画演示直到工程制造全部过程计算机化。因此，在此类软件平台上实现 CAID/CAE/CAM 三位一体的综合性产品开发软件环境是工业设计技术发展的重要特点。

工业设计技术发展的另一特点是，设计周期越来越短，造型风格多样化。因此，对"市场的快速响应"要求更详细的市场定位，更大规模的数据库，更快速的信息传递。

2.4 全寿命周期设计技术

2.4.1 概述

传统机械工业现有的生产模式是按照泰勒的分工原则建立的，从20世纪初就开始使用，虽然不断改进，但其本质未变。未来的制造业不仅是计算机的集成，更是技术、生产组织和人员素质三者的集成。新的技术要求有新的工作设计和新的生产组织模式。

在这个世界上，一切事物都是被动的，只有人类具有主动性。因此，如何发挥人的主观能动性是今后人类一切活动需要考虑的重要问题。传统的生产分工形成是"尽可能分工"，而全寿命周期设计强调以人为中心，尽可能适应人的需要，这就决定全寿命周期设计的先进性，因为它直接适应了人类社会进步和发展的需要。

全寿命周期设计强调人的作用，促进人与人的相互理解，提高协同作战能力，塑造良好的企业文化。因此，全寿命周期设计不只是一种新的技术，更重要的是一个适合人类发展需要的社会技术系统。它的推广，不仅会改变企业的组织结构和工作，也将改变人的思维模式和分工及人与人的相互关系，因而具有极其深远的社会意义。

并行设计是实现全寿命周期设计的重要方法和手段，面向制造的设计是全寿命周期设计的重要组成内容，产品数据管理则是实现全寿命周期设计的技术关键。

2.4.2 全寿命周期设计技术

全寿命周期设计技术是现代设计技术的重要组成部分。设计产品，不仅是设计产品的功能和结构，而且要设计产品的全寿命周期，也就要考虑产品的规划、设计、制造、经销、运行、使用、维修、保养直到回收再用处置的全过程。全寿命周期设计意味着在设计阶段就要考虑到产品生命历程的所有环节，以求产品全寿命周期设计的综合优化。可以说，全寿命周期设计旨在时间、质量、成本和服务方面提高企业的竞争力。

全寿命周期设计依赖于各学科、各部门的设计人员相互合作、相互信任和信息共享，通过有效的信息交流，及早考虑产品的生命周期中的所有因素，尽快发现并解决问题，最终达到工作的协调一致。全寿命周期设计是一个系统集成的过程，它以并行的方式设计产品及其相关过程，力求使设计人员从一开始就自觉地考虑产品整个生命周期从概念形成到产品完全报废处理的所有因素，包括质量、成本、进度计划和用户的需求等。

全寿命周期设计并不是设计和生产的简单交叉，它要求在进行产品设计的某一个阶段时要同时进行其后的过程设计，也就是说，必须让设计的全部阶段都要在生产前完成。

全寿命周期设计的最终目的是实现最优。以往的产品设计通常包括可加工性设计、可靠性设计和可维护性设计，而全寿命周期设计并不只是从技术角度考虑这个问题，还包括产品美观性、可装配性、耐用性甚至产品报废后的处理等方面也要加以考虑。全寿命周期设计对设计人员的要求是相当高的，要求他们不但能够熟练地设计与本人相关的领域，而且需要他们相互之间能够建立一种良好的协作关系，且彼此能够弄清楚对方的设计。

由于是对同一种产品对象进行设计，不同的设计人员很可能会设计出不同的模型，这样往往会造成不必要的紊乱，所以为了解决这个问题，统一的模型是必不可少的。同时，为了进行这一模型的统一讲解，要求工作人员在表达产品制造、生产设备和管理等方面必须拥有统一的知识表达模式。

全寿命周期设计的最重要的特点是它的集成性，要求各部门工作员分工协作，所以注定他们的工作地点是分散的，尤其在计算机技术已经充分利用到传统工业设计中来的时候，每个工作人员都拥有自己的工作站或终端。所以，分布式环境是全寿命周期设计的重要特点。要想使工作能快速、协作完成，必须有完善的网络环境和分布式知识库保证工作人员彼此之间的信息传递。

全寿命周期设计涉及到的人员和领域是非常复杂的，对于同一个设计课题，很可能会在不同的环境下得到不同解决办法，因此，设计方案的随机性很大，经常需要对已经形成的设计界面进行删减。这就要求设计的计算机界面必须有很强的开放性。这样，可以很顺利地实现CAD/CAPP/CAE系统的集成和大型数据库之间的数据传递。

全寿命周期设计始终是面向制造而言的，它的一切活动都是为了使制造出的产品能够"一次成功"，而避免不必要的返工。在设计过程中，不仅要考虑产品功能、造型复杂程度等基本的设计特性，而且要考虑产品设计的可制造性。

全寿命周期设计会产生大量的数据和信息，它们都将存储到数据库中，产品数据管理可以保证数据的一致性和共享性。保证最有效地利用企业的各种资源，及早发现错误，缩短产品开发时间。

全寿命周期设计改变了制造业的企业结构和工作方式，不仅可以对企业的生产周期、质量和成本进行有效的控制，而且可以形成生产、供销、用户服务一条龙，并以此来增加市场机制下的企业竞争活力。这主要反映在以下几个方面：

（1）缩短了产品投放市场的时间。全寿命周期设计本身就是一个优化的过程，所以无疑会缩短设计周期，减少再设计工作量。另外，在设计阶段，由于与生产有关的方法和计划都已确定，因此，制造准备工作完全可以同步进行，缩短了产品生产的时间，

（2）提高质量。质量不仅是产品的度量标准，而且是设计、制造、经营、服务等系统的度量标准。全寿命周期设计要求同时考虑产品的各项性能和与产品有关的各工艺过程的质量，以达到优化生产，减少产品缺陷和废品率及便于制造维修的目的。

（3）降低成本。全寿命周期设计不同于传统的"反复做直到满意"的思想，而是强调"一次就达到目的"。它强调的并不是单纯降低产品生产周期中某一部分的消耗，而是要降低产品在整个生命周期中的消耗。全寿命周期设计虽然会提高产品设计阶段的成本比例，但是同后续生产、维修过程中大大减少的成本相比，其设计成本同样会有所减小。当前全寿命周期设计采用的是计算机仿真技术，动态模拟产品及其生产过程，省去了以往的"设计—样品"的反复阶段，减少了无形的消耗。

（4）增强市场竞争力。因为全寿命周期设计在生产前就已经注意到制造问题，所以产品的易制造性提高，生产成本较低，质量较好，并能迅速推出新产品投放市场，故竞争能力强。

目前，全寿命周期设计应用已经相当广泛，不仅用于军事，也被民用生产采用。就行业而言，全寿命周期设计已应用于电子、计算机、飞机和机械等行业；就产品而言，已经从简单零件应用发展为复杂系统的应用；从生产批量来看，已从单件和小批量生产的产品

发展为大批生产的产品，而且有些产品已经具有极高的可靠性。

全寿命周期设计的基本内容就是面向制造的设计，实现设计的最优化，所借助的手段是并行设计，而要顺利完成设计任务的关键技术是数据管理。

2.4.3 并行设计技术

2.4.3.1 概述

并行设计（Concurrent Design）是一种对产品及其相关过程（包括制造过程和支持过程）进行并行和集成设计的系统化工作模式。其思想是在产品开发的初始阶段，即规划和设计阶段，就以并行的方式综合考虑其寿命周期中所有后续阶段，包括工艺规划、制造、装配、试验、检验、经销、运输、使用、维修、保养直至回收处置等环节，降低产品成本，提高产品质量。

设计过程中各活动之间的基本联系和相互作用方式可归纳为串行依赖、并行独立和交互耦合三种关系。并行设计过程的基本特征是集成性，反映了产品寿命周期各环节间的耦合作用。

并行设计是现代机械设计与制造科学的研究热点。与传统的串行设计方法相比，它强调在产品开发的初始阶段就全面考虑产品寿命周期的后续活动对产品综合性能的影响因素，建立产品寿命周期中各阶段间性能的继承和约束关系及产品各方面属性之间的关系，以追求产品在寿命周期全过程中其综合性能最优。它借助于由各阶段专家组成的多功能设计小组，使设计过程更加协调，使产品性能更加完善。因此更好地满足用户对产品全寿命周期质量和性能的综合要求，并减少产品开发过程中的返工，进而大大缩短产品开发周期。

并行设计能取得成功的根本原因在于它采用了协调全过程的技术，协调性决定着并行设计的有效性。随着并行设计技术的发展和完善，它的协调能力也越来越强。在并行设计过程中，如何建立各任务之间的耦合关系模型直接决定着多功能小组的协调，因此这一问题将是今后并行设计发展的关键之一。

并行设计希望产品开发的各项活动尽可能在时间上平行地进行，这就要求较高的管理水平与之相适应；并行设计要求多功能小组更加接近和了解用户，更加灵活和注重实际，以开发出能更加满足用户要求的产品；并行设计当然还要提高产品质量，而这又与设计和生产的发展水平相互促进和相互制约。

在产品开发中，对产品及其相关过程进行一体化的并行设计具有复杂性、综合性和系统性的特点。组织并行设计进程实际上有两种模式：

（1）产品设计与相关过程设计实现并行，这种独立的并行，即简化了产品生命周期各环节间内在联系的并行，是以影响产品质量为代价的。

（2）以联系方式对产品设计及其相关过程设计进行并行组织，这种并行有利于提高产品质量，但可能增加设计时间。并行设计以耦合策略进行联系，以缩短设计周期为目标，为此必须深入研究各活动之间的相关性，以确定对设计进程具有决定作用的联系，在设计进程中以早期局部的代价来避免整个进程的反复。

虽然在并行设计规划的研究中，已经取得不少研究成果。但同时必须看到，目前在对耦合任务集的研究中，尤其是在关键任务的确定方面，人们往往只考虑到设计任务之间联系的强弱及加工信息迭代反馈程度的强弱，而忽略了用于实施这些设计任务的各种资源（包括技术人员、技术手段和技术设备等）对产品实际研制周期的影响。为了更好地建立适用于并行设计的模型，有必要建立资源优化配置的模型。

评价决策也是并行设计技术的一个重要方面。并行设计中群体活动的独立性和地位的等同性是并行活动之间不断反复与迭代，在一定程度上加长了产品开发的周期。因而，对多领域集成的群体工作方式，特别是在以赢得设计时间为主要目标（市场占有率）时，并行设计实施策略应优先考虑如何加速整个进程和确定及规划最优次序的问题。在评价决策中，并行设计的集成度即有机性和共存性是一个重要的指标。

并行工程是生产发展到一定阶段的产物。它要求具有较高的管理、设计和生产制造水平等。在并行设计中，最重要的问题是如何处理各个任务间的耦合及协调并行设计群体的活动方式，因此，有效地建立并行设计的模型和优先顺序是并行设计技术发展的突破点。

由于科学技术的高速发展及市场竞争的日益激烈，现代制造业中只有以最低的成本生产出质量最好的产品，并以最快的速度响应市场的需求，才能生存和发展。现代制造业面对的是一个结构复杂、多品种、小批量的生产环境。并行设计为顺应这一环境提供了新方法，同时并行设计在 CAD/CAPP/CAM 集成中也得到了很好的应用。美国房屋分析机构（TDA）的调查结果表明，采用并行设计的效益是非常明显的：①设计质量的改进使早期生产中工程变更的次数减少 50%以上；②产品设计及有关过程的并行展开使产品的开发周期缩短 40%~60%；③多功能小组一体化进行产品及有关过程设计使制造成本降低 30%~40%；④产品及有关过程的优化使产品的报废及返工率减少 75%。

2.4.3.2 并行设计的关键技术

1. 并行环境下的信息抽象与建模技术

设计就是建立产品模型的过程。由于并行设计下产品模型的建立涉及到产品生命周期各个阶段相关的信息，其数据复杂程度很高，例如产品信息、制造工艺信息和资源信息的获取和表达，以前产品或工艺数据的快速检索，有关产品的可制造性、可维护性、安全性等方面的信息获取，小组成员对于公共数据库中的信息共享等等，因此必须建立一个能够表达和处理有关产品生产周期各阶段所有信息的统一的产品模型。国际标准化组织（ISO）提出的"产品数据交换标准"STEP（Standard for Exchange of Product Data）在于建立一个使产品生命周期各阶段的信息能够进行互换的、便于计算机表示的产品模型，以保证产品信息在各个环节的转换过程中保持完整性和一致性。STEP 从多种角度对产品的综合属性做出了定义，这种定义遍及了产品的全部生命周期，还包括产品的每个组成部分。由于 STEP 中的产品数据能够对产品在整个生命周期内进行完整一致的描述，它就提供了产品数据在并行设计环境下共享的基础。

源于日本的质量功能配置 QFD（Quality Function Deployment）方法，强调各个生产环节中职能部门人员之间的信息交流和作业协同，它的目标就是要保证客户的需求能够有机地布置到企业各个职能部门的作业目标上，也就是说，将客户的需求分别转移到产品功能构思、结构和零件设计、工艺规划及作业控制等四个阶段（图 2-16）。

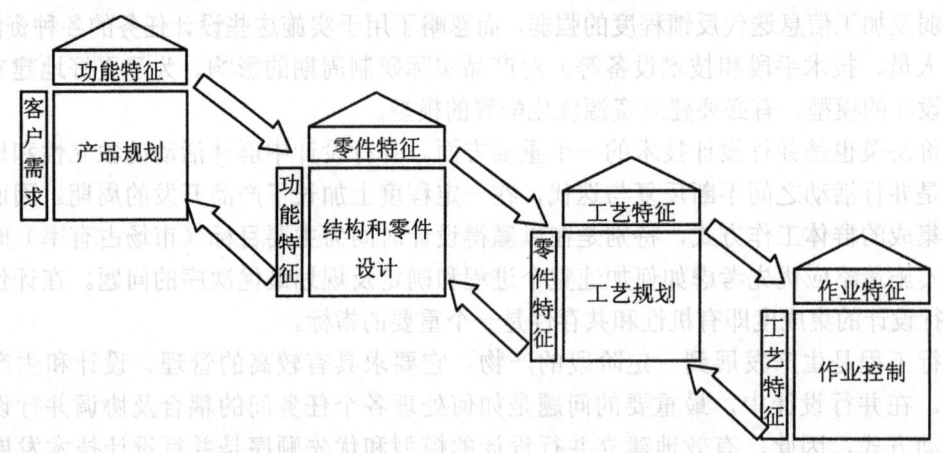

图 2-16 QFD 方法的四个阶段

（1）产品规划。将客户需求信息转换为产品的功能特征和质量要求，并收集有关产品的客户和技术人员的评价信息。

（2）产品结构和零件设计。将产品规划中的产品功能要求转换为产品的结构和组成零件的设计信息。

（3）工艺规划。根据零件设计信息制定相应的生产工艺规程。

（4）作业控制。根据工艺规程制定产品的作业计划以及相关的质量控制和检查措施。

总之，QFD 将产品的需求、功能、质量和成本有机地结合起来，把客户对产品的需求信息转换到产品开发的各个阶段，从而将客户与设计、生产紧密地联系起来。

2. 计算机辅助设计评价和决策——DFMA 与 RPM

面向制造的设计 DFM（Design For Manufacturing）以及面向装配的设计 DFA（Design For Assembly）通常被合在一起，称为 DFMA。通过 DFMA，使设计人员在新产品的设计阶段，可以充分考虑所设计产品的零部件的加工工艺性和装配工艺性，从而使新产品在制造与装配过程中由于设计不当而产生的工程更改数量减少到最小程度。

在 DFMA 设计理论的研究中，人们提出了两条适用于所有设计的公理：①在设计中必须保持产品及零部件功能的独立性；②在设计中必须使产品及零部件的信息量为最少。

其中，第一条公理是指在一个零件上既不希望出现重复的或相同的功能，也不希望一个零件只有一种功能。这就要求在设计过程中，产品的零部件必须具有多种功能，而且这些功能必须相互独立、互不重复，通过这一点达到构成产品零件的数量为最少。这是由于，产品中每多出一个零件，就会在产品投产前多出一系列的生产准备工作和生产中以及投产后的计划管理和维护工作。也就是说，多一个零件便必须多编制一份工艺规程、相应的工艺装备和毛坯，同时还必须在该零件的质量控制、生产控制以及库存管理上面耗费相当多的人力、财力、物力与时间，从而影响最终产品的成本和交货期。因此，在满足产品功能要求的前提下，构成产品的零部件数必须越少越好。

为满足第二条公理的要求——"信息量最少",不仅需要构成产品的零部件数量为最少,而且每个零件的结构还必须做到最简单。只有零件的结构最简单,零件所包含的信息量才能达到最少,同时零件才能易于制造。

在应用 DFMA 时,人们必须从上述公理出发,结合生产实践,以全局最优为目标,在具体的实施过程中加以丰富和具体化,如:使构成产品的零件数量最少,使单个零件的功能尽量多,使装配方向最少,发展模块化的设计,使设计标准化,选择易于装配的紧固件,在装配中尽量减少调整,使设计的零件易于定位等等,同时对这些原则的应用也应具体问题具体分析。

面向制造与装配的设计实施上是一个不断优化的过程,在设计的各个阶段都要进行分析和判断,并建立起各阶段的评价指标,从而选择一个最优的设计。基于知识的计算机专家系统是实现 DFMA 设计的良好的辅助工具。

图 2-17 给出了一个 DFMA 设计系统的基本流程,它包括总体设计模块的产品功能分析、部件设计模块的装配工艺分析和零件加工工艺性的分析。我们从中也可以看到,DFMA 设计系统贯穿了从概念设计、部件设计、到零件设计的整个设计活动。

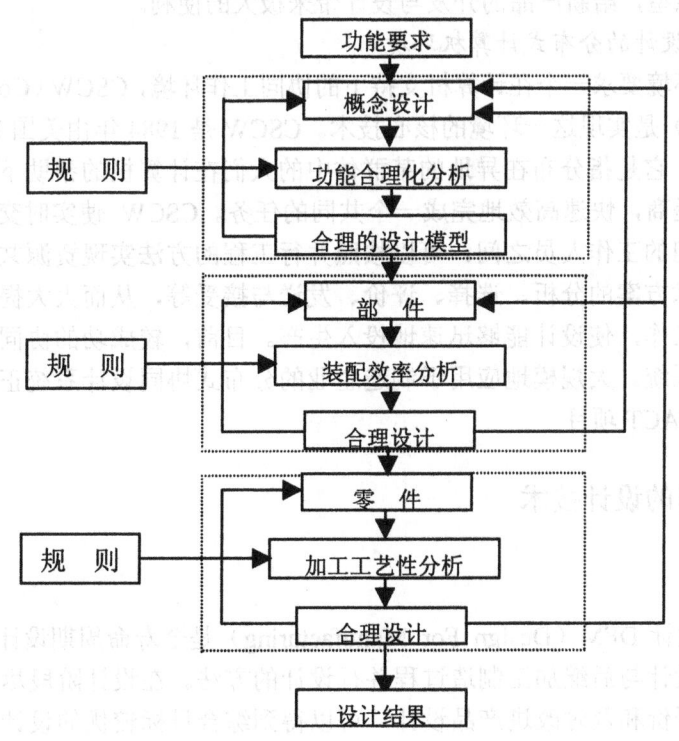

图 2-17 计算机辅助 DFMA 设计系统的基本流程

在产品的概念设计阶段(或总体设计阶段),主要从产品的功能要求出发进行设计。为了将高度抽象的产品功能输入到计算机内,必须采用一种能确切描述和表达产品功能的计算机语言——"功能描述语言",实现对产品功能的定义和描述;同时将产品的功能要求映射成相应的设计概念,如产品的几何结构、零部件的装配关系等;然后,计算机结合 DFMA 的有关规则对产品的结构信息进行分析,指出结构上不合理的地方,并给出改进的建议。在产品的部件设计阶段，主要是对所设计的部件结构进行可装配性分析，使零部件便于装配、数量最少等。在产品的零件设计阶段，主要目的在于使零件的结构简单、便于加工和检验。

快速原型制造技术 RPM（Rapid Prototype Manufacturing）是对产品的开发与设计进行快速评价和测试的又一种思路，尽管它被人们归为制造技术，但由于它与产品的快速设计与开发有着紧密的联系，因此值得一提。

设计人员在对一些结构复杂的零件或者关键零件进行设计时，往往不易把握，需要非常慎重，这时他们最需要的就是能够马上看到自己所设计的零件实体，以便对零件的结构、尺寸直至其静力学、动力学特性进行真实环境下的校核与考验，帮助他们避免重大设计误差，确定产品的外观形状，等等。所有这一切，如果单纯依靠目前的计算机辅助工程分析 CAE（Computer Aided Engineering）技术或前面提到的计算机辅助设计与评价系统 DFMA，是无法全部做到的。因此，PRM 这项 80 年代末起源于美国的新技术的特点就在于无须模具或任何加工，仅凭计算机辅助设计中的产品三维实体造型的分层数据，就可以用最快的速度得到与设计数据完全一致的产品实体，从而将设计人员的设计思想物化为具有一定结构和功能的产品原型，给新产品的开发与设计带来极大的便利。

3. 支持并行设计的分布式计算机环境

并行的设计环境要求一个在计算机支持下的协同工作环境，CSCW（Computer Supported Cooperative Work）是实现这一环境的核心技术。CSCW 是 1984 年由美国 MIT 的 Iren Grief 等提出的新术语，它是指分布在异地的某群体中的人们在计算机的帮助下，在一个虚拟的共享环境中相互磋商，快速高效地完成一个共同的任务。CSCW 使实时交互的协同设计成为可能，不同部门的工作人员之间，可以按照并行工程的方法实现资源共享，进行协同工作，合作参与技术方案的分析、选择、评价、发送与接受等，从而大大提高设计效率，避免不必要的重复工作，使设计能够迅速地投入生产。目前，较成功的协同设计的例子是远距离的医疗诊断系统。大规模地应用于制造企业的分布式协同设计系统正在开发中，如美国斯坦福大学的 PACT 项目。

2.4.4 面向制造的设计技术

2.4.4.1 概述

面向制造的设计 DFM（Design For Manufacturing）是全寿命周期设计的重要研究内容之一，也是产品设计与后继加工制造过程并行设计的方法。在设计阶段尽早考虑与制造有关的约束，全面评价和及时改进产品设计，可以得到综合目标较优的设计方案，并可争取产品设计和制造一次成功，以达到降低成本、提高质量、缩短产品开发周期的目的。DFM 所考虑的是广义可制造性，它至少包含下列内容：

（1）零件的可加工性，定性的衡量该零件是否能加工出来，并预估零件的加工成本、加工时间及加工成品率。

（2）部件和整机的可装拆性。

（3）零部件加工和装配质量的可检测性。

(4）零部件和整机性能的可试验性。
(5）零部件和整机的可维修性。
(6）零部件及材料的可回收性等。

提高产品的开发和创新能力是增强企业竞争能力的关键，而新产品开发的成功率则是衡量企业产品开发和创新的一个重要标志。国内外研究表明，每一百个新产品提案中平均只有6.5个能够产品化，这中间又只有不到15%的新产品能够商品化，而它们中的37%在进入市场后未能取得成功。现在国外企业新产品的开发成功率已达15%，而我国却不到5%。大量设计成果不能或难以有效地转化为商品，其原因是多种多样的。但没有一个合理的产品开发过程，图样上的产品不能或难以按设计要求制造出来，或不得不用很高的成本才得以制成，是其重要原因之一。采用面向制造的设计技术，是改变这一现状，提高企业产品开发和创新能力的一个关键。

现行的产品开发大都是串行的，设计师重点考虑的是实现产品的功能和性能指标，对产品的可制造性和经济性评价较少考虑。这一方面是因为设计完成以前产品的可制造性和经济性信息不够全面，进行可制造性和经济性的评价有相当的难度，另一方面是设计师对企业的制造工艺和制造资源及产品的经济性缺乏全面的了解。因此，往往会发生这样的情况，如果对零件的结构稍加改动就能用另一种较廉价的方法来加工或装配，或即使仍然用原加工方法和装配工艺其工艺性和经济性也有显著改进。按此提出面向制造的设计（DFM），使我们在产品设计时，不仅要考虑产品的功能和性能的要求，而且还必须同时考虑其可制造性、经济性和制造周期，在保证产品性能的前提下，使制造成本尽可能降低。

随着市场竞争的加剧，产品更新换代速度加快，市场对产品开发部门的压力加大，产品的开发和创新能力已成为一个企业是否具有竞争力的决定因素。一个新产品的功能和成本在产品设计阶段已基本确定，设计不合理引起产品技术性和经济性的先天不足是用生产过程中的质量控制和成本控制措施所难以挽回的。人们已公认：产品成本的70%以上决定于产品的设计，产品设计应对新产品的竞争能力承担绝大部分责任。研究面向制造的设计理论和方法就是为了给设计师提供一套在结构设计过程中实时评价结构的可制造性和经济性的辅助设计工具。这对新产品缩短开发周期，降低成本，提高开发成功率和市场竞争能力均具有很大的战略意义和广泛的应用前景。

广义的DFM既包括产品结构的设计，又包括零件结构的设计，前者被称为面向装配的设计（DFA），后者被称为面向加工的设计（DFF）。80年代后期，由于数控机床、加工中心和柔性制造系统（FMS）等现代加工手段的发展，于是能加工出过去无法加工的复杂零件，但已有的设计理论依然过分强调把零件结构设计成传统机床所能加工的简单形状。在这样的产品结构上，先进制造设备的优点无法得到发挥。为此，人们开始对简化机械设计，特别是简化装配问题进行了大量的研究（即DFA的研究），并取得了应用成果。与此同时，由于计算机技术和通信技术的迅速发展，人们在以零件为研究对象的面向加工设计（DFF）领域的研究也取得了较大进展，主要体现在对基于知识的可制造性评价系统、DFM专家系统、CAD/CAPP并行交互设计系统及基于制造特征的设计系统的开发研究上。

2.4.4.2 技术发展特点

综上所述，面向制造设计的发展特点如下：

（1）经验方法大多采用少量几个指标（如时间、费用等）来定性评价零件的可制造性，而且凭经验确定权值，不能正确反映产品可制造性。

（2）定量方法一般采用经验公式评价可制造性，只能近似估计。

（3）上述 DFM 系统大多基于零件进行 DFM 研究。零件 DFM 重点考虑最小材料费用和加工费用，而且主要考虑精加工工序。整机 DFM 重视产品结构对制造费用的影响，关键是通过 DFA 来简化产品，导致制造费用、装配费用减少，同时缩短产品制造和装配时间。因此整机 DFM 效果比零件 DFM 更为显著。

（4）产品可制造性包括的因素很多，各个因素的影响程度也不尽相同。应考虑产品结构工艺性、加工工艺性、装配工艺性和成本等，进一步建立合理的产品可制造性评价体系。

（5）近年来，先进技术的发展为 DFM 研究提供了有力的技术支持，可采用这些先进的技术建立合理的评价。

2.4.4.3 关键技术

面向制造设计的关键在于把产品设计和工艺设计集成起来，它的目的是使设计的产品易于制造，易于装配，在满足用户要求的前提下降低产品成本，缩短产品开发周期。DFM 是在产品设计过程中充分考虑产品制造的相关约束，全面评价产品设计和工艺设计方案，提供改进信息，优化产品的总体性能，以保证其可制造性，DFM 是并行设计的核心，它是在信息集成与共享的基础上实现产品开发过程的功能集成。

1. 计算机辅助概念设计 CACD（Computer Aided Conceptual Design）

随着工业生产的发展，产品功能与结构日益复杂。而产品设计在整个生命周期内的地位非常重要。概念设计是从用户要求到形成原理解，也是形成产品概念的过程，它决定了产品的整个结构形式。概念设计是一种创造性活动，是根据用户要求寻求最优解或满意解的过程，是实现产品设计和工艺设计并行的关键。产品概念设计一直是产品开发中的"瓶颈"问题，大多采用类比设计和经验设计，故不能满足并行设计的需要。采用计算机辅助技术进行产品创造性设计和优化产品，实现产品概念设计与后续活动的集成与并行，因此，开展计算机辅助产品概念设计的研究具有重要意义。

集成产品信息模型（Integrated Product Information Model）是为产品生命周期的各个环节提供产品的全部信息。产品信息包括一个零件或产品在其生命周期中的功能以及其他行为的所有数据。它包括几何、拓扑、精度、制造、装配关系和附属特征等信息。基于 STEP 对产品进行描述和定义，基于特征建立产品信息模型，以产品生命周期中不同阶段的特征定义为目标，以一个目标为基本单元，来描述与产品开发活动相关的信息，最终实现全过程信息的交换与共享。因此，集成产品信息模型是实现产品设计、工艺设计、制造、装配和检测等开发活动共享信息和并行进行设计制造的基础。

2. 产品可制造性模型及其评价方法的研究

产品可制造性与产品本身结构和制造资源有密切的关系。它涉及的因素很多，而且各种因素对可制造性影响的程度是不同的，因此可制造性是一个多指标概念。产品可制造性是相对一定的制造资源而言的，制造资源包括各种加工设备、刀具、夹具、量具等。对于可制造性这一多因素、就指标概念而言，有些指标是定量的，而更多的指标是定性的，甚至是模糊的。因此，研究建立合理的可制造性评价模型，采用先进的评价方法，对产品可制造性进行合理的评价具有重要意义。

3. 并行设计过程建模

并行设计是在产品设计阶段并行地综合考虑产品生命周期中各个环节的影响，因而产品设计可扩展到多领域、多学科知识的集成，这将增加设计过程的复杂性、综合性与系统性。并行设计的本质是一个反复迭代的过程。并行设计过程的管理、协调、控制是实现DFM的关键，因此对DFM的研究具有十分重要的意义。

4. 设计试验技术

包括原理方案试验，零件结构及可制造性试验和整机性能试验。快速原型技术、计算机仿真技术、虚拟环境和虚拟制造技术、有限寿命和小样本试验方法等先进方法和技术的迅速发展使得设计试验手段发生了根本性的变化。应用这些方法可显著降低试验成本，缩短试验时间，提高产品设计和开发的一次成功率。

2.4.4.4 技术发展突破点

（1）系统总结面向制造的机械零部件结构设计知识，并在此基础上建立面向制造的机械零部件结构设计的专家系统。

（2）建立面向制造的机械零部件结构信息特征模型。

（3）建立面向制造的机械部件和整机装配设计的专家系统。

（4）建立面向制造的机械部件结构的并行设计支持系统，该系统还应包括企业制造资源库、标准件和外购件库、原材料加工和装配成本库、多计算机并行设计协调系统的评价和决策支持系统等。

目前我国企业新产品开发成功率较低，大量的科研成果停留在原理方案和图样上，不能或难以按设计要求制造出来，或不得不用很高的成本才能完成加工。面向制造的设计研究就是为解决这些问题而开展的。开发计算机辅助DFM软件系统，在机械行业推广应用，可以提高我国机电产品的开发和创新能力、改善产品质量、降低成本和缩短产品开发周期，最终将在全国范围内产生巨大的经济效益。

2.5 绿色产品设计技术

20世纪70年代以来，工业污染所导致的全球性环境恶化达到了前所未有的程度，迫使人们不得不重视这种现实。日益严重的生态危机要求全世界工商企业采取共同行动来加强环境保护，以拯救人类生存的地球，确保人类的生活质量和经济持续健康发展。进入20世纪90年代以来，各国的环保战略开始经历一场新的转折，全球性的产业结构调整呈现出新的绿色战略趋势。这就是向资源利用合理化，废弃物产生少量化，对环境无污染或少污染的方向发展。在这种"绿色浪潮"的冲击下，绿色产品逐渐兴起，相应的绿色产品设计方法就成为目前的研究热点。工业发达国家在产品设计时努力追求小型化（少用料）、多功能（一物多用，少占地）、可回收利用（减少废弃物数量和污染）；生产技术追求节能、省料、无废少废、闭路循环等，都是努力实现绿色设计的有效手段，如果说，当初是西方国家严格的环保立法和绿色法规促进了制造业奉行绿色设计，那么，现在是绿色设计的先行者尝到了甜头后自觉地遵循绿色行为，施乐、柯达和惠普等公司的绿色设计已经有了直接赢利。这同时也进一步促进了绿色产品及绿色设计的迅速发展。

2.5.1 绿色产品的定义及内涵

2.5.1.1 绿色产品的定义

绿色产品 GP（Green Product）或称为环境协调产品 ECP（Environmental Conscious Product）是相对于传统产品而言。由于产品绿色的描述和量化特征还不十分明确，因此，目前还没有公认的权威定义。不过分析对比现有的不同定义，仍可对绿色产品有一个基本的认识。以下即为绿色产品的几种定义：

（1）绿色产品是指以环境和环境资源保护为核心概念而设计生产的可以拆卸并分解的产品。其零部件经过翻新处理后，可以重新使用。

（2）绿色产品从生产到使用乃至回收的整个过程都符合特定的环境保护要求，对生态环境无害或危害极少，以及利用资源再生或回收循环再用的产品。

从上述这些定义可以看出，虽然描述的侧重点各不同，但其实质基本一致，即绿色产品应有利于保护生态环境，不产生环境污染或使污染最小化，同时有利于节约资源和能源，且这一特点应贯穿于产品生命周期全过程。因此，综合上述分析，我们可以给出绿色产品的下述定义以供参考：绿色产品就是在其生命周期全过程中，符合特定的环境保护要求，对生态环境无害或危害极少，对资源利用率最高，能源消耗最低的产品。

2.5.1.2 绿色产品的内涵

基本属性与环境属性紧密结合的绿色产品应具有以下内涵：

（1）优良的环境友好性。即产品从生产到使用乃至废弃、回收处理的各个环节都对环境无害或危害甚小。这就要求企业在生产过程中选用清洁的原料，清洁的工艺过程，生产出清洁的产品；用户在使用产品时不产生环境污染或只有微小污染；报废产品在回收处理过程中产生的废弃物很少。

（2）最大限度地利用材料资源。绿色产品应尽量减少材料使用量，减少使用材料的种类，特别是稀有昂贵材料及有毒、有害材料。这就要求设计产品时，在满足产品基本功能的条件下，尽量简化产品结构，合理使用材料，并使产品中零件材料能最大限度地再利用。

（3）最大限度地节约能源。绿色产品在其生命周期的各个环节所消耗的能源应最少。

2.5.2 可持续发展的概念及内涵

要实现经济的快速增长，就必须有大量的投入。而目前的经济增长方式主要以自然资源和劳动力为主要投入手段。这种以自然资源的高投入、高消耗为特征的短期粗放型经济增长方式不仅大量消耗、浪费了地球的不可再生资源，而且资源消耗和工业废弃物造成的环境污染是对人类生态系统的破坏，将造成生态系统失衡，直接威胁人类的生存。而可持续发展是一种以高技术努力降低自然资源消耗，千方百计节约自然资源，把环境保护和自然资源统筹考虑的发展，是一种更高层次、更高质量的健康发展，也即在生产时尽可能少投入、多产出，在消耗时多利用、少排放。

可持续发展的最广泛定义是"人类应享有以与自然相和谐的方式过健康而富有生产成果的生活的权利"，并"公平地满足今世后代在发展与环境方面的需要"。可持续发展的内涵深刻，内容丰富，但它具有两个最基本的要点：一是强调人类享有追求而富有生产成果的生活权利，但这应该是坚持与自然相和谐方式的统一，而不应当是凭借着人们手中的技术和投资，采取耗竭资源、破坏生态和污染环境的方式来追求这种发展权利的实现；二是强调当代人在创造和追求今世发展与消费的时候，应当承认并努力做到使自己的机会与后代人的机会相平等，不能允许当代人一味地、片面地、自私地为了追求今世人的发展与消费，而毫不留情地剥夺后代人应享有的同等发展与消费的机会。

因此，人们在转变传统发展模式、实行可持续发展战略的时候，必然纠正过去那种单纯靠增加投入加大消耗实现发展的模式和以牺牲环境来增加产出的错误做法，从而使经济发展更少地依赖地球上有限的资源，而更多地与地球的承载能力达到有机的协调。

要实现可持续发展，就要求企业改变传统的生产方式和经营观念，走可持续生产之路，即对每一种产品的产品设计、材料选择、生产工艺、生产设施、市场利用、废物产生和售后服务及处置都要有环境意识，都要有可持续发展的思想。要从根本上节约资源与能源，防止污染，关键在于设计与制造，绿色设计是实现可持续发展的关键。

2.5.3 绿色产品设计的主要内容及评价标准

过去判断企业的市场竞争力只需研究其生产成本、生产周期、产品质量就足够了，而如今从可持续发展的观念，还必须把产品的制造技术和对环境的重视这两点与上述三点以同等重要程度来考虑，也即为了获得市场竞争力，企业必须做到五点：生产成本低、生产周期短、产品质量高、技术水平高、不影响生态环境，即进行绿色产品设计。

2.5.3.1 绿色产品设计的概念及其评价标准

绿色产品设计是以环境资源保护为核心概念的设计过程，它要求在产品的整个寿命周期内把产品的基本属性和环境属性紧密结合，在进行设计决策时，除满足产品的物理目标外，还应满足环境目标，以达到优化设计要求。

绿色产品至今尚无严格的可供遵循的行业标准，但在市场层面上的绿色产品标准已经得到公认：产品在使用过程中用少量能源和资源且不污染环境，产品在使用过程中不污染环境且能耗低及产品在使用后可以易于拆卸、回收和翻新或能够安全废置并长期无忧。

2.5.3.2 绿色产品设计的主要内容及方法

由绿色产品的上述评价标准可见，进行绿色产品设计应包括以下主要内容。

1. 绿色产品设计的材料选择与管理

绿色产品设计要求产品设计人员要改变传统选材程序和步骤，选材时不仅要考虑产品的使用和性能，而且应考虑环境约束准则，同时必须了解材料对环境的影响，选用无毒、无污染材料和易回收、可重用、易降解材料。这为材料科学的发展也提出了新的要求，即要设计出适合绿色产品设计的绿色材料。除选材外还应加强材料管理。一方面不能把含有有害成分与无害成分的材料混放在一起；另一方面，达到寿命周期的产品，有用部分要充分回收利用，不可用部分要采用一定的工艺方法处理、回收，使其对环境的影响降低到最低限度，降低材料成本。

2. 产品的可回收性设计

可回收性设计是在产品设计初期充分考虑其零件材料的回收可能性、回收价值大小、回收处理方法、回收处理结构工艺性等与回收性有关的一系列问题，达到零件材料资源、能源的最大利用，并对环境污染为最小的一种设计思想和方法。可回收性设计主要包括以下几方面的主要内容：① 可回收材料及其标志；② 可回收工艺与方法；③ 可回收性经济评估；④ 可回收性结构设计。

3. 产品的可拆卸性设计

可拆卸性是绿色产品设计的主要内容之一，它要求在产品设计的初级阶段就将可拆卸性作为结构设计的一个评价准则，使所设计的结构易于拆卸，因而维护方便。并可在产品报废后可重用部分充分有效地回收和重用，以达到节约资源和能源、保护环境的目的。可拆卸性要求在产品结构设计时改变传统的连接方式代之以易于拆卸的连接方式。可拆卸结构设计有两种类型：一种是基于成熟结构的"案例"法；另一种则是基于计算机的自动设计方法。

4. 绿色产品的成本分析

绿色产品的成本分析与传统的成本分析截然不同。由于在产品设计的初期，就必须考虑产品的回收、再利用等性能，因此成本分析时，就必须考虑污染物的替代、产品拆卸、重复利用成本、特殊产品相应的环境成本等。对企业来说，是否支出环保费用，也会形成产品成本上的差异，同样的环境项目，在各国或地区间的实际费用，也会形成企业间成本的差异。因此，绿色产品成本分析，应在每一设计选择时进行，以便设计出的产品更具绿色且成本低。

5. 绿色产品设计数据库

绿色产品设计数据库是一个庞大复杂的数据库。该数据库对绿色产品的设计过程起着举足轻重的作用。该数据库应包括产品寿命周期中环境、经济等有关的一切数据，如材料成分、各种材料对环境的影响值、材料自然降解周期、人工降解时间、费用。制造装配、销售、使用过程中所产生的附加物数量及对环境的影响值，环境评估准则所需的各种判断标准等。

2.5.4 绿色产品设计特点

产品能否达到绿色标准要求，其决定因素是该产品在设计时是否采用绿色设计 GD（Green Design）。绿色设计是在世界"绿色浪潮"中诞生的一种全新的产品设计概念。

传统产品设计,主要考虑产品的基本属性(功能、质量、寿命、成本)而较少考虑环境属性。过去在进行产品设计时,设计人员主要是根据该产品基本属性指标进行设计,其设计指导原则则是只要产品易于制造并具有要求的功能、性能即可。

由此可见,传统产品设计过程很少或根本没有考虑资源再生利用,以及产品对生态环境的影响。按传统设计生产制造出来的产品,在其使用寿命结束后就成为一堆废弃物垃圾,回收利用率低,资源、能源浪费严重,特别是其中的有毒有害物质,会严重污染生态环境,影响生产发展的持续性。

绿色设计就是实现产品绿色要求的设计。其目的是克服传统设计的不足,使所设计的产品具有绿色产品的各个特征。与传统设计不同的是,绿色设计包含产品从概念形成到生产制造、使用乃至废弃后的回收、重用及处理处置的各个阶段,即涉及产品整个寿命周期,是从摇篮到再现的过程。也就是说,要从根本上防止污染,节约资源和能源,关键在于设计与制造,要预先设法防止产品及工艺对环境产生的负作用,然后再制造,这就是绿色设计的基本思想。

概括起来,绿色设计是这样一种方法,即在产品整个生命周期内,优先考虑产品环境属性(可拆卸性、可回收性、可维护性、可重复利用性等),并将其作为设计目标,在满足环境目标要求的同时,保证产品应有的基本性能、使用寿命、质量等。图 2-18 则为传统产品设计过程与绿色设计过程的对比。

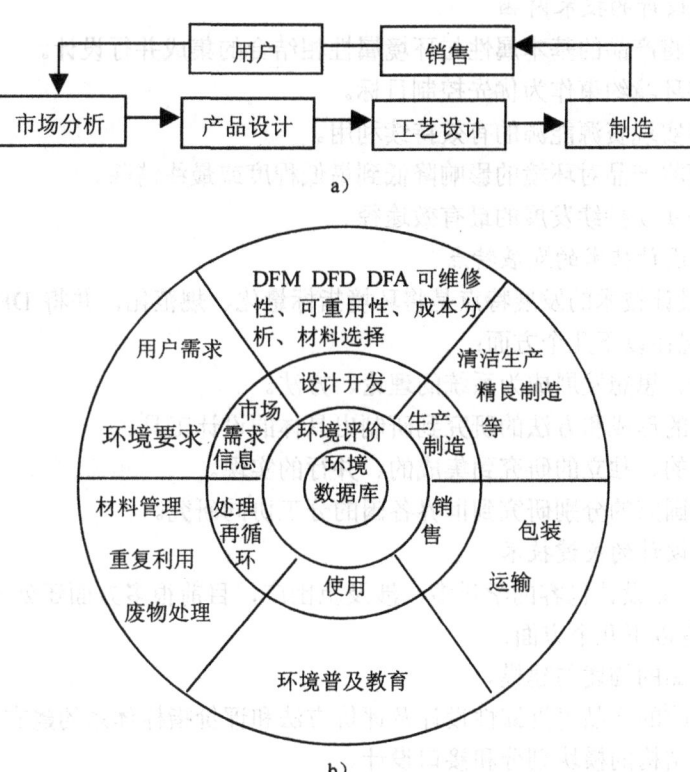

图 2-18 传统产品设计过程与绿色设计过程比较

a)传统产品设计过程 b)绿色设计过程

由此可见，绿色设计与传统设计的根本区别在于绿色设计要求设计人员在设计构思阶段，就要把降低能耗，易于拆卸、使之再生利用和保护生态环境，与保证产品的性能、质量、寿命、成本的要求列为同等的设计目标，并保证在生产过程中能够顺利实施。

2.5.5 绿色产品设计的关键技术

2.5.5.1 面向环境的设计技术

面向环境的设计 DFE（Design for Environment）或称绿色设计 GD（Green Design）是在世界"绿色浪潮"中诞生的一种新型产品设计概念。DFE 是以面向环境的技术为原则所进行的产品设计。按 DFE 设计开发的产品通常称为"绿色产品"。

DFE 强调：要从根本上防止污染，节约资源和能源，关键在于设计与制造，不能等产品产生了不良的环境后果再采取防治措施（现行的末端处理即是如此），要预先设法防止产品及工艺对环境产生的负作用，然后再制造。概括起来，面向环境的设计是一种系统化的设计方法，即在产品整个生命周期内，以系统集成的观点考虑产品环境属性（可拆卸性、可回收性、可维护性、可重复利用性和人身健康及安全性等）和基本属性，并将其作为设计目标，使产品在满足环境目标要求的同时并保证应有的基本性能、使用寿命和质量等。

1. 面向环境设计的技术内涵

（1）DFE 是将产品的基本属性与环境属性相结合的集成并行设计。
（2）DEF 将环境约束作为优先控制目标。
（3）DFE 可实现资源能源的有效持续利用。
（4）DFE 可将产品对环境的影响降低到最低程度或最终消除。
（5）DFE 是实现持续发展的最有效途径。

2. 面向环境设计技术的发展特点

面向环境的设计技术的发展特点是将环境指标量化、规范化，并将 DFE 观点规则化、工具化。主要表现在以下几个方面：

（1）从概念、思想发展成为系统的理论、方法。
（2）从理论的形成和方法的研究到研制出具体的设计工具。
（3）从单一的、独立的研究到集成的、并行的实现。
（4）从个别国家的分别研究到世界各国的分工协同研究。

3. 面向环境设计的关键技术

面向环境的产品设计包容的学科多，涉及范围广，目前很多方面还处于发展完善之中，其关键技术主要有以下几个方面：

（1）绿色产品的描述与建模。
（2）面向回收的产品可拆卸性设计及评价方法和评价指标体系的建立。
（3）可拆卸结构的模块划分和接口设计。
（4）可回收零件及材料的识别与分类系统。
（5）适合绿色产品设计的环境指标的建立及其规则化和量化。

（6）绿色产品评价体系和方法的研究。
（7）绿色产品集成设计理论与方法的研究。
（8）开发针对具体产品的系统设计工具平台。

2.5.5.2 面向能源的设计技术

面向能源的设计技术是指：用对环境影响最小和资源消耗最少的能源供给方式支持产品的整个生命周期，并以最少的代价获得能量的可靠回收和重新利用的设计技术，从而全面指导、优化产品设计过程。

1. 面向能源的设计技术要求

（1）在设计理念上，采用合适的能源供给形式；
（2）设计中，在满足功能的前提下，尽量优化能源消耗路径和方式，使能量供给或能量消耗保持在最佳的低点；
（3）充分预见到各环节、各种能耗机构的能量耗散形式，寻求最合理、是高效、最低成本的回收手段和重新利用的方法；
（4）除了考虑所设计产品在使用过程中的能源供应、消耗、回收等的优化、选择外，还要考虑对所设计产品的加工工艺、制造过程中的能源消耗等加以控制和优化；
（5）在产品的拆卸、维修或回收重用过程中，能估算出能量消耗，从能量控制的角度确定合理的拆卸路径、可重用部件及其所付出的能量代价的量的关系。

2. 面向能源的设计技术的主要作用

（1）为节约能源提供现代化的技术评估手段；
（2）为合理、有效利用新能源提供理论依据、设计指导和实施方法；
（3）为能源的有效回收及合理重用提供基本依据和可能；
（4）为在设计过程中全面优化各环节的能量消耗提供计算、修正和改进的原理和方法。

面向能源设计技术，是一项综合应用设计技术，体现多学科发展成果转化的特征。而且，这一技术发展本身是一个不断扩充，不断优化和不断调整的过程。首先，面向能源设计技术吸收最新的环境保护方面的成就，并加以应用；其次，面向能源设计技术采用先进的新能源应用技术成果，加以转化，变成设计参数；再次，面向能源设计技术引用先进的控制技术、系统科学成果，把能源控制、回收保护等保持在最好的水平；最后，面向能源设计技术与其他设计理论多次交叉融汇，并需要从它们的研究成果中获取素材，充实到本项目研究中去。

产品设计是影响制造系统能源消耗的至关重要阶段。设计人员从开始就应具有能源意识。在设计中，不仅要考虑产品的功能、寿命、成本，还要考虑产品的能源消耗和环境特性，从设计上尽量减少产品在制造和使用过程中的能源消耗，使产品以最少的能源耗费，最高的可回收率制造出来。

3. 面向能源设计技术的发展趋势

（1）对现在已认识可用的新能源建立基本的与设计过程结合的技术规范和标准，能够合理估算出各个参数并加以优化；设计模型化和模块化体系的建立，设计过程应是一个调整模型、选用模块的过程，并同时是通过参数优化实现反复修改的过程。

（2）面向能源设计逐步建立各类数据库、模型库和运行环境标准运行库；使各种能源控制方式得以标准化，并能在运行库中予以支持和扩充。

（3）完成与绿色产品设计中其他设计技术综合系统化模型的研究，能够通过调整能源的相关参数，控制材料应用和环境影响方面的变化，从而寻求合理的设计参数，达到产品设计的真正意义上的"绿色"化。

（4）能源回收利用设计过程的参数化、功能化；对各种不同类型的产品，通过控制一些必要参数，如回收率等，而使系统设计技术可在直接选定特定功能情况下设计出相应的回收机构。

2.5.5.3 面向材料的设计技术

在传统的产品设计中，由于在材料选用上较少考虑对环境的影响，因而在产品的制造、消费过程中对环境产生了一定的危害。如氟里昂的使用导致了臭氧层的破坏，矿物燃料的使用使大气中 CO_2 含量过高，产生了温室效应等。随着产品对环境性能要求的不断提高，传统产品设计中材料选择的疏漏之处明显暴露出来。这表现在以下几个方面：① 所用材料种类繁多；② 较少考虑材料的加工过程及其对环境的影响；③ 所用材料较少考虑报废后的回收处理问题；④ 较少考虑所用材料本身的生产过程。

面向材料的设计技术是以材料为对象，在产品的整个寿命周期（设计、制造、使用、废弃）中的每一阶段，以材料对环境的影响和有效利用作为控制目标，在实现产品功能要求的同时实施，使其对环境污染最小和能源消耗最少的绿色设计技术。

1. 面向材料设计技术的内容

（1）产品计划阶段。用产品的技术性、经济性和环境性三维指标进行新产品设计的可行性分析，选择对环境污染小的绿色材料并加以有效利用，确定出各种可行的与环境协调的设计方案。

（2）方案设计阶段。在对各种可行方案进行功能及经济分析的同时，还要对能满足功能需求的各种材料进行环境性能评价，选择出综合性能最优的设计方案。

（3）结构设计阶段。所设计的结构即要具备应有的功能、良好的工艺性，同时还要满足易于拆卸和回收。

（4）详细设计阶段。对产品所用材料按其拆卸性能、回收性能和重复利用性能进行统计建库，以便产品废弃后材料的回收与处理。

2. 面向材料设计技术对材料选择的要求

面向材料设计技术的核心是为产品设计选择绿色材料。从根本上减少环境污染，降低资源和能源消耗。绿色材料（Green Material），又称环境协调材料，是指从原材料获取、生产、加工、使用、再生和废弃等寿命周期全程中具有较低环境负荷值、较高可循环再生率和良好使用性能的材料。环境负荷主要包括资源摄取量、能源消耗量、污染排放量及其危害、废物排放量及其回收和处置的难易程度等因素。

面向材料的设计技术，一方面是以产品技术性能、经济性能和环境性能为设计目标，选择综合性能优良的绿色材料；另一方面则要考虑绿色材料的使用对产品设计、工艺及制造带来的影响。

由此可见，绿色产品设计对材料的选择提出了更高的要求，适宜于绿色产品的材料不

仅应满足产品的基本性能要求,还应有利于保护生态环境。面向材料的设计技术对材料选择提出如下要求:

(1) 减少产品所用材料种类以便于将来回炉再利用。

(2) 选用废弃后能自然分解并为自然界吸收的材料,从而起到净化环境的作用。

(3) 选用不加任何涂镀的原材料,便于废弃后的产品回收。

(4) 选用再生材料,不仅能减少环境污染,而且也节约了原材料,这样也有利于资源的循环利用。

3. 面向材料的设计技术发展趋势

(1) 建立系统面向材料设计技术的基础理论和方法。

(2) 搜集、整理面向材料设计所需的数据资料,进而形成指导设计的设计指南。

(3) 建立绿色材料的评价体系、评价模型和评价标准。

(4) 建立适合于绿色设计的材料管理方法及材料数据库。

(5) 开发基于材料选择的绿色设计专家系统。

4. 面向材料设计的关键技术

(1) 新材料的开发和研制技术。

(2) 新材料实用化设计技术。

(3) 现有材料的环境性能改进技术。

(4) 材料的回收、处理和再利用技术。

(5) 绿色材料数据库的建立及管理技术。

(6) 绿色材料的评价技术。

(7) 基于材料选择的 CAD 技术等。

2.5.5.4 人机工程设计技术

人机工程设计技术是以人机工程学理论为基础的面向人的产品设计技术。人机工程又称为人体工程(美国称为 Human Factors,欧洲国家称为 Ergonomics),它依据人的心理和生理特征,利用科学技术成果和数据去设计的技术系统,使之符合人的使用要求,改善环境,优化人机系统,使之达到最佳配合,以最小的劳动代价换取最大的经济成果。人机工程设计的目标是在系统约束条件下,提高工作的有效性,提高生产率及质量,减少操作者可能出现的失误,降低操作者体力和脑力消耗,尽可能地适合不同水平的操作者使用,尽可能简化操作,降低劳动强度,改善工作条件,尽量适合操作者的心理和生理特征和使操作者轻松愉快地完成工作,以达到人机系统的最佳效率与效能。在设计技术系统时,要注意合理的分配操作者和技术系统之间的工作,在协调人—机工作时,要尽可能放宽对操作者的技术要求,确保人的安全、可靠和身心健康。

人机工程学是 20 世纪 40 年代以后发展起来的新兴学科。人机工程研究的领域较广,这里主要以与工业设计密切相关的领域来研究人机工程设计技术的发展为课题。

顾名思义,人机工程学自然研究人。但是,与其他研究人的科学所不同的是,它研究的是"处于系统中的人"。将人放在"人—机—环境"这样一个系统中来研究,从而建立解决劳动工具与劳动主体之间矛盾的理论和方法,是人机工程学的基本内涵。

系统中的人作为一个完整的概念,既不是单独指人,也不是单独指系统,它是关于二者的内在联系的概念。因此，人机工程学并非孤立地研究人，它也研究系统的其他组成部分，以便根据人的能力和特性，来设计和改造系统。

人机工程涉及的学科至少要包括心理学、实验心理学、生理学、数理统计学、工程、工业工程、系统科学和环境科学这八个门类。

人机工程技术在解决系统中人的问题上，主要有两条技术途径：①通过设计使机器和环境（可控环境）适合于人；②通过最佳选择和培训方法，使人适应于机器和环境。

人机工程技术的发展反映出，在利用和改造自然的漫长历程中，人类对自己与外部世界的关系有了新的认识：自然和环境不再被当作与人对立的力量，人与自然、人与环境之间应该建立和谐的关系。人机工程的意义和作用正是在于它为我们创造这种"和谐"提供了途径，属于"绿色"设计技术范畴。

人机工程技术的地位主要由两方面决定：其一是人机工程技术被大量应用于军事科技和高技术产品的人机界面设计与研究；其二是人机工程技术对人的高效、安全、可靠和保证身心健康方面起着不可缺少的作用。

"人—机"系统是由人设计和建立起来并逐步得以完善。系统的过程都是人去操作、控制、观察、监督和维护。由于现代技术的不断发展和应用，使得人在"人—机"系统中的作用发生了一定的变化，系统也随之发生了相应的变化。但是，无论怎样，人始终起主导作用。然而从"人—机"系统的设计来说，主要矛盾方面是机器的设计，是使机器的设计适合人的要求。为了充分发挥人和机器的作用，使整个"人—机"系统能高效、可靠、安全、经济和操作方便，就要从机器造型设计的构思开始，充分考虑人的生理和心理特点，使整个"人—机"系统适应人的要求。

人机工程技术发展的主要特点是发展适用技术和与相关学科紧密联系。在军事和高科技领域，人机工程技术的发展已成为系统分析与设计的一个相对独立的组成部分；在管理科学领域，特别是工业工程领域，人机工程的发展将成为分析和设计人机系统配置、作业组织形式和人的技能结构的关键技术；在工业设计领域，人机工程技术的发展将成为理性主义设计风格和设计职业化的重要设计理论和依据。未来高情感和人性化设计的技术基础是人机工程技术。

人机工程技术发展的特点之一是综合化，表现在它大量融入各相关学科的技术方法，例如心理生理学的应激理论、疲劳研究的觉醒和作业效能理论、人工智能的人机对话和理解过程的理论、安全工程的事故分析理论，以及如诱发电位技术、高速摄影技术和有声思维等。

人机工程技术发展的另一特点是系统科学化，采用系统的思想和方法处理人机关系问题。

高技术化是近期人机工程技术发展的重要方面，在计算机内建立动态的人—机—环境系统模型，分析和模拟人的心理生理因素、作业条件和任务指标，从而设计出产品或系统的最佳设计方案，从根本上解决系统中人的问题。

人机工程技术发展的关键技术有以下几方面：①行为科学的认知过程的分析技术；②人机界面设计技术；③人机工程测量新技术；④心理模型技术；⑤用户模型技术；⑥产品设计中的人机工程技术；⑦人机工程CAD技术等。

2.6 现代设计技术特点

归纳起来，现代设计技术具有如下特点：

1. 设计范畴的扩展化

设计范畴正在扩大，传统的设计只限于产品设计，而现代设计则将产品设计向前扩展到产品规划，甚至用户需求分析，向后扩展到工艺设计，使产品规划、产品设计、工艺设计形成一个有机的整体。另外，设计范畴的扩展还体现在面向"X"的设计技术，即在设计过程中同时考虑制造、维修、价格、包装发运、回收、质量等因素。

2. 设计手段的计算机化

传统的手工设计正在逐渐被计算机辅助设计所代替。计算机在设计中的应用已从早期的辅助分析计算和辅助绘图，发展到现在优化设计、并行设计、三维建模、设计过程管理、设计制造一体化、仿真和虚拟制造等。计算机，特别是网络和数据库技术在设计中的应用，加速了设计进程，提高了设计质量，便于领导对设计进程进行管理，方便了与其他部门及协作企业的信息交换。

3. 设计过程的并行化

并行设计技术是目前最热门的技术之一，由于与产品有关各种过程的并行交叉进行，可以减少各种修改工作量，有利于加速设计进程，提高设计质量。又由于并行设计技术要求团队工作精神，要求各方面的专家协同工作，有利于得到整体最优解。在这里需要说明的是，尽管有些学者将面向"X"的设计作为并行设计的主要内容，但实际上它们却不是一码事。并行设计强调团队工作方式，强调各个过程的并行交叉进行，而面向"X"的设计则强调在设计阶段考虑"X"因素，两者并不完全相同。

4. 设计过程智能化

在传统的设计过程中，一切创造性的设计都需要设计人员来完成。但在现代设计中，却可以借助于人工智能和专家系统技术，由计算机完成一部分原来必须由设计者进行的创造性工作。

5. 设计手段的拟实化

在传统的设计过程中，产品和零件的外观形状只有在制造后才能看到。由于三维造型技术，仿真和虚拟制造技术，以及快速原形技术的出现，使得人们在零件被制造之前就可以看到它的形状甚至摸到它，可以大大改进设计的效果。

6. 分析手段的精确化

传统设计中，认为载荷和应力是集中的，靠加大安全系数来提高可靠性。但在实际中，载荷和应力却往往是分布性的，并且提高安全系数并不总能提高可靠性。现代设计则可考虑载荷和应力的分布特性，利用有限元等功能强大的分析工具，准确模拟系统的真实工作情况，得到符合实际情况的最佳解。现代设计还运用概率论和统计学方法进行产品的可靠性设计。

7. 多种手段综合应用

现代设计利用高速计算机，可以将各种不同目的设计方法，各种不同的设计手段综合起来，以求得系统的整体最佳解。

8. 强调设计的逻辑性和系统性

传统的设计采用经验法和类比法，现代设计则强调设计的逻辑性和系统性。例如设计方法学中的"功能分析法"，以"功能原理结构"框架为模型，从抽象到具体的思维方式，通过框架的横向变异和纵向组合，运用"设计目录"来获得多种设计方案，再通过评价和优化，最终选出最佳方案。

9. 进行动态多变量的优化

传统设计过程由于手段的限制，一般只能进行静态分析。而现代设计法却可考虑载荷谱、负载率等随机变量，进行动态多变量最佳化设计。

10. 强调产品的环保性

随着人们对环境问题的愈来愈重视，要求环境保护的呼声也愈来愈高，这就要求能设计出所谓的绿色产品，即要求产品运行过程中的各种污染尽可能少，对人体的危害减至最低限度。重视环保的设计已成为现代设计的一个主要发展趋势。

11. 强调产品的宜人性

现代设计除强调产品的内在质量外，还特别强调产品的外观质量，如美观性、时代性和艺术性，使产品造型具有一定的艺术感染力，使用者有新颖、心情舒畅、愉快、兴奋等感觉，满足使用者的审美要求。

12. 强调用户参与

用户是产品最终消费者，仅仅靠市场调研的结果常常并不能完全反映用户的需求。所以，现代设计强调用户参与设计过程，这样设计出的产品才能准确无误地反映用户的要求，取得用户的最大满意。

13. 强调设计阶段的质量控制

现代质量控制理论认为：产品的质量首先是设计出来的，其次才是制造出来的。所以，应特别重视设计阶段的质量控制活动，以免设计出来的产品在质量上先天不足。

14. 设计和制造一体化

传统的设计与制造过程是分离的，从设计到制造要经过好几个过程，往往会造成信息的"误理解"，所需的时间也很长。现代设计则强调设计和制造过程的一体化和并行化，强调从设计信息到制造信息的顺畅传递和快速短反馈，甚至要求设计和制造采用统一的数据模型。

15. 强调产品全寿命周期最优化

现代设计强调从市场调研、用户要求、到产品规划、产品设计、工艺设计、制造过程、质量控制、成本核算、销售价格、包装运输、售后服务、维修保养、报废处理、回收再利用等产品全寿命周期的综合最优化。

参 考 文 献

1　G.帕尔，W.拜茨著．工程设计学．北京：机械工业出版社，1992
2　戚昌滋等．创造性方法学．北京：中国建筑工业出版社，1989
3　孙靖民等．现代机械设计方法选讲．哈尔滨：哈尔滨工业大学出版社，1992

4 R. Koller 著. 机械设计方法学. 北京: 科学出版社, 1990
5 路甬祥. 工业设计的发展趋势和未来. 机械工程学报. 1997, 33 (1)
6 钟廷修. 快速响应工程和快速产品设计策略. 机械设计与研究, 1999 (1)
7 肖人彬等. 智能设计——先进设计技术的核心. 机械设计, 1997 (4)
8 童劲松等. 现代设计技术的最新进展. 工业工程与管理, 1998 (4)
9 刘志峰等. 绿色产品与绿色设计. 机械设计, 1997 (12)
10 先进制造技术发展前瞻研究. 机械科学研究院, 1999, 10
11 先进制造技术前沿分析. 机械科学研究院, 1999, 10

第 3 章 先进制造工艺技术

摘要 机械制造工艺是将各种原材料、半成品加工成产品的方法和过程。随着社会经济和科学技术的发展，其内涵和面貌不断变化和发展，先进制造工艺技术就是这种不断变化和发展后的制造工艺技术，包括了优化后的常规工艺以及新型加工工艺。先进制造工艺技术是先进制造技术的核心和基础。本章按先进成形加工技术、现代表面工程技术及先进制造加工技术的技术体系对先进制造工艺技术做了较全面介绍。重点介绍各项先进制造工艺技术的技术内涵、范围、技术地位、发展趋势以及相关关键技术。具体分为十二节即：3.1 先进制造工艺技术概述；3.2 精密洁净铸造成形工艺；3.3 精确高效塑性成形工艺；3.4 优质高效焊接及切割技术；3.5 优质低耗洁净热处理技术；3.6 优质清洁表面工程技术；3.7 超高速加工技术；3.8 超精密加工技术；3.9 微型机械加工技术；3.10 非传统加工技术；3.11 快速原型制造技术；3.12 虚拟制造成形加工技术。

3.1 先进制造工艺技术概述

3.1.1 先进制造工艺技术的定义、内涵及技术地位

机械制造工艺是将各种原材料、半成品加工成为产品的方法和过程。从成形与成形学的角度出发，机械制造工艺是成形工艺，即是在成形学指导下，研究与开发产品制造的技术、方法和程序，依据现代成形学的观点从物质的组织方式上，可把成形方式分为如下四类：

1. **去除成形**

它是运用分离的办法，把一部分材料（裕量材料）有序地从基体中分离出去而成形的办法。例如车、铣、刨、磨及现代的电火花加工、激光切割、打孔等加工方法均属于去除成形。去除成形最先实现了数字化控制，是目前的主要制造成形方式。

2. **受迫成形**

它是利用材料的可成形性（如塑性等），在特定外围约束（边界约束或外力约束）下成形的方法。铸造、锻压和粉末冶金等均属于受迫成形。受迫成形多用于毛坯成形和特种材料成形等。

3. **堆积成形**

它是运用合并与连接的办法，把材料（气、液、固相）有序地合并堆积起来的成形方法。快速原型制造（RPM）即属于堆积成形，其过程是在计算机控制下完成的，最大特点是不受成形零件复杂程度的限制，广义地讲，焊接也属堆积成形范畴。

4. 生成成形

是利用材料的活性进行成形的方法。自然系统中生物个体发育均属于生成成形，目前人为系统中还没有此种成形方式，但随着活性材料、仿生学、生物化学、生命科学的发展，人们也可能会运用这种成形方式进行人为成形。

当然，就一般的工艺分类，我国现行的行业标准"JB/T5992-92 机械制造工艺方法分类与代码"中将工艺方法按大类、中类、小类和细分类四个层次划分，每层至少留出一个空位，以备安排以后出现的新工艺。在这个分类中，大类（代码）有：铸造（0）、压力加工（1）、焊接（2）、切削加工（3）、特种加工（4）、热处理（5）、覆盖层（6）、装配与包装（7）及其他（8）等九大类。

随着机械工业的发展和科学技术的进步，机械制造工艺的内涵和面貌不断发生变化，而且变化和发展速度越来越快：常规工艺不断优化并得到普及；原来十分严格的工艺界限和分工，诸如下料和加工、毛坯制造和零件加工、粗加工和精加工、冷加工和热加工、成形与改性等在界限上趋于淡化，在功能上趋于交叉；新型加工方法不断出现和发展，主要的新型加工方法类型有：精密加工和超精密加工、超高速加工、微细加工、特种加工及高密度能加工、快速原型制造技术、新型材料加工、大件及超大件加工、表面功能性覆层技术及复合加工等加工方法。

先进制造工艺技术就是机械制造工艺不断变化和发展后所形成的制造工艺技术，包括了常规工艺经优化后的工艺，以及不断出现和发展的新型加工方法。其主要技术体系由先进成形加工技术、现代表面工程技术等技术构成及先进制造加工技术。

先进制造工艺技术是先进制造技术的核心和基础，任何高级的自动控制系统都无法取代先进制造工艺技术的作用。可以说，一个国家的制造工艺技术水平的高低在很大程度上决定其制造业的技术水平，特别是对于我国这样一个必须拥有独立完整的现代工业体系的大国来说尤其如此。

3.1.2 先进制造工艺技术发展现状

制造工艺技术是应现代工业和科学技术的发展需求而发展起来的。现代工业和科学技术的发展越来越要求制造加工出来的产品精度更高、形状更复杂，被加工材料的种类和特性更加复杂多样，同时又要求加工速度更快、效率更高，具有高柔性以快速响应市场的需求。现代工业与科学技术的发展又为制造工艺技术提供了进一步发展的技术支持，如新材料的使用、计算机技术、微电子技术、控制理论与技术、信息处理技术、测试技术、人工智能理论与技术的发展与应用都促进了制造工艺技术的发展。

1. 加工精度不断提高

随着机械制造工艺技术水平的提高，机械制造精度在不断提高，目前工业发达国家在加工精度方面已达到纳米级。加工第一台蒸汽机所用的汽缸镗床，其加工精度为 1mm，而到 20 世纪初，由于发明了能测量 0.001mm 的千分尺和光学比较仪，加工精度便向μm 级过渡，成为机械加工精度发展的转折点，当时把机械工业中达到μm 级精度的加工称为精密加工。20 世纪 50 年代以来，宇航、计算机、激光技术以及自动控制系统等尖端科学技术的发展，就是先进技术和先进工艺方法的相结合结果。由于生产集成电路的需要，出现了各种微细加工工艺。在最近一二十年的时间里，使机械加工精度提高 1~2 个数量级，即由 20 世纪 50 年代末的 μm 级，提高到目前的 10nm 级（1nm 为 10^{-9}m），从而进入超精密加工时代，现在测量超大规模集成电路所用的电子探针，其测量精度已达 0.25nm，近一、二年内可实现原子级的加工和测量。

传统的机械加工方法，也随着采用新技术、新工艺、新设备和新的测量技术，其加工精度不断提高，提高机械加工精度的主要措施有：开发优化的机械加工艺方法，目前创造出单刃金刚石刀具精密、超精密车削及铣削新工艺；新型刀具材料的研制和应用，如应用涂层硬质合金、聚晶立方氮化硼和人造金刚石材料等；研究超精密加工机床；在加工过程中对加工精度实施监控，如应用光学计量方式已有可能进入实用阶段。

2. 加工速度得到提高

机械制造加工效率和速度在不断提高，切削速度已大大提高，车、铣、镗、钻、磨等不同工序以及粗精加工的不同工序得以综合集中。工业发达国家已使超高速切削、超高速磨削技术实现工业化及产业化，这极大的提高了加工效率。

3. 材料科学促进制造工艺变革

材料科学发展对制造工艺技术提出了新的挑战。一方面迫使普通机械加工方法要改变刀具材料、改进制造装备，另一方面对于新型功能材料的加工，要求应用更多的物理、化学、材料科学的现代知识来开发新的制造工艺技术。近几十年来发展了一系列特种加工方法，如电火花加工、电解加工、超声波加工、电子束加工、离子束加工以及激光加工等，这些加工方法，突破了传统的金属切削方法，使机械制造工业出现了新的面貌。

超硬材料、超塑材料、高分子材料、复合材料、工程陶瓷、非晶微晶合金、功能材料等新型材料的应用，扩展了加工对象，导致某些崭新加工技术的产生，如加工超塑材料的超塑成形、等温铸造、扩散焊接；加工陶瓷材料的热等静压、粉浆浇注、注射成形；沉积 TiN、TiC、CBN、人造金刚石等超硬薄膜用的化学气相沉积（CVD）、物理气相沉积（PVD）、物理化学气相沉积（PCVD）、等离子弧化学气相沉积（PACVD）等；加工光感硬化树脂的光造型直接成形技术等。新材料与新工艺的结合还促使某些新学科的形成，如半导体硅材料与微细加工工艺相结合已形成一门崭新的微机械加工技术。

新型材料的出现也使传统的铸造、锻造、焊接、热处理、切削加工工艺的技术构成逐渐发生变化，如使焊接技术从以"焊钢"为中心时代，逐渐进入同时焊接各种非铁金属乃至非金属的时代，使单一的焊接技术演变成焊接/连接技术。在焊接/连接工程塑料、复合材料、工程陶瓷、单品微晶非晶金属材料时，固态焊接、扩散连接、特种钎焊比传统熔化焊显示出明显优势。

4. 重大技术装备促进加工制造技术的发展

随着重大技术装备向大型、大容量、高效率的方向发展，大件及超大件加工技术也得到相应发展，其中包括大电炉炉外精炼技术（真空氧脱碳、氢氧脱碳等方法）、大型工件（大锻件、大铸件、大型拼焊件）的热加工工艺模拟及工艺优化技术、大型工件局部热处理技术、大型工件加工及尺寸测量技术等。

5. 优质清洁表面工程技术获得进一步发展

优质清洁表面工程技术已获得了重要进展并进一步完善。表面工程技术是经表面预处理后，通过表面涂覆、表面改性、表面加工、多种表面技术复合处理，改变固体金属表面或非金属表面的形态、化学成分和组织结构，以获得所需要表面性能的系统工程技术。表面改性技术是采用某种工艺手段使材料表面获得与其基体的组织结构、性能不同的技术，材料经表面改性处理后，既能发挥基体材料的力学性能，又能使材料表面获得各种特殊性能（如耐磨、耐腐蚀、耐高温、合适的射线吸收、辐射和反射能力、超导性能、润滑、绝缘、储氢等），表面改性技术有喷丸强化、表面热处理、化学处理以及等离子体、激光、电子束、高密度太阳能表面处理和离子注入表面改性等技术。表面覆层技术是利用表面工程技术的各种手段，依据产品（材料）假设条件，在其表面制备各种特殊功能覆层，用极少量的材料就能起到大量的、昂贵的整体材料所能起到或难以起到的作用，同时极大地降低了制件的加工制造成本。传统表面覆层技术包括电镀、电刷镀、化学镀、涂装、堆焊、粘结、热浸镀、搪瓷涂敷等。优质清洁表面覆层技术包括：热喷涂、电火花涂敷、真空蒸镀、溅射镀膜、离镀、分子束外延、离子束合成薄膜技术等。综合两种或更多种表面技术的复合表面技术也获得极大发展，复合表面处理技术在德国、法国、美国和日本等国已获广泛应用，并取得良好效果，各国正在加大投资力度研究发展新型特殊的复合表面处理技术，如复合表面化学热处理技术、表面热处理与表面化学热处理的复合强化处理技术、热处理与表面形变强化的复合热处理工艺、镀覆层与热处理的复合处理工艺、覆盖层与表面冶金化的复合处理工艺、离子辅助涂覆、激光电子束复合气相沉积和复合涂镀层、离子注入与气相沉积复合表面改性等复合表面工程技术。

6. 精密成形技术取得较大进展

在精密成形技术方面，国内已取得了较大进展。精密铸造方面，近几年重点发展了熔模精密铸造、陶瓷型精密铸造、消失模铸造等技术，采用消失模铸造生产的铸件质量好，铸件壁厚公差达到±0.15mm，表面粗糙度 R_a25μm。国内研究成功一种电渣铸接新工艺，并铸接了一块（300×190×700）mm 的试验件，这种工艺是大型水轮机叶片、下环等特大型铸件的一种理想熔铸方法。国内也攻克了强度高、形态复杂、薄壁、净重 2.7t 铝合金铸件的铸造技术。精密塑性成形技术方面，重点发展了热锻技术、冷挤压技术、成形轧制技术、精冲技术和超塑成形技术，依靠我国科技力量建设的汽车前梁、羊角和轿车连杆生产线已达到国际先进水平。在精密焊接与切割技术方面，重点发展了电子束焊接技术、水下焊接和切割技术、逆变焊接电源及药芯焊丝制造技术，国内 5kWCO_2 激光焊接及切割已开始得到应用，钢带法、盘圆法和钢管法等多种药芯焊丝制造技术已开始用于生产，具有广阔应用前景。

7. 热成形过程的计算机模拟技术研究有一定发展

20 世纪 70 年代末，从铸造行业开始，我国已开始进行热成形过程的计算机模拟技术的研究，目前已扩展到热成形的各个领域。铸造工艺方面，对大型铸件充型凝固过程进行了三维数值模拟，对铝合金、镍合金的微观组织形成过程进行二维、三维模拟。锻压方面，初步建立了成形过程微观组织的演化方程和热塑性本构关系，已通过了部分实验验证，并在大锻件生产中得到初步应用。热处理方面，正在进行淬火和回火过程温度场、组织转变和应力场的数值模拟。焊接方面，已对焊热裂纹及氢致裂纹的物理模拟及工艺性精确评定开展了多年研究，取得了较大进展，正进行两种焊接裂纹的数值模拟仿真及开裂机理研究。材料热成形过程模拟技术的研究已成为国内研究热点，但距企业实用化还有相当一段距离。

在我国的机电制造业中，加工制造技术的现状大致是：通过"六五"、"七五"、"八五"科技攻关和国家自然科学基金资助，在加工工艺（高速加工及非传统加工工艺）、机床装备、刀具和磨料磨具、检测监控和自动化等方面取得了多项研究开发成果。尽管如此，对制造业总体而言，加工制造技术与工业先进国家相比还有不少差距，表现为切削速度低、加工精度和表面粗糙度比国外差一个精度级左右，总体呈现出制造生产能力总量过剩而制造加工技术水平偏低的特征。新型刀具如超硬高速钢、高性能硬质合金、复合陶瓷、立方氮化硼、金刚石等应用不够广泛，刀具寿命偏低、切削性能不够稳定。制造自动化方面，机床数控率仅为百分之几，FMC 和 FMS 的拥有量只有十数条，利用率不足且技术不够先进，机床和刀具工况在线检测、监控技术水平有待提高，国产数控系统的可行性已有进步，但市场占有率有待扩大。在精密和超精密加工方面，一般工厂能稳定掌握的加工精度为 5μm（工业发达国家为 3μm），超精密加工效率和自动化水平还较低，当前着重发展 0.3~3μm 的精密加工，0.03~0.3μm 的超精密加工，并逐步发展精度高于 0.03μm 的纳米加工技术。我国在激光表面处理研究领域取得了不少成就，但在激光切割、焊接的工业应用方面与工业化国家尚有较大差距。

3.1.3　先进制造工艺技术发展趋势

新世纪的来临，随着社会经济和科学技术的不断发展，新材料、新能源、新设计、新产品将会不断涌现，人们对物质产品的需求更加多样化，因而对机械制造工艺技术提出更多、更高要求。从总体发展趋势看，优质、高效、低耗、灵捷、洁净是机械制造业永恒的追求目标，也是先进制造工艺技术的发展目标。

成形技术方面，铸件生产正向轻量化、精确化、强韧化、复合化及无环境污染方向发展，加强精确铸造成形技术基础理论研究，特别是新一代生产铝合金铸件为代表的精确铸造成形技术及其基础理论研究，包括不同压力条件下铝合金壳型成形凝固过程的基本规律及其缺陷形成机理以及精确铸造成形工艺铸件尺寸精度预测及控制研究，开展新材料及特殊材料的铸成形新工艺的基础理论研究。

精确塑性成形工艺成为制造过程的总体上向"净成形"的目标迈进的途径，塑性成形正与计算机相结合成为一个大的生产系统，能够有效地进行全系统设计的 CAE 系统将走向实用化，实现对成形工艺变量的定量分析与控制。

激光焊、电子束焊等高能密度焊接方法得到较大发展，柔性化、智能化、自动化的焊接生产系统将逐渐取代大量的手工操作，精确轨迹控制的多自由度弧焊机器人配合多自由度工件转胎架的柔性焊接制造系统将是一个重要发展方向，新材料及特殊环境和极限状态下的连接方法得到很大发展。

激光表面合金化和熔覆工艺将趋成熟并实现工业化应用，工艺过程的检测与优化控制将逐步从激光切割向激光焊接和激光表面处理工艺延伸，各种激光加工方法都将实现智能化控制，激光加工将成为自动生产线上的多功能加工单元。

快速原型制造技术将日趋成熟，工艺相对稳定，现有工艺将朝着精密化、高精度、低成本方向发展，RPM 将向快速工模具制造甚至直接金属零件快速制造方向发展。RPM 技术将在迅速发展的并行工程、虚拟制造及微型机械等领域发挥重大作用。

计算机模拟仿真、并行工程及虚拟制造技术的相继出现为成形制造技术注入新活力，并行工程虚拟制造环境下的成形过程（铸、锻、焊等）实现及微观模拟以及虚拟成形制造的基础理论研究成为重要的前沿研究课题。

21世纪，加工制造技术的热点和发展趋势大致是：先进精密超精密加工技术、特种加工技术、超高速切削及超高速磨削技术、微型机械加工技术、新一代制造装备技术及虚拟制造技术等。

总之，在社会经济和科学技术不断发展的同时，全球经济一体化的程度正不断提高，拥有先进的制造工艺技术是保持和增强国际市场竞争力的基本条件之一，我们必须十分重视先进制造工艺技术的研究，全面提高制造工艺技术水平，只有这样才能实现先进制造技术的作用及目标。

3.2 精密洁净铸造工艺

铸造是一种液态金属成形的方法。长期以来，应用最广泛的是普通砂型铸造。然而，随着科学技术的不断发展和生产水平的不断提高以及人类社会生活的需要，对铸造生产提出了一系列新的、更高的要求。为此，近十年来，铸造工作者在继承、发展古代铸造技术和应用近代科学技术成就的基础上，开创了许多新的铸造方法及工艺，如近代化学硬化砂铸造工艺、高效金属型铸造工艺以及气化模铸造工艺等。与普通砂型铸造相比，这些铸造工艺的共同优点可概括为六个字，即"精密"、"洁净"、"高效"。具体表现在以下几个方面：可以大量生产同类型、高质量而且稳定的铸件，且铸件尺寸精度和表面光洁度较高，从而实现少切削或无切削加工；能进一步简化生产工艺过程，缩短生产周期，便于实现生产工艺过程的机械化、自动化，提高劳动生产率，改善劳动条件，使铸造工厂（或车间）绿色化；可大量减少生产原材料的消耗，降低生产成本，获得良好的经济效益和社会效益。

3.2.1 近代化学硬化砂铸造工艺

到目前为止，普通铸造生产中使用的型砂与芯砂，按其所用粘结剂的化学性质可分为两大类，即无机化学粘结剂砂和有机化学粘结剂砂。它们主要是通过发生物理—化学反应而达到硬化的目的，可以采用一种或多种方法使之自行硬化，因此，统称为化学硬化砂。

3.2.1.1 无机化学粘结剂型（芯）砂

当前铸造生产中应用最广泛的无机化学粘结剂是水玻璃，其次为水泥，近年来又开发出磷酸盐聚合物的无机化学粘结剂，为了使读者一目了然，将目前国内外应用较广，较具发展前途的各类型（芯）砂的应用状况列于表3-1。

3.2.1.2 有机化学粘结剂型（芯）砂

长期以来，铸造生产中就采用植物油作粘结剂配芯砂，然而随着科学技术的进步以及对铸件的产量和精度的要求越来越高，人工合成的有机高分子材料和化工副产品也就逐步地应用于铸造生产。开创出各种类型的有机化学粘结剂型（芯）砂，见表3-2。

表 3-1 无机化学粘结剂型（芯）砂主要特征及应用状况

序号	砂种名称	型（芯）砂特征	硬化方式	适用铸造工艺	适用范围	备注
1	水玻璃—CO_2法自硬砂	常添加溃散剂、抗湿剂等，以改善性能	以CO_2硬化	自硬法	形状较简单的铸型和砂芯，可用于铸钢和铸铁件	对环境污染少，生产成本低，应用较广泛，但溃散性差
2	酯硬化水玻璃自硬砂	以水玻璃为粘结剂，甘油单醋酸酯等有机酯为硬化剂型（芯）砂，强度高，溃散性好	冷自硬	自硬法	中、大型铸钢、铸铁件	60年代后期出现的新工艺对环境污染少，成本低
3	粉状硬化剂硬化的水玻璃自硬砂	以赤泥、铬铁矿渣、碱性电炉渣、水泥等作硬化剂，硬化时间40～180min	冷自硬	自硬法	国内多用于单件、小批量生产的铸钢件	硬化剂活性不稳定
4	水玻璃—石灰石砂	就地取材，成本低；属非石英质砂，基本消除硅尘对人体的危害；对厚大件表面质量好，不粘砂；溃散性好	以CO_2气体硬化	自硬法	大型铸钢件	1970年由戚墅堰机车车辆厂开创。旧砂回用待解决，铸件易产生胀砂
5	水泥及水泥型（芯）砂	属快凝、快硬砂、强度高	聚乙烯醇	自硬法	中、大型铸铁件有色合金件	50年代中期开始使用，出砂性差
6	磷酸盐粘结剂砂	出砂性较好	金属氧化物	自硬法	中、大型铸钢铸铁件	

表 3-2 有机化学粘结剂型（芯）砂主要特征及应用状况

序号	砂种名称	型（芯）砂特征	硬化方式	适用铸造工艺	适用范围	备注
1	油砂及合脂砂	油砂湿强度低，干强度高，溃散性好，铸件表面光洁。合脂砂类似桐油砂，易蠕变且易粘芯盒	加热	油砂、合脂砂制芯	油砂多用于手工制作，Ⅰ、Ⅱ级复杂砂芯。合脂砂手工制作Ⅱ、Ⅲ级砂芯	要求工人技术水平高，耗能大，资源短缺
2	覆膜砂	用酚醛树脂作粘结剂，加热时，包复在砂子表面的树脂熔化并与砂子、硬化剂乌洛托品化合，形成硬壳、精度、强度高	加热	壳型铸造壳芯法有翻斗法和吹砂法两种	大量生产的、复杂的中、小型铸钢、铸铁件的型（芯）砂	硬化时会有NH_3气分解，浇注时有N气，常产生气孔
3	脲呋喃(UF/FA)树脂砂，也称(呋喃Ⅰ型树脂砂)	常以糠醇改性的液态脲醛树脂为粘结剂，氯化铵和尿素水溶液为催化剂，在140～250℃固化，干强度高	加热	热芯盒法	汽车、拖拉机等大批量生产的铸铁件砂芯	目前国内应用最广泛
4	酚呋喃(PF/FA)树脂砂，或称(呋喃Ⅱ型树脂砂)	以糠醇改性的液态酚醛树脂作粘结剂，氯化铵等作催化剂，树脂中不含N(极少)	加热	热芯盒法	主要用于铸钢和球墨铸铁件	应用较多
5	脲—酚呋喃共聚物砂(UF/PF/FA)	树脂中氮的质量分数在1.0%左右，硬化性能比呋喃Ⅱ型好	加热	热芯盒法	铸钢、铸铁型（芯）砂均可用，含N高者用作铸铁件，也可用于有色合金件	

（续）

序号	砂种名称	型（芯）砂特征	硬化方式	适用铸造工艺	适用范围	备注
6	甲醛糠醇树脂砂（F/FA）	芯砂流动性好常温强度高,甲醛气味少,理想的加热温度为50~70℃,催化剂为磺酸盐	加热	温芯盒法	成批大量生产的铸钢、铸铁、有色金属铸件	要求树脂低氮、低水、低游离醛、无游离酚
7	热空气硬化砂（硅酸钠粉系）	以硅酸钠粉作粘结剂加热混制射芯后,用100~130℃热空气硬化	加热	热空气法	形状简单的铸钢、铸铁件砂芯	无环境污染、效率低
8	呋喃Ⅰ型树脂自硬砂（UF/FA）	型砂强度高流动性好,可无箱造型、加芳基磺酸作催化剂,浇注时脲醛分解出N	冷自硬	自硬法	单件、小批、多品种生产中、大型铸铁件及有色合金,但不适于铸钢件	应用广
9	热固性酚醛树脂自硬砂	常用酚醛糠醇树脂(PF/FA)作粘结剂,苯磺酸类作固化剂。无N放出,强度高	冷自硬	自硬法	单件、小批量生产中、大型铸钢、铸铁件,尤其适应于铸钢	浇注时有SO$_2$气体排放出
10	醇酸油尿烷树脂自硬砂	它用异氰酸酯作催化剂,低温反应缓慢,受热后加快,对防铸件热裂有利	冷自硬	自硬法	中、大型铸钢、铸铁件	1965年由美国开创,铸件易生毛刺,故常加氧化铁粉改善热强度
11	酚醛尿烷树脂自硬砂	以含异氰酸酯的苯酚多元醇树脂为基,用胺类催化剂,强度上升快,硬透性好	冷自硬	自硬法	适于铝、镁合金铸件,用于铸钢时需加氧化铁防气孔	1970年开始用于铸造生产
12	碱性酚醛树脂－酯自硬砂	型砂分二阶段固化,第一阶段在常温下获得;第二阶段是在浇注时获得	冷自硬	自硬法	最适于铸钢件	1984年用于欧洲,树脂无N、无SO$_2$,应用前景很广
13	酚醛尿烷冷芯盒树脂砂	以酚醛树脂和异氰酸酯树脂为粘结剂,三乙胺作催化剂。型芯强度高,生产效率高,铸件表面光洁	吹气硬化	冷芯盒法	成批大量生产复杂砂芯,正取代热芯盒砂	1968年由美国开创,催化剂较贵、易燃
14	酯硬化酚醛树脂冷芯盒砂	以碱性可溶性酚醛树脂作粘结剂,甲酸乙酯蒸气作固化剂	吹气硬化	冷芯盒法	成批大量生产复杂砂芯,正取代热芯盒砂	
15	呋喃树脂SO$_2$冷芯盒砂（PF/FA）	以呋喃树脂为粘结剂,有机过氧化物的活化剂作催化剂,通SO$_2$气体固化	吹气硬化	冷芯盒法	成批大量生产复杂砂芯,正取代热芯盒砂	1971年由法国开创,制芯周期短,节能,但易粘芯盒
16	环氧树脂SO$_2$冷芯盒砂	系呋喃SO$_2$法的改型,含环氧树脂和氧化剂二部分,比前者可使用时间更长	吹气硬化	冷芯盒法	成批大量生产复杂砂芯,正取代热芯盒砂	1983年用于铸造生产,芯盒不结垢
17	自由基法冷芯盒砂	基于尿烷树脂与有机氢过氧化物结合而成,乙烯基硅烷作增强剂,SO$_2$气固化	吹气硬化	冷芯盒法	成批大量生产复杂砂芯,正取代热芯盒砂	1982年用于铸造生产,SO$_2$用量低于其它SO$_2$法
18	酚醛树脂－酯冷芯盒砂	用碱性可溶性酚醛树脂和酯作粘结剂,由酯气化时通过砂芯使其固化 改善环境,铸件质量好	吹气硬化	冷芯盒法	成批大量生产复杂砂芯,正取代热芯盒砂	1984年用于铸造生产

3.2.2 高效金属型铸造工艺及设备

相对普通砂型铸造工艺而言，金属型铸造是指用金属材料（如钢、铸铁等）制作铸型生产铸件的特种铸造方法。按照液态金属的充填方式和凝固特点，金属型铸造又可分为金属型重力铸造、金属型低压铸造、金属型离心铸造、金属型高压铸造（即压铸）以及金属型挤压铸造等。

所谓金属型重力铸造也就是指普通的金属模铸造，也称硬模铸造（或称永久型铸造）。顾名思义这是借助自然重力将液态金属通过浇注系统从模具底部浇入并充填整个型腔的全部铸造过程。尽管目前国外已广泛采用了全自动浇注机器人系统，借助于程序化模拟人的浇注行为，最大满足了在金属型重力铸造工艺中的应用，然而液态金属仍然依靠本身重力完成对型腔的充填、冷却和结晶凝固，铸件内部质量的好坏主要靠正确设置浇注系统和冒口保证，所以难以实现高效生产。

金属型低压铸造和金属型离心铸造，虽然分别借助了较低压力和离心力充型和凝固结晶，但是开、合模过程缓慢，也难以实现高效生产。因而着重介绍压力铸造和挤压铸造。

3.2.2.1 压力铸造技术

1. 概述

压力铸造（简称压铸）是一种机械化程度和生产效率都很高的特种铸造方法。特别是大批大量地生产结构复杂的精密铸件，尤其具有独特的优越性，更是其他工艺方法无法比拟的。因此，它在近代金属成形工艺领域中，已成为金属零件接近最后形状尺寸的精密加工工艺。其实质是将熔融的金属在高的压力（常用的压射比压在几兆帕至几十兆帕，甚至高达 500MPa）下，在极短的时间（充填时间一般为 0.01～0.21s）内，以极高的速度（充填速度一般为 0.5～50m/s，甚至高达 120m/s）充填模具的型腔内，并在充型完成后，持续地施以高压使之在压力下凝固、结晶。所以，压铸具有高压、高速两大特点，也是区别其他铸造方法的显著标志。

2. 发展现状

自 20 世纪 40 年代该技术进入工业生产以来，其发展方兴未艾。西方先进的工业国家无论在压铸设备及其控制，还是在压铸工艺及压铸合金等方面，都不断取得了新的进展。同时，随着市场需求量的扩大，目前该项技术已广泛为汽车工业、仪表、电子通信、家电、玩具等产业生产出形状复杂、薄壁且美观的金属零件，并且能满足对产品质量越来越高的要求。

我国的压铸业起于 50 年代初，发展于 60 年代末 70 年代初，壮大于进一步改革开放的 90 年代，然而离国际先进水平尚有很大差距。主要存在以下几个方面的问题：厂点多且分散，乡镇企业占 1/3 左右，且产量小；压铸设备不配套，压铸机数量虽多但以小型为主，且控制系统都比较落后；压铸件以锌合金为主，多为家电、玩具等非受力零件，汽车、摩托车等零件的总体比重比较少；产品质量差，尤其是表面质量比国外相差很大；模具制造是个薄弱环节，模具厂家虽然不少，但多是小规模的，设备比较落后，生产周期长，真正开始实施 CAD/CAM 技术的极少。

3. 压铸过程原理

由前所知,压铸特点是高压、高速充填,其压铸过程原理如图 3-1 所述,即:由高压油泵 1 输出的工作液经过单向阀 2 送到蓄压罐 3 中储存。当压射动作开始时,蓄压罐可在一瞬间把大量的高压油送到压射缸 4 中,驱动压射活塞 5 前进,并通过连接器 6 使冲头 7 前进,从而作用于液态金属上,完成充填模具型腔的过程。当压射系统有增压器 8 时,还可以通过增压器对尚未完全凝固的金属进行增压,从作获得内部组织致密、轮廓清晰的精密铸件。

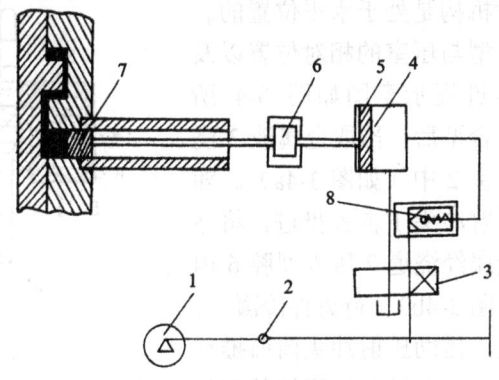

图 3-1 压铸过程原理图
1—高压油泵 2—单向阀 3—蓄压罐 4—压射缸
5—压射活塞 6—连接器 7—冲头 8—增压器

4. 压铸设备简介

压铸机是压铸生产最基本的设备。随着压铸生产技术的日益发展,对压铸机的要求也不断提高。目前压铸机的发展趋势是:大型化、系列化、自动化,并且在机器的结构上有了很大的改进。

压铸机一般分为热压室压铸机和冷压室压铸机两大类。而冷压室压铸机按其压室所处的位置又可分为立式、卧式及全立式三种。

(1) 热压室压铸机。热压室压铸机的压室与坩埚连成一体,因压室浸入液态金属中而得名,其压射机构安置在保温坩埚上方。其工作过程如图 3-2 所示。当压射冲头 3 上升时,液态金属 1 通过进口 5 进入压室 4 中,随后压射冲头下压,液态金属沿通道 6 经喷嘴 7 充填型腔 8。冷凝后压射冲头回升,多余液态金属回流压室中,然后打开压型取出铸件。这样,就完成一个压铸循环过程。

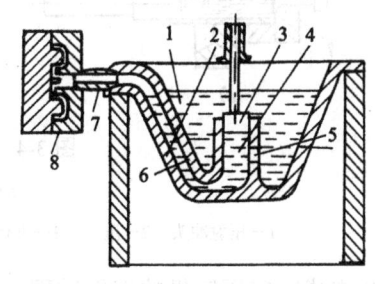

图 3-2 热压室压铸机工作过程示意图
1—液态金属 2—坩埚 3—压射冲头 4—压室
5—进口 6—通道 7—喷嘴 8—压型

热压室压铸机的特点是生产工序简单,生产效率高,易实现自动化;金属消耗少,工艺稳定,压入型腔的液态金属干净,无氧化类杂,铸件质量好。但由于压室和冲头长时间浸在液态金属中,影响使用寿命,常用于低熔点合金的锌合金的压铸。

(2) 冷压室压铸机。冷压室压铸机的压室与保温坩埚是分开的。压铸时从保温坩埚中舀取液态金属倒入压铸机上的压室然后进行压射。

冷室立式压铸机的压室和压射机构是处于垂直位置的,其工作过程如图 3-3 所示。合型后,舀取液态金属浇入压室 2,因喷嘴 6 被反料冲头 8 封闭,液态金属 3 停留在压室中(如图 3-3a)。当压射冲头 1 下压时,液态金属受冲头压力的作用,迫使反料冲头下降,打开喷嘴,液态金属被压入型腔中去,待冷凝成形后,压射冲头回升退回压室,反料冲头因下部液压缸的作用而上升,切断直浇道与余料 9 的连接处并将余料顶出(如图 3-3b)。取去余料后,使反料冲头复位,然后开型取出铸件(如图 3-3c)。

冷室卧式压铸机的压室和压射机构是处于水平位置的。压铸型与压室的相对位置以及压铸过程示意图如图 3-4 所示。合型后，舀取金属液 3 浇入压室 2 中（如图 3-4a）。随后压射冲头 1 向前推进，将液态金属经浇道 7 压入型腔 6 内（如图 3-4b）。待铸件冷凝后，开型，借助压射冲头向前推移动作，将余料 8 连同铸件一起推出并随动型移动，再由推杆顶出（如图 3-4c）。

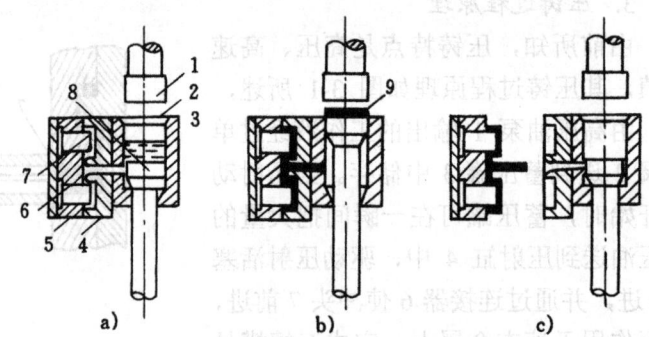

图 3-3　立式压铸机压铸过程示意图
a）合型　b）压铸　c）开型
1—压射冲头　2—压室　3—液态金属　4—定型
5—动型　6—喷嘴　7—型腔　8—反料冲头　9—余料

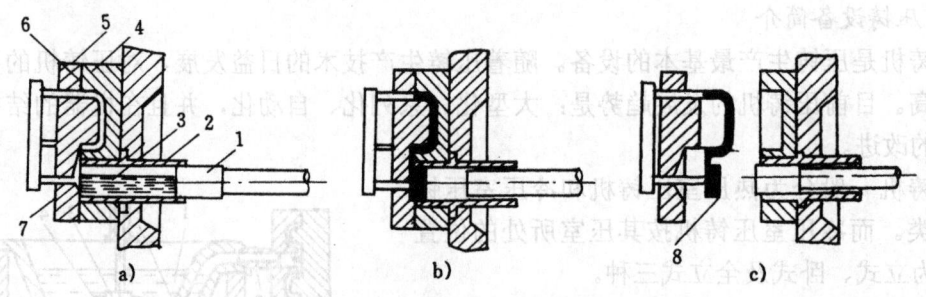

图 3-4　卧式压铸机压铸过程示意图
a）合型　b）压铸　c）开型
1—压射冲头　2—压室　3—液体金属　4—定型　5—动型　6—型腔　7—浇道　8—余料

全立式冷室压铸机的工作过程示意图如图 3-5 所示。将液态金属 2 浇入压室 3 中，动型 5 下行完成合型的动作，使压射冲头 1 向上运行将液态金属压入型腔。待铸件冷凝后动型上升，开型取出铸件。这种压铸机占地面积小，操作平稳。同时因压型为水平分型，则在压型中安放镶嵌件比较方便，且容易实现真空压铸新工艺。

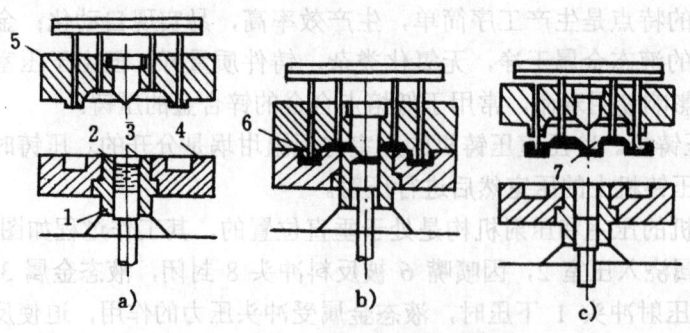

图 3-5　全立式压铸机压铸过程示意图
a）浇注时　b）合型压铸　c）开型时
1—压射冲头　2—液态金属　3—压室　4—定型　5—动型　6—型腔　7—余料

5. 我国压铸技术展望

要使我国压铸技术赶上世界先进水平，必须努力开展以下几方面工作：

（1）开发新型的压射控制系统。压力铸造是使金属液在高压条件下以极高速度充填型腔的过程，也是一个极其复杂的动态热力学过程。而生产高质量、无气孔的薄壁压铸件又是我们追求的目标，也是压铸工艺与其他工艺竞争时赖以取胜的筹码之一。为了提高竞争力，薄壁这个指标也在不断推高。然而致密薄件又是以足够的金属压力和极短的充填时间为条件的。所以为了保证每次压射过程的稳定性和再现性，必须研究开发新型压射控制系统和安装靠近型腔的热探测器和传感器。

（2）发展新的压铸工艺。为了减少和消除压铸件的内部缺陷，提高压铸件质量，必须加大新工艺的开发与应用。如半固态合金压铸，双活塞（精、速、密）压铸，真空压铸以及加氧压铸等。这些新工艺的共同特点就是能消除铸件气孔，提高其力学性能，使之能进行热处理，进而扩大产品的使用范围。

（3）开发和应用新的压铸合金材料。为了减轻汽车的重量、降低油耗和排放，很有必要开创和应用更加新型的压铸合金材料。例如当今国外开发研究的新材料有：

金属基复合材料（MMCs）—— 这种材料具有高的比强度、比模量、耐磨和减摩性能、热强性和低的热膨胀系数，且工艺比较简单，成本低，应用上局限性小。此外，SiC 颗粒增强的铝基复合材料也比较成功，充填性比一般铝合金还好，表面质量令人满意，且所用的工模具和一般铝合金压铸一样。

压铸镁合金 —— 这种材料因密度低（1.8g/cm^3），比强度高，有良好的流动性，且价格低，成本有竞争力，当前西方国家已广泛用于生产汽车轮毂，并进一步开发生产缸体、发动机罩、车顶板、门框、后舱盖板、车轮等。同时还用镁合金生产有屏蔽作用的电子设备。

高铝锌基合金（ZA）—— 这种材料的抗拉强度比铝合金 380 高 20%～35%，比镁合金 AZ91 高 50%～70%。特别是 ZA-27 具有很高耐磨性能，优于传统的耐磨材料锡青铜和铝青铅。其压铸件可用于越野车绞盘的传动装置。ZA 合金还有很多优点是熔化温度低、耗能低；工艺性能好，充填性能甚佳，当铸件壁厚达 0.5～1.0mm 时，尚能满足轻质铸件要求。此外加工性能也十分优良，切削速度是铸铁的 3～5 倍，刀具寿命可延长。

（4）开发和应用快速原型制造技术，简单的说就是将要制作的零件（如压铸模）的三维 CAD 数据在计算机上作出水平环切的数据资料，用激光按这些数据资料对模型材料（如光硬化树脂）进行逐层扫描和固化，扫描完了，层叠起来的最终产物就是所要求的压铸模原型。

（5）开展 CAD/CAE/CAM 系统的研究与开发。为了使充填和凝固模拟更为精确和快捷，同时为在设计压铸模时，能形成图形和指令，输出到数控机床进行模具加工，有必要建立 CAD/CAE/CAM 系统。

3.2.2.2 挤压铸造技术

1. 挤压铸造的发展状况

挤压铸造工艺于 1937 年在前苏联问世，当时称为"液态金属模压"。1965 年由前苏联人所著《液态金属模压》一书被译成英文《Extrusion Casting》（挤压铸造）书名出版后，即在全世界广为传播，所以至今有"挤压铸造"和"液态模锻"两个名称。其实质是：浇入金属型中的液态金属，在通过冲头传递的压力作用下，进行充填、成形和凝固结晶，从而获得铸件。其过程如图 3-6 所示。

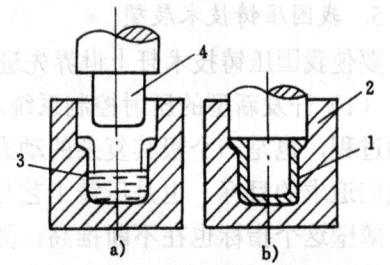

图 3-6 挤压铸造过程示意图
a) 加压前 b) 加压后
1—金属型 2—铸件 3—液态金属 4—冲头

由于液态金属的充填、成形和凝固都是在压力作用下完成的。因此，该工艺具有如下优点：铸件尺寸精度高且表面粗糙度低；铸件在凝固过程中能得到有效补缩，故铸件无缩孔、缩松及气孔等铸造缺陷，且组织致密，晶粒细化，力学性能可达同类合金的铸件水平；此外，不必设置浇冒口系统，减少液态金属的消耗，提高了工艺实收率。由于上述优点，故该工艺发展迅速。具体表现在下面几个方面：

（1）建立了一整套压力下结晶及挤压铸造的理论系统。该系统包括：压力对合金状况图、形核与长大和气体的溶解与析出等影响；挤压过程中铸件的成形、凝固与热传导；压力的传递分布与损失；铸件的收缩、补缩、晶粒组织与异常偏析形成等。为挤压铸造工艺的发展奠定了较坚实的理论基础。

（2）发展了一整套挤压铸造工艺方法，定型生产了专用的挤压铸造机系列。为了适应多样化的生产需要，挤压工艺已发展了直接冲头挤压、间接冲头挤压、柱塞挤压、型板挤压等多种方式。挤压铸造设备也从早期的通用压力机发展成辅助活动横梁、项出器油缸或侧向油缸的普通型挤压铸造机。近十年来又发展了从模具清理喷涂、浇注、挤压到取件全自动化，挤压速度可分级调节、工艺参数可全过程计算机控制并显示的先进的挤压铸造机，如日本宇部公司的卧式 HVSC 和全立式 VSC 系列。

（3）挤压铸造的生产规模发展迅速。产品材料涉及铝、镁、锌、铜、铁、钢、铅、锡、镍等合金及其复合材料。产品类型已遍布机械、交通、家电、仪表及汽车等各个行业。国内改革开放以来，由于摩托车市场的迅猛膨胀促使我国的挤压铸造近几年得到飞速发展。90 年代我国已投产的挤压铸造厂近 40 家，使用设备 150 余台，仅摩托车铝轮就已形成年产 300 多万只的挤压铸造毛坯。目前，我国挤压铸造的主要产品有：摩托车、汽车铝合金轮、铝合金活塞和复合材料活塞、汽车及摩托车制动器、减震器、压气机连杆、摩托车发动机及传动箱铝件、铝压力锅及炊具、汽车空调压缩机铝件、自行车铝接头、曲柄件、铝合金光学镜架、仪表壳体件、各种铝合金泵体、铜合金轴套以及军品零件。

2. 我国挤压铸造业存在的问题

（1）挤压铸造设备只相当于国外 70 年代水平。国内现用挤压铸造设备绝大多数为国产通用或稍加改进的油压机。合模力仅为 5000kN 和 3150kN，大型的不多，均采用下顶出缸进行挤压，既不能调速又不能增压，无法按零件要求进行工艺调整。模具的清理、喷涂、浇注、取件全靠手工，模具无加热、冷却措施，液压机也多为点动操作，工艺的不稳定造成铸件质量的不稳定。

（2）生产规模小，技术含量低。我国的挤压铸造企业中，设备仅为 2~4 台的约占一半，车间投资均在 150~200 万元，产量不大，且生产成本高，铝合金熔炼设备多数厂采用焦炭炉，原材料大量使用未加分类处理的废铝，加剧了铸件质量的不稳定性。另外，挤压铸造模具，一般靠经验进行设计，模具加工也大多靠老式机床，造致模具精度不高，且使用寿命低。

（3）产品质量不稳定，废品率高。按理来说，挤压铸造件内部组织应该致密，可以进行热处理强化。但从国内各厂家的生产情况来看，铸件普遍存在夹杂、热处理气泡、局部缩松和力学性能不稳定等缺陷。

3. 挤压铸造工艺的发展趋势

21 世纪将是挤压铸造技术与其他技术既相互竞争又相互融合渗透并得到巨大发展的世纪。其发展的趋势是：

（1）用挤压铸造法将液态金属压渗到陶瓷纤维增强材料中，制成局部增强金属基复合材料，将成为廉价、便捷的批量生产先进金属基复合材料的良好方法。此外，在传统卧式压铸机上，通过改进压射系统，进行低速充型并实时控制，加宽浇口，采用双柱塞挤压等方法，可实现不卷入气体的水平式挤压铸造生产，也是引人注目的发展趋势之一。

（2）扩大应用，提高质量，使铸件向更优质、高性能、大型化、复杂化的方向发展。重点解决的问题是：尽量减少液态金属充型过程中空气的卷入——这也是造成铸件热处理起泡的主要原因。为此，一则要改进压射系统，尽量做到低速大流量全壁厚平稳充型；二是改进模具设计并采取真空、充氧等措施排除充型前型腔中的空气。尽量减少冲头挤压前挤压料缸（压室）中浇入的液态金属过早"凝固结壳"给铸件带来的缺陷，为此，除改进工艺与模具设计外，近年来国外新发展的固体粉末润滑剂和采用升液管向挤压料缸供给金属液系统也有显著效果。

（3）改造原有挤压铸造设备，发展新的挤压铸造机系列。可从两个方面努力，一是对国内原有设备进行改造，赋予它新的功能，主要是添加自动化措施，国内已有设备厂家予以关注。二是开发新的挤压铸造机系列，以达到系列化、标准化。

3.2.3 消失模（气化模）铸造技术

3.2.3.1 消失模铸造工艺（简称 EPC）的开创及发展状况

50 年代后期，美国马萨诸塞工艺院用泡沫聚苯乙烯实体模（代替木模或金属模）铸造出了重约 150kg 的青铜飞马和高大的球墨铸铁钟架，这也就是世界上最初的实型铸造件。并于 1958 年取得专利（美国专利号：2830343）。当时的泡沫模型还是采用泡沫板材加工的，用含粘结剂的型砂作填充砂。1962 年美国人 M.C.Flemings 用干砂和泡沫模生产铸件。80 年代初这种方法才开始应用于工业生产。由于泡沫模型（实体）在浇注过程中被气化掉，所以后来通称为气化模（或消失模）铸造法（并简称 EPC）。

该铸造技术一俟在工业生产展露头角，则揭开了在先进工业国家飞速发展的序幕：

1982 年美国福特汽车公司在 Essex 工厂建成了一套年产 2.5 万只铝合金进气歧管的 EPC 中间试验装置，进而于 1984 年建立了年生产 100 万只该产品的高度自动化生产线。

1990 年美国通用汽车公司在 Saturn 建成年产铸件 5.5 万 t（24 万辆轿车）、10 万 m^2 的新铸造厂，用三条全自动 EPC 生产线生产铝合金缸体、缸盖和珠光体球铁曲轴等铸件。

1991 年，意大利菲亚特公司在都灵建成当时欧洲规模最大的 EPC 车间（4400m²），年产铸铁件 5000～15000t，60～120 型/h，自动化程度极高，全车间仅 22 人操作。

鉴于上述工厂的巨大成功，引起了北美、西欧和日本等发达国家铸造界的企业家们以极大的热情投入 EPC 技术的开发研究，取得了前所未有的进展。该项技术被誉为铸造史上的一次革命，同时还被国际会议的专家和企业家称为"代表着 2000 年的铸造新技术"，以及"21 世纪铸造之星"。

在世界潮流的影响下，90 年代我国的 EPC 技术也有了较快的发展。具体表现在，许多工厂利用国产设备和技术建成了若干条简易生产线，如北京宋庄铸造总厂、福州柴油机厂、四川南川机械厂、湖北丹江口管理局机械厂，所建的生产线年产都在 3000～5000t 铸件，湖南江麓机械厂年产 2000t 高锰钢件生产线以及武钢烧结配件厂年产 1000t 铸铁、铸钢件生产线。同时还有一些工厂直接从国外引进全套设备和技术，如一汽轻型发动机厂从美国福康公司引进制模成套设备和振动台，国内配套组成生产线，生产汽车进气管；安徽全椒柴油机总厂也从美国福康公司引进制模和造型浇注生产线生产柴油机缸盖等铸铁件；长沙汽车发动机厂从意大利法塔公司引进全套制模、造型、浇注生产线，生产铝合金缸体、缸盖铸件；赤峰大跃实型铸造有限公司从日本引进 2 条气化模生产线，生产排气管等球铁铸件。

3.2.3.2 生产原理及工艺流程

1. 生产原理

该法首先采用预发泡成形机制成泡沫塑料模样（包括铸件及浇注系统的模样），经粘接组成实体模组，并在其上涂刷特制涂料，待干燥后放置于特制砂箱中，填入不含水分及粘结剂的干砂，经三维振动紧实，抽真空状态下浇铸，泡沫模型气化消耗被金属置换，复制出与泡沫塑料模样相同的铸件，冷凝后取出铸件，进行下一循环。

2. 工艺流程

消失模铸造工艺流程见图 3-7 所示。

3.2.3.3 消失模铸造工艺的优越性

国内外工厂的实践，证明了 EPC 技术具有一系列的优越性，并取得了显著的经济和社会效益，具体表现在以下几个方面：

（1）它是一种近无余量的新型成形工艺。由于用作造型的模型是采用极易气化的泡沫塑料，与普通铸造方法相比，无需取模，无分型面，也无泥芯，因而无飞边毛刺，无拔模斜度，故尺寸精度和表面粗糙度近似熔模精密铸件，铸件重量一般比传统砂型铸造件减轻 30%～40%。

（2）铸件内部质量提高。因为填充砂采用干砂，且型砂中无水分，无粘结剂以及其它附加物，自然减少了由此带来的缺陷，铸件废品率显著下降。

（3）对环境无公害，易实现清洁生产。由于不用造型机则减少噪声；由于型砂中无水分和粘结剂则减少了浇注时一氧化碳和水蒸汽的危害，同时大大降低了清理工作量，旧砂的回收率高于 95%，整个工艺过程易实现机械化、自动化生产。即使泡沫塑料模浇注时气化会有少量有机物排出，但排放量只占铁液重量的 0.3%，且产生时间短，地点集中易于收集并集中处理。

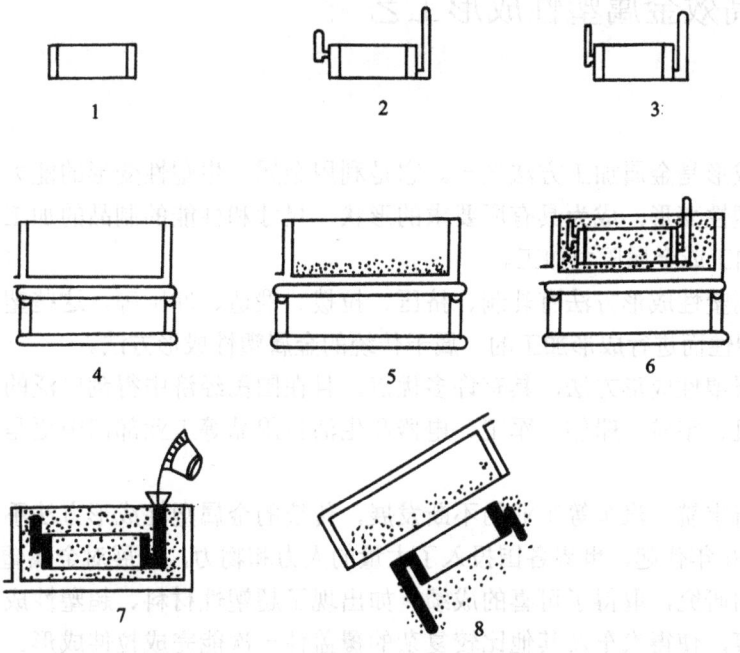

图3-7 消失模铸造工艺流程图

（4）方便了铸件结构的设计。原先由多个零件加工后组装的构件，可以通过分局部制模然后粘合成整体一次铸出，使铸件美观、耐用；原有孔、洞可以无需泥芯直接铸出，这就大大节约了加工装配费用。

（5）简化砂处理工序，减少设备占地面积，从而降低设备费用，一般来说，采用EPC技术，其设备投资可减少30%～50%，相应地铸件成本可下降10%～30%。

3.2.3.4 消失模铸造技术发展趋势

（1）随着严格的质量控制体系的建立和各关键工序监控仪表的完善，消失模铸件的质量将进一步提高，废品率将大为降低。如美国的某消失模车间，由于对涂料的透气性，对液态热解产物的吸附性以及绝热能力等的严格监控，结果实现了优质涂料的稳定使用，铸件废品率由5.5%下降到0.25%；又如美国另一消失模生产线由于采用了新的振动台，其变形废品率由17%下降到1%；由于使用传感器三坐标测量仪，使模样测量精度可控制在±0.0125mm以内。

（2）在模具设计和制造领域，将大量采用快速原形制造技术和并行环境下计算机模拟仿真，从而大大缩短模具的生产时间，实现铸件的快捷生产。

（3）随着泡沫塑料尾气净化装置和旧砂处理设备的进一步改善，以及各工序间自动化程度的提高，将使消失模铸造工厂（车间）绿色化。

（4）随着技术的进步，消失模铸造技术将与其他先进的铸造工艺相结合，开创出更新的复杂工艺，将使铸件质量和生产效率进一步提高。例如，将消失模技术与低压铸造相结合，将实现对金属液充填速度的严格控制，同时也会实现气化模型的有序气化，使铸件在一定压力下结晶凝固，从而获得组织致密、高气密性的铝合金铸件。

3.3 精确高效金属塑性成形工艺

3.3.1 概述

金属塑性成形是金属加工方法之一。它是利用金属产生塑性变形的能力，使金属在外力作用下产生塑性变形，成为具有所要求的形状、尺寸和性能的制品的加工方法。因而也称为金属塑性加工或金属压力加工。

常见的金属塑性成形方法有轧制、挤压、拉拨、锻造、冲压等。这些塑性成形方法都是利用金属的塑性而进行成形加工的，属于传统的金属塑性成形方法。

传统的金属塑性成形方法，具有许多优点，且在国民经济中得到广泛的应用。特别是在汽车、拖拉机、宇航、船舶、军工、电器和生活日用品等工业部门中更是主要的加工方法。

但是，随着宇航、汽车等工业的不断发展，传统的金属塑性成形方法不能满足工业生产的要求，从60年代起，世界各国投入了大量的人力和物力，开展对金属塑性成形用的新材料、新工艺的研究，取得了可喜的成绩。如出现了超塑性材料、超塑性成形工艺，金属等温成形工艺等，使得汽车及其他比较复杂的覆盖件一次能完成拉伸成形。传统的轧制、锻造工艺也满足不了日益发展的工业生产要求，为了提高其生产率，提高制品的质量，节能节材，出现了辊锻技术，楔横轧技术，此外，还出现了粉末冶金锻造等新工艺。

这些新的金属塑性成形方法已进入了实用阶段，和传统的方法相比，具有更多的优点，生产出来的制品其形状、尺寸精度更高，表面粗糙度值低，表面质量、内部组织和性能更好，并且减少了许多生产环节，较容易实现机械化与自动化，生产率很高、材料消耗少、节能，改善了劳动强度条件等。它将是名符其实的精确高效金属塑性成形方法，将在汽车、拖拉机、宇航、船舶、军工、电器和生活日用品等工业部门中会得到更广泛的应用。

今后，我们应加速研制出新的优质塑性材料；新的金属塑性成形工艺，减少生产环节，使产品尽可能一次成形，做到少、无切削加工，真正做到高效率、高精度；加速计算机辅助设计（CAD）和计算机辅助制造（CAM）的研究开发和推广应用工作，充分利用（CAD/CAM）系统，设计制造出更加精密的金属塑性成形设备，高质量、高寿命的模具；还应充分利用计算机控制，实现金属塑性成形的机械化与自动化。

本节将主要介绍超塑和等温成形工艺、辊锻和楔横轧技术，粉末成形工艺等。

3.3.2 超塑和等温成形工艺

3.3.2.1 超塑性成形

所谓超塑性，一般是指材料在低载荷作用下，其拉伸变形的伸长率超过100%的现象。凡具有能超过100%伸长率的材料，称之为超塑性材料。一般金属均不超过百分之几十，如黑色金属不大于40%，有色金属也不超过60%（软铝为50%，而金、银一般也只80%），即使在高温下，也难达到100%。

目前已知的超塑性材料有两百多种，其中包括锌合金、铝合金、铜合金、钛合金、不锈钢和高温合金等。此外，新研制的超塑性材料也在日益增多。其中最大伸长率可达 1000%、甚至 2000%。

为了提高材料的塑性，人们企图从材料的提纯、冶炼、锻造和热处理中设法改善材料的塑性，但都未能大幅度地提高塑性。据统计从 1928 年到 1969 年，40 年间工业用金属材料平均伸长率的提高不超过 10%，常规的冶金学对塑性的提高并未取得明显的变化。

从 60 年代开始，世界各国对超塑性的研究日益重视，许多科技工作者从材料的超塑性机理、冶金学、力学特性和应用技术等方面，开展了广泛的研究，取得了一定的进展。金属的超塑性成形已进入到工业实用阶段，在锻造、挤压、拉深、轧制等塑性加工方面的应用实例不断增多。但总的来说，有关超塑性的研究仍然任重道远，主要解决成形工艺的关键技术，扩大工艺的实用性。

1. 超塑性成形的特点

(1) 形状复杂的工件可以一次成形。
(2) 制件组织细小、均匀，且性能好、稳定。
(3) 变形抗力小。超塑性成形进入稳定阶段后，几乎不发生加工硬化，所以材料的流动应力非常小。
(4) 流动应力对应变速率的变化非常敏感。
(5) 制件的精度高。

2. 超塑性的分类

根据目前世界上各国学者研究的结果，按照实现超塑性的条件（组织、温度、应力状态等），可将超塑性分为以下几类。

(1) 微晶组织超塑性（即恒温超塑性或结构超塑性）　一般所指超塑性多属这类，它是目前国内外研究得最多的一种。其产生的条件：一是材料具有均匀的、稳定的微细等轴晶粒，晶粒尺寸通常小于 $10\mu m$；二是变形温度 $T>0.5Tm$（Tm 为材料熔点温度，以绝对温度表示），并且保持变形温度恒定；三是应变速率 $\dot{\varepsilon}$ 比较低，一般应变速率在 $10^{-4}\sim 10^{-1}$ min^{-1}，要比普通金属拉伸试验时应变速率至少低一个数量级。

(2) 相变超塑性（即变温超塑性或动态超塑性）。这类超塑性不要求材料有超细晶粒组织，而是在一定的温度和负荷条件下，经过反复的循环相变或同素异形转变而获得很大的伸长率。其产生的必要条件是应具有固态相变的特性，在低载荷作用下，使金属在相变温度上下循环加热与冷却，这样就能诱发产生反复的组织结构变化，使金属原子发生剧烈运动而呈现超塑性。例如，将碳素钢加以一定的载荷，同时在相变点上下进行多次温度循环，每次循环一次 $\alpha \rightleftharpoons \gamma$ 的转变，获得一定量的均匀拉伸。开始时每一循环下的变形是比较小，多次循环后则明显地上升，并积累成大的伸长率。普通碳钢在 160 次循环后，其伸长率可达 500%以上。

相变超塑性不要求微细等轴晶粒，这是有利的，但是要求变形温度频繁变化，给生产上带来困难，所以实用上受到了限制。

(3) 其他超塑性。近年来发现普通非超塑性材料在一定条件下快速变形时，也能显示超塑性。如标距为 25mm 的热轧低碳钢棒快速加热到 $\alpha+\gamma$ 两相区，保温 5～10s，快速拉伸，其伸长率可达到 100%～300%。这种短时间内的超塑性称为短暂超塑性。短暂超塑性是在再结晶及组织转变时的极不稳定的显微组织状态下生成等轴超细晶粒，并在此短暂时间内快速施加外力才能显示出超塑性。关于短暂超塑性目前研究还不多。

有些材料在消除应力退火过程中，在应力作用下可以得到超塑性。此外，国外正在研究的还有升温超塑性。

3. 超塑性预处理

微晶超塑成形要求坯料具有细小的等轴晶粒，并且在成形过程中晶粒尺寸不明显长大。因此，在超塑性成形之前，必须对原材料进行超塑性预处理。

常见方法如下：

（1）冶金学方法，例如添加细化晶粒元素，快速凝固等。

（2）形变热处理方法，例如高、中温联合轧制（或锻造）等。

（3）热处理方法，例如球化退火等。

4. 超塑性变形机理

金属的超塑性变形具有异常大的伸长率，但观察变形后的组织却发现，其晶粒并没有被拉长，仍保持等轴状，晶粒内部很少变形，并且在材料内部的晶界处，并未发现由于显著的晶界滑移和晶粒转动而发生的空隙和裂纹。尽管材料具有超细晶粒，但和通常的概念相反，其流动应力极小，所有这些现象，非一般塑性变形机理所能解释。

超塑性变形机理比常规金属的塑性变形机理更为复杂，它包括晶界的滑移和转动、位错运动、扩散过程和有时会发生明显的再结晶等。此外，超塑性材料本身的组织、机械和物理性质、超塑性发生的相对温度等也极不一致，因此要用单一的变形机理来说明各个阶段和各种情况是比较困难的。另一方面，超塑性变形的研究还处于初步阶段，它的变形机理有待进一步深入探讨。这里主要介绍晶界滑动和扩散蠕变联合机理。

针对超塑性变形时晶界的滑动和变形后仍为等轴晶粒的现象，阿希贝（Ashby）和弗拉尔（Verrall）发展了晶界滑动和扩散蠕变联合机理。在图 3-8 中，一组晶粒在应力作用下，一方面由于晶界的滑动和扩散，使晶粒由起始状态演变成图中所示的中间状态，从而使晶界面积增加，系统的自由能增加；另一方面，随着中间状态向最终状态的转变，晶界面积逐步减少，这样，外部给予的能量消耗在晶界面积的变化过程中。变形的结果，横向晶粒靠近、接触，沿应力方向上得到一伸长变形。由于这种伴随着扩散蠕变的晶界滑动过程是发生在三个坐标方向上，结果就获得了很大的整体伸长量，而晶粒仍保持原样的等轴状。对锌—铝共析合金等超塑性金属的研究表明，其变形结果与晶界滑动和扩散蠕变联合机理能很好符合。

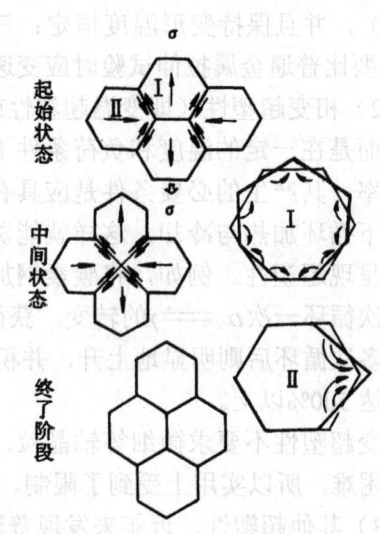

图 3-8　晶界滑动和扩散蠕变联合模型

这个机理只在低应变速率的超塑性变形时成立，当应变速率较高时，上述晶粒转变机理被晶粒拉长所阻止，而产生以位错蠕变为主的机理，介于中间应变速率范围时，则两种机理并存。

5. 超塑性成形工艺及应用

由于金属在超塑性状态下具有极好的成形性和极小的流动应力,所以超塑性成形工艺已越来越多地用于工业生产。如飞机上的形状复杂的钛合金部件,原来需用几十个零件组成,改用超塑性成形后,可一次整体成形,以代替原来的组合件,大大减轻了构件重量,节约了工时。又如,φ420×1.5mm 抛物面雷达天线(见图 3-9)。该零件形状和尺寸精度要求较高,过去用铝板旋压,需 40~60min,光洁度差,质量还不能保证,如用冲压,需一套价格贵的模具和 400t 双动压力机,而用超塑性 Zn－22%Al 合金气压胀形,只用一件简单的模具,经两个大气压两分钟,10 个大气压一分钟,总共三分钟就可以做出一件高质量的产品。抛物面外形与模具型面处处贴合,没有回弹现象,保证了抛物面外形精度,工效提高了 10~20 倍。再如,手压成形带花纹的花瓶,如图 3-10 所示。用反挤压或车削成的 Zn-22%Al 管状毛坯,加热到 250℃,通入 5~7 个大气压的压缩空气,保压 3~5min,最后通入 15 个大气压的氮气。获得的花瓶浮雕和字迹清晰醒目。模具为对开式镶块模。超塑性胀形可用于制作工艺品。

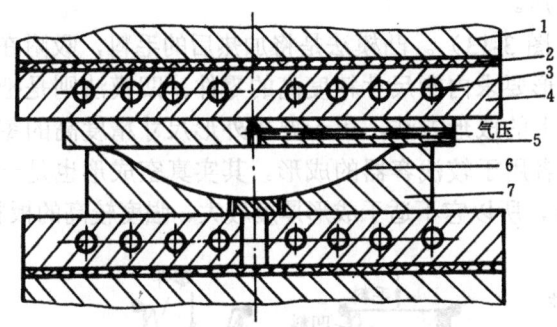
图 3-9 抛物面雷达天线气压形模

图 3-10 气压成形花瓶

1—垫板　2—隔热板　3—加热棒　4—加热板　5—上模　6—工件　7—下模

超塑性成形工艺包括超塑性等温模锻、挤压、气压成形(吹塑成形)、真空成形、模压成形、无模拉丝及拉伸等。目前,对于薄板的超塑性成形,气压成形法应用最广。下面仅介绍气压成形法与真空形法。

(1) 气压成形是一种特殊的胀形工艺。图 3-11 所示为气压成形法。a 为凸模成形法,此法是使毛料的外侧形成一个封闭的压力空间,薄板加热到超塑性温度后,在压缩气体的气压作用下,坯料产生超塑性变形,逐步向模具型面靠近,直至同模具完全贴合为止。成形零件的内表面尺寸精度高,形状准确,深度与宽度之比较大,模具加工也较易,但脱膜困难。用该法成形的零件底部较四周厚。b 为凹模成形法,它与凸模成形法不同的是,在成形过程中使毛料内侧形成一封闭的压力空间。成形零件外表面尺寸精度高,形状

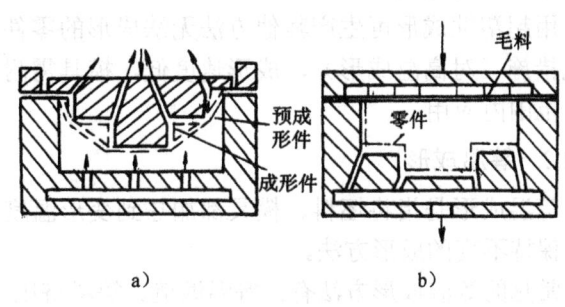
图 3-11 气压成形法
a) 凸模法　b) 凹模法

准确，零件脱模较易，但深度与宽度之比较小，模具加工也较困难。用该法成形的零件底部四周薄。

图 3-12 为气压成形 Zn-Al22%空心件模具示意图。所示模具含有石墨凹模 5 和钢盖板 3，在其中间放上毛料 4。凹模与盖板放在隔热的箱体内，箱体是由石棉水泥 2 并垫硅石棉制成的。成形用的空气经管路进入盖板内。石墨凹模还可作为加热元件。借助接线柱 7 和开关 8 将焊机变压器 1 的电流引起支承板 6 并传到凹模上。压边力由螺旋装置产生（图上未表示出）。

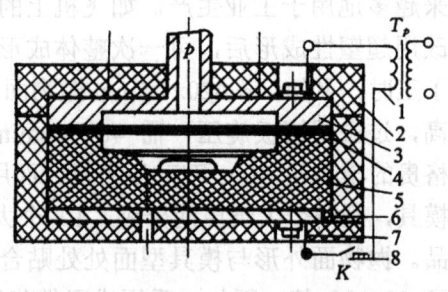

图 3-12 成形 Zn-Al22%空心件的模具

目前气压成形主要用于 Zn-Al22%，Zn-Al5%，Al-Cu6%-Zr0.5%和钛合金的超塑性板料，成形的板料厚度为 0.4～4mm，气体压力一般为 3～5 个大气压。对于厚度较大的板料和形状特别复杂的零件一般也不超过 20 个大气压。

（2）真空成形法有凸模法与凹模法（图 3-13）。凸模法是将加热后的毛料，吸附在具有零件内形的凸模上的成形方法，用来成形要求内侧尺寸精度高的零件。凹模法则是把加热过的毛料，吸附在具有零件外形的凹模上的成形方法，用于要求外形尺寸精度高的零件成形。一般前者用于较深容器的成形，后者用于较浅容器的成形。其实真空成形也是一种气压成形，只是成形压力只能是一个大气压，所以它不适于成形厚度较大、强度较高的板料。

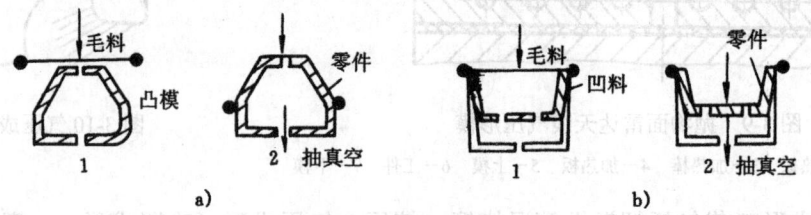

图 3-13 真空成形法
a）凸模法 b）凹模法
1—成形前 2—成形后

对于在一个大气压下不能成形的厚料，可以利用气压成形，也可以把气压成形和真空成形并用，使之成形。

用超塑性成形可生产其他方法无法成形的零件，但是超塑性成形需恒温条件，应有抗氧化措施（对高温成形），成形速度低，模具需耐高温等，这些是其缺点，所以目前只在一定范围内应用。

3.3.2.2 等温成形

等温成形是指将坯料、模具都加热到变形温度，并在成形过程中，坯料和模具温度基本上保持不变的成形方法。

常见的等温成形方法有：等温锻造、等温挤压，超塑性等温锻造、超塑性等温挤压等。

由于常规热变形方法存在许多不足之处，如热模锻时，必须考虑毛坯从加热炉内移到模锻装置上，以及热毛坯与冷模具相接触会使毛坯变冷，因此加工时必须把毛坯加热到超过实际加工所需要的温度，这样，就得多消耗电，增加毛坯的加热时间、轮廓尺寸和加热炉的成本，同时使金属组织变坏，塑性和强度性能降低，锻件表面的氧化层、脱碳层或缺陷层加厚，使锻件的质量、精度下降，给机加工余量增大。

毛坯和冷模接触时的迅速变冷大大增加了变形力，特别在生产表面积与体积比大的薄壁锻件时更是如此。变形力的增加要求增大设备的功率。这样，由于模具的弹性变形和锻模的不稳定而降低了锻件的精度。

由于热毛坯与模具表面接触，模具表面温度波动很大，而出现引起模具模膛磨损的烧损裂纹，这些裂纹的扩展速度很快，导致锻模迅速破坏，有时甚至崩溃。

由于这些缺陷，促使人们对常规的热变形方法进行改进，通过近几十年的努力，出现了等温成形方法，克服了以上不足之处。

等温成形方法较多，下面仅就超塑性等温锻造方法加以介绍。

等温锻造是指将模具、坯料都加热到锻造温度，在锻造过程中，坯料和模具温度基本上保持不变的锻造方法。如果坯料是经过预处理的超塑性材料，锻造温度和应变速率都控制在超塑成形要求的范围内，则这种锻造方法称为超塑性等温锻造。

由于超塑性等温锻造要求缓慢变形。因此通常采用液压机。如果普通液压机的工作速度不能满足超塑成形的要求，要对液压机进行改造。所选用的液压机不仅要满足变形力的要求，其工作空间尺寸应满足安装模具及加热装置的要求，而且开启高度应保证更换模具时不需从液压机上卸下整个模具装备。

模具装置是由加热、控温、隔热保温及模具装置本身构成的系统。要根据锻件的类型、成形的方式以及所选的加热方式等确定模具装置的各构成部分。

与普通模锻相比，超塑性等温模锻用模具设计有以下特点：

（1）要考虑模具精密铸造过程中的收缩率。

（2）在确定型槽尺寸时，必须考虑锻模材料与坯料线膨胀系数的差异。

（3）等温模锻时，毛边部分的温度保持不变，因此，毛边槽桥部的高度应尽可能减少，以保证金属在型槽内充填良好。此外，应尽量采用闭式模锻。

（4）在使用陶瓷材料作模具时，应保证模具处于三向压应力状态。

（5）根据具体情况，可适当减少或不留加工余量。例如，在真空或惰性气氛中进行等温锻造时，可获得表面光洁的锻件，非配合面一般不需留机械加工余量。由于超塑性等温锻造时，坯料的流动性很好，因此，模锻斜度，圆角半径，腹板厚度，肋的厚度等模具结构参数可适当减小。

（6）由于锻模温度很高，所以在锻模和液压机上、下台面之间要有隔热装置。

模具加热方法很多，主要有火焰加热、电阻加热和感应加热三种。

火焰加热的结构简单，投资少，但控温困难，在压力机台面上布置燃烧装置不方便，工作环境较差。

电阻加热一般采用硅碳棒或电阻丝作为加热元件。硅碳棒的电阻率较大，即使有温度控制装置，也难免使模具表面温度偏高。此外，若变形速度快或操作不慎，硅碳棒容易损坏。因此，用电阻丝作为加热元件较为合适。电阻丝加热装置投资少，制造简单。但是，当模具尺寸大时，热效率太低，升温时间很长。因此，这种方法只适用于中小型模具。

感应加热时，由于交变磁场的作用，模具内产生感应电流，从而达到加热的目的。由于"集肤效应",模具直径不大时可采用中频感应加热。当直径大于150mm时,应采用工频感应加热。工频感应加热装置示于图3-14。

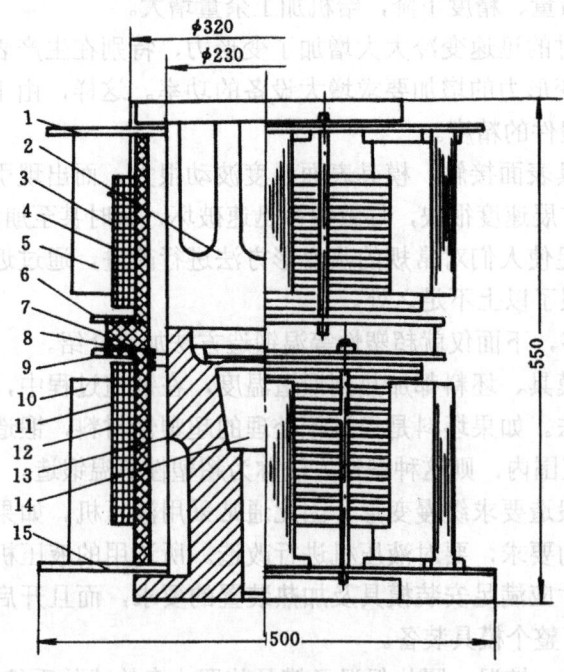

图3-14 工频感应加热装置

1—上底板 2—上模 3—隔热层 4—上感应圈 5—上导磁体 6—上压板 7—隔热圈
8—氢气管 9—下压板 10—下导磁体 11—下感应圈 12—隔热层 13—下模 14—顶杆 15—下底板

3.3.3 辊锻和楔横轧技术

3.3.3.1 辊锻技术

辊锻是将轧制工艺应用到锻造生产中的一种锻造新工艺。其特点就在于通过一对反向旋转的模具使毛坯连续地产生局部变形,从而得到锻件所要求的形状与尺寸。图3-15为辊锻变形原理图。

从图3-15中可以看出,坯料经辊锻模压虽略有展宽,但大部分被压缩的金属主要还是沿长度方向延伸。因此,辊锻工艺适用于减小坯料截面的锻造成形加工,如杆件的拔长、板坯的辗片以及沿杆件轴向分配金属体积的变形过程。

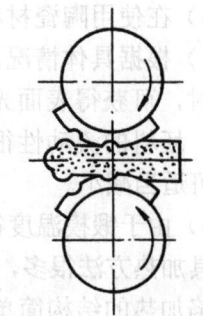

图3-15 辊锻变形原理图

1. 辊锻变形的特点

辊锻变形是一个连续的静压过程,没有冲击和震动。与锤上锻造比较,具有以下特点:

(1)所需设备吨位小,由于辊锻是连续地局部成形过程,虽然变形量大,但模具是与坯料的一部分接触,因此所需的变形力小。如生产195W型柴油机连杆,采用模锻需20000~25000kN锻压机,而辊锻成形时只需250kN的辊锻机,再配以较小吨位的整形设备即可。

（2）生产率高。多型槽成形辊锻的生产率和锤上模锻大体相当，而单型槽一次成形辊锻的生产率则有明显的提高。如冷辊医用镊子，其生产率比锤上模锻提高了2.3倍。

（3）公害小，劳动条件好，由于辊锻是静压的变形过程，冲击、震动、噪声等公害小，劳动条件比锤上模锻有很大改善。

（4）模具制造费用低，且寿命高，辊锻模比锤上模锻工作条件好，可用球墨铸铁或冷硬铸铁制造。

（5）材料消耗少，辊锻件尺寸稳定，提供模锻的毛坯体积小，可节约材料10%~20%。

（6）易于实现机械化与自动化。由于辊锻是连续地局部成形过程，因此易于实现机械化与自动化。

实践表明，辊锻成的锻件形状和尺寸与模具相应部位的形状和尺寸不可能完全一致，往往出现畸形、充填不足等缺陷。因此，成形辊锻后，一般需要在压力机上进行整形工序。

2. 辊锻的分类

辊锻工艺按其用途可分为制坯辊锻和成形辊锻两类。

制坯辊锻主要用于长轴类锻件模锻前的制坯工序，沿坯料长度进行金属体积分配的变形，如图3-16所示。制坯辊锻时，有单型槽辊锻和多型槽辊锻两种情况。

采用辊锻工艺为模锻制坯，效率高、质量好、材料省。在生产中辊锻机常与热模锻压力机或其它模锻设备组成模锻机组，进行模锻生产。

成形辊锻是指对于长轴类、板片类中某些锻件可以在辊锻机上实现锻件的终成形、部分成形或初成形的锻造过程。按锻件成形的程度，成形辊锻可分为完全成形辊锻、部分成形辊锻和初成形辊锻三种。

辊锻工艺按采用型槽的类型可分为开式型槽辊锻和闭式型槽辊锻两种方式。

开式型槽辊锻的模槽是刻制在两个辊锻模上，上下辊锻模的分模线位于辊锻模槽中间，如图3-17a所示。

闭式型槽辊锻的模槽是刻制在每一个辊锻模上，其上、下辊锻模的分模线在辊锻模槽之外。如图3-17b所示。

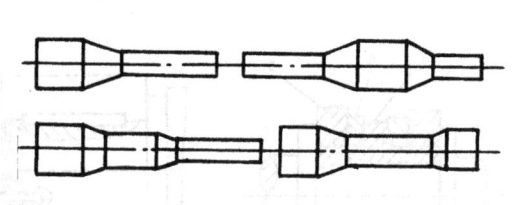

图3-16 沿坯料长度方向分配金属体积

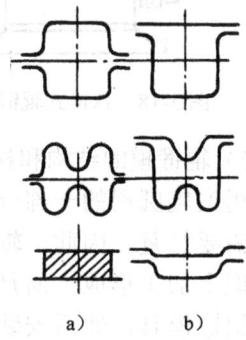

图3-17 开式型槽与闭式型槽
a）开式型槽 b）闭式型槽

3. 辊锻工艺及应用

制坯辊锻用于长轴类锻件模锻前的制坯，或作为成形辊锻前的制坯工步。在曲柄压力机或摩擦压力机上模锻时，不能进行拔长制坯工步。如采用辊锻制坯，将辊锻机与曲柄压力机（或摩擦压力机）组成生产线，可显著提高生产率。如常用于连杆、扳手、操纵杆等长轴类零件的模锻前或成形辊锻前的制坯。

成形辊锻用于以下两类锻件：

（1）扁料面的长杆件，如扳手、活动扳手和链环等。这类锻件的特点是高度小、尺寸精度要求较低。一般采用断面大于锻件最大断面的扁钢作为原材料，一次辊锻成形，生产率很高。

（2）带有头部而且沿长度方向横断面向变化的锻件，例如叶片。这类锻件的变形过程与制坯辊锻相类似。采用闭式型槽多工步辊锻时，坯料转入下一步前不翻转。与铣削方法相比，用辊锻方法生产叶片，材料利用率提高 4 倍以上，生产率提高 2.5 倍以上。金属流线与叶片外形完全符合，材料中心层不暴露在叶片表面，从而大大提高叶片的质量。

辊锻工艺的一般流程如下：

备料→坯料辊轧→制坯辊轧→预成形辊轧→终成形辊轧→整形校正。

4. 辊锻装备

（1）辊锻机。辊锻机按其结构形式可分为两类：

1）悬臂式辊锻机（图 3-18）。由于悬臂结构刚性不足，辊锻型槽数目一般不大于 3 个。这类机的扇形模包角 $\alpha \leqslant 270°$，所以主要用于制坯辊锻。

2）双支承辊锻机（图 3-19）。由于采用双支承，设备刚性好，适用于制坯辊锻和成形辊锻。为了安装扇形模方便，包角 $\alpha \leqslant 180°$。

辊锻机规格常用公称辊径 D_0 表示。为了便于操作，扇形模圆周线速度不能太高。制坯辊锻时，圆周线速度为 0.5~1.0m/s；成形辊锻时为 0.3~0.85m/s。

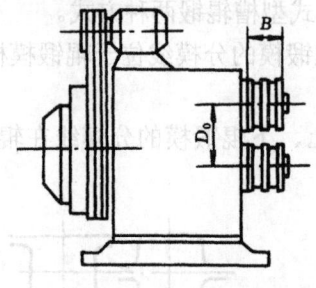

图 3-18 悬臂式辊锻机示意图

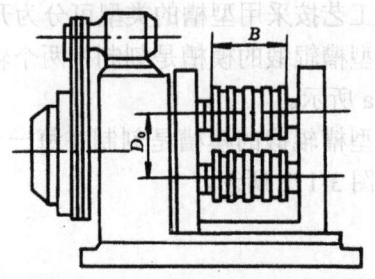

图 3-19 双支承辊锻机示意图

（2）辊锻模的结构和材料。辊锻一般只利用锻辊圆周的一部分，而且型槽磨损后需要修复。因此，辊锻型槽不直接在辊锻上加工形成，而是做成扇形或环形的辊锻模具，然后安装在锻辊上。扇形模具用压块固定（图 3-20a），环形模具用键固定（图 3-20b）。

由于辊锻是连续的静压变形，辊锻模一般采用 45 钢制造。在某些情况下，甚至可用球墨铸铁作为模具材料。当工

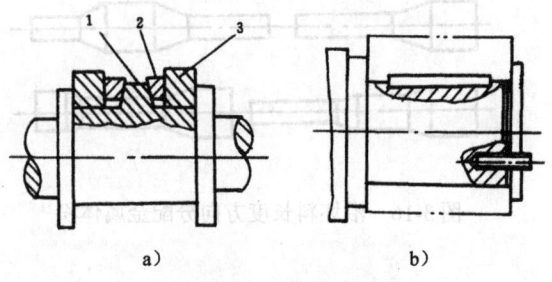

图 3-20 辊锻模结构
a）模具用压块固定　b）整体模具用键固定
1—楔形台阶　2—压块　3—模具

件材料的变形抗力较大时，为了提高模具寿命，可采用 5CrMnMo 或 3Cr2W8V。

随着辊锻工艺的迅速发展，辊锻机的设计、制造和系列化方面也有很大的发展。今后的发展趋向是自动化、高效率与高精度。对于辊锻工艺，应向两个方向发展，一是发展制坯辊锻，为模锻设备，尤其是模锻锤提供毛坯；另一方向则是继续进一步的推广与发展成形辊锻，以辊锻代替或部分代替整体模锻，以解决我国大型模锻设备不足的情况。随着辊锻技术的研究、推广和应用，它必将在我国的"四化"建设中，发挥不可估量的作用。

3.3.3.2 楔横轧技术

1. 楔横轧的特点和应用

楔横轧如图 3-21 所示，轧件轴线与轧辊轴线平行，两个带楔形凸棱的轧辊，以相同的方向旋转并带动圆形轧件反向旋转，轧件在楔形孔型的作用下，轧制成各种形状的台阶轴。

楔横轧的变形主要是径向压缩轴向延伸，所以，楔横轧适合于成形高径比 H/D≥1 的回转件。

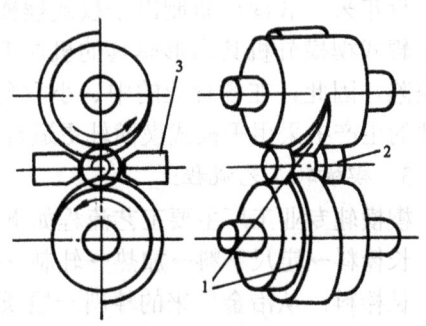

图 3-21 楔横轧原理图
1—带楔形模具的轧辊 2—轧件 3—导板

楔横轧工艺与一般锻造工艺相比，产品质量好，尺寸形状精度高；材料利用率高；振动小，噪音低，劳动条件好，劳动强度低；易于实现机械化与自动化；模具成本低，比锻造一般低 30%，且模具寿命长；设备重量轻，地基浅，投资少。由此看来，楔横轧是一种值得大力推广的新工艺。此外，经楔横轧后的产品，其金属纤维流线沿产品外形连续分布，无切削断头、晶粒细化、静力强度、疲劳强度和耐磨性大大提高，无飞边、尺寸形状精度高，节约机加工工时，因而得到了广泛地应用。

楔横轧广泛应用于汽车、拖拉机、摩托车、内燃机等轴类零件毛坯的生产。如汽车变速箱轴、拖拉机变速箱轴、汽车差速器主动伞齿轮坯、羊角预制坯、凸轮轴及曲轴锻造预制坯等。除了这些实心的阶梯轴外，还可以生产花键轴、螺杆、齿轮轴以及空心的阶梯轴类。还可以用它为模锻件提供比其他锻造方法更精确的预制毛坯，例如连杆、扳手等。目前能生产的零件直径范围为 6～150mm，长度范围为 20～1200mm。

2. 楔横轧发展概况

人们在 19 世纪开始研究使用楔横轧的方法生产轴类零件，由于技术上的原因，一直未能应用于生产。直到 20 世纪 60 年代初，原捷克斯洛伐克首先将辊式楔横轧机应用于工业生产，生产汽车轴类件以及五金工具坯等。它在莱比锡国际博览会上展出，得到了人们的广泛重视，从而成为世界上众所周知的轴类零件成形的新工艺和新技术。

60 年代后期，原东德研究成功板式楔横轧机并投入生产。这项技术在原苏联也得到了较广泛的应用，制造出了单辊弧形式楔横轧机，生产的产品有汽车、电机以及煤炭机械上的轴类零件。

我国从 50 年代开始楔横轧的试验研究工作。

60 年代初，重庆大学最早进行楔横轧汽车球销的实验研究工作，并取得初步成功，但由于某些原因未能应用于工业生产。

70年代初,原东北工学院(现东北大学)在实验室试轧出火车 D 轴的模拟件,后与沈阳轧钢厂合作,试制出火车 D 轴,但也未能用于生产。随后清华大学与北京电讯工具厂合作,在二辊楔横轧机上轧制尖嘴钳毛坯成功,并用于生产。

上海锻压机床三厂采用单辊弧形板楔横轧机轧制成功双头呆扳手、鲤鱼钳毛坯等产品,并建立了班产量4000支以上的生产线。收到了较好的经济效果。

从70年代初起,北京科技大学(原北京钢铁学院)在有较好孔型斜轧技术基础上开展楔横轧技术的研究开发与推广工作,先后帮助工厂建成40多条楔横轧生产线,开发并应用于生产的零件130多种,使我国的楔横轧工艺,进入广泛地推广应用阶段。

近年来,我国已研制出平板式楔横轧机并已投入使用。平板式楔横轧技术的出现,克服了辊式楔横轧机其扇形模具的机加工和热处理比较困难,造成模具制造成本高、寿命低等缺陷。因此,在各行业的中、小型台阶轴类工件的生产和各种五金工具,发动机连杆等工件的生产中采用平板式楔横轧更适合我国的国情。

3. 楔横轧工艺流程:

楔横轧专业工厂主要工艺流程如下:

长棒料→定尺下料→加热→轧制→空冷→正火→抛丸清理→矫直→检验。

长棒料:从冶金厂来的棒料一般长度为4~6m,到厂后需检验,检验主要内容为:化学成分、直径公差、椭圆度、表面有无缺陷、中心疏松级别等。

定尺下料:按照零件毛坯体积(加烧损)加上料头损失为下料体积进行定尺下料。下料方式一般为带式锯下料。

加热:楔横轧车间理想的加热方法为中频电感应加热。

轧制:轧制是楔横轧轴类零件的重要工序,它是整个生产流程的中心环节。轧制温度:对于碳素钢和低合金钢,1000~1200℃;对利用楔横轧工艺制坯,紧接着模锻成形零件(如连杆),一般取较高的温度轧制,没有特殊要求的取较低温度轧制。轧机的生产率一般为每分钟6~12件(或对)。

空冷:多数轧件采用轧制后空冷。空冷经检验合格后就可以向用户交货。也有需要正火状态交货的,大多采用空冷后,再加热经正火处理交货的,但也有采用轧后余热正火的。

正火:一般采用台车式电阻正火炉进行轴类零件毛坯的正火处理,其硬度为190~220HBS。

抛丸清理:轴类零件多采用抛丸清理。其主要目的是清涂轧制、正火后轧件表面的氧化皮及其他缺陷(如皱纹、毛刺等)。

矫直:对于轴类零件,尤其是细长的轴类件,经前面的工序处理后,免不了有弯曲变形,所以应矫直。

检验:检验内容包括尺寸与几何形状、表面质量、内部质量、力学性能与化学成分等。

3.3.4 粉末成形工艺

3.3.4.1 粉末成形工艺及其发展

粉末冶金是制取金属粉末或用金属粉末(或金属粉末与非金属粉末的混合物)作为原料,经过成形和烧结,制取金属材料、复合材料以及各种类型制品的工艺技术。由于粉末冶金的生产工艺和陶瓷的生产工艺在形式上类似，因此也称为金属陶瓷法。

粉末冶金工艺的基本工序是：①原料粉末的制取和准备，粉末可以是纯金属或它的合金、非金属、金属与非金属的化合物以及其它各种化合物；②将金属粉末制成所需形状的坯块；③将坯块在物料主要组元熔点以下的温度进行烧结，使制品具有最终的物理、化学和力学性能。

烧结是粉末冶金工艺中的关键工序。烧结后的处理，根据产品的不同要求，有多种多样方式，如精整、浸油、机加工、热处理（淬火、回火和化学热处理）和电镀等。此外，一些新的工艺，如轧制、锻造、挤压可应用于粉末冶金材料烧结后的处理。

粉末冶金是一项新兴技术，但也是一项古老技术。早在公元前 3000 年，埃及人就已经使用了铁粉。公元 300 年，印度的铁匠用此种方法制造了"德里柱"，重达 65kN。19 世纪初，在俄罗斯和英国，将铂粉经冷压、烧结，再进行热锻致密铂，并加工成铂制品。1850 年出现了铂的熔炼法后，虽然这种粉末冶金工艺停止应用于工业，但它对现代粉末冶金工艺打下了良好的基础。

现代粉末冶金技术是从库利奇（W. D. Collidge）为爱迪生研制电灯钨丝开始。

现代粉末冶金技术的发展中有三个重要标志：一是克服了难熔金属（如钨、钼等）熔铸过程中产生的困难，如 1909 年制造了电灯钨丝，1923 年又成功地制造了硬质合金，推动了粉末冶金的发展。二是本世纪 30 年代用粉末冶金方法成功制取了多孔含油轴承。继之，发展了铁基机械零件，发挥了粉末冶金少、无切屑的特点；三是向新材料、新工艺发展。如 40 年代，新型材料金属陶瓷的出现，60 年代末到 70 年代初，粉末高速钢、粉末超合金相继出现，粉末冶金锻造能制出高强度零件。

粉末冶金技术已得到愈来愈广泛应用，也出现了许多粉末冶金材料烧结后的处理工艺。下面仅就粉末冶金锻造加以介绍。

3.3.4.2　粉末冶金锻造工艺

金属粉末经压实后烧结、再用烧结体作为锻造毛坯进行锻造的锻造方法称粉末冶金锻造。粉末冶金锻造是粉末冶金和精密锻造相结合的新技术，运用得当，可取得显著的经济效益。

粉末冶金锻造具有致密压实和塑性成形的作用。烧结体的致密效果与锻造变形程度有关，变形程度越大，致密效果越好。粉末冶金锻造，要采用适当形状的预制坯，以便一次锻造成形。通过调整预制坯密度和形状，选用最佳变形规范，可形成有利的流线，获得优质的锻件。

1. 粉末冶金锻造工艺简介

一般可分为粉末准备、预制坯、预制坯锻造和后续加工四个阶段（如图 3-22 所示）。

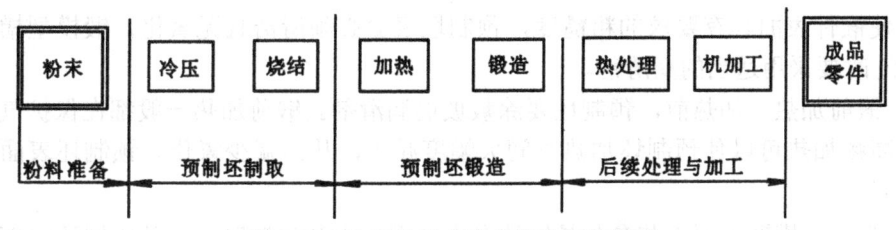

图 3-22　典型的粉末冶金锻造工艺流程

2. 对粉末原材料的要求

粉末原材料对粉末冶金锻件性能有很大影响。但是，优质粉末成本较高，所以必须根据粉末冶金锻件的用途合理选用粉末原材料。此外，在技术上对粉末原材料主要有以下几项要求：

（1）合金成分均匀性。采用雾化制粉，合金元素分布最均匀。如零件性能要求不高，也可采用混合粉，以节约粉末原材料的成本。

（2）粉末的物理和工艺性能。粉末的密度要高，流动性、压制性和烧结性要好，以便获得致密度高的锻件。

（3）气体含量。气体含量在钢粉中主要是指氧含量，在高温合金粉末中，则包括氧、氮和氩。应根据具体情况控制各含量。

（4）夹杂。包括异金属颗粒和非金属颗粒，多是由粉末原粉和工艺过程中带入的。脆性的陶瓷夹杂对力学性能影响较大。因此，应对粉末原材料中的夹杂加以限制。

3. 粉料准备

粉料准备是对粉末原材料进行必要的处理，包括粉末原材料的还原、磁选、筛分和混料等工序。

4. 预制坯

（1）预制坯的设计。根据锻造时侧向流动量的大小，预制坯几何形状基本可以分为两类：一类是预制坯在锻压方向的投影与锻件基本一致，锻造时只是高度方向压缩，侧向流动很小。这类锻造有时也称"热复压"。另一类是有较大的侧向流动，预制坯形状可以与锻件有很大差别，因而预制坯形状比较简单。前一类的典型例子是直齿正齿轮，后一类的典型例子是行星伞齿轮。

（2）预制坯的压制。预制坯一般采用单向或双向冷压制。设计冷压模型槽尺寸时，应考虑坯料出模后的弹性膨胀，烧结收缩和锻前加热膨胀。

冷压时，应保持模壁与粉料润滑良好，以在较低压力下获得较高的压制密度和避免产生裂纹。

（3）预制坯的烧结。烧结的目的是增大预制坯的强度和可锻性，使合金成分均匀化。有时，烧结可降低氧含量。预制坯烧结均有所收缩，但仍含有大量孔隙，所以应尽快转入锻造，以防孔隙表面自然氧化。

5. 锻造

（1）锻造设备和锻模。粉末冶金锻造可采用各种类型的锻压机。摩擦压力机的锻压速度适中，控制变形力方便。高速锤和曲柄压力机的生产率较高，便于组织自动化生产。目前，液压机用得较少。

粉末冶金锻造一般用闭式模锻，因开式模锻的效果较差。

为了使锻件表面具有要求的粗糙度，预制坯表面必须清洁且无氧化，锻模型槽表面要光洁，锻造时要采用适当的润滑剂。

（2）锻前加热。加热前，预制坯要涂敷玻璃润滑剂。锻前加热一般都在保护气氛中进行。采用高频加热可以使预制坯加热时间大幅度减少，从而减少氧化。预制坯表面要喷涂石墨保护剂。

（3）模锻。模锻主要工艺参数是锻造温度、锻压力和保温时间。其中锻造温度参数很重要，锻造温度高，有利于改善烧结体的塑性，降低变形抗力。但锻造温度不能过高，过高烧结体含碳量难控制，模具也容易产生热疲劳。若锻造温度过低，烧结体的塑性不足，变形抗力大，致密效果差，此外，模具寿命也较低。确定锻造温度和锻压力的一般原则是保证预制坯顺利变形到要求的尺寸而不产生裂纹，使锻件的密度达到要求的数值。一般说来，可参照普通模锻工艺参数来选择粉末冶金锻造工艺参数。

粉末冶金锻件锻后应在保护气氛中冷却，以防表面及内部孔隙氧化。

粉末冶金锻造一般是一次锻成最终形状和尺寸，但对形状特别复杂或尺寸精度要求高的锻件，也可采用复锻和精整。

6. 后续处理和加工

粉末冶金锻件内部孔隙的锻合面的结合状态对锻件性能的影响很大。这是因为锻压的保压时间短，原有的孔隙表面虽被锻合，但其中一部分未能充分扩散结合，构成脆弱内界面。退火、再次烧结或热等静压处理等后续处理都能使锻件塑性和韧性显著提高。

粉末冶金锻件可进行退火、调质、表面渗碳淬火等热处理或时效处理。

为保证装配精度，粉末冶金锻件有时需经少量的机加工，如航空传动齿轮，在渗碳淬火后必须磨齿，才能达到所需尺寸精度和性能。

3.4 优质高效焊接及切割技术

3.4.1 精密焊接

精密焊接是指可以达到精确成形制造目的的焊接工艺。一般具有高能密度焊接的方法，均可达到精密焊接的目的。主要包括：激光焊接、电子束焊接、扩散焊接和焊熔近终成形技术。

3.4.1.1 激光焊接

1. 概述

激光焊接是利用能量密度很高（$10^5 \sim 10^7 \text{W/cm}^2$）的激光束聚焦到工件表面，使辐射作用区表面的金属"烧熔"粘合而形成焊接接头。

激光不仅具有反射、折射、绕射及干涉等一般光的共性，还具有单色性好、相干性好、方向性好和强度高的特性。由于这四大特性的互相联系和互相渗透，使激光能实现在空间上和时间上的高度集中。一束高亮度的激光、经聚焦后光斑直径可小到几微米而产生巨大的能量密度，在千分之几秒甚至更短时间内使任何可熔化、不可分解的材料熔化，而进行激光焊接。激光焊接特别适合于自熔焊接，一般不加填充料。其焊接过程大体分为如下阶段：激光照射工件材料，工件材料吸收光能；光能转变为热能使工件材料无损加热；工件材料被熔化，作用结束与加工区冷凝。

激光焊接的本质特征是基于小孔效应的焊接。为产生小孔，激光功率密度应足够高，小孔深度即为焊接熔深。图 3-23 为具有小孔效应的深熔焊接示意图。随着工件相对光束的移动，小孔保持稳定并在材料中移动，小孔周围为泪滴状的溶池所包围。小孔内充满金属蒸气形成的等离子体，这个具有一定压力的等离子体还向工件表面空间喷发，在小孔之上，形成一定范围的等离子云。

激光焊接与传统焊接法相比具有如下特点：

(1) 激光连续焊接是一种高效率的焊接工艺。使用激光焊接工艺，用极小的能量输入能完成小截面焊接，焊接速度高。

(2) 激光照射时间短，焊接过程极为迅速，它不仅有利于提高生产率，而且被焊材料不易氧化、焊点小、焊缝窄、热影响区小，故焊接变形小、精度高。适用于微型精密、排列密集、受热敏感的焊件，常可免去焊后矫形、加工工艺。

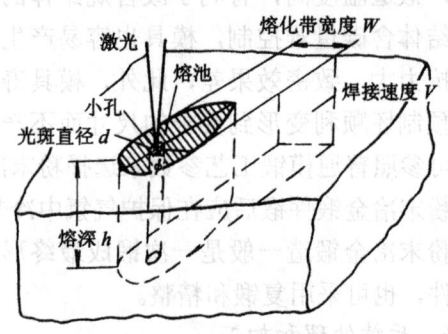

图 3-23 有小孔效应的深溶焊接

(3) 激光功率密度高，激光束不与被焊材料接触，也不产生焊渣，不需要去除工件氧化膜。除能够焊接用传统工艺所能焊接的金属材料、非金属材料，还可焊接难接近的部位。由于可透过惰性气体或空气对工件进行焊接故适用于微型、精密、排列密集、受热敏感的焊件，真空管内的焊接加工等，因此适应性广。

(4) 激光焊接引起的热影响很窄（输入能量小、但相当集中）而且焊后的合金成份偏析很小（由于加工速度快，导致快速升温及再凝固），组织转变也很小，所有这些都使经过激光焊接的连续焊缝具有很高的耐腐蚀性。因此，凡用激光焊接的材料，不需要预先或焊后热处理，也不会降低质量。

(5) 可焊接同种金属，也可焊接异种金属，甚至还可焊接金属与非金属材料。可以进行薄片间的焊接、丝与丝之间的焊接，也可进行薄膜焊接和缝焊。适用于其他焊接方法难以或无法进行的焊接。

(6) 由激光熔化的材料所具有的机械承载能力一般高于母体金属的承载能力，由于这种性能，可以在焊后进行剧烈的成型加工操作，特别是能够进行象弯曲凸缘之类的冷成型加工，或承受巨大的内部压力。

(7) 焊接系统具有高度的柔性，易于实现自动化。

(8) 设备价格较贵，焊接件拼装精度要求高。

2. 激光焊接装备

激光焊接基本装备由激光器、激光电源、光学系统及机械系统等四大部分组成。激光器是激光加工的重要设备，其作用是将电能转变成光能，产生所需的激光束。激光器电源是根据加工工艺的要求，为激光器提供所需要的能量，包括电压控制、储能电容组时间控制及触发器等。光学系统是将激光束聚集并观察和调整焦点位置，包括显微镜瞄准、激光束聚集及加工位置的显示度。机械系统主要包括床身、可在多坐标范围内移动的工作台及机电控制系统等，也包括焊接机器人。

激光焊接要求聚焦光斑直径足够小，光束质量好，以达到所需的功率密度。低阶模激光器能满足这个要求，焊透深度大体与激光功率成正比 CO_2 激光器输出波长较长（$10.6\mu m$），金属表面对它的反射率高，早期低功率 CO_2 激光器难用于焊接，高功率 CO_2 激光器出现，开辟了激光焊接的新领域。目前国外商品化用于焊接、切割激光器功率已达 20kW，主要为快速轴流激光器，输出为低阶模激光。近年来，高功率 YAG 固体激光器得到突破，出现了平均功率 1kW 左右的连续或高重复频率的 YAG 固体激光器，也可以实现深焊焊接。其波长较短（1.06μm），金属对它的吸收率大，焊接过程很少受光致等离子体的干扰，有良好的应用前景。

国内经过二十多年的研究已能提供输出激光接近基模的 1kW 左右完全国产化的准封离型 CO_2 激光器，该激光器光束质量好，功率密度高，输出功率稳定，整机可靠性高。该激光器已成功应用于激光焊接与切割生产中，标志着我国自行研制激光焊接装备已工业实用化。正不断开发各种焊接工艺，扩大应用领域，逐渐缩短同国外的差距。

3. 激光焊接工艺

（1）激光功率密度。到目前为止，激光深熔焊接主要采用 CO_2 激光器，采用数千瓦至数十千瓦的低阶模激光器。由于激光焊接基于小孔效应，进行深熔焊接的前提是聚焦激光焦斑有足够高的功率密度，因而激光功率密度对焊缝成型有决定性的影响，功率密度一般为 $5\times10^5 \sim 5\times10^7 W/cm^2$，发散角在 2mrad 内的低阶模激光。

（2）保护气体。激光焊接常采用保护气体，主要是抑制光致等离子体和排除空气使焊缝免遭污染，不同保护气体抑制等离子体的效果不同。从获得最大熔深考虑，氦气效果最好，氮气次之，氩气最差。

（3）焊接速度。在一定的激光功率下，降低焊接速度，则线能量（单位长度焊缝输入能量）增加，熔深增加。因而适当降低焊接速度可加大熔深。但速度过低，熔深不会再增加，而是焊缝变宽，使小孔崩溃，焊接过程蜕变为传导型。对于给定的激光功率等条件，存在一维持深熔焊接的最低焊接速度。

（4）熔深。在维持小孔效应的最低临界焊速下，可得到最大熔深。这个最大熔深是激光功率的函数，还受到光束质量，聚焦光路、焦斑直径，保护气体等一系列因素的影响。

（5）材料的焊接性。各种材料对激光焊接的焊接性与对传统焊接方法的可焊性类似，不同金属材料间采用激光焊接的焊接性如图 3-24。

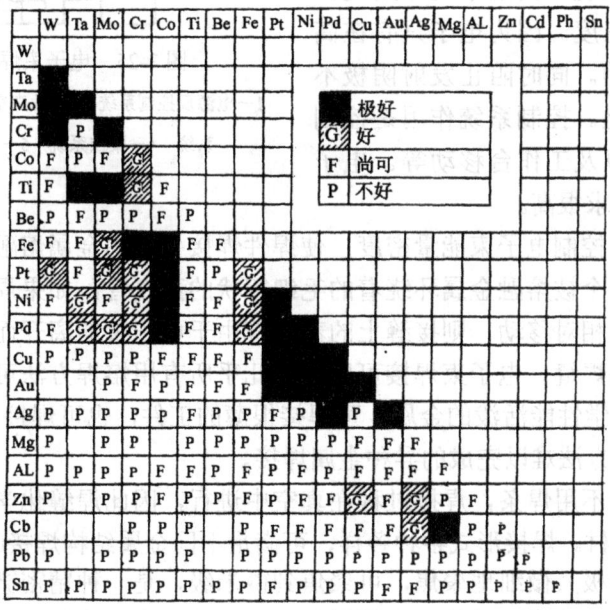

图 3-24 不同金属材料间采用激光焊接的焊接性

激光焊接要求焊件装配精度高,而且要求被聚集成很细的激光束严格地沿着待焊缝扫描,这种严格要求限制激光焊接的进一步推广应用。可从以下两方面的研究要解决激光焊接的技术水平和应用范围。

(1)焊接过程的焊接质量的检测与控制。影响激光焊接质量的因素包括激光功率、聚焦状态、等离子体状态、聚集光束与焊缝的对中以及焊缝轨迹跟踪等。其中有些参数,如等离子体状态,聚焦光束与焊缝的对中程度等的检测较困难。因此,对激光焊接过程的控制尚限于焊接轨迹的可编程的控制。闭环控制的研究才处于初始阶段,优化控制、自适应控制和智能控制将会成为该项技术基础研究的热点。因此,激光焊接过程中一些关键因素的检测和更高层次的控制是今后一段时间的主攻目标。

(2)特种材料的精确焊接。利用激光可以焊接一般焊接方法难以焊接的高熔点金属以及非金属材料。因此,特种材料,如锆合金、钨合金、钼合金和复合材料等的焊接工艺,将成为下一阶段的重要研究内容。

3.4.1.2 电子束焊接

电子束焊接是在真空条件下,利用聚焦后被加速的能量密度极高($10^6 \sim 10^8$ W/cm^2)的电子束,以极高速度冲击到工件表面极小面积上。在极短的时间(几分之一微秒)内,其能量大部分转变为热能,从而引起材料的局部熔化达到焊接的目的。

加工装置由四大基本系统组成:电子枪系统、真空系统、控制系统和电源系统(如图 3-25 示)。电子枪是用来发射高速电子流并加以初步聚集的系统。真空系统作用是保证真空里所需的真空度。因为电子只有在高真空下才能高速运动。同时阻止发射阴极不至于在高温下被氧化。控制系统作用是控制电子束大小,方向以及工作台移动等。电子束加工对电源系统要求很高。

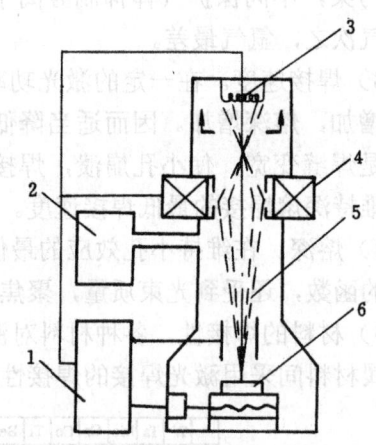

图 3-25 电子束焊接机的组成

1—电源反控制系统 2—抽真空系统 3—电子枪焊接系统 4—聚焦系统 5—电子束 6—工件

电子束焊接时,控制电子束能量密度,使焊件焊接头处的金属熔融,在电子束连续不断地轰击下,形成一个被熔融金属环绕着的毛细管状的蒸气管,如果焊件按一定速度沿着焊件接缝与电子束作相对移动,则接缝上的蒸气管由于电子束的离开而重新凝固,使焊件的整个接缝形成一条焊缝。电子束焊接可以焊接几乎所有用熔焊方法可焊的金属材料,它可焊接难熔金属、化学性能活泼的金属;可焊接很薄的工件,也可焊接几百毫米厚的工件;还可焊接用一般焊接方法难以完成的异种金属焊接。

电子束焊接一般不用焊条,焊接过程在真空中进行,因此焊缝化学成分纯净,焊接接头的强度往往高于母材。焊接形式各种各样,可满足不同金属结构焊接的需要。

由于电子束能够极其微细地聚焦,可聚焦到微米级,是一种精密微细的加工方法。电子束能量密度很高,能够瞬时熔化,实行焊接,是一种非接触式加工,工件不受机械力作用，不产生宏观应力和变形。因此焊接精度高，可以将精加工后的零件组焊在一起而保证构件的整体精度。

3.4.1.3 扩散焊

扩散焊是一种可以连接物理、化学性能差别很大的异种材料的固态连接方法。如陶瓷与金属，并可连接截面形状和尺寸差异大的材料，以及连接经过精密加工的零部件而不影响其原有精度。

3.4.1.4 焊熔近终成形

焊熔近终成形技术是一种新发展的快速零件（原型）制造技术。其实质是采用成型熔化制成全部由焊缝组成的零件。通常可采用已经成熟的焊接技术，按照零件的需求连续逐层堆焊，直至达到零件的最终尺寸。这种方法的优越性在于：新制物件尺寸、形状几乎不受限制，目前已制成最大外径达 5.8m、重 500t 的部件；其金属材料利用率高；由于接近净成形，只需少量加工即可；焊接材料用率达 80%以上，化学成分均匀，冲击韧变、断裂韧变均显著改善。

这种新型焊接成形适用于大型、对材料有特殊要求或对形状有一定要求的场合，特别适用于零件原型的开发，在未来制造业中有一定的位置。

3.4.2 特殊环境下焊接成形技术

由于人类存在的空间日益受到挑战，人们一直在不断寻求向太空、海洋发展，作为制造技术首要解决的是在太空、海洋这种特殊环境下连结、修复技术。

3.4.2.1 空间焊接

空间焊接就是在太空条件下进行焊接操作。由于太空微重力、真空等特殊条件，使许多地球上很成熟的焊接技术难于在太空中实施。在诸多的焊接成形技术中，电子束焊接是空间连接中最引起人们重视的技术。前苏联已研制成供出舱活动的电子束焊接系统，其功率 1kW，电子枪电压最大 18000V，最大束流 70mA，实验证实了厚度达 3mm 钢、铝及钛合金焊接的可行性。又发展了功率为 2kW、带送丝机构的焊接装置，研究用于厚板搭接或异坡口结构的焊接。Martin Mariatta 研究了一种电子束焊接，可在空间进行自动或手工操作，偏转线圈使电子束自动旋转而产生修理焊缝。

通常认为在太空中电弧焊接不如电子束焊，然而 Rocketdyne 用空心钨极代替通常的实心钨极，保证在真空条件下只要少量气体即可维持电弧稳定，而不需要保护气体。

空间焊接的研究另一方面是研制将电子束焊用于金属管桁架及三角形桁架的焊接，尽量减少出舱活动时间的自动焊装置，保证没有 X 射线危害等最大限度安全性。

3.4.2.2 水下焊接

由于海洋工程的需要，需要在水下进行焊接作业。水下焊接时，不同水深，焊接电弧受到不同压力作用，因此电弧性能、形态、温度分布与大气中焊接时大不相同，同时在水下焊接时能见度差、急冷效应明显、焊缝含氢量高。要达到高的焊接质量，比在大气中焊接难得多，需要解决许多技术问题，经过多年研究，形成了 20 多种水下焊接方法，按工作条件分类主要有湿法、干法及局部干法三大类。

（1）湿法焊接时焊接部件浸泡在水中，通常认为适用于 30～60m 水深较浅的情况下焊接不大重要的构件。最新研究表明，不断改进焊条使之提高焊缝力学性能，已在水深大于 100m 获得满意焊接结果；已经应用水下设计概念，应用有限元分析法对水下接头的模型化和接头周围的应力分析进行研究，使湿法焊接有更大把握；通过水下焊接时的实时监测进行质量控制行之有效。

（2）干法焊接使用水下压力仓，使焊接时水被排出仓外，在高压气氛下焊接称高压干法。目前正在重点研究：

● 仓室的气氛和它对焊件的影响，一般情况，深度 70m 以内主要用氮气，更深时则用氦气；

● 高压气氛对焊接电弧的影响。

（3）局部干法是采用特殊措施使待焊部件形成局部无水空间而进行焊接的方法。

目前我国已开展水下焊接技术研究，在湿法及局部干法方面取得不少成果，水下焊高压舱已建成，能采用我国自行开发的水下焊接技术进行焊接。

我国自行开发 NBS-500A 型水下局部排水半自动焊机，由焊接电源、水下送丝箱、水下半自动焊枪和供气系统组成。焊接电源由一台恒压整流器和一台恒流整流器并联组成，具有复合静外特征。焊接时，焊接电流和 CO_2 供气系统放在平台甲板上，仅送丝箱和焊枪入水放置到工作地点。焊枪和送丝箱未入水之前先向箱内通入 0.3MPa 的 CO_2 气。随着水深增加，CO_2 气体压力也增加，水深每增 10m 气体压力增 0.1MPa。

3.4.3 现代切割技术

现代工业的发展，板材的消耗量越来越多，并且各种高力学、物理性能的材料不断增多，特别是硬脆材料应用增多。由于切割批量小、精度要求高，促使现代切割技术得到长足发展。主要包括激光切割，等离子弧切割，超声切割，液体喷射切割等。

3.4.3.1 激光切割

1. 概述

激光切割是利用经聚焦的高功率密度激光束照射工件，使被照射处的材料迅速熔化、气化、烧蚀或达到燃点，同时借助光束同轴的高速气流吹除熔融物质，从而实现割开工件的一种切割方法。激光切割是现代切割技术中最具特色的切割技术。

随着被切材料和切割参数的不同，激光切割主要有以下三种方式：

（1）气化切割。切口部分的材料以蒸气或渣的形式排出。是切割不熔化材料（如木材、碳和某些塑料）的基本形式。

（2）熔化切割。当被切材料的切口处受到较低功率密度的激光作用时，主要是发生熔化。在气流作用下，切口料以熔融物质的形式由切口底部排出。

（3）反应熔化切割，采用氧气或其他反应气体吹气，气体与被切材料产生放热反应，在激光辐照之外，提供了另一个切割所需的能源。在吹氧切割钢板时大约切割所需能量的 60%是来自铁的氧化反应。

激光切割具有以下特点：

（1）质量好。激光的光斑小、能量密度高，切速快，切口宽度窄，切割面光洁美观，热影响小，热变形小。

（2）效率高。可实现高速切割，切割速度可达每分钟数米至数十米。

（3）柔性高。易实现自动控制，可切割任意形状、尺寸的板材。

（4）材料适应性好。几乎可切割任何金属和非金属材料。

激光切割可广泛用于各种材料（金属和非金属）的切割，涉及汽车、钢铁、石油、电子电器、航天航空、医疗器械和一般制造业中各种板材切割。采用同轴吹氧工艺切割金属材料，可提高切割速度和切口质量；切割纸张，木材等易燃材料时，可采用同轴吹保护气体（二氧化碳、氩气、氮气等），能防止烧焦和切口缩小；切割陶瓷、玻璃、石英等脆性材料时，采用热应力切割；对布料、纸张还可作分层切割。

2. 激光切割设备

切割设备主要由激光器、数控工作台和辅助设备三大部分组成。目前，切割用激光器主要是以射频激励快速轴流 CO_2 气体激光器为主。还有 YAG 激光器，但因功率有限，切割能力较差，工业应用较少。我国湖南大学能提供准封离型千瓦级 CO_2 激光器用于切割，取得良好效果。

为了获得精细加工，希望聚焦光斑直径尽可能小，因而切割用激光束尽可能接近基模。激光束还应具备好的旋转对称性，以保证沿不同方向切割时切割状况的一致性。激光器还应该具备既能连续输出又能脉冲输出以及二者间能快速转换的功能。

大型激光切割机均采用 CNC 控制或做成切割机器人。国外三维加工机床及多维 CAD/CAM 技术有相当市场。能提供光学稳定性好，精度高，寿命长的导光系统，有各种规格的适于各种加工工艺的透镜式和反射式激光头可供用户选择，光纤传输 YAG 激光器已开始应用。国内在机床方面，能生产两轴数控加工机，五轴数控加工机也通过了鉴定，平面 CAD/CAM 技术已应用于加工。辅助设备包括冷却水装置、补充激光振荡工作气体和供给切割用辅助气体的气路和钢瓶。

3. 激光切割工艺及参数

CO_2 气体连续激光切割工艺参数包括

（1）激光功率。对切割厚度、切割速度和切口宽度影响大。

（2）辅助气体的种类和压力。切割低碳钢采用 O_2 辅助气体，压力对切割效果影响明显。

（3）切割速度。对切割质量有显著影响。

（4）焦点位置。切割低碳钢把聚焦的光斑设在工件上表面。

（5）焦点深度，对切割质量和切割速度具有一定的影响。

CO_2 脉冲切割可获得宽度窄而且均一的切口、垂直而光洁的切割面，但切割速度大大低于连续激光切割，主要用于精细、高精度切割和脆性材料切割。

主要工艺参数：

激光平均输出功率、脉冲峰值功率，脉冲频率和脉冲持续时间（脉冲宽度）焦点位置等。

3.4.3.2 等离子弧切割

等离子弧切割是利用高温、高速的等离子弧及其焰流使工件材料熔化、蒸发和气化并被吹离基体的一种切割方法。

通常物质以气体、液体和固体三种状态存在。等离子体则是被称之为物质存在的第四种状态。等离子体是高度电离的气体，是由气体原子或分子电离之后，离解成带正电荷的离子和带负电荷的自由电子所组成。正、负电荷数值相等，因此称为等离子体。

图 3-26 为等离子弧切割原理示意图。该装置由直流电源供电，钨电极接阴极，工件接阳极。利用高频振荡或瞬时短路引弧的方法，使钨电极与工件之间形成电弧，电弧的温度很高，使工质气体的原子或分子在高温中获得很高的能量，其电子冲破了带正电的原子核的束缚，成为自由的负电子，而原来呈中性的原子失电子后成为正离子，这种电离化的气体，正负电荷的数量仍然相等，从整体上看呈电中性，称之为等离子体电弧（简称等离子弧）。在电弧外围不断地送入工质气体（如氮、氢、氩、氧、空气、水蒸气及某些混合气体），回旋的工质气流还形成与电弧柱相应的气体鞘，压缩电弧，使弧柱的导电截面减小、电流密度和温度大大提高。

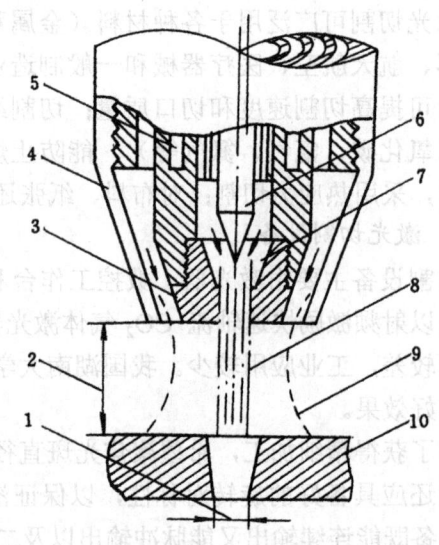

图 3-26 等离子弧切割原理图
1—切缝宽 2—喷弧距离 3—喷嘴端 4—保护套罩
5—冷却水 6—钨电极 7—工质气体
8—等离子体电弧 9—保护气体罩 10—工件

等离子弧之所以具有极高的能量密度是以下效应所致：

（1）机械压缩效应。电弧被迫通过喷嘴通道喷出时，通道对电弧产生机械压缩作用，而喷嘴通道的直径和长度对机械压缩效应的影响很大。

（2）热收缩效应。喷嘴内部通入冷却水，使喷嘴内壁受到冷却，温度降低，因而靠近内壁的气体电离度急下降，导电性差，电弧中心导电性好，电离度高，电弧电流被迫在电弧中心高温区通过，使弧的有效截面缩小，电流密度大大增加。这种因冷却而形成的电弧截面缩小作用，就是热收缩效应。一般高速等离子气体流量越大，压力越大，冷却愈充分，其热收缩效应愈强烈。

（3）磁收缩效应。由于电弧电流周围磁场的作用，迫使电弧产生强烈的收缩作用，使电弧变得更细，电弧区中心电流密度更大，电弧更稳定而不扩散。

由于上述三种压缩效应的综合作用，使等离子体的能量高度集中，电流密度、等离子弧的温度都很高，其温度达到 11000～28000℃（普通电弧仅 5000～8000℃），气体的电离度也随之剧增，并以极高的速度（约 800～2000m/s，比声速还高）从喷嘴孔喷出，具有很大的动能和冲击力，当达到金属表面时，可以释放出大量的热能，加热和熔化金属，并将熔化了的金属材料吹除。

等离子弧切割的特点：

(1) 能切割氧气割难以切割的各种金属材料。

(2) 切割厚度不大的金属时，切割速度快，尤其在切割碳素钢薄板时，速度可达气割法的 5～6 倍。

(3) 切割面较光洁，热变形较小。

(4) 切口宽度和切割面斜角较大，主要切割厚度有关。

(5) 切割厚板的能力尚不及气割。

3.4.3.3 超声切割

超声切割是利用超声振动的工具在有磨料的液体介质中或干磨料中，产生磨料的冲击、抛展、液压冲击及由此产生的气蚀作用来去除材料。特别适合硬脆材料切割。

超声切割时，高频电源联接超声换能器（参见图 3-27），由此将电振荡转移为同一频率、垂直于工件表面的超声机械振动，其振幅仅 0.005～0.01mm，再经变幅杆放大至 0.05～0.1mm，以驱动工具端面作超声振动。此时，磨料悬浮液（磨料、水或煤油等）在工具的超声振动和一定压力下，高速不停地冲击悬浮液中的击碎成微粒和粉末。同时，由于磨料悬浮液的不断搅动，促使磨料高速抛磨工件表面，又由于超声振动产生的空化现象，在工件表面形成液体空腔，促使混合液渗入工件材料的缝隙里，而空腔的瞬时闭合产生强烈的液压冲击，强化了机械抛磨工件材料的作用，并有利于加工区磨料悬浮液的均匀搅拌和加工产物的排除。随着磨料悬浮液不断地循环、磨粒的不断更新、切割产物的不断排除，实现了超声加工的目的。总之，超声切割是磨料悬浮液中的磨粒，在超声振动下的冲击、抛磨和空化现象，综合切割作用的结果。其中，以磨粒不断冲击为主。由此可见，脆硬的材料，受冲击作用愈容易被破坏，故尤其适于超声切割。

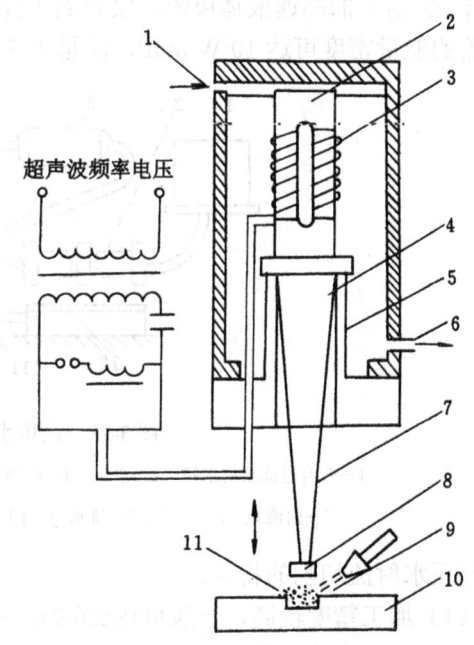

图 3-27 超声切割方法示意图

1—冷却水入口 2—换能器 3—激励线图 4—变幅杆
5—谐振支座 6—冷却水出口 7—工具锥 8—工具头
9—磨料射流 10—工件 11—磨料悬浮液

超声切割的特点：

(1) 适合切割各种硬脆材料，尤其适合不导电非金属硬脆材料。也可加工淬火钢、硬质合金、不锈钢、钛合金等硬质或耐热导电的金属材料，但加工效率较低。

（2）由于去除工件材料主要依靠磨粒瞬时局部的冲击作用，故工件表面的宏观切削力很小，切割应力、切削热更小，不会产生变形及烧伤，表面粗糙度也较低，可达 $R_a0.63\sim0.08\mu m$，尺寸精度可达±0.03mm，也适于加工薄壁、窄缝、低刚度零件。

（3）工具可用较软的材料、做成较复杂的形状，且不需要工具和工件做比较复杂的相对运动，便可加工各种复杂的型腔和型面。

（4）比用金刚石刀具切割具有切片薄、切口窄、精度高、生产率高、经济性好等优点。

超声切割设备一般包括超声发生器、超声振动系统、磨料悬浮液循环系统和机床。

3.4.3.4 高压水射流切割

高压水射流切割，特别适于各种软质有机材料切割加工。

高压水射流切割是利用水或水中加添加剂的液体，经水泵至增压器（参见图 3-28），再经贮液蓄能器使高压液体流动平稳，最后由人造蓝宝石喷嘴形成 300～900m/s（约为音速的 1～3 倍）的高速液体束流，喷射到工件表面，从而达到去除材料的加工目的。高速液体束流的能量密度可达 $10^2W/mm^2$，流量为 7.5L/min。

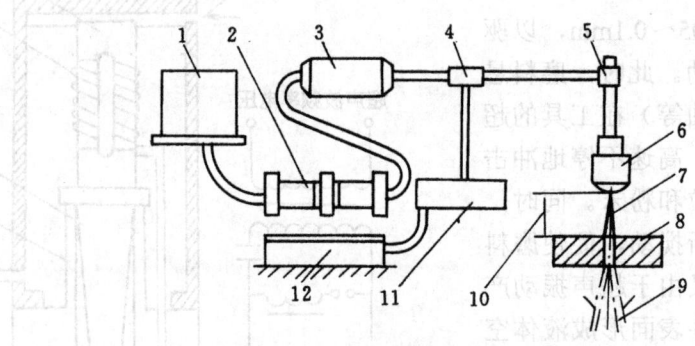

图 3-28 高压水射流切割示意图

1—带有过滤器的水箱 2—水泵 3—贮液蓄能器 4—控制器 5—阀 6—蓝宝石喷嘴
7—射流束 8—工件 9—排水口 10—压射距离 11—液压系统 12—增压器

高压水射流切割的特点：

（1）加工精度较高，一般可达±0.075～0.1mm；切边质量较好。

（2）液体束流的能量密度高、流速亦高，故工件切缝很窄（0.075～0.40mm）喷嘴寿命非常耐久。喷嘴和加工表面无机械接触，能实现高速加工。

（3）加工产物混入液体排出，故无灰尘、无污染，加之加工区温度低，不产生热量，适于木材、纸张、皮革等材料的加工。

（4）设备维护简单，操作方便，可以灵活地任意选择加工起点和部位，可通过数控，容易地进行复杂形状的自动加工。

高压水射流切割的液体流束直径为 0.05～0.38mm，可以加工很薄，很软的金属和非金属材料，已广泛用于铝、铅、铜、钛合金板、复合材料、石棉、石墨、混凝土、岩石、软木、地毯、胶合板、玻璃纤维板、橡胶、棉布、纸、塑料、皮革、不锈钢等近 80 种材料的切割。表 3-3 是用水或混合水溶液切割几种材料的实验数据。还有，用计算机控制实现复杂形状的切割加工。

表 3-3　高压水射流切割加工工艺参数

工件材料	厚度/mm	喷嘴直径/mm	喷嘴压力/MPa	流量/(L/min)	去除速度/(m/min)
牛皮(26 张同时切)	1.0	0.2	200	1.0	1.0
人造革(40 张重叠)	0.65	0.2	300	1.2	0.5

3.4.4　焊接机器人

焊接是机器人应用重要领域，我国机器人焊接技术领域的学术研究与应用推广工作开展大约 15 年左右的历史了。

焊接机器人体现多学科的综合。包括机器人焊接系统，配套设备系统，机器人焊接自主规划，焊缝跟踪传感控制，焊接过程传感，智能化焊接技术。实现焊接生产自动化突出表现为生产系统的柔性化和焊接控制系统的智能化。目前则要求精确控制轨迹的多自由度的弧焊机器人。

3.4.4.1　机器人焊接任务规划软件系统设计

焊接路径规划不同于一般移动搬运机器人的路径规划，它的特点在于对焊缝空间曲线连续轨迹、焊枪运动的无碰路径以及焊枪姿态优化的综合规划。而焊接参数规划通常需要根据不同的工艺要求、焊缝的空间位置以及工件的材质、形状作相应的调整。焊接路径规划和参数规划具有一定的相互联系，因此联合优化焊接路径及参数规划的研究是有意义的。

机器人焊接智能化系统规划的基本任务是在一定的焊接工作区自动生成从初始状态到目标状态的机器人的动作序列、可达的焊枪运动轨迹和最佳的焊枪姿态，以及与之相匹配的焊接参数的控制程序，并能实现对焊接规划过程的自动仿真与优化。

3.4.4.2　机器人焊接传感技术

机器人焊缝跟踪技术一般是采用激光、结构光等技术途径识别焊缝准确位置及走向，从而正确导引机器人焊枪终端沿实际焊缝完成期望的轨迹运动。

焊接动态过程的实时检测技术主要指在焊接过程中对熔池尺寸、熔透、成形以及电弧行为等参数的在线检测以实现焊接质量的实时控制。由于焊接过程的弧光干扰、复杂的物理化学反应，强非线性以及大量的不确定性因素作用，使得对焊接过程的可靠、实用检测成为瞩目的难题。长期以来，已有众多学者探索过多种途径，技术手段的检测尝试，在一定条件下取得了成功。从溶池动态变化和熔透特征检测来看，目前认为计算机视觉技术，温度场测试，熔池激励振荡，电弧传感等方法用于实时控制效果较好。各种不同的检测手段、处理方法涉及不同的传感原理、技术实现和信息处理手段，实际上要求综合技术的提高。

3.4.4.3　焊接机器人系统用电源配套设备技术

智能电源的研制技术，由于焊接机器人系统向智能化发展，因此对所配置的电源系统具有特定要求：应具有良好的外特性和动特性控制，以满足各种焊接工艺方法和不同场合的要求。焊接电源应具有相当宽的输出量连续调节范围和优良的动态响应指标，既能保证电弧过程的持续稳定，又要便于机器人实时改变焊接规范以控制焊缝成形质量；焊接电源的额定输出功率及负载持续率高，能够适应机器人焊接长时间连续工作；焊接电源与中央控制机通信以及与机器人其他设备、传感系统、实时控制等接口设计和电磁兼容性研究。这些内容的研究在弧焊和点焊机器人系统中各有不同的纵深发展。

3.4.4.4 机器人运动轨迹控制实现技术

根据对焊件感知、焊接任务规划以及焊缝的传感信息、机器人焊接智能化系统应用能实现对各种复杂空间曲线焊缝的实时跟踪控制。这里除了要求实现对焊接机器人本身的运动学控制技术,而且要求焊枪运动能够实现规划轨迹并能根据传感信息实现对轨迹的实时控制技术。这里还将涉及机器人与各种传感器的接口设计。

3.4.4.5 焊接动态过程的实时智能控制器设计

随着近年来模拟人类智能行为的模糊逻辑、人工神经网络等智能控制理论方法的出现,使得我们有可能采用新思想来设计模拟焊工操作行为的智能控制器以期解决焊接质量实时控制的难题。国内外已有相当数量的学者进行其中之一方向的研究工作,但问题的有效解决仍需作出大量的努力。针对实际的焊接过程控制对象,智能控制器的设计需要许多技巧性工作,尤其在控制器的实时自适应与自学习算法研究及其系统实现尚有很多问题,而且,对不同的焊接工艺、不同的检测手段都将导致不同的智能控制器设计方法。因此,这一方向的研究内容还是相当广泛的。

3.4.4.6 机器人焊接智能化复杂系统的控制与优化管理技术

对于以焊接机器人为主体的包括焊接任务规划、各种传感系统、机器人轨迹控制以及焊接质量智能控制器组成的复杂系统,要求有相应的系统优化设计结构与系统管理技术。从系统控制领域的发展分类来看,可将机器人焊接智能化系统归结为一个复杂系统的控制问题。这一问题在近年系统科学的发展研究中已有确定的学术位置,并有相当的学者进行这一方向的专门研究。目前对于这种复杂系统的分析研究主要集中在系统中存在的各种不同性质的信息流的共同作用,系统的结构设计优化及整个系统的管理技术方面。随着机器人焊接智能控制系统向实用化发展,对其系统的整体设计、优化管理也将有更高的要求,这方面研究工作的重要性将进一步明确。

我国目前焊接机器人仍以引进为主,尤其是弧焊机器人,而国产弧焊机器人由于元器件质量及配套技术等诸多因素,一直未能主导国内焊接机器人市场。现今以引进焊接机器人和机器人焊接系统应用开发方面仍需做以下工作:焊接机器人引进准备工作,焊接机器人系统的操作编程开发,焊接机器人的配套设备及工艺选择,多台焊接机器人或多设备系统的协调控制,焊接机器人工作站及生产线的管理。

3.5 优质低耗洁净热处理技术

科学技术与现代工业的迅速发展,对材料在质和量的方面不断提出了新的要求,如耐高温、耐腐蚀、耐磨损、耐疲劳、高强度等,同时对处理过程的环境保护也提出了更高的要求,如低能耗、洁净无污染等,这促使广大材料工作者不断进行探索和研究,同时也对传统材料进行有效的改性处理。

长期以来,在材料改性方面所做的工作,如热处理、变质、合金化等,大都是从整体上改变材料的成分和组织，以获得所需性能。虽然这些方法对材料的改性起到了良好的作用，但同时也暴露了一些缺点，如合金元素消耗过大、生产过程复杂、性能不够稳定以及工艺性能变差等。因此寻求更为理想的，满足优质、低耗、洁净化要求的热处理新技术，一直是材料改性的焦点。

近30多年来，随着激光、计算机等技术的迅速发展与成熟，其应用已渗透到热处理技术领域，从而形成了真空热处理、离子热处理、激光表面合金化、热处理专家系统及性能预报等热处理新技术。这些新技术因其突出的特点、极佳的经济效益而受到国内外学者的广泛关注，并取得了长足进步，成为具有广阔应用前景的新兴材料改性技术。

3.5.1 真空热处理

1. 概述

由于核技术、空间技术、飞机制造业、电子技术及新型金属与合金的研制成功，对金属材料在热处理过程中的氧化、脱碳、增碳、腐蚀、吸气、力学性能、表面粗糙度和尺寸精度等方面提出了越来越高的要求。而用常规的热处理方法，如退火、正火、淬火、回火等方法已不能满足要求，在这种形势下，形成了可控气氛热处理、保护气体热处理和真空热处理等方法。

在1920年到1930年间，可控气氛首次应用于热处理。1968年前后，美国海斯公司和日本真空研究所研制出了真空淬火剂，制成油淬和水冷式真空炉。解决了材料真空热处理后油中或水中淬火的问题，由此扩大了真空热处理的应用范围。

2. 真空热处理的基本原理及特点

如图3-29所示，真空热处理是指在极稀薄气氛中所进行的热处理。真空可广义地理解为气体极为稀薄的空间。据气体分析，真空炉内残存的气体有O_2、H_2O、CO_2及油脂等有机物蒸气，因其实际含量非常少，不足以使被处理的金属发生氧化、脱碳、增碳、吸气等作用。因此金属表面的化学成分和原表面粗糙度可保持不变。真空在热处理过程中的作用可概括如下：

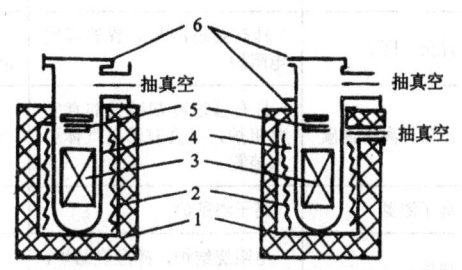

图3-29 外热式真空热处理炉示意图
1—炉衬 2—电热元件 3—工件
4—炉罐 5—隔热屏 6—密封圈

（1）防止氧化。在常压的空气中加热，金属要被氧化或脱碳，而在高真空中加热，因气氛的活化能极低，固气界面反应进行得特别慢，不论氧化、还原、渗碳或脱碳等反应，均不会进行到有害程度；同时在高真空下，气体体积的增大变化得非常迅速，可导致金属中的气体向外逸出，或使金属氧化物发生分解。一般，金属在1.33×10^{-3}Pa以内的真空下，均可获得光亮的表面而不被氧化。

（2）脱气作用。金属在真空热处理时有脱气的作用，温度、时间、真空度的大小均对脱气效果产生直接的影响。

（3）金属表面附着物的清除及脱脂作用。金属表面的附着物大多泛指氧化皮，它在脱氧反应下可还原成金属；而附着在金属表面的有机物，在真空中加热会挥发或分解，随即被真空泵抽走。

（4）蒸发作用。在真空热处理中，Zn、Mg、Al、Cr、Mn 等常用合金元素因蒸气压升高而蒸发，易造成零件表面这类合金元素的贫化，从而使合金的组织发生变化，力学性能下降。

与传统的热处理方法相比，真空热处理具有下列特点：

（1）变形小。零件在真空热处理中，变形小，合格率高，可减少热处理后期工序，因此对缩短产品生产周期，降低成本是很有意义的。

（2）力学性能进一步提高，延长使用寿命，增加产品的可靠性。

（3）节能。真空热处理炉由于采用隔热性能好、热容量小的隔热材料和结构，因此炉子的蓄热和散热损失小，热效率高；同时由于真空热处理炉内几乎不存在炉气，因此由炉气而带走的热量损失也极小。

（4）少污染、无公害，劳动条件好。由于采用电加热，且几乎不存在炉气，因此不会产生有害的废气和烟尘。

尽管真空热处理具有上述优点，但是真空热处理设备结构复杂，造价成本很高，故仅适用于一些重要关键零部件的生产。

3. 真空热处理工艺

表 3-4 中列举了真空热处理的主要工艺方法、所用设备、处理材料及实例等。

表 3-4 真空热处理的应用

	用 途	电炉类别及其特点	适用的材料	实用举例
真空热处理	光亮退火、正火、固相除气	有炉罐式或无炉罐式真空电阻炉	Cu、Ni、Be、Cr、Ti、Zr、Nb、Ta、W、Mo、不锈钢等	电器材料、磁性材料、弹性材料、低熔点金属、活泼金属等
	淬火、回火	具有强迫冷却装置的真空电阻炉	高速钢、工具钢、轴承钢、高强度合金钢	工模具、工夹具、量具以及轴承和齿轮等机械零件
	渗碳、离子渗碳	具有强迫冷却装置的真空电阻炉，另具有渗碳气体引入装置	碳钢、合金钢	齿轮、轴、销等机械零件
	离子渗氮	离子渗氮炉	球墨铸铁、合金钢	工模具、齿轮、轴等机械零件
	烧结	电阻烧结炉、感应烧结炉、具有热压机构的烧结炉等	W、Mo、Ta、Nb、Fe、Ti、Be、TiC、WC、VC 等	高熔点金属材料、超硬质工具、粉末冶金零件

由于真空热处理技术具有无氧化、无脱碳、脱气、脱脂、表面质量好、变形微小、热处理零件综合力学性能优异、使用寿命长、无污染无公害、自动化程度高等一系列突出优点，这项新技术得到了突飞猛进的发展。由表中可见，现在几乎全部热处理工艺均可进行真空热处理，如淬火、退火、回火、渗氮、渗碳等。

据美国金属学会热处理分会、美国金属材料研究院、美国能源部、工业技术厅对美国 2020 年热处理工业发展远景的预测。未来的热处理工艺要有一流的质量，生产具有零畸变的产品零件，在整个工艺过程中，产品质量具有零分散度，能量利用率提高到 80%，工作环境好，清洁无污染，生产中采用标准的闭环控制系统、智能系统控制产品的性能。综合技术的结果，使工艺时间减少 50%，成本降低 70%。所有这些设想，为真空热处理的发展提供了广阔的舞台和发展机遇。

3.5.2 离子热处理

1. 概述

1920年，德国的 Franz. Skaupy 首先利用在惰性气体中的辉光放电加热金属工件。1930年，德国的 Bernhard. Berghaus 和美国的 John. J. Egan 同年先后提出了在气体放电中的离子渗氮法并取得了专利。从50年代起，由于解决了大电流辉光放电技术，才使得离子热处理技术逐步在工业上得到了广泛应用和发展。

2. 离子热处理的基本原理及特点

如图3-30所示，离子热处理是指利用低真空中稀薄气体的辉光放电现象处理表面的总称。

这种方法利用低真空中稀薄气体辉光放电所产生的离子及高能中性粒子轰击金属或合金表面，导致工件表面加热到所需温度，使表面渗入某种或几种元素，并向内扩散而实现改变其表层化学成分与组织，从而获得特殊的表面性能，以延长工作寿命的一类新兴技术，故又可称作离子轰击渗扩技术。

离子热处理是在真空中进行的，但它基本上不外加热源，只能算是真空热处理的一个特殊分支。它与传统的固、液、气态中的渗扩工艺不同，是采用物质的第四态——等离子体在化学热处理领域中的应用发展。其主要特点体现在真空加热和辉光放电两个方面，因此它除具备真空热处理的特点外，还有下列特点：

（1）渗剂不氧化，活性强，且工件表面洁净，对渗入元素吸收快、扩散快，可显著节约气源。

（2）因不受或很少受炉外因素的影响，便于控制工艺参数，以获得所需渗层，且确定的工艺稳定，再现性好，因而热处理质量稳定。

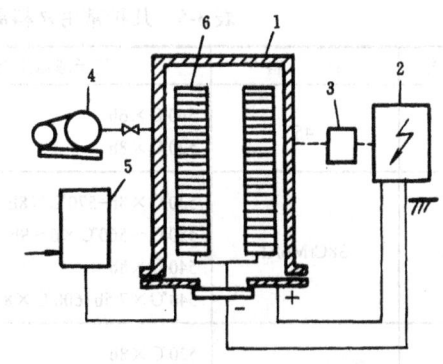

图3-30 离子热处理示意图
1—真空容器 2—直流电源 3—测温装置系统
4—真空泵 5—渗剂气体调节装置 6—待处理工件

与其他固、液、气态渗扩工艺相比，离子热处理具有如下特点：

（1）渗透速度特别快。由于阴极溅射效应为渗剂原子和离子的吸附与渗入创造了一个高度活化的表面，又由于高能粒子的轰击使金属表面出现高密度位错区，故大大有助于渗入物质的扩散；同时等离子体可以向工件表面提供和维持渗剂元素的很高表面浓度及其梯度，因而有比其他渗扩工艺快得多的渗速。

（2）渗层易控制，脆性小。通过调整渗剂成分及其他参数，可按要求调整和控制渗层组织，从而保证工件质量。

（3）变形特别小。由于工件表面可均匀覆盖辉光，各部位温差小，而且由于阴极溅射作用，可以弥补因渗氮而造成的尺寸膨胀。

（4）无需去钝处理，很适于不锈钢表面强化。阴极溅射效应可有效地除去氧化膜，保持表面净化，故渗前不需任何去钝处理。

（5）便于形状复杂工件的处理。由于辉光放电可以控制其均匀稳定地布满工件表面，因而适于形状复杂或带深孔、沟槽等工件的处理。

（6）防渗方便、易作局部处理。只需将不处理部分遮盖住即可。

（7）节约能源、气源。离子热处理不需外加热源，同时渗速快、周期短，节约资源。

（8）易实现工艺过程及渗层质量的计算机控制，实现自动化。

3. 离子热处理工艺

离子热处理方法主要包括离子渗碳、离子渗氮等。这里仅介绍离子渗氮工艺，表 3-5 中给出了常用钢材的渗氮工艺及有关技术指标。

表 3-5 几种常用材料离子渗氮的硬度和渗层深度参考值

序号	材 料	离子渗氮工艺	表面硬度 HV	总渗层深度/mm
1	45	560℃×6h 520℃×8h	265～321 260～280	
2	38CrMoAl	530℃×8h+570℃×8h 450℃～560℃×6～9h 540℃×8h 540℃×7.5h+600℃×8.5h	854～1310 858～1180 1003～1027 966～988	0.44 0.3～0.55 0.31～0.36 0.5
3	40Cr	520℃×8h 560℃×8h 520℃×5h+540℃×5h 520～560℃×6～9h	613～633 529～552 663～880 HV$_{6.1}$ 650～841	0.35～0.40 0.27～0.42 0.35～0.40 0.20～0.50
4	20Cr	500～550℃×8～9.5h 520～560℃×10h	600～1080 524～633	0.30～0.70 0.40
5	18CrMnTi	560℃×6h 520℃×4～9h	644～707 672～900	0.41～0.57 0.30～0.60
6	QT60-2	520℃×8～10h 540～580℃×6h	824～946 550～946	0.25 0.26
7	W18Cr4V	540℃×0.5h 560℃×1h	1160～1135 1072	
8	Cr12MoV	560℃×6h 450～560℃×6～7h	841～969 734～1015	0.18 0.15
9	TA2	920℃×5h	1206～1465	0.35～0.48

离子渗氮：将工件放在真空容器的阴极上，抽真空到 1.333～0.133Pa，然后充以稀薄的含氮气体，气压约为 66.65～1333.2Pa，在阴阳两极间加上 450～950V 的直流电压，电流密度按工件表面积计算，取 1.5～3.5mA/cm^2，根据材料和工件技术要求（性能、渗层组织与深度等）的不同，确定保温时间和温度参数，通过工艺参数的匹配操作，在工件表面发生渗剂化学反应、吸收和扩散过程，能比较快地形成高硬度的渗氮层。实际应用中，可调整工艺参数（特别是气体的浓度组成比例）来控制形成的组织，以适应工件工作条件所需的性能。

3.5.3 激光表面合金化

1. 概述

本世纪 60 年代初,世界上第一台红宝石激光器的问世,预示了一门新兴学科的诞生。进入 70 年代,随着大功率 CO_2 激光器等工业激光器的日臻完善,它在金属材料表面改性领域得到了异常迅速的发展。

激光热处理技术主要包括:激光相变硬化、表面熔化淬火、表面涂覆和表面合金化等工艺,其中尤以激光表面合金化工艺的经济效益为最高。

激光表面合金化作为一种新型表面改性技术,因其可在传统的低值材料表面上形成具有优异性能的合金,从而大大提高工件的使用寿命,降低能耗,特别是贵重金属的消耗,故日益受到国内外的重视。

2. 激光表面合金化的基本原理及特点

如图 3-31 所示,激光表面合金化是利用激光束非常高的能量密度($>10^3W/cm^2$)做为热源,加热熔化已涂覆合金元素的基体材料表面,对其进行合金元素渗入的表面处理方法。

如果材料表面能充分吸收激光束的能量,材料表面将以远高于其他任何加热方式所获得的速度被加热、熔化乃至气化。由于热效应仅仅集中在材料表面极薄的区域内,几乎没有什么能量进入基体,故在被加热或熔化的表层与基体之间形成了非常大的温度梯度。冷却时由于金属本身热

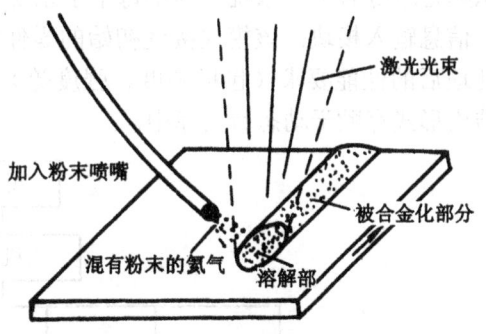

图 3-31 激光表面合金化示意图

传导能力强,从而获得极高的冷却速度(可达 $10^4 \sim 10^8 K/s$)。正是由于这种快速加热和快速冷却,使得激光表面合金化具有其他改性技术难以获得的优点:①变形小;②效率高;③能量和合金元素消耗少。

3. 激光表面合金化工艺

根据工艺手段的不同,激光表面合金化可分为以下三种形式:

(1)激光粉末涂敷合金化。采用真空蒸镀、电镀、粘结剂涂敷、渗层重熔或等离子注入等预涂敷方式,将所要求的合金粉末事先涂敷在要合金化的金属材料表面,然后用激光加热、熔化,使其表面形成新的合金层。

(2)激光硬质粒子喷射合金化。此工艺方法是将硬质粒子用惰性气体直接喷射进入激光熔融的熔池,在随后的冷凝过程中,这些硬质粒子保持原来的形状,镶嵌在基材中。

(3)激光气体合金化。此方法是在某种适当的合金化气氛中,通过激光加热或熔化基材表面进行合金化处理的工艺。一般认为,固体的扩散速率很低,而且不存在对流效应,所以,激光气体合金化应在熔化状态下进行,这样合金元素可渗至较深的表面。

3.5.4 热处理工艺专家系统与性能预报

1. 概述

计算机技术在实现设备智能化方面起着巨大的作用。早在 70 年代初，有人就把单板机用于热处理炉温控制。以后随着计算机技术的发展，热处理过程中的许多工艺参数采用了计算机控制，同时利用热处理专家系统和仿真技术可实现热处理工艺过程的自动化和智能化。

2. 热处理工艺专家系统

热处理是机械零件加工工艺过程中的重要工序。然而，在长期的生产实践中，工厂一直由工艺员制定热处理工艺。这不仅浪费了人力和物力，而且对于缺乏热处理经验的生产者，还可能制定出不恰当的热处理方案，从而造成生产上的损失。

为很好地解决上述问题，许多学者提出了热处理工艺专家系统的研究开发与应用。热处理工艺专家系统的整体结构如图 3-32 所示，它可分为方案推理、方案调整、绘图及打印、知识库管理等若干子系统。其中每个子系统完成一项特定功能，概述如下：

信息输入模块：该模块接受初始的零件信息（包括零件的材料牌号、尺寸、批量等），热处理后的性能要求（包括硬度、强度等）和厂方的生产条件，并将这些信息以一定的数据结构形式存贮于动态数据库中。

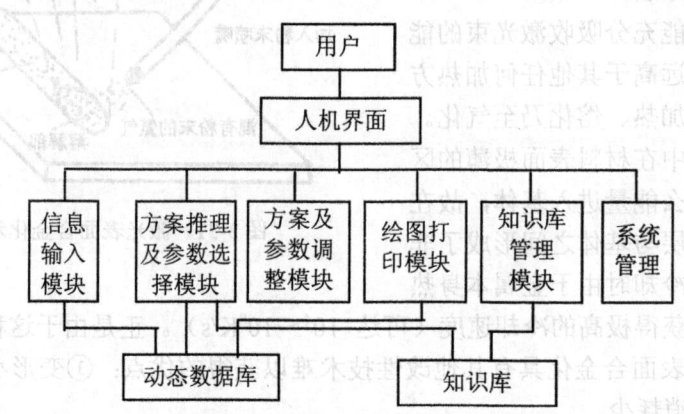

图 3-32 热处理专家系统结构图

热处理方案推理及相应参数选择模块：该模块根据用户输入的信息，推理出适当的热处理方法，同时选择出合适的加热温度、保温时间和冷却方式等热处理工艺参数。

方案及参数调整模块：系统推理的结果对用户来说是完全开放的，具体表现在当推理结束以后，用户可以任意修改方案，改变参数，以获得用户最满意的热处理方案和参数。

绘图和打印模块：该模块根据系统推理的结果，绘制出相应的热处理工艺曲线，制定相应的热处理工艺卡，并可根据用户要求将工艺曲线及工艺卡以打印方式输出。

知识库管理模块：一个专家系统性能的优劣取决于其拥有知识的数量和质量。因此，为了保证本系统在使用过程中，性能可以得到不断改善，需要对知识库进行合理维护。为此该系统建造了知识库管理系统，用于实现专家系统知识库的扩充与维护。

系统知识库由三部分组成：事实库、规则库和实例库。事实库中存放了常用材料的有关特性，如材料的碳含量、合金含量及淬火和回火强度等。

系统管理模块：该模块完成方案确定过程中的辅助功能，主要包括：

（1）推理过程中显示帮助信息，为用户使用本系统提供方便。

（2）存取有关初始化信息及最终推理结果，以备日后查询使用。

通过上述专家系统的建立，用户只要提供必要的零件信息，该系统即可自动推理出最恰当的热处理工艺，并确定相应的工艺参数，在得到用户调整优化后，系统自动绘制出热处理工艺卡，并将相应的有关信息予以存贮备案，供以后需要时进行使用和研究分析。热处理工艺专家系统的使用，大大节约了热处理车间的人力和物力资源，为生产实践中标准快捷、科学合理地制定热处理工艺提供了极大的方便。

3. 计算机仿真技术在热处理性能预报中的应用。

热处理过程是一个十分复杂的物理化学过程，涉及的知识面广，影响因素多而复杂，这就为热处理生产过程的控制带来了诸多不便，对热处理后的性能预测也无法进行，过去仅凭经验做粗略地估计和判断。

为解决上述问题，近年来许多学者探索利用计算机仿真技术来研究分析热处理过程，为科学合理地预测和控制热处理生产提供了新方法和新手段。因该方法仍处于研究阶段，尚存在许多问题，故仅就部分研究领域作题纲挈领的介绍：

1）判断零件冷却过程温度场的变化和实际温度。在经典的金属学与热处理中，一般用等温转变图或连续冷却转变图判断钢材在不同温度下在不同时间内组织转变的情况，等温转变图是在连续冷却的情况下做出来的，要判断零件在连续冷却中转变的情况，还必须把冷却速率叠加在此图上，以便掌握有关临界冷却速度、转变组织等。虽然连续冷却转变图上有冷速和组织变化之间的关系，但它是在特定化学成分、特定加热温度和准确的冷却速度条件下建立的，若上述条件稍加变化，则曲线的形貌将发生变化，因此其误差是很大的。同时，冷却速率是一个可变的因素，它是时间和温度的函数，是动态变化的。相变中由于相变潜热、应力场的影响，等温转变图与连续冷却转变图是极其相似的。计算机仿真技术把这些相互关连、相互渗透、相互制约的因素都考虑在内，然后才能建模。有人应用热处理仿真技术（Heat Treatment Computer Simulation，简称HTCS）探索了温度—相变—应力的耦合问题，并应用热弹塑性理论定量地描述了应力与应变的发展过程和发生塑性变形后的强化特性。

2）计算沿工件不同截面的组织含量。一个形状复杂的零件，在热处理过程中，因各处温度场不同，因而应力场也不同。对组织转变机理来说，从其相变动力学和热力学条件来考证，各部最终的转变组织是不同的，因组织的不同会导致各部力学性能的差异，这对于形状复杂、受力复杂的零件而言在进行可靠性设计中均是一个未知数。若能用HTCS技术解决这个问题，则设计人员就可预测零件的危险截面在何处，如何加强它，从而找到最优化的设计方案。

3）计算相变过程的应力和应变，测试残余应力。零件由于壁厚的不同，组织转变中各处的热应力和组织应力均不同，应力的模拟虽可用光塑性试样做些工作，但模拟零件的真实情况显然是不可能的。X射线应力分析仪虽然可以测定零件中的残余应力，但相变零件各处的应力和应变是难以测定的，计算机仿真技术，可解决这些问题。

4）冷却介质冷却能力的预测。目前冷却介质的冷却能力均是通过试验测定的，但不能预测它的冷却效果，通过计算机的模拟，进行冷却曲线、换热系数的计算从而预测冷却介质的冷却能力。

5）其他。从流体动力学的观点出发，HTCS 技术可应用于真空气淬过程的模拟，流态粒子炉的模拟，燃烧室和燃烧过程的模拟等，还可用于热处理设备中流体动力学的计算（包括压力、流量、流速等）。

3.6 优质清洁表面工程技术

表面工程技术的使用历史悠久。我国早在战国时期就已进行钢的淬火、使钢的表面获得坚硬层。但真正作为一门独立的工程技术还是在 19 世纪末工业发展到一定程度才形成的。20 世纪 60 年代末，表面科学的形成使表面技术进入一个新的发展时期，尤其是近 10 多年来各相关学科和相关技术的发展与应用，促使表面工程技术发生巨大变革，优质清洁的表面工程技术得到长足的发展。

表面工程技术是一项通过改变固体金属表面或非金属表面的形态、化学成分和组织结构，以获得所需要表面性能的系统工程。广义地说是直接与各种表面现象或过程有关的，能为人类造福或被人们利用的技术集成，是一个涉及面极广泛的综合性边缘学科，其发展在学术上丰富了材料科学、冶金学、机械学、电子学、物理学、化学等基础学科，开辟了新的研究领域。

表面工程技术研究主要目的就是弄清各类固体材料表面失效机理，并综合运用各种表面技术提高材料抵御环境作用能力，赋予材料表面某种功能特性，实施特定的表面加工来制造构件、零部件和元器件等。

现代表面技术的基础理论是表面科学，它包括表面分析技术、表面物理、表面化学三个分支。

表面技术的应用理论，包括表面失效分析、摩擦与磨损理论、表面腐蚀与防护理论、表面结合与复合理论等等，它们对表面技术的发展和应用有着直接的、重要的影响。

表面工程技术采用的方法包括：

（1）施加各种覆盖层的技术。包括电镀、电刷镀、化学镀、涂装、粘结、堆焊、熔结、热喷涂、塑料粉末涂敷、热浸涂、搪瓷涂敷、陶瓷涂敷、真空蒸镀、溅射镀、离子镀、化学气相沉积、分子束外延制膜、离子束合成薄膜技术等。此外，还有其他形式的覆盖层，如各种金属经氧化和磷化处理后的膜层、包箔、贴片的整体覆盖层、缓蚀剂的暂时覆盖层等等。

（2）用机械、物理、化学等方法。改变材料表面的形貌、化学成分、相组成、微观结构、缺陷状态或应力状态，即采用各种表面改性技术。主要有喷丸强化、表面热处理、化学热处理、等离子扩渗处理、激光表面处理、电子束表面处理、高密度太阳能表面处理、离子注入表面改性等。

（3）综合运用两种或更多种的表面技术的复合表面处理，如等离子喷涂与激光辐射复合、热喷涂与喷丸复合、化学热处理与电镀复合、激光淬火与化学热处理复合、化学热处理与气相沉积复合等，是表面技术的重要趋向。

目前表面技术的应用极其广泛，已经遍及各行各业，包含的内容也十分广泛，可以用于耐蚀、耐磨、修复、强化、装饰等，也可以是光、电、磁、声、热、化学、生物等方面的应用。表面技术所涉及的基体材料不仅有金属材料,也包括无机非金属材料、有机高分子材料及复合材料。

由于表面工程技术种类繁杂、方法多样,有相当多是建立在传统技术基础上,也有不少是利用现代高科技手段。本书就优质清洁表面工程技术逐一介绍。

3.6.1 表面改性技术

3.6.1.1 概述

表面改性是指采用某种工艺手段使材料表面获得与其基体材料的组织结构、性能不同的一种技术。材料经表面改性处理后,既能发挥基体材料的力学性能,又能使材料表面获得各种特殊性能(如耐磨,耐腐蚀,耐高温,合适的射线吸收、辐射和反射能力,超导性能,润滑,绝缘,储氢等)。

表面改性技术可以掩盖基体材料表面的缺陷,延长材料和构件的使用寿命,节约稀、贵材料,节约能源,改善环境,并对各种高新技术的发展具有重要作用。

传统表面改性技术有喷丸强化、表面热处理、化学热处理。

优质清洁表面工程技术包括等离子体、激光、电子束、高密度太阳能表面处理和离子注入表面改性。

3.6.1.2 等离子体表面处理

1. 等离子体的物理概念

等离子体是一种电离度超过 0.1% 的气体,是由离子、电子和中性粒子(原子和分子)所组成的集合体。等离子体整体呈中性,但含有相当数量的电子和离子,表现出相应的电磁学等性能,等离子体是一种物质的能量较高的聚集状态,被称为物质第四态。利用粒子热运动、电子碰撞、电磁波能量法以及高能粒子等方法可获得等离子体,但低温产生等离子体的主要方法是利用气体放电。

2. 离子渗氮

离子渗氮又称辉光离子渗氮,是一种在压力低于 10^5Pa 的渗氮气氛中,利用工件(阴极)和阳极间稀薄含氮气体产生辉光放电进行渗氮的工艺。人们已普遍认为这是一种成熟的工艺技术,已用于结构钢、不锈钢、耐热钢的渗氮,并由黑色金属发展到有色金属渗氮,特别在钛合金渗氮中取得良好效果。

(1) 离子渗氮的溅射和沉积理论。这一理论是由 J. Kolbel 于 1965 年提出的。他认为,离子渗氮时,渗氮层是通过反应阴极溅射形成的。在真空炉中,稀薄气体在阴极、阳极间的直流高压下形成等离子体,N^+、H^+、NH_3^+ 等正离子轰击阴极工件表面,轰击的能量可加热阴极,使工件产生二次电子发射,同时产生阴极溅射,从工件上打出 C、N、O、Fe 等。Fe 能与阴极附近的活性氮原子形成 FeN,由于背散射又沉积到阴极表面,FeN 分解,FeN→Fe_2N→Fe_3N→Fe_4N,分解出的氮原子大部分渗入工件表面内,一部分返回等离子区。

(2) 离子渗氮的主要特点。离子渗氮的特点简要介绍如下:

1) 离子渗氮速度快,尤其浅层渗氮更为突出。

2）热效率高，节约能源、气源。

3）渗氮的氮、碳、氢等气体可调整控制，可获得 5～30μm 深的脆性较小的 ε 相单相层或≤8μm 厚的韧性γ相单相层，也可获得韧性更好的无化合物的渗氮层。

4）离子渗氮可使用氨气，压力很低，用量极少，所以污染低，劳动条件好。

5）离子渗氮温度可在低于 400℃以下进行，工件畸变小。但准确测定工件温度较麻烦，不同零件同炉渗氮时，各部位温度难以均匀一致。

6）可用于不锈钢、粉末冶金件、钛合金等有色金属的渗氮。由于存在离子溅射和氢离子还原作用，工件表面钝化膜在离子渗氮过程中可清除。也可局部渗氮。

7）由于设备较复杂，投资大，调整维修困难，对操作人员的技术要求较高。

（3）离子渗氮的设备。离子渗氮设备如图 3-33 所示。主要技术条件如下：

1）设备装有电压、电流、温度、真空度和气体流量的测试仪表，有温控和记录系统。

2）阴极、阳极间在非真空状态下绝缘电阻应低于 4MΩ（100V 兆欧表测），能承受 $2U_0+1000V$ 耐压试验，1mm 而无闪烁或击穿现象，U_0 为整流输出最高电压。

3）阴极真空度不低于 67Pa。在空炉时，由大气抽到极限真空度的时间应不大于 30min；而且在工作气体最大流量时，真空泵应能保持真空度在 66.7～1066Pa 范围内。

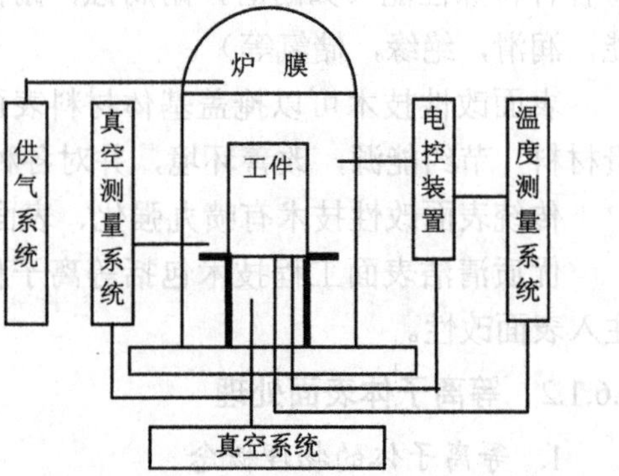

4）压升率应不大于 1.3×10^{-1}Pa/min。

5）备有可靠的灭弧装置。

图 3-33　离子渗氮装置示意图

3. 离子渗碳、离子碳氮共渗

离子渗碳（也称等离子体渗碳）以及离子碳氮共渗，和离子渗氮相似，是在压力低于 10^5Pa 的渗碳或碳氮混合气氛中，利用工件（阴极）和阳极间产生辉光放电进行渗碳或同时渗碳、氮的工艺。

4. 离子渗金属

在低真空下，利用辉光放电即低温等离子体轰击的方法，可使工件表面渗入金属元素。如渗钼、铝、硅、硼、钨、钛等。还可以进行多种元素的复合渗和表面合金化处理，以获得更好的表面性能。如 10 号钢离子渗钨后再渗氮，耐蚀性为只渗钨的 3～4 倍，碳钢离子渗铝后再离子渗氮，表面硬度达 1600HV。

3.6.1.3　激光表面处理

激光表面处理是高能密度表面处理技术中的一种主要手段。在一定条件下它具有传统表面处理技术或其他高能密度表面处理技术不能或不易达到的特点，这使得激光表面处理技术在表面处理的领域中占据了一定的地位。

激光表面处理的目的是改变表面层的成分和显微结构，激光表面处理工艺包括激光相变硬化、激光熔覆、激光合金化、激光非晶化和激光冲击硬化等（如图 3-34 所示），从而提高表面性能，以适应基体材料的需要。激光表面处理的许多效果是与快速加热和随后的急速冷却分不开的。加热和冷却速率可达 $10^6 \sim 10^8 ℃/s$。目前，激光表面处理技术已用于汽车、冶金、石油、机车、机床、军工、轻工、农机以及刀具、模具等领域，并正显示出越来越广泛的工业应用前景。

激光表面处理所用激光器主要为大功率横模 CO_2 激光器，其光束模式为多模，保证在较大尺寸的光斑内有均匀的功率密度分布，根据表面处理内容和对象采用不同工作台，目前国内已能提供5kW左右横模 CO_2 的激光器和各种表面处理工作台。

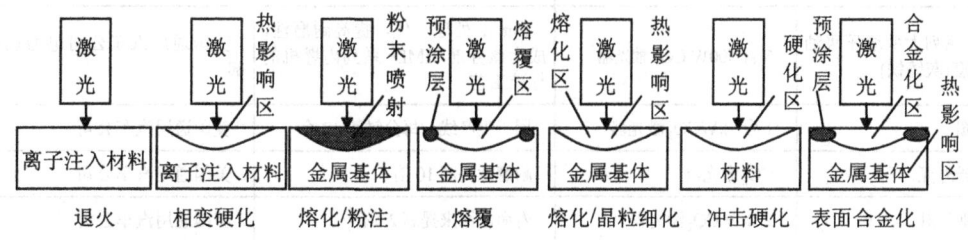

图 3-34 激光表面处理技术简图

1. 激光束加热金属的过程

金属表层和其所吸收的激光进行光－热转换。当光子和金属的自由电子相碰撞，金属导带电子的能级提高，并将其吸收的能量转化为晶格的热振荡。由于光子穿过金属的能力极低（仅为 $10^{-4}mm$ 的数量级），故仅能使其极表面的一薄层温度升高。由于导带电子的平均自由时间只有 $10^{-3}s$ 左右，因此这种热交换和热平衡的建立是非常迅速的。从理论上分析，在激光加热过程中，金属表面极薄层的温度可在微秒（$10^{-6}s$）级、甚至纳秒（$10^{-9}s$）级或皮秒（$10^{-12}s$）级内就能达到相变或熔化温度。这样形成热层的时间小于激光实际辐照的时间，其厚度明显远低于硬化层的深度。

2. 激光处理前表面的预处理

材料的反射系数和所吸收的光能取决于激光辐射的波长。激光波长越短，金属的反射系数越小，所吸收的光能也就越多。由于大多数金属表面对波长 $10.6\mu m$ 的的 CO_2 激光的反射高达 90%以上，严重影响激光处理的效率。而且金属表面状态对反射率极为敏感，如表面粗糙度、涂层、杂质等都会极大地改变金属表面对激光的反射率，而反射率变化1%，吸收能量密度将会变化10%。因此在激光处理前，必须对工件表面进行涂层或其他预处理。常用的预处理方法有磷化、黑化和涂覆红外能量吸收材料（如胶体石墨、含炭黑和硅酸钠或硅酸钾的涂料等）。磷化处理后对 CO_2 激光吸收率约为88%，但预处理工序烦琐，不易清除。黑化方法简单，黑化溶液如胶体石墨和含炭黑的涂料可直接刷涂或喷涂到工件表面，激光吸收率高达90%以上。

3. 激光处理工艺及应用

（1）激光表面强化。激光表面淬火的应用实例见表 3-6。

（2）激光表面涂敷。主要有激光涂敷陶瓷层和有色金属激光涂覆二种。

激光涂敷陶瓷层。火焰喷涂、等离子喷涂和爆燃枪喷涂等热喷涂的方法广泛用来进行陶瓷涂敷。但所有这些方法都不能令人满意。因为它们获得的涂层含有过多的气孔、熔渣夹杂和微观裂纹，而且涂层结合强度低，易脱落。这会导致高温时由于内部硫化、剥落、机械应变降低、坑蚀、渗盐和渗氧而使涂层早期变质和破坏。使用激光进行陶瓷涂敷，即可避免产生上述缺陷，提高涂层质量，延长使用寿命。

表 3-6　激光表面淬火实例

材料或零件名称	采用的激光设备	效　　果	应用单位
齿轮转向器箱体内孔（铁素体可锻铸铁）	5 台 500W 和 12 台 1000W CO_2 激光器	每件处理时间 18s，耐磨性提高 9 倍，操作费用仅为高频淬火或渗碳处理的 1/5	美国通用汽车公司 Saginaw 转向器分部
EDN 系列大型增压采油机汽缸套(灰铸铁)	5 台 500W CO_2 激光器	15min 处理一件，提高耐磨性，成为该分部 EMD 系列内燃机的标准工艺	美国通用汽车公司电力机车分部
轴承圈	1 台 1kW CO_2 激光器	用于生产线，每分钟淬 12 个	美国通用汽车公司
操纵器外壳	CO_2 激光器	耐磨性提高 10 倍	美国通用汽车公司
渗碳钢工具	2.5kW CO_2 激光器	寿命比原来提高 2.5 倍	美国通用汽车公司
中型卡车轴管圆角	5kW CO_2 激光器	每件耗时 7s	美国光谱物理公司
特种采油机缸套	每生产线 4 台 5kW CO_2 激光器	每 2min 处理一个缸套（包括辅助时间），大大提高耐磨性和使用寿命	美国通用汽车公司
汽车转向机导管内壁	每生产线 3 台 2kW 激光器	每天淬火 600 件，耐磨性提高 3 倍	美国福特汽车公司 塞金诺转向器公司
轿车发动机缸体内壁	"975" 4kW 激光器	取消了缸套，提高了寿命	（意）菲亚特汽车公司
汽车缸套	3.5 kW 激光器	处理一件需 2ls	（意）菲亚特汽车公司研究中心

有色金属激光涂覆。激光表面涂覆可以从根本上改善工件的表面性能，很少受基体材料的限制。这对于表面耐磨、耐蚀和抗疲劳性都很差的铝合金来说意义尤为重要。但是，有色金属特别是铝合金表面实现激光涂覆比钢铁材料困难得多。铝合金与涂覆材料的熔点相差很大，而且铝合金表面存在高熔点、高表面张力、高致密度的 Al_2O_3 氧化膜，所以，涂层易脱落、开裂、产生气孔或铝合金混合生成新合金，难以获得合格的涂层。研究表明，避免涂层开裂的简单方法是工件预热。

（3）激光表面非晶态处理。激光加热金属表面至熔融状态后，以大于一定临界冷却速度激冷至低于某一特征温度，防止晶体成核和生长，从而获得非晶态结构，也称为金属玻璃。这种方法称为激光表面非晶态处理，又称激光上釉。非晶态处理可减少表层成分偏析，消除表层的缺陷和可能存在的裂纹。非晶态金属具有高的力学性能，在保持良好韧性的情况下具有高的屈服点和非常好的耐蚀性、耐磨性以及特别优异的磁性和电学性能，受到材料界的广泛关注。

（4）激光表面合金化。激光表面合金化是一种既改变表层的物理状态，又改变其化学成分的激光表面处理技术。方法是用镀膜或喷涂等技术把所需合金元素涂敷在金属表面（预先或激光照射同时进行），这样，激光照射时使涂敷层合金元素和基体表面的薄层熔化、混合，而形成物理状态、组织结构和化学成分不同的新的表层。从而提高表层的耐磨性、耐蚀性和高温抗氧化性等。

由于激光功率密度、加热深度可调，并可聚焦在不规则零件上，激光表面合金化在许多场合可替代常规的热喷涂技术，得到广泛的应用。

（5）激光气相沉积。激光气相沉积是以激光束作为热源的金属表面形成金属膜，通过控制激光的工艺参数可精确控制膜的形成。目前已用这种方法进行了形成镍、铝、铬等金属膜的试验，所形成的膜非常洁净。还可以在金属表面用激光涂覆陶瓷以提高表面硬度，激光气相沉积可以在低级材料上涂覆与基体完全不同的具有各种功能的金属或陶瓷，这种方法节省资源效果明显，受到人们的关注。

采用 CO_2 连续激光辐射 $TiCl_4+H_2+CO_2$ 或 $TiCl_4+CH_4$ 的混合气体，由于激光的分解作用，在石英板等材料上可化学气相沉积 TiO_2 或 TiC 薄层。

采用短波长激光照射 $Al(CH_3)_3$ 和 Si_2H_6，或它们与 NO_2 的混合气体，利用激光的分解作用，可在基体表面形成 Al 和 Si（或 Al_2O_3 和 SiO_2）薄层。日本等国已研制成功制造金刚石薄膜的激光化学气相沉积装置。

在真空中采用连续 CO_2 激光把陶瓷材料蒸发沉积到基材表面，可以在软的基材表面获得硬度达 2000～4500HV 的非晶 BN 薄层。

3.6.1.4 电子束表面处理

高速运动的电子具有波性质。当高速电子束照射到金属表面时，电子能深入金属表面一定深度，与基体金属的原子核及电子发生相互作用。电子与原子核的碰撞可看作为弹性碰撞，因此能量传递主要是通过电子束的电子与金属表层电子碰撞而完成的。所传递的能量立即以热能形式传与金属表层原子，从而使被处理金属的表层温度迅速升高。这与激光加热有所不同，激光加热时被处理金属表面吸收光子能量，激光并未穿过金属表面。目前电子束加速电压达 125kV，输出功率达 150kW，能量密度达 $10^3MW/m^2$，这是激光器无法比拟的。因此，电子束加热的深度和尺寸比激光大。

1. 电子束表面处理主要特点

（1）加热和冷却速度快。

（2）与激光相比使用成本低。

（3）结构简单。电子束靠磁偏转动、扫描，而不需要工件转动、移动和光传输机构。

（4）电子束与金属表面耦合性好。

（5）电子束是在真空中工作的，以保证在处理中工件表面不被氧化，但带来许多不便。

（6）电子束能量的控制比激光方便，通过灯丝电流和加速电压很容易实施准确控制，根据工艺要求，很早就开发了微机控制系统。

（7）电子束辐射与激光辐照的主要区别在于产生最高温度的位置和最小熔化层的厚度。电子束加热时熔化层至少几个微米厚，这会影响冷却阶段固－液相界面的推进速度。电子束加热时能量沉积范围较宽，而且约有一半电子作用几乎同时熔化。电子束加热的液相温度低于激光，因而温度梯度较小，激光加热温度梯度高且能保持较长时间。

（8）电子束易激发 X 射线，使用过程中应注意防护。

2. 电子束表面处理工艺

（1）电子束表面相变强化处理。用散焦方式的电子束轰击金属工件表面，控制加热

速度为 $10^3 \sim 10^5 K/s$，使金属表面加热到相变点以上，随后高速冷却（冷却速度达 $10^8 \sim 10^{10} K/s$）产生马氏体等相变强化。此方法适用于碳钢、中碳低合金钢、铸铁等材料的表面强化处理。

（2）电子束表面重熔处理。利用电子束轰击工件表面使表面产生局部熔化并快速凝固，从而细化组织，达到硬度和韧性的最佳配合。对某些合金，电子束重熔可使各组成相间的化学元素重新分布，降低某些元素的显微偏析程度，改善工件表面的性能。目前，电子束重熔主要用于工模具的表面处理上，以便在保持或改善工模具韧性的同时，提高工模具的表面强度、耐磨性和热稳定性。如高速钢孔冲模的端部刃口经电子束重熔处理后，获得深1nm、硬度为 $66 \sim 67HRC$ 的表面层，该表层组织细化，碳化物极细，分布均匀，具有强度和韧性的最佳配合。

由于电子束重熔是在真空条件下进行的，表面重熔时有利于去除工件表层的气体，因此可有效地提高铝合金和钛合金表面处理质量。

（3）电子束表面合金化处理。先将具有特殊性能的合金粉末涂敷在金属表面上，再用电子束轰击加热熔化，或在电子束作用的同时加入所需合金粉末使其熔融在工件表面上，在工件表面上形成一层新的具有耐磨、耐蚀、耐热等性能的合金表层。电子束表面合金化所需电子束功率密度约为相变强化的 3 倍以上，或增加电子束辐照时间，使基体表层的一定深度内发生熔化。

（4）电子束表面非晶化处理。电子束表面非晶化处理与激光表面非晶化处理相似，只是所用的热源不同而已。利用聚焦的电子束所特有的高功率密度以及作用时间短等特点，使工件表面在极短的时间内迅速熔化，而传入工件内层的热量可忽略不计，从而在基体和熔化的表层之间产生很大的温度梯度，表层的冷却速度高达 $10^4 \sim 10^8 ℃/s$。因此这一表层几乎保留了熔化时液态金属的均匀性，可直接使用，也可进一步处理以获得所需性能。

电子束表面非晶化处理目前还处在研究阶段。

此外，电子束覆层、电子束蒸镀及电子束溅射也在不断发展和应用。

3．电子束表面处理设备

处理设备包括：高压电源、电子枪、低真空工作室、传动机构、高真空系统和电子控制系统。

3.6.1.5 高密度太阳能表面处理

太阳能表面处理是利用聚焦的高密度太阳能对零件表面进行局部加热，使表面在短时间（$0.5s \sim$ 数秒）内升温到所需温度（对钢铁件加热到奥氏体相变温度），然后冷却的处理方法。

1．太阳能表面处理设备

高温太阳炉结构由抛物面聚焦镜、镜座、机电跟踪系统、工作台、对光器、温度控制系统以及辐射测量仪等部件组成。

2．太阳炉加热特点

（1）加热范围小，具有方向性，能量密度高；加热温度高，升温速度快；

（2）加热区能量分布不均匀，温度呈高斯分布；

(3) 能方便实现在控制气氛中加热和冷却；操作和观测安全；
(4) 光辐射强度受天气条件的影响。

3. 太阳能表面淬火

(1) 单点淬火。用聚焦的太阳光束对准工件表面扫描，获得与束斑大小相同的硬化带，这种工艺称为太阳能单点淬火。可淬硬的材料与其他高能密度热处理相同。

(2) 多点淬火。在单点淬火中，一次扫描硬化带最大宽度约 7mm 左右。因此，若需要宽的硬化带，必须采用多点搭接的扫描方式。但在搭接处会产生回火现象。这种回火现象造成金属表面硬度呈软硬间隔分布，有利于提高工件表面在磨粒磨损条件下的耐磨性。

4. 太阳能表面处理的应用

(1) 太阳能相变硬化。表 3-7 为太阳能表面处理相变硬化实例。

表 3-7 太阳能表面处理相变硬化实例

被处理零件名称	零件材料	工艺参数	表面硬度
气门阀杆顶端	40Cr(气门)，4Cr9Si2(排气门)	太阳能辐射[射]照度 0.075W/cm²，加热时间 2.4s	53HRC
直齿铰刀刃部	T10A	太阳能辐射[射]照度 0.075W/cm²，加热时间 4mm/s	851HV
超级离合器	40Cr	多点扫描	50～55HRC

(2) 太阳能合金化处理。太阳能合金化使工件表面获得具有特殊性能的合金表面层。

(3) 太阳能表面重熔处理。太阳能表面重熔处理是利用高能密度太阳能对工件表面进行熔化—凝固的处理工艺，以改善表面耐磨性等性能。铸铁件表面经太阳能表面重熔处理后，硬化区可达 4～7mm，表面硬度达 860～1000HV，表面平整。尤其以珠光体球墨铸铁的表面质量最佳，抗回火能力强，经 400℃回火后仍能保持 700HV，具有良好的耐磨性能。

3.6.1.6 离子注入表面改性

离子注入是将所需物质的离子在电场中加速后高速轰击工件表面使之注入工件表面一定深度的真空处理工艺，也属于物理气相沉积范围。

1. 离子注入的原理

图 3-35 是离子注入装置简图。

装置包括离子发生器、分选装置、加速系统、离子束扫描系统、试样室和排气系统。从离子发生器发出的离子由几万伏电压引出，进入分选部，将一定的质量/电荷比的离子选出。在几万至几十万伏电压的加速系统中加速获得高能量，通过扫描机构扫描轰击工件表面。离子进入工件表面后，与工件内原子和电子发生一系列碰撞。这一系列碰撞主要包括三个独立的过程：

(1) 核碰撞。入射离子与工件原子核的弹性碰撞。碰撞结果使固体中产生了离子大角度散射和晶体中产生辐射损伤等。

(2) 电子碰撞。入射离子与工件内电子的非弹性碰撞，其结果可能引起离子激发原子中的电子或使原子获得电子、电离或 X 射线发射等。

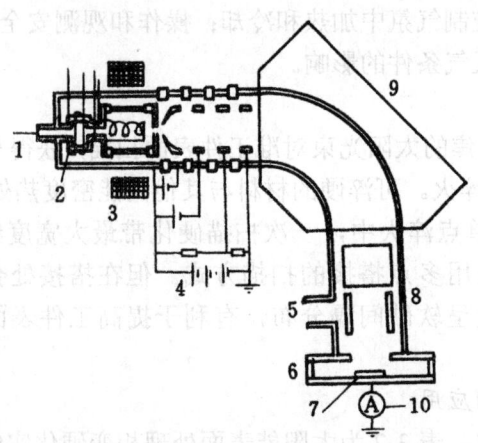

图 3-35 离子注入装置简图

1—气体　2—炉　3—离子源　4—静电加速器　5—真空室　6—注入室
7—试样　8—xy 扫描　9—质量分析仪　10—电源积分器

(3) 离子与工件内原子作电荷交换。

无论哪种碰撞都会损失离子自身的能量，离子经多次碰撞后能量耗尽而停止运动，作为一种杂质原子留在固体中。离子进入固体后对固体表面性能发生的作用除了离子挤入固体内的化学作用外，还有辐照损伤（离子轰击产生晶体缺陷）和离子溅射作用，它们在改性中都有重要意义。

辐照增强了原子在晶体中的扩散速度。由于注入损伤中空位数密度比正常的高许多，原子在该区域的扩散速度比正常晶体的高几个数量级。这种现象称辐照增强扩散。

2. 离子注入的特征

(1) 离子注入法不同于任何热扩散方法，可注入任何元素，且不受固溶度和扩散系数的影响。因此，用这种方法可能获得不同于平衡结构的特殊物质，是开发新型材料的非常独特的方法。

(2) 离子注入温度和注入后的温度可以任意控制，且在真空中进行，不氧化，不变形，不发生退火软化，表面粗糙度一般无变化，可作为最终工艺。

(3) 可控性和重复性好。通过改变离子源和加速器能量，可以调整离子注入深度和分布；通过可控扫描机构，不仅可实现在较大面积上的均匀化，而且可以在很小范围内进行局部改性。

(4) 可获得两层或两层以上性能不同的复合材料。复合层不易脱落。注入层薄，工件尺寸基本不变。

但从目前的技术水平看，还存在一些缺点，如注入层薄（＜1μm）；离子只能直线行进，不能绕行，对于复杂的和有内孔的零件不能进行离子注入，设备造价高，所以应用还不广泛。

3. 离子注入的应用

(1) 离子注入金属表面合金化。离子注入金属表面会改善材料的耐磨性、耐蚀性、硬度、疲劳寿命和抗氧化性等。其原因是多方面的。以下从微观角度分析离子注入改善性

能的可能机制:

1）辐射损伤强化。离子注入产生的辐照损伤增加了各种缺陷的密度，改变了正常的晶格原子的排列。

2）固溶强化。离子注入可获得过饱和度很大的固溶体，固溶强化效果较强。而且注入离子对位错的钉扎作用也使材料得到强化。

3）沉淀强化。注入元素可能与基体材料中的元素形成各种化合物，使表面离子注入层产生沉淀强化。如 Ti^+ 注入含有 C 的钢或合金中，有可能形成 TiC 微粒沉淀。

4）非晶态化。当离子注入剂量达到一定值时，可使基体金属形成非晶态表面层。因此可降低钢的摩擦系数，提高耐磨性。由于非晶态表面没有晶界等缺陷，可显著提高耐蚀性能。

5）残余压应力。离子注入可产生很高的残余压应力，有利于提高材料表层的耐磨性和疲劳性能。

6）表面氧化膜的作用。离子注入引起温度升高和元素扩散的增加，使氧化膜增厚和改性，从而降低摩擦系数；通过改变注入的离子种类可改变氧化膜的性质，如氧化膜的致密性、塑性和导电性等。

（2）离子注入用于材料科学研究

1）注入元素位置的确定。轻元素的晶格位置对金属的性能起决定性作用。美国萨达实验室将氢的同位素氘注入铬、钼、钨，靶温 90K。用核反应 D（^{3}He, P）^{4}He 分析和沟道技术测量，可测定氢是在四面体间隙还是在八面体间隙的位置。

2）扩散系数的确定。在室温将 Cu^+ 注入单晶铍，然后扩散退火，用离子背散射沟道方法测定扩散前后铜在铍中的分布，从而测出铜在铍中的扩散系数接近 $10^{-15}cm^2/s$，这是用通常方法不可能测出的。

3.6.2 表面覆层技术

3.6.2.1 概述

表面覆层技术是指利用表面工程技术的各种手段，在产品表面制备各种特殊功能覆层，用极少量的材料就能引起大量的、昂贵的整体材料所能起到或难以起到的作用，同时极大地降低了制件的加工制造成本。通过综合应用物理、化学、金属学、高分子化学、电学、光学、材料学、机械等多种科学的最新知识，对产品（材料）表面进行处理，赋予其减摩、耐磨、耐蚀、耐（隔）热、抗疲劳、耐辐射以及光、热、磁、电等特殊功能，从而达到提高产品质量、延长使用寿命、改善环境目的的新技术，统称为表面功能覆层技术。

该技术的主要特点是具有很强的实用性，无论采用哪一种方法，哪种材料，都是在工作部件表面产生一层符合要求的功能材料，这层表面材料与工件相比，厚度薄，数量少，从几十微米到十几毫米不等，仅占工件整体厚度的几百分之一到几分之一，却承担着工作部件的主要功能。此外，该技术还可广泛用于修复。

传统表面覆层技术包括：电镀、电刷镀、化学镀、涂装、粘结、堆焊、热浸镀、陶瓷涂敷、搪瓷涂敷等等。

优质清洁表面覆层技术包括：热喷涂、电火花涂敷、塑料粉末涂敷、真空蒸镀、溅射镀膜、离子镀、化学气相沉积、分子束外延、离子束合成薄膜技术等。

下面简要介绍优质清洁表面覆层技术。

3.6.2.2 热喷涂技术

1. 概述

热喷涂技术是采用气体、液体燃料或电弧、等离子弧、激光等作热源，使金属、合金、金属陶瓷、氧化物、碳化物、塑料以及它们的复合材料等喷涂材料加热到熔融或半熔融状态，通常用高速气流使其雾化，然后喷射、沉积到经过预处理的工件表面，从而形成附着牢固的表面层的加工方法。如果将喷涂层再加热重熔，则产生冶金结合。这种方法称为热喷涂方法。

采用热喷涂技术不仅能使零件表面获得各种不同的性能，如耐磨、耐热、耐腐蚀、抗氧化和润滑等性能，而且在许多材料（金属、合金、陶瓷、水泥、塑料、石膏、木材等）表面上都能进行喷涂。喷涂工艺灵活，喷涂层厚度达 0.5～5mm，而且对基体材料的组织和性能的影响很小。目前，热喷涂技术已广泛应用于宇航、国防、机械、冶金、石油、化工、机车车辆和电力等部门。

2. 热喷涂原理

喷涂时，首先是喷涂材料被加热达到熔化或半熔化状态；紧接着是熔滴雾化阶段；然后是被气流或热源射流推动向前喷射的飞行阶段；最后以一定的动能冲击基体表面，产生强烈碰撞展平成扁平状涂层并瞬间凝固。在凝固冷却的约 0.1s 中，此扁平状涂层继续受环境和热气流影响。每隔约 0.1s 第二层薄片形成，通过已形成的薄片向基体或涂层进行热传导，逐渐形成层状结构的涂层。

喷涂层的形成过程决定了涂层的结构。喷涂是由无数变形粒子互相交错呈波浪式堆叠在一起的层状组织结构。颗粒与颗粒之间不可避免存在一部分孔隙或空洞，其孔隙率一般在 4%～20%之间。涂层中伴有氧化物和夹杂。采用等离子弧等高温热源、超声速喷涂以及低压或保护气体喷涂，可减少以上缺陷，改善涂层结构和性能。

由于涂层是层状结构，是一层一层堆积而成，所以涂层的性能具有方向性，垂直和平行涂层方向上的性能是不一致的。涂层经适当处理后，结构会发生变化。如涂层经重熔处理，可消除涂层中氧化物夹杂和孔隙，层状结构变为均质结构，与基体表面结合状态也发生变化。

涂层的结合包括涂层与基体表面的结合和涂层内部的结合。涂层与基体表面的结合强度称为结合力；涂层内部的结合强度称为内聚力。涂层中颗粒与基体表面之间的结合以及颗粒之间的结合机理目前尚无定论。

3. 热喷涂工艺

热喷涂的工艺方法有很多（图 3-36），其中应用较广泛的方法有火焰喷涂、电弧喷涂、等离子喷涂、爆炸喷涂及超声速喷涂（HVOF）。火焰喷涂和电弧喷涂具有设备价格低、操作简单的优点，但其应用受到涂层性能的限制；等离子喷涂陶瓷类材料具有独特的优势；超声速喷涂（HVOF）具有涂层致密、结合性能好、气孔率低等优点，在国外已广泛应用于生产。下面简要介绍在我国应用较广的四种喷涂工艺。

（1）氧－乙炔焰喷涂。气体火焰线材喷涂。将线材或棒材送入氧－乙炔火焰区加热熔化，借助压缩空气使其雾化成颗粒，喷向粗糙的工件表面形成涂层。这种喷涂设备简单，成本低，手工操作灵活方便，广泛应用于曲轴、柱塞、轴颈、机床导轨、桥梁、铁塔、钢结构防护架等。缺点是喷出的熔滴大小不均匀，导致涂层不均匀和孔隙大等缺陷。

气体火焰粉末喷涂。它也是以氧－乙炔焰为热源，借助高速气流将喷涂粉末吸入火焰区，加热到熔融或高塑性状态后再喷射到粗糙的工件表面，形成涂层。

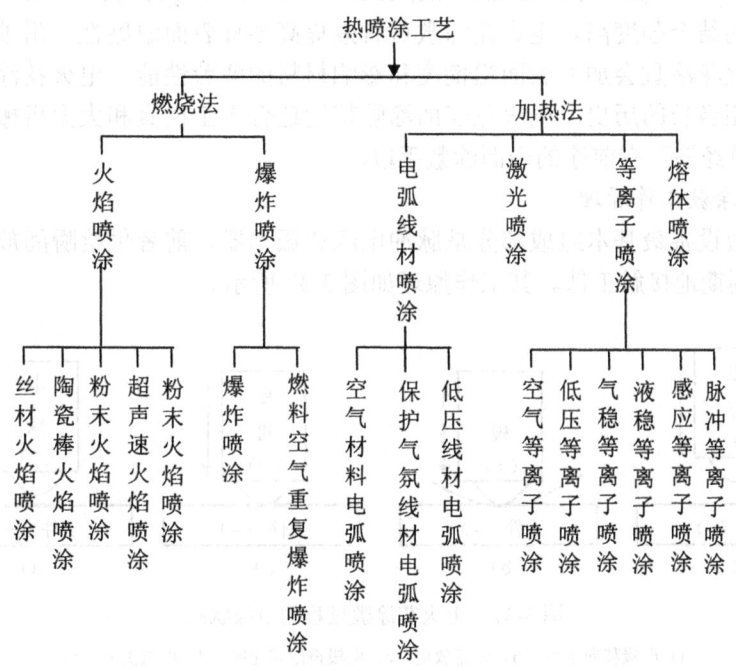

图 3-36 热喷涂工艺分类

（2）电弧线材喷涂。电弧线材喷涂是将金属或合金丝制成两个熔化电极，由电动机变速驱动，在喷枪口相交产生短路而引起电弧、熔化，借助压缩空气雾化成微粒并高速喷向经预处理的工件表面，形成涂层。一般采用不锈钢丝、高碳钢丝、合金工具钢丝、铝丝和锌丝等作喷涂材料，广泛应用于轴类、导辊等负荷零件的修复，以及钢结构防护涂层。

（3）等离子喷涂。等离子喷涂是利用等离子焰流，即非转移等离子弧作热源，将喷涂材料加热到熔融或高塑性状态，在高速等离子焰流引导下高速撞击工件表面，并沉积在经过粗糙处理的工件表面形成很薄的涂层。涂层与母材的结合主要是机械结合。

（4）爆炸喷涂。爆炸喷涂是氧－乙炔焰喷涂技术中最复杂的一种方法。它是将一定量的粉末注入喷枪的同时，引入一定量的氧－乙炔混合气体，将混合气体点燃引爆产生高温（可达 3300℃），使粉末加热到高塑性或熔融状态，以每秒 4~8 次的频率高速（可达 700~760m/s）射向工件表面，形成高结合强度和高致密度的涂层。爆炸喷涂主要用于金属陶瓷、氧化物及特种金属合金。

3.6.2.3 电火花表面涂敷

1. 概述

电火花涂敷是直接利用电能的高密度能量对金属表面进行涂敷处理的工艺。它是通过电极材料与金属零件表面的火花放电作用，把作为火花放电电极的导电材料（如 WC、TiC 等）熔渗进金属工件的表层，从而形成含电极材料的合金化的表面涂敷层，使工件表面的物理性能、化学性能和力学性能得到改善，而其心部的组织和力学性能不发生变化。除被处理零件表面因电极材料的沉积有规律地胀大外，不存在变形问题。经电火花涂敷后，在零件表面上形成 5～60μm 的显微硬度高达 1200～1800HV 的白亮层，并存在过渡层。表面涂敷层与基体的结合强度高。电火花涂敷可有效提高零件表面耐磨性、耐蚀性和高温抗氧化性等。但电火花涂敷会加大表面粗糙度和影响材料的疲劳性能。电火花涂敷的使用较为广泛，并已有相当长的历史。电火花表面涂敷特别适合于工模具和大型机械零件的局部处理，是一种简单经济又有前途的表面涂敷手段。

2. 电火花涂敷工作原理

电火花涂敷设备最基本组成部分是脉冲电源和振动器，前者供给瞬间放电能量，后者使电极振动并周期地接触工件。其工作原理如图 3-37 所示。

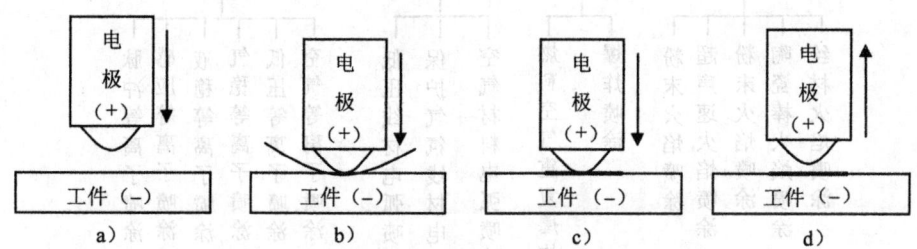

图 3-37 电火花涂敷过程的电极状态

a）电极移向工件 b）火花放电 c）电极挤压熔化区 d）电极离开工件

3. 电火花涂敷工艺方法

（1）涂敷前的准备。确定涂敷部位和要求，首先要了解工件的材料、硬度、工作表面或刃口的状况、工作性质和涂敷技术要求。

选择电极材料。选择电极材料以提高工件寿命为目的还是以修复为目的。

选择电火花涂敷设备。选择电火花涂敷设备时要考虑以下因素：必要的放电能量和适当的短路电流；电气参数调整方便；有较高的放电频率；较高的电能利用率；运行可靠和便于维修。

（2）电火花涂敷操作方法。电火花涂敷时，电极与工件涂敷表面的夹角的大小要根据所用设备振动器的性能，工件表面形状以及加工条件随时予以调整，以获得稳定的电火花涂敷和均匀的涂敷层。电极移动的方式多种多样，速度应均匀，尽可能使涂敷层均匀细致。涂敷结束后，对涂敷表面进行清理和修整，必要时应进行涂敷层的厚度测试，如负荷硬度试验和金相试验，有些工件还要进行研磨和回火处理才可使用。

3.6.2.4 塑料涂敷

自 80 年代以来，塑料粉末涂料已趋稳步发展并成为新型的主流涂料之一，广泛用于各种金属结构的涂装,主要起良好的防蚀作用。从环境、安全和改进性能的角度来分析,它是取代溶剂型涂料的发展趋势之一。

涂敷方法主要有:静电喷涂法、流动浸塑法、静电流涂敷法、挤压涂敷法、分散液喷涂法、粉末火焰喷涂法、金属-塑料复合膜粘贴法、空气喷涂法、真空吸引法、静电振荡粉末除装法、静电隧道粉末涂装法等。

塑料涂敷优点明显,尤其从环保方面考虑,更应大力发展,以尽可能取代溶剂型涂料。

3.6.2.5 真空蒸镀

真空蒸镀是将工件放入真空室,并用一定的方法加热,使镀膜材料蒸发或升华,飞至工件表面凝聚成膜。蒸发方式及蒸发源分为电阻加热、电子束蒸发、高频加热、激光加热等。

真空蒸镀一般非连续镀膜工艺流程是:镀前准备→抽真空→离子轰击→烘火→预热→蒸发→取件→镀后处理→检测→成品。

3.6.2.6 溅射镀膜

它是将工件放入真空室,并用正离子轰击作为阴极的靶(镀膜材料),使靶材中的原子、分子逸出,飞至工件表面凝聚成膜。溅射粒子的动能约10eV左右,为热蒸发粒子的100倍。按入射离子来源不同,可分为直流溅射、射频溅射和离子束溅射。入射离子的能量还可用电磁场调节,常用值为10eV量级。溅射镀膜的致密性和结合强度较好,基片温度较低,但成本较高。

3.6.2.7 离子镀

它是将工件放入真空室,并利用气体放电原理将部分气体和蒸发源(镀膜材料)逸出的气相粒子电离,在离子轰击的同时,把蒸发物或其反应产物沉积在工件表面成膜。该技术是一种等离子体增强的物理气相沉积,镀膜致密,结合牢固,可在工件温度低于550℃时得到良好的镀层,绕镀性也较好。常用的方法有阴极电弧离子镀、热电子增强电子束离子镀、空心阴极放电离子镀。

3.6.2.8 化学气相沉积

它是将工件放入密封室,加热到一定温度,同时通入反应气体,利用室内气相化学反应在工件表面沉积成膜。源物质除气态外,也可以是液态和固态。所采用的化学反应有多种类型,如热分解、氢还原、金属还原、化学输运反应、等离子体激发反应、不激发反应等等。工件加热方式有电阻、高频感应、红外线加热等。主要设备有气体发生、净化、混合、输运装置以及工件加热、反应室、排气装置。主要方法有热化学气相沉积、低压化学气相沉积、等离子体化学气相沉积、金属有机化合物气相沉积、激光诱导化学气相沉积等。

3.6.2.9 分子束外延

它虽是真空蒸镀的一种方法,但在超高真空条件下,精确控制蒸发源给出的中性分子束流强度按照原子层生长的方式在基片上外延成膜。主要设备有超真空系统、蒸发源、监控系统和分析测试系统。

3.6.2.10 离子束合成薄膜技术

离子束合成薄膜有多种新技术，目前主要有以下两种：

（1）离子束辅助沉积（IBAD）。它是将离子注入与镀膜结合在一起，即在镀膜的同时，通过一定功率的大流强度束离子源，使具有一定能量的轰击（注入）离子不断地射到膜与基体的界面，借助于级联碰撞导致界面原子混合，在初始界面附近形成原子混合过渡区，提高膜与基底间的结合力，然后在原子混合区上，再在离子束参与上继续外延生长出所要求厚度和特性的薄膜。

（2）离子簇束（Ion Cluster Beam，简称ICB）。离子簇束的产生有多种方法，常用的是将固体加热形成饱和蒸气，再经喷管喷出形成超声束气体喷流，在绝热膨胀过程中由冷却至凝聚，生成包含了 $5\times10^2 \sim 2\times10^3$ 个原子的团粒。

3.6.3 复合表面技术

表面技术的另一个重要趋势是综合两种或更多种表面技术的复合表面将获得迅速发展。随着材料使用要求的不断提高，单一的表面技术往往具有一定的局限性，不能满足人们对材料越来越高的使用要求，因此，近年来综合运用两种或两种以上的表面处理技术的复合表面处理得到迅速发展。将两种或两种以上的表面处理工艺方法用于同一工件的处理，不仅可以发挥各种表面处理技术的各自特点，而且更能显示组合使用的突出效果。这种组合起来的处理工艺称为复合表面处理技术。复合表面处理技术在德国、法国、美国和日本等国已获广泛应用，并取得了良好效果。

3.6.3.1 复合表面化学热处理

将两种热处理方法复合起来，比单一的热处理具有更多的优越性，因而发展了许多种热处理工艺，在生产实际中已获广泛应用。

（1）渗钛与离子渗氮的复合处理强化方法。该方法是先将工件进行渗钛的化学热处理，然后再进行离子渗氮的化学热处理。经过这两种化学热处理复合处理后，在工件表面形成硬度极高，耐磨性很好且具有较好耐腐蚀性的金黄色 TiN 化合物层。它的性能明显高于单一渗钛层和单一渗氮层的性能。

（2）渗碳、渗氮、碳氮共渗。该方法对提高零件表面的强度和硬度有十分显著的效果，但这些渗层表面抗粘着能力并不十分令人满意。在渗碳、渗氮、碳氮共渗层上再进行渗硫处理，可以降低摩擦系数，提高抗粘着磨损的能力，提高耐磨性。如渗碳淬火与低温电解渗硫复合处理工艺是先将工件按技术条件要求进行渗碳淬火，在其表面获得高硬度、高耐磨性和较高的疲劳性能，然后再将工件置于温度为 190℃±5℃ 的盐浴中进行电解渗硫。盐浴成分为 KSCN75%＋NaSCN25%，电流密度为 $2.5\sim3A/dm^2$，时间为 15min。渗硫后获得复合渗层。渗硫层是呈多孔鳞片状的硫化物，其中的间隙和孔洞能储存润滑油，因此具有很好的自润滑性能，有利于降低摩擦系数，改善润滑性能和抗咬合性能，减少磨损。

3.6.3.2 表面热处理与表面化学热处理的复合强化处理

（1）液体碳氮共渗与高频感应加热表面淬火的复合强化。液体碳氮共渗可提高工件的表面硬度、耐磨性和疲劳性能。但该项工艺有渗层浅、硬度不理想等缺点。若将液体碳氮共渗后的工件再进行高频感应加热表面淬火，则表面硬度可达60～65HRC，硬化层深度达1.2～2.0mm，零件的疲劳强度也比单纯高频淬火的零件明显增加，其弯曲疲劳强度提高10%～15%，接触疲劳强度提高15%～20%。

（2）渗碳与高频感应加热表面淬火的复合强化。一般渗碳后要经过整体淬火与回火，虽然渗层深，其硬度也能满足要求，但仍有变形大、需要重复加热等缺点。使用该项工艺的复合处理方法，不仅能使表面达到高硬度，而且可减少热处理变形。

（3）氧化处理与渗氮化学热处理的复合处理工艺。氧化处理与渗氮化学热处理的复合称为氧氮化处理。就是在渗氮处理的氨气中加入体积分数为5%～25%的水分，处理温度为550℃，适合于高速钢刀具。高速钢刀具经过这种复合处理后，钢的最表层被多孔性质的氧化膜（Fe_3O_4）覆盖，其内层形成由氮与氧富化的渗氮层。其耐磨性、抗咬合性能均显著提高，改善了高速钢刀具的切削性能。

（4）激光与离子渗氮复合处理。钛的质量分数为0.2%的钛合金经激光处理后再离子渗氮，硬化层硬度从单纯渗氮处理的600HV提高到700HV；钛的质量分数为1%的钛合金经激光处理后再离子渗氮，硬化层硬度从单纯渗氮处理的645HV提高到790HV。

3.6.3.3　热处理与表面形变强化的复合处理工艺

（1）普通淬火与回火与喷丸处理的复合处理工艺在生产中应用很广泛。如齿轮、弹簧、曲轴等重要受力件经过淬火回火后再经喷丸表面形变处理，其疲劳强度、耐磨性和使用寿命都有明显提高。

（2）复合表面热处理与喷丸处理的复合工艺。例如离子渗氮后经过高频表面淬火后再进行喷丸处理，不仅使组织细致，而且还可以获得具有较高硬度和疲劳强度的表面。

（3）表面形变处理与热处理的复合强化工艺。例如工件经喷丸处理后再经过离子渗氮，虽然工件的表面硬度提高不明显，但能明显增加渗层深度，缩短化学热处理的处理时间，具有较高的工程实际意义。

3.6.3.4　镀覆层与热处理的复合处理工艺

镀覆后的工件再经过适当的热处理，使镀覆层金属原子向基体扩散，不仅增强了镀覆层与基体的结合强度，同时也能改变表面镀层本身的成分，防止镀覆层剥落并获得较高的强韧性，可提高表面抗擦伤、耐磨损和耐腐蚀能力。

3.6.3.5　覆盖层与表面冶金化的复合处理工艺

利用各种工艺方法先在工件表面上形成所要求的含有合金元素的镀层、涂层、沉积层或薄膜，然后再用激光、电子束、电弧或其他加热方法使其快速熔化，形成一个符合要求的、经过改性的表面层。

柴油机铸铁阀片经过镀铬、激光合金化处理，表层的表面硬度达60HRC，该层深度达0.76mm，延长了使用寿命。45钢经过Fe－B－C激光合金化后，表面硬度可达1200HV以上，提高了耐磨性和耐蚀性。

复合表面处理在有色金属表面处理中也获得应用，ZL109铝合金采用激光涂覆镍基粉末后再涂覆WC或Si，基体表面硬度由80HV提高到1079HV。

在激光照射前，工具的预涂敷还可采用电镀沉积（镍和磷）、表面固体渗（硼等）、离子渗氮（获得氮化铁）等。激光处理层的问题是出现裂纹，通过调整激光参数、涂敷材料和激光处理方法可减少裂纹。

3.6.3.6 离子辅助涂覆

在等离子体辅助沉积技术中，将离子镀和溅射沉积所应用的等离子体与气相反应物相结合，产生一种称为等离子辅助化学气相沉积（PACVD）的技术。若用离子束代替等离子体来完成类似效应的称为离子辅助涂覆（IAC）。这种技术具有灵活性和重复性，可在低温操作，是一种快速和可控的方法，通常用于高度精密表面处理以及普通技术不能处理的一些表面。

图 3-38 描述了离子辅助涂覆（IAC）的物理原理。首先用轻离子的离子束轰击层（小于注入离子范围或 0.2μm）表面，使涂层元素部分地混入基体，这种元素的扩散作用得益于离子注入造成的晶体缺陷和浓度梯度，并由于辐射效应而增强。而且，由于轰击中的离子和涂层中的金属原子间的化学反应，在离子运动停止时，涂层即部分地或全部地转变成氮化物或氧化物，以后各层随离子轰击同时按次序生成。

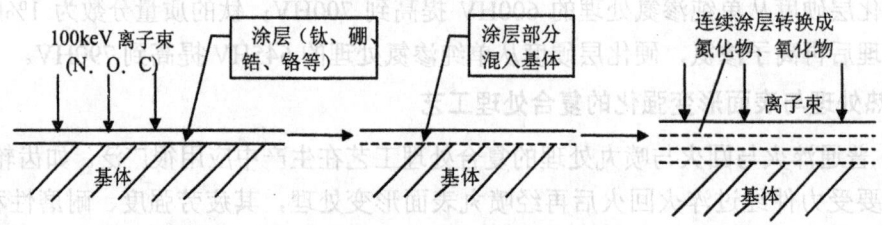

图 3-38　离子辅助涂覆概念图

用离子束辅助沉积（IAD）方法已在钢、镍、碳纤维增强铝材及 Ni_3Al 上沉积出 Si_3N_4 梯度薄膜。目前已沉积出一侧具有热、电绝缘性能，另一侧具有导电、导热性能的薄膜材料。涂 3.2μm 厚的 Si_3N_4 的 1Cr18Ni9Ti 钢的硬度比未涂材料约高 3 倍。在显微硬度、抗刮痕性能方面也明显优于 CVD。

3.6.3.7 激光、电子束复合气相沉积和复合涂镀层

1. 激光表面复合陶瓷化

利用激光使材料表面形成陶瓷的方法除了前面介绍的以外，还有：

（1）供给异种金属粒子，并利用激光照射使之与保护气体反应而形成陶瓷层。研究表明，在 Al 表面涂敷 Ti 或 Al 粒子，然后通入氮气或氧气，同时用 CO_2 激光照射，可形成高硬度的 TiN 或 Al_2O_3 层，使耐磨性提高 $10^3 \sim 10^4$ 倍。

（2）在材料表面涂覆两层涂层（例如在钢表面涂覆 Ti 和 C）后，再用激光照射使之形成陶瓷层（例如 TiC）的复层反应。

（3）一边供给氮气或氧气一边用激光照射，使 Ti 或 Zr 等母材表面直接氮化或氧化而形成陶瓷表层的方法。

2. 激光增强电镀和电沉积

在电解过程中，用激光束照射阴极，可极大改善激光照射区的电沉积特性。激光增强电沉积，可迅速提高沉积速度而不发生遮蔽效应，能改善电镀层的显微结构，可望在选择性电镀、高速电镀和激光辅助刻蚀中获得应用。例如，在选择性电镀中，一种被称为激光诱导化学沉积的方法尤其引人注目，即使不放加槽电压，对浸在电解液中的某些导体或有

机物进行激光照射，也可选择性地沉积 Pt、Au 或 Pb-Ni 合金，具有无掩膜、高精度、高速率的特点，可用于微电子电路和金属电路的修复等高新技术领域。在高速电镀中，当激光照射到与之截面积相当的阴极面上，不仅其沉积速率可提高 $10^3 \sim 10^4$，而且沉积层结晶细致，表面平整。

3.6.3.8 离子注入与气相沉积复合表面改性

目前，把离子注入与气相沉积结合起来的离子束混合法复合表面处理技术正在不断发展。高速打入的离子与原子晶格相碰撞，产生混合效应。图 3-39 是离子束混合法示意图。其中图 3-39a 表示预先在试样 B 上用真空蒸镀或真空溅射法生成涂覆层，然后把大量高能离子打入界面附近，利用混合效应，使涂层获得了牢固的粘着性。图 3-39b 表示预先交替沉积 A、B 的薄层，通过离子注入在表面生成两者的混合物或化合物层。由于可改变各层的厚度来改变所得表层的成分，所以容易获得非平衡固溶成分的涂覆层。当然，还可打入特定的离子，生成与这种离子结合的合金或化合物。

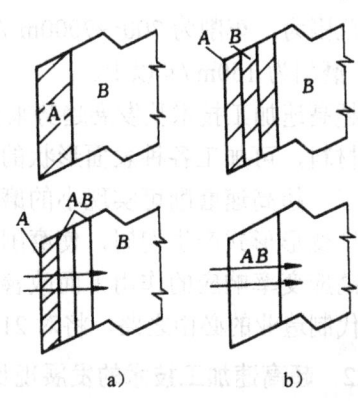

图 3-39 离子束混合法示意图

还有一种相当新的复合处理技术是将离子注入与物理气相沉积（PVD）同时进行的离子束辅助沉积法（IBAD: Ion Beam Assisted Deposition），有时也称为离子束增强沉积（IBED）。这种方法产生的涂层比单独离子注入形成的改性层厚，涂层与基体间的粘着性又比单独 PVD 处理的好得多，特别适合不平衡相的形成。例如，采用加速电压 25keV～40keV 之间的氮离子注入与硼或钼的气相沉积相结合的 IBED，已生产出立方氮化硼和氮化钼。用 IBAD 法涂覆 TiN，Ti 在电子束蒸发器中蒸发并沉积在试样表面，同时进行 30keV 的 N_2^+ 离子注入，可获得更好的表层性能。

3.7 超高速加工技术

3.7.1 概述

3.7.1.1 超高速加工技术内涵、范围及技术地位

提高切削、磨削加工效率一直是切削、磨削领域所十分关注并为之不懈奋斗的重要目标。超高速切削和磨削加工就是近年来发展起来的一种集高效、优质和低耗于一身的先进制造工艺技术。

超高速加工技术是指采用超硬材料刀具磨具和能可靠地实现高速运动的高精度、高自动化、高柔性的制造设备，以极大地提高切削速度来达到提高材料切除率、加工精度和加工质量的现代制造加工技术。它是提高切削和磨削效果以及提高加工质量、加工精度和降低加工成本的重要手段。其显著标志是使被加工塑性金属材料在切除过程中的剪切滑移速度达到或超过某一域限值，开始趋向最佳切除条件，使得被加工材料切除所消耗的能量、

切削力、工件表面温度、刀具磨具磨损、加工表面质量等明显优于传统切削速度下的指标，而加工效率则大大高于传统切削速度下的加工效率。

超高速加工的切削速度范围因不同的工件材料、不同切削方式而异，目前尚无确切的定义。一般认为，超高速加工各种材料的切削速度范围为：铝合金已达到 2000～7500m / min；铸铁为 900～5000m / min；钢为 600～3000m / min；超耐热镍合金达 500m / min；钛合金达 150～1000m / min；纤维增强塑料为 2000～9000m / min。各种制造加工工序的切削速度范围为：车削为 700～7000m / min；铣削为 300～6000m / min；钻削为 200～1100m / min；磨削为 150m / s 以上。

超高速加工技术从发展趋势来看，到 21 世纪初可实现超高速加工的材料将覆盖大多数工程材料，可加工各种表面形状的零件，可由毛坯一次加工成成品，并实现精密甚至超精密加工。超高速磨削可实现小的磨粒切深，使陶瓷等硬脆材料不再以脆性断裂形式、而是以塑性变形形式产生切屑，使磨削表面质量提高，对镍合金、钛合金等难加工材料加工也会在高应变率响应的作用下而改善其切削加工性能，从而得到高的加工质量。超高速加工是现代制造业的必由之路，将对 21 世纪的制造业的发展产生巨大影响。

3.7.1.2 超高速加工技术的发展现状

近 30 年来，世界工业发达国家不断努力地把高速和超高速加工技术应用于生产，取得了巨大的经济效益和社会效益。

1. 超高速切削技术的发展现状

在超高速切削技术发展方面,1976 年美国的 Vought 公司首次推出一台有级超高速铣床,采用了 Bryant 内装式电机主轴系统,最高转速达到了 20000rpm,功率为 15kW。美国宇航局和飞机制造业支持了从 1977 年开始的为期 4 年的研究项目，以研究用于加工轻型合金材料的超高速铣削技术。此后，法国、联邦德国的主要机床制造厂家纷纷推出了超高速机床和机床主要部件，初步形成了专业化生产规模。联邦德国 Darmstadt 工业大学生产工程与机床研究所（PTW）从 1978 年开始系统地进行了大量的超高速切削各种金属和非金属材料的切削机理研究，联邦德国组织了几十家企业并提供 2000 多万马克支持 PTW 的 H. Schuiz 教授领导的该项研究工作。自 80 年代中后期以来，商品化的超高速切削机床不断出现，超高速机床从单一的超高速铣床发展成为超高速车铣床、钻铣床乃至各种加工中心等。瑞士、英国、日本也相继推出了自己的超高速机床。超高速加工机床涌现及超高速切削技术的发展，带动了其相关技术及关键部件如主轴部件、进给系统、驱动控制装置、辅助附件以及切削磨削工具等专业化生产，从而带动一大批相关企业的发展，如在第 12 届欧洲国际机床展览会（EMO'97）上，展出高速超高速电主轴功能部件有 36 家厂商，滚珠丝杠副有 23 家厂商，直线导轨副有 33 家厂商。

我国在高速超高速加工的各关键领域如大功率高速主轴单元、高加减速直线进给电机、陶瓷滚动轴承等方面也进行了较多的研究，但总体水平同国外尚有较大差距，主轴工业应用转速尚未突破 10000 r / min，快速进给速度在 30m / min 以下。

2. 高速和超高速磨削技术的发展现状

在高速和超高速磨削技术方面，为了提高磨削效率，人们开发了高速磨削、超高速磨削、深切缓进给磨削、高效深切快进给磨削等许多高速高效磨削技术，这些技术在近 20 年来得到长足的发展及应用。

德国 Guehring Automation（格林自动化）公司于 1983 年制造出了当时世界上第一台高效深切快进给磨床即 HEDG（High Effiency Deep Grinding）磨床，机床主轴功率 60kW、转速 10000rpm、CBN 砂轮直径 300mm、$v_s = 140 \sim 160$m/s，采用高压冷却油，该磨床已成功应用于丝杠、螺杆齿轮、转子槽、工具沟槽、齿槽等的以磨代铣。此时，人们才开始真正地意识到 HEDG 技术的巨大威力，受到全世界的极大关注。HEDG 技术一举打破传统磨削的老概念，Q' 达到 $50 \sim 1000$mm³/mm·s，磨削比 G 一般在 20000 以上，这种技术可以将零件毛坯直接加工成成品，集粗精加工于一身，同普通车削、铣削相比，加工工时大大缩短。HEDG 与其他磨削技术相比较，依据美国 Norton 公司资料可列表如下表 3-8。

表 3-8   HEDG 与普通磨削、缓进深磨的比较

调 节 参 数	普通磨削	深切缓进给磨削	HEDG
磨削深度 a_p / mm	0.001～0.05	0.1～30	0.1～30
工件进给速度 v_w / （m/min）	0～30	0.05～0.5	0.5～10
砂轮速度 V_s / （m/s）	20～60	20～60	80～250
比金属切除率 Q' / （mm³/mmrs）	0.1～10	2～20	50～1000

由上表可知 HEDG 才真正使磨削实现高效优质的结合，因而被誉为磨削技术发展的高峰。在高速、超高速磨削技术领域，以德国及欧洲领先，日本在这方面后来居上，美国则在奋起直追。德国和欧洲的 Guehring Automation、Kapp、Sehaudt、Studer、Song Machinery、Blohm 等公司，日本的三菱重工业、丰田工机、冈本工作机械工作所、东京技阪，美国的 Edgetek Machine Corp 公司等均已推出了自己的超高速磨床，有的还形成了系列产品。在欧洲，高速及超高速磨削、高效精密磨削应用中，实用的有效最大磨削速度范围目前是 150～250m/s。目前，欧洲的高速高效磨削技术在以下技术领域取得了巨大的成绩：

● CBN 砂轮的高速、超高速磨削（砂轮速度 $v_s = 80 \sim 300$m/s，比金属切除率 $Q' = 50 \sim 1000$mm³/mm·s）；

● 普通砂轮的高速磨削（$v_s = 50 \sim 100$m/s，$Q' = 20 \sim 50$mm³/mm·s）；

● 普通砂轮与连续修整（Continuous Dressing）相结合的连续修整磨削（CD 磨削）（$v_s = 20 \sim 50$m/s，$Q' = 3 \sim 110$mm³/mm·s）。Erwin Junker 公司作为数控高速磨削技术以及采用 CBN 和金刚石砂轮的先驱，其产品 Quickpoint Grinding（快点磨削）外圆磨床是高效磨削技术的典型代表，砂轮是 CBN 砂轮，v_s 为 90～150m/s，Quickpoint 外圆磨床与常规外圆磨床磨削不同，该机床上的砂轮在加工中因砂轮轴线相对于工件轴线倾斜而使砂轮与工件不是圆周线接触，而是在圆周上点接触，其优点是砂轮寿命长，修整效率高，金属磨除率高、一次装夹可完成工件上所有外形面的磨削（如锥面、轴肩、外圆、螺纹等多种外形面的磨削），磨削力小，砂轮磨削点冷却效果最佳等，已广泛应用于一些著名汽车制造厂中发动机的曲轴、凸轮轴的粗精磨削加工。

日本在超高速外圆磨削领域处于领先地位，已在它的汽车工业等部门应用，使用 $v_s = 200$m/s 以上 CBN 砂轮配以高柔性能 CNC 系统和高精度微进给机构对阶梯轴、曲轴、凸轮轴等零件外回转面进行磨削。丰田工机在其开发的 G250 型 CNC 超高速外圆磨床上装备

了其最新研制的 Toyoda Stat Bearing 轴承，使用 v_s = 200m／s 的陶瓷结合剂 CBN 砂轮，对回转件零件进行高效高精度高柔性加工。

美国的 HEDG 机床也已得到应用。如有一台采用电镀 CBN 砂轮及直接油性磨削冷却液的 HEDG 磨床磨削 Iconel 718（因康镍基合金），v_s = 160m／s，Q' 可达 75mm³／mm·s，砂轮不需修整，寿命长，R_a 平均值为 1～2μm，可达到的尺寸公差为±13μm。

国内 50m/s 高速磨削研究起始于 1958 年，近 20 年来其发展十分缓慢，目前工业应用的 v_s 一般还是 45～60m／s，未能超过 80m／s，实验室超高速磨削速度曾达到了 250m／s，但离产业化还有一段较远距离。显然在高速特别是在超高速磨削技术方面，国内与国外差距巨大，需急起直追。

3.7.1.3 超高速加工技术发展趋势及其关键技术

随着超高速切削机理、大功率超高速主轴单元、高加减速直线进给电机、超硬耐磨长寿命刀具材料及结构、切削处理和冷却系统、安全装置以及高性能 CNC 控制系统和测试技术等一系列技术领域中关键技术的解决，已为超高速切削技术推广和应用提供了基本条件。

近年来，高速、超高速加工的实际应用和实验研究取得了显著成果。在国外许多著名公司的加工中心上，如美国 Cincinnati、Ingersoll、日本牧野、意大利的 Rambaudi 等公司，标准主轴转速配置可达到 8000～10000rpm，可选的 20000rpm 以下的主轴单元已处于商品化阶段。采用滚珠丝杠的进给系统，快速进给速度可以达到 40～60m／min，加速度达到 1g（g 为重力加速度），工作进给可达到 30m／min 以上，定位精度达到 20～25μm。采用直线电机的进给驱动系统，快速进给可以达到 160m/min，进给加速度达到 2.5g 以上，定位精度高达 0.5～0.05μm 甚至更高。这些加工中心的刀具到刀具的换刀时间最快小于 1s，切削到切削的换刀时间小于 2.4s，托盘交换时间小于 10s。

超高速切削目前主要用于以下几个领域：

（1）大批生产领域如汽车工业，如美国福特（Ford）汽车公司与 Ingersoll 公司合作研制的 HVM800 卧式加工中心及镗汽缸用的单轴镗缸机床已实际用于福特公司的生产线。

（2）工件本身刚度不足的加工领域，如航空航天工业产品或其他某些产品，如 Ingersoll 公司采用超高速切削工艺所铣削的工件最薄壁厚度仅为 1mm。

（3）加工复杂曲面领域，如模具工具制造。

（4）难加工材料领域，如 Ingersoll 公司的"高速模块"所用切削速度为：加工航空航天铝合金 2438m/min，汽车铝合金 1829m/min，铸铁 1219m/min，这均比常规切速高出几倍到几十倍。

（5）超精密微细切削加工领域，日本的 FANUC 公司和电气通信大学合作研制了一种超精密铣床，其主轴转速达 55000rpm，可用切削方法实现自由曲面的微细加工，据称，其生产率和相对精度均为目前光刻技术领域中的微细加工所不及。

超高速切削技术的发展趋势应符合加工中心或柔性制造技术的发展方向即高效高速化、实用廉价化、多功能（复合化），最主要是高效高速化方向。

近年来对于以超高速磨削技术特别是 HEDG 为代表的高速高效磨削技术的发展，可以认为，采用磨削加工自动化、各类高效磨削技术的开发应用及超硬磨料磨具的推广应用是提高磨削加工效率的三个主要途径，因此，超高速磨削技术的发展总趋势是高柔性高自动化系统＋超硬磨料磨具＋各种高速高效磨削技术。高速高效磨削的高柔性高自动化方面出现的有效措施有：自动进给、自动磨削循环、自动测量、自动修整、砂轮自动平衡、自动分度和自动上下料等。随着CNC磨床的发展，磨削加工中心也发展很快，它具备联机测量、自动交换砂轮、自动交换工件、自动修整砂轮、实现工件装卸无人化，磨削加工中心还具有机械手、机器人、运送工件小车以及冷却液喷射装置或能自动调节位置的冷却液喷嘴等配置附件。这方面较为典型例子是日立精机公司开发的VKC45型陶瓷磨削中心，它具有能装20个金刚石砂轮的圆形砂轮库，设有砂轮自动修整功能。自适应控制磨削随着CNC系统检测技术及磨削专家系统的发展而逐渐完善并趋于实用。金刚石和CBN等超硬磨料的使用大大推进了高速和超高速磨削技术的发展。

综上所述，超高速加工技术的发展前沿是采用现代超硬材料（金刚石、CBN）作工具，运用现代超高速切削磨削技术以及现代高柔性高自动化设备。开展超高速加工技术的研究，加速实用化进程，对于我国的制造业赶超世界先进水平有重要意义，发展我国自己的高速加工系统，对摆脱我国目前依赖进口高级机床的局面，增强我国在国际上的竞争力十分重要，市场前景广阔。

实现超高速加工技术的核心关键技术主要有：超高速切削、磨削机理，超高速主轴单元制造技术，超高速进给单元制造技术，超高速加工用刀具、磨具，超高速机床支承及辅助单元制造技术，以及超高速加工测试技术等。

3.7.2 超高速切削、磨削机理

超高速切削和磨削机理研究主要指对超高速加工条件下切削磨削过程以及产生的各种切削磨削现象的理论研究，其是超高速加工技术中的最基本的技术支撑。其涉及的关键技术有：超高速切削磨削的加工过程研究，超高速切削加工现象及切削工艺参数优化的研究，各种材料的超高速切削机理研究，超高速磨削技术中各种磨削现象及各种材料磨削的机理研究，超高速磨削（切削）的虚拟实际的磨削技术的开发研究，以及超高速磨削加工智能数据库系统的开发等。

超高速加工技术的理论研究可追溯到20世纪30年代，即1931年4月德国切削物理学家萨洛蒙发表的著名的超高速切削理论，即人们常提及的"萨洛蒙曲线"，超高速切削概念可用图3-40示意。萨洛蒙指出：在常规的切削速度范围内（见图3-40A区），切削温度随切削速度的增大而提高，但是，当切削速度增大到某一数值v_c之后，切削速度再增加，切削温度反而降低；v_c之值与工件材料的种类有关，对每种工件材料，存在一个速度范围，在这个速度范围内（见图3-40B区），由于切削温度太高，任何刀具都无法承受，切削加工不可能进行，这个范围被称之为"死谷"（dead vally），由于受当时实验条件的限制，这一理论未能严格区分切削温度和工件温度的界限，但是，他的思想给后来的研究者一个非常重要的启示：如能越过这个"死谷"而在超高速区（3-40中的C区）进行工作，则有可能用现有刀具进行超高速切削，从而大幅度地减少切削工时，成功地提高机床的生产率。

然而后继的许多研究者和超高速切削实验结果都对这种"死谷"假设提出了质疑，现在大多数研究者认为：在超高速切削铸铁、钢及难加工材料时，即使在很高的切削速度范围内也不存在这样的"死谷"，刀具耐用度总是随切削速度的增加而降低的；而在硬质合

金刀具高速铣削钢材时，尽管随切削速度 v 的提高，切削温度随之升高，刀具磨损逐渐加剧，刀具耐用度 T 继续下降，且 T-v 规律仍遵循 Taylor 方程，但在较高的切削速度段，Taylor 方程中的 m 值大于较低速度段的 m 值，这意味着在较高速度段刀具耐用度 T 随 v 提高而下降的速率逐缓，这一结论对于超高速切削技术的实际应用是十分有意义的。

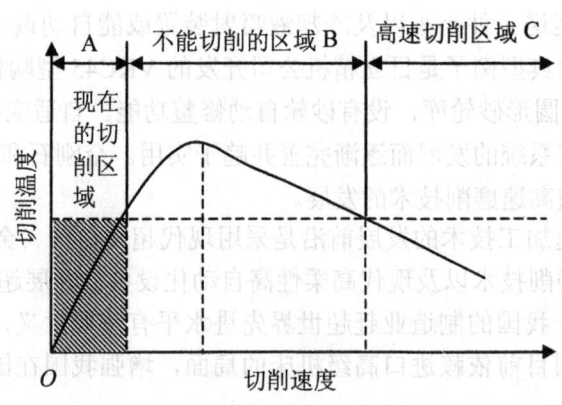

图 3-40 超高速切削概念示意图

超高速切削切屑形成试验研究表明，按照被加工材料的类型和工艺条件，对切削力和切屑变形的影响是不同的，存在着连续切屑和断续切屑两种类型，在超高速切削高导热性、低硬度合金或金属（如铝合金、软低碳钢等）时易形成连续切屑，而在超高速切削低导热性、密排六方多晶体结构、高硬度材料（如钛合金、超耐热镍合金、高硬度合金钢）时易形成断续切屑。美国于 20 世纪 70 年代前后用爆炸射击法实现的 1200m/s 的超高速切削试验表明：在超高速切削条件下切屑的形成过程和普通切削时不同，随着 v 的提高，塑性材料的切屑形态将从带状、片状到碎屑不断演变，单位切削力初期呈上升趋势，尔后急剧下降，塑性变形区变浅，残余应力及硬度变化减小。

一系列超高速切削实验表明，在通过提高切削速度来降低机加工时间同时还具有一系列优点如：单位时间材料切除量大大提高；切削力可降低 30%左右，基于此可利用超高速切削来加工薄壁类零件；超高速切削特别适合那些对温度十分敏感的零件的加工；由于机床结构改善和超高速切削激振频率提高，使激振频率远离机床固有频率，有利于加工表面质量提高；刀具耐用度提高 70%左右，加工成本降低。但是超高速切削加工一些难加工材料时（如超耐热不锈钢，铝合金等），切削速度的提高会受到刀具急剧磨损的限制。

在超高速磨削机理研究方面，"萨洛蒙曲线"也有重要的启示意义。1979 年法国 Werner P. G 博士提出了新的高效深磨热机理学说，预言了高效深磨区的存在合理性，高砂轮线速度 v_s 是 HEDG 技术的基础，较低磨除率下，随 v_s 的增加，磨削力降低不多几乎成线性，但在高磨除率下，随 v_s 的增大，磨削力在 v_s = 100m/s 前后的某区间内出现陡降，使之降低 50%，且随效率的提高这种趋势就愈明显；在给定的高效深磨条件下，砂轮达到超高速状态之后，工件表面温度出现回落；HEDG 技术另一关键就是提高工件速度 v_w，在较低的磨除率下，随 v_w 增大，工件表面温度逐渐上升，直到出现烧伤，这也是缓进深磨较难以继续的原因，但在高磨除率下，由于磨削热源快速离开已加工表面，使得多数热量进入切屑和冷却液，引起工件表面温度下降。

高速磨削中诸多磨削现象可通过引入最大切屑（磨屑）厚度 h_{max} 这个参数来解释，在保持其它参数不变，仅增大 v_s 情况下，h_{max} 减小，每个磨削刃上的作用切削力减小，h_{max} 减小也能改善 R_a 和减缓切削力对砂轮磨损的影响，另外，总磨削力随 v_s 增大而减小；在保持 h_{max} 不变，即增大 v_s 同时成比例地提高 v_w，每个磨削刃上的作用切削力及磨削力并没有改变，但随 v_w 提高而成比例地提高材料磨除率。

超高速磨削时，在很短暂的磨屑形成时间内完成的切屑的高应变率（可近似认为等于磨削速度）形成过程将有些不同于普通磨削的表现，会使工件表面塑性变形层变浅，磨削沟痕两侧因塑性流动而形成的隆起高度变小，使磨屑形成中的耕犁和滑擦距离变小，以及使工件表层硬化及残余应力倾向减小；特别是超高速磨削时磨粒在磨削区上的移动速度快了几倍，工件进给速度也大大加快，加上应变率响应的温度滞后，会使工件表面磨削温度有所降低，能越过容易发生热损伤的区域，而极大地扩展了磨削工艺参数的应用范围。

国内在超高速切削和磨削机理方面因实验工作条件限制，所进行工作不多，开展机理研究的单位也较少。东北大学自 1992 年开始进行了目标为 250m/s 的超高速磨削装置研制和超高速磨削理论研究，并受到国家自然科学基金资助，目前更多的是进行超高速磨削的计算机模拟仿真、难加工材料超高速磨削的计算机模拟、砂轮基体形状优化设计及超高速磨削冷却液供液过滤系统的研究。湖南大学于 80 年代前后进行过 80m/s、120m/s、180m/s 的高速磨削工艺试验研究，1994 年研制生产了国内第一台用于高速高效低粗糙度磨削的高速高效外圆磨床。近期，湖南大学与郑州三磨所正合作进行"CBN 高速高效数控磨削技术与装备研制"，其中砂轮速度 $v_s \geq 100$m/s。

在超高速切削和磨削机理研究方面，特别需要进行的研究工作是：以超高速切削与磨削的工业实用化为目标，进行相关加工机理的研究，通过对各种材料的超高速切削磨削加工机理、各种新型刀具磨具的超高速加工性能以及超高速切削磨削工艺参数优化的系统性研究，将试验研究与计算机仿真方法相结合，最终建立完善的基础理论体系和加工工艺参数数据库，用于指导工业生产实践。另一主要研究工作是利用虚拟现实技术，开发超高速切削磨削的计算机动画、视觉及预测仿真软件，以揭示超高速切削磨削的内在规律。

3.7.3 超高速主轴单元制造技术

超高速加工技术的一个最根本最核心的特点和技术就是实现超高速的切削速度或砂轮线速度，因此超高速主轴单元是超高速加工机床最关键部件。超高速主轴单元包括主轴动力源、主轴、轴承和机架四个主要部分，这四个部分构成一个动力学性能及稳定性良好的系统。其性能决定了超高速加工的超高速化、高精度、应用范围广等特点。

超高速主轴单元制造技术所涉及关键技术有：超高速主轴材料、结构、轴承的研究与开发，超高速主轴系统动态特性及热态特性研究，柔性主轴及其轴承的弹性支承技术的研究，超高速主轴系统的润滑与冷却技术研究，以及超高速主轴系统的多目标优化设计、虚拟设计技术研究等。

从目前发展现状来看，主轴单元形成独立的单元而成为功能部件以方便地配置到多种加工工艺、加工中心及超高速磨床上，而且越来越多地采用电主轴类型。主轴支撑、轴承选择及轴承设计制造是超高速主轴单元技术中的关键。超高速大功率主轴单元的基本方案是采用集成内装式电主轴，主轴支撑考虑功能和经济性的要求，采用陶瓷混合球轴承或油基动静压轴承是较好的可选方案，对于超高速的磁悬浮轴承是各制造商和研究机构更为重视的研究和应用领域。小功率的超高速主轴单元可以采用高精度的滚动轴承、液体动静压轴承或气浮动静压轴承。低速主轴轴承设计时主要设计参数是工作载荷，而高速主轴轴承的主要设计参数则是转速，描述转速的特征值用 $K = n \cdot d_m$（n 为每分钟转速，d_m 为轴承平均直径）表示。

国外高速主轴单元的发展较快，中等规格的加工中心的主轴转速已普遍达到10000r/min甚至更高。美国福特汽车公司推出的HVM800卧式加工中心主轴单元采用液体动静压轴承最高转速为 15000 r/min，日本东北大学庄司研究室开发的 CNC 超高速平面磨床，使用陶瓷球轴承，主轴转速为 3000 r/min，日本东芝机械公司在 ASV40 加工中心上，采用了改进的气浮轴承，在大功率下实现 30000 r/min 主轴转速，德国 KAPP 公司采用的磁悬浮轴承砂轮主轴，转速达到 60000 r/min，德国的 GMN 公司的磁浮轴承主轴单元的转速最高达 100000 r/min 以上。

超高速主轴单元制造技术的发展前沿主要涉及以下几个方面：柔性主轴的设计技术，使得主轴可在系统的二阶或三阶固有频率以上稳定地工作；柔性主轴支撑技术，减小主轴系统向机架传递的动载荷和控制主轴系统的稳定性；主轴轴承的开发研究；主轴系统动态优化设计和计算机虚拟设计技术；新的主轴系统润滑与冷却技术的研究。

根据我国实际情况，应发展转速在每分钟万转以上且可调、中等功率以上的由电机直接驱动的主轴单元系统，重点发展车削、铣削和磨削及加工中心的超高速主轴系统单元，这种单元能自身形成一个动态稳定性能良好的系统，可以方便地组合到多种加工工艺过程中。

3.7.4 超高速加工进给单元制造技术

超高速加工进给单元是超高速加工机床的重要组成部分，是评价超高速机床性能的重要指标之一，不仅对提高生产率有重要意义，而且也是维持超高速加工中刀具磨具正常工作的必要条件。这要求进给系统能达到很高的速度，而且由于要求在瞬时达到高速、瞬时准停等，所以还要求具有大的加减速度以及高的定位精度。超高速进给单元技术范围包括进给伺服驱动技术、滚动元件技术、监测单元技术和其他周边技术如防尘、防屑、降噪声、冷却润滑及安全技术。具体所涉及的关键技术有：高速位置环芯片的研制，高速精密交流伺服系统及电机的研究，直线伺服电机的设计与应用的研究，加减速控制技术的研究，超高速进给系统的优化设计技术、虚拟设计技术，高速精密滚珠丝杠副及大导程滚珠丝杠副的研制，高精度导轨、新型导轨摩擦副的研究，以及新型导轨防护罩的结构与加工工艺研究等。

超高速进给单元制造技术发展趋势及特点可归纳为以下几个方面：

（1）从 80 年代中期，快速移动速度已由 8～12m/min 提高到现在的 30～50m/min，18～20m/min 正在普及，某些加工中心已达到 60m/min，采用直线伺服电机传动技术已成为当前超高速加工技术发展的必然趋势。

（2）在进给系统的设计上，采用了新方法、新理论。

(3) 采用新结构、新工艺。由交流伺服电机代替直流伺服电机，或者采用直线伺服电机；液体静压丝杠代替滚珠丝杠；滚柱丝杠副代替传统的滚珠丝杠副；采用静压导轨；采用新的制造工艺；简化进给系统，提高快速移动速度和定位精度。

(4) 数字交流伺服系统及伺服电机将向高精度、更高的转速发展。

(5) 带动一些相关技术如机床移动部件防护罩也将产生新的适应高速运动特点的结构，润滑方式也将有所突破。

(6) 高精度加工的交流伺服系统、高分辨率及高响应速度的位置检测器和用于降低加工形状误差的插补前加减速控制方法得到研究和开发。

依据国内外比较分析，近期我国用于中等规格的加工中心的高速进给单元的相关指标是：快速进给速度为 40~60m/min，切削进给速度为 0.001~10m/min，定位精度±0.002mm。

3.7.5 超高速加工用刀具、磨具

超高速加工用刀具、磨具主要指超高速铣削用刀具和超高速磨削用砂轮。

超高速加工用刀具磨具单元技术所涉及的关键技术主要有：超高速加工用刀具材料及制备技术，超高速加工用刀具结构及刀具几何参数的研究，超高速磨削砂轮的超硬磨料、结合剂、基体的开发研究，超高速磨削用超硬磨具制备技术，超硬磨料超高速砂轮应用技术，以及硬脆材料及难加工材料的超硬磨料磨具的超高速磨削实用化技术等。

众所周知，在影响金属切削发展的诸因素中，刀具材料及刀具（磨具）制造技术起着决定的作用，并推动超高速加工实用化。超硬刀具和磨具是超高速加工技术最主要的刀具材料，主要有聚晶金刚石（PCD）和聚晶立方氮化硼（PCBN）。目前，超高速加工用刀具切削刃（如超高速铣刀的切削刃）一般选用以下刀具材料：超细晶粒硬质合金、聚晶金刚石（PCD）、立方氮化硼（CBN）、氮化硅（Si_3N_4）陶瓷材料、混和陶瓷和碳（氮）化钛基质合金以及采用气相沉淀法的超硬材料涂层刀具等。

对于超高速切削用刀具，其几何结构设计和刀具的装夹结构是非常重要的。为了使刀具具有足够的使用寿命和低的切削力，刀具的几何角度必须选择最佳数值，如超高速切削铝合金时，刀具最佳前角数值为 12°~15°，后角数值 13°~15°；超高速切削钢材时，对应的是 0°~5°、12°~16°；铸铁对应的是 0°、12°；铜合金是 8°、16°；超高速切削纤维强化复合材料时，最佳前角数值为 20°，后角为 15°~20°。超高速切削刀具的切削部分应短一些，以提高刀具的刚性和减小刀刃破损的概率。超高速切削条件下刀具与机床的联接界面结构装夹要牢靠、工具系统应有足够整体刚性，同时，装夹结构设计必须有利于迅速换刀并有最广泛的互换性和较高的重复精度。

超高速磨削用砂轮的磨具材料主要有立方氮化硼（CBN）和聚晶金刚石（PCD），结合剂主要有陶瓷结合剂和金属结合剂。90 年代，陶瓷或树脂结合剂 Al_2O_3、SiC 或 CBN 磨料砂轮，线速度可达 125m/s，极硬的 CBN 或金刚石砂轮的使用速度可达 150m/s，而单层电镀 CBN 砂轮的线速度可达 250m/s 左右。为了充分发挥单层超硬磨料砂轮的优势，国外在 80 年代中后期开始以高温钎焊替代电镀开发了一种具有更新换代意义的新型砂轮——单层高温钎焊超硬磨料砂轮。高温钎焊砂轮研制开发的着眼点在于期望藉钎焊所可能提供的界面上的化学冶金结合从根本上改善磨料、结合剂（钎焊合金材料）、基体三者间的结

合强度。钎焊砂轮由于结合强度高使其砂轮寿命高，极高的结合强度也意味着砂轮工作线速度可达到 300m/s 至 500m/s 以上；又由于砂轮锋利、容屑空间大，不易堵塞，因此在与电镀砂轮相同的加工条件下，磨削力、功率消耗、磨削温度会更低，甚至可接近实现冷态切削。超高速磨削用砂轮的修整主要采用电镀杯形金刚石修整器，同时对个别磨粒高点进行微米级修整。单层砂轮基体材料及形状必须依据机床性能、使用要求、加工对象等进行综合优化设计。

我国尽管已有一些高校和科研部门在超高速加工刀具、磨具材料及制造技术方面进行了一定的研究，但相比较国外先进水平，显得规模小、离实用化还存在相当大距离。我国应当开发各种超高速加工用刀具材料，切削速度指标达到发达国家 90 年代末水平；工业实用速度为 100~150m/s 的磨料磨具得到推广，研制开发出工业应用速度 150m/s 以上的超硬磨料磨具。

3.7.6 超高速加工机床支承及辅助单元制造技术

超高速加工机床的支承及辅助单元制造技术是指超高速加工机床的支承构件如床身、立柱、箱体、工作台、底座、拖板、刀架等制造技术以及有关超高速加工的辅助单元制造技术，其涉及的关键技术主要有：新型材料及结构的支承构件设计制造技术，快速刀具磨具自动交换和快速工件装夹自动交换技术，切削磨削液及其供液过滤系统的研究，超高速主轴和刀具磨具总成后的动平衡技术，安全防护装置设计制造技术以及超高速加工中干切削干磨削加工技术的研究等。这些技术对评定超高速加工技术的高速高效、高精度、高自动化、高安全性等特点具有重大的影响和作用。

超高速加工机床要有一个"三刚"，即静刚度、动刚度、热刚度特性都极好的机床支承构件，近年来出现的聚合物混凝土材料（人造花岗岩）是以石英岩等矿物的颗粒作填料，用热固性树脂的粘结剂，通过聚合反应成型，制成高速或超高速加工机床的床身和立柱。美国 Edgetek Machine 公司生产的小型 3 轴、4 轴及 5 轴 CNC 经济型高效深磨磨床，其床身及立柱结构采用封有花岗岩的钢基体以提高刚性，减少振动，利用成形 CBN 砂轮对淬硬钢实现了高效磨削，表面质量可与普通磨削相比。Ingersoll 公司推出的 HVM800 卧式加工中心的床身采用钢板焊接件，其内腔充满阻尼材料。

超高速加工机床中，为减少直线和回转运动的动量与惯量（移动质量和转动质量），对于相同刚度而言，必须采用轻质材料来制造运动零件，如钛合金、铝合金或纤维强化复合材料，大力发展"轻质材料"。也可在联结机床部件时减少质量惯性。

刀柄是超高速加工机床（加工中心）的重要配套件，德国阿亨工业大学和 40 余家机床厂家、刀具厂商和用户共同开发了 HSK 刀柄，于 1992 年列入德国工业标准 DIN69893，这种刀柄以锥度 1:10 代替传统的 7:24，楔作用较强，用锥面再加上法兰端面的双定位，转速高时，锥体向外扩张，增加了压紧力，刀柄中空，且连接锥面长度短，刀柄重量减轻，因此适应主轴高速运转、刚性高、转速扭距大、重复精度好，由于质量轻和连接锥面短以缩短了换刀时间，这种中空短锥二面接触强力刀柄 HSK 刀柄，在世界上使用的已突破 6000 台。另一种更换刀具的方案是直接夹紧，可通过采用在主轴锥孔内用拉杆操作的弹簧夹头而省去刀夹。在快速工件装夹交换技术方面，许多加工中心设置了自动交换托盘（APC）。

超高速切削加工中,一般在刀具系统开设一个直接供给冷却液的通路,并主要采用主轴中心供液的方式。Ingersoll 公司为了及时冷却并清除过热的切屑,从超高速运转的主轴孔向刀柄喷射冷却液,压力达5.5～6.9MPa,流量为37.85L/min。对于超高速磨床,需要使用达 7MPa 高的供液压力和大的流量,并选择合适的超高速磨削液供液方法。由于从喷嘴喷注到砂轮上的磨削液,会在强大离心力作用下形成严重的油雾,所以超高速加工机床要把切削磨削工作区封闭起来,并要及时抽出油雾,然后利用离心和静电方法进行油气分离。超高速切削磨削加工中,为了从源头就消除冷却润滑液带来的一系列环境负面效应,德、美、日等国已开始对不用任何切削液的干切削加工进行研究并在生产中应用,汽车行业中,铝的高效干切削加工方面已有了一定进展,Big Three 公司安装了 8 台高速（15000 r/min）金刚石干切削加工系统,用以加工变速箱上的铝通道盘,加工精度为 0.05mm,每小时加工 600 件。超高速磨削中,以实现无磨削液为目标,国外如日本已开发了一种采用低温压缩空气冷却法的杜绝污染的磨削新技术,其应用可使污染及有损操作者健康的磨削变成环境清洁、安全舒适的操作。

超高速加工中,高的金属切除率、高速时流出的切屑和磨屑以及高压喷洒的冷却润滑液需要一个足够大的密封工作室。防护装置必须有灵活控制系统。此外,从安全角度看,超高速加工刀具和砂轮装夹方式有特殊要求,如超高速铣刀要有十分可靠的刀体结构和刀片结构,刀体与刀片之间的联结配合要封闭,刀片夹紧机构要有足够夹紧力,而对于砂轮,采用砂轮轴与砂轮法兰一体化方式。

超高速主轴和刀具磨具总成后的动平衡技术也是一项重要的辅助单元技术。其目的就是消除因刀具磨具高速回转时动态不平衡所引起的工艺系统振动对机床主轴和轴承使用寿命以及工件加工质量和刀具磨具寿命的不利影响。超高速切削中对超高速铣刀动平衡目前最简单方法是采用在刀体上径向安装的调整螺钉来调整刀具动平衡,超高速磨削中,国内外砂轮自动平衡技术中主要有机械平衡和液体平衡技术,80 年代末,美国生产出了一种被誉为"世界上最先进的磨床在线砂轮平衡系统——SBS 电脑化磨床砂轮平衡系统,日本研制出一种光控砂轮平衡仪,德国 Hoffman 公司和 Herming Hausen 工厂提出了砂轮平衡装置与微机控制高精度砂轮装置有机结合,生产出称为 Balance Doctor 的全自动砂轮平衡系统。

超高速加工机床支承及辅助单元制造技术随着超高速加工技术进展和推广应用已取得了极大的发展。我国在该项技术发展方面应全面缩短与国外差距如：将刀具到刀具或切削到切削换刀时间缩短为 2s 或 3s 以内；开发新型材料、新型结构的支承构件并研制出支承构件的动态仿真计算和虚拟设计软件；某些超高速加工领域引入干切削干磨削加工方法；对刀具砂轮超高速运转下动平衡技术有所突破。

3.7.7 超高速加工测试技术

超高速加工测试技术主要指在超高速加工过程中通过传感、分析、信号处理等,对超高速机床及系统的状态进行实时在线的监测和控制,包括多方面的监测技术,其成功应用,可大大延长刀具寿命,保证产品质量、提高效率、保证设备及人员安全性。超高速加工测试技术所涉及的关键技术主要有：基于监控参数的在线检测技术,超高速加工的多传感信息融合检测技术,超高速加工机床中各单元系统功能部件的测试技术,超高速加工中工件状态的测试技术以及超高速加工中自适应控制技术及智能控制技术等。

超高速加工测试技术一个基本内容就是对超高速加工系统状态如刀具磨具的磨损、破损情况等进行检测以识别超高速加工状况，其检测方法主要有基于切削力、声发射（AE）、切削功率和温度热信息等单个监控参数的监测方法。

自 80 年代开始，美国、日本开始研究和采用多种传感器信息进行刀具状态识别，即传感器融合（Sensor Fusion）或传感器集成（Sensor Integration）；经过集成与融合的多传感信息具有以下四方面特征：信息冗余性、信息的互补性、信息的实时性和信息的低成本性。

超高速加工测试技术中另一重要内容就是对加工工件的尺寸、形状与位置精度和加工表面质量等进行监控，国内外的研究已发展到对加工工件的尺寸、形状与位置精度、加工表面质量等建立在线测量数学模型，并开发了各种先进的测试仪器装备和在线测量系统，结合微机进行处理，最终与机床数控系统结合为一体，实现加工的自动控制及加工的自动检测，保证加工高精度及加工高效率化。

超高速加工技术要取得突破，应以超高速加工机床的工业实用化为目标，进行相关测试技术的研究，关键解决超高速加工机床主轴单元、进给单元系统、机床支承及辅助单元等功能部件和驱动控制系统的监控技术，重点对超高速加工用刀具磨具的磨损和破损、磨具修整等状态以及超高速加工过程中工件加工精度、加工表面质量等在线监控技术进行研究，实现各种测控装置和测量系统的国产化，同时开展超高速加工的自适应控制及智能控制技术的研究。

3.8 超精密加工技术

3.8.1 概述

3.8.1.1 超精密加工技术内涵及范畴

现代制造业持续不断地致力于提高加工精度和加工表面质量，主要目标是提高产品性能、质量和可靠性，改善零件的互换性，提高装配效率。超精密加工技术是精加工的重要手段，在提高机电产品的性能、质量和发展高新技术方面都有着至关重要的作用，因此，该技术是衡量一个国家先进制造技术水平的重要指标之一，是先进制造技术的基础和关键。

图 3-41 所示为各种加工机床和测量仪器的加工精度随时代发展的情况。由图可见，普通机械加工的加工精度从过去的毫米级向微米级发展，精密加工则从十微米级向纳米级发展，超精密加工正在向纳米级工艺发展。

超精密加工是指加工精度和表面质量达到极高程度的精密加工工艺，从概念上讲具有相对性，随着加工技术的不断发展，超精密加工的技术指标也是不断变化的。

目前，一般加工、精密加工、超精密加工以及纳米加工可以划分如下：

（1）一般加工。加工精度在 10μm 左右、表面粗糙度 R_a 值在 0.3～0.8μm 的加工技术，如车、铣、刨、磨、镗、铰等。适用于汽车、拖拉机和机床等产品的制造。

（2）精密加工。加工精度在 10～0.1μm，表面粗糙度 R_a 值在 0.3～0.03μm 的加工技术，如金刚车、金刚镗、研磨、珩磨、超精加工、砂带磨削、镜面磨削和冷压加工等。适用于精密机床、精密测量仪器等产品中的关键零件的加工，如精密丝杠、精密齿轮、精密蜗轮、精密导轨、精密轴承等。

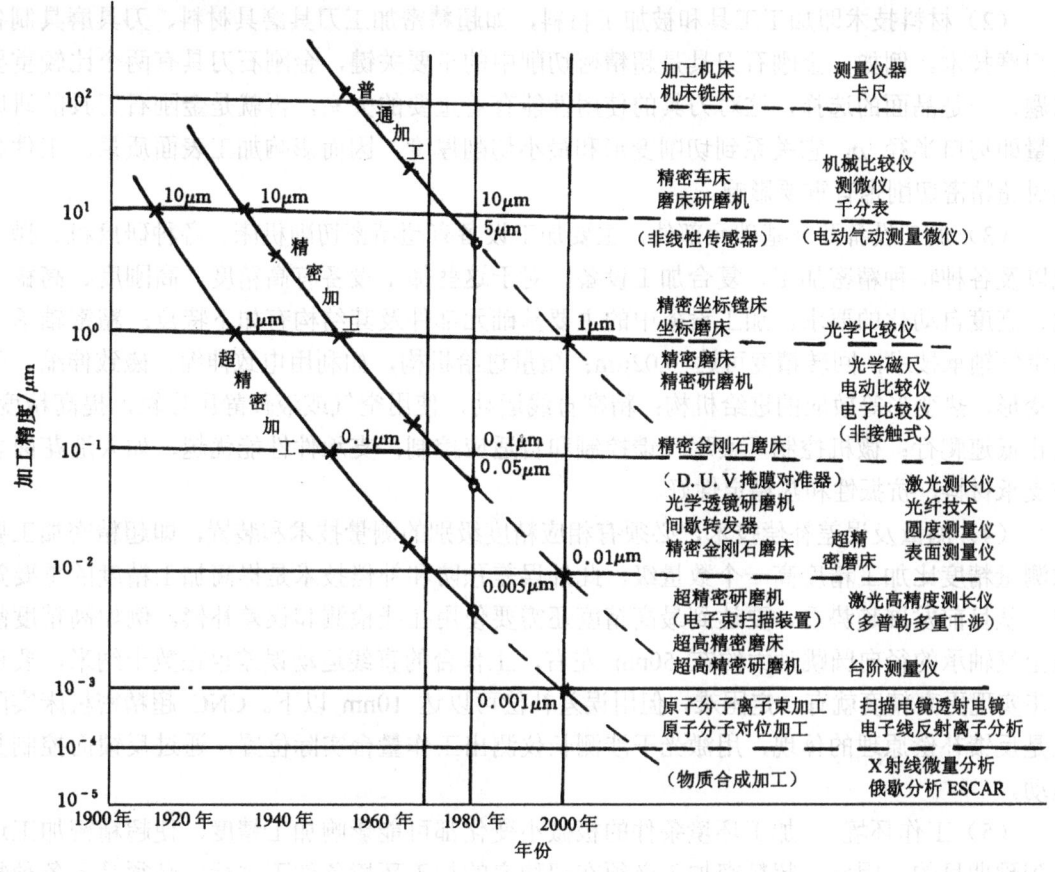

图 3-41 精密加工与超精密加工

（3）超精密加工。加工精度在 0.1～0.01μm，表面粗糙度 R_a 值在 0.03～0.05μm 的加工技术，如金刚石刀具超精密切削、超精密磨料加工、超精密特种加工和复合加工等。适用于精密元件、计量标准元件、大规模和超大规模集成电路的制造。目前，超精密加工的精度正处在亚纳米级工艺，正在向纳米级工艺发展。

（4）纳米加工。加工精度高于 10^{-3}μm（纳米，1nm=10^{-3}μm），表面粗糙度 R_a 小于 0.005μm 的加工技术，其加工方法大多已不是传统的机械加工方法，而是诸如原子分子单位加工等方法。

预计到 21 世纪初，一般加工、精密加工、超精密加工的精度可分别达到 1μm、0.01μm 和 0.001μm（1nm）的水平。

3.8.1.2 超精密加工技术所涉及的技术领域

超精密加工技术从加工技术范畴来说，其包括微细加工和超微细加工、精整和光整加工。

超精密加工技术所涉及的技术领域包含了以下几个方面：

（1）加工技术即加工方法与加工机理，主要有超精密切削、超精密磨料加工、超精密特种加工及复合加工。超精密加工的关键是在最后一道工序能够从被加工表面微量去除表面层，微量去除表面层越薄，则加工精度越高。

(2) 材料技术即加工工具和被加工材料，如超精密加工刀具磨具材料、刀具磨具制备及刃磨技术。例如，金刚石刀具是超精密切削中的重要关键，金刚石刀具有两个比较重要问题，一是晶面的选择，这对刀具的使用性能有着重要的关系，再就是金刚石刀具的研磨质量即刃口半径 ρ，它关系到切削变形和最小切削厚度，因而影响加工表面质量。工件材料对超精密切削也有重要影响。

(3) 加工设备及其基础元部件，主要加工设备有超精密切削机床、各种研磨机、抛光机以及各种特种精密加工、复合加工设备，对于这些加工设备有高精度、高刚度、高稳定性、高度自动化的要求。加工设备中的主要基础元部件及其结构有如下特点：精密轴承，如空气轴承技术，回转精度可达 0.02μm；微量进给机构，如利用电致伸缩、磁致伸缩、弹性变形、热变形等效应的进给机构；精密直线运动，使用空气或液体静压导轨，提高精度，防止低速爬行；微机控制，实现反馈控制和自适应控制；支承件性能优越，如人造花岗岩作支承材料，抗振性和热稳定性好。

(4) 测量及误差补偿技术，必须有相应精度级别的测量技术和装置，即超精密加工要求测量精度比加工精度高一个数量级。此外误差预防和补偿技术是提高加工精度的重要策略。从目前发展趋势看，要达到最高精度还需要使用在线检测和误差补偿。例如高精度静压空气轴承的径向圆跳动大约在 50nm 左右，工作台的直线运动误差也在数十纳米，要进一步实现更高精度就有一定困难，但用误差补偿可以达 10nm 以下。CNC 超精密机床实际上是反馈补偿原理的体现，用激光干涉测长仪测出工作量台实际位置，通过反馈而控制其运动。

(5) 工作环境 加工环境条件的极微小变化都可能影响加工精度，使超精密加工达不到预期目的，因此，超精密加工必须在超稳定的加工环境条件下进行，必须具备各种物理效应恒定的工作环境，如恒温室、净化间、防振和隔振地基等。

(6) 工件的定位与夹紧。

(7) 人的技艺。

超精密及纳米加工技术在以下领域有着广阔的应用前景：仪器仪表工业、航空航天工业、电子工业、国防工业、计算机制造、各种反射镜的加工、微型机械领域。

3.8.1.3 超精密加工技术的国内外发展现状

基于超精密及纳米加工技术的重要性，国内外对该技术的研究和开发都投入了大量的人力和财力。超精密加工技术在国际上处于领先地位的国家有美国、英国和日本，目前这些国家的超精密加工技术正向纳米精度发展。以精密和超精密机床为标志，目前世界各国的超精密机床已发展到了极高的水平。

美国 LLL 实验室（Lawrence Livemore Laboratory）在美国能源部支持下和联合碳化物公司 Y-12 工厂联合开发，于 1983 年 7 月研制成功 DTM-3 型大型超精密金刚石车床，用于加工激光核聚变用的各种金属反射镜、红外装置用零件、大型天体望远镜（包括 X 光天体望远镜）等。该机床主轴刚度大于 500N/μm。采用严格的恒温控制、流体温度控制可达（20±0.0006）℃，机床采用花岗石底座和空气垫隔板。该机床加工精度指标是，其加工形状误差，在半径方向 28nm，圆度平面度（P-V 值）为 12.5nm，加工表面粗糙度约为 R_a 4.2nm（在最终切削深度为 0.635μm 时的值），加工最大尺寸为 φ2100mm，重量为 4500kg。美国 LLL 实验室和空军 Wright 航空研究所等单位合作，于 1984 年研制出 LODTM 大型超精密金刚石非球面车床，该机床采用双立柱式立式车床结构及面积较大的止推轴承以保证主轴较高的回转精度和刚度，采用高分辨率（约为 0.7nm）的 7 路双频激光测量系统，提高机床运动位置测量系统的测量精度。该机床采用大量恒温水冷却，恒温水控制为 20±0.0005 ℃，还使用了在线测量和误差补偿使该机床达到更高的精度。

英国 Cranfield Precision Engineering 公司（CUPE）1991 年和英国科学工程研究委员会（SERC）合作研制成功 OAGM 2500 大型超精密机床，用于精密磨削和坐标测量 X 射线天体望远镜的大型曲面反射镜，该机床最大加工尺寸 2500mm×2500mm×610mm，有 φ2500mm 的高精度回转工作台，床身采用型钢焊接结构，中间用人造花岗岩填充，机床用精密数控驱动，并用数控系统反馈控制，这台机床已使大型超精密机床发展成为极高精度的多功能机床。英国的纳米加工中心（Nanometre 超精密车床）加工工件形状精度可达 0.1nm，表面粗糙度达 R_a10nm。英国国立物理实验室（NPL）开发的四面体结构立轴超精密磨床，其由 6 个柱连接 4 个支持球构成一个罐状的四面体，静刚度为 10N/nm，加工精度可达 1nm 以上。

日本已发展了多种高效专用超精密机床，TOYOTA 公司生产的专用超精密车床用于加工非球曲面的钢模具，有很高的加工效率，可用于车削、铣削、磨削并带有精密测量装置。该机床有一个 X 和 Y 向调整的刀架及作 B 轴转动的高精度转台，借助三轴精密数控，可以加工平面、球面和非球曲面。机床主轴用空气轴承，加工直径为 100mm，砂轮轴转速 10 万 rpm，刀具的切削刃（或砂轮廓形）通过显微镜放大显示在屏幕上，易于定位，提高加工精度，该机床加工模具形状精度为 0.05μm，表面粗糙度为 R_a 0.025μm。日本一台盒式超精密立式车床，其结构设计特点为：整个机床采用了盒式结构，加工区域形成封闭空间，自成系统，不受外界影响；采用热对称结构、低热变形复合材料，从结构上使热变形得到抑制；采用冷却液淋浴、恒温油循环、热源隔离等措施，以保证整个机床处于恒温状态；整个机床有隔振结构，这台机床反映了现代超精密机床的发展趋向。

在测量技术方面，广泛采用激光干涉仪、电容式测微仪、莫尔条纹光学尺甚至扫描隧道显微镜等技术实现精密超精密测量。对于小位移测量，采用电容式测头的分辨率可做到 0.5nm（量程为 15μm 时）和 0.1nm（量程为 5μm），线性误差小于 0.1%。采用光电子纤维光学测头的分辨率可达到 0.5nm（量程为 50μm）；采用扫描隧道显微镜（STM）的分辨率可达到 0.01nm（量程为 20mm）；X 射线干涉仪的分辨率可做到 0.003nm（200μm 量程时）。对于大长度测量，外差式激光干涉仪的分辨率可做到 1.25nm（量程为 2.6m）。氦氖激光的分辨率可达 0.01nm（量程为 2m）；莫尔条纹光学尺的分辨率可做到 10nm（量程为 1m），精度为 1μm/m。

我国的超精密加工技术研究始于 60 年代末，在 80 年代有几个机床厂生产液体静压轴承主轴的超精密车床和空气轴承主轴的磁盘车床，80 年代中后期，我国已具有世界先进水平的超精密加工机床及机床部件，并向专业化批量生产发展。北京机床研究所研制出了多种不同类型的超精密机床和超精密测试仪器，如加工球面的 JCS-027 超精密车床，主轴精度小于 0.05mm，JCS-026 高精度圆柱仪，其主轴回转精度为 0.025mm；JCS-031 超精密铣床，主轴精度为 0.05mm，加工无氧铜件工件表面粗糙度可达 R_a 0.0025mm；其后还生产了 JCS-035 超精密车床、JCS-042 高精度圆柱度仪、JCS-043 高精度气电测微仪、超精密车床数控系统、复印机感光鼓加工机床、红外大功率反射镜超精密振动——位移测微仪等，达到了国际先进水平。航空航天工业部三〇三所利用花岗岩材料制造空气轴承主轴，所制造的超精密车床，其回转精度可达 0.05mm、刚性为 100N/mm。清华大学在集成电路超精密加工设备、磁盘加工及检测设备、微位移工作台、超精密砂带磨削和抛光、金刚石微粉砂轮超精密磨削等方面进行了深入的研究，并生产了相应的产品。哈尔滨工业大学、国防科技大学、长春光学精密机械研究所等单位在超精密加工这一领域都进行了大量的研究，成绩显著。

3.8.1.4 超精密加工技术的发展趋势及其重点发展的关键技术

当前，超精密及纳米加工技术的发展趋势主要表现在以下一些方面：

（1）向高精度方向发展，向加工精度的极限冲刺，由现阶段的亚微米级向纳米级进军，其最终目标是做到"移动原子"，实现原子级精度的加工。

（2）向大型化方向发展，研制各种大型超精密加工设备，以满足航天航空、电子通信等领域的需要。

（3）向微型化方向发展，以适应微型机械、集成电路的发展。

（4）向超精结构、多功能、光机电一体化、加工检测一体化方向发展，并广泛采用各种测量、控制技术实时补偿误差。

（5）不断出现许多新工艺和复合加工技术，被加工的材料范围不断扩大。

（6）在作业环境建造方面诸如高性能的基础隔振技术、净化技术与环境温控技术将有更大发展。

综观国内外在超精密加工及纳米加工技术方面的发展现状及发展趋势，尽管我国在这一技术方面取得了一定进展，但与国外先进水平差距还很大，急需大力加强这项技术的研究和开发，需重点突破的相关关键技术有：超精密加工方法和机理，超精密加工刀具、磨具及刃磨技术，超精密加工装备技术，超精密测量技术和误差补偿技术以及超精密加工工作环境建造技术等。

3.8.2 超精密切削加工

超精密切削加工主要指金刚石刀具超精密车削，主要用于加工软金属材料，如铜、铝等非铁金属及其合金，以及光学玻璃、大理石和碳素纤维板等非金属材料，主要加工对象是精度要求很高的镜面零件。

最新进展表明，国外金刚石刀具刃口半径可达到纳米级水平，日本大阪大学和美国 LLL 实验室合作研究超精密切削的最小极限，使用极锋锐的刀具和机床条件最佳的情况下，可以实现切削厚度为纳米（nm）级的连续稳定切削。现在我国生产中使用的金刚石刀具，刀刃锋锐度约为 $\rho = 0.2 \sim 0.5 \mu m$，特殊精心研磨可以达到 $\rho = 0.1 \mu m$。在对加工表面质量有特殊要求时，特别是在要求残留应力和变质层很小时，需要进一步提高刀刃的锋锐度。

3.8.3 超精密磨削和磨料加工

超精密磨削和磨料加工是利用细粒度的磨粒和微粉主要对黑色金属、硬脆材料等进行加工，可分为固结磨料和游离磨料两大类加工方式。其中固结磨料加工主要有：超精密砂轮磨削和超硬材料微粉砂轮磨削、超精密砂带磨削、ELID 磨削、双端面精密磨削以及电泳磨削等。

3.8.3.1 超精密砂轮磨削技术

超精密磨削即是加工精度在 0.1μm 以下、表面粗糙度 R_a 0.025μm 以下的砂轮磨削方法，此时因磨粒去除切屑极薄，将承受很高的压力，其切削刃表面受到高温和高压作用，因此，需要用人造金刚石、立方氮化硼（CBN）等超硬磨料砂轮。

超精密磨削工件表面的微观轮廓是砂轮表面微观轮廓的某种复印，其与砂轮特性、修整砂轮的工具、修整方法和修整用量等密切相关。超精密磨削表面形成机理的分析中，可通过采用切入法磨削、然后观察工件表面状况并测量其表面粗糙度，以此来评定砂轮表面轮廓和切刃的分布。超精密磨削与普通磨削不同之处主要是切削深度极小，是超微量切除，除微切削作用外，可能还有塑性流动和弹性破坏等作用。

经研究表明，超精密磨削实现极低的表面粗糙度，主要靠砂轮精细修正得到大量的、等高性很好的微刃，实现了微量切削作用，经过磨削一定时间之后，形成了大量的半钝化刃，起到了摩擦抛光作用，最后又经过光磨作用进一步进行了精细的摩擦抛光，从而获得了高质量表面。

超精密磨削加工中，在采用粗粒度及细粒度砂轮时，砂轮速度 v_s 为 12～20m/s、工件速度 v_w 为 4～10m/min、工作台纵进给 f_a 为 50～100mm/min、磨削余量为 0.002～0.005mm、砂轮每转修整导程为 0.02～0.03m/r、修正横进给次数为 2～3 次、无火花磨削次数为 4～6 次。现代超精密磨削已采用超硬磨料砂轮，如采用 CBN 砂轮时，v_s 一般为 60m/s 以上，v_w 为 5m/min 以上，修整进给量为 0.03mm/r，表面粗糙度 R_a 达 0.1～0.5μm。

超硬材料微粉砂轮超精密磨削技术已成为一种更先进的超精密砂轮磨削技术，国内外对其已有一些研究，主要用于加工难加工材料，其精度可达 0.025mm 的水平，该技术关键有：微粉砂轮制备技术及修整技术、多磨粒磨削模型的建立和磨削过程分析的计算机仿真技术等。

3.8.3.2 超精密砂带磨削技术

随着砂带制作质量的迅速提高，砂带上砂粒的等高性和微刃性较好，并采用带有一定弹性的接触轮材料，使砂带磨削具有磨削、研磨和抛光的多重作用，从而可以达到高精度和低表面粗糙度值。用超声波砂带精密磨削加工硬盘基体，使用聚脂薄膜砂带，切削速度 35m/min，利用滚花表面接触辊，其加工表面粗糙度为 R_a 0.043μm，加工时间 125min，用光滑表面接触辊，得到 R_a 0.073μm，平均加工时间为 20min。

3.8.3.3 ELID（电解在线修整）超精密镜面磨削技术

随着新材料特别是硬脆材料等难加工材料的大量涌现，对这些材料尽管存在多种加工方法，但最实用的加工方法仍是金刚石砂轮进行粗磨、精磨以及研磨和抛光等。为了实现优质高效低耗的超精密加工，80年代末期，日本东京大学中川威雄教授创造性提出采用铸铁纤维剂作为金刚石砂轮的结合剂，可使砂轮寿命成倍提高，紧接着，日本理化所大森整等人完成了电解在线修整砂轮（ELID）的超精密镜面磨削技术的研究，成功地解决了金属结合剂超硬磨料砂轮的在线修锐问题。ELID技术的基本原理是利用在线的电解作用对金属基砂轮进行修整，即在磨削过程中在砂轮和工具电极之间浇注电解液并加以直流脉冲电流，使作为阳极的砂轮金属结合剂产生阳极溶解效应而被逐渐去除，使不受电解影响的磨料颗粒凸出砂轮表面，从而实现对砂轮的修整，并在加工过程中始终保持砂轮的锋锐性。ELID磨削技术由于采用ELID（Electrolytic In-Process Dressing）技术，使得用超微细（甚至超微粉）的超硬磨料制造砂轮并用于磨削成为可能，其可代替普通磨削、研磨及抛光并实现硬脆材料的高精度、高效率的超精加工。

日本研究人员使用 8000 $^{(最大磨粒直径约为\ 2\mu m)}$ 铸铁基金刚石砂轮对硅片进行磨削，获得了最大表面粗糙度值为 0.1μm 的高精表面。我国哈尔滨工业大学采用ELID磨削技术对硬质合金、陶瓷、光学玻璃等脆性材料实现了镜面磨削，部分工件的表面粗糙度 R_a 值已达到纳米级，其中硅微晶玻璃的磨削表面粗糙度可达 R_a 0.012μm。目前，ELID磨削技术在加工过程中仍存在砂轮表面氧化膜或砂轮表面层的未电解物质被压入工件表面而造成表面层釉化及电解磨削液配比改变等问题，有待进一步研究解决。

3.8.3.4 双端面精密磨削技术

近期新出现了作平面研磨运动的双端面精磨技术，其双端面精磨的磨削运动和作行星运动的双面研磨一样，工件既作公转又作自转，磨具的磨料粒度也很细，一般为 3000#～8000#，在磨削过程中，微滑擦、微耕犁、微切削和材料微疲劳断裂同时起作用，磨痕交叉而且均匀，该磨削方式属控制力磨削过程，有和精密研磨相同的加工精度，相比研磨高得多的去除率，另外可获得很高的平面度和两平面的平行度，该技术目前取代金刚石车削成为磁盘基片等零件的主要超精加工方法。ELID技术也被用于双端面磨削（如日本HOM-380E型双端面磨床），加工精度更高。

3.8.3.5 电泳磨削技术

基于超微磨粒电泳效应的磨削技术即电泳磨削技术也是一种新的超精密及纳米级磨削技术，其磨削机理是利用超细磨粒的电泳特性，在加工过程中使磨粒在电场力作用下向磨具表面运动，并在磨具表面沉积形成一超细磨粒吸附层，利用磨粒吸附层对工件进行磨削加工，同时新的磨粒又不断补充（如图 3-42）。由于磨粒层表面凹陷处局部电流大，新磨粒更容易在凹陷处沉积，从而使磨粒层表面趋于均匀，保持良好的等高性，同时，磨具每旋转一周，

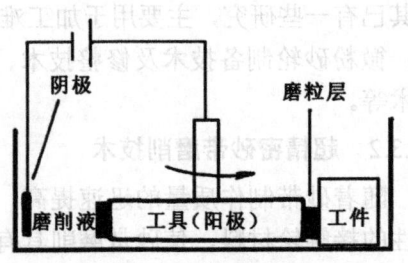

图 3-42 电泳磨削原理

磨粒层表面都有大量新磨粒补充，使微刃始终保持锋利尖锐。通过对电场强度、液体及磨粒特性等影响因素加以控制，就可使磨粒层在加工过程中呈现两种不同的状态：一种是在加工过程中使磨料的脱落量与吸附量保持动态平衡，这样就可以稳定吸附层的厚度，得到一个表面不断自我修整而尺寸不变的超细砂轮；另一种状态是在加工过程中，使磨料的吸

附量超过脱落量，那么磨粒层厚度就会不断增加，这样就可以在机床无切深进给条件下实现磨削深度的不断增加，即所谓的自进给电泳磨削。在电泳磨削技术中，磨粒吸附层可以作为磨具用于脆性材料的精密磨削工艺；自进给电泳磨削实现微米级甚至亚微米级深度进给，而不依赖于机床本身的进给精度是可能的。对于该项技术的理论研究和实用化还有许多工作要做。

3.8.3.6 超精密研磨与抛光技术

游离磨料加工指在加工时，磨粒或微粉成游离状态，如研磨时的研磨剂、抛光时的抛光液，其中的磨粒或微粉在加工时不是固结在一起的。游离磨料加工的典型方法是超精密研磨与抛光加工。如：超精密研磨、磁流体精研、磁力研磨、电解研磨复合加工、软质磨粒机械抛光（弹性发射加工、机械化学抛光、化学机械抛光）、磁流体抛光、挤压研抛、砂带研抛、超精研抛等。超精密研磨抛光有以下发展动向：采用软质磨粒，甚至比工件硬度还要软的磨粒，如 SiO_2、ZrO_2 等，在抛光时不易造成被加工表面的机械损伤，如微裂纹、磨料嵌入、洼坑、麻点等；非接触抛光或称浮动抛光，抛光工具与工件被加工表面之间有一薄层磨料流，不直接接触；在恒温液中进行抛光既可以减小热变形，又可防止尘埃或杂物混入抛光区而影响加工质量；采用复合加工等。

1. 超精密研磨技术

研磨是在被加工表面和研具之间置以游离磨料和润滑液，使被加工表面和研具产生相对运动并加压，磨料产生切削、挤压作用，从而去除表面凸处，使被加工表面的精度得以提高（可达 $0.025\mu m$），表面粗糙度参数值得以降低（达 $R_a 0.01\mu m$）。

研磨机理可以归纳为以下几种作用：磨粒的切削作用；磨粒的挤压使工件表面产生塑性变形；磨粒的压力使工件表面加工硬化和断裂；磨粒去除工件表面的氧化膜的化学促进作用。

超精密研磨是一种加工误差达 $0.1\mu m$ 以下，表面粗糙度 R_a 达 $0.02\mu m$ 以下的研磨方法，是一种原子、分子加工单位的加工方法，从机理上来看，其主要是磨粒的挤压使被加工表面产生塑性变形，以及当有化学作用时使工件表面生成氧化膜的反复去除。

相比较研磨加工，超精密研磨具有一些特点，即：在恒温条件下进行，磨料与研磨液混合均匀，超精研磨时所使用磨粒的颗粒非常小，所用研具材料较软、研具刚度精度高、研磨液经过了严格过滤。超精密研磨常作为精密块规、球面空气轴承、半导体硅片、石英晶体、高级平晶和光学镜头等零件的最后加工工序。

2. 磁流体精研技术

磁性流体为强磁粉末在液相中分散为胶态尺寸（$<0.015\mu m$）的胶态溶液，由磁感应可产生流动性，其特性是：每一个粒子的磁力矩极大，不会因重力而沉降；磁性曲线无磁滞，磁化强度随磁场增加而增加。当将非磁性材料的磨料混入磁流体，置于磁场中，则磨粒在磁流体浮力作用下压向旋转的工件而进行研磨。磁流体精研为研磨加工的可控性开拓了一个方向，有可能成为一种新的无接触研磨方法。磁流体精研的方法又有磨粒悬浮式加工、磨料控制式加工及磁流体封闭式加工。

磨粒悬浮式加工是利用悬浮在液体中的磨粒进行可控制的精密研磨加工。研磨装置由研磨加工部分、驱动部分和电磁部分等三部分组成。磨料控制式加工是在研磨具的孔洞内预先放磨粒，通过磁流体的作用，将磨料逐渐输送到研磨盘上面。磁流体封闭式加工是通过橡胶板将磨粒与磁流体分隔放置进行加工。

3. 磁力研磨技术

磁力研磨是利用磁场作用，使磁极间的磁性磨料形成如刷子一样的研磨刷，被吸附在磁极的工作表面上，在磨料与工件的相对运动下，实现对工件表面的研磨作用。这种加工方法不仅能对圆周表面、平面和棱边等进行研磨，而且还可对凸凹不平的复杂曲面进行研磨。

4. 电解研磨、机械化学研磨、超声研磨等复合研磨方法

电解研磨是电解和研磨的复合加工，研具是一个与工件表面接触的研磨头，它既起研磨作用，又是电解加工用的阴极，工件接阳极。研磨加工时，以精度较高电解成形所采用的硝酸钠水溶液为主，加入既能保持其精度又能提高其蚀除速度的添加剂（如含氧酸盐）和 1%氟化钠（NaF）等光亮剂组成电解液，电解液通过研磨头的出口流经金属工件表面，工件表面在电解作用下发生阳极溶解，在溶解过程中，阳极表面形成一层极薄的氧化物（阳极薄膜），但刚刚在工件表面凸起部分形成的阳极膜被研磨头研磨掉，于是阳极工件表面上又露出新的表面并继续电解，这样，电解作用与研磨头刮除阳极膜作用交替进行，在极短时间内，可获得十分光洁的镜面。

机械化学研磨是在研磨的机械作用下，加上研磨剂中的活性物质的化学反应，从而提高了研磨质量和效率。超声研磨是在研磨中使研具附加超声振动，从而提高了效率，对难加工材料的研磨有较好效果。

5. 软质磨粒机械抛光

典型的软质磨粒机械抛光是弹性发射加工（Elastic Emission Machining 即 EEM），其最小切除量可以达原子级，即可小于 0.001μm，直至切去一层原子，而且被加工表面的晶格不致变形，能够获得极小表面粗糙度和材质极纯的表面。EEM 的加工原理其实质是磨粒原子的扩散作用和加了速的微小粒子弹性射击的机械作用的综合结果。微小粒子可利用振动法、真空中带静电的粉末粒子加速法、空气流或水流来加速，其中用水流使微粒加速的方法最稳定。EEM 与数控结合的 NCEEM 加工能达到的加工精度为±0.1μm，表面粗糙度 R_a 小于 0.0005μm。

机械化学抛光是一种无接触抛光方法，即抛光器与被加工表面之间有小间隙，这种抛光是以机械作用为主，其活化作用是靠工作压力和高速摩擦由抛光液而产生。化学机械抛光强调化学作用，靠活性抛光液（在抛光液中加入添加剂）的化学活性作用，在被加工表面上生成一种化学反应生成物，由磨粒的机械摩擦作用去除，它可以得到无机械损伤的加工表面，而且提高了效率。

6. 磁流体抛光

磁流体是由强磁性微粉（10～15nm 大小的 Fe_3O_4）、表面活化剂和运载液体所构成的悬浮液，在重力或磁场作用下呈稳定的胶体分散状态，具有很强的磁性，磁化曲线几乎没有磁滞现象，磁化强度随磁场强度增加而增加。将非磁性材料的磨粒混入磁流体中，置于有磁场梯度的环境内，则非磁性磨粒在磁流体将受磁浮力作用向低磁力方向移动。例如当磁场梯度为重力方向时，如将电磁铁或永久磁铁置于磁流体的下方，则非磁性磨粒将漂浮在磁流体的上表面上（反之，非磁性磨粒将下沉在磁流体的下表面），将工件置于磁流体

的上面并与磁流体在水平面产生相对运动，则上浮的磨粒将对工件的下表面产生抛光加工，抛光压力由磁场强度控制。在磁流体抛光中，由于磁流体的作用，磨粒的刮削作用多，滚动作用少，加工质量和效率均提高。磁流体抛光可加工平面、自由曲面等，加工材料范围较广。该方法又称之为磁悬浮抛光。

7. 超精研抛

超精研抛是一种具有均匀复杂轨迹的精密加工，它同时具有研磨、抛光和超精加工的特点。超精研抛时，研抛头为一圆环状，装于机床的主轴上，由分离传动和采取隔振措施的电动机作高速旋转，工件装于工作台上。工作台由两个作同向同步旋转运动的立式偏心轴带动作纵向直线往复运动，工作台的这两种运动合成为旋摆运动。研抛时，工件浸泡在超精研抛液池中，主轴受主轴箱内的压力弹簧作用对工件施加研抛压力。

超精研抛头采用脱脂木材制成，其组织疏松，研抛性能好。磨料采用细粒度的 Cr_2O_3，在研抛液（水）中成游离状态，加入适量的聚乙烯醇和重铬酸钾以增加 Cr_2O_3 的分散程度。由于研抛头和工作台的运动造成复杂均密的运动轨迹，又有液中研抛的特性，因此可获得极高的加工精度和表面质量。

3.8.4 超精密特种加工

超精密特种加工的方法很多，多是分子、原子单位加工方法，可以分为去除（分离）、附着（沉积）和结合以及变形三大类。分离（去除）加工就是从工件上分离原子或分子，如电子束加工和离子束溅射加工等。附着（沉积）是在工件表面上覆盖一层物质，如电子镀、离子镀、分子束处延、离子束外延。结合是在工件表面上渗入或涂入一些物质，如离子注入、氮化、渗碳等。变形是利用高频电流、热射线、电子束、激光、液流、气流和微粒子束等使工件被加工部分产生变形，改变尺寸和形状。

这里主要对电子束加工与光刻技术进行介绍。

电子束加工是利用阴极发射电子，经加速、聚焦成电子束，直接射到放置在真空室中的工件上，按规定要求进行加工。电子束加工主要有两大类加工方法即高能量密度加工和低能量密度加工。电子束加工装置通常由电子枪、真空系统、控制系统和电源等部分所组成，电子枪产生一定强度的电子束，可利用静电透镜或磁透镜将电子束进一步聚成极细的束径，其束径大小随应用要求而确定，如用于微细加工时，约为 $10\mu m$ 或更小；用于电子束曝光的微小束径是平行度好的电子束中央部分，仅有 $1\mu m$ 量级。

电子束高能密度加工就是利用电子束热效应进行电子束加工，可通过调整功率密度来实现不同加工，其有热处理、区域精炼、熔化、蒸发、穿孔、切槽、焊接等，在各种材料上加工圆孔、异形孔和切槽时，最小孔径或缝宽可达 $0.02\sim0.03mm$。电子束低能量密度加工中，功率密度相当低的电子束照射在工件表面上，几乎不会引起表面温升，入射的电子与高分子材料的分子碰撞时，会使它的分子链切断或重新聚合，从而使高分子材料的化学性质和分子量产生变化，这种现象称为电子束的化学效应。利用这种化学效应可进行电子束光刻。

在实际应用中，电子束光刻获得很大成功，它是利用电子束透射掩模（其上有所需集成电路图形），照射到涂有光敏抗蚀剂的半导体基片上，由于化学反应，经显影后，在光敏抗蚀剂涂层上就形成与掩膜相同的所需线路图形，见图 3-43。以后有两种处理办法，一是用离子束溅射去除，或称离子束刻蚀，再在刻蚀出的沟槽内进行离子束沉积，填入所需金属，经过剥离和整理，便可在基片上得到凹形所需电路。另一种是用金属蒸镀方法，即可在基片上形成凸形电路。光刻工艺的图形密度、线宽是很重要的指标，由于电子束波长比可见光要短得多，其光刻线宽度可达 0.1μm。

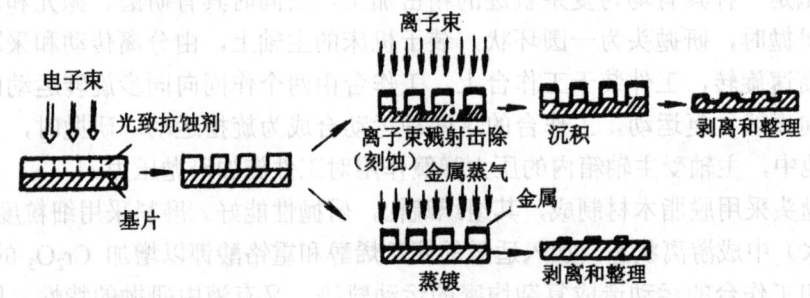

图 3-43 电子束光刻加工过程

电子束光刻可以实现精细图形的写图或复印，目前它仍是大规模集成电路（LSI）和超大规模集成电路（VLSL）的掩膜或基片图形光刻的重要手段。

3.8.5 超精密加工装备

超精密加工所用的加工设备主要有超精密切削磨削机床、各种研磨机和抛光机等。对于超精密加工所用加工设备应有高精度、高刚度、高稳定性和高度自动化的要求。

超精密切削机床由于其结构、精度、稳定性等均对加工质量有直接影响，因此其应具有如下特点：

（1）高精度。超精密切削机床应具有高的几何精度、运动精度和分辨率，主要表现在主轴回转精度、进给运动直线度、定位精度、重复精度等。机床大多采用液体静压轴承或空气静压轴承的主轴和导轨，并可以进一步采用误差补偿方法来提高其精度。为了能进行微细切削、机床配有微动工作台，采用电致伸缩、磁致伸缩、弹性元件等微位移机构，实现微进给。

超精密切削机床通常采用宽速直流或交流伺服电机—光栅位置检测闭环系统，采用激光干涉位置检测系统，可以获得极高的定位精度。

（2）高刚度。超精密加工时，切削深度和进给量很小，切削力很小，但仍应该有足够刚度，例如超精密磁盘加工铝合金基片的端面时，其主轴轴向刚度可达 490N/μm。

（3）高稳定性。在机床结构上，多采用热导率低、热膨胀系数小、内阻尼大的天然花岗石来制作床身、工作台等，也可采用人造花岗石制作床身、工作台和轴承等。

为了防止热变形对加工精度的影响，超精密切削机床除必须放在恒温室中使用外，有些机床设计了控制温度的密封罩，用液体淋浴或空气淋浴来消除来自外部及内部的热源影响，如室温变化、运动件的摩擦热、切削热等。液体淋浴靠对流和传导带走热量，可使温度控制在 20±0.006℃，比空气淋浴好，但成本较高，目前，温控精密最高可达 20±0.0005℃。

在结构上，应采用热稳定性对称结构，避免在精度敏感方向上产生变形，工艺上应进行消除内应力的热处理等,以保证机床有高稳定性。

(4) 抗振性好。在机床结构上应尽量采用短传动链和柔性连接,以减少传动元件和动力元件的影响,电动机等动力元件和机床的回转零件应进行严格的动平衡,以使本身振动最小。为了隔离动力元件等振源的影响,超精密机床可采用分离结构形式,即将电动机、油泵、真空泵等与机床本体分离,单独成为一个部件,放在机床旁边,再用皮带传动方式连接起来,获得了很好的效果。此外,对于大件或基础件,还应选用抗振性强的材料。

(5) 控制性能好。超精密切削机床采用微机数字控制,在选择数控系统时,不仅要考虑所需完成的功能,而且应有良好的控制性能,如插补、进给速度控制、刀具尺寸补偿、主轴转速控制等,要求插补速度快、插补精度高、进给速度稳定。同时还应有编程简便、操纵使用方便、伴有跟踪显示等特点。此外,除应具有一般机床的静态和动态精度外,还应具有良好的随动精度。

有关国内外超精密切削机床的结构特点和加工质量已在前面提到,当前超精密切削机床大多采用空气静压轴承和液体静压轴承的主轴系统,同时大多采用空气静压导轨和液体静压导轨。在精度上,目前的水平是:主轴回转精度为 $0.02\mu m$,导轨直线度为 $1000000:0.025$,定位精度为 $0.013\mu m/1000mm$,进给分辨率为 $0.005\mu m$,温控精度为 $20\pm0.0005℃$,加工表面粗糙度为 $R_a 0.003\mu m$。

对于超精密磨削磨床,其在机床、环境等方面有以下要求:高精密和超精密砂轮架轴承;低振幅的机床砂轮架;高灵敏度和高重复定位精度的砂轮架;低速运动平稳的工作台;有良好过滤的切削液,以防止工件表面划伤;超稳定加工环境条件;防振系统;超净化间。

国内外超精密磨床和磨削质量见表 3-9。

表 3-9 国内外超精密磨床及其磨削质量

机床型号 生产厂家	机床结构特点	尺寸、形状精度 / μm	表面粗糙度 / μm
N5 外圆磨床 美国布朗—夏普公司	工件主轴为液体静压轴承有弹性微位移机构	圆度 0.25,圆柱度 25000mm:0.25 尺寸精度±0.25	$R_z 0.03$
MUG21/50 万能磨床 日本三井精机	工件主轴为空气静压轴承	圆度 0.1,圆柱度 25000mm:1 尺寸精度±0.5	$R_z 0.04$
MG1432A 外圆磨床 中国上海机床厂	砂轮主轴为动压轴承,工件主轴为液体静压轴承	圆度 0.5,圆柱度 200000mm:1 尺寸精度 1	$R_a 0.01$
RHU500 超精密磨床 瑞士斯图特公司	砂轮与工件主轴均为多点式动压轴承	圆度 0.1,圆柱度 500000mm:1 尺寸精度±0.25	$R_z 0.02$

3.9 微型机械加工技术

3.9.1 概述

3.9.1.1 微型机械加工技术概念、范围及技术地位

微型机械(Micromachine,日本惯用词)或称微型机电系统(Micro Electro-Mechanical

Systems,即 MEMS，美国惯用词）或微型系统（Microsystems,欧洲惯用词）是指可以批量制作的、集微型机构、微型传感器、微型执行器以及信号处理和控制电路、甚至外围接口、通信电路和电源等于一体的微型器件或系统。其主要特点有：体积小（特征尺寸范围为 1nm～10mm）、重量轻、耗能低、性能稳定；有利于大批量生产，降低生产成本；惯性小、谐振频率高、响应时间短；集约高技术成果，附加价值高等。微型机械的目的不仅仅在于缩小尺寸和体积，其目标更在于通过微型化、集成化来探索新原理、新功能的元件和系统，开辟一个新技术领域，形成批量化产业。

微型机械技术是一个新兴的、多学科交叉的高科技领域，它研究和控制物质结构的功能尺寸或分辨能力，达到微米至纳米尺度。微型机械技术涉及电子、电气、机械、材料、制造、信息与自动控制、物理、化学、光学、医学以及生物技术等多种工程技术和科学并集约了当今科学技术的许多尖端成果。

微型机械加工技术是指制作微机械或微型装置的微细加工技术。微细加工的出现和发展最早是与大规模集成电路密切相关的，集成电路要求在微小面积的半导体材料上能容纳更多的电子元件，以形成功能复杂而完善的电路，电路微细图案中的最小线条宽度是提高集成电路集成度的关键技术和标志，微细加工对微电子工业而言就是一种加工尺度从微米到纳米量级的制造微小尺寸元器件或薄膜图形的先进制造技术。目前微型机械加工技术主要有基于从半导体集成电路微细加工工艺中发展起来的硅平面加工工艺和体加工工艺，80年代中期以后在 LIGA（光刻电铸）加工（LIGA 是德语 Lithographie Galvanoformung und Abformung 的缩写）、准 LIGA 加工、超微细机械加工、微细电火花加工（EDM）、等离子体加工、激光加工、离子束加工、电子束加工、快速原型制造（RPM）以及健合技术等微细加工工艺方面取得了相当大的进展。

微型机械的特点决定了它广泛的应用前景。微型机械系统可以完成大型机电系统所不能完成的任务。微型机械与电子技术紧密结合，将使种类繁多的微型器件问世，这些微型器件采用大批量集成制造，价格低廉，将广泛地应用于人类生活众多领域。在 21 世纪，微型机械将逐步从实验室走向实用化，对工农业、信息、环境、生物医疗、空间、国防等的发展产生重大影响。微型机械加工技术是微型机械技术领域的一个非常重要又非常活跃的技术领域，其发展不仅可带动许多相关学科的发展，更是与国家科技、经济的发展和国防建设息息相关。微型机械加工技术的发展也有着巨大的产业化应用前景。

3.9.1.2 微型机械加工技术的国内外发展现状与趋势

1. 国外技术现状

1959 年，Richard P.Feynman（1965 年诺贝尔物理奖获得者）就提出了微型机械的设想。1962 年第一个硅微型压力传感器问世。其后开发出尺寸为 50～500μm 的齿轮、齿轮泵、气动涡轮及联接件等微型机械。1965 年，斯坦福大学研制出硅脑电极探针，后来又在扫描隧道显微镜、微型传感器方面取得成功。1987 年美国加州大学伯克利分校研制出转子直径为 60～12μm 的硅微型静电电动机，显示出利用硅微加工工艺制作微小可动结构并与集成电路兼容以制造微小系统的潜力。

微型机械在国外已受到政府部门、企业界、高等学校与研究机构的高度重视。美国的 MIT、Berkeley、Stanford、AT&T 和 NSF 的 15 名科学家在 20 世纪 80 年代末就提出"小机器、大机遇：关于新兴领域——微动力学的报告"的国家建议书，声称"由于微动力学（微系统）在美国的紧迫性，应在这样一个新的重要技术领域与其他国家的竞争中走在前面"，建议中央财政预支费用为 5 年 5000 万美元，得到美国领导机构重视，连续大力投资，并把航空航天、信息和 MEMS 作为科技发展的三大重点。1994 年发布的《美国国防部国防技术计划》报告，把 MEMS 列为关键技术项目。美国国防部高级研究计划局积极领导和支持 MEMS 的研究和其军事应用，现已建造一条 MEMS 标准工艺线以促进新型元件/装置的研究与开发。美国工业界主要致力于压力传感器、位移传感器、应变仪和加速度表等传感器有关领域的研究。有关微型机械系统的工作几乎全部在大学进行，如康奈尔大学、斯坦福大学、加州大学伯克利分校、密执安大学、威斯康星大学等。劳伦兹利莫尔国家研究所也参与 MEMS 开发工作，加州大学伯克利传感器和执行器中心（BSAC）得到国防部和十几家公司资助 1500 万美元后，建立了 1115m^2 研究开发 MEMS 的超净实验室。

日本通产省 1991 年开始启动一项为期 10 年的耗资 250 亿日元的"微型机械"大型研究计划，研制两台样机，一台用于医疗，进入人体进行诊断和微型手术，另一台用于工业，对飞机发动机和原子能设备的微小裂纹实施维修。该计划有筑波大学、东京工业大学、东北大学、早稻田大学和富士通研究所等几十家单位参加。欧洲工业发达国家也相继对微型系统的研究开发进行了重点投资，德国首创的 LIGA 工艺为 MEMS 的发展提供了新的技术手段，并已成为三维结构制作的优选工艺。欧共体组成"多功能微系统研究网络 NEXUS"，联合协调 46 所企业和 64 个研究所的研究。瑞士在其传统的钟表制造业和小型精密机械工业的基础上也投入了 MEMS 的开发工作，1992 年投资为 1000 万美元。英国政府也制定了纳米科学计划，在机械、光学、电子学等领域列出 8 个项目进行研究与开发。为了加强欧洲开发 MEMS 的力量，一些欧洲公司已组成 MEMS 开发集团。

目前已有大量的微型机械或微型系统被研制出来，例如：尖端直径为 5μm 的微型镊子可以夹起一个红血球，尺寸为 7mm × 7mm × 2mm 的微型泵流量可达 250μl / min，能开动的 3mm 大小的汽车，在磁场中飞行的机器蝴蝶，以及集微型速度计、微型陀螺和信号处理系统为一体的微型惯性测量组合（MIMU）。德国创造了 LIGA 工艺，制成了悬臂梁、执行机构以及微型泵、微型喷嘴，湿度、流量传感器，多种光学器件。美国加州理工学院在飞机翼面粘上相当数量的 1mm 左右的微梁，控制其弯曲角度以影响飞机的空气动力学特性。美国大批量生产的硅微加速度计把微型传感器（机械部分）和集成电路（电信号源、放大器、信号处理和自检正电路等）一起集成在 3mm×3mm 硅片上。日本研制的数厘米见方的微型车床可加工精度达 1.5μm 的微细轴。

2. 国内技术现状

我国在科技部、国家自然科学基金委员会、教育部和总装备部的资助下，一直在跟踪国外的微型机械研究，积极开展 MEMS 的研究。现有微电子设备和同步加速器为微系统研究提供了基本条件，微型驱动器和微型机器人的开发早已列入国家 863 高技术计划及攀登计划 B 中。已有近 40 个研究小组，取得了一些研究成果。广东工业大学与日本筑波大学合作，开展了生物和医用微型机器人的研究，已研制出一维、二维联动压电陶瓷驱动器，其位移范围分别为 5μm 和 50μm×50μm，在此基础上，还研制出位移范围为 50μm×50μm×50μm，精度为 0.1μm 的三自由度压电陶瓷驱动的微型机器人。哈尔滨工业大学研制出了电致伸缩陶瓷驱动的二自由度微型机器人，其位移范围为 10μm×10μm，位移分辨率为 0.01μm，正在研制六自由度微型机器人；长春光学精密机器研究所研制出 ϕ3mm 的压电电动机、电磁电动机、微测试仪器和微操作系统。上海冶金研究所研制出直径为 400μm 的多晶硅齿轮、气动涡轮和微静电电动机和压电电动机；清华大学开展并研制出了微电动机、多晶硅梁结构、微泵与阀。上海交通大学研制出 ϕ2mm 的电磁电动机，南开大学开展了微型机器人的控制技术的研究等。

我国高校和研究所对多种微型机械加工的方法都开展了相应的研究，已奠定了一定的加工基础，能进行硅平面加工和体硅加工、LIGA 加工、准 LIGA 加工、微细电火花加工及立体光刻造型等。

3. 微型机械加工技术的发展趋势

微型机械的发展刚刚经历了十几年，在加工技术不断发展的同时发展了一批微小器件和系统，显示了巨大生命力。到 2000 年，压力传感器将居市场的主导地位（25%）、其次为光学开关（21%）、惯性传感器（20%）、流体调节与控制（19%）、大容量存储器（6%）和其他器件（9%）。1995 年全世界微型机械的销售额为 15 亿美元，到 2000 年将猛增至 139 亿美元，并带动 2000 亿美元的相关市场，显然微型机械及其加工技术有着巨大的市场和经济效益。

微型机械是一门交叉科学，和它相关的每一技术的发展都会促使微型机械的发展。随着微电子学、材料学、信息学等的不断发展，微型机械具备了更好发展基础，加上巨大的应用前景和经济效益以及政府、企业的重视，微型机械发展必将有更大的飞跃，新原理、新功能、新结构体系的微传感器、微执行器和系统将不断出现，并可嵌入大的机械设备，提高自动化和智能化水平。

微型机械加工技术作为微型机械的最关键技术，对其要求更高，也必将有一个大的发展，硅加工、LIGA 加工和准 LIGA 加工向着制作更复杂、更高深宽比、适合各种要求的材料特性和表面特性的微结构以及结合制作不同材料特别是功能材料微结构、更易于与电路集成的方向发展，多种加工技术结合也是其重要方向。微型机械在设计方面正向着进行结构和工艺设计的同时实现器件和系统的特性分析和评价的设计系统的实现方向发展，并引入虚拟现实技术。

我国在微型机械加工技术的优先发展领域是生物医学、环境监控、航空航天、工业与国防等领域，应建设若干个具有世界先进水平的微型机械研究开发基地，同时亦应重视微观尺度上的新物理现象和新效应的基础研究，加速我国微型机械的研究与开发，迎接 21 世纪技术与产业革命的挑战。

3.9.2 微型机械加工技术的关键技术

微型机械涉及许多关键技术。当一个系统的特征尺寸达到微米和纳米量级时，将会产生很多新的科学问题，例如随着尺寸的减小，表面积与体积之比相对增大，表面力学、表面物理效应将起主导作用，传统的设计和分析方法将不再适用。微摩擦学、微热力学等问题在微系统研究中将至关重要。微系统尺度效应研究将有助于微系统的创新。微系统的尺度效应、物理特征研究、设计、制造和测试等研究是微系统领域的重要研究内容。

在微系统领域的研究工作方面，国内外学者已在微小型化尺寸效应、微细加工工艺、微型机械材料和微型构件、微型传感器、微型执行器、微型机构测量技术、微量流体控制和微系统集成控制以及应用等方面取得不同程度的阶段性成果。微型机械加工技术是微型机械发展的关键基础技术，其包括微型机械设计技术、微细加工技术、微型机械组装和封装技术、微系统的表征和测量技术及微系统集成技术。

微型机械加工技术领域的前沿关键技术有：

（1）微型系统设计技术。主要是微结构设计数据库、有限元和边界分析、CAD/CAM、仿真和拟实技术、微系统建模等，微小型化的尺寸效应和微小型化理论基础研究也是设计研究不可缺少的课题，如：力的尺寸效应、微结构表面效应、微观摩擦机理、热传导、误差效应和微构件材料性能等。

（2）微细加工技术。主要指高深宽比多层微结构的硅表面加工和体加工技术，利用 X 射线光刻、电铸的 LIGA 和利用紫外光刻的准 LIGA 加工技术；微结构特种精密加工技术包括微电火花加工、能束加工、立体光刻成形加工；特殊材料特别是功能材料微结构的加工技术；多种加工方法的结合；微系统的集成技术；微细加工新工艺探索等。

（3）微型机械组装和封装技术。主要指使用粘接材料的粘接、硅玻璃静电封接、硅硅键合技术和自对准组装技术，具有三维可动部件的封装技术、真空封装技术等，新封装技术的探索。

（4）微系统的表征和测试技术。主要有微结构材料特性测试技术，微小力学、电学等物理量的测量技术，微型器件和微型系统性能的表征和测试技术，微型系统动态特性测试技术，微结构、微型器件和微型系统的可靠性的测量与评价技术。

3.9.3 微型机械的微细加工工艺

微型机械的微细加工工艺主要有半导体加工技术、LIGA 技术、集成电路（IC）技术、特种精密加工、微细切削磨削加工、快速原型制造技术和键合技术等。

3.9.3.1 半导体加工技术

半导体加工技术即半导体的表面和立体的微细加工，指在以硅为主要材料的基片上，进行沉积、光刻与腐蚀的工艺过程。半导体加工技术使 MEMS 的制作具有低成本、大批量生产的潜力。

1. 光刻加工与体微机械加工技术

（1）光刻加工技术。光刻加工是用照相复印的方法将光刻掩模上的图形印制在涂有光致抗蚀剂（光刻胶）的薄膜或基材表面，然后进行选择性腐蚀，刻蚀出规定的图形。所用的基材有各种金属、半导体和介质材料。光致抗蚀剂是一类经光照后能发生交联、分解或聚合等光化学反应的高分子溶液。光刻工艺的基本过程通常包括涂胶、曝光、显影、坚膜、腐蚀、去胶等步骤。在制造大规模、超大规模集成电路等场合，需采用 CAD 技术，把集成电路设计和制版结合起来，即进行自动制版。

光刻加工中，涂胶一般是在涂胶机上用旋转法涂敷，其他方法有刷涂、浸渍和喷涂等。曝光方式有接触式曝光、投影曝光、X 射线曝光、电子束和离子束曝光等。显影时，要求适应不同的光致抗蚀剂而使用不同的显影液。工件显影后需在一定温度下焙烘，使胶膜中残存的溶剂或水分彻底除去并改善胶膜与衬底的粘附性能，即"坚膜"工序。腐蚀就是选用合适的腐蚀方法，将没有被胶膜覆盖的衬底部分腐蚀掉，而将有胶膜覆盖的区域保留下来，刻蚀生成精细的图形，腐蚀有湿腐蚀和干腐蚀之分。湿腐蚀是选用一定成分的酸、碱溶液作腐蚀液，方法和设备简单，并已积累了丰富经验，常用于图形要求不太精细场合。而干腐蚀按其作用机理一般分为等离子体腐蚀、离子束和溅射腐蚀、反应离子束腐蚀三类。腐蚀结束后，光致抗蚀剂就完成了其作用，此时要把这层无用的胶膜去掉，去胶主要有溶剂去胶、氧化去胶和等离子去胶等方法。

光刻质量与光致抗蚀剂种类、光刻工艺及掩膜版质量直接相关。为了提高光刻分辨率，制造更高密度的集成电路，以及降低缺陷密度和提高生产效率，人们提出了一系列改进措施，主要有：在光掩膜制作上采用移相掩膜（Phase-Shift Masks）技术，即在高集成度的光掩模中所有相邻的透明区，相间地增加或减薄一层透明介质（称移相层），使透过这些移相层的光的相位与相邻相区透过的相位差 180°，利用光的相干性抵消一部分衍射扩展效应而提高分辨率；在曝光工序上采用以激发深紫外波长的准分子激光器这一曝光光源，显著提高曝光分辨率；在化学上使用反差增强技术，即使用反差增强层（CEL）以及开发新型高分辨率、耐干法刻蚀性能的抗蚀剂，还有利用光致酸发生剂受光照后生成酸离子，使光致抗蚀剂中各组分间发生链锁反应，加快光化学反应速度，从而提高辐照曝光的感光灵敏度，即光致抗蚀剂化学增幅技术；在刻蚀技术方面，为了实现 0.1～0.01μm 图形超精加工，人们加强高能粒子束直接扫描成像技术的研究。

（2）体微机械加工技术。体微机械加工就是一种对硅衬底的某些部位用腐蚀技术有选择地除去一部分以形成微机械结构的工艺，常用的主要有湿法腐蚀和干法腐蚀两种。

湿法腐蚀是应用化学腐蚀的方法对硅片进行加工的技术，一般用各向同性化学腐蚀、异性化学腐蚀和电化学腐蚀。各向同性腐蚀是利用某些腐蚀液在硅的各个晶向上以相等腐蚀速率进行刻蚀，常用的腐蚀液有 HF-HNO_3 系溶液。各向异性腐蚀则是利用某些腐蚀液对硅材料的晶向有明显的依赖性，利用这一特性来加工的棱体几何形体分明，常用的腐蚀液有 KOH、EPW 和联氨等。各向异性腐蚀时，硅的（100）面和（110）面腐蚀速率相差很大，其横向尺寸较易控制，而腐蚀深度则难以控制，主要是由于所采用的控制腐蚀时间的方法误差较大所造成。近年来出现的电化学腐蚀法，是分别利用渗杂物质与硅的相对于溶液电位不同产生对腐蚀速率的影响，用来控制加工速率，使硅片达到规定尺寸时自动终止，保证对加工精度的精确控制。

干法腐蚀是另一种体微机械加工技术。它是利用粒子轰击对材料的某些部位进行选择性地腐蚀的方法，即采用等离子体腐蚀、离子束和溅射腐蚀、反应离子束腐蚀等工艺来腐蚀多晶硅膜、氧化硅膜、氮化硅膜以形成微机械结构。等离子体是利用气体辉光放电中等离子体所引起的化学反应来达到腐蚀的一种技术，此时要选择合适的放电气体，以能使要除去的材料在辉光放电中形成挥发性生成物。离子束腐蚀与溅射腐蚀合称为离子腐蚀，它们都是利用具有一定功能的惰性气体（如氩气等）的离子轰击基底表面而造成刻蚀的，基本上是一种物理过程。反应离子腐蚀是将离子轰击的物理效应和活性粒子的化学效应两者结合起来，因而兼有前面两种腐蚀方法的优点，其不仅有高的腐蚀速度，又有良好的方向性和选择性，能刻蚀精细图形。

目前，随着干法腐蚀技术的发展，已形成以干法为主，干、湿法结合的刻蚀工艺。

2. 表面微机械加工技术

表面微机械加工技术是在硅表面根据需要可生长多层薄膜，如二氧化硅（SiO_2）、多晶硅、氮化硅、磷硅玻璃膜层（PSG）；采用选择性腐蚀技术，去除部分不需要的膜层，在硅平面上形成所需要的形状，甚至是可动部件，去除的部分膜层一般称为"牺牲层"，整个加工过程都在硅片表面层上进行，其核心技术是"牺牲层"技术。如图 3-44 表示了以表面微切削工艺制造可动结构的典型过程。

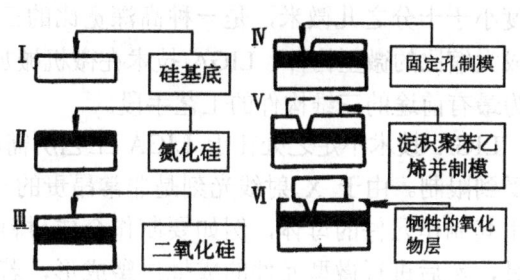

图 3-44 表面微切削加工例图

基本过程如图 3-44 所示，先将一层绝缘层 II 淀积在硅基底 I 上。淀积后，在其上淀积一层氧牺牲层III，一般厚度 1~2μm。在图 3-44III可看到，在氧化物层上制圆孔形模并刻蚀，用于连接可动层和绝缘层，然后再在其上淀积一层聚苯乙烯层，厚度一般为 1~2μm，然后制模 V。最后整个放入腐蚀液中溶解氧化物层，留下一个可动结构，并连接于基底预定点上。

该技术优点是：在制造过程中所使用的材料和工艺与常规集成电路生产有很强的兼容性，这就保证了从事经常性生产和研究所需的费用，而不必另外投资；再者，只要在制膜时略加改动，就可以用同样的方法制造出大量不同结构。其最大优势在于把机械结构与电子电路集成一起的能力，从而使微产品具有更好的性能和更高稳定性。

3.9.3.2 LIGA 技术和准 LIGA 技术

LIGA 技术是 20 世纪 80 年代初在德国卡尔斯鲁耳原子能研究中心为提出铀-235 研制微型喷嘴结构的过程中产生的。该技术是一种由半导体光刻工艺派生出来的采用光刻方法一次生成三维空间微机械构件的方法，经过近十年的发展已趋成熟。

LIGA 技术的机理是由深层 X 射线光刻、电铸成形及塑注成形三个工艺组成。在用 LIGA 技术进行光刻过程中，一张预先制作的模板上的图形被映射到一层光刻掩膜上，掩膜中被光照部分的性质发生变化，在随后的冲洗过程被熔解，剩余的掩膜即是待生成的微结构的负体，在接下来的电镀成形过程中，从电解液中析出的金属填充到光刻出的空间而形成金属微结构。为了能在数百微米厚的掩膜上进行分辨率为亚微米的光刻，LIGA 技术采用了特殊的光源—同步电子加速器产生的 X 光辐射，这种 X 光辐射能量高，强度大，波长短且高度平行，是进行分辨率深度光刻的一种理想光源。

LIGA 技术的主要工艺过程由 X 光光刻掩膜板的制作、X 光深光刻、光刻胶显影、电铸成形、塑模制作、塑膜脱模成形等组成。具体加工过程为：先用聚乙-甲基丙烯酸甲酯等作光致抗蚀剂涂在基板上，再在基板上盖上已刻好图形的金属掩膜，再用 X 线使光刻胶层曝光、显影，将未曝光部分溶解掉，制成抗蚀层的结构图像，再在抗蚀层结构图形的间隙处镀上镍、铜或金等金属至所需厚度，制成金属模，再以此模为母模注射塑料型芯，再将型芯电铸成金属构件。

LIGA 技术具有平面内几何图形的任意性、高深宽比、高精度小粗糙度、原材料的多元性等突出优点。LIGA 技术使用的 X 光波长在 0.2～1nm 之间，蚀刻深度达数百微米，刻线宽度小于十分之几微米，是一种高深宽比的三维加工技术，适用于多种金属、非金属材料制成大缩比的微型构件。LIGA 技术在微机械加工领域中完全打破了硅平面工艺的框架，已成为最有前途的三维构件的工艺手段。

LIGA 技术不足之处在于 LIGA 工艺所需的 X 线同步辐射源比较昂贵稀少，致使其应用受到限制。由于 X 射线光刻是非常昂贵的一道工序，在大批量生产中应尽量避免使用，只用其制作元件的母体，例如要制作合成材料元件，可在上述的电镀成形过程中制出金属模具，然后进行微型元件的成批注塑成形，若要制作金属元件，则可用注塑成的合成材料作为掩膜，然后再次应用电镀成形生产最终的元件。

基于 LIGA 技术使用的光源不易得到，低成本 LIGA 工艺和准 LIGA 加工工艺得到了发展。准 LIGA 技术就是指采用商用光刻胶或光敏聚酰亚胺连同近紫外光源，以实现大纵横比的电镀模具制作，由于该技术可使用常规设备和工艺，即使这些模具在厚度和高纵横比方面不能与 LIGA 技术相媲美，准 LIGA 技术也会为人们所接受。

3.9.3.3 集成电路（IC）技术

这是一种发展十分迅速且较成熟的制作大规模电路的加工技术，在微型机械加工中使用较为普遍，是一种平面加工技术，但是该技术的刻蚀深度只有数百纳米，且只限于制作硅材料的零部件。

3.9.3.4 超微机械加工和电火花线切割加工

用小型精密金属切削机床及电火花、线切割等加工方法，制作毫米级尺寸左右的微型机械零件是一种三维实体加工技术，加工材料广泛，但多是单件加工、单位装配，费用较高。

精密微细切削加工适合所有的金属材料、塑料及工程陶瓷，适合具有回转表面的微型零件加工，如圆柱体、螺纹表面、沟槽、圆孔及平面加工，切削方式有车削、铣削、钻削。由于切削加工时，工件尺寸小，主轴转速低，专用机床的设计与加工难度高。东京大学研制出了一台四轴超精密空气轴承的微型数控机床，用该机床车削加工直径 10μm、50μm、200μm 的台阶轴，直径 200μm 处用聚晶金刚石车刀（$\gamma_\varepsilon = 0.05mm, \gamma_0 = 0°, \alpha_0 = 15°$）加工，直径 50μm、10μm 处用单晶金刚石车刀加工，此外，在四轴超精密微细机床上还可以进行铣削、钻削加工，加工微型齿条、平行弹簧振子、微细螺纹等，目前存在的主要困难是各类微型刀具的制造、切削力的影响及加工基准的转换定位。

精密微细磨削可用于硬脆材料的圆柱体表面、沟槽、切断的加工，在精密微细磨削机床上可以加工的工件长度达 1mm、直径 50μm。所用的砂轮直径 50mm、厚度 3mm，加工硬脆材料用 400# 树脂或金属结合剂的金刚石砂轮，其他材料的工件加工，采用陶瓷结合剂的 600# 白刚玉砂轮。目前，精密微细磨削外圆表面，高速钢最小直径可达 20μm（长度 1.2mm），硬质合金达 25μm（长度 0.27mm），石英玻璃直径达 200μm（长度 0.61mm）。精密微细磨削急需解决的问题是进给精度的控制，在线观察测量及微型砂轮的整形（如厚度 30μm 砂轮）等。

微细电火花加工是利用微型 EDM 电极对工件进行电火花加工，可以对金属、聚晶金刚石、单晶硅等导体半导体材料作垂直工件表面的孔、槽、异型成形表面的加工。日本东京大学增泽隆久教授将微细电火花加工应用在微细孔的加工上，但因零件极微小，与传统的电加工有极大的差异，加工时机床的线路放电能量从 10^{-6}J 缩小到 10^{-7}J，这样可实现亚微米级的精加工和微米级加工精度的微细加工。微细电火花加工，用圆柱电极，采用点——点及连续加工方式可加工宽度 10μm、长度 150μm、深度 50μm 的细长通槽。

微细电火花线切割加工（WEDG）也可以加工微细外圆表面，在工件的一侧装有线切割用的钼丝，工件作回转运动，钼丝在走丝中对工件放电并相对工件作沿工件轴线进给运动。在电火花和磨削的作用下，由于走丝速度低，钼丝损耗可以忽略不计，从而完成对工件外圆的加工，由于作用力小，该法适合于长径比较大的工件。微细电火花线切割加工同样需要改变放电能量，除了电路的改进以外，在电极丝上也作了很大改进，东芝生产技术研究所木下晴夫运用电火花线切割，加工直径为 ϕ0.3mm 微细渐开线齿轮，所采用的电极丝为钨丝。通常使用的材料为含 99.95% 的钨，但仍感到其刚度不足，在开发中，添加了 3% 铼之后，其刚度明显提高，用这种 Re-W3% 丝，不仅保持高温下的刚度，而且在结晶的延性上也明显优越，才能取得成功。这是微机械需求的牵引，使电火花线切割的功能向更小的领域延伸。

3.9.3.5 快速原型/零件制造技术在微型机械领域的应用

RPM（Rapid Prototyping/Part Manufacturing）技术采用分层制造的策略，可制造出具有任意复杂内部结构的零件，应用 RPM 技术来制备新型材料零件，不仅可实现同一切片层上不同的材料沉积复合并具有一定的细结构，而且不同切片层的细结构形式还可以变化，使得具有复杂的性能材料零件的直接制造成为可能。随着 RPM 技术的深入研究和发展，RPM 技术正在向着多种材料复合成形方向发展，无需装配一次制造多种材料、复杂形状的零件和器件，这种将材料制备与结构成形一体化的快速成形方法，将为开发复合结构成形提供新途径，在微机械、电子元器件、电子封装、传感器等领域有着广泛应用前景。

美国 Carnegie Mellon 大学的 L.E.Weiss 和 Stanford 大学 R.Merz 提出用多个喷头熔积不同材料来制造微机械的方法，即多相组织的沉积制造方法 SDMHS（Shape Deposition Manufacturing of Heterogeneous Strutures），该方法原理是利用等离子放电来加热金属材料，熔化的材料熔积到工件逐渐成形。日本学者 Kyushu 制造了一种基于 SL（StrereoLighograph）（立体印刷）工艺的微型桌面制造系统和特殊的光敏树脂材料，用光斑尺寸为 5μm 的紫外光代替激光光源，制成多种微型零件的原型，其中一种微型弹簧直径仅 50μm，长 250μm，据称这种成形系统的实验精度在 X、Y 方向为 0.25μm，Z 方向为 1μm，最小成形单元为 5μm×3μm×3μm。美国 Redensselaer 的研究人员曾用激光引发气化沉积方法快速生成微型三维实体零件，在一台专用的实验设备上制成直径数十微米的棒状实体，据称这种方法能成形碳、硅、钨、铝等材料。这些制造技术，虽然还不成熟，尚需进一步完善和发展，但已为开发新的微型机械加工技术奠定了基础。

随着计算机技术及虚拟现实技术的发展，当前用虚拟现实技术来实现微型机械的快速原型设计，不仅能实现快速原型的设计思想，而且在设计中能提供比基于原型机快速原型设计更方便、更广泛用途。用虚拟现实技术实现微机械快速原型设计，就是要建立一个虚拟环境，在虚拟环境中可以完成微机械部件设计、拟实组装及微机械器件的拟实运行，适当运用上述三步即可完成虚拟环境中 MEMS 的快速原型设计。

3.9.3.6 键合技术

键合技术是种把两个固态部件在一定的温度与电压下直接键合在一起,其间不用任何粘结剂,在键合过程中始终处于固相状态的封装技术。它可以是硅—玻璃静电键合,也可以是硅—硅直接键合。

如图 3-45,以硅—玻璃键合为例,把表面经过抛光的硅与玻璃紧密接触,在 400℃左右高温下,接上硅为正玻璃为负的直流电压 V(500~1500V),玻璃表面出现一层高阻层,其厚度为 d,则相互间的静电吸力为 F。

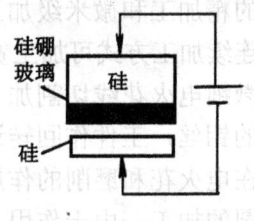

图 3-45 键合原理图

$$F = \varepsilon_0 \varepsilon_r \cdot (V^2 / 2d^2)$$

式中,ε_0 为真空介电系数;ε_r 为玻璃相对介电系数。

当 d 小于 1μm 时,其静电吸引力 F 就很大,这样使两者之间形成牢固永久性的键合。在实施这种工艺时,必须考虑玻璃材料的热膨胀系数应与硅材料能很好地匹配。

硅—硅键合需在 800℃温度下亲水键合,其优势在于即使表面上有一层氧化层也同样有键合能力,另外它可实现硅一体化微机械结构,不存在界面失配问题,有利于提高器件性能。

键合技术方面,各种不同材料的微小构件的接合与装配技术有待开发,最近的突破是在硅片上直接加工出已装配好的 MEMS,其后不再要装配就能运行了。

3.9.4 微型机械加工技术的相关技术

微型机械加工技术中除微细加工技术外,还包括了许多相关技术,如微系统设计技术、微系统表征和测试技术等。这里仅对微系统微小型化的尺寸效应和纳米摩擦学、微型机械材料和微型构件、微型机械的测试技术做一简单介绍。

3.9.4.1 微小型化的尺寸效应和纳米摩擦学

1. 微小型化的尺寸效应

伴随着机械构件的微小化将出现尺寸效应,即制造微构件的材料性能特别是力学性能将发生很大变化,微型机械的微小型化的尺寸效应通常出现在构件的一定尺寸范围内,尺寸效应反映在多方面:

(1)力的尺寸效应。在微小尺寸领域,与特征尺寸的高次方成比例的惯性力、电磁力(L^3)等的作用相应减小,而与尺寸的低次方成比例的粘性力、弹性力(L^2)、表面张力(L^1)、静电力(L^0)等的作用相对较大。

(2)表面效应。随着尺寸的减小,表面积与体积之比相对增大,因而传导、化学反应等加速,表面间的摩擦阻力显著增大。

(3)误差效应。对于微小构件,加工误差与构件尺寸之比相对增大,这可能使微小机械的特性受误差影响甚大。

(4)材料性能。尺寸减小,材料内部缺陷减少,材料的机械强度大幅度增大。微型薄膜构件的弹性模量、抗拉强度、残余内应力、断裂韧性、疲劳强度等与传统构件的不尽相同，当尺寸减小到一定程度，有些表征材料性能的宏观物理量需要重新定义。

2. 纳米摩擦学

随着尺寸减小，人们需进一步研究微动力学、微细管道流体特性、微小物体的热力特性、微观摩擦机理及仿真、拟实技术等。

微观摩擦机理主要指纳米摩擦学，其是建造微型机械的关键技术，纳米摩擦学是在原子、分子尺度范围内，研究摩擦界面上的行为与损伤及其对策，包括纳米膜润滑和微摩擦磨损机理，以及表面和界面的分子（原子）工程研究，即通过材料表面改性或建立超薄膜润滑状态，达到减摩耐磨的目的。微型机械系统的设计加工对纳米摩擦学的研究和发展提出以下几方面的要求：

（1）对于微型机械系统中作为运动阻力的摩擦，应尽可能地降低摩擦能耗，甚至实现零摩擦。另一方面，微型机械系统往往利用摩擦作为牵引力或驱动力，例如在管道内爬行的微型机器人，即是利用管壁摩擦力来驱动，此时则要求摩擦力具有稳定的数值，而且可以适时地进行控制和调节。

（2）通过超精密制造的微型机械，其摩擦副的间隙常处于纳米量级甚至零间隙。这种情况下的摩擦磨损和润滑问题，不能再用宏观摩擦学的理论来分析和处理，而必须研究以界面上原子、分子为分析对象的纳米摩擦学。近年来研究表明，由于纳米尺度的超细颗粒制备的表面膜具有不同于整体材料的独特性能，而超薄润滑膜的性质也不同于粘性流体膜和吸附边界膜，通过界面分子工程可望形成低剪切和高承载量的界面层。

（3）纳米摩擦学在微型机械中另一个主要研究领域是建立以分子（原子）动力学为基础的计算机模拟研究，其基本要点是建立一个粒子系统，以模拟所研究的摩擦学现象，通过数值方法，计算该系统中所有粒子运动规律，再由统计平均求得系统的宏观性质和行为。应用分子（原子）动力学模拟技术，在表面接触形态和微观变形、滑润剂分子层的剪切性能，以及超薄润滑膜流变特性和相变等方面也取得重要进展。

（4）微型机电系统中带电接触副和摩擦副的微观摩擦磨损与防护，以及要求超净环境的微观密封技术等，也是纳米摩擦学中有待研究的重要课题。

纳米摩擦学是微型机械学中发展最为迅速的领域，已取得重大突破。在实验研究方面，已经建立了研究界面分子层摩擦磨损行为和超薄膜润滑机理比较完善手段和测量仪器，包括不同纳米间隙下摩擦界面上作用力和粘着能量测量，表面分子涂层和超洁净表面摩擦特性实验研究，应用原子力显微镜和分子力显微镜研究表面纳米厚度层的力学性质，以及单分子吸附膜的摩擦力和流变特性，根据光干涉相对光强原理研制的薄膜测量仪用纳米润滑薄膜特性研究等。通过实验研究已提出了微摩擦起因、界面粘着机理以及边界润滑膜的构性关系等一系列观点。

3.9.4.2 微型机械材料和微型构件

微型机械加工所用制造材料主要有硅体物质（单晶硅、多晶硅、处延硅层、二氧化硅、氮化硅、碳化硅）、光致抗蚀剂、石英、金刚石、压电陶瓷、记忆合金和稀贵金属等。其中最主要的基础材料是单晶硅，迄今几乎所有微型机械基本上都是以单晶硅为基底，在其中进行各种平面或体加工而制成的，这是因为单晶硅有如下特点：一是由于它有最适宜于微细加工的结构和特性,拥有类似于金刚石的晶体结构;二是由于它比多数金属硬度高,有适用于微型机械应用的足够机械强度和耐疲劳的能力;三是由于其来源广泛,提纯和控制技术成熟,为制造价廉的微型机械提供了先决条件。对于新发展的可动型微型机械,因单晶硅有脆性大、摩擦系数大、高速运动下易断裂的缺点,一般都采用多晶硅制造,但通常仍需以单晶硅为基底,再在单晶体上淀积多晶硅,然后对多晶硅进行各种构形加工。

微结构材料由于其特殊的制造方法而具有与整体材料不同的物理性能,整体材料通常经熔炼、压延、切削加工等成形过程,而微机械构件大多用气相、液相或固相法等完全不同的方法制造,它们的物理性能与制造过程密切相关,而且材料性能随着构件结构和加工制造方法和工艺参数变化很大。

微型机械零件所用材料可依据构件的功能和加工制造方法来选择。

(1) 功能材料。用于致动的功能材料有水晶、氧化锡、PZT 等电致伸缩材料;钛镍合金等形状记忆合金材料;镍铁合金等永磁材料;受热变相的凝胶材料等。

(2) 构造材料。半导体微细加工材料包括单晶硅、多晶硅、氮化硅等硅材料;陶瓷等非金属材料;聚酰亚胺等高分子材料;铝、钨、钼、铬、金等金属材料。LIGA 加工方法主要以镍、铜、金等金属材料和塑料为主。超精密机械加工则以各种金属材料为构造材料。

微型构件除是 MEMS 的重要组成部分外,还可能有单独的用途,如微型热交换器、冷却器、微型滤波器、蒸馏塔、微型工具、微型探针和灵巧轴承等。

3.9.4.3 微型机械的测试技术

微型机械加工技术的发展离不开微型机械测试技术装置的发展。这其中最令人振奋的是扫描隧道显微镜(Scanning Tunneling Microscope 即 STM)的出现,IBM 苏黎世研究所的 Binnig 和 Bohrer 在 80 年代初成功地发明了这种仪器,为此获得 1986 年诺贝尔物理奖,接着又在 STM 基础上派生出原子力显微镜(Atomic Force Microscope 即 AFM)。

STM 是利用导体针尖与样品之间的隧道电流,并用精密压电晶体控制导体针尖沿样品的表面扫描,从而能以原子尺度记录样品的表面形貌以及获得原子排列、电子结构等信息。STM 的主体由三维扫描控制器、样品逼近装置、减震系统、电子控制系统、计算机控制数据采集和图像分析系统等组成,STM 工作原理是利用量子隧道效应。STM 的纵向分辨率已达到 0.01nm,横向分辨率优于 0.2nm。STM 可用来研究各种金属、半导体、生物样品的表面形貌,也可研究表面沉积、表面原子扩散和徙动,表面粒子的成核和生长、吸附和胶附等。STM 可在真空、溶液、常温、低温等不同环境下工作。

使用 STM 和 AFM 等这类显微镜,可以观察到原子、分子的结构,从宏观进入到了微观世界。STM 的出现在国际上一度掀起了巨大热潮。根据不同检测物理量,基于 STM 发展起来了一系列利用探针与样品的不同相互作用来探测表面或界面纳米尺寸上表现出来的物理与化学性质的扫描探针显微镜 SPM(Scanning Probe Microscope),具体列于表 3-10。

此外,光学干涉显微测量技术亦得到长足发展,如外差干涉测量技术、超短波长干涉测量技术随着一些新技术、新方法的应用亦具有纳米级测量精度,如外差干涉光学轮廓仪

具有 $\lambda/2000$ 约 0.1nm 的分辨率,X 射线干涉测量仪是以硅的 101 面的晶格间距约 0.2nm 作为测量基准,具有 0.01nm 的分辨本领。而微细结构的缺陷如金属聚积物、微沉积物、微裂纹等测试的纳米分析技术目前发展尚不成熟,国外在该领域的研究工作主要有用于晶体缺陷的激光扫描层析技术(Laser Scanning Tomograph, LST)。其探测微粒尺度的分辨率达 1nm,用于研究样品顶部几个微米之内缺陷情况的纳米激光雷达技术(Nanolidar),其探测尺度分辨度亦达 1nm。

表 3-10 SPM 示例

序 号	显 微 镜 名 称	检测对象的局部物理量
1	扫描隧道显微镜(STM)	隧道电流
2	原子力显微镜(AFM)	力(分子力)
3	磁力显微镜(MFM)	磁力
4	摩擦力显微镜(FFM)	摩擦力
5	扫描近接场超声波显微镜(SNAM)	超声波、瞬息光
6	扫描近接场光学显微镜(SNOM)	瞬息光
7	扫描离子显微镜(SCIM)	离子传递

新型微型机械的测试仪器对表面科学、材料科学、生命科学以及微电子技术等众多领域有重大意义和更广阔应用前景,最近利用 STM、AFM 检测表面粗糙度和晶粒高度差,已相当成功。

更为可喜的是,基于 STM 的纳米加工技术,可操纵原子和分子。如美国 IBM 公司利用 STM 将 35 个氙原子构成"IBM"三个字母,Xe 是稀有气体元素,相当稳定,搬置在用氩离子溅射过的洁净表面的镍上。中国科学院化学所通过 STM,将原子摆放成我国的地图;预计 STM 将会有更大突破,如华中理工大学利用 STM-AFM 做了金刚石刀尖钝圆半径的测量。已有信息表明,人们可利用 STM 做更高集成度的大规模集成电路。如在硅片上覆盖一层 20nm 厚的聚甲基丙烯甲脂(PMMA),再利用 STM 光刻,可得到 10nm 宽的线条。

最近为了突破高分辨率的大尺寸的测量,日本松下技研(株)将 AFM 探针装到三坐标测量机的测头上,制造了一台纳米分辨率精度的三坐标测量机;中国科技大学精密机械和精仪系,研制成与光学显微镜结合的 STM,在 CCD 摄像机监控下,利用 XY 冲击式样品台,可将针尖移动到 10mm×10mm 样品上的特定区域上扫描,仪器是有原子级量级的分辨率,最大扫描范围可达 2μm×2μm。东京大学高增洁介绍最近研制了以纳米分辨率级的 nano-CMM(nano-三坐标测量机),这对当前微机械发展提供了较好环境条件。

3.10 非传统加工技术

3.10.1 概述

3.10.1.1 非传统加工技术内涵、范围及技术地位

非传统加工技术,顾名思义就是一种采用不同于传统切削磨削加工工艺及装备的加工技术来进行制造成形的加工工艺及装备的技术,目前所包括的范围主要是特种加工、"堆

积"制造技术和新机构原理加工装备技术。

特种加工是将电、磁、声、光、热等物理能量及化学能量或其组合乃至与机械能组合直接施加在被加工的部位上，从而使材料被去除、变形及改变性能等。特种加工具有下列特点：

(1) 工具材料的硬度可以大大低于工件材料的硬度；

(2) 可直接利用电能、电化学能、声能或光能等能量对材料进行加工；

(3) 加工过程中的机械力不明显，工件很少产生机械变形和热变形，有助于提高工件的加工精度和表面质量；

(4) 各种加工方法可以有选择地复合成新的工艺方法，使生产效率成倍地增长，加工精度也相应提高；

(5) 几乎每产生一种新的能源，就有可能产生一种新的特种加工方法。

特种加工方法因具有上述特点而适用于以下场合：

(1) 解决各种难切削材料的加工问题，如耐热钢、不锈钢、钛合金、淬火钢、硬质合金、陶瓷、宝石、金刚石等以及锗和硅等各种高强度、高硬度、高韧性、高脆性以及高纯度的金属和非金属的加工。

(2) 解决各种复杂零件表面的加工问题，如各种热锻模、冲裁模和冷拔模的模腔和型孔、整体涡轮、喷气涡轮机叶片、炮管内腔线以及喷油嘴和喷丝头的微小异形孔的加工问题。

(3) 解决各种精密的、有特殊要求的零件加工问题，如航空航天、国防工业中表面质量和精度要求都很高的陀螺仪、伺服阀以及低刚度的细长轴、薄壁筒和弹性元件等的加工。

特种加工发展至今虽有50多年的历史，但在分类方法上并无明确规定。一般按能量形式和作用原理进行划分：

(1) 电能与热能作用方式有：电火花成形与穿孔加工（EDM）、电火花线切割加工（WEDM）、电子束加工（EBM）和等离子体加工（PAM）。

(2) 电能与化学能作用方式有：电解加工（ECM）、电铸加工（ECM）和刷镀加工。

(3) 电化学能与机械能作用方式有：电解磨削（ECG）、电解珩磨（ECH）。

(4) 声能与机械能作用方式有：超声波加工（USM）。

(5) 光能与热能作用方式有：激光加工（LBM）。

(6) 电能与机械能作用方式有：离子束加工（IM）。

(7) 液流能与机械能作用方式有：水射流切割（WJC）、磨料水喷射加工（AWJC）和挤压珩磨（AFH）。

在特种加工范围内还有一些属于降低表面粗糙度和改善表面性能的工艺，前者如电解热抛光、化学抛光、离子束抛光等；后者如电火花表面强化、镀覆、电子束曝光、离子束注入渗杂等。

"堆积"制造技术指运用合并与连接的方法，把材料有序地堆积起来形成三维实体的成形方法。在制造的全过程中可把零件视为一个空间实体，由非几何意义的"点"或"面"叠加而成，它从CAD模型中，获取零件点、面的离散信息，把它与成形工艺参数信息结合转换为控制成形机工作的NC（数控）代码，控制材料有规律地精确地堆积成零件。快速原型制造技术（RPM）属于典型的"堆积"制造技术，RPM 技术的应用领域已遍及机械、电子、汽车、医疗、建筑等多个行业，应用于产品设计开发与集成制造等方面：产品开发中的设计评价、功能试验、快速模具制造、快速制造金属型零件、微型机械研究开发及快速反求工程等。理论上，"堆积"制造技术可以制造塑料、陶瓷及各种复合材料的任意形状的零件，材料从小到大的堆积，提高了材料利用率，精度较好，可达±0.01mm。

新机构原理加工装备技术主要指近年出现的采用并联行架结构的虚拟轴机床（Virtual Axis Machine Tool）及其相关技术，国外称为 Hexapod 或 Stewart 机床，这种机床突破了传统机床结构上的串联机构方案，一般以控制六个轴的长短来实现刀具相对于工件的加工位姿，不但提高了工艺灵活性，而且整机重量轻，刚性好，已受到国内外重视。

随着科学技术的进步和工业生产发展，非传统加工技术的内涵日益丰富，所涉及的范围日益扩大。特种加工技术在难加工材料加工、模具制造、复杂型面加工、零件的精细加工、微型电子机械系统制造及低刚度零件加工等加工领域中已成为重要的加工方法，形成了较完整的制造技术体系。

就非传统加工技术的技术地位而言，以模具制造业为例，模具技术已成为衡量一个国家的科技水平的重要标准之一，没有高水平的模具就没有高质量的产品，据 CIRP（国际生产工程研究会）报告，2000 年工业产品零件粗加工的 75%、精加工的 50% 及塑料零件的 90% 以上将由模具成形完成，目前特种加工设备的 90% 以上用于模具加工，占模具加工总量的 30%～50%，成为模具制造的重要工艺技术手段。RPM 技术也已从快速原型制造向快速模具制造方向发展，并成为重要的模具快速制造技术的手段。随着航空航天、核能热电以及微电子工业的发展，产品向高精度、高速度、耐高温、耐高压、耐腐蚀、大功率、小型化和高可靠性方向发展，零件的特殊结构和新材料的应用对制造业提出了特殊的要求，常规加工方法难以胜任，用非传统加工技术就很容易解决。微型机械在 21 世纪将从实验室走向实用化，用于微型机械加工的电子束加工、离子束加工、激光束加工及精密电火花加工等精密特种加工技术将为微型电子机械系统的研究和发展提供保证。虚拟轴机床技术因其固有优势而容易达到高速度和高加速度，在一定范围内可实现多坐标数控加工、装配与测量等多种功能。虚拟轴机床特别适用于模具、叶片及航空航天行业异型零件等的复杂三维空间曲面的加工，应用前景十分广阔，性能价格比也十分诱人。目前，国际学术界和工程界纷纷投入大量人力物力竞相开发这种新机构原理加工装备以抢占市场。

总之，非传统加工技术作为跨世纪的先进制造技术将在 21 世纪人类社会进步及我国现代化建设中发挥重大作用。

3.10.1.2 非传统加工技术的国内外发展现状

1943 年，前苏联的拉扎连柯夫妇在研究开关触点遭受火花放电时的腐蚀损坏的现象和原因时，从火花放电时的瞬时高温，可使局部金属熔化、气化而蚀除的现象，顿悟到创造一种全新的加工方法的可能性，继而深入进行研究，最终发明了电火花加工这种新型方法。继电火花加工出现之后，人们又不停顿地进行研究和探索，相继发展了一系列的特种加工新方法，如电解加工、超声波加工和激光加工等，从而开创了特种加工的广阔领域。

国外，特别是日本、前苏联、美国、瑞士等工业化国家对非传统加工技术给予了高度重视，视其为一种跨世纪技术，日本还把它列为机械装备的三大支柱之一。它们从理论研究、技术应用到加工设备的研制已达到了很高的水平。他们的特种加工装备以高度自动化、多功能、加工工艺指标高、质量好及可靠性高而畅销全球。相关统计资料表明：电火花加工精度达到微米级，微细放电加工达到亚微米级，电解加工精度达 0.02mm，采用脉冲电源及其它措施后的精度达到微米级；激光切割精度达到 0.03mm，电子束、离子束加工精度达到微米级；电化学抛光表面粗糙度达到 $R_a 0.002 \mu m$。日本大森整博士于 90 年代提出的超细粒度铸铁结合剂金刚石砂轮的在线电解修整技术可以实现脆硬材料的超精密镜面加工，表面粗糙度小于 1nm，美国、英国、德国、法国等国已在生产中采用了该技术。

激光加工已成功用于切割、焊接、表面处理、打孔、微机械加工及弯曲成形等方面。激光加工在工业发达国家中已被大量用于电子、汽车、钢铁、机械、航空等工业部门，被誉为"未来制造系统的共同加工手段"。激光加工技术发展很快，需求不断增长，据 Industrial Laser Review1998 年初发布的对世界工业激光器及激光加工系统销售情况的统计，1997 年激光加工系统销售额比 1996 年增长 20%，对工业激光器销售台数年增长率的统计表明，近几年一直有 20%左右的增长率。Photonics Spectra 对各行业应用激光加工的情况做了统计，电子与电器工业是最大用户，占 40%以上，从微调、划基片、标记、焊接到剥线，用得极广；汽车工业和加工门市部次之，各占 14%，主要是切割和焊接；包装业用激光进行模板切割和标记占 8%；航空航天占 2%等。西门子公司在德国慕尼黑一个分公司的生产线上就有近 400 台各种类型的激光加工设备，日本东芝公司的激光技术研究所专门就公司生产中的需求来研究开发固体激光加工设备（Nd：YAG 激光器），在显像管和集成电路生产线上的许多激光焊接机、标记机、微调机都是该公司自行制造的。汽车工业中，通用、福特、奔驰、大众、丰田等汽车制造商无一例外地采用了激光加工技术，汽车车身装配中大量使用激光焊接工艺，不但可省材料，还提高了工效，增加了汽车构件的强度，福特汽车公司用 5m 长的光纤将 2kW 的 Nd:YAG 激光传输到装在 IR761/125 型机器人的焊头上，用于车身装配，把车顶和门框焊在一起，焊两层 0.8mm 厚的钢板，焊速达 2.8m/min。

电火花加工已是模具加工中不可替代的加工方法，它还可以加工各种特殊性能的材料和各种复杂表面及微细、微精、薄壁、低刚性等零件。各国都在对电极材料进行改进以提高电火花放电加工效率。为降低工件加工面的表面粗糙度，实现镜面加工，日本发明了一种新的电火花成形加工方法，即在加工液中掺入适量的微细硅粉末，或者铝粉、石墨粉等，可以提高表面精度数倍以上，这种加工技术的一般加工精度达到 2～3μm，加工生产率达到 220～320mm^2 / min，这种加工方法对应的电火花加工机床已商品化。电火花加工设备将向"不降低加工性能、降低造价"方向发展，如日本 FANUC 公司的α-0a 型、SODICK 公司的 A-300W 型等机床，日本、瑞士等国生产的电加工机床具有五轴闭环数控系统，采用智能型 AC（交流）伺服驱动，模拟熟练操作者的模糊控制系统、微精加工回路和防电解电源等。

电子束和离子束加工是极有发展前途的特种加工工艺，也是种超精密加工及微型机械加工（微细加工）的方法。

电子束加工技术，近 20 年发展迅速，已能进行精密微细、焊接、涂膜、熔炼、热处理、曝光、辐照等加工。德国阿登纳研究所生产连续式电子束带钢镀膜设备，能镀的钢带宽 500mm、双层镀铝厚度 0.1～1mm，速度为 200m / min，电子帘加速器用于辐照加工在国外已普及，机器的总功率可达 250kW，电子束加工技术将向高功率化、高精度化、微细化、自动化方向发展。

离子束加工可以进行铣刻、溅射涂膜、离子镀和微细加工等,特别是离子辅助镀层(IAC)技术兼有气相沉积和离子注入的两者优点,可以制备出粘接力很强、结构致密的各种性能优良的功能镀层。微细离子束加工主要应用在微型机器人的制造上。

化学特种加工是在工件表面产生化学反应,使用金属腐蚀溶解而改变工件的尺寸和形状,具有加工周期短、变换产品快、工艺性较好等特点,其主要用于印刷线路板制造。

在借助于水、磨料、超声波、热能等对工件进行精密加工的机械特种加工技术方面,国内外已有较大发展。国外公司一直用磨料水喷射加工 100mm 以上厚度的防弹玻璃、层压玻璃和聚碳酸酯,效果良好。磨料水喷射切割加工十分适合于航空材料的加工,最新开发的三维切割方法,如德国 Louis Bleroit 研究中心已开发一种六轴龙门式机器人,用于对组合零件进行精加工以及对钛合金、碳纤维成形加工件进行切削加工,该机床由两个磨料水喷射切割头、一个传感器和一些切削刀具组成。磨料喷射加工可以胜任精密切割,加工工件无须去毛刺,这在氧乙炔、微光束切割法中是无法实现的。其次水喷射加工的另一个优点是其可以触及其他工具不易达到的地方。磨料流动加工已成熟地应用于液压、气动元件阀体的交叉孔去毛刺、倒圆和挤压模具内腔抛光,表面粗糙度达到 $R_a0.04 \sim 0.05 \mu m$。多年来美国一直在进行超声波辅助金刚石刀具加工的研究,日本也正在进行超声波辅助磨削技术的开发。

电解加工是利用金属在电解液中的电化学阳极溶解将工件加工成形的,已成功应用于锻模、齿轮、花键、高温合金叶片等机械零件的成型加工,采用电解液冲刷加工和成型管电解加工可以加工孔径为 $0.2 \sim 5mm$,孔深与孔径之比大于 20 以上的孔,孔深与孔径之比最高已达 300,也可以加工异型孔的小深孔机械零件。电解磨削和电解研磨加工硬质合金效率比机械磨削提高 $3 \sim 5$ 倍,表面粗糙度达到 $R_a<0.16\mu m$,对于电解加工,国外研究机构正致力于采用非线性电解液、脉冲电流和振动进给等工艺措施攻克精度不高这一难题,电解液对机床、工件及环境都有一定的腐蚀作用也是今后电解加工技术发展中需要解决的关键问题。

对于 RPM 技术的国内外发展现状趋势以及关键技术,将在 3.11 节中介绍。

虚拟轴机床及其相关技术于 1994 年在美国芝加哥国际制造技术展览会(IMTS′94)上引起轰动以来,被人们称为"21 世纪的机床",它的六杆并联连杆结构使得机床刚性提高,加工速度是传统加工中心的 $5 \sim 10$ 倍。目前,美国、瑞士、俄罗斯、英国、日本等国已经生产出了数台样品,美国 Ingersol 公司的 HOH-600(Octahedral Hexapod)最大进给速度 30m/min,主轴转速为 $0 \sim 20000r/min$,刀库容量为 40 或 80 把刀,机床价格高达 140 万美元。由于虚拟轴机床具有优良的动态性能、很小的运动质量和良好的灵活性,符合制造装备技术的以硬件的复杂性向软件转移的总趋势,其已成为世界的研究热点。

我国近年来在非传统加工技术方面进行了大量研究,在电火花加工、电化学加工、电化学机械加工、激光加工等方面形成了自己的特色,但在精度、功能、自动化程度、可靠性、加工稳定性、加工工艺指标等方面都低于国外先进水平,水平相差 10 至 20 年。我国电加工机床的加工精度为 0.02mm、表面粗糙度为 $R_a0.0025mm$,最好水平为 $R_a0.0006mm$。电加工机床数控系统的性能与国外系统相比,缺乏完善的工艺数据库,可靠性不稳定,没有 Z 轴伺服装置。国内的激光加工设备在切割速度和精度上与国外先进水平相比有较大差距,在厚板切割和激光弯曲成形方面的研究刚起步。在虚拟轴机床技术方面,我国的一些高等院校和科研院所近年来也开展一些研究,中科院沈阳自动化所、清华大学、天津大学、哈尔滨工业大学、北京航空航天大学、东北大学等单位在这一领域进行了理论分析和试验研究,有的已制出样机。

3.10.1.3 非传统加工技术的发展趋势及前沿关键技术

1. 非传统加工技术的发展趋势

(1)在微精、高效加工方面继续发展。微机电系统要求非传统加工技术将向亚微米级和纳米级方向发展。

(2)向自动化、柔性化和智能化方向发展。非传统加工技术的控制装置将充分利用模糊控制和智能控制技术;通过对非传统加工技术机理研究建立各种加工方法的工艺数据库,实现非传统加工的 CAD/CAM,发展高精度、高效率和表面质量好的加工技术、加工中心和加工单元。

(3)向新的多能量复合加工和综合加工技术发展。为了提高非传统加工技术的加工精度、加工效率和表面质量,适应新材料新产品和应用领域的需要,各种能量组合的复合加工技术和综合加工技术将得到发展并在 21 世纪发挥重要作用。

(4)向绿色加工技术方向发展。发展水射流加工技术以水基溶液代替有毒溶液、减少污水排放,发展 RPM 技术以及硬件结构简单而软件复杂的虚拟轴机床技术将是非传统加工技术的重要方向。

2. 非传统加工技术的前沿关键技术

非传统加工技术具体到其基础研究、电火花加工技术、激光加工技术、复合加工技术及虚拟轴机床技术等方面的发展趋势及其前沿关键技术有:

(1)非传统加工技术的基础研究。加强特种加工技术的工艺基础研究,建立特种加工工艺数据库;特种加工过程的模糊控制技术的研究;自动化、智能化、开放式体系结构的电加工数控系统研究;精密化的复合加工技术也是特种加工技术的重要基础研究课题。

(2)电火花加工技术。研制可作垂直升降的伸缩式加工液槽、高刚度箱型结构的床身及可防止热变形的精密陶瓷工作台;在提高精度和自动化程度的同时,向结构小型化方向发展,开发精密、微细、多功能电火花加工机床,多轴联动的数控电火花加工机床及电极直接驱动的小型电火化加工装置;大力发展混粉大面积镜面加工、电火花铣削加工和电火花微细加工如电火花线电极磨削等新工艺;进行智能自选规准脉冲电源及节能式脉冲电源的研究;ATC 电极库和非燃性、环保型工作液的研究;电火花加工用专家系统及电火花加工技术的安全性的研究。

(3)激光加工技术。其发展趋势,一是中高功率的 CO_2 激光加工机将占主要地位,并向大功率(10~15kW)、智能化(CAD/CAM)和在线监控等方面发展;二是向加工技术的复合化(一台激光器多用)的方向发展,如日本建成一条激光复合加工柔性生产线,从毛坯进料→激光切割下料→激光热加工成形→去毛刺→焊接→热处理→检测,全部工艺流程均采用激光加工技术;三是向大厚度、高精度、加工零件形状更为复杂的方向发展;四是开辟新的激光加工工艺,在微细加工、光刻、薄膜沉积、大规模集成电路制作、新的物质合成以及光化学分离等方面进行研究。重点进行激光器、高速高精度激光切割、激光焊接、厚板激光切割机理研究;开发激光三维自动聚焦系统和离线自动编程系统;开展激光弯曲成形技术的工艺过程研究和设备的研制。

（4）传统加工和特种加工相结合的复合加工方法以及精密和超精密特种加工技术的研究与开发。

（5）虚拟轴机床。虚拟轴机床（并联机床）的概念设计；利用 CAD、计算机仿真、虚拟现实技术等进行虚拟轴机床的运动计算、动力计算、控制技术、结构设计和优化设计研究；虚拟轴机床的力觉、视觉、故障自诊断、安全运行保障研究及生产线总控技术的研究；虚拟轴机床应用领域的可行性、合理性研究；虚拟轴机床的模块化技术、标准化技术、数字式交流伺服控制系统及驱动技术、精确定位相关的机电技术、精确定位有关的主要零部件开发和制造技术及虚拟轴机床的联网技术等虚拟轴机床建造技术的研究；跟踪研制通用虚拟轴加工中心，注重开发用于工业实际的专用虚拟轴机床，加强虚拟轴机床技术商品化工作。

本节将重点介绍电火花加工、高能束加工、复合加工及虚拟轴机床技术等几种非传统加工技术。

3.10.2 电火花加工

电火花加工是在一定的液体介质中，利用脉冲放电对导电材料的电蚀现象来蚀除材料，从而使零件的尺寸、形状和表面质量达到预定技术要求的一种加工方法。在特种加工中，电火花加工的应用最为广泛，尤其在模具制造业、航空航天等领域有着极为重要的地位。

3.10.2.1 电火花加工的原理与特点

电火花加工是在如图 3-46 所示的加工系统中进行的。加工时，脉冲电源的一极接工具电极，另一极接工件电极。两极均浸入具有一定绝缘度的液体介质（常用煤油或矿物油或去离子水）中。工具电极由自动进给调节装置控制，以保证工具与工件在正常加工时维持一很小的放电间隙（0.01～0.05mm）。当脉冲电压加到两极之间，便将当时条件下极间最近点的液体介质击穿，形成放电通道。由于通道的截面积很小，放电时间极短，致使能量高度集中（$10^6 \sim 10^7 \text{W/mm}^2$），放电区域产生的瞬时高温足以使材料熔化甚至蒸发，以致形成一个小凹坑。第一次脉冲放电结束之后，经过很短的间隔时间，第二个脉冲又在另一极间最近点击穿放电。如此周而复始高频率地循环下去，工具电极不断地向工件进给，它的形状最终就复制在工件上，形成所需要的加工表面。与此同时，总能量的一小部分也释放到工具电极上，从而造成工具损耗。

从上面的叙述中可以看出，进行电火花加工必须具备三个条件：必须采用脉冲电源，必须采用自动进给调节装置，以保持工具电极与工件电极间微小的放电间隙；火花放电必须在具有一定绝缘强度（$10^3 \sim 10^7 \Omega \cdot \text{m}$）的液体介质中进行。

电火花加工具有如下特点：可以加工任何高强度、高硬度、高韧性、高脆性以及高纯度的导电材料；加工时无明显机械力，适用于低刚度工件和微细结构的加工；脉冲参数可依据需要调节，可在同一台机床上进行粗加工、半精加工和精加工；电火花加工后的表面呈现的凹坑，有利于贮油和降低噪声；生产效率低于切削加工；放电过程有部分能量消耗在工具电极上，导致电极损耗，影响成形精度。

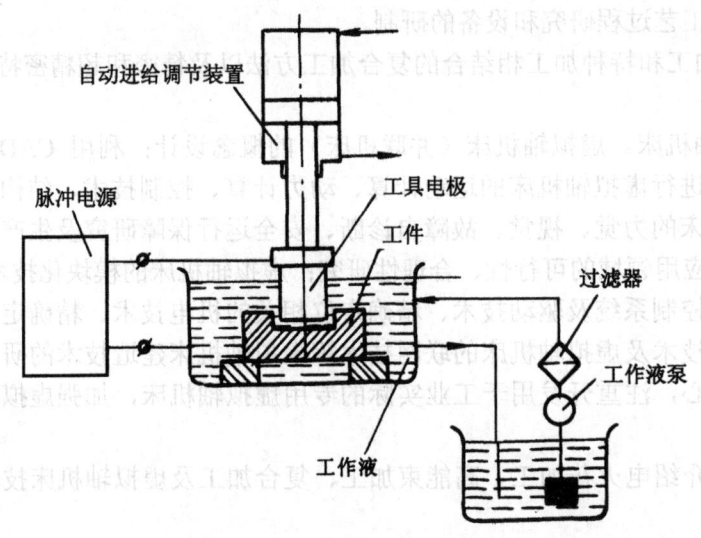

图 3-46 电火花加工原理图

3.10.2.2 电火花加工的应用与发展

电火花加工主要用于模具中型孔、型腔的加工，已成为模具制造业的主导加工方法，推动了模具行业的技术进步。电火花加工零件的数量在 3000 件以下时，比模具冲压零件在经济上更加合理。按工艺过程中工具与工件相对运动的特点和用途不同，电火花加工可大体分为：电火花成形加工、电火花线切割加工、电火花磨削加工、电火花展成加工、非金属电火花加工和电火花表面强化等。

1. 电火花成形加工

该方法是通过工具电极相对于工件作进给运动，将工件电极的形状和尺寸复制在工件上，从而加工出所需要的零件。其包括电火花型腔加工和穿孔加工两种。电火花型腔加工主要用于加工各类热锻模、压铸模、挤压模、塑料模和胶木膜的型腔。电火花穿孔加工主要用于型孔（圆孔、方孔、多边形孔、异形孔）、曲线孔（弯孔、螺旋孔）、小孔和微孔的加工。近年来，为了解决小孔加工中电极截面小、易变形、孔的深径比大、排屑困难等问题，在电火花穿孔加工中发展了高速小孔加工，取得良好的社会经济效益。

2. 电火花线切割加工

该方法是利用移动的细金属丝作工具电极，按预定的轨迹进行脉冲放电切割，按线电极移动的速度大小分为高速走丝和低速走丝线切割。我国普通采用高速走丝线切割，近年来正在发展低速走丝线切割，高速走丝时，线电极是直径为 $\phi 0.02 \sim \phi 0.3mm$ 的高强度钼丝，往复运动速度为 8～10m/s。低速走丝时，多采用铜丝，线电极以小于 0.2m/s 的速度作单方向低速运动。线切割时，电极丝不断移动，其损耗很小，因而加工精度较高。其平均加工精度可达 0.01mm，大大高于电火花成形加工。表面粗糙度 R_a 值可达 1.6μm 或更小。

国内外绝大多数数控电火花线切割机床都采用了不同水平的微机数控系统，基本上实现了电火花线切割数控化。目前电火花线切割广泛用于加工各种冲裁模（冲孔和落料用）、样板以及各种形状复杂型孔、型面和窄缝等。

3. 电火花加工机床的新进展

电火花加工机床在提高精度和自动化程度同时，也在向结构的小型化方向发展。为提高零件加工精度，类似于加工中心的精密多功能微细电火花加工机床受到青睐，在这种机床上，从微细电极的制作到微细零件的加工，电极只需一次装夹，因此减小了多次装夹电极所带来的误差，并且可以通过对电极的重加工来修正被损耗电极的形状，从而提高了零件加工精度。在这种机床上，可实现电火花线电极磨削加工、电火花复杂形状微细孔加工及电火花铣削加工等功能，并有望实现微细电火花三维形体加工。

目前先进的多轴联动电火花数控机床发展趋势是集多种功能于一体，这些功能包括旋转分度、自动交换电极、自动放电间隙补偿、电流自适应控制以及加工规准的实时智能选择等，从而实现从加工规准的选择到零件的加工全过程自动化，夏米尔公司、阿奇公司、三菱电机公司、沙迪克公司等国外著名的电火花机床厂商都有成熟产品，国内的汉川机机床厂、北京迪蒙公司也在生产这类产品。电极直接驱动的小型电火花加工系统是20世纪90年代才出现的一门新兴技术，其能在电极上附加轴向小振幅快速振动，并利用多电极同时加工。日本东京大学的方谷克司和丰田工业大学的毛利尚武等人，已经研制出蠕动式、冲击式和利用椭圆运动驱动的三种利用压电陶瓷的递压电效应来直接驱动电极的小型电火花加工装置，我国的哈尔滨工业大学、南京航空航天大学分别利用蠕动式原理和冲击式原理制造出样机。

3.10.3 高能束加工

高能束加工是利用被聚焦到加工部位上的高能量密度射束，对工件材料进行去除加工的特种加工方法的总称，高能束加工通常指激光加工、电子束加工和离子束加工。

3.10.3.1 激光加工

激光加工是20世纪60年代发展起来的一种新兴技术，它是利用光能经过透镜聚焦后达到很高的能量密度，依靠光热效应来加工各种材料。已广泛用于打孔、切割、焊接、电子器件微调、表面处理以及信息存贮等许多领域。

1. 激光加工原理及特点

激光是一种经受激辐射产生的加强光。其光强度高，方向性、相干性和单色性好，通过光学系统可将激光束聚焦成直径为几十微米到几微米的极小光斑，从而获得极高的能量密度（$10^8 \sim 10^{10} W/cm^2$）。当激光照射到工件表面，光能被工件吸收并迅速转化为热能，光斑区域的温度可达10000℃以上，使材料熔化甚至汽化。随着激光能量的不断吸收，材料凹坑内的金属蒸气迅速膨胀，压力突然增大，熔融物爆炸式的高速喷射出来，在工件内部形成方向性很强的冲击波。激光加工就是工件在光热效应下产生的高温熔融和冲击波的综合作用过程。

图3-47是固体激光器中激光的产生和工作原理图。当激光的工作物质钇铝石榴石等受到光泵（激励脉冲氙灯）的激发后，吸收具有特定波长的光，在一定条件下可导致工作物质中的亚稳态粒子数大于低能级粒子数，这种现象称为粒子数反转。此时一旦有少量激光粒子产生受激辐射跃迁，造成光放大，再通过谐振腔内的全反射镜和部分反射镜的反馈作

用产生振荡,此时由谐振腔的一端输出激光。再通过透镜聚焦形成高能光束,照射在工件表面上,即可进行加工。固体激光器中常用的工作物质除了钇铝石榴石外,还有红宝石和钕玻璃等材料。

激光加工工具有如下特点:它属于高能束流加工,不存在工具磨损更换问题;几乎可以加工任何金属与非金属材料;属非接触加工,无明显机械力,能加工易变形的薄板和橡胶等弹性工件;加工速度快,热影响区小;易实现加工过程自动化;激光可通过玻璃、空气及惰性气体等透明介质进行加工,如对真空管内部进行焊接等;激光可以通过聚焦,形成微米级的光斑,输出功率的大小又可以调节,因此可用于精密微细加工;加工时不产生振动噪声,加工效率高,可实现高速打孔和高速切割;可以达到 0.01mm 的平均加工精度和 0.001mm 的最高加工精度;表面粗糙度 R_a 值可达 0.4～0.1μm。

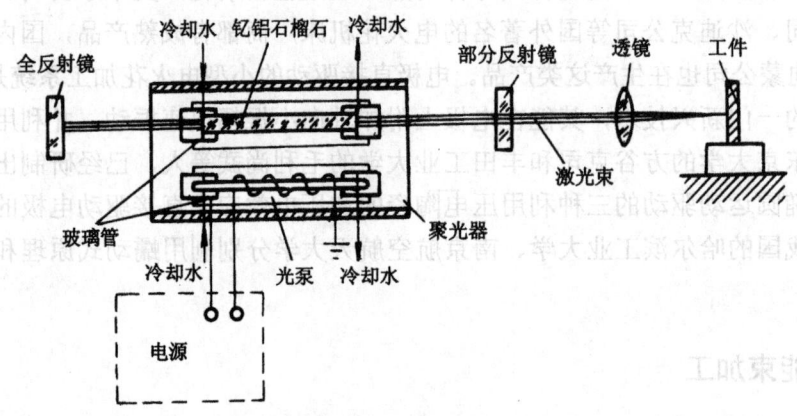

图 3-47 固体激光器中激光的产生与加工原理

2. 激光加工的应用范围及发展

激光加工的主要参数为激光的功率密度、激光的波长和输出的脉宽、激光照射在工件上的时间以及工件对能量的吸收等。激光对材料的表面处理、焊接、切割和打孔等都与上述参数有关。

(1) 激光表面处理。这是近十年来激光加工领域中最为活跃的研究与开发方向,发展了相变硬化、快速熔凝、合金化、熔覆等一系列处理工艺。其中相变硬化和熔凝处理的工艺技术趋向成熟并产业化。合金化和熔覆工艺无论对基体材料的适应范围还是性能改善的幅度,都比前两种工艺广得多,因而发展前景广阔。

(2) 激光焊接。它是基于大功率激光所产生的小孔效应基础上的深熔焊接,它既是一种熔深大、速度快、单位时间熔合面积大的高效焊接方法,又是一种焊缝深宽比大、比能小、热影响区小、变形小的精确焊接方法。当激光的功率密度为 10^5～10^7W/cm^2,照射时间约为 1/100 秒左右,即可进行激光焊接。激光焊接一般无需焊料和焊剂,只需将工件的加工区域"热熔"在一起就可以。

(3) 激光切割。激光切割所需的功率密度约为 10^5～10^7W/cm^2。它既可以切割金属材料,也可以切割非金属材料。它还能透过玻璃切割真空管内的灯丝,这是任何机械加工所难以达到的。

(4) 激光打孔。激光打孔的功率密度一般为 10^7～10^8W/cm^2。它主要应用于在特殊零件或特殊材料上加工孔。如火箭发动机和柴油机的喷油嘴、化学纤维的喷丝板、钟表上的宝石轴承和聚晶金刚石拉丝模等零件上的微细孔加工。

超声激光复合加工是一种激光打孔新工艺,它是超声波振动和激光束的作用复合起来。采用超声调制的激光打孔,不但能增加孔的加工深度,而且能改善孔壁质量。

3.10.3.2 电子束加工

1. 电子束加工原理及特点

电子束加工在真空中进行,其加工原理如图 3-48 所示。由电子枪射出的高速电子束经电磁透镜聚焦后击工件表面,在轰击处形成局部高温,使材料瞬时熔化和汽化,从而达到材料去除、连接或改性的目的。控制电子束能量密度的大小和能量注入时间,可达到不同加工目的。如只使材料局部加热就可进行电子束热处理;使材料局部熔化就可进行电子束焊接;提高电子束能量密度,使材料熔化和汽化,就可进行电子束打孔、切割等加工;利用较低能量密度的电子轰击高分子材料时产生化学变化的原理,即可进行电子束光刻加工。

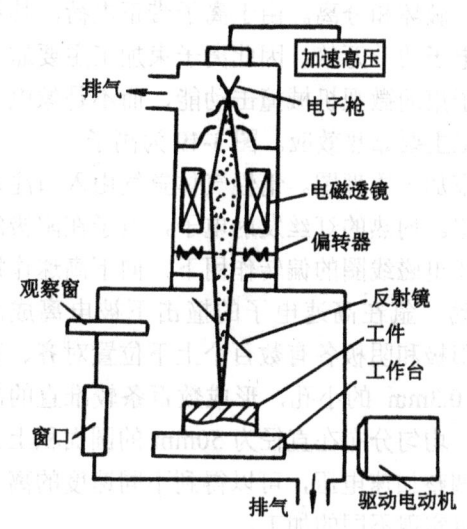

图 3-48 电子束加工原理

电子束加工有如下特点:电子束可实现极其微细的聚焦(可达 0.1μm),可实现亚微米和毫微米级的精密微细加工;电子束加工主要靠瞬时热效应,工件不受机械力作用,因而不产生宏观应力和变形;加工材料的范围广,对高强度、高硬度、高韧性的材料以及导体、半导体和非导体材料均可加工;电子束的能量密度高,如果配合自动控制加工过程,加工效率非常高;每秒钟可在 0.1mm 厚的钢板上加工出 3000 个直径为 0.2mm 的孔;电子束加工在真空中进行,污染少,加工表面不易氧化,尤其适合加工易氧化的金属及其合金材料,以及纯度要求极高的半导体材料。

2. 电子束加工的应用范围

电子束加工可用于打孔、切割、焊接、蚀刻和光刻等。

(1) 高速打孔。电子束打孔的孔径范围为 0.02~0.003mm。喷气发动机上的冷却孔和机翼吸附屏的孔,孔径微小,孔数巨大,达数百万个,最适宜用电子束打孔。此外,还可以利用电子束在人造革、塑料上高速打孔,以增强其透气性。

(2) 加工型孔。为了使人造纤维的透气性好,更具松软和富有弹性,人造纤维的喷丝头型孔往往设计成各种异型截面,这些异形截面最适合采用电子束加工。

(3) 加工弯孔和曲面。借助于偏转器磁场的变化,可以使电子束在工件内部偏转方向,可加工曲面和弯孔。

此外,还可以利用电子束进行焊接、切割、刻蚀、表面热处理和光刻。由于电子束加工的成套设备价格昂贵,其应用受到一定限制。

3.10.3.3 离子束加工

1. 离子束加工原理及特点

离子束加工的原理与电子束加工基本类似，也是在真空条件下，将离子源产生的离子束经过加速后，撞击在工件表面上，引起材料变形、破坏和分离。由于离子带正电荷，其质量是电子的千万倍，因此离子束加工主要靠高速离子束的微观机械撞击动能，而不是像电子束加工主要靠热效应。图 3-49 为离子束加工原理图。惰性气体氩气由入口注入电离室。灼热的灯丝发射电子，电子在阳极的吸引和电磁线圈的偏转作用下，向下高速作螺旋运动。氩在高速电子的撞击下被电离成离子。阳极和阴极各有数百个上下位置对齐、直径为 0.3mm 的小孔，形成数百条较准直的离子束，均匀分布在直径为 50mm 的圆面积上。通过调整加速电压，可以得到不同速度的离子束，以实现不同的加工。

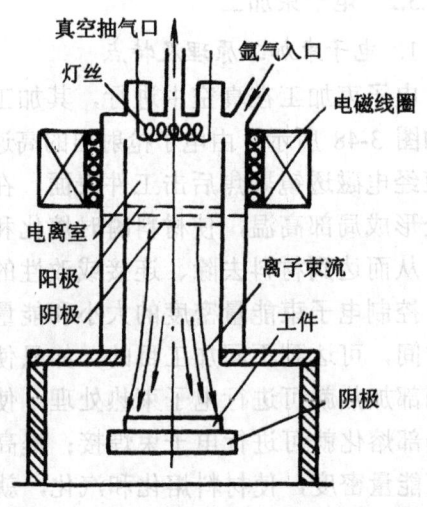

图 3-49 离子束加工原理

离子束轰击工件的材料时，其束流密度和能量可以精确控制，因此可以实现毫微米即纳米级（0.001μm）的加工，是当代毫微米加工技术的基础；离子束加工在真空中进行，污染少，特别适宜加工易氧化的金属、合金、高纯度的半导体材料；离子束加工的宏观压力小，因此加工应力小，热变形小，加工表面质量非常高；离子束加工设备费用高、成本高、加工效率低，其应用范围受到一定限制。

2. 离子束加工的应用范围

（1）离子刻蚀。它是由能量为 0.5～5keV、直径为十分之几纳米的氩离子轰击工件，将工件表层的原子逐个剥离的（图 3-50a）。这种加工本质上属于一种原子尺度上的切削加工，所以也称为离子铣削。这就是近代发展起来的毫微米加工工艺。

（2）离子溅射沉积。离子溅射沉积本质上是一种镀膜加工。它也是采用 0.5～5keV 氩离子轰击靶材，并将靶材上的原子击出，淀积在靶材附近的工件上，使工件表面镀上一层薄膜（图 3-50b）。

（3）离子镀膜。离子镀膜也称离子溅射辅助沉积，同样属于一种镀膜加工。它将 0.5～5keV 的氩离子分成两束，同时轰击靶材和工件表面，以增强膜材与工件基材之间的结合力（图 3-50c）。也可将靶材高温蒸发，同时进行离子镀。

（4）离子注入。离子注入时是采用 5～500keV 能量的离子束，直接轰击被工材料。在如此大的能量驱动下，离子能够钻入材料表层，从而达到改变材料化学成分的目的（图 3-50d）。可以根据不同的目的选用不同的注入离子，如磷、硼、碳、氮等，以实现材料的表面改性处理，从而改变工件表面层的机械物理性能。

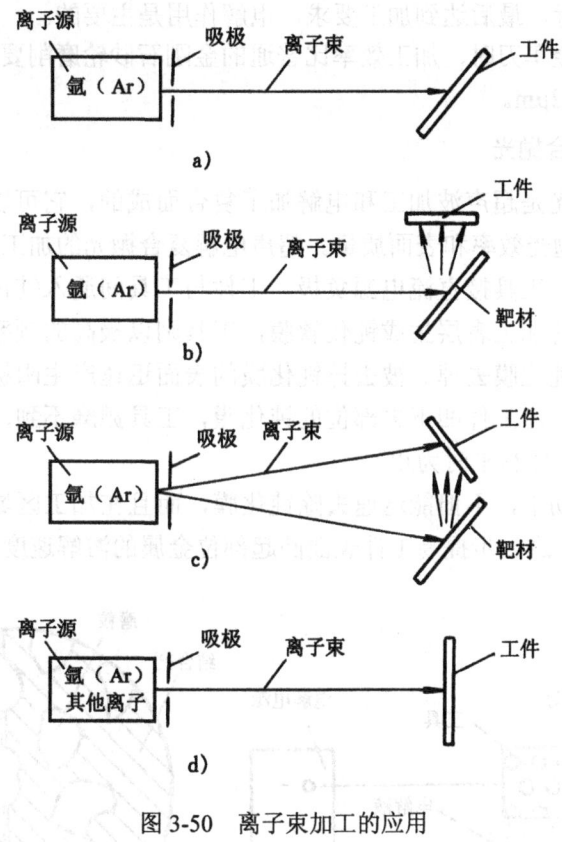

图 3-50 离子束加工的应用

3.10.4 复合加工

当把两种或两种以上的能量形式（包括机械能）合理的组合在一起，就发展成复合加工。复合加工有很大的优点，它能成倍地提高加工效率和进一步改善加工质量，是特种加工发展的方向。下面择要介绍几种复合加工：

3.10.4.1 电解磨削

电解磨削是利用电解作用与机械磨削相结合的一种复合加工方法（图 3-51）。图中高速旋转的导电砂轮接直流电源负极，工件（车刀）接直流电源正极。电解磨削时，导电砂轮和工件间保持一定的接触压力，砂轮表面外凸的磨粒使砂轮导电体与工件间有一定间隙。当电解液从间隙中流过，工件出现阳极溶解，工件表面形成一薄层较软的薄膜，很容易被导电砂轮中的磨粒磨除，工件上又露出新的金属表面并进一步电解。在加工过程中，电解作

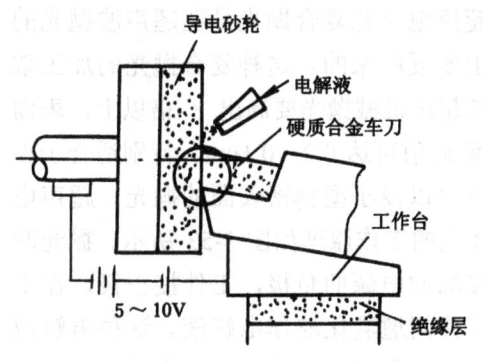

图 3-51 电解磨削原理图

用与磨削作用交替进行,最后达到加工要求。电解作用是主要的。

电解磨削硬质合金车刀时,加工效率比普通的金刚石砂轮磨削要高 3～5 倍,表面粗糙度 R_a 值可达 0.2～0.012μm。

3.10.4.2 超声电解复合抛光

超声电解复合抛光是超声波加工和电解加工复合而成的,它可以获得优于靠单一电解或单一超声波抛光的抛光效率和表面质量。超声电解复合抛光的加工原理如图 3-52 所示。抛光时,工件接正极,工具接直流电源负极。工件与工具间通入钝化性电解液。高速流动的电解液不断在工件待加工表层生成钝化软膜,工具则以极高的频率进行抛磨,不断地将工件表面凸起部位的钝化膜去掉。被去掉钝化膜的表面迅速产生阳极溶解,溶解下来的产物不断被电解液带走。而工件凹下去部位的钝化膜,工具抛磨不到,因此不溶解。这个过程一直持续到将工件表面整平时为止。

工具在超声波振动下,不但能迅速去除钝化膜,而且在加工区域内产生的"空化"作用可增强电化学反应,进一步提高工件表面凸起部位金属的溶解速度。

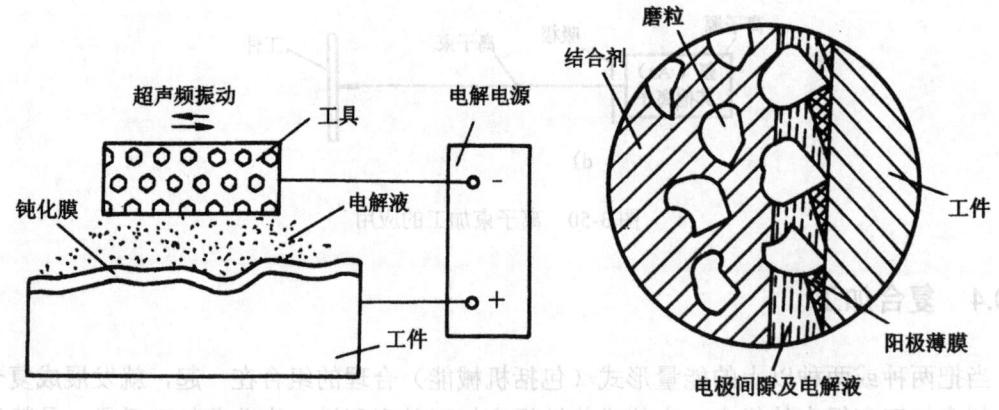

图 3-52 超声电解复合抛光原理

3.10.4.3 超声电火花复合抛光

超声电火花复合抛光是在超声波抛光的基础上发展起来的。这种复合抛光的加工效率比纯超声机械抛光要高出 3 倍以上,表面粗糙度 R_a 值可达 0.2～0.1μm。特别适合于小孔、窄缝以及小型精密表面的抛光。超声电火花抛光的工作原理如图 3-53 所示。抛光时工具接脉冲电源的负极,工件接正极,在工具和工件间通乳化液作电解液。这种电解液的阳极溶解作用虽然微弱,但有利于工件的抛光。

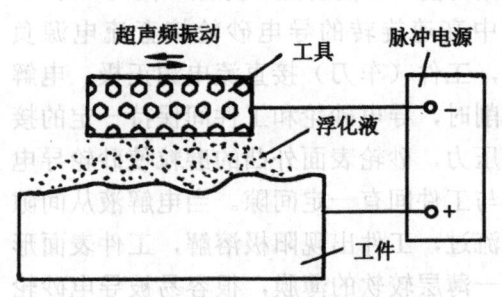

图 3-53 超声电火花复合抛光原理

抛光过程中，超声的"空化"作用一方面会使工件表面软化，有利于加速金属的剥离；另一方面使工件表面不断出现新的金属尖峰，这样不但增加了火花放电的分散性，而且给放电加工造成了有利条件。超声波抛磨和放电交错而连续进行，不仅提高了抛光速度，而且提高了工件表面材料去除的均匀性。

3.10.5 虚拟轴机床及其相关技术

市场竞争和新产品、新技术、新材料的发展推动着新机构原理加工装备技术的研究开发在近几年取得了相当大的进展，这其中，最为显眼的是近年来出现的虚拟轴机床（Virtual Axis Machine Tool）又称并联机床、六条腿（Hexapod）机床或称 Stewart 机床。这种机床由并联杆系构成，通过控制杆系中杆的长度使杆系支撑的平台获得相应自由度的运动。杆系（六杆、三杆以及二杆）机床的高刚度、低运动质量、高动态性能和构造简单、制造方便的优越性和可能的广泛应用前景，已为国内外所重视。并联杆系机床的发展也符合当前制造装备技术的总趋势：将硬件（包括机械部件）的复杂性向软件（包含计算机系统和应用软件）转移，从而得到构造简单而智能和知识含量更高的机电产品。

3.10.5.1 虚拟轴机床发展简史

虚拟轴机床的发展历史最早可追溯到 19 世纪末，1890～1894 年，Clerk.J.Maxwell 和 A.Mannheim 进行了空间机构理论研究。1956 年，在 Maxwell 和 Mannheim 有关工作的基础上，F.G.Altmann 设计了一种一个自由度的空间并联机构，用于在房间之间通过一种特定导轨移动物品。

1956 年，V.E.Gough 设计了一种用于轮胎检测的六自由度并联机构，该机构首次模拟"六足虫"结构，其运动平台通过六根长度可伸缩的连杆连到一个固定框架上，即静平台。但是，Gough 没有看到这种机构在机床方面的应用潜力。

1965 年，D.Stewart 采用六自由度的并联机构开发了飞行模拟器，1966 年发表论文"A Platform With Six Degrees of Freedom"奠定了他在空间并联机构中的鼻祖地位，相应的平台机构也命名为 Stewart 平台。

1978 年 Hunt 提出将 Stewart 机构应用到工业机器人，形成一种六自由度的新型并联机构机器人。1979 年 D.T.Pham 和 H.McCallion 将 Stewart 平台应用于机器人取得成功，Stewart 机构已成功应用于大功率装配机器人、步行机器人、机器人手腕等。1989 年 DELTA 结构诞生，其是三自由度的并联机构，其动平台总是平行于静平台。1990 年，HEXA 结构诞生，这是可实现三维空间任意位姿定位的六自由度空间并联机构。1993 年，美国德州自动化与机器人研究院研制出可完成铣、磨、钻、镗、抛光和高能束等多种加工的多功能并联加工机械手。

1994 年，IMTS94（1994 年美国芝加哥国际机床博鉴会）上，美国 Giddings & Lewis 公司和 Ingersoll 铣床公司、瑞士 Geodetics 公司展出 Stewart 数控机床样品，举世瞩目；世界各国的研究机构和企业开始大量投入 Stewart 机床的研究与开发，随后，结构创新和理论研究成果大量涌现；1994 年 9 月在美国成立了 Hexel 公司，专业从事各种类型的 Stewart 机床及其功能部件研究、开发、生产和销售；随后，在政府和企业的支持下，美国成立了五个国家级基地（MIT、NIST、ORNL、SNL/NM、SNL/CA）专业从事 Stewart 机床研究开发。1995 年 5 月 EMO 米兰展览会上，意大利 Comau 公司、日本日立精机展出了 Stewart 机器人。1996 年，由美国 Sandia 国家实验室和国家标准局倡议，专门成立了 Hexapod 用户协会，并在国际互联网上设立站点。1996 年 SGI 公司开发出 UNIX 平台 Stewart 机床设计造型三维 CAD 软件包。1996 年 10 月 23～25 日，日本丰田工机公司在丰田技术展览会展出了日本第一台 Stewart 机床，用于铸、锻模具等零件的高速加工。

1997 年，EMO97（1997 年德国汉诺威国际机床博览会）上展出了 10 多种 Stewart 机床产品样机，并首次进行金属工件铣削，Stewart 机床商品化已指日可待。EMO97 在概念上将传统机床和新兴的 Stewart 平台机床从结构上划分成串联机构和并联机构，是人类对机床结构认识概念上的突破。Stewart 机床专用功能部件，如球铰、虎克铰、导轨、滚珠丝杠、控制器等的专业化研究开发迅速崛起。CIMT97（第五届中国国际机床展览会）上，俄罗斯 Lapik 公司展出了 TM-750 型 Stewart 数控机床。

我国已将并联机床的研究与开发列入国家"九五"攻关计划和 863 高技术发展计划，清华大学与天津大学于 1998 年合作开发出我国第一台 Stewart 机床原型样机 VAMTIY。在 CIMT'99 中，哈尔滨工业大学展出的 BJ-1 并联机床和天津大学与天津第一机床厂联合展出的 3-HSS，表示我国在开发并联机床领域已取得了实质性进展。

3.10.5.2　虚拟轴机床的技术进展

虚拟轴机床技术上的重大新进展表现在以下几个方面：

1. 并联机构（虚拟轴机床）和串联机构（传统机床）的比较

如把传统机床称为串联机构，则虚拟轴机床称为并联机构，这体现了人类对机床结构认识概念上的突破。传统机床的串联机构特性导致移动部件的质量大、系统刚度低，而成为其致命的弱点，当机床运动速度高和工件大时，这些弱点更为突出。虚拟轴机床的基座与主轴平台间是由六根杆（一般是六根杆）并联地连接的，称之为并联机构。由六根杆同时相互耦合地作伸缩运动来确定平台的运动，主轴平台的受力由六根杆分摊承担，每根杆受力要小得多，且只承受拉力或压力，而不承受弯矩或扭矩。因此，刚度高、移动部件质量小、结构简单以及相同零件的数量多，成为并联机构突出的优点。

串联机构（传统机床）与并联机构（六条腿机床）基本特性的对比见表 3-11。

由表可见，并联机构尚未全面占优。但在经济参数对比方面，则以并联机构为佳。

2. 卧式布局的六条腿机床的开发

Stewart 平台原本为立式布局。在 EMO97 上，Ingersoll 展出了 HOH-600 型卧式布局六条腿加工中心，这在世界上还是首例。

卧式机床极大地改善了立式机床的工件可接近性和工作空间对机床所占空间之比低的缺陷，这是一个重大的突破。但是，由杆系本身重量而产生的弯矩增大了（立式时，此负荷可忽略）。因此，尽管 HOH-600 比立式 VOH-1000 型的规格小得多，而杆系直径却比后者大几倍。该机床的基座，仍与立式一样，采用基本由构件组成的八面体框架（珩架）。据称刚性很好，力流封闭而机床安装不用打基础。Ingersoll 称这类机床为八面体六足虫（Octahedral Hexapod）。

表 3-11 串联与并联机构基本特性的对比

基本特性	串联机构	并联机构
设计思想	沿笛卡儿（直角）坐标系的 X、Y、Z 轴布置构件，串联连接、切削等负荷不分摊承担。	不沿任何坐标布置构件，并联连接，切削等负荷大致均匀分摊承担。
刚度	低（弹性变形累积、构件除承受拉、压力外，还承受弯矩、扭矩）	高（刚度累积，构件只受拉、压力）
移动部件质量	大（通常，工件和工作台移动）	小（通常，工件和工作台不移动）
动力学特性	差，随着尺寸增加更加恶化	好，甚至在尺寸增大时仍能保持
运动耦合	只有少量耦合	紧密耦合且非线性
误差传播	误差累积而变大	误差平均化而变小
精度检定与校正	相对简单，已有不少科研成果应用	复杂，科研成果极少
坐标变换运算	一般不需要	绝对需要
控制	简单，各轴可分别控制，笛卡儿坐标位置和速度的检测和反馈极为简单	复杂，只能作为一个完整系统加以控制，笛卡儿坐标位置和速度的检测和反馈极为困难，至今未见到解决方法
工艺可能性	单一	多能，如切削、测量、激光、加工、装配、搬运等
工件可接近性	好	差（特别是立式布局）
工作空间与机床所占空间之比	大	小（当为方式布局时，机床所占空间几倍地大于工作空间）
制造和成本	复杂、昂贵	简单（可用多种相同零件构成），低廉

3. 并联与串联机构混合使用的六条腿机床的出现

英国 Geodetic 公司展出其 Evolution G 系列六条腿加工中心，有 G500 和 G1000 两个型号。其平台下的主轴部件呈倒锥形，前端直径小，以免与工件发生干涉。主轴部件为可更换式，备有多种不同转速和功率的主轴供选用，其中一种与基本结构有异的称为"两轴主轴头（2-Axis Head）"，其示意图可见图 3-54。这个部件是地道的传统机床的串联机构（轴与轴顺序相连）。若选用该部件，就形成了并联（六条腿）机构与串联机构串联，成为混合机构的机床。

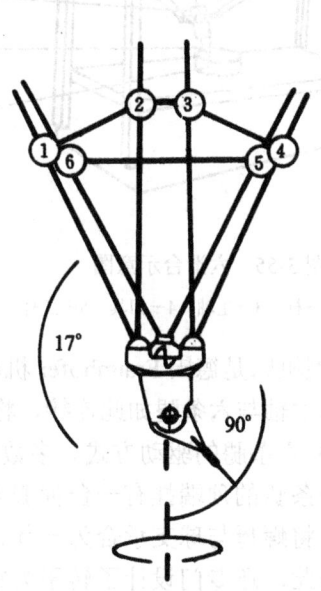

图 3-54 两轴主轴头示意图

并联与串联机构混合使用的六条腿机床有重大的突破意义。Stewart 平台虽具有 X、Y、Z 和 A、B、C 六个自由度，但实际上其 C 轴转动范围极小，根本无实用意义，因而只能构成五轴机床，且 A、B 轴实际可实现的范围也极小，如±15°。前述的 Ingersoll HOH-600 就是一个实例。Geodetic G 系列机床选用两轴主轴头的串联机构以后，其 C 轴为 540°，A、B 轴均为 90°，即成为地道的六轴机床，克服了原 Stewart 平台灵活度（Dexterity）差的弱点。

4. 并联机构机床具体结构的多样化

(1) 不伸缩的六条腿即"六滑台"机床。这是瑞士联邦技术（ETHZ）的机床和制造技术研究所（IWF）新近开发出来的成果，称之为"六滑台"（Hexaglide），其示意图见图 3-55。

如图所示，三条导轨上各有两个腿座（滑台）作相互平行的直线运动，藉此改变六条腿的参数。这可以极大地改善 Ingersoll 立式机床工件可接近性差和工件空间对机床所占空间之比低的弱点。六根杆长度相同，结构简单，杆内不含滚珠丝杠和螺母，也就没有会引起热变形的热源，反之，甚至可在杆内通冷却液以减少热影响。三条导轨均在一个平面上也易于制造和调整。据称，这种结构对加工长工件特别有利。由于导轨可按需要加长，还可考虑在同一导轨上安排多套六条腿来组成加工生产线。

(2) 六条腿与平台的连接方式（具体系通过球面支承）

1) Ingersoll 的六条腿与平台的连接基本上在一个平面内。

2) 德国 Mikromat 公司 6X 型机床，取消了平台，代之以主轴筒体。其三条腿位于筒体上部，另三条腿位于筒体下部，见图 3-56。

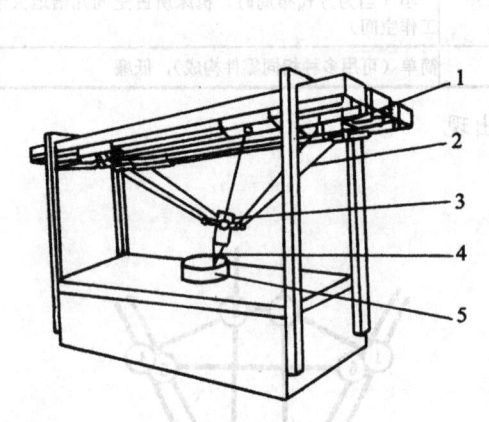

图 3-55 六滑台示意图
1—滑块 2—杆 3—主轴 4—刀具 5—工件

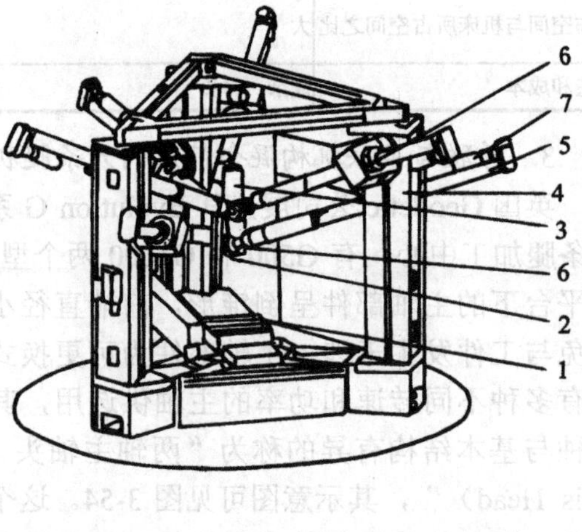

图 3-56 Mikromat 6X 型机床示意图
1—工作台 2—刀具 3—主轴 4—框架 5—杆 6—关节 7—电动机

6X 型机床是德国 Fraunhofer 机床和成形技术研究所（IWU）为高速加工模具而开发的。他们认为主轴与六条腿如此连接，将使主轴有倾角时受力均匀。

(3) 六条腿的驱动方式。多数六条腿机床采用滚珠丝杠副，且用丝杠回转作为驱动。这样，每条腿的顶端挂有一台伺服电动机，呈悬伸状。Geodetic 公司却采用滚珠螺母作为驱动，并将螺母与球支承合为一体，固定在其圆顶形平台上，没有悬伸，从而使驱动更为平稳。为此，还专门设计了转子为空心（内置丝杠、螺母）的伺服电动机，称之为"球驱动（Sphere Drive）"。此外，也有采用液压或摩擦传动（如俄罗斯的机床）。

5. 出现了为虚拟轴机床配套的新型功能部件

(1) 专用的球面支承。众所周知，六条腿机床最为关键而又难制造的是上下平台上"腿"的两个球面支承：一是必须为球面（按多自由度的要求），二是对真球度的要求高，否则会影响平台的定位和运动精度。德国 INA 滚动支承公司与德国斯图加特（Stuttgart）大学合作开发了专用的预加载荷的球面支承，取名为 Hexact，可连同"腿"一起供应。

（2）六轴精密定位系统。图 3-57 是德国 Physik Instrumente（PI）公司展出的 M-850 型六轴精密定位系统（6 Axis Micropositioning System），采用伺服电动机、滚珠丝杠传动。其重复定位精度在 X、Y 轴为 ±2μm，Z 轴为±1μm，A、B、C 轴为±2arcsec。据称，与传统（直角坐标）六轴定位系统相比，它具有结构紧凑、刚度高的优点，固有频率高达 500Hz（在垂直方向，负荷为 10kg）时。它适用于精密加工的刀具控制、高精度望远镜镜面平台的精密定位、微波天线试验台和光学机构等。

图 3-57　M-850 六轴精密定位系统

6．出现了一系列六条腿的变型机构

其中以具有三个自由度的三条腿机构最引人注目。图 3-58 为德国斯图加特大学机床与制造设备控制技术研究所（ISW）展出的称为 Linapod 的三条腿机床的示意图。它采用了两条平行杆，等效于一条腿，因为只具备 X、Y、Z 三个自由度。这是一种模块化的、易于重新配置的、从而是经济并联运动学机床。据称用图示的结构可构造高速加工中心、生产线、激光和水切割机床以及机器人。它虽然不具备六条腿所持有的六个自由度，但机构大为简化，而在刚度、精度、高速性能上仍优于传统机床，因而有广泛的应用场合。此外，其控制的计算也大为简化：六条腿机床的位置计算，在理论上有 1320 个解，其中只有 40 个解有实际意义，而三条腿机床用一个六阶单变量的多项式即可求解。

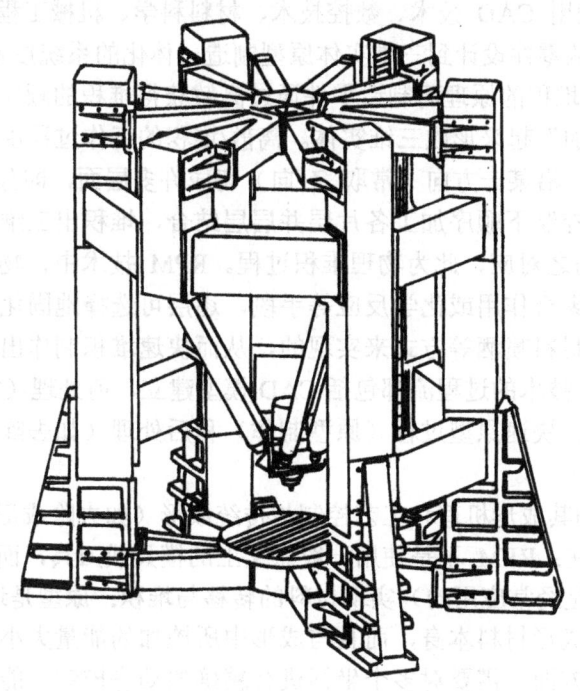

图 3-58　Linapod 三条腿机床示意图

意大利 COMAU 机床公司和瑞典 NEOS 机器人公司分别展出了类似的三条腿机器人。COMAU 型号为 Tricept HP1。NEOS 型名为 Tricept TR600，自 1993 年至今已向多个国家出售了 50 余台，分别用于铝件和塑料件的铣削和磨削、铸铁件和铸钢件的磨削、木材铣削、钛合金件钻孔，激光焊接，装配以及搬运等。其结构是并联的三条腿与串联的三轴手腕相串联。三条腿参数的改变是通过采用伺服电动机、滚珠丝杠驱动来实现的。

同样为五或六个自由度，这类机器人的荷重、刚度和精度要比传统的由多关节来实现的机器人要强很多，而结构却要简单很多，它可用于铣削，当用于装配时，压配合装配零件的最大压力可达 15000N，这几乎是传统的多关节机器难以做到的。

还有将两个三条腿平台叠加起来（即串联）而得到六个自由度机构的报导。

可以预计，在虚拟轴机床技术方面，今后将有更多的开发和应用成果出现，虚拟轴机床将日益成熟和走向更大范围的应用，在某些领域成为传统机床的补充甚至取代传统机床。

3.11 快速原型制造技术

3.11.1 快速原型制造技术内涵、范围及技术地位

快速原型/零件制造（Rapid Prototype/Part Manufacturing,简称 RPM）技术就是 20 世纪后期起源于美国，并很快发展起来的一种先进制造技术，RPM 技术是近 20 年来制造技术领域的一次重大突破。

3.11.1.1 RPM 技术内涵和范围

RPM 技术是综合利用 CAD 技术、数控技术、材料科学、机械工程、电子技术及激光技术的技术集成以实现从零件设计到三维实体原型制造一体化的系统技术。RPM 技术采用（软件）离散/（材料）堆积的原理而制造零件通过离散获得堆积的顺序、路径、限制和方式，通过堆积材料"叠加"起来形成三维实体。离散/堆积的工作过程由 CAD 模型开始，先将 CAD 模型离散化，沿某一方向（常取 Z 向）切成许多层面，即分层（属信息处理过程），然后在分层信息控制下顺序加工各片层并层层结合，堆积出三维零件，该零件作为 CAD 模型的物理体现与之对应，此为物理堆积过程。RPM 技术中，物理堆积过程具体是通过采用粘结、熔结、聚合作用或化学反应等手段，逐层可选择地固化树脂、切割薄片、烧结粉未、材料熔覆或材料喷洒等方式来实现的，从而快速堆积制作出所要求形状的零件（或模型）。各种 RPM 技术的过程流都包括 CAD 模型建立、前处理（如生成 STL 文件格式，将模型分层切片）、快速原型过程（原型制作）和后处理（如去除支架、清理表面、固化处理）等四个步骤。

RPM 技术的内涵即其成形机理和工艺控制与传统成形（如去除成形和受迫成形）方式有很大差别，主要表现在：RPM 不是使用一般意义上的模具或刀具，而是利用光、热、电等物理手段（其中激光是经常应用的）实现材料的转移与堆积；原型是通过堆积不断增大，其力学性能不但取决于成形材料本身，而且与成形中所施加的能量大小及施加方式有密切关系；在成形工艺控制方面，需要对多个坐标进行精确的动态控制。能量在成形物理过程中是一个极为关键因素，在以往的去除成形（切削磨削加工）和受迫成形（铸造锻压）中，

能量是被动地供给的,一般无须对加工能量进行精确的预测与控制,而在离散/堆积类型的 RPM 中,单元体(分层体)制造中能量是主动地供给的,需要准确地预测与控制,对成形中的能量形式、强度、分布、供给方式以及变化等进行有效的控制,从而经由单元体的制造而完成成形。

随着 RPM 技术的发展和人们对该项技术认识的深入,其内涵也在逐步扩大。早期的快速成形技术仅指离散/堆积成形的实体自由成形制造(SFF 即 Solid Freeform Fabrication),成形过程就是材料的添加过程,SFF 技术已成为 SL、LOM、SLS、FDM、DSCP 等 30 多种技术的总称。SFF 所有的技术方法都有一个共同的几何物理基础,即分层制造原理——RP 的成形学原理。任何一种 SFF 技术都包含了相同的基础的数据处理工作,制造也不受零件形状复杂程度的限制。虽然 SFF 技术千变万化,任何一种工艺方法总要将每一个具体的物理层面建造起来,都需要完成:X—Y 扫描及精确地运动控制;无方向精确的运动控制;每层的轮廓扫描和面内填充扫描;各种物理量的测控;扫描速度与轨迹与某种功率的匹配(如激光功率、材料输送功率)。

目前快速成形技术包括一切由 CAD 直接驱动的成形过程,主要技术特征即是成形的快捷性,对于材料的转移形成可以是自由添加、去除、添加和去除相结合等形式。在快速成形的发展过程中,其称谓经历了一个混乱期,如自由成形制造、材料添加制造、分层实体制造等,目前在对这一过程充分认识的基础上,可依据其成形特征称为"分层制造"(Layered Manufacturing)更为恰当。

3.11.1.2 几种典型的 RPM 技术

目前,国外几种典型和较成熟的商品化 RPM 技术简介如下:

1. 立体印刷(SLA——Stereolithgraphy apparatus)

又称立体光刻、光造型(见图 3-59)。液槽中盛满液态光固化树脂(如 Ciba-Geijy 公司的 XB5149),它在一定剂量的紫外激光照射下就会在一定区域内固化。成形开始时,工作平台在液面下,聚焦后的激光光点在液面上按计算机的指令逐点扫描,在同一层内则逐点固化。当一层扫描完成后被照射的地方就固化,未被照射的地方仍然是液态树脂。然后升降架带动平台再下降一层高度,上面又布满一层树脂,以便进行第二层扫描,新固化的一层牢固地粘在前一层上,如此重复直到三维零件制作完成。立体印刷目前已可达 ±0.1mm 左右的制作精度,较广泛地用来为产品和模型的 CAD 设计提供样件和试验模型。

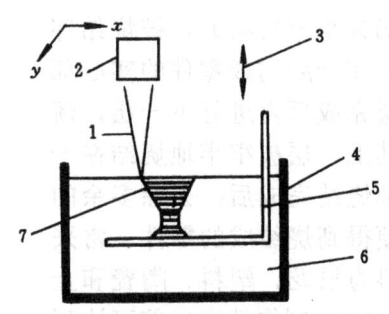

图 3-59 SL 法原理图
1—激光束 2—扫描镜 3—Z 轴升降 4—树脂槽
5—托盘 6—光敏树脂 7—零件原型

SLA 方法是最早出现的一种 RP 工艺,目前是 RPM 技术领域中研究最多、技术最为成熟方法。但这种方法有其自身的局限性,如需要支撑、树脂收缩导致精度下降、光固化树脂有一定的毒性而不符合绿色制造发展趋势。

2、分层实体制造（LOM——Laminated object manufacturing）

见图 3-60 根据零件分层几何信息切割箔材和纸等，将所获得的层片粘接成三维实体。首先铺上一层箔材，然后用 CO_2 激光在计算机控制下切出本层轮廓，非零件部分全部切碎以便于去除。当本层完成后，再铺上一层箔材，用滚子辗压并加热，以固化粘结剂，使新铺上的一层牢固地粘接在已成形体上，再切割该层的轮廓，如此反复直到加工完毕。最后去除切碎部分以得到完整的零件。LOM 的关键技术是控制激光的光强和切割速度，使它们达到最佳配合，以便保证良好的切口质量和切割深度。

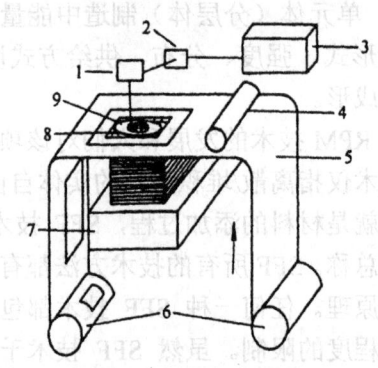

图 3-60 LOM 法原理图

1—x-y 扫描系统　2—光路系统　3—激光器　4—加热器
5—纸料　6—滚筒　7—工作平台　8—边角料　9—零件原形

美国亥里斯公司开发的纸片层压式快速成形制造工艺，以纸作为制造模具的原材料，它是连续地将背面涂有热溶性粘合剂的纸片逐层叠加，裁切后形成所需的立体模型，具有成本低、造型速度快的特点，适宜办公室环境使用。LOM 模具具有与木模同等水平的强度，可与木模一样进行钻削等机械加工，也可以进行刮腻子等修饰加工。

3、选择性激光烧结（SLS——Selective laser sintering）

见图 3-61。SLS 采用 CO_2 激光器，使用的材料为多种粉末材料。先在工作台上铺上一层粉末，

用激光束在计算机控制下有选择地进行烧结（零件的空心部分不烧结，仍为粉末材料），被烧结部分便固化在一起构成零件的实心部分。一层完成后再进行下一层，新一层与其上一层被牢牢地烧结在一起。全部烧结完成后，去除多余的粉末，便得到烧结成的零件。常采用的材料为尼龙、塑料、陶瓷和金属粉末。SLS 制作精度目前可达到 ±0.1mm 左右。该方法的优点是由于粉末具有自支撑作用，不需要另外支撑，另外材料广泛，不仅能生产塑料材料，还可能直接生产金属和陶瓷零件。

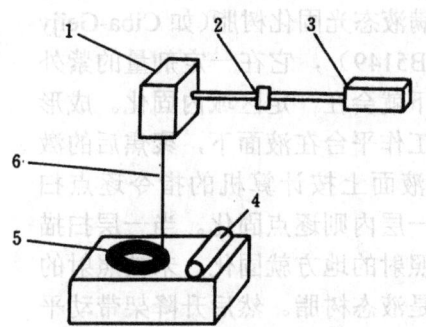

图 3-61 SLS 法原理图

1—扫描镜　2—透镜　3—激光器
4—压平辊子　5—零件原型　6—激光束

4. 熔融沉积成形（FDM——Fused deposition modolling）

它是一种不使用激光器的加工方法（见图 3-62），技术关键在于喷头，喷头在计算机控制下作 X—Y 联动扫描以及 Z 向运动，丝材在喷头中被加热并略高于其熔点。喷头

在扫描运动中喷出熔融的材料，快速冷却形成一个加工层并与上一层牢牢连接在一起。这样层层扫描迭加便形成一个空间实体。FDM 工艺关键是保护半流动成形材料刚好在凝固温度点，通常控制在比凝固温度高 1℃左右。FDM 技术最大优点是速度快，此外，整个 FDM 成形过程是在 60~300℃下进行的，并且没有粉尘，也无有毒化学气体、激光或液态聚合物的泄漏，适宜办公室环境使用。

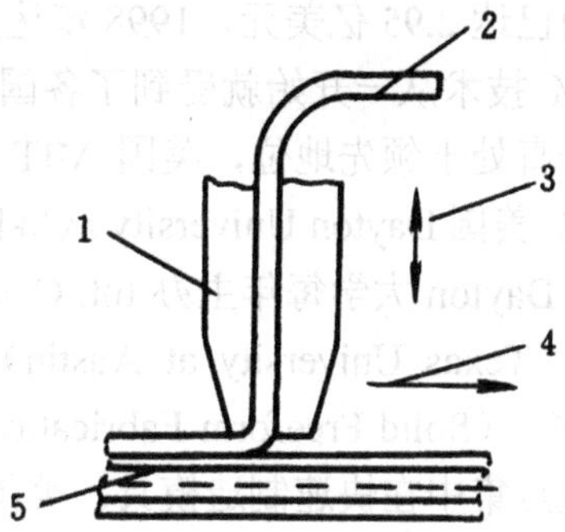

FDM 制作生成的原型适合工业上各种各样的应用，如概念成形、原型开发、精铸蜡模和喷镀制模等。

RPM 技术发展迅速，新的 RPM 技术层出不穷，此外，也出现了与 CNC 相结合、与模具成形相结合的快速成形工艺。

图 3-62 FDM 法原理图

1—加热装置　2—丝材　3—z 向送丝
4—x-y 驱动　5—零件原型

3.11.1.3　RPM 技术的技术地位

RPM 技术具有如下特点和优势：适合于形状复杂的、不规则零件的加工；没有或极少下脚料且是一种环保型技术；成功的解决了计算机辅助设计中三维造型"看得见、摸不着"的问题；系统柔性高，只需修改 CAD 模型就可生成各种不同形状的零件；多技术集成设计制造一体化；具有广泛的材料适应性；不需要专用的工装夹具和模具，大大缩短新产品试制时间；零件的复杂程度与制造成本关系不大。

RPM 技术由于具有缩短产品上市时间、提高生产效率、改善产品质量、优化设计等优点，因而从其诞生之日起，就受到了学术界和工业界的极大重视，并迅速在航空航天、汽车、机械、电子、电器、医疗、玩具、建筑和艺术品等许多领域获得了广泛应用，并已取得了极大进展。

RPM 技术是实现并行工程、灵捷制造和可持续发展制造战略的有效途径，应用于产品设计开发及集成制造等方面：产品开发中的设计评价、功能试验、可制造性与可装配性检验、非功能性样品制作、快速模具制造、快速制造金属型零件、微型机械制造研究开发以及快速反求工程等。

总之，RPM 技术是一种快速产品开发和制造的技术，作为一种关键的先进制造技术，其对国家制造能力及企业市场竞争力有极大影响，RPM 技术的发展也有着巨大的产业化前景。

3.11.2　快速原型制造技术的国内外技术进展

3.11.2.1　国外 RPM 技术进展

自从美国的 3D Systems 公司推出它的第一代商用快速原型制造系统 SLA-1 以来的十年间，RPM 得到异乎寻常的迅猛发展。目前全球范围有超过 30 种系统，RPM 设备总计达千台以上，可以制造各种材料与尺寸的原型和零件。1995 年 RPM 的市场增长率为 49%，年销售额为已达 2.95 亿美元，1998 年达到约 10 亿美元。

RPM 技术从一开始就受到了各国政府、企业、高等院校和研究机构的重视。美国在这一领域一直处于领先地位，美国 MIT 是 3D-P 技术的发源地，包括金属型和陶瓷型，后者已商业化。美国 Dayton University 从事包括 SLA 在内的多种 RPM 工艺的研究与开发，自 1991 年以来，Dayton 大学每年主办 Int. Conf. on Rapid Prototyping，其是 RP 历史最悠久的会议。美国 UT（Texas University at Austin）与 DTM 公司合作，主要研究开发 SLS 工艺，每年 8 月世界 SFF（Solid Freeform Fabrication）会议在此处召开，其侧重点为 RP 科学研究，1997 年论文重点集中在快速制造模具。美国 Carnegie Mellon University 主要从事基于 RPM 的微型机械研究与开发，美国 Drexel University、New Jersey 理工学院、斯坦福大学等都在 RPM 方面进行了研究工作。

澳大利亚政府于 1991 年也认识到了 RPM 技术对其工业的重要性，建立了一个有 6 家教育机构的网络，鼓励研究和传播 RPM 技术，每个机构配有 CAD/CAM 工作站和一台 SLA-250 机器，用于对工程师的继续教育、研究项目和为工业界提供低价的服务。日本政府从 1994 年开始建立为期 4 年 8 亿日元的基金研究项目，集中在数据交换、树脂固化的基础研究和 RPM 应用方面。欧洲建立了"欧洲快速原型制造行动（EARP）"项目，其由 RPM 领域的工业企业和学术机构参加，研究内容包括：创造性设计和产品开发、建模和原型制造、CAD 与软件、医疗应用，该项目从 1993 年开始为期 3～4 年。RPM 净成形制造是国际智能制造系统（IMS）计划项目的主要子项。

近年来，由于政府、各大公司（如 Genemotor、IBM 等）以及军事部门的大力支持下，美国近几年继续保持其在快速原型制造技术领域内的领先地位。许多 RP 高技术公司直接面向市场，不仅使各类 RP 设备占领了越来越广泛的市场，而且发展 RP 技术服务，使 RP 技术越来越多地进入不同的工业领域。RP 技术的市场空前繁荣已对美国制造业的发展起到重要作用，这种良性循环的发展势头可以保证美国继续占据制造业的世界领先地位。

国外 RPM 技术的进展主要表现在以下一些方面：

（1）大力改善快速原型制作系统的制作精度、可靠性、生产率和制作大件的能力，并推出了新一代快速成形机。美国 3D Systems 公司新推出的 SLA-500/40，其制作速度比 SLA-500/30 快 45%。DTM 公司的 Sinterstation 2500 其制作能力比 Sinterstation 2000 几乎大一倍，其制件范围达 330mm×381mm×432mm，它采用在 Z 方向的动态聚焦技术，使激光光斑在大零件的边缘也能保持较小及圆形，保证整个原型有较高分辨率。Helisys 公司 1996 年推出的 LOM-2030，比第一代机制作速度快 30%。Stratasys 的 FDM8000 采用改进了的挤出头和软件，速度比 FDM1650 快 1 倍，制作面积为 508mm×431mm×610mm，精度为 0.13mm。日本 CEMT 公司的树脂光照成形的 SOUP-1000 的制件范围最大，为 1000mm×800mm×500mm。目前几乎所有方法的 X—Y 精度已非常高，甚至可达数控机床水平，但 Z 方向精度牵涉到材料变形和难于直接精确监控等因素，一般都在 0.1mm 以下。RP 设备的价格几乎没有大的变化，仍然昂贵。

（2）开发经济型的 RP 系统（概念制模机）。开发制作速度快、价格低的 RP 系统的市场潜力将是很大的，它更易真正成为办公室能广泛用得起的三维激光打印机。几家美国公司正在推出能力低于昂贵的 RP 系统的桌面 RP 系统，目标是开发像复印机、打印机、传真机一样操作方便、安静、快速和安全的 RP 系统。典型的系统有：3D Systems 公司推出的采用多喷口（96 个喷嘴）的制模机 ACTUA 2100，其报价为 6 万美元；Stratasys 公司的 Genisys 的报价为 5.55 万美元，其成形材料强度高，可以少加支撑。上述这几种产品的工艺都是基于喷射成形，喷粘接剂和喷（挤）热塑料材料，它们的突出优点是可制作复杂的零件，成形材料选择性强，成形速度快。

（3）快速成形方法和工艺的改进和创新。目前比较成熟的 SLA、LOM、SLS、FDM 方法在不断改进，各种 RP 方法各具特点，没有一种方法能满足所有的要求，同时各自也在不断改进。目前围绕提高快速成形件的精度、减少制作时间、探索直接制作最终用途零件的工艺，有多种新的快速成形方法或工艺正在实验室中研究。

（4）快速模具制造（RT——Rapid Tooling）的应用。快速制模可分为在 RP 系统上直接制模和利用 RP 原型间接制模，目前主要是快速制造铸模和注塑模。RP+RT 的发展是近年来最重要热点，也是最具经济效益前景的一个领域，目前工业界较关心的 RT 方法有：当件数较少时（20～50 件），一般可采用硅橡胶模铸造法；100～1000 件时，多采用环氧树脂模，为延长模具寿命，通常要在环氧树脂中添加各种添加剂；制造金属模具；RP 和熔模铸造等结合实现精密铸造；直接制造高强度的陶瓷和金属件等。

（5）开发性能更好的快速成形材料。材料性能要满足：利于快速精确地加工原型；用 RP 系统直接制造功能件的材料要接近制件最终用途对强度、刚度、耐潮性、热稳定性等的要求；利于快速制模的后续处理。许多材料专业公司加入到 RP 材料的研究之中。3D Systems 公司最初的材料性能较差，现在环氧材料已取代早期的丙烯酸，其强度大为提高。FDM 使用的 ABS 具有很强的力学性能。涂有有机粘结剂的塑料带、不锈钢带和陶瓷带可适用于标准的 LOM 工艺。SLS 的材料选择范围最广，如石蜡、聚碳酸脂、尼龙、填有玻璃的尼龙（具有极好的刚度和热阻性），DTM 专有的型芯材料 TrueForm 和 SandForm Zr，TrueForm 用于熔模铸造和制作小批量生产的软模具。

复合材料的 RP 技术是近期新发展，美国俄亥俄州 Dayton 大学研究所（UDRT）的 Allan J.Lghtman 教授研究了纤维增强 LOM 原型制造，他还从软硬件入手，得到了复合材料的曲面分层 LOM 原型，即为世界上第一曲面分层模型。澳大利亚的 Swinburne 大学 W.Song 教授研究了金属/聚合物复合材料的 FDM 工艺，得到的原型具有一定的强度。

（6）开发快速成形的高性能 RP 软件。RP 技术的核心是信息技术和制造技术相结合，RP 软件研究始终是一个热点，主要有：

1）CAD 文件转换处理软件，如 Solid View, Magics View, STLview，这些软件一般都可对 STL 的描述体进行图形变换；有些软件可采用适应性切片，提高制作速度和减少阶梯状效应；针对 STL 产生的一系列的弊端可将大文件分成小文件；通过对物体的原始 CAD 或 STEP 文件的几何分析，自动设置优化工艺参数。

2）快速高精度的直接切片软件，这是由于 STL 的弊端，复杂曲面要求 RP 使用 CAD 产生的切片轮廓，另外从医学和激光测量和坐标测量得到的都是大量的点信息，这些可能导致 RP 系统数据输入格式的多样化。

3）高性能 RP 系统的工艺数控软件。

4）RP 应用中大都使用三维 CAD 系统，且更多是使用 Pr/E（Pro/Engineering）。

近期，美国 Arizona 大学采用了 B Splines 或 NURB（非均有理数 B Splines）表面网格数据，对 RP 数据的获得进行改善，新加坡国立大学的 H.T.Lon 等研究了不同的 RP 工艺采用的表面取向的选择原则。

（7）RPM 技术与网络技术的结合。加拿大 Quebec 大学 L.Lapperrire 教授和英国 Liverpool 大学的 Z.W.Zhang 教授对基于 RP 技术的远程制造进行研究，RPM 技术与网络技术结合可以与快速响应制造、敏捷制造、虚拟制造等新型制造技术一起，成为未来制造业的主要形式。

（8）RP 与 CAD、CAE、CAPP、CAM、RT 以及高精度自动测量的一体化集成。该项技术大大提高新产品第一次投入市场就十分成功的可能性，也可快速实现反求工程。三维数字化仪产生丰富的平面点的信息。日本开发了从 MRI、CT 重构三维实体的软件。欧洲能将扫描数据在 SL 设备上复制，美国开发了 CT 可视化和转成 IGES 的软件。

（9）RP 技术的新应用。几个著名的 RP 设备开发商都成立了庞大的用户集团。RP 除了主要用于工业设计验证和与铸造等相结合快速制造金属零件和模具外，其新用途不断涌现，范围越来越广。

3.11.2.2 国内 RPM 技术的研究现状

国内 RP 研究起步约在 1991 年，目前北京隆源快速成形公司、清华大学、西安交通大学、华中理工大学、南京航空航天大学等单位在 RP 设备的硬软件及材料方面做了大量的研究工作，有些单位已经或接近开发出商品化的 RP 系统并开始少量销售。隆源公司研制出选择性激光烧结系统（RPS）并配备了三维数字化仪，能做出复杂的原型。清华大学研制出多功能快速造型系统（MRPMS）和基于 FDM 的熔融挤出成形系统（MEM-250）。华中理工大学研制出以纸为成形材料的基于分层物体制造原理的 HRP 系统。西安交通大学开发了基于 SLA 的 RP 系统。南京航空航天大学在选择性激光烧结方面做了大量工作。香港地区的 RP 技术应用活跃。

国内 RPM 技术的研究现状可大致归纳为以下几方面。

（1）快速原型制造工艺和设备。经过几年的追踪研究，目前已研制出类似于国外 SLA、SLS、LOM、FDM 原理的 RP 设备。这些设备都是多种技术的集成，主要是为了提高 RP 制作精度和可靠性，涉及工艺原理、工艺方法、温度控制、激光及冷却系统、精密机械传动等硬软件方面。在 SLA 方法中提出了新的再涂层技术、变层厚分区固化工艺、减少变形的扫描方式。对 SLS 的铺粉工艺进行了研究和定量的数学推导。在 MEM 系统的研制中解决了喷嘴及制作室的温度、走丝轨迹宽度的精确控制，HRP 的研制中解决了热辊压制、无拉力叠层材料送进、实时测高等。

（2）CAD 数据处理软件。开发了 STL 文件缺陷的自动诊断及修复软件，对 STL 文件的自动切片及支撑结构设计软件，探索了基于 CSG 文件的直接切片。

（3）对 RP 工艺控制技术进行了大量研究。RP 制作中要求激光加工速度快和避免启停频繁，为此，对层片多边形数据进行了光顺处理及开发了相应的自适应插补软件。开发了激光光斑半径补偿、光斑能量与速度及层厚的自动跟踪软件。

（4）材料。RP 设备开发单位都对成形材料进行了研究，目前尚无专门的 RP 材料制造商。

（5）反求与 RP 的结合。目前这方面研究工作的开发时间还不长，已有单位开发成功激光三维扫描系统，少数单位正在研制断层扫描方法。

（6）快速制造模具。在基于 RP 原型的快速制造模具研究方面，西安交通大学研制了石墨电极研磨机，隆源公司的 RP 服务中心已用几种方法为企业制作了精密铸模，上海交通大学开发了基于 RP 原型的涂层转移铸造技术并为汽车行业制造了多类模具，华中理工大学研究出一种原型复膜技术快速制造铸模，翻制出了铝合金模具和铸铁模块。

（7）宣传推广 RP 技术。置国外已商品化的 RP 系统，通过示范、对外加工、技术讲座、人员培训等方式，使国内有关行业了解 RP 技术及其对产品开发所产生的影响，从而使国内企业尽快了解和采用这项新技术，推动应用。

目前，国内已有十几家大企业引进了快速成形设备如海尔、春兰、海信等，为企业带来了一定的效益。快速成形服务在我国有着很大的潜在市场，目前国内几家生产快速成形设备的公司及实体已开展了快速成形服务，如北京资源实业股份有限公司、股化快速模具制造有限公司以及深圳生产力促进中心等已经进行了技术应用服务。1995 年召开了我国第一届快速原型制造会议。1998 年在西安交通大学召开了全国 RP 与 RT 技术会议，掀起了国内 RPM 技术研究及技术服务方面的高潮。1998 年 7 月在清华大学召开了第一届北京国际快速成形及制造会议，这是我国举行的第一次快速成形与制造（RP）技术领域的国际会议，发达的工业国家如美国、日本、德国、英国等都有不少代表与会。目前，国内与世界先进水平虽有差距，但并不大，某些方面还有领先之处，国外的研究水平只有美国为最高，日本、德国等次之，我国水平大约与日本、德国等其他国家相近。

3.11.2.3 RPM 技术的主要研究方向

综观国内外 RPM 技术的进展，我国在 RPM 技术领域的主攻方向及研究方向是：

（1）RP 技术的基础性研究与应用性研究并举，加速实现我国自产的 RP 设备形成产业。

（2）加速 RP 与 RT 相结合快速模具制造技术研究开发及有关 RT 的技术服务。

（3）大力进行以下前沿性研究项目的研究：直接 RP 金属型新工艺；采用复合材料的不同种类的 RP 设备与工艺；RP 的原理，如能量场理论、生长成形、快速成形的边界模型等的基础性研究；基于 RP 技术与网络技术结合的软件硬件开发；各种 RP 工艺过程的模拟研究；具有自主版权的 CAD-RP-RT 软件的研究与开发；快速模具制造中的共同性问题的基础性研究，开展传统加工工艺与 RP/RT 技术相结合的工艺的研究与开发；基于快速成形的微细加工技术的研究与开发。

3.11.3 基于 RPM 快速制造模具技术

RPM 技术发展到今天，其发展重心已从快速原型制造（RPM）向快速模具（RT）制造及金属零部件快速制造的方向转移，各种各样的后续制造材料及工艺不断出现。

目前 RPM 的快速制模主要是注塑模、冲压模、铸模等，制模方式分为用 RP 原型间接制模和 RP 系统直接制模。

3.11.3.1 间接制模方法

与数控加工方式相比，将 RP 原型的样件用于传统的模具制造工艺，一般可使模具制造成本和周期减少 1/2，明显提高生产效率，间接制模工艺依零件生产批量大小、模具材料和生产成本主要有以下四种方法：硅橡胶模（批量 50 件以下）、环氧树脂模（数百件以下）、金属冷喷涂模（3000 个以下）、快速制作 EDM 电极加工钢模（5000 以上）等。前三种方法又称为简易模具（国外称为 Soft Tooling 或 Economical Tooling），后一种称为钢模具类。

1. 简易模具

零件批量较小（几十到千件）或者用于产品试生产，则可以用非钢铁材料制作成本相对较低的简易模具。一般是依据 RP 技术制作的零件原型，翻制成硅橡胶模、金属树脂模和石膏模，或对原型进行表面处理，用金属喷镀法（Metal Spraying）或物理蒸发沉积法（PVD）镀上一层熔点较低的合金（如 Kirksite 锌合金）或镍（Ni）来制作模具。TEKSL 高温硅橡胶抗压强度可达 12.4～62.1MPa、工作温度可达 150～500℃，模具寿命可达 200～500 件，而用铝基材料制成的模具表面涂覆陶瓷合成材料，其寿命可达数千件。

用化学粘结陶瓷工艺方法（Chemical bonded ceramic-CBC），依据 RP（SL 法或 LOM 法）原型作母模（零件的反型）→浇硅橡胶或聚氨脂软模→移去母模→利用软模浇注成 CBC 陶瓷型腔→在 205℃下固化型腔→抛光，可制成小批量生产用注塑模。

2. 基于 RP 法快速制作钢模具

方法主要有：陶瓷型精密铸造法、失蜡精密铸造法和电极快速制造法。电极快速制造是利用 RP 原型制作 EDM 电极，然后用电火花加工制成钢模，它又可分为喷镀、涂覆法、研磨法、烧注法、粉末冶金法及电铸法等方法。

以上方法表明：利用 RPM 技术结合精密铸造、中间软模过渡法以及电铸、金属粉末烧结整体式研磨等技术，可快速制造各种模具（简易模具、钢模具）。

3.11.3.2 RP 系统直接制模法

采用 LOM 法直接制成的模具坚如硬木，并可耐 200℃高温，可用作低熔点合金的模具或试制用注塑模以及精密铸造用的蜡模成形模，还可代替砂型铸造中的木模。

采用选区激光烧结技术，将经过聚合物涂覆处理的金属粉末制成模具，再由渗透作用形成最后的金属模具。

麻省理工学院的 E.Sachs 教授领导的 RP 实验室将不锈钢粉末用 FDM 法制成金属型后，经过烧结、渗铜等工艺制成了具有复杂冷却流道的注塑模。

德国的 Electrolux RP 公司开发的 Eosint M 系统则是利用不同熔点的几种金属粉末来烧结成型，由于各种金属收缩量不一致，可相互补偿其体积变化。

3D 公司从 Keltool 公司购得的称之为 Keltool 的金属粉末烧结工艺对于直接生产小型金属模具特别适合。

3.11.4 快速制造金属原型零件

目前，快速制造金属零件的方法主要有 RPM 与精密铸造技术相结合法以及直接金属零件快速制造这两种方法。

1. RPM 与精密铸造技术结合

RPM 与精密铸造技术相结合，是快速制造金属零件的有效途径，尤其适合单件小批量铸件的生产，用 RPM 技术实现快速精铸的方法有：

(1)基于 SLA 原型快速制造零件。用 SLA 原型模代替熔模精密铸造中的蜡模，在 SLA 模上直接涂挂耐火浆料（分多层），待耐火浆料固化后，再焙烧除去 SLA 模，剩下铸造用型壳供铸件浇注（其工艺与熔模铸造工艺相同），此方法适合于中等复杂程度的中小型铸件。

(2)基于 LOM 原型快速制造零件。将 LOM 原型制成所需零件的凹模，经硅橡胶模过渡转换制得石膏型或陶瓷型，再由石膏型或陶瓷型浇注金属零件，当零件具有一定的拔模斜度或 LOM 原型模表面经过特殊处理后，可将 LOM 原型制成零件原型代替木模使用，直接制造石膏型或陶瓷型，此方法适于简单或中等复杂程度的金属模具、中大型金属件；当 LOM 原型模的材料为金属箔时，可用 LOM 原型生产实型铸造用 EPS 气化模，此方法直接制造 EPS 模具，可批量生产金属铸件。

(3)基于 SLS 原型生产金属零件。采用陶瓷材料作为 SLS 的粉末材料，直接烧结铸造用（陶瓷等材料）壳型来生产各类铸件，甚至是复杂的金属零件，此方法适用中小型复杂铸件，当 SLS 粉末材料为石蜡、塑料等时，制出的 SLS 原型用于制造金属零件方法与基于 SLA 原型生产零件方法相同。

(4)基于 FDM 原型生产金属零件。采用石蜡和塑料等低熔点材料的 FDM 原型，以 FDM 原型代替熔模精密铸造中的蜡模，用于制造金属零件的方法与用 SLA 原型生产金属零件的方法相同，此方法适用于中等复杂程度的中小型铸件。

在以上的 RPM 与精密铸造技术相结合快速制造金属零件的方法中，世界上有名的如 Quickcast、DSPC 等工艺方法。Quickcast 是美国 3D-System 公司发明的快速精铸技术，是在以 SLA 工艺制成的原型表面上包裹耐火材料，直接焙烧使原型材料烧蚀气化后得到铸壳，用于金属零件的浇注成型，此技术关键是采用了燃烧充分且发气量小的光固树脂材料（SL5170 或 SL5180），同时原型壳体内部呈烽窝状结构（其后推出的 Quickcast 1.1 改成空心立方结构），这种原型有足够强度，原型材料烧蚀时，不会出现胀壳现象，福特汽车公司用该技术制造汽车模具取得满意效果。

DSPC（Direct Shell Producting Casting）方法是美国 Soligen 公司用 3D-P 原理在 RP 系统上将陶瓷粉末成形陶瓷铸造铸壳，粘结处理后可用于浇注结构复杂的各类金属精密铸件。

DTM 研制出包覆树脂粘接剂的陶瓷粉末材料锆一矽砂（sandForm Zr）以 SLS 工艺烧结并经后处理制成陶瓷型壳用于浇注金属件。

2. 直接制造金属零件的 RPM 新工艺

随着对 RPM 技术研究深入，新材料、新工艺的研究和开发以及制作件精度的进一步提高，使 RPM 向直接金属零件的快速制造方向发展成为现实。

(1)气相沉积成形（SALD）（Selective arealaser deposition）。这是一种由 Connecticut 大学的 Kevin Jakubeas 提出的基于活性气体分解沉淀的成型技术，使用高能量激光的热能或光能分解一种活性气体，这种活性气体在激光的作用下发生分解，沉积出一个材料的薄层进行逐层制造，通过改变活性气体的成分和温度以及激光束的能量，可以沉积出不同材料的零件，包括成形陶瓷和金属零件。

(2)三维焊接成形（Three-dimensional Welding Shaping）。此方法是英国 Nottingham 大学的 Phil Dickens and J.D.Spencer 等人提出的一种基于三维焊接成形的方法，它利用焊接机器人制造金属零件，改变过去制造零件时由于固液态金属的表面张力和流动性、层与层之间连接不牢固会出现裂缝,从而影响物理、力学性能的缺陷,而提出用凸凹结合的方法进行连接,以提高层之间粘接强度,这是一种机械连接方法,可提高金属零件的强度。

(3) SDM 形状沉积制造工艺（Shape Deposition Manufacturing）。美国 Stanford 大学的 FritzB.Prinz 教授领导的 RP 实验室研究的 SDM 工艺,是将离散/堆积法和材料去除法结合在一起来快速成形金属原型件,其成形过程是根据成形零件的分层信息先喷射堆积一层材料,零件和支撑件都是逐层同步生成,且新增加的材料都是液态金属,在每一层形成后都要在计算机控制下对其进行形状切削加工和应力消除处理,如此重复直到生成整个零件,最后通过酸蚀等手段将支撑体去除。由于制造过程中引入了数控加工处理,使得在分层时可以比较灵活,每一层的厚度可以不同,且某些层面可以较厚,该技术精确度和生产效率都比较高。但由于其使用的设备较多,价格昂贵。目前正在研究将该系统集成在用户已经购买的数控机床上,以降低成本。

(4) 多相组织的沉积制造方法 SDMHS（Shape Deposition Manufacturing of Heterogeneous Structures）。SDMHS 是美国 Carnegie Mellon 大学的 L.E.Weiss 和 Stanford 大学 R.Merz 提出的用多个喷头熔积不同材料来制造微机械的方法,其方法原理是:利用等离子放电来加热金属丝材料,熔化的材料熔积到工件逐渐成形。制作一个多种材料的工件时需要多个喷头,各喷头可分别喷出不同材料,在 CAD 设计中,设计出的一个完整器件,由不同材料组成,分层后的材料信息将在每个层面中体现出来,在每一层面上,依据各部分所需要的材料要求,分别喷上所需材料,这样逐层制造就可成形出一个多种材料和部件的三维实体器件,这种技术是一种材料与结构一体化的方法,是发展微机械制造的有效途径。

(5) 激光工程净成形技术 LENS（Laser Engineering Net Shaping）。此技术由美国的 Sandia National Lab.提出,其方法是使用聚焦的 Nd. YAG 激光在金属基体上熔化一个局部区域,同时喷嘴将金属粉末喷射到熔融焊池里,基体置于工作台上,工作台由固定的喷嘴下的 X/Y 轴控制,在移动工作台时,系统能够挤出一层新金属,一层沉积后,系统抬升喷嘴一个分层厚度,新金属就可沉积,如此层层叠加制作金属原型零件。金属粉末是从一个固定于机器顶部的料仓内送到喷嘴的,成形仓内充满了氩气（Argon）以阻止熔融金属氧化。基于这种技术的第一个商业化的 Optomec's 成形机 DMD-RS-101（direct-metal deposition research station）已经制作出不锈钢、工具钢、钛合金等零件,通过混合粉末供应系统中的各种不同金属粉末,可制作出镍基超合金零件、不锈钢零件等。LENS 技术的进展就目前最大的商业应用是成形金属注射模,LENS 将使在注射模内部制作冷凝（却）管道成为可能,这种通道符合模腔形状,也能让模腔内预置（埋）传感器监控成型温度和使用时的压强,LENS 系统也可用于模具修复。

此外,MIT 的 J.H.Chun 教授采用电场偏转控制金属液微滴直接成形方法制作均匀、圆整的金属粉末,直径从零点几毫米至几十毫米,目前采用锡（Sn）材料已取得成功。

MIT 的 E.Sachs 教授采用 3DP 工艺得到了冷加工无法制作的复杂形状的金属型,样件有具有复杂内流道的叶片,以及具有复杂冷却流道的注塑模等金属件。

奥斯汀的德克萨斯大学正在致力于研究高温选择激光烧结（HTSLS）,在取消聚合物粘结剂方面进行了偿试,结果表明,可利用 Cu-Sn 或青铜—镍粉两相粉末,采用激光局部熔化低熔点粉末制造金属零件。

法国 Frunhofer 研究所正进行多相喷射凝固（MJS）研究，即金属通过预热后从喷嘴射出，在略高于熔点的温度下逐层沉积并凝固，采用这一方法已能生成不锈钢烧结试件。

以 SLS 工艺烧结金属粉末直接成形零件，LOM 工艺中使用金属薄带和不锈钢带制成金属件方法也正在研究中。

总之，基于 RPM 技术的快速制造金属零件是 RPM 技术发展的目标，必将有更大的应用前景。

3.12 虚拟成形与加工技术

3.12.1 概述

虚拟制造技术是以计算机支持的仿真技术为前提，对设计、加工、成形、装配、维护等，经过统一建模形成虚拟的环境、虚拟的过程、虚拟的产品。通过仿真，及时地发现产品设计和工艺过程可能出现的错误和缺陷，进行产品性能和工艺的优化，从而保证产品质量。

实践表明，虚拟制造技术可以为企业带来六个方面的效果。

（1）提供影响产品性能、影响制造成本、影响生产周期的相关信息，以便使决策者能够正确地处理产品的性能、制造成本、生产进度和风险之间的平衡关系，做出正确的设计和管理决策。

（2）提高产品的设计质量，减少设计缺陷，优化产品性能。

（3）提高工艺规划和加工过程的合理性，优化制造质量。

（4）通过生产计划的仿真，可以优化资源配置和物流管理，实现柔性制造和敏捷制造，缩短制造周期，降低生产成本。

（5）通过提高产品质量、降低生产成本和缩短开发周期以及提高企业的柔性，以适应用户的特殊要求和快速响应市场的变化，形成企业的市场竞争优势。

（6）通过虚拟企业的概念以及具体的实践组成的快速响应部队，能在商战中为企业把握机遇和带来优势。

本节着重讨论虚拟成形，虚拟加工，虚拟装配技术。

虚拟成形技术是针对金属材料热成形过程的技术难点（高温、动态、瞬时、难以控制质量），从材料成形理论分析入手，通过数值模拟和物理模拟方法，使得基础理论直接定量地指导金属材料热成形过程，并对材料成形过程进行动态仿真，预测不同条件下成形后材料的组织、性能及质量，进而实现热成形件的质量与性能的优化设计，最大限度地发挥材料的性能潜力，为关键的重大装备一次制造成功提供技术支持。

虚拟加工技术是针对产品设计的合理性、可加工性、加工方法、机床和工艺参数的选用，以及加工过程中可能出现的加工缺陷等，这些问题需要经过仿真、分析与处理。

机械产品的配合性和可装配性是设计人员常易出现错误的地方，以往要到产品最后装配时才能发现，导致零件的报废和工期的延误，造成巨大的经济损失和信誉损失。采用虚拟装配技术可以在设计阶段就进行验证，确保设计的正确性，避免损失。

3.12.2 板料冲压过程的计算机仿真技术

板料冲压成形过程的计算机仿真（或模拟）可以从制造角度解决产品设计、冲压工艺设计与成形模具设计的优化问题。这项技术又称为板料成形的计算机辅助工程分析（CAE）。在这里，CAD 技术的采用为研究、开发、推广采用 CAE 技术创造了条件。CAD 技术的推广进入制造领域，已使采用仿真技术在投资以前就可以预期模具性能。

3.12.2.1 国内外发展现状

目前，板料冲压成形过程的计算机仿真已经走出理论研究及软件开发阶段，正进入实用化阶段。在世界范围内，美、法、德顺序处于该技术的领先地位，已经推出了商品软件。这些软件都采用弹塑性有限元方法，在大型计算机或工作站上运行。在美国，三大汽车公司都已采用了冲压成形过程仿真技术。德国巴伐里亚汽车厂 1993 年引入该项技术，在两年多时间内每项工作的平均时间从四周左右缩短到少于两周。

1991 年末日本钣金成形工业面临需求短缺。日本模具工业很发达，但迄今很少有通用目的程序被开发出来，正在使用的都是引进软件。周边国家韩国、新加坡等也在越来越多地采用板料冲压成形仿真技术。

该技术在我国仍属起步阶段，研究工作主要在少数重点大学。少数企业如一汽、上汽、嘉陵及一些研究所等开始引进国外软件。由于缺乏售后服务支持，更多地靠自己在实践中探索试用。

3.12.2.2 核心内容与关键技术

这里就仿真技术涉及到的核心内容及其关键点进一步的讨论：①模型建立；②板壳理论及板壳单元；③本构关系；④接触摩擦理论与算法；⑤模具描述。其中②③和④点是影响冲压成型仿真结果可靠性的关键点，也是仿真技术的难点所在。

1. 模型建立

薄板冲压成形过程计算机仿真的模型建立指两个方面的工作。首先是分析板料的实际受力和变形过程，从而建立一个可以用有限元方法来求解的力学模型。由于一个实际冲压过程十分复杂，在仿真计算时必须予以适当的规范和简化。在薄板冲压成形的计算中，最常用的一个假设是薄板厚度方向的应力与其他应力分量比很小，因此可以不计。这样，薄板在变形中最多只有五个独立的应力分量。另外，如果是轴对称成形，并且不考虑起皱的话，应力分量还将减少。最简单的情况是二维的纯弯曲成形，这时可考虑二个正应力，甚至一个正应力。什么情况下用什么样的力学模型是一个十分重要的问题。如果一个板冲压成形过程的力学模型与实际冲压过程的力学性能不符，那么这个力学模型为基础的计算结果自然很难符合实际情况。力学模型除涉及到应力状态外，还涉及应变状态、动态效应、边界条件等。

力学模型确立后，就要考虑如何建立有限元分析模型。建立有限分析模型中最重要的一步是选择有限单元的类型并划分有限元网络。有限单元类型选择的依据主要是对板料变形描述的准确性。通常选择壳体类单元描述板料的变形，单元的节点数一般为 3 或 4，每节点的自由度数为 5。随着计算机速度的提高和内存容量的增大，冲压成形有限元模型也不断完善，为精确地描述局部变形也不排除采用非壳体类单元。有限元网络的划分一方面要考虑对各物体几何形状的准确描述，另一方面要考虑变形梯度的准确描述。如果模具和压板采用解析面描述，只需将板料划分有限元网络，这时主要是考虑变形梯度的准确描述。由于在仿真计算前，板料的变形梯度分布是未知的，其网格的划分只能凭直觉和经验。当材料在成形中流动很不规则时，初时的网络可能不符合要求，这就要重新划分网格以提高计算精度。网格重新划分和自适应网格技术对提高仿真计算的精度和速度是十分重要的。

2. 板壳理论及板壳单元

对薄板成形过程的计算机仿真来说，板壳变形理论及板壳单元是很重要的，它不仅影响板料变形的计算精度，也直接影响计算量的大小。常用的板壳变形理论有两个重要的假设：①板壳厚度方向的应力为零；②在板料变形前垂直于板壳中性面的材料纤维在板料变形过程中保持直线形状，但不一定垂直于变形后的板壳中性面。这两个假设在大多数情况下基本反应薄板的变形特性，但有些情况下仍不能满足实际需要。如果板料在变形中的弯曲半径相对于板料厚度较小时，板料厚度方向的应力可能变得重要，并且垂直于板壳中性面的材料纤维不一定保持直线。这时就要求修改壳体变形假设以更加准确地描述板料的实际变形过程。

在相同的板壳理论前提下，可形成不同的壳体单元，这主要是通过采用不同数量的节点和节点上不同数量的自由度来实现的。目前在显式算法使用最广的单元是三节点或四节点的双线性单元，每个节点的自由度为五个，即三个平移自由度和两个转动自由度。尽管高阶单元目前使用并不普遍，但许多研究人员还是在采用，一旦与之配套的算法问题全部获得满意的解决，高阶单元也可能很快得到广泛应用。

3. 本构关系

在薄板冲压成形过程中，板料是唯一的变形体，因此它的应力应变关系是影响仿真结果可靠性的最重要的一个因素。由于弹塑性变形是一个十分普遍和重要的物理现象，人们已对它进行了大量的理论和实验研究。对不同特性的金属有不同的弹塑性本构模型可供选用，并且通过大量的试验工作为常用的弹塑性本构关系确定了不同金属的特性参数，如弹性模量、屈服极限和硬化模量等。建立弹塑性本构关系模型主要要解决两个问题：①在什么样的复合应力状态下材料开始屈服；②材料屈服后如何进行塑性流动。要回答第一个问题便要建立屈服准则；而要回答第二个问题则要建立流动准则。很显然，无论是屈服准则还是流动准则，与实际不符都会使计算结果偏离实际，从而导致仿真失效。

在涉及到有限元计算时，与弹塑性本构关系有关的一个重要问题是在屈服状态下如何准确地求出一个给定应变增量后对应的应力状态。从理论上讲，只要屈服准则和流动准则给定，这个问题总能解决。但实际应用中涉及到一个计算工作量的问题，这将影响仿真技术的实用性。

4. 接触摩擦理论与算法

如前所述，薄板的冲压成形完全靠作用于板料的接触力和摩擦力来完成。因此接触力和摩擦力的计算精度直接影响板料变形的计算精度。接触力和摩擦力的计算首先要求计算出给定时刻的实际接触面，这就是所谓的接触搜寻问题。接触搜寻就是要在给定时刻找出所有处于接触状态的有限元节点，以便计算这些点上的接触力和摩擦力，这本质上是一个几何计算的过程，但却有十分重要的力学意义。

接触力的计算有两种基本方法：①罚函数法；②拉格朗日乘子法。罚函数法为一种近似方法，它允许相互接触的边界产生穿透，并通过罚因子将接触力大小与边界穿透量大小联系起来。这种方法比较简单也适合于显式算法，但它影响显式算法中的临界时间步长。罚因子的好坏还影响计算结果的可靠性。拉格朗日乘子法不允许接触边界的相互穿透，是一种精确的接触力算法，但它与显式不相容，要求特殊的数值处理。

摩擦力的计算首先要求选定一个适合于两接触界面摩擦特性的摩擦定律。目前用得最广泛的还是传统的库仑摩擦定律，但该定律有纯粘附状态的假设，使显式算法产生困难。要克服这个困难，要么是用罚函数法，要么用防御点法计算纯粘附状态下的摩擦力。近些年来一些学者在充分实验观察的基础上提出了所谓的非线性摩擦定律，从而去掉了传统摩擦定律中纯粘附状态的假设，为显式算法提供了方便。但非线性摩擦定律所用到的表面刚性系数需精心选定，并且目前还没有足够的实验数据可作参考。

5. 模具描述

前面谈到模具和压板均可按刚体处理，并且上、下模具的运动都可看作是给定的。因此从计算角度讲模具和压板没有必要用有限元来近似计算。但由于几方面的原因，用有限元方法来描述和处理模具和压板还是有广泛应用。

（1）从通用性的角度讲，采用有限元方法可避免根据特殊的模具形状而采取特殊的处理方式。有限元本身可任意精确地近似任何几何形状。

（2）接触和摩擦算法也可采用通常的方法。

（3）便于图形显示和其他后处理操作。

当然，对于一个专用的冲压成形仿真软件来说，采用非有限元方式描述模具和压板也有其优点。如采用解析面来描述模具和压板的工作表面，可用很少的几个面取得很高的描述精度，同时也可减少仿真计算工作量。采用解析面时至少涉及如下三方面的问题：

（1）仿真程序本身必须为工程中每一个可能应用的解析面类型，如球面、柱面、锥面及通用的 CAD 曲面等，提供专门的处理模块。

（2）对不同类型的解析面采取不同的接触处理方法。

（3）图形显示和后处理时解析面还得作特殊处理。

尽管模具的描述也是冲压成形过程计算机仿真技术中的一个重要内容，但它不是技术难点，故本书将不特别讨论，而是采用通用的有限元方法来处理。

3.12.2.3 存在问题与今后发展趋向

现有的钣料冲压成形仿真软件主要采用动态显式方式与静态隐式方式，前者存在为了缩短运行时间将冲压速度提高 100 倍带来不真实结果的问题。后者存在难于克服的收敛问题。关于质量比较，计算机仿真给出了相当好的结果，但是与实际试验相比，应力分布的绝对值不是很准确，这导致回弹计算结果与实际有较大的出入。

在改进拉深模开发过程中的下一步工作将是把回弹和加载补偿修正结合起来。在短期内，从实验数据导出用于回弹的设计规则将被结合进入设计系统。易于使用的有限元造型工具将对外载荷提高补偿。不久，由美国 NIST/ATP 国家研究院进行的回弹可预测项目将可能研究开发出回弹分析模型。据日本塑性技术学会报道，在日本，计算机仿真正接近实际应用，许多研究者的兴趣在引入人工智能于弯曲和拉深回弹的应用。用于开发这些技术的有用的数据库的建立是必不可少的，并建议采用回溯法决定拉深件的优化坯料形状。

由于不同的工业各有它自己的应用仿真软件的目的，包括预测起皱、表面偏差、破裂极限条件的研究、坯料形状的确定、回弹的预测、板厚的残余应力的计算。仿真要满足这多种要求是相当困难的。目前有限元程序的能力仍受限制是现实，所以一个用户想要在合理的时间与成本内获得合理的信息，必需限制仿真的目的到一个或两个特别的项目和优化用于该项目的程序及模型。

为了帮助设计决策、零件和工具的修改，仿真可以五个阶段有效地执行：①粗略估计新设计的冲压成形件是否能被成形；②原型工具设计；③生产工具设计；④试验阶段；⑤系统生产试验。

假设有限元模拟是足够强大有效得以预测所有的成形缺陷和提供最优的冲压工具和条件，就可完成消除上述 5 个阶段中的第②阶段和减少甚至取消试验和修改工序的数目，因此过程或许将被戏剧地缩短成只剩下第①与③阶段。这是在钣金成形工业里有限元模拟系统的最理想的状态。

3.12.3 材料热加工虚拟制造成形

开展材料热加工虚拟制造成形使热加工由定性变为定量，由一种技艺变为一门科学。由于热加工兼有成形，改性两个性能；在高温、动态、瞬间完成，难于观察、测试，它是一个多因素、强耦合、非线性、非稳态过程，难以用理论定量。进行热加工过程模拟，可以预测结果，优化设计力保关键大件一次制造成功，力保大批生产毛坯件一次试模成功，可快速改进并优化工艺设计，从而适应柔性生产。

1996 年召开的第 62 届世界铸造会议上美国代表首次提出包括：用户，成形过程仿真，模具制造 CAM，及铸造四部分组成的虚拟铸造公司（Virtual Casting Company）的新概念。德国代表指出用传统方法试制一台发动机样机上的 20 个铸件至少要 4 个月，耗费 170 万德国马克。若把虚拟铸造与快速制造技术（Rapid Manufacturing）结合起来将大大缩短及降低试制费用，而且可以做到一次试制成功（First Time Right）。

3.12.3.1 宏观模拟仿真

热加工宏观模拟仿真（Macro-Modeling）可以确保工件质量、缩短试制周期、降低生产成本及提高市场竞争能力，因而日益受到制造业的重视。近 5 年来美国铸造工业采用铸造过程模拟技术，以指数曲线速度迅速增长，欧洲及日本已有约 10%铸造工厂采用这项技术。

热加工的模拟涉及计算机图形学、计算机可视化技术、计算传热学、计算流体力学、弹塑性力学及成形制造理论等多种学科，是多种学科交叉的前沿领域，也是当今世界各国研究的热点。工业发达国家投入在铸造过程模拟研究及开发的费用已超过数千万美元。80年代末，模拟仿真技术首先在铸造领域进入了商品化实用阶段。这是由于在以下三方面取得了突破性进展。①三维复杂形体的计算机造型；②计算机与软件费用大幅度下降，使得一般工厂可以承受；③三维可视化技术发展及计算机软件界面友好。

目前，主要工业发达国家都有商品化铸造过程及塑性成形过程等模拟软件。我国开发成功了铸造之星模拟分析软件包。

当前宏观模拟研究的热点集中在流场及应力场的模型。这是因为流场与温度场的耦合计算要联合求解多个方程，同时还要处理液体金属的自由表面，技术难度大，计算量也大。另一方面，温度场与应力场的耦合计算涉及到工件材料的宏观微观不均性，高温热物性数据及裂纹判据等技术关键目的尚未完全解决。目前，温度场/流场耦合计算国内外普遍倾向采用有限差分方法（FDM），而温度/应力场的耦合计算意见尚不一致，为简化处理多数采用经典的有限元方法（FEM），但显著增加了运算时间。为了充分发挥 FMD 与 FEM 的各自特点，有的单位采用 FDM FEM 集成系统来计算铸件的温度场、应力场及变形场获得成功，为温度场、应力场分析开辟了新的途径。

最近，设在美国俄亥俄州大学的精确制造（Net Manufacturing）国家工程研究中心正在集中力量研究开发精确铸造及塑性成形过程模拟分析软件系统。

德国斯图加特大学研究的激光焊接溶池稳定性（速度场、压力场、温度场）结果，与高速摄影实验结果相当吻合。对焊接过程，尤其是熔焊时的不均匀加热与冷却过程中的"热效应"的模拟包含了温度场、热弹塑性应力—应变动态过程、焊接冶金过程热裂纹及缺陷形成过程的模拟等的软件开发研究正方兴未艾。但是数学建模计算分析在接受实际物理过程的验证方面尚有较大的差距，这是制约今后焊接过程模拟仿真技术工程应用的关键所在。

3.12.3.2 微观组织模拟及性能预测

微观组织模拟的任务是预测、控制及确保工作在热加工后的最终组织和性能。若要做到原子尺度的模拟，那么，即使采用现代功能强大的计算机，也还要作适当的简化与假设才能处理此类复杂科学问题。

M. Rappaz 认为模拟可概括为宏观、中观、微观三个层次。

宏观尺度（米量级）的过程模拟即宏观模拟，采用有限差分法（FDM）或有限元法（FEM），处理相应的连续/本构方程可以求解成形过程的温度场、速度场、变形场等。微观尺度（微米量级）的模拟采用分析方法计算树枝晶生长前端或片状/纤维状共晶生长的生长动力学，并且要考虑扩散、生长前端曲面等现象。

中观尺度（Mesoscale）以毫米为量级的模拟，主要采用蒙特卡罗等随机方法，根据非自发成核、生长动力学、优先生长方向及晶粒间碰撞等物理模型计算晶粒组织的形成及变化。

微观组织的模拟研究的近期目标是把描述宏观现象的连续方程与描述结晶成核生长现象的随机方法耦合，通过可视化技术，直接显示微观组织的晶粒尺寸、大小和分布，柱状晶以及柱状晶/等轴晶转变等现象。M. Rappaz 等人发表的铝硅合金凝固过程的微观组织模拟结果。

微观组织模拟在国内则刚刚起步，已发表了有关高温合金叶片的微观组织，及球墨铸铁铸件的共晶团、铁素体/珠光体百分数、布氏硬度、抗拉强度及伸长率分布的研究。这些模拟结果无疑将对工件质量起重要指导作用，应大大加强这一领域的研究。

可以预言，把微观组织与模拟与工艺过程工艺参数变化直接联系起来，计算机金相学（Computer Metallography）及计算机体视学（Computer Stereology）将成为新的学科分支。

3.12.3.3 并行工程及虚拟成形制造

并行工程的出现正在改变着制造工业的企业结构和工作方式，而热加工模拟技术将成为与产品设计开发和制造加工紧密相联必不可少的重要环节。1992 年获美国海军部资助,美国国家先进金属加工技术中心提出了合理产品／工艺设计(Rational Product／Process Design)新方法,简称 P•P²•D 方法。

以产品设计的毛坯为铸件为例,并行工程环境下的 P•P²•D 方法说明在设计产品及进行性能分析的同时,可以通过 STEP 等图形信息传递及交换,同时进行铸造工艺 CAD,铸造成形过程仿真(CAE)以及铸造工装的 CAD/CAM。一旦产品设计完成,铸件的生产准备工作也同时完成。我国并行工程的研究已经起步,应该以并行设计为突破口,同时把热加工模拟仿真技术集成进去。目前,"面向并行工程的铸件 CAD/CAE"课题已列入 863/CIMS 关键技术攻关项目"并行工程"之中,这充分体现了毛坯铸件的设计与制造在制造工业中的地位和作用。图 3-63 是并行工程环境下的铸造 CAD/CAE 系统框图。图中左边是产品设计与制造流程。通过产品设计预发布,右边可以并行设计铸件的制造工艺,并进行模拟分析优化工艺。

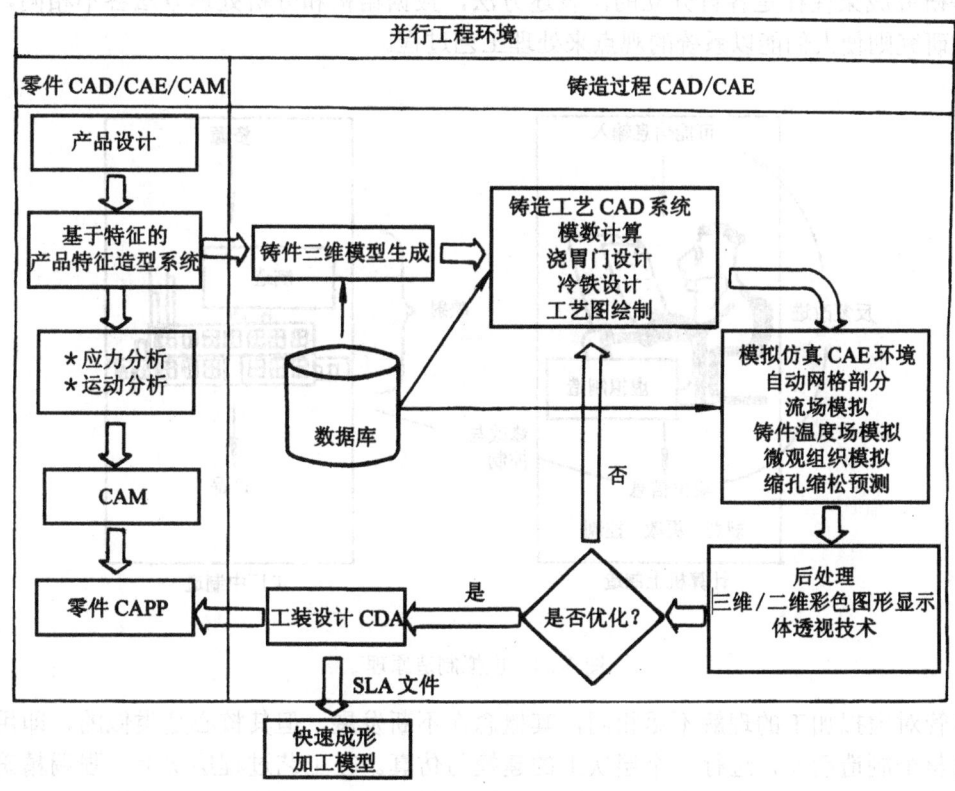

图 3-63　并行工程环境下的 CAD/CAE 系统框图

热加工工艺模拟的技术发展趋势:由宏观到中观直至微观;由单一分散到耦合集成;由共性、通用到特性、专用;重视提高模拟精度和速度的基础性研究;重视物理模拟及精确测试技术;在并行环境下,与生产系统及其他技术集成;以商业软件为基础,改进研究与普及应用。

3.12.4 机械加工的虚拟技术

机械加工系统是离散与连续混合型的非线性时变大动力学系统,其运作过程十分复杂,除了在十分简化的情况下,一般难以用解析方法进行分析。

激烈的市场竞争使制造企业对快速响应市场需求和一次制造成功等的要求日益迫切。完成制造需要投入资源,而资源总是不足而昂贵的。为了提高企业效益减低风险,制造系统与过程的表述、建模、仿真及虚拟加工的重要性日益增加,其目的在于通过虚拟运作进行事先风险评价、实时运筹调度和全局优化。

虚拟加工的基础是用计算机支持的技术对全部有效的制造活动进行表述、建模与仿真,其中工艺过程的数字化原型又是虚拟制造的技术基础(见图 3-64)。对切削加工而言,其工艺模型的建造早在 20 世纪初就引起有关学者的注意。到 20 年代,随着计算机技术和测量技术的进展,不同工艺过程和不同加工材料的切削机理建模研究,取得了丰硕的成果。但这些研究成果往往是各自分立的,表述方法,数据结构和分析处理方法各不相同,虚拟加工的研究则使人们能以系统的观点来处理工艺过程。

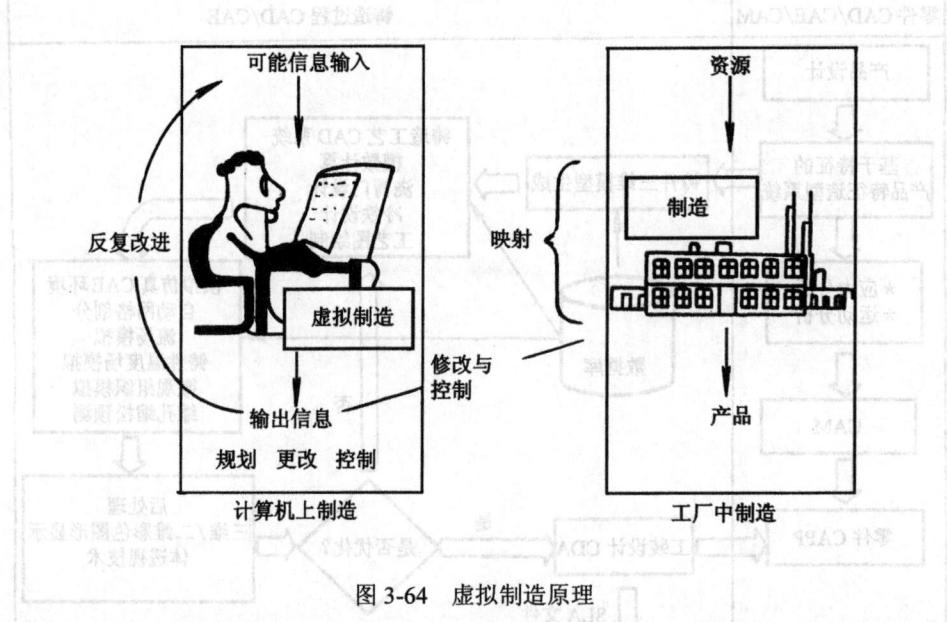

图 3-64 虚拟制造原理

尽管对虚拟加工的理解不尽相同,其概念在不断发展,但其核心是类似的,即用信息技术对整个制造活动,进行三个层次上的建模与仿真。在工艺过程层次上,强调精确可靠的数据支持和建模、仿真真实的加工过程,以提供一种在设计阶段(制造前)对工艺过程进行快速、不昂贵的评价方法;在制造系统层次上,强调对生产系统的性能进行有效而近乎实时的评价;在整个生产系统层次上,通过对产品整个周期的建模进行企业的虚拟运作事先风险评估、实时的运筹调度和全局优化。

加工工艺路线是影响加工质量的主要因素,在没有虚拟技术以前,加工工艺是否合理完全由编程者的个人经验决定,如果在编程任务加重的情况下,编程人员往往没有时间复查,从而忽略一些细节地方(如:抬刀安全高度不够、刀具下刀点不正确、没有定义过切检查面等），轻者造成工件返工、质量下降，重者甚至造成工件报废、机床损伤。在虚拟仿真的环境下，此问题就可以轻松得到解决。其原理是在计算机中虚构出数控机床的加工环境，放上一个预先做好的毛坯，让刀具进行动态模拟仿真，其情形就像真实加工一样，但仿真时间可自由控制，一般十来分钟可模拟整个加工过程。在模拟仿真时，允许编程人员暂停刀具，检查切削截面形状、切削点的坐标值、刀具参数等。模拟结束后，编程人员就可以马上根据刀具运行的情况和毛坯铣削后的形状来调整加工工艺路线。这种虚拟仿真技术的出现既减轻了编程者的负担，又能确保加工的顺利完成。

虚拟加工技术基础的研究在近期宜着重：以互联网络为基础的研究开发结构与运行方式；以互联网络为基础的企业信息集成模式；切削、磨削加工机理及其表述、建模、仿真理论和方法研究及数据库建造；制造系统和过程的表述、建模、仿真理论和方法研究；混合虚拟制造理论与方法研究；虚拟制造局部和全局优化策略与算法研究。

3.12.5 机械产品的虚拟装配技术

机械产品的配合性和可装配性是设计人员常易出现错误的地方，以往要到产品最后装配时才能发现，导致零件的报废和工期的延误，造成巨大的经济损失和信誉损失。采用虚拟装配技术可以在设计阶段就进行验证，确保设计的正确性，避免损失。

虚拟装配是在计算机上建立起如同真实样机的直观可视化的数字模型，即虚拟样机，然后在虚拟环境下对零件装配情况进行干涉检查，可以方便地发现设计上的错误，从而将其消除掉，提高了设计效率，并降低修正错误的费用。虚拟装配采用的是"引用"或称为"借用"的方法，它不是将所有组件全部真实送入装配模型，而只是记忆零部件在模型中的位置，当需要时才装入组件，从而大大节省硬盘及内存空间。"引用"的主要优点是，将组件送入装配模型后，装配模型记录的是组件的最新版本（而不是过时版本），当零部件修改后，装配模型会自动地更新，节省了大量的工作。"引用"的另一优点是，为"并行工程"的开展提供了技术基础，装配模型所引用的各零部件可以储存于各用户的计算机、中文文件服务器或可通过网络的任务地方，使得团队协同作业（Team Work）成为可能。

虚拟装配有二种装配模式：自顶向下式和自下向上式，根据不同类型的产品特点，可分别选用不同的虚拟装配建模方法：

（1）自顶向下式。适用于产品结构复杂、外形由复杂的自由曲面构成，内部零部件的尺寸及外形很大程度上依赖于产品的外形的产品，它首先确定产品的装配结构、由那些零部件组成，然后将产品中的"控制部件"分发到各个零部件中，再对零部件进行详细设计。

（2）自下向上式。是从每个零部件的详细设计开始，最后进行零部件装配的设计过程。零部件装配时可采用贴合、对齐和定向三种方式约束相互配合的零件，并始终保持这种约束关系。即使某个零件做了修改，这种约束关系也依然存在。这种装配模式适用于传动机构复杂、结构紧凑、形式变化多、零件之间容易发生干涉、对动作可靠性和准确性要求高的产品。

虚拟装配可解决产品装配后的零件间静态干涉的问题，也可以把装配图以爆炸视图的形式表示，方便装配工人进行装配。但对于具有运动机构的产品，还不能确保运动机构的设计是否合理、是否满足性能要求、各相关零件的动作是否协调、运动过程是否有干涉等，此时，采用虚拟运动仿真技术可有效解决上述问题。

虚拟运动仿真可以使"虚拟样机"在屏幕上按设计的功能进行运动，设计人员通过观察其连续的动态显示，可以方便地检查出机构的动干涉情况，同时还可以做出指定构件或指定点的位移、速度、加速度图形，因此，可以提高对可能出现的问题做出准确的预测和改进。

参 考 文 献

1 国家自然科学基金委员会工程与材料科学部，机械工程科学技术前沿编委会．机械工程科学技术前沿．北京：机械工业出版社的，1996
2 国家自然科学基金委员会．先进制造技术基础．北京：高等教育出版社；德国：施普林格出版社，1999
3 机械工程手册电机工程手册编辑委员会．机械工程手册：机械制造工艺及设备卷（一）（二）第2版．北京：机械工业出版社，1997
4 屈贤明．我国先进制造技术的发展态势．机电产品开发与创新，1998（4）27～31
5 曹文龙．铸造工艺学．北京：机械工业出版社，1989
6 何培之．铸造材料化学．北京：机械工业出版社，1981
7 卢宏．金属型重力铸造在汽车发动机铝缸盖工业化铸造生产上的全球性发展优势．特种铸造及有色合金，1996（3）
8 王益志．压铸工业如何走可持续发展道路．特种铸造有色合金，1998（5）
9 罗继相．挤压铸造在汽车、摩托车制造工业中的应用．特种铸造及有色合金，1998（6）
10 孙伯勤．压铸合金材料与性能．特种铸造及有色金属，1996.P31-33
11 骆灼旋．压铸技术的现状及展望．特种铸造及有色合金，1998
12 唐易光．21世纪低压铸造技术的展望．特种铸造及有色合金，1998（4）
13 齐骧．面向21世纪的挤压铸造技术．特种铸造及有色合金，1998（4）
14 王忠柯等．消失模铸造涂料的研究现状及发展．特种铸造及有色合金，1996（3）
15 费汉兵等．消失模工艺射料方法的研究．特种铸造及有色合金，1998（6）
16 黄乃瑜等．面向21世纪的消失模铸造技术．特种铸造及有色合金，1998（4）
17 汪大年．金属塑性成形原理．北京：机械工业出版社，1986.11
18 罗子健．尚保忠．金属塑性加工理论与工艺．西安：西北工业大学出版社，1994
19 林兆荣．金属超塑性成形原理及应用．北京：航空工业出版社，1990
20 [苏]C.3 菲格林等著．薛永春译．金属等温变形工艺．北京：国防工业出版社，1992
21 张承鉴．辊锻技术．北京：机械工业出版社，1986
22 张猛、胡亚民．回转塑性成形工艺及模具．武汉：武汉工业大学出版社，1994
23 胡正寰等．楔横轧理论与应用．北京：冶金工业出版社，1996
24 黄培云．粉末冶金原理．北京：冶金工业出版社，1982

25　王盘鑫．粉末冶金学．北京：冶金工业出版社，1997.5
26　孔庆华．特种加工．上海：同济大学出版社，1997
27　刘晋春，赵家齐．特种加工．北京：机械工业出版社，1993
28　"九五"国家重点科技攻关计划项目可行性论证报告．精密成形与加工研究开发和应用，国家科学技术委员会
29　陈善本，吴林．我国机器人焊接技术研究与应用概况（上、下）．焊接，1997（11,12）
30　稻垣道夫（日）．焊接生产技术的地位与发展．焊接，1999（1）
31　陈丙森．国际焊接学会第47届年会技术总结报告．焊接，1995（4）
32　黄天全、谢长生．三维激光切割的发展现状．激光技术，1998（6）
33　L．V．Trotha．激光焊接和切割管材．应用激光，1997（6）
34　宫崎俊行（日）．激光加工技术的现状与未来．国外金属加工，1999（2）
35　宋宝天等．渤海六号钻井平台水下焊接修复．焊接，1996（3）
36　徐滨士．表面工程与维修．北京：机械工业出版社，1996
37　钱苗根等．现代表面技术．北京：机械工业出版社，1996
38　钱强等．热喷涂技术在国内外的应用（1,2）．焊接，1999（4,5）
39　张伯霖．高速加工技术在美国的最新发展．制造技术与机床．1999（4）：5～6,34
40　F.Klocke, E.Brinksmeier, C.Evans, J.Howes, etal．High speed grinding-fundamentals and state of the at in Europe, Japan and the USA．Annals of the CIRP, 1997, 46（2）：715～724
41　傅玉灿，涂鸿钧．一种适于国内引进开发的新型超硬磨料砂轮—国外单层高温钎焊超硬磨料砂轮制造技术述评．中国机械工程．1999，10（4）：375～377
42　孟少农，王选逯．机械加工工艺手册（第2卷）．北京：机械工业出版社，1996
43　刘贺云，柳世传．精密加工技术．武汉：华中理工大学出版社，1991
44　李伯民，赵波等．实用磨削技术．北京：机械工业出版社，1996
45　钱苗根，姚寿山，张少宗．现代表面技术．北京：机械工业出版社，1999
46　彭伟，许雪峰，贺兴书，陈子辰．电泳磨削技术及其应用．中国机械工程，1999, Vol.10（3）：317～320.
47　吴敏镜．微机械技术的兴起及其制造．机械工艺师，1998（7）：37～39
48　钱碧波，潘晓弘，程耀东等．纳米技术及其在微型机械中的应用．机械制造，1997（11）：4～6
49　温诗铸，李娜．微型机械与纳米机械学研究．中国机械工程，1996, 7（2）：17～21
50　俞鹰．一种实用的超微技术——LIGA技术及其应用．制造技术与机床，1994(3):38～42
51　张珂．微机械的制造技术及应用．机械制造．1998(8):20～21
52　卢秉恒主编．RP技术与快速模具制造．西安：陕西科学技术出版社，62～65
53　郭东明、王晓明、贾振元、程耿东．新型材料零件数字化设计制造的理论和方法．中国机械工程，1999, 10（6）：601～605
54　傅水根，马二恩，张学政．机械制造工艺基础（金属工艺学冷加工部分）．北京：清华大学出版社，1998
55　刘晋春，赵家齐．特种加工（第2版）．北京：机械工业出版社，1994
56　彭毅，郑大春．固体激光加工的应用及发展前景．机械工艺师，1999（7）：5～7
57　李指俊，冯同健．特种加工技术及其发展趋势．机械制造，1996（4）：7～10
58　刘维东，狄士春，赵万生．电火花加工技术的新发展．中国机械工程，1998,19（5）：76～81

59 周延佑,林益耀. 发展中的六条腿机床——第12届欧洲国际机床展览会系列报道之一. 机械制造,1998 (10): 4~8

60 宋天虎等. 积极发展适合我国国情的虚拟制造技术. 中国机械工程, 1998 (1)

61 严隽琪. 虚拟制造系统的体系结构及其关键技术. 中国机械工程, 1998 (11)

62 周济. 虚拟制造技术与机械 CAD/CAM/CAE 技术. 中国机械工程, 1998 (11)

63 施德中. 板料冲压成形过程的计算机仿真. 中国机械工程, 1998 (11)

64 房贵如. 材料热加工工艺模拟的研究现状及技术发展趋势. 中国机械工程, 1998 (11)

65 黄树槐等. 快速原型制造技术的进展. 中国机械工程, 1997, 8 (5): 8~12

66 颜永年, 张人佶. 快速成形技术（RP）的新进展. 机械与电子, 1999 (2): 61~63

67 颜永年, 张伟, 卢清萍等. 基于离散/堆积成形概念的 RPM 原理与发展, 中国机械工程, 19945 (4): 64~66

68 颜永年, 张人佶, 郭海滨等. 快速成形技术的功能集成研究. 中国机械工程, 1997, 8 (5): 13~15, 31

69 王运赣. 快速成形技术与 ZIPPY 快速成形系统（续）. 机械与电子, 1998 (1): 42~45

70 邓朝晖, 李平凡, 杨旭静, 孙宗禹. 基于 RPM 快速制造金属零件的方法评述及展望. 湖南大学学报, 1999.26 (5): 42~46

71 刘六法, 翟春泉, 卢晨, 丁文江, 徐小平. 快速成型制模技术的发展与应用. 机械与电子, 1999 (3): 11~12

72 机械科学研究院. 先进制造技术发展前瞻研究报告——制造加工技术发展前瞻研究. 1998.12

第4章 制造自动化技术

摘要 制造自动化是在广义的制造过程的所有环节采用自动化技术,实现制造全过程的自动化。制造自动化技术就是研究对制造过程的规划、运作、管理、组织、控制与协调优化等的自动化的技术,以使产品制造过程实现高效、优质、低耗、及时和洁净的目标。制造自动化技术代表着先进制造技术的水平,推动了社会的发展和科技进步,促使制造业由劳动密集型产业转变为技术密集型和信息知识密集型产业,是制造业发展的重要表现和重要标志。制造自动化技术是先进制造技术的重要组成部分,其发展将是以其柔性化、集成化、敏捷化、智能化、虚拟化、全球化的特征来满足市场快速变化的要求。制造自动化技术主要是指制造系统开放式智能体系结构优化与调度理论、生产过程和设备自动化技术以及产品研究与开发过程自动化技术等。基于本书对先进制造技术的介绍体系,有关生产过程和设备自动化技术是本章介绍重点。本章分为五节,即:4.1 制造自动化技术的概述;4.2 数控技术;4.3 工业机器人技术;4.4 柔性制造技术和智能制造技术;4.5 自动化制造系统中的检测与监控技术。

4.1 制造自动化技术概述

4.1.1 制造自动化技术的定义、内涵及技术地位

制造自动化是人类在长期的生产活动中不断追求的主要目标,制造自动化技术是先进制造技术中的重要组成部分,也是当今制造工程领域中涉及面广、研究十分活跃的技术。

"自动化(Automation)"是美国人 D. S. Harder 于 1936 年提出的,他在通用汽车公司工作时,认为在一个生产过程中,机器之间的零件转移不用人去搬运就是"自动化",这实质是早期制造自动化的概念。制造自动化的概念是一个动态发展过程,在很长一段时间内,人们对制造自动化概念理解为用机器(包括计算机)代替人的体力劳动或脑力劳动。这是比较狭窄的理解。随着制造技术、电子技术、控制技术、计算机技术、信息技术、管理技术的发展,制造自动化已远远突破了传统的概念,具有更加宽广和深刻的内涵。

制造自动化是在"大制造概念(广义)"的制造过程的所有环节采用自动化技术,实现制造全过程的自动化。制造自动化的任务就是研究对制造过程的规划、管理、组织、控制与协调优化等的自动化,以使产品制造过程实现高效、优质、低耗、及时和洁净的目标。制造自动化的广义内涵至少包括以下几个方面:

(1) 在形式方面,制造自动化有三个方面的含义,即:代替人的体力劳动,代替或辅助人的脑力劳动,制造系统中人、机器及整个系统的协调、管理、控制和优化。

(2) 在功能方面,制造自动化的功能目标是多方面的,该体系可用 TQCSE 功能目标模型描述。TQCSE 模型中,T.Q.C.S.E 是相互关联的,它们构成了一个制造自动化功能目

标的有机体系。其中T、Q、C、S、E含义如下：

T 表示时间（Time），是指采用自动化技术，缩短产品制造周期，产品上市快，提高生产率；Q 表示质量（Quality），是指采用自动化技术，提高和保证产品质量；C 表示成本（Cost）是指采用自动化技术有效地降低成本，提高经济效益；S 表示服务（Service），是指利用自动化技术，更好地做好市场服务工作，也能通过替代或减轻制造人员的体力和脑力劳动，直接为制造人员服务；E 表示环境友善性（Environment），含义是制造自动化应该有利于充分利用资源，减少废弃物和环境污染，有利于实现绿色制造及可持续发展制造战略。

（3）在范围方面，制造自动化不仅仅涉及到具体生产制造过程，而且涉及到产品生命周期所有过程。其主要有制造系统开放式智能体系结构及优化与调度理论，生产过程和设备自动化技术以及产品研究与开发过程自动化技术等。产品研究与开发过程自动化技术包括：CAD/CAPP/CAM 一体化技术、并行工程技术、虚拟现实和制造技术及快速原型制造技术等，这方面内容我们在其他章节都有介绍。而生产过程和设备自动化技术是本章介绍重点，主要有：数控技术、工业机器人、柔性制造技术、智能制造技术、自动化制造系统中的检测与监控技术等。

就制造自动化技术的技术地位而言，制造自动化代表着先进制造技术的水平，促使制造业逐渐由劳动密集型产业转变为技术密集型和知识密集型产业，是制造业发展的重要表现和重要标志。制造自动化技术也体现了一个国家的科技水平。采用制造自动化技术可以有效改善劳动条件，显著提高劳动生产率，大幅度提高产品质量，显著降低制造成本、提高经济效益，有利于产品更新，提高劳动者的素质，带动相关技术发展，有效缩短生产周期，大大提高企业的市场竞争能力。

21 世纪，制造业竞争焦点已是技术创新及创新产品的上市速度。制造自动化的目标（TQCSE）更主要是提高制造企业对瞬息万变的市场的响应能力及响应速度，提高制造业的竞争能力。

总之，制造自动化是制造技术先进性的主要标志之一，也是 21 世纪先进制造技术中的一个最活跃的环节。制造自动化的发展将以其柔性化、集成化、敏捷化、智能化、全球化的特征来满足市场快速变化的要求。我国制造自动化的发展是以立足国情、瞄准世界先进水平、提高竞争力为前提，采用人机结合的适度自动化技术，将自动化程度较高的设备（如数控机床、工业机器人）和自动化程度较低的设备有效地组织起来，在此基础上，实现以人为中心，以计算机为重要工具，具有柔性化、智能化、集成化、快速响应和快速重组的制造自动化系统。显然，制造自动化技术也是我国必须大力发展的重要先进制造技术。

4.1.2 制造自动化技术的发展历程及现状

4.1.2.1 制造自动化技术的发展历程

制造自动化技术的发展同制造技术的发展是密切相关的。表 4-1 列出了制造自动化技术发展中的重大事件，即制造生产和制造自动化的发展简史。

回顾历史，制造自动化技术服务的生产模式经历了以下几个主要发展阶段：

（1）用机器代替手工，从作坊形成工厂。

（2）从单件生产方式发展到大量生产方式。

（3）从大量生产方式发展到多品种、小批量的柔性自动化生产方式。

(4) 目前已是高效、敏捷与集成经营生产方式。

表 4-1 制造生产和制造自动化的发展简史

年	制造生产和制造自动化发展中的重大事件
1900	电液仿形机床（意大利）
1913	福特：流水装配线（美国）
1920	卡培克（Capek）术语：机器人（捷克斯洛伐克）
1923	凯拉（Keller）：仿形牛头刨床（美国）
1924	自动生产线（英国）
1924~1926	硬质合金刀具（德国）
1930	机床数控专利（美国）
1936	哈德尔（Harder）术语：自动化
1945	数控铣床（美国）
1947	哈德尔（Harder）：底特律机械自动线(美国：福特公司)
1947	遥控机械手（美国）
1950	全自动锻压机（美国：福特公司）
1950	全自动活塞生产（前苏联）
1950~1960	过程自动化（美国）
1952	帕森斯（Parsons）：三轴数控立式铣床（美国MTT）
1954	德沃尔（Devol）：工业机器人专利（美国）
1958	自动编程系统（美国）
1958	加工中心（美国）
1958 前后	自动绘图机（美国）
1959	工业机器人（极坐标型）（美国）
1960	自适应控制铣床（美国）
1960	术语：FMS（美国）
1962	工业机器人（圆柱坐标型）（美国）
1962	二维 CAD（美国）
1965 前后	低成本自动化（美国：宾州大学）
1965 前后	生产过程的计算机直接数字控制（DDC）（美国）
1966	自动编程语言 EXAPT（德国）
1967	CAD/CAM 软件：CADAM（美国）
1968	DNC 系统（美国）
1969	CAM（美国）
1970	IMS：机器人生产线作业（本体焊接）（美国）
1970	FMS 专利（英国）
1973	哈林顿（Harrington）：计算机集成制造 CIM 概念
1973	三维实体模型 CAD（英国，日本）
1977	无传送带小组装配法（瑞典）
1980	制造自动化协议（MAP）（美国）
1980	CAE（美国）
1989	CIM 专利：生产实施法（美国：A&T）
1989	精良生产（日本）
1991	智能制造系统 IMS 研究（日本、美国、欧共体）
1991	全球制造（日本、美国、欧共体）
1991	敏捷制造（美国）
1991	虚拟制造（美国）
1994	先进制造技术计划（美国）
1996	绿色制造（美国）

制造自动化的历史和发展可分为图 4-1 所示的五个阶段。

第一阶段：刚性自动化，包括自动单机和刚性自动线。本阶段在 20 世纪 40～50 年代已相当成熟。应用传统的机械设计与制造工艺方法，采用专用机床和组合机床、自动单机或自动化生产线进行大批量生产。其特征是高生产率和刚性结构，很难实现生产产品的改变。引入的新技术包括继电器程序控制、组合机床等。

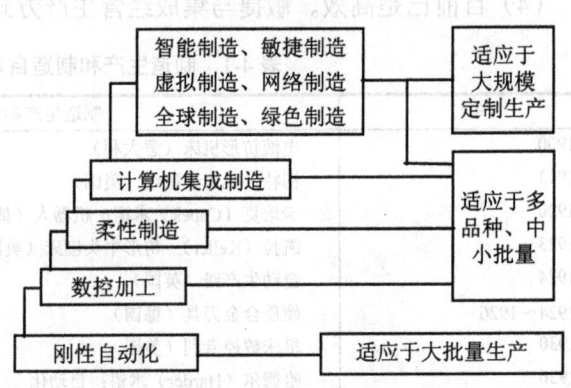

图 4-1　制造自动化发展的 5 个台阶

第二阶段：数控加工，包括数控（NC）和计算机数控（CNC）。数控加工设备包括数控机床、加工中心等。特点是柔性好、加工质量高，适应于多品种、中小批量（包括单件产品）的生产。引入的新技术包括数控技术、计算机编程技术等。

第三阶段：柔性制造。本阶段特征是强调制造过程的柔性和高效率，适应于多品种、中小批量的生产。涉及的主要技术包括成组技术（GT）、计算机直接数控和分布式数控（DNC）、柔性制造单元（FMC）、柔性制造系统（FMS）、柔性加工线（FML）、离散系统理论和方法、仿真技术、车间计划与控制、制造过程监控技术、计算机控制与通信网络等等。

第四阶段：计算机集成制造（CIM）和计算机集成制造系统（CIMS）。其特征是强调制造全过程的系统性和集成性，以解决现代企业生存与竞争的 TQCS 问题。CIMS 涉及的学科技术非常广泛，包括现代制造技术、管理技术、计算机技术、信息技术、自动化技术和系统工程技术等。

第五阶段：新的制造自动化模式，如智能制造、敏捷制造、虚拟制造、网络制造、全球制造、绿色制造等。

4.1.2.2　制造自动化技术的研究现状

国内外对制造自动化技术的研究非常重视，主要表现在以下一些方面：

1. 单元系统的研究占有很重要的位置

以一台或多台数控加工设备和物料储运系统为主体的单元系统在计算机统一控制管理下，可进行多品种、中小批量零件自动化加工生产，它是现代集成制造系统的重要组成部分，是自动化工厂车间作业计划的分解决策层和具体执行机构。美国《Manufacturing Engineering》高级编辑 Robert B. Aronson 专门发表综合评述文章《数控单元（系统）的最新进展》，对数控单元系统的发展状况进行了综述，指出："单元（系统）目前已经开始影响和支配着美国制造业"。近年来，对基于多主体（Multi-Agent）的单元化制造系统的研究也正在兴起。

2. 制造过程的计划和调度研究十分活跃，但实用化的成果还不多见

Ingersoll 公司曾分析了在传统的制造工厂中从原材料进厂到产品出厂的制造过程，结果表明，对一个机械零件来说，只有 5%的时间是在机床上，而另外的 95%时间中，零件在

不同的地方和不同的机床之间运输或等待。减少这 95%的时间，是提高制造生产率的重要方向。优化制造过程的计划和调度是减少 95%的时间的主要手段。有鉴于此，国内外对制造过程的计划和调度的研究非常活跃，已发表了大量研究论文和研究成果。最近几届的国际 CIM 大会论文中，计划和调度方面的研究占相当一部分。由于制造过程的复杂性和随机性，使制造过程的计划和调度的研究能进入实用化的特别是适用面较大的研究成果很少，大量研究还有待于进一步深化。

3. 柔性制造技术的研究向着深度和广度发展

FMS 的研究已有较长历史，但由于其复杂性和不断地发展，至今仍有大量学者对此进行研究。目前的研究主要围绕 FMS 的系统结构、控制、管理和优化运行等方面进行。DNC 技术近年来得到了很大发展。早期的 DNC 是指 Directed Numerical Control，即计算机直接数控。目前 DNC 包括两种情况：一是为计算机直接数控，另一是指 Distributed Numerical Control，即分布式数控。分布式数控强调信息的集成与信息流的自动化，物料流的控制与执行可大量介入人机交互。相对 FMS 来说，DNC 具有投资小、见效快、柔性好和可靠性高等特点，因而近年来的研究非常活跃。

4. 制造系统的系统技术和集成技术已成为制造自动化研究中热点问题

近年来，在单元技术和专门技术（如控制技术、计算机辅助技术）继续发展的同时，制造系统中的集成技术和系统技术的研究已成为制造自动化研究中的热点。其中集成技术包括制造系统中的信息集成和功能集成技术（如 CIMS）、过程集成技术（如并行工程 CE）、企业间集成技术（如敏捷制造 AM）等；系统技术包括制造系统分析技术、制造系统建模技术、制造系统运筹技术、制造系统管理技术和制造系统优化技术等等。

5. 更加注重制造自动化系统中人因作用的研究

在过去一段时期，人们曾认为全盘自动化和无人化工厂或车间是制造自动化发展的目标。随着实践的深入和一些无人化工厂实施的失败，人们对无人化制造自动化问题进行了反思，并对于人在制造自动化系统中有着机器不可替代的重要作用进行了重新认识。近年来，提出了"人机一体化制造系统"、"以人为中心的制造系统"等新思想，其内涵就是发挥人的核心作用，采用人机一体的技术路线，将人作为系统结构中的有机组成部分，使人与机器处于优化合作的地位，实现制造系统中人与机器一体化的人机集成的决策机制，以取得制造系统的最佳效益。

6. 适应现代生产模式的制造环境的研究正在兴起

当前，并行工程（Concurrent Engineering）、精益生产（Lean Production）、敏捷制造（Agile Manufacturing）、虚拟制造（Vivtual Manufacturing）、仿生制造（Boinic Manufacturing）和绿色制造（Green Manufacturing）等现代制造模式的提出和研究推动了制造自动化技术研究和应用的发展，以适应现代制造模式应用的需要。围绕敏捷制造这一 21 世纪占主导地位的制造模式的研究，主要包括敏捷制造模式下的制造自动化系统体系结构、高效柔性制造系统的建模与重构、制造能力测量、评价与控制和制造加工过程的拟实制造等等。

7. 底层加工系统的智能化和集成化研究越来越活跃

如目前世界上 IMS 计划中，提出了智能完备制造系统 HMS（Holonic Manufacturing System）。HMS 是由智能完备单元复合而成，其底层设备具有开放、自律、合作、适应柔性、可知、易集成和鲁棒性好等特性。另外，目前世界上刚刚出现的虚拟轴机床，变革了传统机床的工作原理，其性能上有许多独特优势，特别是有利于实现车间内各虚拟轴机床的控制和集成。又如快速原型制造（Rapid Prototyping Manufacturing）是一种有利于实现集成制造的新技术，近年来的研究非常活跃。

4.1.2.3 我国在制造自动化技术方面发展进程

我国第一条机械加工自动线于1956年投入使用，是用于加工汽车发动机汽缸体端面孔的组合机床自动线。1959年建成的加工轴承内外环的自动线是我国第一条加工环套类零件的自动线。而第一条加工轴类零件的自动线是1969年建成的加工电动机转子轴自动线。1964年到1974年，我国机床行业为第二汽车制造厂（东风汽车集团公司）提供了57条自动线和8000多台自动化设备。

在数控技术方面，我国1958年研制成功数控立铣，至1985年底，生产的数控品种已达50余种。尽管如此，当时我国数控机床存在着技术水平低、性能不稳定等问题，远远不能满足国内用户的需求，每年国家要花费大量宝贵的外汇进口数控系统和数控机床。然而可喜的是，我国数控技术经过1981～1985年技术引进、1986～1990年消化吸收和1991～1995年开发自主版权的数控系统三个阶段的发展，已建立起了两个具有自主版权的数控平台，即以PC机为基础的总线式、模块化、开放型单处理器平台和多处理器平台。开发出了四个具有自主版权的基本系统：中华Ⅰ型、蓝天Ⅰ型、华中Ⅰ型、航天Ⅰ型，并在此基础上开发了数控车床和加工中心六个典型系统及针对数控磨齿机、齿轮机床、电加工机床、锻压机床、仿形机床、三坐标测量机等特定功能要求的16种派生系列。这为实现我国数控机床的产业化奠定了基础。目前我国已形成了年产数控系统3000台、主轴与进给装置5000套的生产能力。1997年清华大学和天津大学合作研制成功我国第一台虚拟轴机床。在柔性制造技术方面，我国于1984年研制成功两个柔性制造单元，1987年以后，陆续从国外引进10余套FMS，也自行研制了我们自己的FMS，且是采取一种结合国情、实施适用先进方针的技术解决方案，从第一条由湖南大学与浦沅工程机械总厂联合研制开发的准柔性制造系统P-FMS（Peseudo-FMS），到最近由北京机电研究院为株洲南方航空动力机械公司设计制造的摩托车曲轴箱柔性生产线，都取得了成本低、投产快、操作方便、运行可靠、实用的效果。我国机械制造业的中长期发展规划中，已把实用化的P-FMS列为发展柔性自动化技术的三个层次之一。

我国工业机器人的研究始于70年代初，自从863高科技发展计划将机器人列为自动化领域的一个主题后，我国机器人技术得到了很快发展，目前已掌握了机器人操作机的设计制造技术、控制系统设计和软件编程技术，可以生产部分机器人的关键器件，开发出了喷漆、弧焊、点焊、装配、搬运、特种（水下、爬壁、管道遥控）机器人。

作为863计划中自动化领域的两个主题之一，CIMS在我国的研究和推广应用得到了极快的发展，单元应用技术也取得了一批研究和应用成果，有些实施CIMS企业也取得了一些经济和社会效益。研究范围覆盖了系统集成技术、CAD/CAM、管理决策信息系统、质量系统工程和数据库等，开展了一系列关键技术的研究，包括复杂工业系统的模拟设计、异构环境的信息集成、基于STEP的CAD/CAM集成系统、并行工程构架和应用集成平台，某些研究达到了世界先进水平。1994年清华大学的国家CIMS工程技术研究中心荣获美国制造工程师协会SEM颁发的"大学领先奖"，1995年北京第一机床厂荣获SME颁发的"工业领先奖",1999 年华中理工大学也获得 CIMS "大学领先奖"。上述成果的取得使我国在 CIMS 自动化制造系统的研究和应用方面积累了一定的经验。基于 863/CIMS 主题实践,中国学者提出了现代集成制造系统(Contemporary Integrated Manufacturing System)概念,这个概念已在广度和深度上拓展了原来的 CIM/CIMS 内涵。现代集成制造系统 CIMS 是一种基于 CIM 哲理的计算机化、信息化、智能化、集成化的制造系统。

在现代生产模式的研究与应用方面,我国制造业广大专家学者和企业界在消化吸收、融会贯通国际上有用的制造技术理论的基础上,努力做到从中国制造业的实际情况出发,发展创新形成有国情特征的制造理论和学识,如独立单元综合制造和管理系统、"分散网络化制造 DNM" 的示范系统、高效快速重组(LAF)生产系统等。第一汽车集团公司在引进国外生产技术的同时,引进国外公司的管理技术并结合自身特点推行现代管理,从 20 世纪 80 年代推行准时生产,到 90 年代全面推行精益生产,将精益思想从生产管理扩展到产品开发、质量控制、采购协作、营销服务、工厂组织、财务管理等各领域,目前,他们推行精益生产的规模和深度,特别是其实用性,不仅在国内领先,从世界范围看也很出色。

4.1.3 制造自动化技术的发展趋势

制造自动化技术发展趋势主要是敏捷化、网络化、虚拟化、智能化、全球化和制造绿色化。

1. 制造敏捷化

敏捷化是制造环境和制造过程面向 21 世纪制造活动的必然趋势,其包括的内容很广,如:

(1)柔性。包括机器柔性、工艺柔性、运行柔性、扩展柔性、劳动力的柔性及知识供应链。

(2)重构能力。能实现快速重组重构,增强对新产品开发的快速响应能力;产品过程的快速实现、创新管理和应变管理。

(3)快速化的集成制造工艺。如快速原型制造 RPM 就是一种快速化的 CAD/CAM 的集成工艺。

2. 制造网络化

制造的网络化,特别是基于 Internet /Intranet 的制造已成为重要的发展趋势。包括以下几个方面:制造环境内部的网络化,实现制造过程的集成;制造环境与整个制造企业的网络化,实现制造环境与企业中工程设计、管理信息系统等各子系统的集成;企业与企业间的网络化,实现企业间的资源共享、组合与优化利用;通过网络,实现异地制造。

3. 制造虚拟化

基于数字化的虚拟化技术主要包括虚拟现实(VR)、虚拟产品开发(VPD)、虚拟制造(VM)和虚拟企业(VE)。制造虚拟化主要指虚拟制造,又称拟实制造,是以制造技术和计算机技术支持的系统建模技术和仿真技术为基础,集现代制造工艺、计算机图形学、并行工程、人工智能、人工现实技术和多媒体技术等多种高新技术为一体,由多学科知识形成的一种综合系统技术。它将现实制造环境及其制造过程通过建立系统模型映射到计算机及其相关技术所支撑的虚拟环境中,在虚拟环境下模拟现实制造环境及其制造过程的一切活动和产品制造全过程,并对产品制造及制造系统的行为进行预测和评价。虚拟制造是实现敏捷制造的重要关键技术。

4. 制造智能化

智能化是制造系统在柔性化和集成化基础上进一步的发展和延伸，当前和未来的研究重点是具有自律、分布、智能、仿生、敏捷、分形等特征的新一代自动化制造系统。智能制造技术的宗旨在于通过人与智能机器的合作共事，去扩大、延伸和部分地取代人类专家在制造过程中的脑力劳动，以实现制造过程的优化。

5. 制造全球化

智能制造系统计划和敏捷制造战略的发展和实施，促进制造业的全球化。随着"网络全球化"、"市场全球化"、"竞争全球化"、"经营全球化"的出现，全球化制造的研究和应用发展迅速，其包括以下主要内容：市场的国际化，产品销售的全球网络正在形成；产品设计和开发的国际合作及产品制造的跨国化；制造企业在世界范围内的重组与集成，如动态联盟公司；制造资源的跨地区、跨国家的协调、共享和优化利用；全球制造的体系结构将会形成。

6. 制造绿色化

近年来，一个新的概念已经提出：最有效地利用资源和最低限度地产生废弃物，是当前世界上环境问题的治本之道。如何使制造业尽可能少地产生环境污染是当前环境问题研究的一个重要方面。绿色制造（Green Manufacturing）概念由此产生。绿色制造是一个综合考虑环境影响和资源效率的现代制造模式，其目标是使产品从设计、制造、包装、运输、使用到报废处理的整个产品生命周期中，对环境的影响（负作用）最小，资源使用效率最高。绿色制造已成为全球可持续发展战略对制造业的具体要求和体现。绿色制造涉及到产品的整个生命周期和多生命周期。对制造环境和制造过程而言，绿色制造主要涉及到资源的优化利用、清洁生产和废弃物的最少化及综合利用。

"知识化"、"创新化"也已成为制造自动化技术的重要发展趋势。随着知识对经济发展重要性的加大，未来的制造业将是智力型的工业，产品的知识含量成为竞争的基础力量和决定胜负的关键。要求制造业必然提高技术和知识含量，实施知识管理，注重知识共享，迎接"以知识为基础的产品"新时代创新作为知识经济的核心，将成为企业生存与发展的根本。制造业必须不断提高技术创新和知识创新的能力，增强企业的市场竞争力。

到 2010 年，我国制造自动化的发展战略目标是：实施和完成对整个制造企业进行面向"人"资源的计算机集成化、自动化和操作优化，促进企业从粗放型向集约型的转变，提高制造业的快速设计、快速检测、快速响应和快速重组的能力，适应世界市场的激烈竞争。在有效地将 CNC、机器人以及自动化程度较低的设备集成起来的基础上，逐步建立起以人为中心、以计算机为核心工具，以信息技术和网络为基础，具有柔性化、智能化、集成化、敏捷化、知识化、创新化、绿色化的制造自动化系统。

4.1.4 制造自动化技术的关键技术

广义地讲，自动化制造系统是由一定范围的被加工对象、一定柔性和自动化水平的各种装备和高素质的人员组成的一个有机整体。自动化制造系统具有五个典型组成部分：一定范围的被加工对象；具有一定技术水平和决策能力的人；信息流及其控制系统；能量流及其控制系统；物料流及物料处理系统。

制造自动化技术涉及的学科范围很宽，其核心仍是制造科学和技术，其学科领域主要有：系统工程学、设计与制造科学、质量控制工程、信息科学、计算机科学、人机工程学、生产管理、自动控制理论、运筹学、工业工程、规划论、电气工程、技术经济学等。

制造自动化技术在形式、功能、范围、学科领域等方面的广义内涵，决定了其所涉及的关键技术众多。基于本书所提出的先进制造技术体系结构，相比较先进设计技术、先进制造工艺技术、先进系统管理技术而言，在先进制造自动化技术方面，其关键技术主要有以下一些方面：

4.1.4.1 制造自动化系统开放式智能体系结构研究

目标是使制造系统具备自组织和并行作用的能力，充分利用分布式计算机技术、网络技术等，使制造自动化向柔性化、集成化、智能化和全球化方向发展。该技术研究集中在以下几个方面：

（1）分布式、协同处理的制造自动化体系结构，柔性制造环境下制造系统自组织技术基础研究，通信协议各异的异构设备集成的研究，由智能设计机器、智能加工工作站及智能控制器等构成的分布式、协同处理结构的研究。

（2）以人为中心的自动化制造系统，研究人机的适度集成，制造自动化系统和技术同个体和组织创新、体制革新的关系，如何把人的知识和智能活动有效集成入整个系统乃至各个方面。

（3）基于因特网的制造自动化系统，研究面向全球制造的开放式自动化系统及集成平台，开发协作式开放制造集成网络基础结构，研究基于信息高速公路的数据库技术、设备重组和资源重用，以及能自动进行产品建模逆工程集成等技术，用面向对象方法和高级计算机编程语言研究基于www（world wide web）的产品建模、生产调度管理和并行控制的方法和技术。

4.1.4.2 智能4M系统中关键技术的研究

智能4M系统就是将建模（Modeling）、加工（Manufacturing）、测量（Measuring）、机器人操作（Manipulation）四者一体化的智能系统，实现信息共享，促进建模、加工、测量、装夹、操作的一体化，其目的是实现快速制造、快速检测、快速响应和快速重组。智能4M系统主要研究内容是：信息共享和集成、传感器信息的处理和融合、4M系统的系统一建模理论及方法以及系统结构和功能模型、一体化的制造仿真与控制语言研究，形成面向用户的柔性加工高层控制语言、几何信息提取、特征映射方法和4M系统信息集成的研究。

4.1.4.3 制造自动化系统的优化理论与调度方法

制造系统是一类离散事件动态系统（Discrete Event Dynamic System, DEDS），其物流、信息流以及各种资源的规则、调度和控制等有独特的要求。对这类系统的更精确的描述、分析和控制，需要在离散事件动态系统理论方面进一步突破。同时，由于实现各种先进的制造哲理和管理策略，如虚拟企业、敏捷制造、精益生产、准时生产等，作为先进制造模式赖以实现的基础之一，生产组织与过程优化中决策调度的成功与否对上述目标的实现有着最为直接的影响。

4.1.4.4 面向制造自动化的虚拟制造技术研究

虚拟制造关键技术的研究可分为四个层次，即：虚拟制造哲理研究、虚拟制造技术层、虚拟制造原型系统层、虚拟制造集成开发平台层。虚拟制造哲理的研究为制造企业敏捷制造提供指导思路，在信息集成基础上，通过组织管理、技术、资源和人机集成实现产品的开发过程的集成。

虚拟制造技术层的研究为 VM 实施和 VMS 的建立提供了理论和技术上的支持，它由三大主体技术群和一个支撑技术群组成。

（1）建模技术群。用来开发 VMS 中各种模型的所有技术与方法，包括产品过程及生产系统建模技术，虚拟公司建模技术，虚拟制造环境与现实制造环境之间结构、功能映射关系的管理、维护、监控和更新问题。基于分布式并行处理下的虚拟制造开放式体系结构研究，面向整个产品的生命周期综合经济模型和产品评价体系。

（2）仿真技术群。即运行和操作构成 VMS 的各种模型的所有方法和技术，对分布式交互仿真技术和虚拟现实技术有更新要求。

（3）控制技术群。即建模过程、仿真过程所用到的各种管理、组织与控制技术与方法，主要包括：模型部件的组织、调度策略及交换技术，仿真过程的工作流程与信息流程控制，虚拟制造方法论；概念设计与制造方法、加工过程、成本估计集成技术，集成动态的、分布式的、协作模型的集成技术；虚拟制造环境下，产品开发过程中的调度与控制机制的研究，以及面向产品开发过程的组织与管理等问题的研究等。

（4）支撑技术群。即支持虚拟制造系统开发控制与运行的基础性技术，主要包括：数据库技术，人工智能在制造企业各级组织、产品生命周期各个阶段决策中应用的研究，系统集成技术，虚拟环境下分布式并行处理多智能主体协同求解技术与系统的研究，以及全局最优决策理论和技术，综合可视化技术在虚拟制造环境构造中的应用，计算机软硬件技术以及通信技术。

在虚拟制造哲理和技术研究的基础上，从产品整个生命周期的各个阶段、制造企业的各个组成要素、原型系统规模等三个方面进行虚拟制造原型系统的研究和开发。

而虚拟制造集成开发平台层就是在理论研究和制造原型系统的开发基础上，从集成开发平台的要求出发，对虚拟制造的通用功能、模块以及子系统等方面进行归纳整理，构造虚拟制造集成开发平台，以适应灵活方便地建立针对不同产品和制造环境的虚拟制造系统的需求，主要研究内容有：集成开发平台体系结构研究，构件库管理系统及构件集的建立，构件重用技术的研究，自适应开发界面研究。

4.1.4.5 CAD/CAPP/CAM 一体化技术的研究

CAD/CAPP/CAM 一体化是一项综合性的高新技术，当前正朝着集成化、智能化、可视化和标准化方向发展。主要研究内容有：CAD 系统面向产品的整个生命周期，充分考虑产品信息的继承性，满足并行设计的要求，CAD 与产品信息标准化相结合，产品模型的可转换性，面向全国乃至全球的产品信息编码系统等方面的研究；具有很好的可移植性和自组织性的软件系统、智能化 CAD 系统的研究、虚拟现实设计技术的研究。CAD/CAPP/CAM 一体化技术一个重要研究内容就是 CAPP 技术的研究，主要有：基于并行工程的 CAPP 技术；虚拟制造模式下 CAPP 技术；基于 PDM 的 CAD/CAPP/CAM 集成系统；面向 CIMS/CAPP

集成开发平台等。

4.1.4.6 面向制造自动化的数控技术的研究

数控技术是自动化技术的基础及关键单元技术，又是精密、高效、高可靠性加工技术的支撑，它正朝着集成化和实用化方向发展。对数控技术的研究与开发重点是：开放性结构系统的发展，采用新元件、新工艺；不断改善和扩展以高精、高速、高效为代表的功能，改善和发展伺服技术，采用通信技术，研制开发超精数控系统等。

4.1.4.7 柔性制造技术和智能制造技术的研究

柔性制造系统的理论和技术所涉及领域很广，主要包括：生产调度理论与算法的研究，主要涉及数学规划、图论、对策论、排队论、人工神经网络方法、Petri 网理论等应用数学理论及方法；计算机通信及数据库技术的研究；计算机仿真技术的研究；生产组织及控制模式理论和技术的研究，主要涉及动态逻辑单元重构理论、多黑板结构模型的智能单元控制理论、系统扰动及再调度理论和技术、JIT 技术、开放式体系结构等；制造资源控制管理理论和技术的研究，主要涉及刀具管理理论及技术、加工设备的实时调度技术、物料储运系统如 AGV、立体仓库等的控制技术。

智能制造技术是指在制造系统及制造过程的各个环节通过计算机实现人类专家制造智能活动（分析、判断、推理、构想、决策等）的各种制造技术的总称，它是人工智能技术与制造技术的有机结合。智能制造系统的智能化水平决定了其研究内容有：个体"智能化"水平、系统的自组织能力、分布协同求解、制造智能的集成、人机智能的柔性交互与协同等。

4.1.4.8 机器人化制造技术的研究

机器人是一种高度柔性化的自动化设备，未来的典型制造工厂将是计算机网络控制的包含多个机器人加工单元的分布式自主制造系统，工业机器人（IR）、智能加工中心（IMC）、坐标测量机（CMM）、自动导引小车（AGV）均被视为"智能机器"，这些智能机器依据不同的要求有机地组成机器人化制造单元，实现多元化产品生产。在所组成的制造单元、建模方法及仿真技术的应用研究方面主要研究内容是：机器人制造单元的结构和功能模型的研究，NC、Robot、CMM 全信息模型的研究，基于知识的一体化制造仿真与控制语言，NC、Robot、CMM 信息共享技术等。工业机器人的离线编程与图形仿真是机器人化生产应用工程的关键技术，如机器人制造单元的 CAD 建模，面向对象的机器人作业规划，机器人编程语言及标准接口规范，机器人传感器仿真模型的研究及各种传感器信息融合的仿真。对机器人系统建模和仿真研究又有两个方面：一是通过机器人的建模与仿真，帮助设计者设计机器人本体，评价机器人的运动学、动力学和控制系统的性能；另一个就是通过建立机器人与周边环境物和模型，帮助机器人操作人员进行机器人工作单元的设计、离线示教和编程规划，使用图形技术和避碰算法，进行运动分析。在以机器人为基础的可重组的加工和装配系统研究方面主要研究内容是：机器人加工及装配系统模块化设计与重构技术，柔性装配机器人系统集成技术，用于柔性加工与装配的集成系统技术，面向机器人的装配设计技术，传感器系统集成与信息融合技术。机器人化机器是应用机器人技术实现新一代类似机器人的智能化、可编程、适于重组和系统应用的新一代机器，主要研究内容包括：传统机械的机器人化实现技术，传感器、决策和控制一体化技术，新型机器人化加工与装配机器研究等。

特种机器人方面主要研究内容有：遥控加局部自主的系统构成和控制策略研究，人一机交互环境建模系统，面向遥控机器人的拟实系统，基于计算机屏幕的机器人遥控及监控技术，多传感器系统、导航和定位技术。

4.1.4.9 先进制造智能传感与检测的研究

未来的检测系统必须与制造自动化、智能化、柔性化及集成化相适应，是一通用型模型化、集成化、智能化的具备自学习训练与自适应调整功能的多传感器、多参数、多模型综合决策系统。智能传感与检测研究主要包括智能传感器、智能传感和检测技术以及光纤传感技术等方面的研究。智能传感器主要功能为：感知环境条件的变化，并进行相应补充，通过双向通信，以一种可以理解和接受的格式及执行机构或控制器等与其他系统连接，对自身进行检测式诊断，实现智能决策。

光纤传感技术主要研究内容为：光波调制原理、调制光波信号检测技术、多传感器复用技术、多传感器网络及通信技术、光纤传感技术与光纤通信技术的结合原理和方法等。

以上对制造自动化技术的主要关键技术进行了概略性提示。基于本书的叙述深度和制造自动化技术的进展，本章主要对数控技术、工业机器人、柔性制造技术和智能制造技术以及自动化制造系统中检测与监控技术进行较详细的介绍。

4.2 数控技术

4.2.1 数控技术概况

4.2.1.1 数控技术定义、内涵及技术地位

数控技术是指用数字化信号（记录在媒介上的数字信息及数字指令）对设备运行及其加工过程进行控制的一种自动化技术。它是一种可编程的自动控制方式，它所控制的量一般是位置、角度、速度等机械量，也有温度、压力、流量、颜色等物理量，这些量的大小不仅可用数字表示，而且是可测的。如果一台装置（如切削机床、锻压机械、切割机、绘图机）实现其自动工作的命令是以数字形式来描述的，则称其为数控装置。

数控机床就是采用了数控技术的机床，或者说是装备了数控系统的机床。国际信息处理联盟（IFIP）对数控机床做了如下定义：数控机床是装有程序控制系统的机床，该系统能够逻辑地处理具有使用编码或其他符号指令规定的程序。数控机床具有如下特点：能加工复杂型面零件；加工精度高，加工尺寸精度可达 0.005mm 以上，批量生产时，加工精度也很稳定；加工效率高，加工过程中，能在一次装夹定位中加工多个表面，并能完成自动检测等工序，有效地提高了生产效率；自动化程度高，减轻劳动强度，改善生产环境；可以实现一机多用，替代多台普通机床，节省厂房面积；采用数控机床，促进了单件、小批量生产自动化的发展，实现柔性自动化生产；由于不需要专用的工艺设备，采用通用工夹具，只要更换程序，就可适用不同品种及尺寸规格零件的自动化生产。但是，数控机床初期投资和维护保养费用高，要求管理及操作人员的素质高。

基于数控机床的特点,对于单件、中小批量生产,形状复杂、精度要求高的零件加工,产品更新频繁、生产周期紧的生产任务采用数控机床生产,可以提高产品质量,降低生产成本,获得较高的经济效益。

数控技术是机械、电子、自动控制理论、计算机和检测技术密切结合的机电一体化高新技术,它能把机械装备的功能、可靠性、效率和产品质量提高到一个新水平,使机械电子行业发生深刻的变化,可以说,数控技术是实现制造过程自动化的基础,是自动化柔性系统的核心,数控技术是现代集成制造系统的重要组成部分。由于数控技术在机械工业中的重要地位,世界上近 10 年来,数控机床的数量增加了 10 倍,日本的数控机床品种已达 1300 多种,机床产值数控化率为 70%,有些现代化机械加工车间,使用机床的数控化率已超过 90%。

总之,数控技术已成为当今工业设备、制造业中不可忽视的关键高新技术,对我国今后的技术进步和科学发展具有重要的先导作用,需大力发展。

4.2.1.2　数控装置的组成

图 4-2 是数控装置的基本组成框图。

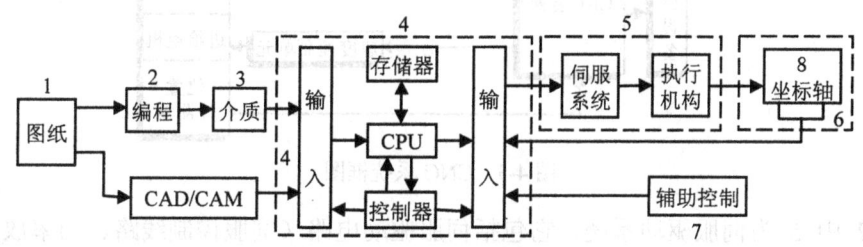

图 4-2　数控装置的基本组成框图

其中 1 为加工零件的图样,作为数控装置工作的原始数据。2 为程序编制部分。3 为控制介质,也称为信息载体,通常用穿孔纸带、磁带、软磁盘或光盘作为记载控制指令的介质。控制介质上存储的加工零件所需要的全部操作信息,是数控系统用来指挥和控制设备进行加工运动的唯一指令信息。但在现代 CAD/CAM 系统中,可不经控制介质,而是将计算机辅助设计的结果及自动编制的程序加以后置处理,直接输入数控装置。

图 4-2 中的 4 为数控系统,它是数控机床的核心环节。数控系统的作用是按接收介质输入的信息,经处理运算后去控制机床运行。按数控系统的软硬件构成特征来分,可分为硬线数控与软线数控。传统的数控系统即系统的核心数字控制装置,是由各种逻辑元件、记忆元件组成的随机逻辑电路,是采用固定接线的硬件结构,数控功能是由硬件来实现的,这类数控系统称之为硬件数控(硬线数控)。

随着半导体技术、计算机技术的发展,微处理器和微型计算机功能增强,价格下降,数字控制装置已发展成为计算机数字控制(Computer Numerical Control)装置,即所谓的 CNC 装置,它由软件来实现部分或全部数控功能。CNC 系统是由程序、输入输出设备、计算机数字控制装置、可编程控制器(PC)、主轴控制单元及速度控制单元等部分组成,如图 4-3 所示。CNC 系统中,可编程控制器 PC 是一种数字运算电子系统,以微处理为基础的通用型自动控制装置,专为在工业环境下应用而设计。它采用可编程序的存储器，在其内部存储执行逻辑运算、顺序控制、定时、计数和算术运算等特定功能的用户操作指令，并通过数字式、模拟式的输入和输出，控制各种类型的机械或生产过程。PC 已成为数控机床不可缺少的控制装置。CNC 和 PLC（PC）谐调配合共同完成数控机床的控制，其中 CNC 主要完成与数字运算和管理有关的功能，如零件程序的编辑、插补运算、译码、位置伺服控制等。PC 主要完成与逻辑运算有关的一些动作，没有轨迹上的具体要求，它接受 CNC 的控制代码 M（辅助功能）、S（主轴转速）、T（选刀、换刀）等顺序动作信息，对其进行译码，转换成对应的控制，控制辅助装置完成机床相应的开关动作，如工件的装夹、刀具的更换、切削液的开关等一些辅助动作，它还接受机床操作面板的指令，一方面直接控制机床的动作，另一方面将一部分指令送往 CNC 用于加工过程的控制。

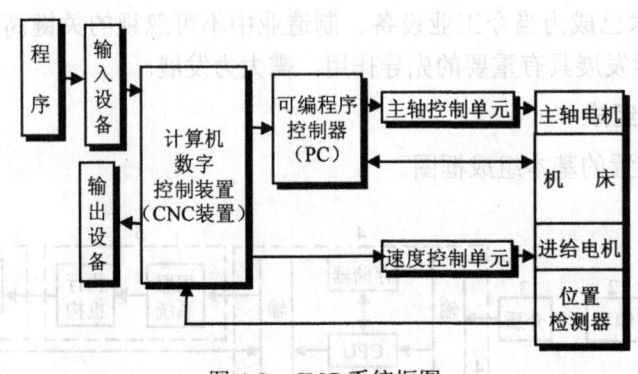

图 4-3 CNC 系统框图

图 4-2 中 5 为伺服驱动系统，它包括伺服驱动电路（伺服控制线路、功率放大线路）和伺服电动机等驱动执行机构。它们与工作本体上的机械部件组成数控设备的进给系统，其作用是把数控装置发来的速度和位移指令（脉冲信号）转换成执行部件的进给速度、方向和位移。数控装置可以以足够高的速度和精度进行计算并发出足够小的脉冲信号，关键在于伺服系统能以多高的速度与精度去响应执行，整个系统的精度与速度主要取决于伺服系统。伺服驱动电路把数控装置发出的微弱电信号（5V 左右，毫安级）放大成强电的驱动电信号（几十、上百伏，安培级）去驱动执行元件——伺服电动机。伺服系统执行元件主要有功率步进电动机、电液脉冲马达、直流伺服电动机和交流伺服电动机等，其作用是将电控信号的变化转换成电动机输出轴的角速度和角位移的变化，从而带动机械本体的机械部件做进给运动。

图 4-2 中 6 为坐标轴或执行机构的测量装置。前者用以测量坐标轴（如工作台）的实际位置，并将测量结果反馈到数控系统（或伺服驱动系统），形成全闭环控制；后者用以测量执行伺服电动机轴的位置，并予以反馈，形成半闭环控制。测量反馈装置的引入，有效地改善了系统的动态特性，大大提高了零件的加工精度。

图 4-2 中 7 为辅助控制单元，用于控制其他部件的工作，如主轴的起停、刀具交换等。

图 4-2 中 8 为坐标轴（如工作台轴）。

数控系统的工作本体是加工运动的实际执行部件，主要包括主运动部件、进给运动执行部件、工作台、床鞍及其部件和床身立柱等支撑部件，此外还有冷却、润滑、转位和夹紧等辅助装置，存放刀具的刀架、刀库或交换刀具的自动换刀机构等。对工作本体的要求是：应有足够的刚度和抗振性，要有足够的精度，热变形小，传动系统结构要简单，便于实现自动控制。

4.2.1.3 数控系统的分类

1. 按数控装置类型分类

可分为硬件式 NC（Numerical Control）系统和软件式 CNC 系统。

2. 按功能水平分类

可以把数控系统分为高档、中档、低档数控系统三类。

3. 按用途分类

可把数控系统分为金属切削类数控系统、金属成形类数控机床和数控特种加工机床等三类。

4. 按运动方式分类

可分为点位控制系统、点位直线控制系统和轮廓控制系统三类。轮廓控制系统又称连续轨迹控制，该系统能同时对两个或两上以上的坐标轴进行连续控制，加工时不仅要控制起点与终点，而且要控制整个加工过程中的走刀路线和速度。它可以使刀具和工件按平面直线、曲线或空间曲面轮廓进行相对运动，加工出任何形状的复杂零件。它可以同时控制 2～5 个坐标轴联动，功能较为齐全。在加工中，需要不断进行插补运算，然后进行相应的速度与位移控制。数控铣床、数控凸轮磨床、功能完善的数控车床、较先进的数控火焰切割机、数控线切割机及数控绘图机等，都是典型的轮廓控制系统。它们取代了各种类型的仿形加工，提高了加工精度和生产效率，因而得到广泛应用。

5. 按控制方式分类

（1）开环控制系统。是不具有任何反馈装置的数控系统，无检测反馈环节。

（2）半闭环控制系统。是在开环数控系统的传动丝杠上装有角位移检测装置，如光电编码器、感应同步器等，通过丝杠的转角间接地检测移动部件的位移，然后反馈至控制系统中。

（3）闭环数控系统。是在移动部件上直接装有直线位置检测装置，将测量的实际位移值反馈到数控装置中，与输入的位移值进行比较，用差值进行补偿，使移动部件按照实际需要的位移量运动，实现移动部件的精确定位。闭环数控系统的控制精度主要取决于检测装置的精度、机床本身的制造与装配精度。

4.2.2 数控技术的发展

1952 年美国帕麦斯公司和麻省理工学院合作研制出全世界第一台数控机床（三坐标数控铣床），很好地完成了直升飞机叶片轮廓检查用样板的加工，该机床于 1955 年进入实用阶段。数控系统的硬件发展进程经历以下几代变化：第一代数控硬件系统，1952～1959 年，采用电子元件构成的专用数控系统（NC）；第二代数控硬件系统，从 1959 年开始，采用晶体管电路的 NC 系统；第三代数控硬件系统，从 1959 年开始，采用中、小型模型集成电路的 NC 系统；第四代数控硬件系统，从 1970 年开始，采用大规模集成电路的小型通用电子计算机控制系统（NC）；第五代数控硬件系统，从 1974 年开始，采用微型电子计算机和微处理器组成的控制系统（称 MNC，目前仍习惯称为 CNC），它不仅具有小型机数控优点，而且有较好性能价格比，使用范围广。一般来说，前面三代数控系统，习惯称之为硬件数控系统，后两代称软件数控系统。数控技术的现状是：采用 32 位微型计算机，应用精简指令集计算机（RISC），能进行高速处理；数控系统具有高速化和高精度；采用模块化结构；有丰实的软件功能；采用了全数字化交流变频伺服系统；具有智能化功能等。

进入 90 年代，数控技术的典型应用是 FMC/FMS/CIMS，其发展趋势是向高速化、高精度化、高效加工、多功能化、复合化、智能化、模块化、小型化及开放式结构方向发展。

1. 高速化与高精度化

（1）采用 32 位 CPU 多总线的体系结构和实时多任务、多用户的操作系统，以提高运算处理速度。以 32 位 CPU 为核心的 CNC 系统具有极快的数值处理能力，能同时实现几个过程的闭环控制以及完成高阶计算任务，其应用使得数控系统的输入、译码、计算、输出等环节都是在高速下完成，并可提高 CNC 系统的分辨率及实现连续小程序段的高速、高精度加工。近几年推出的主要代表产品有：德国 SIEMENS 的 SINUMERIK850/880 系统，美国 CINCINNATI 的 ACRLMATIC2100 系统、日本 FANUC 的 180/210 系统和美国 AB8600 系统等。

（2）提高多轴控制水平，配置高速强功能可编程序控制器（PC）。多 CPU 控制也是高速化发展的一个趋向，甚至已发展到每一个控制轴都有一个 CPU，控制轴可以是三向坐标轴、回转轴、可倾轴，也可以是主轴摆动轴等。采用高速可编程序控制器（PC），可实现机床逻辑动作的高速处理。FANUC FS15 系列的 PC 专用处理器，使得 PC 的基本指令为 $0.25\mu s$/步，这样系统具备了 M、S、T 的高速处理能力。

（3）提高主轴和伺服驱动的精度和速度。数控机床的高速、高精度化，要求机床主轴和进给驱动要具有更高的速度和更好的动静态位置控制精度。采用以现代控制理论为基础的高精度、高速响应的交流伺服系统，实现了高分辨率，保证了加工精度。高性能数字伺服控制技术的应用，使原来许多由硬件实现的功能，改由软件实现，如：合理选择升降速控制，减少由此引起的误差；采用前馈控制，减少因伺服滞后引起的误差；加工误差大的夹角部分自行采用降速加工，保证加工质量等。应用高精度位移和转速传感器，应用现代控制理论的各种控制算法，可在系统中进行在线控制，它可进行非线性补偿、静动态惯性补偿值的自动设定和更新等，在一定精度的要求下，可使响应速度大幅度提高。

数控机床的主轴高速化，使得直线电动机伺服驱动得到应用和发展。直线电动机取代传统以滚珠丝杠为核心的进给驱动系统主要有如下优势：简化结构、高速化、传动效率高、响应速度快、便于保养、便于长行程化。直线电动机的运动轨迹为直线，可直接提高机床部件的运动精度。由美国 Anorad 公司开发的机床进给驱动直线电动机，是由永久磁铁与励磁线圈构成的 DC 无刷式直线电动机，其耐冲击能力（峰值载荷）高达 9000N，最大进给速度高达 8m/s，最大加速度高达 10g。

（4）通过减少数控系统的误差和采用补偿技术来提高数控设备的加工精度。在减少 CNC 系统控制误差方面，常采用提高 CNC 系统的分辨率，以微小程序段实现连续进给，使 CNC 控制单位精细化，提高位置检测精度（日本交流伺服电动机已有装上每转可产生 100

万个脉冲的内藏位置检测器,其位置检测精度能达到 0.01μm/脉冲)以及位置伺服系统采用前馈控制与非线性控制等方法。在采用补偿技术方面,除采用齿隙补偿、丝杆螺距误差补偿和刀具补偿等技术外,近年来数控设备的热变形误差补偿和空间误差的综合补偿技术的研究已成为世界范围的研究课题。综合误差补偿技术的应用,可将加工误差减少 60%~80%,随着计算机运算速度和转速的提高,已开发出具有真正的零跟踪误差的现代数控装置,使机床可以同时进行高进给速度和高精度的加工。

2. 多功能化

现代 CNC 系统具有多种监控、检测及补偿功能,很强的通信功能、自诊断功能,具有丰富的图形功能和自动程序设计功能,便于实现人机对话及高级故障诊断技术。高性能数控系统应用人工智能技术,以操作者加工经验为基础,在自动决定加工范围、加工顺序、使用工具及切削条件后,自动生成数控程序,同时,提供方便的故障诊断能力来帮助操作人员和现场或远程服务的维修人员,以提高系统的可靠性。

具有通信联网功能便于数控编程、加工一体化及柔性自动化系统联网,扩大数控系统的应用范围,在柔性自动化系统中使用的 CNC 装置,要求具备 长时间运转的高可靠性、高速通信功能,且能够容易地实现与 MAP(制造自动化协议)对应的系统。

3. 复合化

复合化包含了工序复合化和功能复合化。在一台数控设备上能完成多工序切削加工(如车、铣、镗、钻等)的加工中心,打破了传统的工序界限和分开加工的规程。近期发展趋势是,加工中心主要是通过主轴头的立卧自动转换和数控工作台来完成五面和任意方位上的加工。此外,还出现了与车削或磨削复合的加工中心。日本 MAZAK 公司推出的 INTEGEX30 车铣中心,备有链式刀库,可选刀具数量较多,使用动力刀具时,可进行较重负荷的铣削,并具有 Y 轴功能(±90mm),该机床实质上为车削中心和加工中心的"复合体"。现代数控系统控制轴类已达 24 轴,联动轴数达 6 轴。

4. 智能化

现代数控系统智能化的发展,目前主要体现在以下一些方面:工件自动检测、自动定心、刀具折损检测及自动更换备用刀具;刀具寿命及刀具收存情况管理;负载监控;数控管理;维修管理;采用前馈控制实时补偿矢动量的功能;依据加工时的热变形,对滚珠丝杠等的伸缩进行实时补偿。

为实现智能化,应用自适应控制技术,引入专家系统指导加工,采用智能混合技术,在故障诊断中实现故障分类、信号提取与特征提取、故障诊断专家系统、维护管理以及多传感器信号融合等功能。使用智能化交流伺服驱动装置,包括智能主轴交流驱动装置和智能化进给伺服装置,能自动识别电动机及负载的转动惯量,并自动对控制系统参数进行优化和调整,使驱动系统获得最佳运行。模糊数学、神经网络、数据库、知识库、以范例和模型为基础的决策形成系统、专家系统、现代控制理论与应用等技术的发展及在制造业中成功运用,为新一代数控设备智能化水平的提高建立了可靠的技术基础。

5. 高柔性化

柔性是指数控设备适应加工对象变化的能力。数控机床发展到今天,在提高单机柔性化的同时,朝着单元柔性化和系统柔性化发展,在数控机床上增加不同容量的刀库和自动换刀机械手,增加第二主轴和交换工作台装置,或配以工业机器人和自动运输小车,以组成新的加工中心、柔性加工单元（FMC）或 FMS。如出现了 PLC 控制的可调组合机床、数控多轴加工中心、换刀换箱式加工中心、数控三坐标动力单元等具有柔性的高效加工设备和介于传统自动线与 FMS 之间的柔性制造线（FTL）。有的厂家则走组合柔性化之路，这类柔性加工系统由若干加工单元合成，单元数可依生产率要求确定，自动上下料机械手兼负工件传输的作用。

6. 模块化、小型化与开放式结构

模块化数控技术是通过硬件的标准模块化设计实现大批量低成本的生产，以应用软件来满足机床制造商的不同要求。总线式、模块化结构的 CNC 装置，采用多微处理机，多主总线体系结构。模块化有利于用户的需要，可构成最大或最小系统。对于技术功能和接口（连接机床其他自动化系统和控制元件）方面的柔性是由结构式软件模块来保证的。

标准化硬件模块和专用的可规划软件模块的发展趋势已扩大到驱动装置、控制和驱动之间数字化匹配领域，这类柔性可带有数字式、微处理器控制的速度控制装置等。模块化驱动部件本身对主轴和伺服电动机有很大的挑选余地，主要是利用结构紧凑、小惯量和不需要维护的三相技术实现。

目前许多 CNC 采用最新的大规模集成电路（LSI）、新型 TFT 彩色液晶薄型显示器和表面安装技术（SMT），实现三维立体装配，使整机的体积大大缩小，在可靠性、经济性上有较高的性能价格比，以适应机床制造业实现机电一体化的要求。

德国的 SINUMERIK840D 系统，带有 SIMODRIVE 611D 驱动系统，主控组件选用 386DX 或 486DX，具有 1~4 个通道，可实现直线与圆弧 3D、螺旋线、5 轴螺旋线、圆柱及样条插补等功能，并有多种校正及补偿功能，体积为 50mm×316mm×207mm，号称是世界上最薄的 CNC 系统。

新一代数控系统体系结构向开放式系统发展。CNC 制造商、系统集成者、用户都希望"开放式的控制器"，能够自由地选择 CNC 装置、驱动装置、伺服电动机、应用软件等数控系统的各个构成要素，并能采用规范的、简便的方法将这些构成要素组合起来。国际上主要数控系统和数控设备生产国及其厂家瞄准通用个人计算机（PC 机）所具有的开放性、低成本、高可靠性、软硬件资源丰富等特点，自 80 年代末以来竞相开发基于 PC 的 CNC，并提出了开放式 CNC 体系结构的概念。国际上与开放性数控相关的项目比较多，目前最具影响力的有，欧盟的 OSACA（Open System Architecture for Control within Automation）、日本的 OSE（Open System Enviornment）、美国的 OMAC（Open Modular Architecture Controller）及美国的 SOSAS（Specification for an Open System Architecture Standard），这些计划的发展现状基本上代表了开放式数控的发展现状。以美国 NGC（Next Geneneration Controller）计划为例，其核心就是建立一个有硬件平台和软件平台的开放式系统，开发 SOSAS，用于管理工作站和机床控制器的设计和结构组织。

基于 PC 的开放式 CNC 大致可分为：PC 连接型、PC 内装型 CNC、CNC 内装型 PC 和纯软件 NC，典型产品有 FANUC 150/160/180/210、A2100、OAC500 及国内华中Ⅰ型等。这些系统以通用 PC 机的体系结构为基础，构成了总线式（多总线）模块、开放型、嵌入式的体系结构，其软硬件和总线规范均是对外开放的，硬件即插即用，可向系统添加在 MS-DOS、Windows 3.1 或 Windows95 环境下使用的标准软件或用户软件，为数控设备制造厂和用户进行集成给予了有力的支持，便于主机厂进行二次开发，以发挥其技术特色。工业级 PC 机已在工业控制领域得到广泛应用，并逐渐成为主流，其技术上的成熟度使其可靠性大大超过了以往的专用 CNC 硬件。先进的 CNC 系统为用户提供了强大的联网能力，除有 RS232C 串行口外，还带有远程缓冲功能的 DNC（直接数控）接口，甚至 MAP/Mini MAP 或 Ethernet（以太网）接口，可实现控制器与控制器之间的联接，以及直接联接主机，使 DNC 和单元控制功能得以实现，便于不同制造厂的数控设备用标准化通信网络联接起来，促进系统集成化和信息综合化，使远程操作、遥控及故障诊断成为可能。

4.2.3 计算机数字控制（CNC）系统

4.2.3.1 CNC 系统功能原理

1. CNC 系统的主要功能

数控系统的核心是 CNC 装置，其主要功能有：控制功能，包括控制轴和同时控制轴数，多坐标控制（多轴联动）；准备功能（G 功能），用来指令机床动作方式的功能（基本移动、程序暂停、平面选择、坐标设定、刀具补偿、基准点返回、固定循环等指令）；插补功能，实现直线、圆弧、抛物线等多种函数的插补；代码转换（EIA/ISO 代码、英制公制、二—十进制、绝对值/增量值等转换等）；固定循环加工功能；进给功能，用 F 直接指令各轴的进给速度；主轴功能，指定主轴转速；辅助功能，用来规定主轴的起、停、转向，冷却泵的接通和断开、刀库的起停等；刀具功能和第二辅助功能；各种补偿功能，包括刀具半径、刀具长度、传动间隙、螺距误差的补偿；字符图形显示功能；故障的自诊断功能；通信功能，常具有 RS232C 接口，有的备有 RS422 或 RS499 接口，有的 CNC 装置还可与 MAP 相联；人机对话、手动数据输入、加工程序的输入、编辑及修改。

2. CNC 装置的工作过程

CNC 装置的工作是在硬件支持下，执行软件的全过程，其主要过程是：

（1）输入。将控制数据输入 CNC 装置，启动数控系统运行后，控制系统从零件程序存储区逐段读出数控语言程序，进行译码及预处理，生成供插补程序和机床各控制程序需要的内部形式的信息表。

（2）译码。其主要工作是把程序段中的各数据依据其前面的文字地址送到相应的译码缓冲存储区中，并同时完成对程序段的语法检查，发现语法错误立即报警。经过译码，数据程序段中的各地址码在译码缓冲存储区中都占有固定的位置，译码缓冲存储区各地址是知道的，首地址加某地址码在该区域中的偏移量，可以得到某地址码数据存放区域的起始地址。

（3）数据预处理即刀具补偿、进给速度处理等。预处理包括刀具长度补偿、半径补偿计算（包括绝对值和增量值）、象限及进给方向判断、进给速度换算和机床辅助功能判断，以最直接、最方便形式的数据送入工作寄存器，提供给插补运算。刀具补偿作用是把零件轮廓轨迹转换成刀具中心轨迹，刀具补偿工作还包括程序段之间的自动转换和过切削判别，即所谓的 C 刀具半径。速度处理首先要做的工作是依据合成速度来计算各运动坐标方向的分速度，对机床允许的最低、最高速度的限制也是在这里处理，在某些 CNC 装置中，软件的自动加减速也是在这里处理。

（4）插补运算。它是为了控制加工运动轨迹所必要的一种运算。插补的任务就是在一条已知起点和终点的曲线上进行"数据点的密化"。插补运算根据数控语言 G 代码提供的轨迹类型（直线、顺圆或逆圆）及所在的象限、平面等选择相应的插补运算公式，保证在一定精度范围内计算出一段直线或圆弧的一系列中间点的坐标值，并逐次以增量坐标值或脉冲序列形式输出，使伺服电动机以一定速度移动，控制刀具按预定的轨迹加工。

（5）输出环节。实现对机床的位置伺服控制和 M、S、T 等辅助功能的强电控制，从而达到启动机床主轴，改变主轴速度，换刀和控制加工进给运动等整个数控加工自动化目的。

此外还有输入/输出处理、显示、诊断等环节。

3．CNC 系统的特点

CNC 系统与传统的 NC 系统相比，具有以下一些特点：系统灵活可变，易于变化和扩展，通用性强；易于实现多功能、高复杂程度的控制；系统可靠性高；维修方便；CNC 系统可以具有网络通信功能。

4.2.3.2 CNC 装置硬件结构

CNC 装置硬件结构一般分为单微处理机和多微处理机结构两大类，目前多微处理机模块和 32 位微处理机结构构成的 CNC 系统已得到迅速发展，并反映了当今数控系统的水平。

1．多微处理机结构

CNC 系统配置多个微处理机，通过一组公用地址和数据总线进行连接，每个微处理机共享系统公用存储器与 I/O 接口，并且完成系统中指令的一部分功能，从而将单微处理机系统中的集中控制分时处理工作方式转变为多微处理机的多任务并行处理工作方式，因此大大提高了整个系统的处理速度。CNC 装置的多微处理机结构，其典型的有共享总线（如图 4-4 所示）和共享存储器（如图 4-5 所示）两类结构。

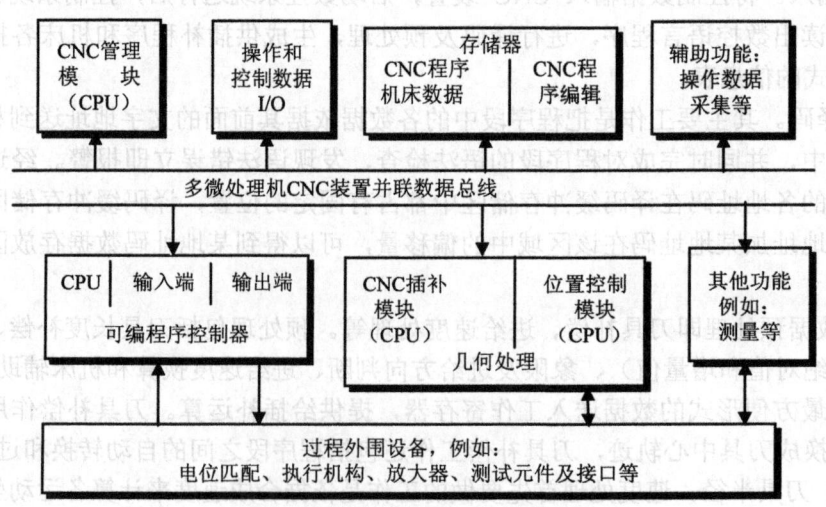

图 4-4 多微处理机 CNC 结构框图

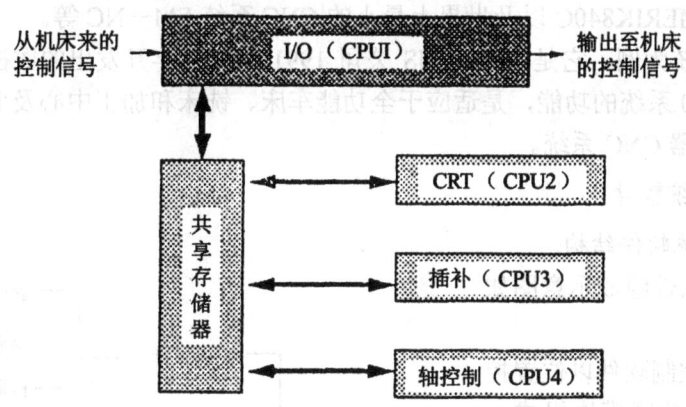

图 4-5 多微处理机共享存储器结构框图

共享总线结构：以系统总线为中心的多微处理器 CNC 装置，把组成 CNC 装置的各个功能模块划分为带有 CPU 或 DMA 器件的各个主模块和不带 CPU、DMA 组件的各个 RAM/ROM 或 I/O 从模块两大类。这种结构，信息传输率会降低，总线一旦出现故障，会影响全局，但其结构简单、系统配置灵活、易于实现、无源总线造价低等优点使之常被利用。

共享存储器结构：采用多端口存储器来实现各微处理机之间的互联和通信，有多端口控制逻辑电路解决访问冲突。由于同一时刻只能有一个微处理机对多端口存储器读或写，所以在功能复杂而要求微处理机数量增多时，会因争用共享而造成信息传输的阻塞，降低系统效率，要扩展功能困难。

多微处理机 CNC 装置的结构特征主要是其标准系统总线和标准的硬件模块。多微处理机 CNC 装置以系统总线为中心，把各模块有效地连接在一起，按照要求交换各种数据和控制信息，构成一个完整的系统，实现各种预定的功能，其基本功能模块分为以下几类：

（1）用于中央作业控制的中央处理机。CNC 管理模块。
（2）用于不同控制任务的处理机。位置控制模块、PLC 模块及对话式自动编程模块。
（3）控制数据和机床数据的存储器。存储器模块。
（4）用于单个轴几何处理的模块。CNC 插补模块，零件程序在这个模块中进行译码、刀具半径补偿、坐标位移量计算和进给速度处理等插补前的预处理，然后进行插补计算，按插补类型通过插补计算，为各个坐标提供位置给定值。
（5）用于工艺数据处理的二进制输入、输出接口及用于操作外围设备耦合的串行接口。操作和控制数据输入输出和显示模块。

多微处理机 CNC 装置的优点有：良好的适应性和扩展性，很高的可靠性，性能价格比高。

2. 32 位微处理机 CNC 系统结构

高性能数控系统是具有高速度、高精度、高效率并具有自动编程及智能化功能的数控系统，大都采用 32 位微处理器及多 CPU 结构，它能使机床高速加工形状复杂、精度要求高的零部件，把机械加工装备的功能、质量、可靠性提高到一个新的水平。许多著名的数控装置生产厂家相继开发出了各种基于 32 位微处理器结构的 CNC 系统，如 FANUC F1S，

AB9200，SINUMERIK840C 以及世界上最小的 CNC 系统 FM—NC 等。

以 840C 系统为例，它是 SIEMENS 公司 1991～1993 年开发出的数控系统，从功能上已覆盖了 850/880 系统的功能，是适应于全功能车床、铣床和加工中心及 FA、FMS、CIMS 的模块化微处理器 CNC 系统。

4.2.3.3 CNC 系统软件

1. CNC 系统软件结构

CNC 系统软件组成示意图如图 4-6 所示。

CNC 系统控制软件以位置控制为核心由多个功能模块组成。为实现位置控制，需要加工程序译码、预处理计算、插补与位置伺服四个功能模块，其中预处理计算功能模块包括刀具补偿和速度处理两部分。CNC 系统软件还需具有加工程序输入与存储管理模块，M、S、T 功能处理与数据

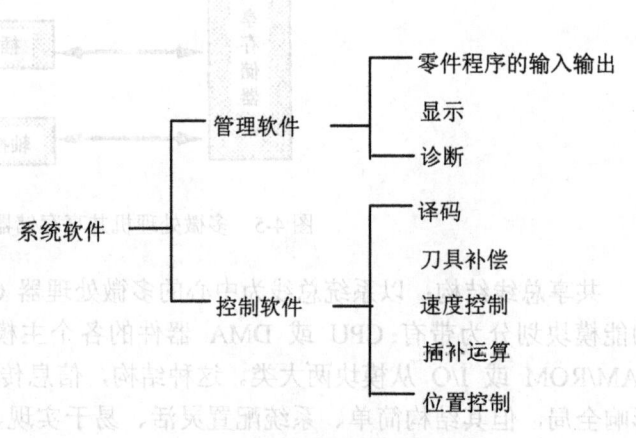

图 4-6　CNC 系统软件的组成

输入/输出模块，显示服务模块、加工程序编辑模块、手动功能模块、手动数据输入 MDI 功能模块、系统温控与故障诊断程序及功能模块管理程序。CNC 系统控制软件常采用前后台型结构和中断型结构等两类结构。

2. CNC 装置的插补原理

数控机床加工的零件的轮廓一般由直线、圆弧组成，对一些非圆曲线轮廓则用直线或圆弧去逼近，有些场合也可以用抛物线、椭圆、双曲线和其他高次曲线去逼近（或称为拟合）。

CNC 系统轮廓控制的主要问题就是如何控制刀具或工件的运动轨迹，这个问题实质上是如何通过插补运算，实现按一定规律分配进给脉冲控制伺服电动机运动。插补计算就是 CNC 系统依据输入的基本数据，如直线终点坐标值、圆弧起点、圆心、终点坐标值、进给速度等，通过计算，将工件轮廓形状描述出来，边计算边根据计算结果向各坐标发出进给指令。

数控机床常用的插补计算方法（插补原理）从产生数学模型来分，有直线插补、二次曲线插补和样条插补等，从基本原理可分为：以区域判别为特征的逐点比较法插补，以比例乘法为特征的数字脉冲乘法器插补，以数字积分法进行运算的数字积分插补，以矢量运算为基础的矢量判别法插补，以速度运算为基础的时间分割法以及兼备逐点比较和数字积分特征的比较积分法插补等等。在 CNC 系统中，除可采用上述各种插补原理外，还可以采用扩展积分法等插补方法。

4.2.3.4　数控系统体系结构的进展

CNC 也是计算机领域的重要组成部分，发展数控的一个明显趋势就是跟上计算机体系结构发展进程，加速数控系统的开发，以第四代计算机的工程结构和微电子工艺技术为基

础，充分利用现有微机的硬软件资源，发展总线式、模块化、开放型、嵌入式的柔性数控系统（FNC），使之既适合加工复杂零件，分布式机床用的数控系统的组成，又适合自动化升级时功能可扩展的 FMC、FMS 和 CIMS 中所使用的智能化数控系统的组成。

1. CNC 装置发展从结构上大体可分为三种形式

（1）总线式模块化结构的 NC 装置。代表产品有 FANUC-15、SIEMENS-880 等，用于多轴控制的高档数控机床，其元器件采用了 32 位 RISC-transputer 数学协处理器（Mathematical Coprocessor）及闪烁存储器等新技术，进一步提高系统的运行速度和精度。

（2）以单板机或专用芯片及模板组成结构紧凑的数控装置。FANUC-16、18、20 是这种结构，大量用于中档数控机床，量大面广，适合于组织大批量生产，其在可靠性及经济性上有很大优势，目前这种 CNC 装置有逐步向经济型发展的趋势，如 FANUC-21T，FAGOR-800T 等装置，有很高的性能价格比。

（3）采用在通用计算机基础上开发 CNC 装置，该类装置优点是可以充分利用通用计算机丰富的软件资源，将其功能集成到 CNC 中去，而且可以随着通用计算机硬件的升级而升级，这已成为世界上许多数控设备生产厂注意的动向及发展趋势。例如，美国 ANILAM 电子公司在通用微机基础上开发的 7100 系列 CNC 装置，其硬件是基于 32 位 386 微机。

2. 基于工业微机的开放式 CNC 系统

以工业微机为基础的开放式 CNC 系统是满足以下要求的比较理想的选择：适用于工业环境；使用方便、操作简单、有良好人-机接口，自动编程系统简洁且易于掌握；硬件和软件功能均易于在标准平台上扩展；适应性强，多种依需要配置的功能模块，可依据应用环境组成不同规模和档次的 CNC 系统；有较高的性能价格比。

基于工业微机的开放式 CNC 系统的特征是：经简单处理，能直接用 CAD 生成的设计数据作为 NC 的加工数据，可使通用高级语言编制加工程序；外围设备、应用软件等实现标准化；计算机之间实现通信网络化；成本价格低。

基于工业微机的开放式 CNC 系统组成类型大致可分为微机连接型 CNC、微机内藏型 CNC、CNC 内藏型微机和全软件型 CNC 四种。

一个开放式 CNC 系统应该是将硬件结构按机床单元部件划分成模块，模块的数量和中央处理单元的规模决定了机床可扩展的程度，软件模块的数量，随着机床功能数量的扩展而增加。德国 SIEMENS 公司于 1995 年推出的 SINUMERIK840D/840DE 是面向铣、钻、车、磨四种数控机床加工工艺的，以先进的控制概念为指导的，具有方向性的控制系统。其典型应用为模具加工、刀具制造、复杂型面雕刻等。依据性能要求，用户可以配置操作面板，与 SINUMERIK840D/840D 组合成完整的 CNC 控制系统。

开放式 CNC 系统的主要特点是：模块化结构保证了特定功能的相对独立性，自开发功能，制造厂的软件开发，有利于机床用户的操作界面的标准化设计和操作。

4.2.3.5 分布式数字控制（DNC）

在 20 世纪到 70 年代末期发展了具有递阶控制含义的 DNC 即分布式数控（Distributed Numerical Control）。一般来说，DNC 系统的最重要组成部分有：中央计算机、大容量存储器（用于存储零件的 NC 加工程序）、外设、通信接口、机床控制器和机床。

CNC 技术发展了软件控制，且有较大柔性，使得用 CNC 机床组成的 DNC 系统可一次向 CNC 存储器存入零件的全部 NC 程序，而不需要由 DNC 中央计算机把程序逐步分段输入，形成了如图 4-7 所示的计算机递阶控制，既保证了整个 DNC 系统同时执行操作，又减少中央计算机与各机床间的通信量，并使得 DNC 系统的结构易于变换、扩充和维护。DNC 就是具有这种递阶控制含义的分布式数控系统。

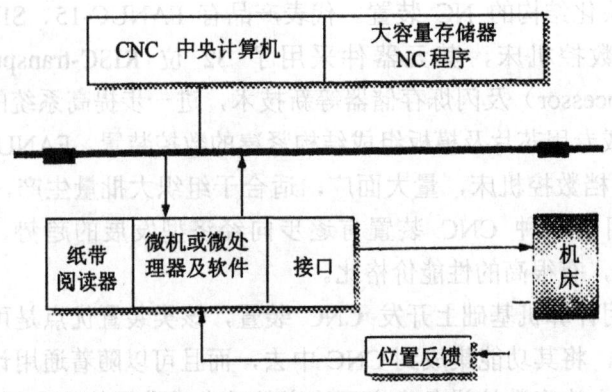

图 4-7 分布式数控系统的基本组成

DNC 系统特点如下：可实现非实时分配数控数据，DNC 可以和车间的编程设备结合起来，实现车间监控和管理，便于 DNC 系统向综合自动化系统转化；具有很强的数据处理能力；DNC 便于与数据采集系统结合，对加工质量和机床状态进行实时控制；采用局部网络技术进行通信，DNC 系统成为一种"开放式"系统，既可以作为车间级通信使用，又可以向上级机和下级机设备扩展延伸；NC 程序以更通用的刀位文件格式存入计算机，便于生产调度径后置处理，用于不同类型数控系统的机床；DNC 可以作为工厂自动化系统中的一个层次，可组成 FMS 及 CIMS，也可以独立应用；90 年代初 DNC 成为一种能实现对车间内面向生产和管理信息进行集成的控制系统。

DNC 关键在于其 DNC 接口及通信技术，要使数控机床联结于一台计算机，数控机床的控制器必须具有与外界通信的 DNC 接口。通信的实质在于计算机侧的通信接口与控制器侧的 DNC 接口进行数据交换。主要通信技术内容如图 4-8 所示。

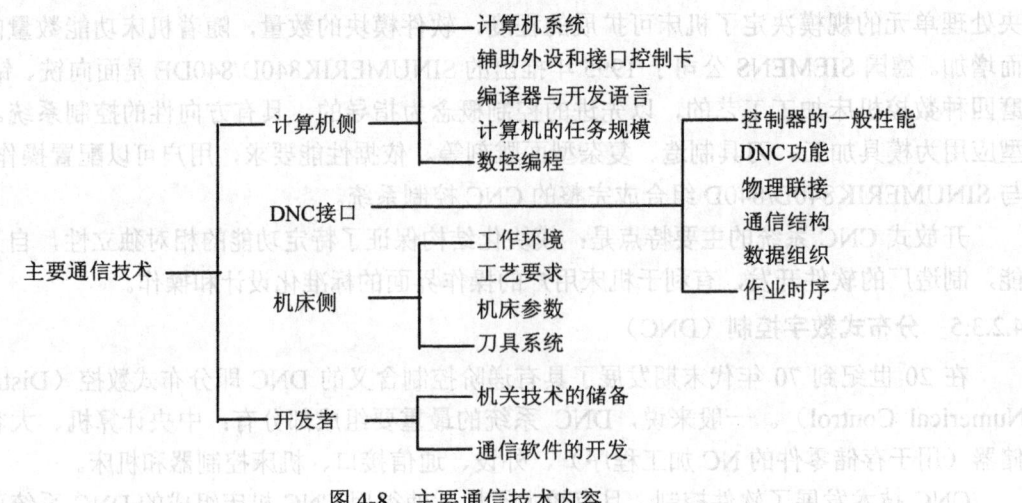

图 4-8 主要通信技术内容

DNC 接口是计算机与数控机床的界面，DNC 接口可从通信结构、数据组织和作业时序三方面来分析，如图 4-9 所示。

随着计算机技术的发展，DNC 功能在扩展，出现新型的 DNC 结构。

1972 年，德国工程师学会（VDI）3424 指导文件曾明确规定 DNC 系统功能是用于集成技术数据流。其主要功能是在

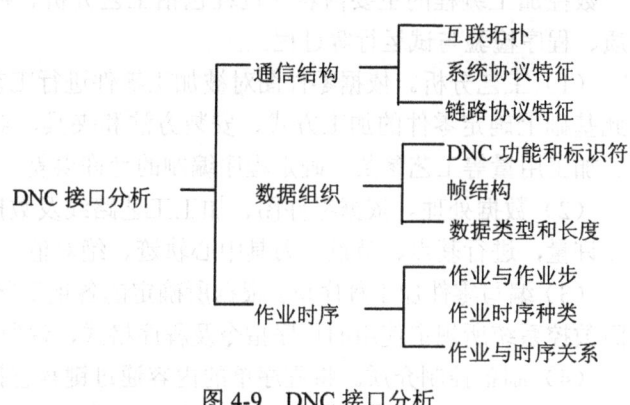

图 4-9 DNC 接口分析

CAD/CAM 支持下保证工艺设计与机床间的数据交互传输，而将其他功能作为辅助功能，如图 4-10 所示。

DNC 构成 CIM 中把加工车间和工厂管理连接起来的重要部分，实现两者之间全部数据传输完成并形成分布式结构系统，DNC 要求在制造车间与工厂主计算机之间建立统一的数据传输线。DNC 还要能采集机床控制系统的数字信号和反馈的机床操作信息，随时了解机床的利用率和停工时间及故障原因，以便对故障的排除做出快速和正确的反映。

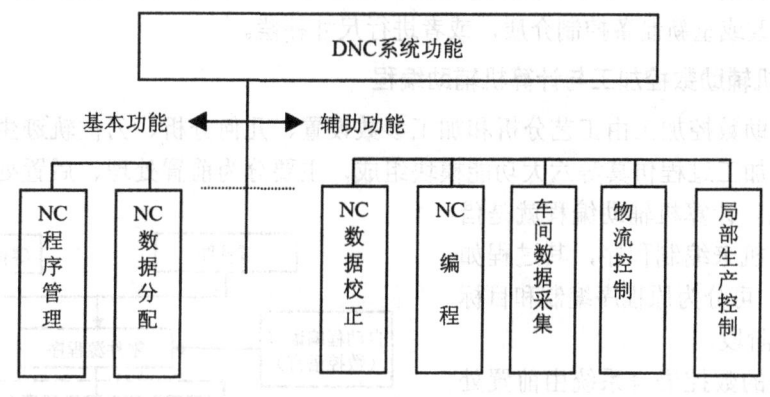

图 4-10 DNC 系统的基本功能和辅助功能

4.2.4 数控加工编程技术

4.2.4.1 数控加工编程概念

数控加工是在数控设备上按事先编制好的加工程序对工件进行高效加工的一种新方法。程序编制就是将零件的工艺过程、工艺参数、刀具位移量及位移方向、其他辅助动作（换刀、冷却、工件的松夹等），按运动顺序和所用数控系统规定的指令代码及程序格式编成加工程序单，再将程序单中的全部内容记录在控制介质上（如穿孔带、磁带、磁盘等），然后输给数控装置，从而指挥数控设备运动。这种从零件图样到制成控制介质的全过程，称为数控加工的程序编制。

数控加工编程的主要内容和过程包括工艺分析、数学处理、编写程序清单、制备控制介质、程序检验与试运行等过程。

（1）工艺分析。依据零件图对被加工零件进行工艺分析，明确加工内容和技术要求。在此基础上确定零件的加工方式、安装方法和夹具、对刀点和换刀点、走刀路线、加工刀具、加工用量等工艺参数，确定程序编制的允许误差，为数学处理作准备。

（2）数据处理。依据零件图、加工工艺路线及数控装置情况，并考虑所允许的编程误差允许量，进行基点、节点、刀具中心轨迹、绝对值、增量值等计算。

（3）编写零件加工程序单。根据所确定的各项工艺内容和计算出的运动轨迹的坐标值，按照数控系统所规定使用的程序指令及程序格式，逐段编写零件加工程序单。

（4）制备控制介质。将程序单的内容通过键盘直接键入数控装置的存储器中存储，或通过穿孔带、磁带机制备穿孔带、磁带等控制介质。

（5）程序校验与试运行。程序单和所制备介质须经过校验和试运行，才能正式使用。主要达到两个目的：一是检查程序内容及控制介质的制备是否正确，以保证对零件轮廓轨迹的要求；二是检查刀具调整及编程计算是否正确，以保证零件加工精度达到图样的要求。对于第一个目的，可将控制介质的内容输入数控装置，进行机床的试运行检查，来验证机床运行轨迹的正确性，若数控装置带 CRT 屏幕图形显示，则可用屏幕图形模拟就更为方便了。对于第二个目的，则必须进行零件的首件试加工。一般是在完成了上述程序检验与试运行基础上进行的。当发现尺寸误差超过允许范围时，应分析误差原因或计算错误，进而修改程序，修改或重新制备控制介质，或者进行尺寸补偿。

4.2.4.2　计算机辅助数控加工与计算机辅助编程

计算机辅助数控加工由工艺分析和加工参数设置、几何分析、刀位轨迹生成、刀位仿真后置处理、加工过程仿真等六大功能模块组成，主要分为前置处理、后置处理和加工仿真三部分功能。计算机辅助编程就是借助于通用计算机来编制程序，其过程如图 4-11 所示，可分为原程序编制和目标程度编制两个阶段。

一个完整的数控语言系统由前置处理和后置处理两部分组成。前置处理是对用数控语言所编制的源程序进行输入与翻译、运算、刀具中心轨迹和刀位偏差计算以及输出刀位数据，又称为主处理、主信息处理或信息处理，这部分工作可独立于具体的数控机床进行工作。后置处理是按数控机床控制系统的要求来设计，包括输入刀位数据、功能信息处理、运动信息处理、输出数控程序等工作。前置处理和后置处理工作在计算机辅助数控加工中有很大比重。前置处

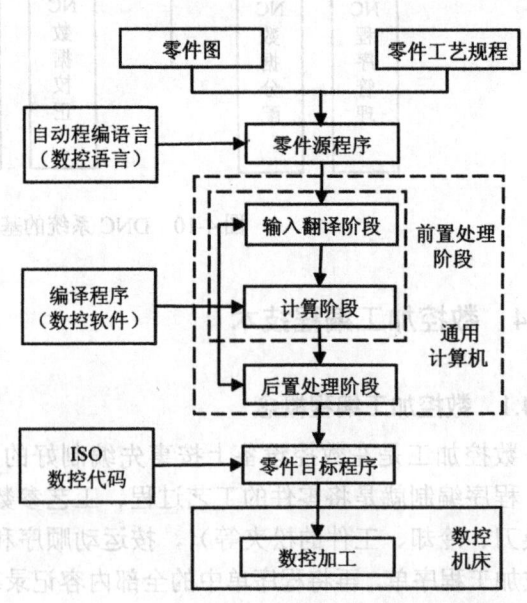

图 4-11　计算机辅助数控加工程序编制过程

理如采用现成的计算机辅助制造软件或自动数控编程系统，则二次开发量不大。后置处理是计算机辅助加工中的一个功能模块，需自行开发。随着数控机床发展，数控系统功能越来越强，各厂家生产的数控系统差异性越大，从而增加了开发通用后置处理软件的迫切性及开发难度。

加工仿真是指用计算机来仿真数控加工过程，包含以下方面：刀具中心运动轨迹仿真，刀具、夹具、机床、工件间的运动干涉碰撞仿真，质量分析仿真和工艺过程布局仿真。

4.2.4.3 数控编程系统的进展

1. 面向车间的编程（Workshop Orientated Programming-WOP）

面向车间编程（WOP）是 80 年代末、90 年代初兴起的一种新的编程方法，其基本构思是用图形符号代替数控语言，使用者按照菜单提示选择相应的符号和回答屏幕的提问，输入必要的数据，就可以进行编程。与常规编程方法的区别在于编程数据的输入方法，目前编制的数控程序通常是用 G 功能指令编程语言，这种方法抽象，必须要求操作工人先掌握后才能进行编程。按照 WOP 编程方法，操作人员依据加工零件的形状尺寸用图形交互输入方式生成数控程序，操作人员仅进行零件描述，具体的数控程序（加工顺序、轨迹控制）由 WOP 编程系统自动生成，同时诸如刀具、切削数据等加工工艺数据和加工零件几何形状数据定义是分离的，即操作人员可以充分利用 WOP 系统推荐的工艺数据，依据自己的生产经验进行优化修正。德国 TRAUB 公司 1988 年首先推出的用于车削加工的图形编程系统（IPS），是实现以车间为核心的编程系统，WOP 就是在这个基础上发展起来的，并逐渐被人们所认识和应用。

WOP 作为一种新的数控编程方法，其显著优点就是不仅考虑了提高生产的柔性和适应性，还考虑了车间范围内技术工人的专门知识和经验，同时由于其直观性，将更容易为人们所接受和推广应用，它对实现以人为中心的现代集成制造技术具有极大的促进作用。

用于各种工艺方法的 WOP 系统，将与 CAD 和 CAPP 系统集成，建立一个适合 WOP 系统的公共数据库和工件模型，以便实现 CAD、CAPP 和 NC 编程系统之间的数据交换。未来的理想方案是在数控编程中集成其他技术，并能更全面地支持机床的调整、试切、加工过程仿真（如三维铣削加工）和碰撞检查仿真（如夹具与刀具系统之间的碰撞检查仿真）等。

2. 扫描及数字化的编程方法

近 10 多年来，随着 CAD/CAM 技术的发展，出现了各种各样的实样数字化方法。数字化扫描技术已经成为汽车、航空、航天、轻工、医疗等工业的各类模具和零件制造的关键技术。数字化扫描系统（Digitizing and Scanning System）是借助接触式或非接触式采样头，快速实现复杂模具的扫描，由获得的模型表面的线框模型和所采集的点坐标集，生成零件加工的数控程序。一次扫描的结果可由 CAM 软件生成多种数控系统使用的工件加工程序。此外，也可根据用户需要将结果送到 CAD 中进行局部修改。数字化的扫描及相关技术称为反向工程（REVERSE ENGINEERING），它是推行并行工程的重要基础和支撑技术。

一个完整的数字化扫描系统包括数据采集装置、计算机数据处理、机床及其控制等部分。反向工程的典型应用是数控仿形铣削，其工作过程是：首先借助于采样头，采集模型上每一点的几何坐标，通过数据处理生成数控程序，然后控制机床，复制加工出零件。依同样原理，也可在三坐标测量机上进行数据采集。此外，也可通过接口，与 CAD 系统相联，同时生成零件图样。

著名的 RENISHAU 公司为世界上各制造商提供了一次加工就能获得合格零件的能力，其高速、高精度数字化扫描系统如 RETROSCAN、RESCAN200、CYCLONE 等为制造系统技术领域提供了先进手段。RETROSCAN 和 RENSCAN 系统是低成本、高效益的数字化扫描系统，可安装在大多数的数控机床、加工中心，以及数控三坐标测量机上。对于没有数字化扫描机的用户非常合适，利用现有设备可大大提高生产效率。这两个系统都是采用 RENISHAW 公司的 SP2-1 型模拟式采样头，扫描力小，数据采集效率比点触发式采样头高很多倍，能为细致表面提供较高的分辨率。RENSCAN 系统是 RETROSCAN 的改进，适用于高速扫描。

4.2.5 非圆截面零件数控车削技术

1. 非圆截面零件加工特殊性

工程设计中，一些机械零件，为了满足其所需工作性能要求，截面形状常设计成非圆形，如内燃机、发动机的活塞，为了改善活塞裙部与气缸壁的接触状态，保证活塞良好工作，活塞裙部的结构形状在轴线方向设计成中凸形状，在径向方向则设计成变椭圆，其横向截面型线规律有一次近似椭圆型线、二次近似型线，活塞纵向型（基）线规律有超越函数基线规律、指数函数基线规律等。凸轮也是最常见的非圆截面零件，通常用于运动规律定位或定时控制等。一些有特殊用途的轴类零件也设计成非圆截面，如多棱轴、凸轮轴、多边形轴、曲轴等。利用多棱轴可代替一般的键、花键及销子联接，传递扭矩，这与键联接相比，不仅能提高剪切强度、疲劳强度、传动效率、降低传动噪声，具有自动定心作用，还有利于降低制造成本。由此可见，与常规的圆截面零件相比，非圆截面零件（简称非圆零件）在特定场合上具有独特的优越性。

总之，非圆零件在机械设计中有愈来愈重要的地位，与圆截面零件相比，它有承载能力大、使用寿命长、节省材料、实现特定运动功能等特点，在航空、宇航、汽车、机床、轻工业等制造业中的比重日益增长，为了达到所需性能要求，其加工精度要求也随之提高，而相应的非圆截面零件精密高效加工技术也成为当今制造加工技术研究的热点。

非圆零件成形通常有三种途径：其一是成形法，如铸锻、冲压等；第二是运动合成法切削加工，如车、铣、刨、磨等；第三是特种加工法，如线切割、电火花加工、激光加工等。成形法由于其制造精度较低、表面粗糙度值较大而不能用于非圆截面零件的精加工工序。特种加工在加工普通材料的非圆零件时，存在着加工成本较高、加工效率不高且对于横截面与轴截面形状都很复杂的工件则难以加工等问题。因此运动合成法是获得高精度非圆零件的主要途径。而在运动合成法中，超精密车削或磨削可使加工工件尺寸精度达到 $0.1\mu m$ 以上，表面粗糙度可达 $Ra\ 0.01\mu m$。但在非圆零件精加工中，磨削仍难以满足加工需要，因此精密车削法是对非圆零件精密切削加工的一种很有前途的加工方法。

数控技术出现以前，非圆截面零件的车削加工方法主要有两类：一类是机械运动合成法；另一类是硬靠模仿形加工法。随着各种性能优异的数控机床不断出现，非圆截面零件的车削加工方法也逐步由数控车削法取代。

2. 非圆截面零件数控加工技术发展简介

80 年代初期，国外开始研制非圆截面零件数控加工车床，有人称之为无凸轮加工车床。英国的 AE 集团投资 500 万英镑于活塞自动加工线，其中最关键的设备就是非圆活塞的数控车床，该车床用金刚石车刀完成非圆截面的加工，其主轴转速达 2500 r/min，并一次加工成形。由于实现了数控化加工，这条生产线只需 4 人来监视，生产率可达 80000 件/周，产品改型也极为方便，仅需 1～1.5h 便可调整完加工信息，进行产品的加工，而以往的产品换型则需要几周甚至更长的时间周期，显然用数控加工法来加工非圆截面零件，可大幅地提高生产效率。

日本铁工所研制的 TPS-300CNC 车床采用了专用的电磁驱动伺服机构来完成非圆零件车削时的高速往复进给运动，以获得微米级的进给运动控制精度和较高的响应速度。该车床可加工长短误差为 25mm 的椭圆形零件，加工椭圆形零件的允许主轴转速关系是随椭圆度由 0.2 增大到 1.7 左右时，转速由 3000 r/min 降低到 1000 r/min。

美国的 Ingersoll 公司在研制的非圆截面零件无靠模数控车床中采用了实体造型技术，使非圆截面零件的设计、制造实现了一体化，并采用了在线检测技术以稳定地保证产品质量，提高生产效率。美国 Cross 公司开发的 PTM-2000 与 PTM-3000 型非圆加工数控车床，在加工变椭圆形活塞时，生产率可达 150 件/h，加工误差小于 ±3.8μm。

在我国，用数控法加工非圆截面零件的研究工作也取得了较大进展。对于形状简单的非圆截面零件的数控加工已有较成熟的数控加工技术及相应的设备。清华大学、国防科技大学、北京邮电大学及湖南大学在异型截面零件数控成形加工技术及设备研究方面都取得了较多成果。在我国，对于异型截面零件数控加工研究也具有十分重要的社会经济意义。

3. 非圆截面零件数控车削的关键技术

要实现非圆截面零件的数控车削，必须解决以下关键技术问题：

（1）配置精密数控系统。
（2）研制相适应的数控软件。
（3）研制高精度的精密车床。
（4）研制具有高频响应的大行程微进给装置。高频响、大行程微进给装置是指截止频率在 200Hz 以上，直线工作行程范围大于 1mm，能实现微米级或亚微米级以上的微量进给的进给装置。当用普通的步进电动机或交、直流伺服电动机驱动刀具进给时，必须用机械或液压机构将电动机的转动转换成直线运动。机械运行惯量较大，难以实现高速的往复进给运动，而且从电动机到刀具之间传动环节的运动误差会影响工件的车削精度。因此，研制出高频响、高分辨率、高精度、大行程的微进给装置是解决非圆零件的精密车削加工的极为重要问题。

4.3 工业机器人

4.3.1 工业机器人定义、组成、分类、运动轴系、自由度和技术地位

机器人学是关于设计、制造和应用机器人的一门正在发展中的新兴学科。工业机器人

技术涉及机构学、控制理论和技术、计算机、传感技术、人工智能、仿生学等诸领域，是一门多学科的综合性高新技术。是当代研究十分活跃、应用日益广泛的领域，机器人的应用情况也标志着一个国家制造业及其工业自动化的水平。

4.3.1.1 工业机器人定义及组成

综合各国对工业机器人（Industrial Robot）的定义，其在"可编程"、"计算机控制"和"机械装置"三方面的共同点是：工业机器人，是一种可以搬运物料、零件、工具或完成多种操作功能的专用机械装置；由计算机进行控制，是无人参与的自主自动化控制系统；它是可编程、具有柔性的自动化系统，可以允许进行人机联系。可以通俗地理解为"机器人是技术系统的一种类别，它能以其动作复现人的动作和职能；它与传统的自动机（或自动系统）的区别在于有更大的万能性和多目的用途，可以反复调整以执行不同的功能。"这一概念反映了人类研制机器人的最终目标是为了创造一种能够综合人的所有动作和智能特征，延伸人的活动范围，使其具有通用性、柔性和灵活性的自动机械。工业机器人已成为FMS和CIMS等自动化制造系统中的重要设备。

工业机器人一般都由手部、腕部、臂部、机身、驱动系统和控制系统组成。参见图4-12。有些机器人还有行进系统、感知系统和人工智能系统。各组成部分说明如下：

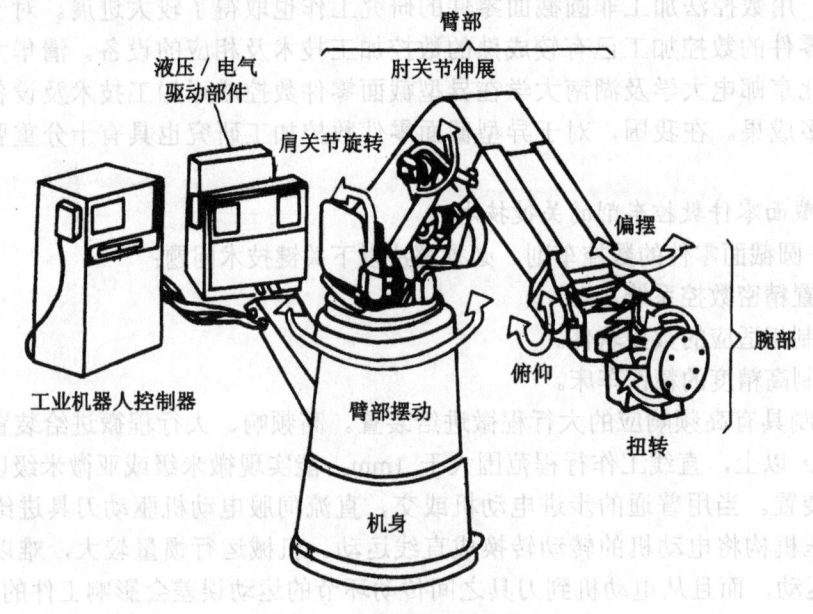

图4-12 工业机器人的构造

（1）手部。又称抓取机构或夹持器或终端效应器，用以直接抓取工件或工具。在手部可安装某些专用工具，如焊枪、喷枪、电钻、电动螺钉（母）拧紧器，这些可视为专用的特殊手部。工业机器人所用手部有机械式、真空、磁力及粘附式手爪。

（2）腕部。是连接手部与臂部的部件，用以支承和调整末端执行器（手部）的姿态，确定物件的姿态（方向）。

（3）臂部。是支撑腕部的部件，由操作机的动力关节和连接杆件等构成。用以承受工件和工具的负荷，改变它们的空间位置并将它们送至预定的位置。

（4）机身。又称为立柱，是支撑臂部的部件，用以扩大臂部的活动范围。

（5）机座及行走机构。是支撑整个工业机器人的基础件，用以确定或改变整台机器人的位置。

以上手部、腕部、臂部、机身、机座及行走机构等构成了机器人本体，又称操作机。

（6）驱动系统。是工业机器人的动力源，又称为移动器，由驱动器、减速器及检测无件等组成。

（7）控制系统。是控制工业机器人按预定要求进行动作的位置，也是由人操作启动、停机及示教机器人的一种装置，其核心是计算机控制系统。

4.3.1.2 机器人的分类

1. 按自动化功能层次分类为

（1）专用机器人。以固定程序在固定地点工作的机器人，其动作少，工作对象单一，结构简单，造价低，适用于在大量生产系统中工作。

（2）通用机器人。具有独立的控制系统，动作灵活多样，通过改变控制程序能完成多种作业的机器人。它的工作范围大，定位精度高，通用性能强，但结构复杂，适用于柔性制造系统。

（3）示教再现机器人。这是具有记忆功能、能完成复杂动作的机器人，它在由人示教操作后，能按示教的顺序、位置、条件与其他信息反复重现示教作业。

（4）智能机器人。具有各种感觉功能和识别功能，能做出决策自动进行反馈纠正的机器人。它采用计算机控制，依赖于识别、学习、推理和适应环境等智能，决定其行动或作业。

2. 按驱动方式分类可分为：气压传动机器人、电气传动机器人、液压传动机器人以及复合传动机器人。

3. 按控制方式分类

（1）固定程序控制机器人。采用固定程序的继电器控制器或固定逻辑控制器组成控制系统，按预先设定的顺序、条件和位置，逐次执行各阶段动作，但不能用编程的方法改变已设定的信息。

（2）可编程控制机器人。可利用编程方法改变机器人的动作顺序和位置。控制系统具有程序选择环节来调用存储系统中相应的程序。它适用于比较复杂的工作场合，并能随着工作对象的不同需要在较大范围内调整机器人的动作。可以实现点位控制和连续轨迹控制，这方面的功能与 NC 机床类似。

此外还有传感器控制、非自适应控制、自适应控制、智能控制等类型的机器人。

4.3.1.3 工业机器人的运动轴系和自由度

1. 工业机器人的运动轴系

机器人执行机构的运动轴系通常分为四类：直角坐标系（图 4-13a）、圆柱坐标系（两个直线和一个回转坐标轴）（图 4-13b），球坐标系（一个直线和两个回转坐标轴）（图 4-13c）、关节系（三个回转坐标轴）（图 4-13d）。

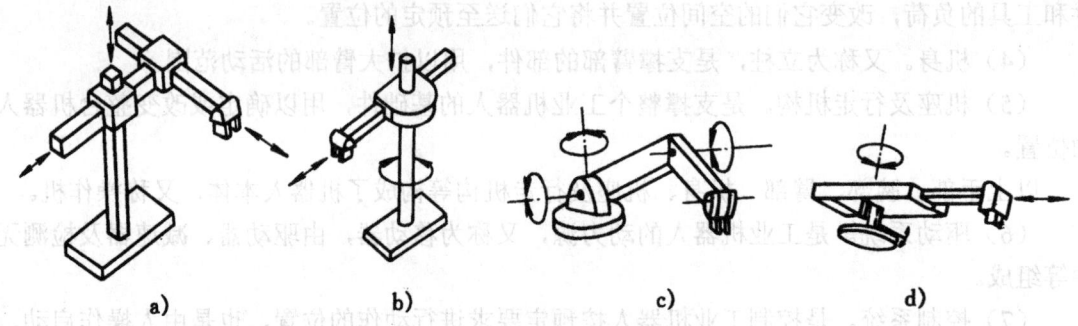

图 4-13 机器人运动轴系

与运动轴系相对应，工业机器人操作机可分为四种坐标型式的操作机，其特点如下：

（1）直角坐标型操作机。在空间三个相互垂直的方向 X、Y、Z 上作移动运动，运动独立，其控制简单、易达到高精度，但操作灵活性差，运动速度较低，操作范围较小。

（2）圆柱坐标型操作机。这类操作机在水平转台上装有立柱，水平臂可沿立柱上下运动并可在水平方向伸缩，其操作范围较大，运动速度较高，但随着水平臂沿水平方向伸长，基线位移分辨精度越来越低。

（3）球坐标型操作机。又称极坐标型操作机，工作臂不仅可绕垂直轴旋转，还可绕水平轴作俯仰运动，且能沿手臂轴线作伸缩运动，其操作比圆柱坐标型更为灵活，但旋转关节反映在末端执行器上的线位移分辨力是一个变量。

（4）关节型操作机。其由多个关节联结的机座、大臂、小臂和手腕等构成，大小臂既可在垂直于机座的平面内运动，也可实现绕垂直轴的转动，其操作灵活性最好，运动速度较高、操作范围大，但精度受手臂位姿的影响，实现高精度运动较困难。

2. 工业机器人的自由度

为了使工业机器人能够按必要的动作顺序运动，需要六个基本运动轴，即所谓六个自由度。这六个自由度用来模仿人手臂的各种功能动作，并非所有的机器人都需要具备全部六个自由度。这六个基本运动中三个是腕部的，三个是臂部和机身，以图 4-14 所示的球坐标机器人为例，说明如下：

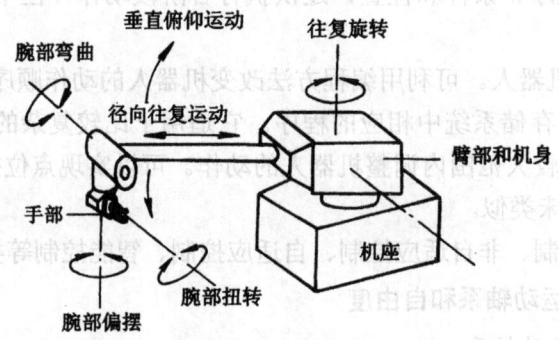

图 4-14 工业机器人典型的六个运动自由度

（1）垂直俯仰运动。整个臂部围绕一个水平轴的支点（肩关节）在垂直方向上作俯仰运动。

（2）径向往复移动。臂部的伸缩运动，对于关节机器人来说，是用前臂绕肘关节的回转来完成的。

（3）往复旋转运动。围绕垂直轴的旋转运动（工业机器人臂部的左右旋转）。

4.3.1.4 工业机器人的技术地位

工业机器人是现代制造业的基础设备，它属于自动化制造系统的物理层次。机器人的过去、现在和未来都与制造业发展密切相关，以1993年日本工业机器人按行业分布的统计资料为例，用于制造业的机器人占日本机器人总数的96%，根据国际机器人联合会（IFR）报告资料，日本机器人密度最高，1997年在制造业中每万名工人占有机器人的数量为277台，1997年日本新装机器人台数为42696台，1997年末现役工业机器人台数为412961台，汽车工业、机电工业是机器人的主要用户，焊接是机器人的最大应用领域。机器人作为高技术的一个重要分支，已引起世人关注，1997年世界机器人销售额已达48亿美元，未来几年世界机器人平均年增长率将达9%。

我国经济持续快速发展和制造业巨大市场为机器人在我国发展提供广阔前景，机器人的发展特别与汽车制造业、电子制造业密切相关。机器人技术的发展能促进我国大中型企业实现高新技术的产业化和传统产业的高新化，提高企业市场竞争能力。

显然，机器人技术也是先进制造技术中一个重要单元技术，其作用及其重要性表现在以下四个方面：面向先进制造中柔性装配的机器人及系统、机器人加工系统及其设备、机器人化机器、特种环境下作业机器人等，工业机器人已广泛应用于喷漆、焊接、冲压、压铸上下料、搬运、装配加工自动化中。

4.3.2 机器人技术的发展

4.3.2.1 机器人技术发展进程及现状

1954年，美国人George. C. Devol发明了一种称为可编程序的关节型搬运装置，发表了"通用重复型机器人"专刊论文，首先提出了工业机器人和示教再现的概念。1958年，美国联合控制公司（Consolideted Control）研制出第一台数控工业机器人原型机，揭开了研制机器人的序幕。20世纪60年代初，美国机床和铸造公司（AMF）研制出示教再现型工业机器人商品Versatran，是圆柱坐标机构、点位（PTP）和连续路径（CP）两种控制方式。同时，美国联合控制公司与普鲁曼公司合并成立的Unimation公司，依据Devol的技术专利研制成功实用机器人Unimate，是极坐标机构、电液伺服驱动、磁鼓存储方式，可示教多达200种动作。Unimate与Versatran机器人就是最初的商品化工业机器人，它们至今仍在使用，被成功地应用在汽车生产线上，代替人工进行搬运、焊接、喷漆等作业。

20世纪60年代日本、原苏联、西欧一些国家开始了机器人的研究，这些国家大都是以美国的"Versatran"和"Unimate"型机器人为蓝本开始进行研制。以日本为例，1967年日本丰田公司引进美国的"Versatran"，川崎重工公司引进"Unimate"，通过引进技术、仿制、改造创新，机器人的技术水平得到迅速发展。到1970年，日本的机器人制造商的总数超过50家，1972年，日本工业机器人协会（JIRA）成立，这是世界上第一个商界的机器人协会。

20世纪60年代末至70年代初，对机器人的研究达到了高潮。喷漆、焊接等工业机器人相继得到应用，并进入柔性生产线，从而引起企业界的重视。

20世纪70年代，大量的研究工作重点是使用外部传感器来改善机械手的操作。1977年，Unimation公司推出一种垂直多关节PUMA型装配机器人，该机器人采用全电动关节式机构，PTP-CP控制方式，采用多CPU二级微机控制系统，有机器人专用语言系统，具有视觉、触觉、力觉等，可进行协调控制。接着，日本Yamanashi大学牧野洋教授研制出水平多关节SCARA机器人，日本先于美国完成了机器人的液压驱动到电动的变革，在此期间，日本FANUC公司和Yaskawa电气制造有限公司成功地研制了用于汽车工业的电动机器人。

自20世纪60年代末期，对人工智能技术在机器人中的应用进行了开创性的研究之后，20世纪80年代开始，各国相继制定智能机器人的研究发展计划，如美国的"战略计划与生存能力"计划中的自主陆上载体（ALV）计划（1983～1990年），能源部制定的为期10年的机器人的智能系统计划，日本通产省组织的极限条件下作业的机器人计划（ARTRA），欧洲"尤里卡"计划中的自主机器人计划等。这些计划中，首推日本的ARTRA计划，其开创了以智能机器人系统为特定目标，加以实施的国家级研究发展计划的先例。

进入20世纪80年代，工业机器人普及应用，其操作机、驱动器、控制系统不断改进，以适应高速、高精度、轻量化和智能化。80年代后期，各类带焊缝跟踪的弧焊机器人、高功能装配机器人相继应用于柔性自动化生产系统中，以满足多品种、少批量的各类需求。

20世纪90年代开始，各国机器人发展新计划得已展开。如日本的"未来工厂"发展计划，空间机器人计划，以及为期10年的微机器人发展计划；美国提出用于国家经济繁荣和安全的22项关键技术中，第七项就是包括机器人、传感器、控制系统的智能加工设备计划。

90年代是具有各类传感功能的第二代工业机器人走向实用化的年代。瑞典ABB机器人公司推出TR5002、TR5003、6-7轴新型交流伺服喷漆机器人，并推出IRB6000交流伺服点焊机器人新系列，负载达1176N（120kgf）。近年来，各种类型具有视觉、触觉、高灵巧手指、能行走的智能机器人相继出现，开始用于精密装配、核工业、宇航和深海开发、各种恶劣环境和农业部门，并出现了多传感器融合、具有一定语言能力的机器人。机器人正朝着学习、自适应控制、自治行动的智能化第三代方向发展。

机器人作为高技术一直得到工业发达国家政府的重视，并已形成了机器人产业。1997年世界机器人的销售额已达48亿美元，据国际机器人联合会预测，到2001年世界机器人平均年增长率达9%。一些特种机器人的开发在不断升温，1998年日本推出了为期5年的人型机器人计划，总投资200亿日元。美国每年在地面军用机器人的投资也不少于5000万美元。开发与应用机器人的规模也反映了一个国家的科技水平，世界各国都很重视机器人的开发和推广应用工作，主要工业发达国家及全世界的新装机器人台数及2000、2001年每年新装机器人台数预测如表4-2所示，此外，1996、1997年末现役工业机器人台数及2000、2001年台数预测如表4-3所示。

表 4-2 主要国家及全世界 1996、1997 年新装机器人台数及 2000、2001 年新装台数预测

国别 \ 年份台数	1996	1997	2000	2001
日本	38914	42696	55800	61400
美国	9709	12459	14700	16900
德国	10425	9017	11000	12000
意大利	3331	3692	4400	4700
法国	1697	1721	2100	2400
英国	1116	1792	1800	1900
全世界总计	79706	84887	107600	119800

表 4-3 1996、1997 年末现役工业机器人台数及 2000、2001 年台数预测

国别 \ 年份台数	1996	1997	2000	2001
日本	399629	412961	428800	433400
美国	70858	77108	101800	114800
德国	60000	66817	88400	95700
意大利	25494	28386	36100	39100
法国	14784	15632	18000	19000
英国	8751	9958	13100	14200
全世界总计	668478	711436	826500	873100

资料来源：ECE. IFR 及各国机器人协会

机器人技术的发展，推动了机器人学的建立，许多国家已成立了机器人协会。20 世纪 70 年代以来，许多大学开设了机器人课程，开展了机器人学的研究工作，如美国的 MIT、RPI、Stanford、Carngeie-Mellon、Conell、Purde、Univ of California 等大学都是研究机器人学富有成果的著名学府。随着机器人学的发展，国际学术交流活动也日渐增多，目前最有影响的国际会议是 IEEE 每年举行的机器人学及自动化国际会议，此外还有国际工业机器人会议（ISIR）和国际工业机器人技术会议（CIRT）等。出版杂志有《Robot Today》、《Robotics Research》、《Robotic and Automation》等多种。

我国从 1986 年起，国家科委开始执行"863"计划（智能机器人主题），这也是国际上第二个以智能机器人系统为特定目标加以实施的国家级计划。智能机器人的研究开发已取得了令人瞩目的成果，并已建立了 863 计划智能机器人主题的产业化基地，一批以机器人的研究与开发为核心的新兴企业也脱颖而出，并已初具规模，并具有自己的特色产品。如北京机械自动化所的喷漆机器人、沈阳自动化所的自动导引车和机器人控制器及 6000m 水下机器人、哈尔滨工业大学博实公司的包装码垛机器人、南开太阳公司的微驱动机器人与 IC 卡、同济大学的提升机器人等，1998 年这几个公司的总产值已超过 1 亿元。此外，国内一批颇具影响的大型支柱企业也看到了机器人的巨大潜力，开始涉足机器人产业，如一汽、海尔、海信、首钢等，这些企业希望通过开发应用机器人来提高企业自动化水平，提高生产柔性和市场响应能力，还希望将机器人作为一个产品，形成企业的新的经济增长

点。现在国内单台机器人的销售量并不大，市场才刚刚启动。据有关部门统计，我国 1992～1995 年共引进 566 台机器人，11 条生产线，耗资 1.5 亿美元；1996～1997 年我国仅从日本就引进了 211 台机器人、耗资 267.09 亿日元。可以说由于我国生产设备的集成能力比较差，国内拥有的机器人大多数是从生产线上直接由国外引进的。我国目前有机器人 2000 台，其中自制 400～500 台，中国国产机器人的市场正在逐步形成。

4.3.2.2 机器人技术的学科前沿

机器人技术发展到今天，正朝着自学习、自适应控制、自主性（自治行动）、智能性等方向发展。人们将在更现实基础上开拓机器人在各个领域的应用，开发的机器人应当是具有灵活的可操作性和移动性，丰富的传感器及其处理系统，全面的智能行为和友好协调的人—机器人交互能力的高级机器人。对于工业机器人在制造自动化技术中组成单元制造系统中所涉及的关键技术在 4.1 中已有介绍，此处不再重复。需介绍的是机器人机械学的学科前沿，其可归纳为以下几个方面：

1. 操作机

在智能机器人操作机研究方面，人们重点集中在各种具有柔性感、灵巧性的手爪和手臂上。研究前沿有：手臂结构，关键是其轻质化，研究新型高刚度、抗震结构和材料；机器人手、腕及其连接机构，实现快速、准确、灵活性、柔顺性以及结构的紧凑性；冗余自由度柔性操作机，为适应狭小环境中的灵活操作，需要像人手那样地灵巧、需达到 27 个自由度且结构可变的柔性操作机；微型操作机，其线径小于 1mm，用于军事侦察和各种微型操作。

2. 动力源和驱动

智能机器人的机动性要求动力源轻、小、出力大，研究重点是改善动力源的现状，以提高机器人的自主性。智能机器人的主要驱动器是电动机。为使智能机器人的作业能力与人相当，它的指、肘、肩、腕各关节大致需要 3～300N·m 的输出力矩和 30～60r/min 的输出转速。减轻电动机质量的措施有：采用交流电动机、优化电气及结构参数，采用电动机—编码器—减速器的一体化设计、把多自由度集成等等。应搭载在智能机器人的移动载体上的电动机的功放单元和控制单元，其小型化同样至关重要，目标是缩小到目前体积的 1/20，措施有采用多层印刷电路板、表面贴装技术、PLD 器件和混合 IC 等。

新型驱动器，如形状记忆合金、人工肌肉、压电元件、挠性轴丝绳集束传动等已得到人们关注，但在实用方面近来已达到伺服电动机水平。在日本极限作业计划中，水下机器人机械手的手腕和手爪驱动采用了人工肌肉，肌肉本身质量才 5～8g，以 2MPa 压力为工作介质，收缩力高达 500N（管径 3mm），这可是新型驱动器一个成功例子。

3. 移动技术

移动技术是智能机器人与一般机器人显著的区别之一。研究前沿有：新型移动机构，开发用于凹凸不平路面、楼梯、高山、弯管、海面、水下、高空等环境中的移动机构；用于行走的传感技术，主要是高级的三维视觉、触觉和接近觉等；移动路途分析，采用动态规划等方法，对移动环境、成本、时间等进行综合分析、规划最佳路径；人机协调行走控制，对于复杂环境的行走，单纯用计算机控制有困难，可用人机协调方式；行走动作选择，对于复杂环境多自由度行走，需事先制定行走方案，选择最佳动作，研究最佳关节配置及动作级语言等。

美国开发了一种双轮并联式全方位移动小车，MIT 研制了采用球形轮的全方位移动小车。我国的哈尔滨工业大学研制的壁面爬行检查机器人采用负压吸附，全方位移动方式，最大爬壁速度达到 2m/min，其利用光缆通信实现有线遥控与程序控制，定位精度为±2mm。

4. 微机器人

微机器人是近期机器人研究一个热点，其可能引起机器人结构的变革。微机器人是一个智能机器人系统，最终目标是将移动、传感、控制、能源集于一身，具有广泛应用前景，研究前沿课题有：执行元件和认识机构的微型化；从感觉传感器回路的微型化向微小的位置姿态控制方向发展；从微型电池向化学能源和外部能源场的方向发展；各种材料的微型部件的加工装配向缩小法和自动生成方向发展；微小生物运动机构、生物执行器、生物能源机构规律的探索和人工化。

5. 仿生机构

开展仿生机构的研究，可以从生物体构造、移动模式、运动机理、能量分配、信息处理与综合，以及感知和认识等方面多层次得到启发。目前人工肌肉、以躯体为构件的蛇形移动机构、仿象鼻子柔性臂、人造关节、假肢、多肢体动物的运动协调等得到关注。

6. 机构与控制的一体化设计

机器人学的新问题是，如何进行机构—控制—传感器—驱动的一体化优化设计，以满足机械手高速高精度定位的要求。机器人机电一体优化设计的目标函数除动作时间外，还可以选择能量、误差、力矩、成本等，除成本一项外，其余指标都与机器人的运动性能有密切关系。设计宗旨是在电动机极限和其他约束条件下求解使目标函数达到极值（最大或最小）的控制命令值，将这些指令发给控制系统。最省能量控制也越来越受到智能机器人关注。

7. 智能控制与人工智能及示教技术

智能控制方面发展动向主要是多级分布式计算机控制、基于神经网络的控制，以及实现通用模块、智能机器人核心程序模块、机器人操作系统的通用化等。

人工智能在机器人技术方面应用主要有：规划和知识表述；机器人数据库；自治功能（自治控制、自学习、自立能源、高安全可靠性等）；智能通信（人机通信、机器人间通信等）。

示教技术方面发展动向主要是：实现复杂柔性作业的机器人综合语言，带有三维动态显示的离线示教以适应多机群控操作，满足复杂环境行走和野外作业的智能主从操作示教。

4.3.3 工业机器人驱动与控制系统

4.3.3.1 工业机器人驱动系统

工业机器人驱动系统，按动力源分为液压驱动、气动驱动和电动驱动三种基本驱动类型，根据需要也可采用由这三种基本驱动类型组合成的复合式驱动系统。这三种基本驱动系统的主要性能特点见表 4-4。

表 4-4　工业机器人三中基本驱动系统的主要性能特点

内容	驱动方式		
	液压驱动	气动驱动	电动驱动
输出功率	很大，压力范围为 50~1400N/cm²，液体的不可压缩性	大，压力范围为 40~60N/cm²，最大可达 100 N/cm²	较大
控制性能	控制精度较高，可无级调速，反应灵敏，可实现连续轨迹控制	气体压缩性大，精度低，阻尼效果差，低速不易控制，难以实现伺服控制	控制精度高，能精确定位，反应灵敏。可实现高速、高精度的连续轨迹控制，伺服特性好，控制系统复杂
响应速度	很高	较高	很高
结构性能及体积	结构适当，执行机构可标准化、模块化，易实现直接驱动。功率/质量比大，体积小，结构紧凑，密封问题较大	结构适当，执行机构可标准化、模块化，易实现直接驱动。功率/质量比较大，体积小，结构紧凑，密封问题较小	伺服电动机易于标准化。结构性能好，噪声低。电动机一般需配置减速装置。除 DD 电动机外，难以进行直接驱动，结构紧凑，无密封问题。
安全性	防爆性能较好，用液压油作传动介质，在一定条件下有火灾危险	防爆性能好，高于 1000kPa(10 个大气压)时应注意设备的抗压性	设备自身无爆炸和火灾危险。直流有刷电动机换向时有火花，对环境的防爆性能较差
对环境的影响	泄漏对环境有污染	排气时有噪声	无
效率与成本	效率中等（0.3~0.6），液压元件成本较高	效率低（0.15~0.2），气源方便，结构简单，成本低	效率为 0.5 左右，成本高
维修及使用	方便，但油液对环境温度有一定要求	方便	较复杂
在工业机器人中应用范围	适用于重载、低速驱动，电液伺服系统适用于喷涂机器人、重载点焊机器人和搬运机器人	适用于中小负载，快速驱动，精度要求较低的有限点位程序控制机器人。如冲压机器人、机器人本体的气动平衡及装配机器人气动夹具	适用于中小负载，要求具有较高的位置控制精度、速度较高的机器人。如 AC 伺服喷涂机器人、点焊机器人、弧焊机器人、装配机器人等

　　工业机器人驱动系统的选用，应根据工业机器人的性能要求、控制功能、运行的功耗、应用环境及作业要求、性能价格比以及其他因素综合加以考虑。在充分考虑各种驱动系统特点的基础上，以保证工业机器人性能规范、可行性和可靠性前提。

　　电动机驱动方式应用类型一般可分为普通交、直流电动机驱动、步进电动机驱动、直流伺服电动机驱动、交流伺服电动机驱动等。

　　伺服电动机驱动单元一般由伺服电动机、传感器、减速器（也可无减速装置）和制动器组成。它经输出轴输出力矩和运动，驱动机器人操作机的某一关节运动。随着伺服功率放大器成本的降低，许多新设计的机器人大多选用通用性强、动作灵活的多关节型结构，每一个关节（或称每一个自由度）采用一台电动机和一个微处理器进行驱动和控制。

　　在工业机器人中，直流伺服电动机、交流伺服电动机都采用闭环控制，常用于位置精度和速度要求高的机器人中。步进电动机主要适于开环控制系统，一般用于位置和速度精度要求不高、价格较低的机器人中。国外近年开发了一种电动机直接驱动系统，即电动机与其负载直接耦合在一起，中间不需要配置任何机械减速装置。直接驱动伺服系统的组成如图 4-15 所示，它主要由低速、高转矩的 DD 电动机，高精度、

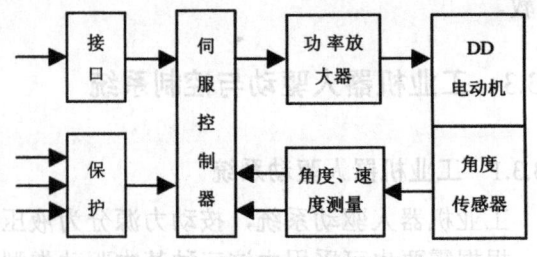

图 4-15　直接驱动系统的组成

高分辨率的角度传感器检测装置，响应快速的功率放大器，高性能的位置伺服、控制器和计算机接口与保护环节组成。

直接驱动电动机在原理上同反应式步进电动机一样，只是要求能实现低转速、高转矩。在结构上的特点是转子为一较薄的圆环，放置在内、外定子之间，这样可以减少转子的转动惯量，增大扭矩，这种驱动系统首先应用在平面多关节型（SCARA 型）装配机器人中，由电动机直接驱动机器人关节轴。

在功能强、价格低的计算机面世之前，早期的机械手和机器人中，其操作机多应用连杆机构中的导杆、滑块、曲柄，多采用液压（气压）活塞缸（或回转缸）来实现其直线和旋转运动。随着控制技术的发展，对机器人操作机各部分动作要求的不断提高，电动机驱动在机器人中应用日益广泛，目前，只在简易经济型、重型工业机器人和喷涂机器人（在喷漆环境中，存在易爆可燃物质，不允许使用电压超过 9V 的电器）中，才考虑采用液压驱动方式。对轻负荷的搬运，上、下料点位操作的工业机器人则可以考虑采用气压驱动方式。

4.3.3.2 工业机器人控制系统

1. 机器人控制系统功能

机器人控制系统是机器人的重要组成部分，用于实现对操作机的控制，以完成特定的工作任务，其基本功能有：坐标设置功能，记忆功能，示教功能，与外围设备联系功能，人机接口，传感器接口，位置伺服功能和故障诊断安全保护功能。

2. 机器人控制系统组成

控制系统构成框图如图 4-16 所示。

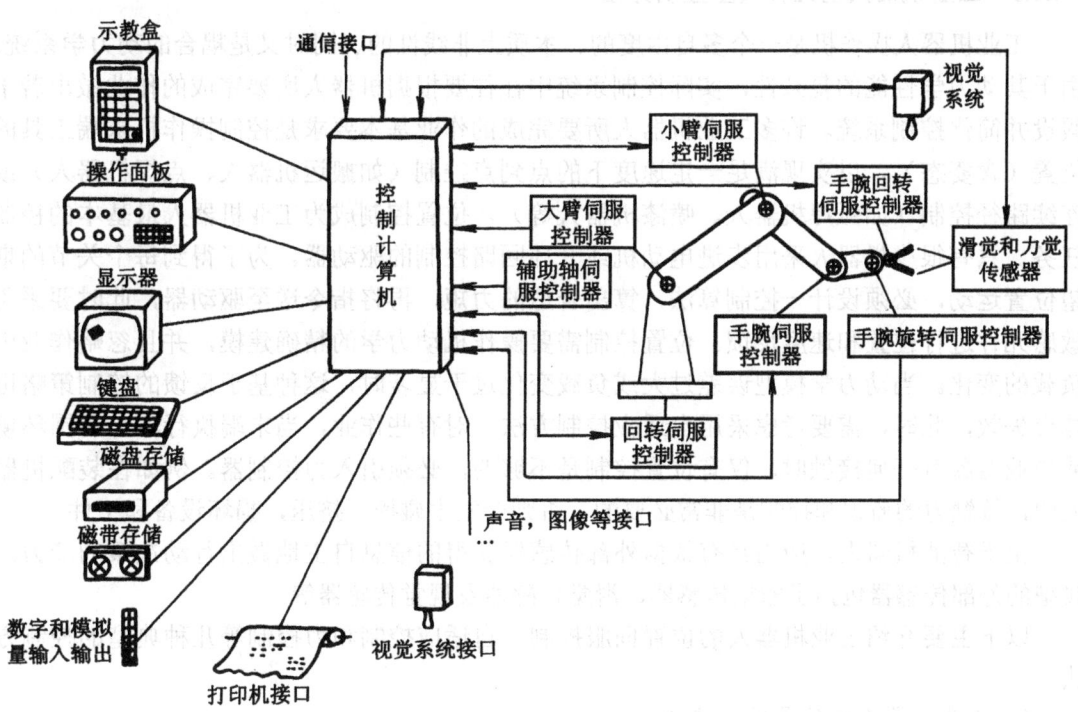

图 4-16 机器人控制系统组成框图

3. 机器人控制系统分类

机器人按不同的分类方式可分类如下：

(1) 按驱动方式分类为：液压驱动、气动驱动和电动驱动三种控制方式。

(2) 按控制方式分类为：顺序控制系统、程序控制系统、适应控制系统、人工智能系统。

(3) 按运动方式分类可分为：点位式、轨迹式两类控制系统。

(4) 按控制总线分类可分为：国际标准总线控制系统和自定义总线控制系统。

(5) 按编程方式分类可分为：物理设置编程系统、在线编程系统和离线编程控制系统。

4. 工业机器人控制系统仿真

近几年，机器人系统仿真发展迅速，并成功地应用于工业生产中。

机器人仿真是在全部时间内，通过对系统动态数学模型进行二次模型化，得到一个仿真模型，用计算机运算及显示的过程。仿真的具体步骤为：确定实际系统的数学模型；将它转化为能在计算机上运行的仿真模型；编写仿真程序；对仿真模型进行修改、检验。

Technomatics 公司的 ROBCAD 软件是一种机器人系统仿真实例，该软件有以下模块：功能需求分析、初步设计模块；运行及支援环境模块及用户友好的图形接口；部件建模模块，进行实体建模、线框到曲面及实体变换、数据输入；运动学建模工具模块，自动闭环逆变换生成、多关节设备生成及参考控制，机器人控制的特征文件；布局优化模块，自动机器人布局、工件布局；生产过程连续仿真模块，生产节拍计算，I/O 通信及控制，碰撞检测；专用软件包，适合于各种机器人特殊作业过程如喷漆、点焊、装配等。

4.3.3.3 工业机器人的几种典型控制方法

工业机器人操作机是一个多自由度的、本质上非线性的、同时又是耦合的动力学系统。由于其动力学性能的复杂性，实际控制系统中往往要根据机器人所要完成的作业做出若干假设并简化控制系统。许多工业机器人所要完成的作业基本要求是控制操作机末端工具的位置（含姿态），以实现满足一定速度下的点到点控制（如搬运机器人、点焊机器人）或连续路径控制（如弧焊机器人、喷漆机器人等）。位置控制成为工业机器人最基本的控制任务。只有很少机器人采用步进电动机或开环回路控制的驱动器。为了得到每个关节的期望位置运动，必须设计一控制算法，算出合适的力矩，再将指令送至驱动器，此时要采用敏感元件进行位置和速度反馈。位置控制需要操作机动力学的精确建模，并且忽略作业中负载的变化。当动力学模型误差过大或负载变化过于显著时，这种基于反馈的控制策略可能会失效，此时，需要考虑采用自适应控制方法。对有些作业，当末端执行器与周围环境或作业对象有任何接触时，仅有位置控制是不够的，必须引入力控制器。例如在装配机器人中，接触力的监视和控制是非常必要的，否则会发生碰撞、挤压，损坏设备和工件。

至于智能机器人，应当具有依据外部传感器获得的信息自主地做出行动决策的能力，典型的外部传感器包括了触觉传感器、滑觉传感器及视觉传感器等。

以下主要介绍工业机器人的位置伺服控制、自适应控制和力控制等几种典型的控制方法。

1. 工业机器人的位置伺服控制

对机器人手臂运动，常关注的是末端的运动，末端运动又是以各关节运动的合成来实现的,所以必须考虑手臂末端的位置、姿态和各关节位移之间的关系。控制装置中,由目标值和对手臂当前运动状态进行反馈构成了伺服系统的输入,但不论什么样的结构,其控制装置的功能都是检测作为反馈信号的各关节的当前位置 q 及速度 $\dot{q}$,最后直接或间接地决定各关节的驱动力(矩)τ。

在图 4-16 给出的控制系统构成示意图中,来自示教、数值数据或传感器的信号等构成了作业指令,控制系统依据这些指令,在目标轨迹生成部分产生伺服系统需要的目标值,伺服系统构成方法因目标值选取方法而异,大体上可分为关节伺服和作业坐标伺服两种。

对于关节伺服控制,以大多数非直角机器人如关节机器人为例,图 4-17 为关节机器人的一个运动轴的控制回路框图,机器人每个关节都具有相似的控制回路,每个关节可以独立构成伺服系统,这种关节伺服系统把每一个关节作为单纯的单输入单输出系统来处理,结构简单,现在的工业机器人大部分都由这种关节伺服系统来控制。严格地说,每个关节都不是单输入单输出的系统,而且由于惯性项和速度项在关节间存在着动态耦合。过去,这些伺服系统通常用模拟电路构成,近年来由于微处理机和信号处理等高性能、低价格的计算机用器件的普及,伺服系统的一部分或全部用数字电路构成的所谓软件伺服已很普遍了,软件伺服比模拟电路能进行更精确的控制。

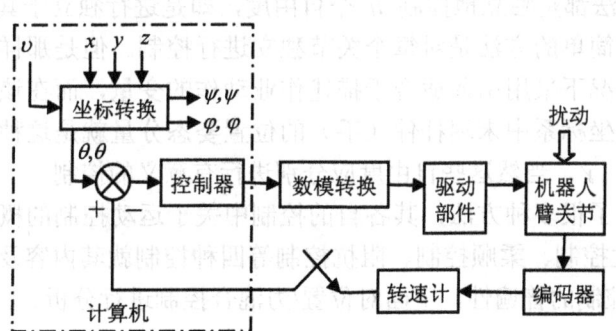

图 4-17 关节机器人控制框图(抽样—数据方式)

尽管工业机器人经常采用关节软件伺服控制的方法,且取样时间较短,但在自由空间内对手臂进行控制时,很多场合是直接给定手臂末端位置姿态的运动,如把手臂从某点沿直线运动至另一点情况,此时取表示末端位置姿态 r 的目标值 r_d 作为手臂运动的目标值,末端位置姿态向量 r_d 是用固定于空间内的某一作业坐标系来描述的,以 r_d 为目标值的伺服系统即称为作业坐标伺服。

2. 工业机器人的自适应控制

自适应控制的研究方法是由 Dubowsky 等最早于 1979 年应用于机器人的,至 1986 年前后,在机器人的研究领域中形成了模型参考自适应控制(MRAC)和自校正适应控制两种流派。

模型参考自适应控制系统组成框图见图 4-18,该系统中控制器的作用是使得系统的输出响应趋近于某指定的参考模型,且必须设计相应的参数调节机构。Dubowsky 等在这个参考系统中采用二维弱

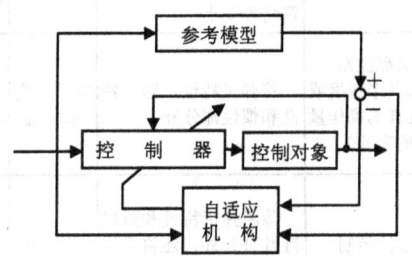

图 4-18 模型参考自适应控制系统

衰减模型，然后采用最佳下降法调整局部 PD 伺服的可变增益，使实际系统的输出和参考模型的输出之差为最小，需指出是，他们的 MRAC 从本质上忽略了实际机器人系统的非线性项和耦合型，对单自由度的单输入输出系统进行设计，该方法也不能保证用于实际系统时调整律的稳定性。

在自适应控制方法中，除 MRAC 之外，还有自校正方法，它由表现机器人动力学离散时间模型各参数的估计机构及用其结果来决定控制器增益或控制输入的部分组成。Koivo 和 Guv 采用了输入输出数与机器人自由度相同的 ARMA 模型，把自校正适应控制法用于机器人。

3. 工业机器人的力控制

刚性臂是由几个刚性杆件组成的机构，以杆件从基座开始串连接的开式链类型为例，如图 4-19 所示，不受约束的 n 个杆件系统，具有 $6n$ 个运动自由度，若各关节的运动自由度为 l，则通过关节连接的杆件系统将受到 $(6-l)n$ 个约束。这种情况下，开式链的 n 个杆件系统就具有 n 个运动自由度，刚性臂的力控制问题是通过改变关节的力或转矩来控制杆件系统的 n 个自由度的运动和作用于外界的力或力矩的问题。

设刚性臂具有 n 个自由度，则关节力（力或力矩均用"力"代表）的值域占有 R^n（各轴具有实数基数的 n 维空间）空间。用于控制的关节力，以其空间内的时间轨迹表示。基本上所有的力控制方法都是独立地控制 n 个自由度，即是进行独立于其他自由度的单自由度的力控制。其中最简单的方法是对每个关节独立进行控制。但是那样，会使很多作业难以处理，因此多数情况下采用引入适合于描述作业动作的变量，而在该系统中仍然是独立控制各自由度。直角坐标系中末端杆件（手）的位置姿态分量就是这种变量的典型例子，如 $x, y, z, \alpha, \beta, \gamma$。当然这些自由度应分别进行有意义的控制。

关于力控制提出了很多种方法，其各自的控制中关于运动控制的概念却不一样。将位置/力混合控制、刚性控制、柔顺控制、阻抗控制等四种控制就其内容及其特征加以叙述，见表 4-5。基于混合控制的普遍性，下面对位置/力混合控制进行分析。

表 4-5 各种力控制方式的特征

控制内容	力和位置的混合方式	基本的操作量	力反馈	动态（加速力等的）补偿	使用情况
混合控制	作业空间的各自由度均将位置和力控制分开	关节力	要有末端近处的力反馈	没有可以附加	多数为仅仅用纯粹的位置和力的控制所不能完成的作用
刚性控制	基本上将弹簧特性和阻尼特性分开。实现位置控制时，弹簧特性增大，实现大控制时，弹簧特性变小	关节力	利用关节力的正确控制，可省略力反馈。为提高精度，可以利用关节力或末端近处的力反馈	基本上没有可以并用加速度反馈。从理论上也可设定惯性特性	能构成稳定系统。除去规划的轨迹动作，其惯性补偿的稳定度较低
柔顺控制（以关节速度或位置作为操作量的方式）	将弹簧特性、阻尼特性和惯性都分开	关节速度或位置	末端近处的力反馈是绝对必要的	没有是利用关节控制系统的偏差产生驱动力的方式	系统构成容易。像人手一样，具有良好的对柔软物体的柔顺控制特性，但对坚硬物体接触动作稳定性低
阻抗控制	除将弹簧特性和阻尼特性分开外，还将惯性特性分开	关节力	末端近处的力反馈是绝对必要的	有在末端近处的力检测和关节力控制能理想进行前提下，能统一进行惯性补偿和惯性设定	若 $M=M_l$，和刚性控制等价 $M \ll M_l$ 稳定度低

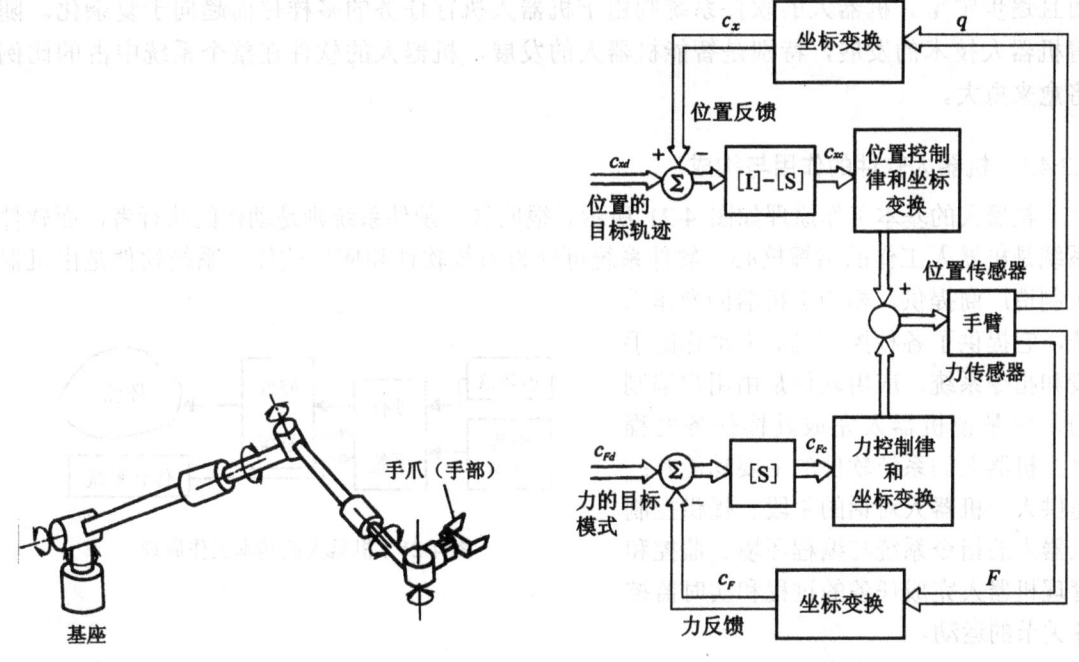

图 4-19 机器人手臂　　图 4-20 混合控制系统示意图

位置/力混合控制系统示意图如图 4-20 所示。在这个控制系统中有两个回路。一个是位置控制回路，另一个是力控制回路。另外，在这个控制系统中存在两个坐标系。一个是手臂关节坐标系$[q]$，另一个是沿作业环境约束的坐标系$[c]$。在位置控制回路中，把手臂的关节位置 q 变换为作业坐标 c_X，并取与目标值的偏差。然后，在该偏差上乘以方式选择矩阵（$I-S$），变换为关节坐标系后，再应用位置控制律来决定用于控制的操作量。此外，I 是单位矩阵，S 是关于力控制的选择矩阵，$S = \text{diag}[s_1, s_2, \cdots, s_n]$。当对第 i 个坐标分量进行力控制时，令 $s_i=1$，当进行位置控制时，令 $s_i= 0$。

在力控制回路中，将力传感器的检测值 F 变换为用作业坐标表示的 c_F，并求得与力目标值的偏差，然后将该偏差值乘上方式选择矩阵 S，再变换为关节坐标，最后应用控制律决定操作量。该操作量采用能够叠加的关节转矩（力），以使得位置控制和力控制能互不矛盾地并存。

这种控制方法有其特点，在控制力（位置）时从一开始就不控制位置（力），从而改善了响应特性。此外它不是通过轨迹修正的局部适应，而是以与动作总体结构的描述相适应的控制形式来实现约束动作。这一点适合于实现机器人动作的逐步接近。

4.3.4 机器人软件

机器人正常工作的基础由硬件系统和软件系统组成。其中硬件系统包括机械系统、传感系统、驱动系统及计算机与控制系统。软件系统则是所有控制程序的统称。机器人的精度与执行工作的速度由硬件系统决定，而机器人执行何种操作、操作控制的方便性及具有的功能则由机器人的软件系统决定。机器人的硬件系统已趋向于模块化和简单化，而且逐步定型。机器人的软件系统则由于机器人执行任务的多样化而趋向于复杂化。随着机器人技术的发展，特别是智能机器人的发展，机器人的软件在整个系统中占的比例将愈来愈大。

4.3.4.1 机器人软件的作用与构成

机器人的基本工作原理如图 4-21 所示。很明显，硬件系统则是动作的执行者，而软件系统是机器人工作的指挥核心。软件系统可分为系统软件和应用软件。系统软件是由机器人制造厂商提供，相当于机器的操作系统，它提供了各种控制机器人动作的手段和指令系统。应用软件是由用户编制的，它是使机器人完成具体任务的程序。机器人的系统软件的主要功能有：提供人—机器人对话的手段、提供控制机器人的指令系统与编程环境、监控和管理机器人完成任务的过程和实时监控各关节的运动。

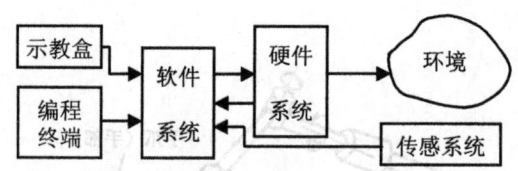

图 4-21 机器人的基本工作原理

4.3.4.2 系统软件及结构

按系统软件功能的不同，机器人系统软件可用分级的方法概括如图 4-22 所示。机器人具有的不同软件级别，是区别机器人先进性的重要标志。

系统的第一级，即实时监控软件。任何机器人至少都具有这一级的软件，其主要任务是将期望的关节运动转化成各关节的驱动力和驱动力矩，并监视此运动的完成，这级软件大多由汇编语言写成，要求有极好的实时性，监控整个运动的核心在这一级上。

系统的第二级是点位运动控制软件。这是目前市场上多数机器人均具有的，它只能控制点到点的运动，当任务复杂时，其编程比较繁琐、困难，同时编出的程序一般只能依顺序执行，很少有分支能力。

系统的第三级是运动的控制软件。这一级的主要任务是进行运动和轨迹的规划，它保证任务的执行过程在比较优化的基础上进行，指令较全，同时它可支持多设备的协调工作，对具有这级软件的机器人编程相对简单一些。

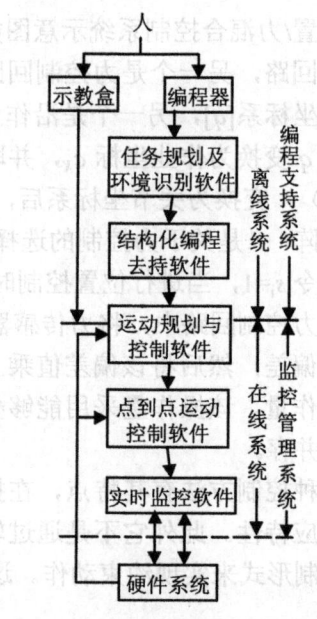

图 4-22 机器人系统软件的分级结构

系统的第四级是结构化编程支持级。此级实质上是一个编译系统，它使机器人的运动控制编程可以脱离机器人，进行离线的调试与仿真。

系统的第五级，目前大多数机器人都不具备。在这一级给机器人编程时是以任务为单位给定的，不必用具体的运动来描述，这是软件的高级层次，主要用人工智能的手段来解决。诸如环境的区别、任务的描述、任务的划分等问题，均需用该层软件来解决。很明显，在整个机器人软件系统中有不少是用于监控机器人运动过程的，这相当于机器人的内部特性。一般来讲，用户关心的是机器人的语言，而不是语言的具体工作过程。

4.3.4.3 机器人的编程语言

机器人的编程语言是机器人系统软件的重要组成部分，其发展与机器人技术的发展是同步的，与系统软件的分级结构（如图 4-22）相对应。机器人语言有四种主要类型，从低级到高级分别是：面向点位控制的机器人语言（如 T3. FUNKY 语言等）、面向运动的机器人语言（如 VAL. EMUY. RCL 语言等）、结构化编程语言（如 AL. MCL. MAPL 语言等）、面向任务的机器人语言（如 AUTOPASS 语言等）。每个机器人的语言大都可以归于上述一类中。另外一种语言则是对任何机器人都适用的，那就是实时监控语言，但这种语言的使用需要很高的技巧及对系统硬件详尽的了解，一般用户不必使用，只有研究人员才应用此级软件。目前，各种机器人语言纷繁复杂，机器人语言标准化的要求日益迫切，机器人语言一方面向完善方向发展，另一方面则可能向标准的方向发展。

4.3.5 机器人智能技术

1. 智能机器人概述

从 20 世纪 70 年代开始的智能机器人的开发，经过一段暂时的沉寂后，向技术分化与实用化两个方向各自发展，智能机器人系统是由指令解释、环境认识、作业计划、作业方法决定、作业程序生成与实施、知识库等环节及外部各种传感器和接口等组成。

智能机器人分为适应控制机器人和学习控制机器人。适应控制机器人具有适应控制功能，即当环境变化时，控制作用也跟着变化，从而使得机器人能适应环境的变化而完成特定的任务。学习控制机器人则是能对环境的未知特征所固有的信息进行学习，并将学习得到的信息用来进行控制的功能。

近年来已研制出一批具有一定感知能力（如视觉、触觉、力觉和听觉等）的机器人以及少数具有环境进行"对话"能力的交互式机器人。在机器人视觉方面，已具有接近人眼的部分能力，能够从不同的陈列物中挑选出有关形状、尺寸或颜色的零件，能够对被识别物体的一小段进行高分辨度的或展宽的观测。具有触觉、视觉和力觉的机器人，已被成功地应用于自动操作、自动装配和产品检验，甚至能够进行手表零件的装配和集成电路生产。

对行走机器人的研究取得一些成果，这种机器人能够模仿人用两腿走路，具有在凹凸不平的地面上行走和上下阶梯的能力。

智能机器人已在自主系统和柔性加工系统中得到日益广泛的应用。自主机器人能够设定自己的目标，规划并执行自己的动作，使自己不断适应环境的变化。

智能机器人的控制系统主要有分层递阶控制系统、专家控制系统、学习控制系统、模糊控制系统以及基于神经网络的控制系统等类型。

2. 机器人的计算机视觉系统

机器人的工作要能适应环境的变化，必须能够识别自身所处的环境。在这方面，视觉认知能力尤为重要，这也是智能机器人的关键技术。机器人视觉赋予机器人以视觉功能，其也称为计算机视觉或机器视觉。

由机器来感觉环境并执行要完成的任务,具有明显的优越性,并获得多方面的应用。例如在空间探索、医用 X 射线自动识别、地球资源遥感监视和各种军事应用等。在工业中,机器人视觉技术可用于零件的自动识别、分类、装配、检验、分级、焊缝跟踪以及加工有害材料等。

机器人视觉系统的组成取决于机器人的具体应用领域,一个比较完整的机器人视觉系统如图 4-23 所示。图示系统可以分为以下五个子系统:照明和光学系统、图像输入、图像处理、图像输出以及图像存储系统。

(1)照明和光学系统。在照明光源、照明方法、透镜、滤光镜等方面有多种类型可以使用。照明光源可使用钨丝灯、碘卤灯、荧光灯、水银灯、氙灯(闪光灯)、激光灯等。照明方法,则由透视光照明、反射背景照明、同向照明、倾斜照明和模板照明等。而就电视摄像机上装的透镜而言,有标准的、广角的、望远的等多种镜头及近摄环,以及显微镜等。使对象着色,或将所用光源的波长如激光一样地加以限制,或用滤光镜选择输入光的波长,这些办法能有效地获得信噪比良好的图像。

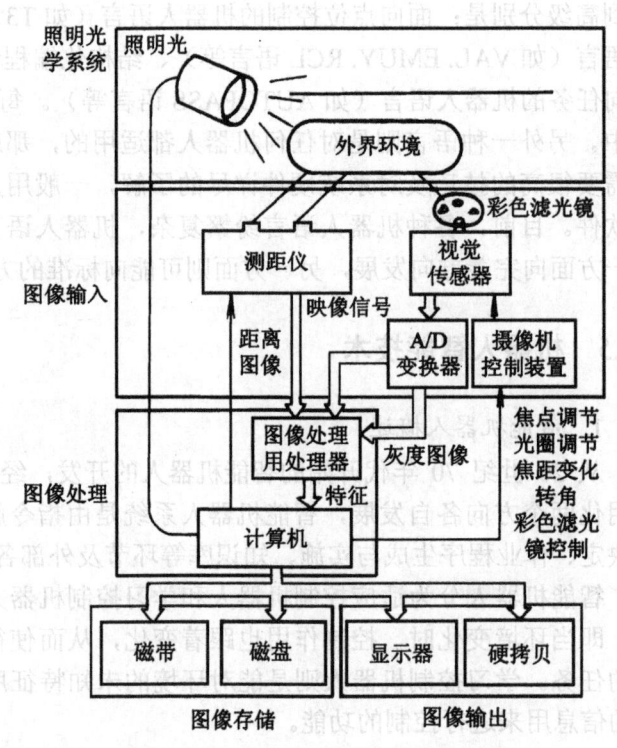

图 4-23 机器人视觉系统的组成

(2)图像输入。图像输入是指用视觉传感器输入对象的图像。视觉传感器将光信号变换为电信号。20 世纪 70 年代前期,采用光导摄像管或彩色光导摄像管的电视摄像机作为视觉传感器,后来出现的 CCD 及 MOS 等固态传感器与以往的摄像管相比,虽然灵敏度及分辨率差,但具有轻巧、视觉残像少及空间畸变小等许多优点,近年来固态传感器使用得日益广泛。

视觉传感器输出的电信号,经 A/D 转换器变换为数字图像信号。通常一帧图像分成 256×256 乃至 1024×1024 的像素点阵,每个像素点的灰度用四至八位二进制数表示。一般而言,只要输入灰度信息就够了,但如果能输入视场内的色彩信息或与对象物体间的距离信息,则往往更有利于处理。为了获得有关颜色的信息,既可以用彩色电视摄像机,也可以在黑白电视摄像机前配上红、绿、蓝等颜色的滤光镜。获得距离信息的方法也很多,但目前尚无简易的商品化装置。

(3)图像处理。计算机对输入图像进行处理,并按照相应的处理目的,输出其处理结果。为了缩短处理时间，在计算机的前端往往加上专用图像处理器。图像处理器就其体系结构而言，可以分为多种类型，例如局部并行方式、全局并行方式、流水线方式、多处理机方式、以及上述方式的组合方式等。

(4) 图像输出与图像存储。为了开发机器人视觉的应用系统，如果有图像显示装置及存储装置，就便于研究处理的中间结果或最终结果，作为计算机的外设，市场上有各类这种装置出售。

4.3.6 工业机器人的应用

各种工业机器人可以以单机形式使用，也可以作为生产系统中的一个构成部分使用。随着社会需求发展的变化，工业机器人因其灵活性好，将在柔性自动化制造系统中应用越来越多。

4.3.6.1 单机形式应用

工业机器人是一种生产装备，作业时一般需要有外围设备（如上下料装置、工件自动定向装置等）完成一些辅助工作。自动化程度要求不高时，也可不设外围设备，辅助工作由人完成。单机形式工作的工业机器人如去铸件飞边、刮研、切削加工、焊接等机器人。

选用（或设计）单机形式工作的工业机器人主要考虑的原则是：首先应能满足作业内容、工作空间、工件质量及定位精度等技术参数要求。同时考虑功能价格比，自由度多，价格昂贵。这里若在外围设备中设置一些简单的运动功能（如工件定向装置、移动或转动工作台等），则可减少自由度数，然后再比较总的价格。

4.3.6.2 机械制造系统中的应用

1. 选择与布局设计原则

机械制造系统的硬件由许多装备组成，作为系统的一个组成部分，工业机器人要与系统的其他部分（如机床、输送带等）协调工作。因此在进行工业机器人的选择和系统布局设计上应考虑以下原则：满足作业技术参数要求；性能价格比好；满足系统的生产节拍要求；在系统中，在作业不发生干涉的约束条件下，优化工业机器人与其前后相联接装备之间的布置，从而可以减小机器人规格要求，减小制造系统的占地面积（或空间），缩短机器的运动路径。图 4-24 所示的例子是由一台机器人和四台机床（车床、钻床、铣床、加工中心）组成的柔性加工单元（FMC），单元用吊车与外部（输入、输出）

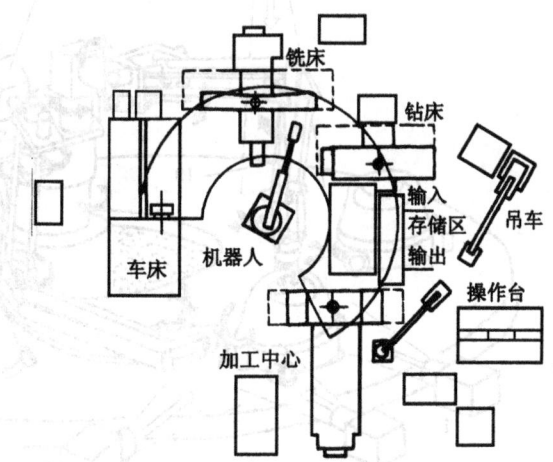

图 4-24 柔性加工单元中的机器人

相联系。单元的布局设计应尽可能紧凑,以减少对机器人工作空间的要求。此外,机器人与系统中相联接的装备控制应协调。

2. 工业机器人应用实例

(1) 柔性制造系统（FMS）中的应用实例。图 4-25 为加工齿轮用的 FMS,由 1 台拉床、2 台车床、3 台插齿机、3 台剃齿机和 1 台去毛刺机完成圆柱齿轮的加工。用 3 台工业机器人分别实现车床群、插齿机群和剃齿机群的上、下料,机床间由滑道输送部件,并设置多个塔式存储架。

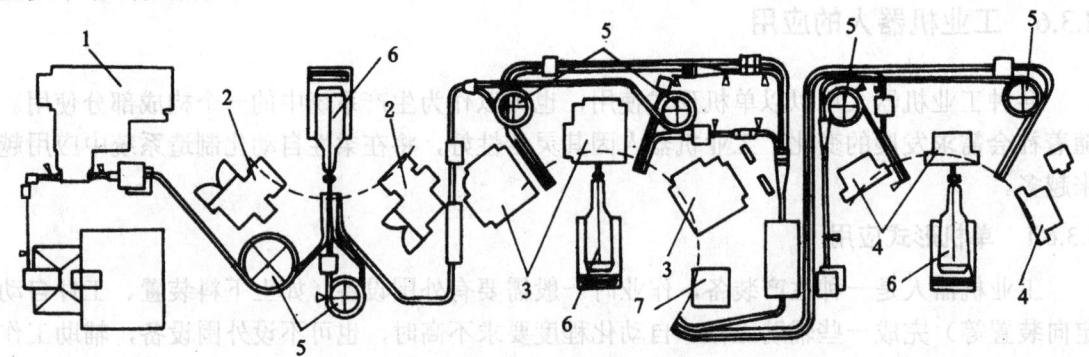

图 4-25 柔性制造系统中的机器人

1—拉床 2—车床 3—插齿机 4—剃齿机 5—塔式存储架 6—机器人 7—去毛刺机

(2) 装配系统中的应用实例。图 4-26 为采用具有视觉、触觉的双臂智能机器人进行装配作业的例子,用来装配吸尘器。视觉信息系统采用了八台工业用电视摄像机,用来识别工件,其中 1、2、3、4、5、6、7 为固定式,8 为可转式。9 为抓握手臂,10 为感知手臂。触觉信息由手臂上的二十个传感器获取,两臂（各有八个自由度）配合完成复杂的作业。

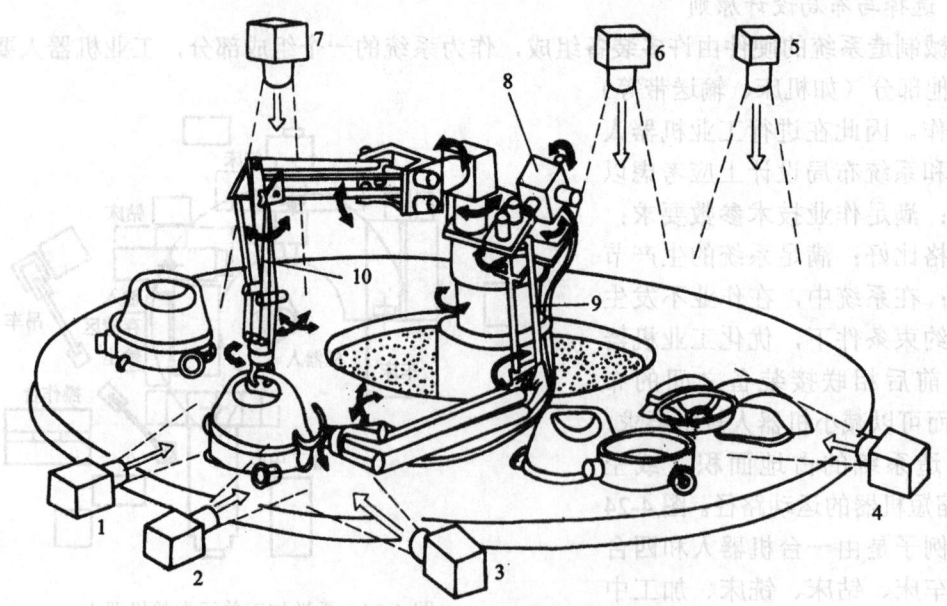

图 4-26 装配系统中的双臂智能机器人

1~7—固定式电视摄像机 8—可转式电视摄像机 9—抓握手臂 10—感知手臂

此外，工业机器人可以代替人去处理一些危险作业，如在放射线、火灾、海洋、宇宙等环境中使用，图4-27为用于核工业的步行机器人。

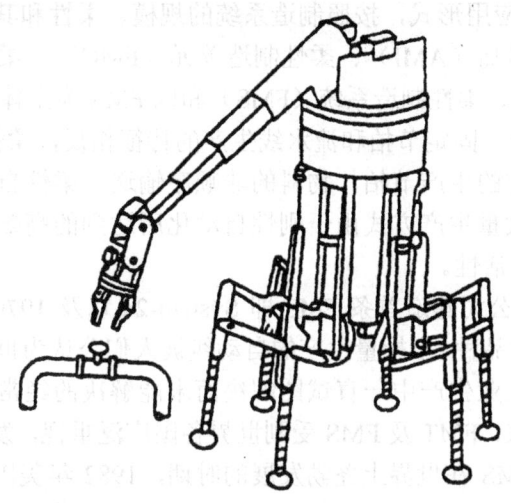

图4-27 核工业中的步行机器人

4.4 柔性制造技术和智能制造技术

4.4.1 柔性制造技术概述

从前面（4.1）所叙述的制造自动化发展历程可看出：制造技术沿革总是在市场需求及科技发展这两方面推动作用下演化的，当前制造技术的前沿已发展到：以信息密集的柔性自动化生产方式满足多品种、变批量的市场需求，并开始向知识密集的智能自动化方向发展。

柔性制造技术（Flexible Manufacturing Technology-FMT）就是一种主要用于多品种中小批量或变批量生产的制造自动化技术，它是对各种不同形状加工对象进行有效地且适应性转化为成品的各种技术总称。FMT 的根本特征即"柔性"，是指制造系统（企业）对系统内部及外部环境的一种适应能力，也是指制造系统能够适应产品变化的能力，可分为瞬时、短期和长期柔性三种：瞬时柔性是指设备出现故障后，自动排除故障或将零件转移到另一台设备上继续进行加工的能力；短期柔性是指系统在短时期（如间隔几小时或几天）内，适应加工对象变化的能力，包括在任意时刻混合地进行加工两种以上零件的能力；长期柔性则是指系统在长期使用（几周或一个月）中，能进行加工各种不同零件的能力。迄今为止，柔性还只能定性地加以分析，还没有科学的量化指标，因此，凡具备上述三种柔性特征之一的具有物料或信息流的自动化制造系统都可以称为柔性自动化。

FMT 是电子计算机技术在生产过程及其装备上的应用，是将微电子技术、智能化技术与传统加工技术融合在一起，具有先进性、柔性化、自动化、效率高的制造技术，FMT 是从机械转换、刀具更换、夹具可调、模具转位等硬件柔性化的基础上发展，已成为自动变换、人机对话转换、智能化任意变化地对不同加工对象实现程序化柔性制造加工的一种崭新技术,是自动化制造系统的基本单元技术。

FMT 有多种不同的应用形式,按照制造系统的规模、柔性和其他特征,柔性自动化具有如下形式:如独立制造岛(AMI)、柔性制造单元(FMC)、柔性生产线(FML)、准柔性制造系统(P-FMS)、柔性制造系统(FMS)和以 FMS 为主体的自动化工厂(FA)。与刚性自动化的工序分散、固定节拍和流水线生产的特征相反,柔性自动化的共同特征是:工序相对集中,没有固定的生产节拍,物料的非顺序输送。柔性自动化的目标是:在中小批量生产条件下,接近大量生产方式由于刚性自动化所达到的高效率和低成本,并同时具有刚性自动化所没有的灵活性。

1967 年英国 Molins 公司建造首条 FMS 即 System-24 以及 1970 年美国 K&T 公司推出的飞机和拖拉机零件的多品种、小批量生产的自动线被人们公认为世界上 FMS 的起源。FMS 的出现解决了在离散型工业生产中一直试图解决而未能解决的经常变换品种的中小批量生产自动化问题。20 多年来,FMT 及 FMS 受到世界各国广泛重视,发展迅速并日趋成熟。70 年代后期到 80 年代是 FMS 在世界上蓬勃发展的时期,1982 年美国芝加哥国际机床展览会和日本 11 届大阪国际机床展鉴会充分说明了 FMS 已从实验阶段进入实用阶段并已开始商品化。美国、日本等工业发达国家都先后推出了一些大型的 FMS 的发展计划,耗资往往为几千万乃至上亿美元,与此同时,考虑到企业的经济承受能力及投资风险性,也推出不少小型、经济型的 FMS。70 年代后期 FMC 及以后的独立制造岛、P-FMS 的出现,使企业的柔性化找到了一条经济、实用又可留有发展余地的道路。同时 FMS 的概念也已向其他生产领域移植,如从机械加工扩展到钣金、冲压、激光加工、电火花加工、焊接、铸造等领域,从机械加工业扩展到服装、食品等行业等等。

FMS 是数控机床或设备自动化的延伸,FMS 的一般定义可以用以下三方面来概括:FMS 是一个计算机控制的生产系统;系统采用半独立的 NC 机床;这些机床通过物料输送系统联成一体。其中,数控机床提供了灵活的加工工艺,物料输送系统将数控机床互相联系起来,计算机则不断对设备的动作进行监控,同时提供控制作用并进行工程记录,计算机还可通过仿真来预示系统各部件的行为,并提供必要的准确的量测。FMS 的基本组成随侍加工工件及其他条件而变化,但系统的扩展必须以模块结构为基础。用于切削加工的 FMS 主要由四部分组成:若干台数控机床、物料搬运系统、计算机控制系统、系统软件。FMS 的柔性可以从几方面评价,如图 4-28 所示。

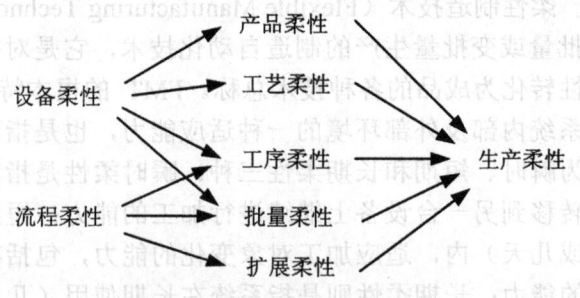

图 4-28 FMS 的各种柔性评价

柔性制造自动化技术包含 FMS 的四个基本部分中的自动化技术,即自动化的加工设备、自动化的刀具系统、自动化物流系统以及自动化控制与管理系统,还包括各组成部分之间的有机结合和配合即物流和信息流集成技术以及人与系统集成技术。FMT 大致包含下列内容:规划设计自动化、设计管理自动化、作业调度自动化、加工过程自动化、系统监控自动化、离散事件动态系统(DEDS)的理论与方法、FMS 的体系结构、FMS 系统管理软件技术、FMS 中的计算机通信和数据库技术。

FMT 及 FMS 发展之所以迅猛，是因其高效率、高质量和高柔性三者于一体，解决了近百年来中小批量和中大批量多品种和生产自动化之技术难题，FMS 的问世和发展确实是机械制造业生产及管理上的历史性变革，FMT 及 FMS 能有力地支持企业实现优质、高效、低成本、短周期的竞争优势，已成为现代集成制造系统必不可少的基石和支柱。

FMT 及 FMS 的发展趋势主要表现在：

（1）利用技术相对成熟的标准化模块去构造不同用途的系统。

（2）FMC 功能进一步发展和完善　FMC 比 MC 功能全，比 FMS 规模小、投资少、可靠，也便于连成功能可扩展的 FMS。

（3）FMS 效益显著，有向小型化、多功能化方向发展。

（4）在已有的传统组合机床及其自动线基础上发展起来了 FTL，用计算机控制管理，保留了组合机床模块结构和高效特点，又加入了数控技术的有限柔性。

（5）向集成化、智能化方向发展。

4.4.2　智能制造技术概述

随着专家系统、人工神经网络等计算智能在制造系统及其各环节的广泛应用，制造知识的获取、表示、存贮和推理成为可能，出现了制造智能与制造技术的智能化。制造智能主要表现在智能设计、智能加工、机器人、智能控制、智能工艺规划、智能调度以及测量和诊断等方面。智能制造技术集成了传统制造技术、计算机技术、自动化科学及人工智能技术。

智能制造技术的产生背景可归纳为以下方面：适应制造信息的爆炸性的增长，以及处理信息的工作量猛增，要求制造系统表现出更大的智能；白领化使得有丰富经验的机械工人和技术人员日益缺少；动荡不定的市场和激烈的竞争要求制造企业在生产活动中表现出更高敏捷性和智能；制造业全球化发展面临着"自动化孤岛"的联接和全局优化问题，以及各国、各地区的标准数据和人机接口的统一的问题，这些问题的解决也有赖于智能制造的发展。

目前比较通行的一种定义是，智能制造技术旨在将人工智能溶进制造过程的各个环节（即产品整个生命周期的所有环节），通过模拟专家的智能活动，对制造问题进行分析、判断、推理、构思和决策，旨在取代或延伸制造环境中人的部分脑力劳动；并对人类专家的制造智能进行收集、存贮、完善、共享、继承和发展；从而在制造过程中，系统能自动监测其运行状态，在受外界或内部激励时能够自动调整其参数，以期达到最佳状态，具有自组织能力。智能制造的主要研究开发目标是：整个制造工作的全面智能化，在实际制造系统中以机器智能取代人的部分脑力劳动作为主要目标，强调整个企业生产经营过程大范围的自组织能力，信息和制造智能的集成与共享，强调智能型的集成自动化。

美国是智能制造思想的主要发源地，美国国家科学基金委员会从 1987 年以来一直重点资助制造信息智能集成的研究。Purdue 大学智能制造国家工程中心（IMS-ERC）最早正式提出"智能制造"，并付诸实施，它把智能制造研究分为过程建模、设计工具和系统集成策略三大部分，以开发智能制造研究平台为主要手段，目前已开发出了 40 多个机械制造方面的制造智能化系统，如 QTC、MADE 等，IMS-ERC 的工作多集中于单元机的智能化上，今后的目标是研究各智能单元系统的集成和开发分布式 IMS。卡内基-梅隆、麻省理工学院、斯坦福大学、亚利桑那州立大学、俄亥俄州立大学、里海大学等均是 IM 研究的重要学府。美国 New York 大学 P.K. Wright 和 Carnegie-Mellon 大学 D. A. Bourno 两教授于 1988 年出版了智能制造领域第一本专著《Manufacturing Intelligence》（制造智能），该书被 SME 指定为 1988 年制造领域最佳专著，他们定义制造智能的目的是"通过集成知识、工程、制造软件系统、机器人视觉和机器人控制，来对技工们的技能与专家知识进行建模，以使智能机器人能够在没有人干预情况下进行小批量生产"。美国已建立了许多重要的 IM 试验基地，美国国家标准与技术局（NIST）的自动化制造与试验基地（AMRF）是把"为下一代以知识库为基础的自动化制造系统提供研究与实验设施"作为其三大任务之一。1993 年 4 月 5～8 日在美国底特律美国工程师协会（SME）召开的第 22 届可编程控制国际会议（IPC'93），来自美国政府、工业界、学术界的众多领域的专家们参加了会议，有 200 多家厂商参展，展出大量先进的具有一定智能的硬件控制设备，并以极大篇幅介绍了智能制造，提出了"智能制造、新技术、新市场、新动力"（Intelligent Manufacturing、New Technology、New Markets、New Forces）的口号，工业界预期智能制造将彻底变革 21 世纪的制造业面貌。

欧洲大陆对 IM 研究也是从 20 世纪 80 年代中期开始的，开始重点是对制造系统中人的因素研究，自 1987 年以来，每两年召开一届智能制造研讨会，并将论文汇编成书出版。同时，欧共体的跨国研究计划 ESPRIT（欧洲信息技术研究发展战略计划）和 EUREKA（欧洲高技术发展计划）中有多个项目是关于智能制造基础问题的研究。欧共体国家联合实施了 FGMS(Futur Generation Manufacturing System)计划，即智能制造计划。

日本则凭借其雄厚的技术力量涉足智能制造领域，并倡导国际合作。1989 年 10 月，由日本当时的国际贸易和工业大臣，后任东京大学校长的 H. Yoshikawa 教授提议和倡导了智能制造国际合作计划，该计划于 1993 年 2 月正式实施，由日本、美国、加拿大、欧盟各国、澳大利亚等国及企业、大学、研究所共 84 个制造业组织成员组成，IMS 研究计划确定了六个主要技术领域即：企业集成、全能制造、系统单元技术、清洁制造、人与组织、先进的材料加工等，其最终目标是研究开发出能使人和智能设备都不受生产操作和国界限制的彼此合作的系统。这充分反映了 21 世纪制造技术的特点，即：国际化、面向市场及企业参与。

我国对智能制造的研究业已展开，"八五"期间，华中理工大学、清华大学、南京航空天大学、西安交通大学等高校在国家自然科学基金委资助下，对 IMT 及 IMS 基础理论，智能制造单元技术、智能机器人等方面进行研究，并取得阶段性成果。

IMT 及 IMS 的智能化水平决定了其研究内容是关于：个体"智能化"水平、系统自组织能力、分布协同求解、制造智能集成、人机智能的柔性交互与协同等。具体有以下一些研究内容：

（1）智能制造理论和系统设计技术。IM 的概念体系、IMS 的开发环境与设计方法以及制造过程中的各种评价技术等。

（2）智能制造单元技术的集成。智能设计，应用并行工程和虚拟制造技术、实现产品的并行智能设计；生产过程的智能规则；生产过程智能调度；智能检测、诊断和补偿；生产过程智能控制；智能质量控制；生产与经营智能决策。

（3）智能机器的设计：智能机器人、智能加工中心、智能 CNC 机床、自动引导小车等；

（4）人机智能柔性交互与协同设计。

目前，IMT 和 IMS 的研究方向已从最初的人工智能在制造领域中的应用（AIM）发展到今天的 IMS，研究课题涉及的范围已由最初仅一个企业内的技术环节自动化，发展到今天的面向世界范围内的整个制造环境的集成化与自组织能力，包括制造智能处理技术、自组织加工单元、自组织机器人、智能生产管理信息系统、多级竞争式控制网络、全球通信与操作网等。

就 IMT 及 IMS 的技术地位，IMT 及 IMS 的研究与开发对于提高产品质量、生产率和降低成本，提高国家制造业响应市场变化的能力和速度，以及提高国家的经济实力和国民生活水准均具有重大意义。其研究目标是要实现将市场适应性、经济性、人的重要性、适应自然和社会环境的能力、开放性和兼容能力等融合在一起的生产系统；使整个制造过程实现智能化，并具有自组织能力；是一个集成许多工厂和多种机器设备的混合系统；具备满足各种社会需求的柔性；能充分发挥人的作用；易于操作；总效率高；能避免重复投资等。

4.4.3 柔性制造系统的组成和工作原理

柔性制造系统的目的在于提供对产品设计、生产目标和计划、工作站、物料搬运和加工路线等的变化能进行实时调整的一种工厂经营方式。

4.4.3.1 FMS 的一般组成

一个柔性制造系统（FMS）可概括为由下列三部分组成：多工位数控加工系统、自动化的物料储运系统和计算机控制的信息系统（见图 4-29）。

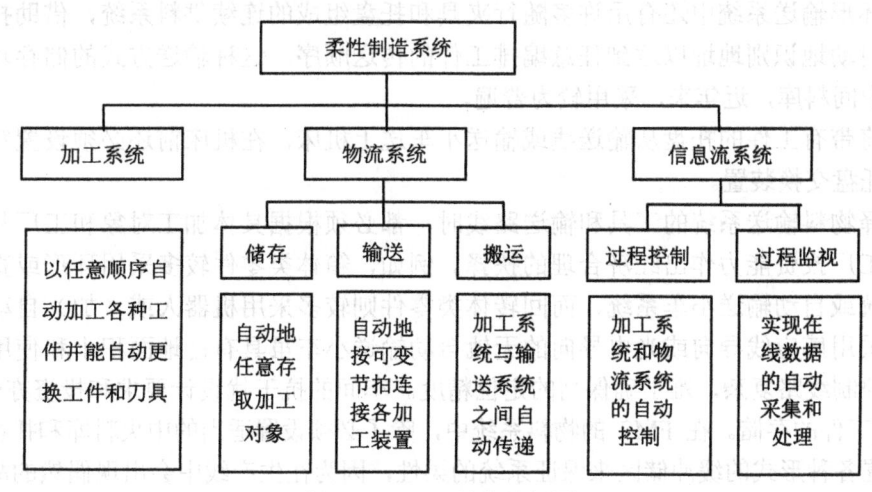

图 4-29 FMS 的构成框图

1. 加工系统

加工系统的功能是以任意顺序自动加工各种工件，并能自动地更换工件和刀具。其通常由若干台加工零件的 CNC 机床和 CNC 板材加工设备以及操纵这种机床要使用的刀具所构成。

对以加工箱体形零件为主的 FMS 配备有数控加工中心（有时也有 CNC 铣床）；对以加工旋转零件为主的 FMS 多数配备有 CNC 车削中心和 CNC 车床（有时也有 CNC 磨床）。也有能混合加工箱体零件和旋转体零件的 FMS，它们既配备有 CNC 加工中心，也配备有 CNC 车削中心和 CNC 车床。对于专门零件加工如齿轮加工的 FMS 则除配备有 CNC 车床外还配备 CNC 齿轮加工机床。在现有的 FMS 中，加工箱体类零件的 FMS 占的比重较大，其表现在于箱体、框架类零件采用 FMS 加工时经济效益特别显著。

在加工较复杂零件的 FMS 加工系统中，由于机床上机载刀库能提供的刀具数目有限，除尽可能使产品设计标准化，以便使用通用刀具和减少专用刀具的数量外，必要时还需要在加工系统中设置机外自动刀库以补充机载刀库容量的不足。

2. 物流系统

FMS 中的物流系统与传统的自动线或流水线有很大的差别，整个工件输送系统的工作状态是可以进行随机调度的，而且都设置有储料库以调节各工位上加工时间的差异。物流系统包含工件的输送和储存两个方面。

（1）工件的输送。工件输送应包括工件从系统外部送入系统和工件在系统内部的传送两部分。目前，大多数工件送入系统和夹具上装夹工件仍由人工操作，系统中设置装卸工位，较重的工件可用各种起重设备或机器人搬运。工件输送系统按所用运输工具可分成四类：自动输送车、轨道传送系统、带式传送系统和机器人传送系统。

如按物料输送的路线则可将工件输送系统概括为直线式和环形输送两种类型。直线式输送主要用于顺序传送，输送工具是各种传送带或自动输送小车，这种系统的储存容量很小，常需要另设储料库。而环形输送时，机床布置在环形输送线的外侧或内侧，输送工具除各种类型的轨道传送带外，还可以是自动输送车或架空轨悬吊式输送装置，在输送线路中还设置若干支线作为储料和改变输送路线之用，使系统能具有较大的灵活性来实现随机输送。在环形输送系统中还有用许多随行夹具和托盘组成的连续供料系统，借助托盘上的编码器能自动地识别地址以达到任意编排工件的传送顺序。这种输送方式的储存功能大，一般不设中间料库，近年来，采用较为普遍。

为了将带有工件的托盘从输送线或输送小车送上机床，在机床前还必须设置穿梭式或回转式的托盘交换装置。

在选择物料输送系统的工具和输送路线时，都必须根据具体加工对象和工厂具体环境条件以及工厂投资能力作出经济合理的抉择。例如，箱体类零件较多采用环形或直线式轨迹传送系统或自动输送小车系统，而回转体类零件则较多采用机器人或（加）自动输送小车系统。采用感应线导向或光电导向的无轨自动输送小车虽具有占地面积小和使用灵活等优点，但控制线路复杂，难于确保高的定位精度。车间的抗干扰设计要求和投资亦较高。

（2）工件的存储。在 FMS 的物料系统中，除了必须设置适当的中央料库和托盘库外，还可以设置各种形式的缓冲储区来保证系统的柔性，因为在生产线中会出现偶然的故障，如刀具折断或机床故障。为了不致阻塞工件向其他工位的输送，输送线路中可设置若干个侧回路或多个交叉点的并行料库以暂时存放故障工位上的工件。如果物料系统中随行托盘的输送彼此互不超越时，也可使输送小车或随行托盘作循环运行而不必另设特殊的缓冲区。一般通过系统仿真仔细分析系统的故障形式和导致系统阻塞的原因，以选择合适的物料储运系统。

为了充分发挥 FMS 的效益,使系统具有最高的开动率,FMS 一般要 24 小时工作,而通常在系统夜班工作时,只配值班人员,不配操作工人。因此,日班工人必须为夜班准备足够加工用的毛坯,并将其定位装夹在随行夹具和(或)托盘上。为此,系统中必须设置存储随行夹具和托盘的自动仓库,装载有各类工件的托盘储存在子库的相应位置上。系统输送装置指令从相应库上取出托盘并送至加工工位后,调用相应程序进行加工。系统还能通过物料储运系统将完工零件储入托盘库的空位上。

3. 信息系统

信息系统包括过程控制及过程监视两个子系统,其功能分别为:进行加工系统及物流系统的自动控制,以及在线状态数据自动采集和处理。FMS 中信息由多级计算机进行处理和控制。

4.4.3.2 FMS 的工作原理

FMS 的模型和工作原理框图如图 4-30 所示。

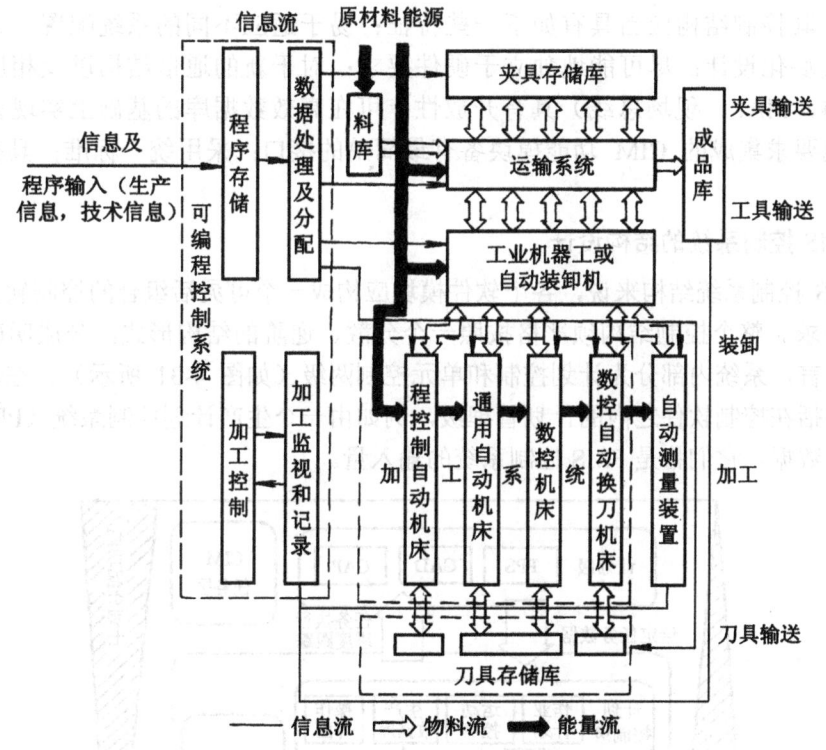

图 4-30 柔性加工系统的模型及其原理框图

FMS 工作过程可以这样来描述:可变制造系统接到上一级控制系统的有关生产计划信息和技术信息后,由其信息流系统(可编程控制系统)进行数据信息的处理、分配,并按照所给的程序对物流系统进行控制。

料库和夹具库根据生产的品种及调度计划信息供给相应品种的毛坯,选出加工所需要的夹具。毛坯的随行夹具由输送系统送出。工业机器人或自动装卸机按照信息系统的指令和工件及夹具的编码信息,自动识别和选择所装卸的工件及夹具,并使之装到相应机床上。机床的加工程序识别装置根据送来的工件及加工程序编码,选择加工所需的加工程序、刀具及切削参数,对工件进行加工。加工完毕,能按照信息系统输给的控制信息转换工序,并进行检验。全部加工完毕后,由装卸及运输系统送入成品库,同时把加工质量和数量的信息送到监视和记录装置,随行夹具被送回夹具库。

当需要变更产品零件时,只要改变输给信息系统的生产计划信息、技术信息和加工程序,整个系统即能迅速、自动地按照新要求来完成新产品的加工。

计算机控制着系统中物料的循环,执行进度安排,调度和传送协调的功能。它不断收集每个工位上的统计数据和其他制造信息,以便汇总报告。

4.4.4 柔性制造系统(FMS)的控制

4.4.4.1 对FMS控制结构的要求

为实现 FMS 系统的优化控制以取得 FMS 运行和预期效果并考虑到柔性制造系统将来的发展,其控制结构应当具有如下一些特征:易于适应不同的系统配置,最大限度地实行系统模块化设计;尽可能地独立于硬件要求;对于新的通信结构以及相应的局域网协议(V.24,MAP,现场总线)具有开放性;可在高效数据库的基础上实现整体数据维护;对其他要求集成的 CIM 功能模块备有最简单的接口;采用统一标准;具有友好的用户界面。

4.4.4.2 FMS控制系统的结构设计

对 MFS 控制系统结构来说,各个软件模块应构成一个可灵活组合的控制软件,以适应将来各种要求。整个控制结构须严格按照一个分散、递阶的结构形式,分成明确的上下层次。一般而言,系统内部分为计划控制和单元控制两级(如图 4-31 所示)。在这两级之上是一个不包括在控制软件之内的计划管理级,例如由一个生产计划控制系统(PPS)产生的计划任务的数据,它们将是 FMS 控制系统的输入量。

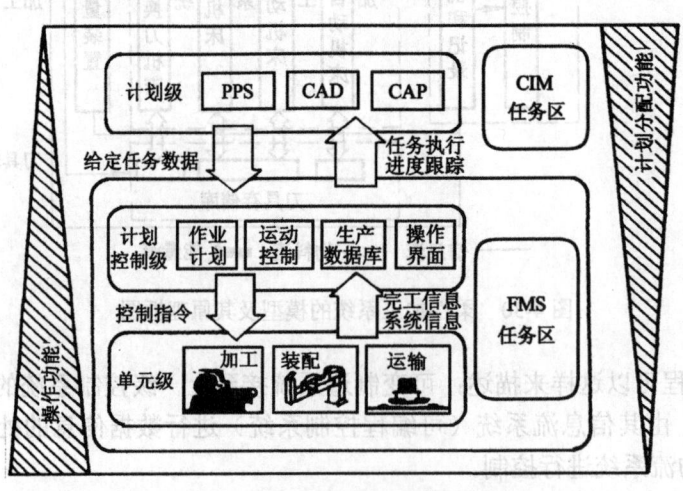

图 4-31 柔性制造系统的控制技术

这种总体方案除具有严格分级的特点外,它的控制软件的另一个重要的特点是模块化结构。而要做到这一点,应当明确地定义各个模块的功能、任务和相互间的界面。这种模块化结构如图 4-31 所示。由图中可知，单元级就具有一系列功能范围相对独立的模块，可把它称为一个功能区。每个功能区将负责完成整个系统规定的某种类型的任务，如加工、装配或运输等。这些任务都分别由一个控制模块来实施管理，该模块应满足明确规定的功能要求。

对于各个功能区来说，一方面应完成与系统结构相关的规定任务，另一方面也必须具备一些相应的功能，它们对各个部分都是统一的。

这种模块化结构不仅适用于单元级，也适用于主控计算机级应满足的功能，例如生产作业计划或作业任务管理模块也必须具有模块化结构并具有清晰定义的接口。

在控制系统结构设计时，还需开发可灵活组合的图形操作界面，以根据用户要求为各种生产设备提供相匹配的操作界面。

4.4.4.3 主控计算机功能划分及结构组织

在 FMS 控制结构中，规定主控计算机的任务是，对柔性制造系统中的全部生产过程进行监视和协调。

FMS 控制系统的任务范围起始于计划管理级以下（如图 4-31 所示），主要处理生产计划、作业计划（根据系统的生产能力）、NC 程序编码，以及生产系统和各个功能区的工作计划。计划管理级部分必须将加工过程必需的数据（工件数据、加工任务数据等等）和要求的 NC 和 RC（机器人控制）程序放入控制系统的数据库或者文件服务器中。

FMS 控制结构对主控计算机提出了两个相关的任务，即作业计划和过程运行控制。

图 4-32 所示为主控计算机所要处理任务的示意图。作业计划包括的功能有：资源准备、队列优化、生产作业队列或混合分批和备用计划的产生等。

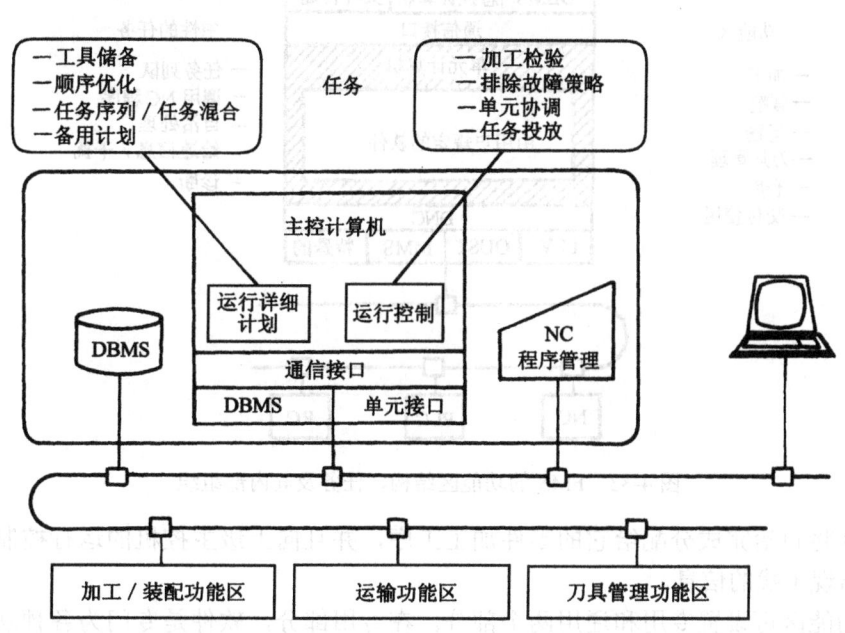

图 4-32　主控计算机的构造、任务与内部结构

对于过程运行控制则有：制造过程控制和监视、排除干扰的实施措施、各个功能模块间的协调及向各个功能区投入作业等功能。

4.4.4.4 单元计算机的功能划分及结构组织

功能区子模块的任务是，对主控计算机所安排的任务按给定的顺序自治地进行处理。所谓自治，是指功能区子模块自行负责全部有关加工信息的处理，并不需要依靠模块外部的支持自行进行加工。功能区子模块根据运行控制模块提供给它的一个作业识别号可独立地从数据库中读入加工所需的数据。

在系统结构内部将单元级上各种作业任务，例如加工工位或者装配单元统称为"功能区"。"功能区"的概念还包括更多的任务范围，这将涉及到其他不同的领域或单元，例如运输单元或者刀具管理单元，而这些部分是负责所有的制造和装配部分的有关工作。

功能区的结构原理如图 4-33 所示：各个功能区是通过一个网络联到上面的计划控制级，同时上面还联有数据库、NC 程序管理和装有运行控制模块的主控计算机。所有的功能区与计划控制级之间具有相同的通信接口，而且与运行控制模块也具有相同的外部作用方式。不同的功能区具有各个互不相同的功能范围。例如，它可以表示为一个加工功能区、一个装配功能区、一个运输功能区，或者是一个仓库管理功能区。

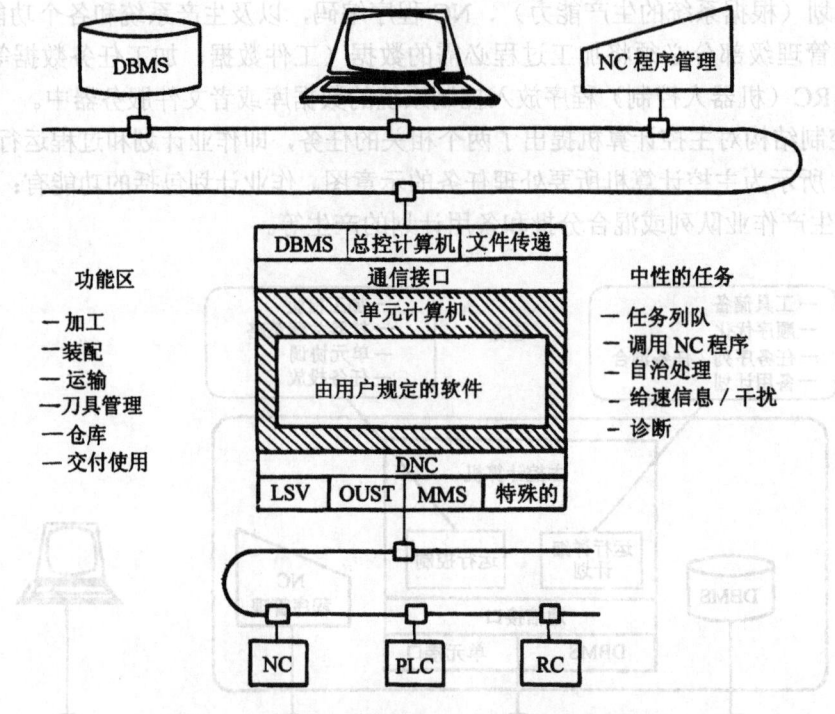

图 4-33 FMS 的功能区结构、任务及其内部组织

功能区将自治完成分配给它的零件加工工序，并且向上级主控机的运行控制模块传送完工或者出现干扰的信息。

每一功能区可设置专用和通用两个部分。在专用部分，软件是专门为各种功能区控制机床加工过程而编写的，以提供这些工艺所需要的路线和进程文件。独立于各种专用程序部分，在功能区中还有一个对各种功能通用的部分。这种通用部分包括：与上级主控机连接的结构和作业管理，另外还包括作业等待队列刷新、读入加工要求的 NC 或 RC 程序，作业进度反馈和完工信息，以及上级主控机指令管理等等。这种多用途的、对于不同使用方式都可适用的部分被称为与用户无关的、或称为通用的功能区模块。

4.4.5 分布式网络化 IMS 原型系统

分布式网络化 IMS 原型系统是华中理工大学杨叔子院士领导的联合科研组所完成的"智能制造技术基础"，是国家自然科学基金重点项目中在智能制造基础理论与技术方面所取得的研究成果的综合体现。其基本思路是从 IMS 的本质特征出发，在分布式制造网络环境中，根据分布式集成的基本思想，应用分布式人工智能中多 Agent 系统的理论与方法，着眼于制造单元的柔性智能化与基于网络的制造系统柔性智能化集成。根据分布式制造系统的同构特征，该原型系统作为 IMS 的一种局域实现形式，实际上反映了基于 Internet 的全球制造网络环境下 IMS 的实现模式。

4.4.5.1 分布式网络化 IMS 的总体构想及原型系统

IMS 的本质特征是个体制造单元的"自主性"与系统整体的"自组织能力"，其基本格局是分布式多自主体智能系统。基于这一认识，并考虑到基于 Internet 的全球制造网络环境，所提出的基于 Agent 的分布式网络化 IMS 的基本构想见图 4-34。一方面通过 Agent 赋予各制造单元以自主权，使其成为自治独立、功能完善的实体；另一方面，通过 Agent 之间的协同与合作，赋予系统自组织能力。

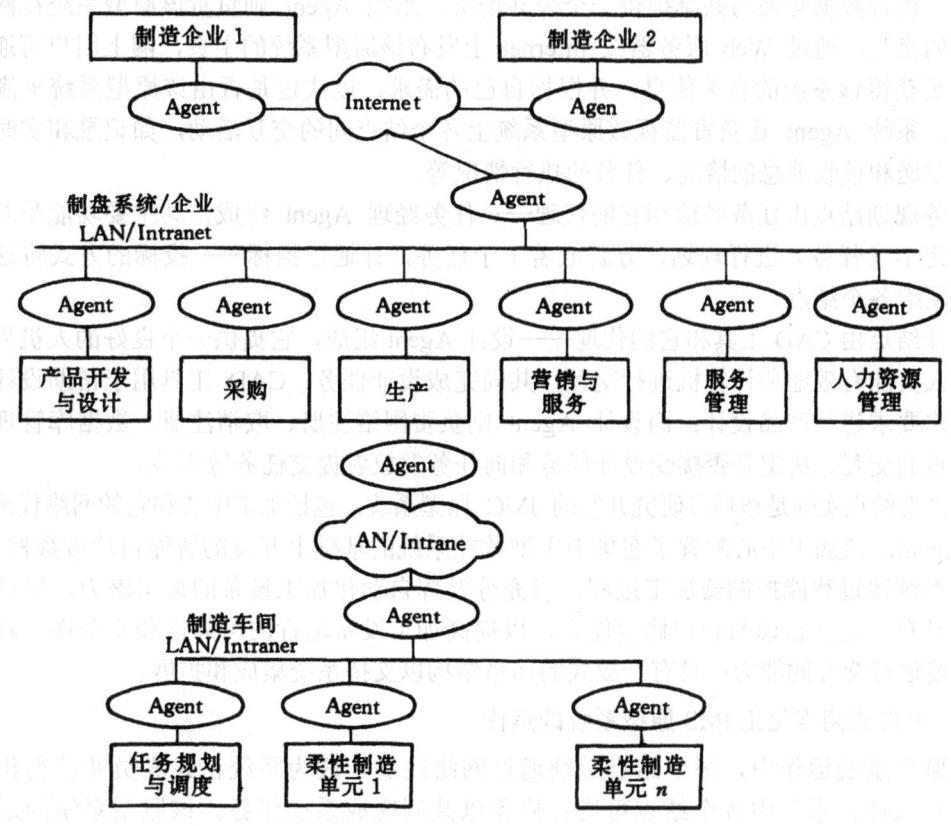

图 4-34 分布式网络化 IMS 的基本构想

基于以上构想，以数控加工系统为背景，开发的分布式网络化 IMS 原型系统见图 4-35。该系统由系统经理、任务规划、设计和生产者等四个结点组成。

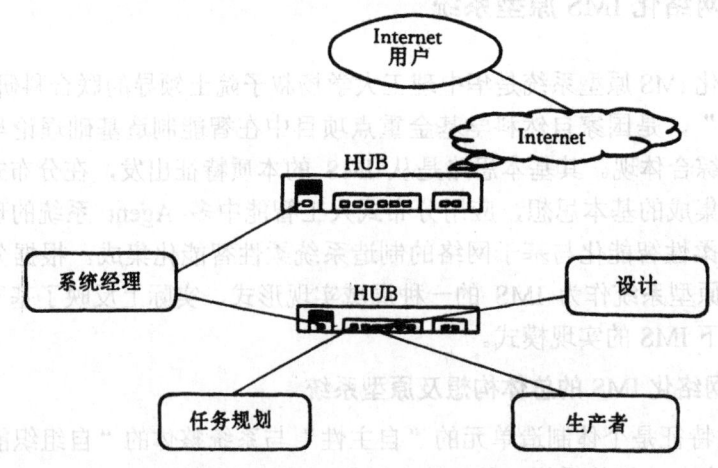

图 4-35 分布式网络化 IMS 原型系统

系统经理结点包括数据库服务器和系统 Agent 两下人数据库服务器负责管理一个全局数据库，可供原型系统中获得权限的结点进行数据的查询、读取、存储和检过等操作，并为各结点进行数据交换与共享提供一个公共场所，系统 Agent 则负责该原型系统在网络上与外部的交互，通过 Web 服务器在 Internet 上发布该原型系统的主页，网上用户可通过访问该主页获得该系统的有关信息，并根据自己的需求，以决定是否由该原型系统来满足这些需求，系统 Agent 还负责监视该原型系统上各个结点间的交互活动，如记录和实时显示结点间发送和接收消息的情况、任务的执行情况等。

任务规划结点由任务经理和它的代理——任务经理 Agent 组成，其主要功能是对从网上获取定单（任务）进行规划，分解成若干子任务，并通过招标——投标的方式将这些子任务分配给各个结点。

设计结点由 CAD 工具和它的代理——设计 Agent 组成，它提供一个良好的人机界面以使设计人员能有效地和计算机进行交互，共同完成设计任务。CAD 工具用于帮助设计人员根据用户要求进行产品设计；而设计 Agent 则负责网络注册、取消注册、数据库管理、与其他结点的交互、决定是否接受设计任务和向任务发放者提交任务等事务。

生产者结点实际是该项目研究开发的 IMC 原型系统，包括加工中心和它的网络代理——机床 Agent。该加工中心配置了在华中 I 型数控系统的基础上开发的智能自适应数控系统，该数控系统通过智能控制器加工过程，以充分发挥自动化加工设备的加工潜力，提高加工效率；具有一定的自诊断和自修复能力，以提高加工设备运行的可靠性和安全性；具有与外部环境进行交互的能力；具有开放式的体系结构以支持系统集成和扩展。

4.4.5.2 分布式网络化工 IMS 原型系统的运作

在原型系统运作中，每个结点必须通过网络注册，成为系统正式成员并获得相应极限，只有这样，系统中各个结点可进行协作以共同完成系统任务。该原型系统的运作过程如下：① 任一网络用户都可以通过访问该原型系统的主页获得该系统的相关信息，还可通过填写和提交系统主页所提供的用户定单登记表来向该系统发出定单；② 如果接到并接受网络用户的定单，Agent 就将其存入全局数据库，任务规划结点可以从中取出该定单，进行任务规划，将该任务分解成若干子任务，将这些子任务分配给原型系统上获得权限的结点；③ 产品设计子任务被分配给设计结点，该结点通过良好的人机交互完成产品设计子任务，生成相应的 CAD/CAPP 数据和文档以及数控代码，并将这些数据和文档存入全局数据库，最后向任务规划结点提交该子任务；④ 加工子任务被分配给生产者，一旦该子任务被生产者结点接受，机床 Agent 将被允许从全局数据库读取必要的数据，并将这些数据传给加工中心，加工中心则根据这些数据和命令完成加工子任务，并将运行状态信息送给机床 Agent，机床 Agent 向任务规划结点返回结果，提交该子任务；⑤ 在系统的整个运行期间，系统 Agent 都对系统中各个结点间的交互活动进行记录，如消息的收发，对全局数据库数据的读写，查询各结点的名字、类型、地址、能力及任务完成情况等；⑥ 网络客户可以了解定单执行情况和结果。

4.5 自动化制造系统中的检测与监控技术

4.5.1 概述

在自动化制造系统的运行中，为了保证自动化制造系统可靠正常运行及其加工质量，需要对加工过程和系统运行状态进行检测与监控。

自动化制造系统中的检测与监控就是采用检测与监控系统通过传感和分析处理相关信息，从而对自动化制造系统的系统运行状态和加工过程进行检测与控制。其根本目的就是要主动控制加工质量，防止产生废品，减少废品率，提高机械加工生产率，提高加工过程的安全性，优化配置制造资源。采用监控也可延长刀具和设备使用寿命。

自动化制造系统的检测与监控系统从功能角度可分为系统运行状态检测监控和加工过程检测监控（如图4-36）。系统运行状态检测监控功能主要是检测与收集自动化制造系统各基本组成部分（如物流、加工设备、信息流及系统安全监视）与系统运行状态有关的信

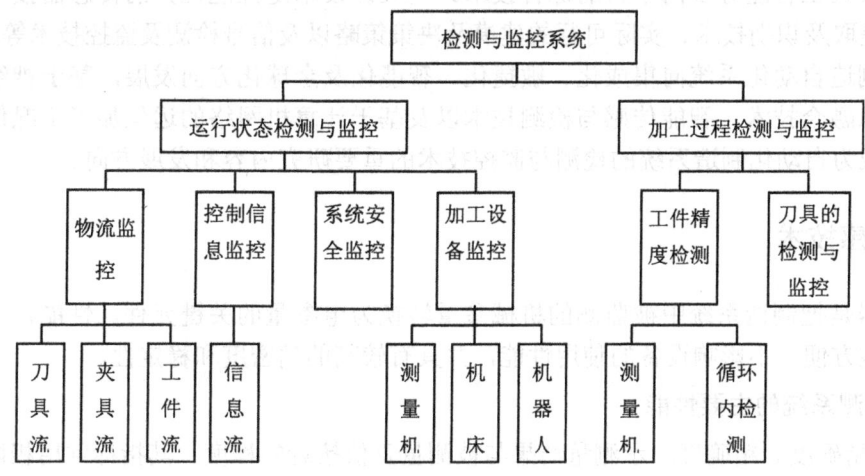

图 4-36 检测监控系统的构成

息，把这些信息处理后，传送给监控计算机，对异常情况作出相应处理，保证系统的正常运行。而加工过程检测与监控功能主要是对零件加工精度的检测和加工过程中的刀具的磨损和破损情况的检测与监控。

检测与监控中所收集信号有几何的、力学的、电学的、光学的、声学的、温度和状态的等。检测与监控的方法有直接的与间接的、接触式的与非接触式的，在线的（On-line）与离线的（off-line）、以及全部的与抽样的等。

自动化制造系统的检测与监控软件包括四部分：

（1）数据采集软件，如刀具磨损信号、系统安全信息、工件加工精度信号及系统状态信号的采集。

（2）分析处理诊断软件，如系统数据库模块、诊断知识库模块、状态信息分析处理，结果显示报警等模块。

（3）图形监控软件，如图形库模块、动画实现模块、拟令接收编译模块、图形报警模块。

（4）服务管理软件，如屏幕管理分级菜单、系统状态自检查、中断管理模块及中断服务模块等。

模测与监控系统主要包括传感器、信号处理、模型和决策四个方面，基本组成如图4-37所示。

检测与监控系统的成败主要取决于系统所收集的信号即有关监控参数的正确选择，也取决于其物理结构上的传感器和监控器以及硬件和软件系统。

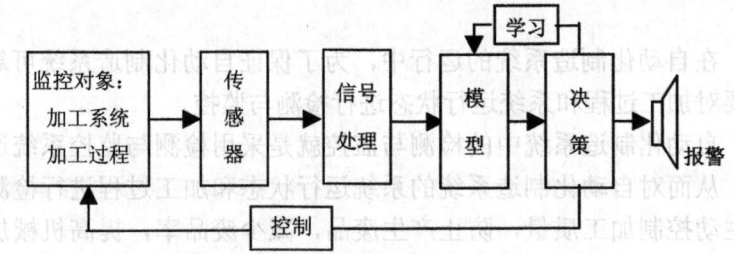

图4-37 检测与监控系统基本组成

自动化制造系统的检测与监控技术所涉及对象广泛、复杂，综合性强，是一门综合机械工程、材料技术、信号处理测试技术、微电子技术、计算机技术、自动控制技术、故障诊断技术及人工智能等多门学科的综合技术。其关键技术是性能优异的传感器技术、信号处理特征提取及识别技术、实际可行的建模及决策策略以及信号检测及监控技术等。

随着制造自动化系统向集成化、敏捷化、智能化及全球化方向发展，基于神经网络的多传感信息融合技术、智能传感与检测技术以及基于计算机网络的远程加工工况信息集成技术也将成为自动化制造系统的检测与监控技术的重要研究内容和发展方向。

4.5.2　传感技术

传感器是把制造系统中被监测的机械参量转换为电参量的关键元件。性能优良的传感器要求安装方便，不影响设备的使用性能，并具有较高的精密度和稳定性。

4.5.2.1　检测系统的主要性能

（1）精确度。精确度表示测量结果与被测量真值接近的程度。其指标常用极限误差与满量程之比的百分数表示。

（2）灵敏度。定义为检测系统在稳定状态下单位输入变化量 ΔX 与所引输出变化量 ΔY 比值。

（3）分辨力。分辨力定义为检测系统指示值可以响应或分辨的最小输入量的变化，它表示系统响应或分辨输入量微小变化的能力。

（4）线性度。线性度定义为系统输出量与输入之间的关系曲线与选定的工作直线偏离的程度。

（5）漂移。检测系统在保持输入信号不变时，输出信号随时间（或温度）缓慢地变化称为漂移。随时间的漂移称时漂，随环境温度的漂移称温漂。

（6）可靠性。可靠性是指在规定工作条件和工作时间内，检测系统保持原有技术性能的能力。

（7）响应时间。检测系统的响应时间定义为当系统输入阶跃信号时，系统输出从一个稳态值变到另一个稳态值（有时取其90%）所需要的时间。

4.5.2.2 传感检测方法

1. 直线位移检测

用于检测直线位移的传感器有很多种类。各种传感器的原理、测量范围、精确度和线性度等特性都不同。传感器的选取应根据实际使用情况，精确度要求等来确定。常用测位移传感器有：

（1）电感式如线性差动变压器式、衔铁移动电感式、涡流式。

（2）电容式如变面积、变间隙电容式传感器。

（3）激光式，如全息显微测长、调制法测距、扫描法测尺寸、量子干涉测长。

此外，测位移传感器还有：感应同步器、光栅、磁栅、光纤式传感器以及霍尔效应式传感器。

2. 力和力矩的检测

（1）电阻丝应变传感器，利用电阻丝变形使其电阻值发生变化而进行检测的。

（2）弹性杆轴向载荷传感器，利用力作用于弹性元件产生微小位移并通过位移传感器转换成电量。

（3）悬臂梁式力传感器，特别适合于检测垂直于悬臂梁轴线的两个相互垂直轴的弯曲力矩。

（4）压电晶体传感器，将压电元件与弹性元件装在一起，通过弹性元件将力或压力作用到压电晶体上，使压电晶体产生电荷变化。

（5）扭矩传感器，用被测扭矩使圆筒扭转而产生应变，再用应变传感器将应变转换成电量。

3. 转速的检测

旋转物体的转速一般采用间接方法测量，即通过各种形式的变换器，将转速变换为其他物理量，如机械量、电量、磁和光等。转速传感器可分为模拟式和数字式两种。模拟式变换器，输出信号的大小是转动速度的函数，要求在整个有效速度范围内是线性的。数字式传感器，输出信号的频率是同转动速度成正比的。

（1）电容式转速传感器，是以电容量变化作为转动位置的函数。有两种方法；一种是改变电容板的相对位置，即可移动极板的电容式传感器。另一种是改变介质介电常数，将转子的金属极用具有很高介电常数的材料代替，这种材料比两个极板间的介电常数大得多。这样等效的介电常数是转轴位置的函数，转轴旋转时，电容量产生周期性的变化。

（2）涡流式转速传感器，其原理是用高导电材料制造的元件安装在转轴上，当轴转动时，传感器线圈的电感和电阻发生变化，其变化量是轴转动速度的函数。用电桥检测变换器线圈中微小的电感变化，由电容和电感线圈组成并联谐振电路。涡流转速传感器具有很高的分辨力，其速度范围可以从 0~50000r/min。

（3）光电数字式转速检测系统，光电数字式转速检测原理可分为两类：其一是依据距离分割原理；其二是依据时间分割原理的转速检测系统，这种检测系统具有较高的精确度和分辨力，并适用于很宽速度范围内的检测。

4.5.3 检测与监控技术基础

以切削过程检测与监控技术基础为例来说明自动化制造系统中检测与监控技术基础。

1. 切削过程监视数据采集

数据采集（获取）是传感检测、采样和量化过程的总称。传感检测是利用传感器的敏感元件和转换元件把需检测的物理量拾取并转换成电压或电流信号（又称模拟量传感），将经过处理（放大、滤波、整形与特定的信号形成电路处理）后的连续模拟信号按采样定理（为保证采得的样件信号不失真与混叠，采样频率应大于或等于被采样连续信息最高频率的两倍）进行采样。对采样信号进行模数转换（A/D 变换），即用幅值不连续的数字信号逼近实际值的过程称为量化。经 A/D 变换后得到的信号值是数字信号，然后进行后置数字处理。

2. 切削过程信号处理

切削过程是在一定能耗维持下的非平衡态时变的动力学过程，其信号采集得到的是幅频特性变化，低信噪比（S/N），受现场机、电、磁、声、光等强干扰影响的信号。为了进行识别必须进行信号处理。

信号处理是对信号进行加工，以便去除或抑制噪声和进行信号放大，并提高信噪比。信号处理的方法主要有：

（1）信号放大。其目的是为了信号能传输较远的距离，以便后置处理。

（2）信号滤波。根据理论分析或对实验信号的时频域分析结果，对信号进行高通滤波、低通滤波或数字滤波，以去除噪声提高信噪比。

（3）求均值。根据信号特征，按数理统计原理对信号进行均值估计，如算术均值和均方根值的估计，为后续处理和提取信号特征服务。

（4）去除趋势项。采用滤波、多项式拟合等方法把包含在信号中的线性趋势项去除，保留随机项。

（5）提高信噪比。信噪比（S/N 或 SNR）表示信号与噪声强度之比。它可以定义为 S/N=信号电压/噪声电压或 SNR=S/R=信号功率/噪声功能。S/N≤1 的信号不易识别，可从以下几方面来提高信噪比（S/N）：传感器选择，选择合适的响应频带和适宜的传感参数可以消除或抑制传感器的输入噪声；采用低噪声的传感检测信号传输、放大与滤波等电路可以减少在信号处理中的附加噪声；利用高、低通或带通滤波，如声发射传感检测系统采用100KHz～1MHz 的带通滤波，以消除机械与电磁噪声；利用相关分析技术剔除噪声；利用功率谱分析或倒谱分析技术剔除噪声；利用人工智能把信号识别、数字滤波结合起来进行噪声剔除。

（6）应用自适应滤波、卡尔曼滤波等技术进行信号处理。

3. 特征的提取

把高维数据经变换或映射成低维的，特征突出、易于识别的样本的过程称之为特征的提取。数字计算机比较容易识别低维的数字特征，而难于识别物理和结构的特征。数字化后的传感检测信号往往是特征不明显的高维大容量信号，如摄像机获得的灰度图像常常是256×256、512×512 或 1024×1024 维的。直接应用这些大容量的高维数据进行计算机识别，不仅要进行大量计算，而且比较难于识别。为此要降维，从上述大量信息中提取较少的低维特征。从提取的表征事物特征的特征集中选取识别用的特征值或特征子集即称为特征的提取。在识别刀具磨损时常以脉冲记数值作为识别特征。

特征的提取方法较多，如：采用各种变换降维；从被识别事物的特点或根据实验分析或专家知识，抽取最有识别价值的特征，摈弃冗余的特征信息；根据一定的准则对特征进行分类，筛选出低维的特征组合（子集），相关的判据（准则）有：最小错误率、基于距离的可分性判据——类内、类间距离等。

4. 切削过程识别

经特征提取后可获得反映本质的特征数据，对数据进行压缩（如以脉冲记数作为反映磨损过程的特征值，而以其记数的累加值对脉冲数据进行压缩），形成能反映事物特征的特征空间。识别（或识别决策）是在特征空间按一定的算法进行事物分类。切削过程识别方法有：按贝叶斯决策理论的模式识别（又称统计识别）、广义线性判据函数、模糊（模式）识别、聚类分析、人工神经网络（ANN）识别与人工智能技术中的专家系统等。

4.5.4 自动化制造系统中主要信号检测方法

4.5.4.1 运行状态信号检测方法

自动化制造系统运行状态通常包括：

（1）刀具信息如：刀具是否损坏、属于哪台机床、刀具型号、损坏的形式、有无备用刀具等。

（2）机床状态信息 如：机床是否在正常使用，机床主轴、机床工作台及换刀机构等的工作情况，影响加工质量的振动情况、停机时间等。

（3）系统运行状态信息 如：小车位置状态及空闲情况，托盘位置及空闲情况，托盘站空闲情况，工作的位置，机器人工作状态，清洗站是否有工件及中央刀具库刀具情况等。

（4）在线尺寸测量信息 包括：合格信息，不合格信息（如可返工、报废、尺寸变化趋势、工件质量综合信息等）。

（5）系统安全情况信息 如：电网电压、火灾、温度等情况及人员情况等。

（6）仿真信息 如：零件的数控程序是否准确，有无碰撞干涉情况，仿真综合结果情况等。

利用系统的运行状态信息，由检测监控软件分析处理后，可根据需要对系统运行过程进行必要的干涉和控制。为了获取系统的运行状态信息，通常进行以下四个部分的监控操作：加工设备监控，系统安全监控，控制信息监控以及物流监控。具体的检测内容根据系统各组成部分的特点而定。以加工中心机床为例，需检测的主要内容有：

（1）刀库状态检测。检测刀库中刀具位置、类别、型号是否准确。

（2）机床负载检测。检测机床的主轴负载和进给负载，以防机床过载而损坏工件—刀具—机床系统。

（3）换刀机构检测。检测换刀机构的动作是否正确。

（4）交换工作台检测。检测工作台的交换动作是否完成，其上的工件是否夹紧。

（5）工作台振动检测。检测加工过程中机床工作台的振动大小，它直接影响工件的质量，是机床运行状态的重要标志之一。

（6）冷却与润滑系统检测。检测机床的冷却与润滑系统，使机床的运动部件处于良好的润滑状态，并使机床不致过热而影响加工精度。

（7）CNC/PC系统检测。一般数控机床、加工中心的控制器均有自诊断功能，将这些功能进行集成就可以检测CNC/PC系统运行状态。

（8）环境参数及安全检测。环境参数检测是检测加工前后及加工过程中，生产环境（包括温度、湿度、油压、电压等）是否满足加工的要求，安全检测主要指火灾、触电和生产过程中非法物进入生产环节的检测。

4.5.4.2 工件尺寸精度检测

工件尺寸精度是直接反映产品质量的指标，一般采用直接测量工件尺寸的方法来保证产品质量和制造系统的正常运行。

1. 检测方法的分类

自动检测方法有下列几种分类方式。

（1）直接测量与间接测量。直接测量的测得值及其测量误差直接反映了被测对象及测量误差（如工件的尺寸大小及其测量误差），在某些情况下，由于测量对象的结构特点或测量条件的限制，采用直接测量有困难，此时只能通过测量另外一个与它有一定关系的量（如通过测量刀架位移量控制工件尺寸），此即为间接测量。

（2）接触测量和非接触测量。接触测量时，测量器具的量头直接与被测对象的表面接触，量头的移动量直接反映被测参数的变化，而非接触测量时，量头不直接与工件接触，而是借助电磁感应、光束、气压或放射性同位素射线等强度的变化来反映被测参数的变化，非接触测量方式的自动检测和监控方法具有明显的优越性。

（3）在线测量和离线测量。在加工过程或加工系统运行过程中对被测量对象进行检测称为在线检测或在线检验，有时还对测得的数据分析处理后，通过反馈控制系统调整加工过程以确保加工质量。如果在被测加工对象加工后脱离加工系统再进行检测，即为离线测量。离线测量的结果往往要通过人工干预，才能输入控制系统调整加工过程。在线测量又可分为工序间（循环内检测）和最终工序检测。循环内检测可实现加工精度的在线检测及实时补偿，而最终工序检测实现对产品质量的最终检验与统计分析。

2. 检测技术

（1）专用的主动测量装置。在大规模生产条件下，常将专用的自动检测装置安装在机床上，不必停机，就可以在加工过程中自动检测工件尺寸的变化，并能根据测得的结果发出相应的信号，控制机床的加工过程（如变换切削用量、刀具补偿、停止进给、退刀和停机等）。

（2）三坐标测量机。三坐标测量机是自动化制造系统的基本测量设备。使用时，由工件输送系统将清洗后的工件连同安装工件的托盘一起送至系统中的三坐标测量机上。测量机能够按事先编制的程序（或来自 CAD/CAM 系统）实现自动测量，效率比人工高十倍，而且可测量具有复杂曲面零件的形状精度。测量结束，还可以通过检验与检测系统送至机床的控制器，修正数控程序中的有关参数，补偿机床的加工误差，确保系统具有较高的加工精度。

此外还有三维测头与循环内检测技术以及机器人辅助测量技术。如果将三坐标测量机上用的三维测头直接安装在机床（如加工中心）上，它的柄部结构与刀杆一样，可以装入机床的主轴中，也可由换刀机械手放入刀架，测量运动由程序控制，这样，数控加工中心实质上成了一台临时的三坐标测量机，整个系统通过测量模块与机床数控系统进行通讯。

机器人测量具有在线、灵活、高效等特点，可以实现对零件 100%的测量，特别适合于自动化制造系统中的工序间和过程测量。机器人测量分直接测量和间接测量，直接测量造价较高，而间接测量又称辅助测量，其特点是在测量过程中机器人坐标运动不参与测量过程，它的任务是模拟人的动作将测量工具或传感器送至测量位置，这种测量方法有如下特点：机器人可是一般的通用工业机器人，如在车削自动线上，机器人可以在完成上下料工作后进行测量，而不必为测量专门设置一个机器人，使机器人在线具有多种用途；对传感器和测量装置要求较高，由于允许机器人在测量过程中存在运动或定位误差，因此，传感器或测量仪器具有一定的智能和柔性，能进行姿态和位置调整并独立完成测量工作。

4.5.4.3 刀具破损和磨损监控的探测

刀具破损和磨损监控的主要探测方法见表 4-6 与表 4-7。

表 4-6　刀具破损的探测方法

	传感参数	传感原理	传感器	主 要 特 性
直接法	光学图象	光反射、折射、富氏传递函数变换，TV摄像	光敏、激光、光纤光学传感器，CCD或摄像管	可提供直观图像，结果较精确，受切削条件影响，不易实现实时监视，正在进行实用化开发
	接触	电阻变化 开关量 磁力线变化	电阻片，印刷电阻电路，开关电路，磁间隙传感器	简便，受切削温度、切削力和切屑变化影响；不能实时监视；待解决可靠性问题
间接法	切削力	切削力变化量 切削分为比率	应变片，动态应变仪，力传感器	灵敏，但动态应变仪难于机床上装；简便，有商品供应，识别的主要障碍是阈值的确定
	扭矩	主电动机，主轴或进给系统扭矩	应变片，电流表等	成本低，易使用，已实用，对大钻头破损（折断）探测有效，灵敏度不高
	功率	主电动机或进给电动机功率消耗	互感器或功率表	成本低，易使用，灵敏度不高，有商品供应
	振动	切削过程振动及其变化	加速度计，振动传感器	灵敏，有应用前途和工业使用潜力
	超声波	接受主动发射超声波的反射波	超声波换能器与接受器	可实现扭矩限制，但受切削振动变化的影响，处于研究阶段
	噪声	切削区环境噪声探测分析	麦克风	可进行切削状态、刀具破损探测，但尚处于研究阶段
	声发射(AE)	刀具破损时发生的 AE 信号特征分析	声发射传感器	灵敏，实时，使用方便，成本适中，是最有希望的刀具破损探测方法，小量供应市场，有较广泛的工业应用潜力

表 4-7 刀具磨损的探测方法

	传感方法	应用场合	主 要 特 性
直接法	光学图像法	砂轮磨损或离线,或在线非实时监视多种刀具	分辨率 0.1~2μm,精度 1~5μm,正在进一步研究实用化,摄像法较贵
	接 触	车削、钻削刀具	灵敏度 10μm,提供直接评价,受切屑与切削温度变化影响,有应用前景
	放射线法	各种切削工艺	灵敏度 10μm,不受切屑、冷切液和切削温度影响,需进一步解决防护问题,有应用价值
间接法	切削力(扭矩法)	车、钻、镗削等	灵敏度 20~100μm,其中比切削力法与功率谱分析法有应用前景
	功率(电流)法	车、铣、钻削等	灵敏度低,响应时间较长,易使用
	切削温度	车削	灵敏度相当低,响应慢,不可用于冷却使用状态,预测无应用前途
	刀具-工件距离探测法	车削等	分辨率 0.5~2μm,精度 2~5μm,探测刀具磨损前后刀具-工件间距离变化;多数方法处于实验研究阶段

4.5.5 自动化制造系统中监控技术

1. 监控系统的组成和分类

监控系统的组成见图 4-37,传感器是用于检测加工中某个物理量和机械量的变化,信号处理是进行数据采集、A/D 转换、信号放大和滤波等。模型是建立监控对象(如刀具磨损)与检测信号的关系,如某个数据方程,可有固定模型、自适应模型和自学习模型等。策略是确立识别监控对象出现异常的决策并作出反应。就监控系统而言是报警;进一步的诊断系统则是寻求故障的原因,自适应控制系统则是调整加工参数,形成闭环系统。

监控系统种类很多,它们的监控方式各不相同,选用的传感器多种多样。分类可按照其监控的时间和监控的方法来分。控监控的时间,可分成连续监控和非连续监控。

按监控的方法,可分为直接法和间接法。直接法是直接测量刀尖或切削刃的位置。而间接法是通过测量切削力、电动机功耗或声发射信号的变化来判断是否发生了故障,如刀具破损等。间接法可用于进行连续监控,能及时发现刀具破损,但其效果不如直接监控。

各类监控系统的特点比较见表 4-9。

表 4-8 各类监控系统的特点

监控分类		监控对象	监控装置名称	传感器	信 号	特 点
非连续监控	直接监控	切削刃位置	刀具破损检测装置	接近开关	位 移	可靠,增加工作时间
			光电式检测装置	红外传感器	红外线	可靠,增加工作时间
	间接监控	工件尺寸和质量	机电式探针	接近开关	位 移	可靠,增加工作时间
			三维探针	探针触头	位 移	检查磨损,增加工作时间
连续监控	直接监控	切削刃形状、位置	光学摄象监控装置	光学显微镜	光	用于实验系统
	间接监控	切削力	测力仪、测力轴承	力传感器	力	实用
		扭矩(功率)	扭矩(功率)监控装置	应变片电流表	扭矩(功率)	实用
		声发射(AE)	声发射监控装置	声发射传感器	AE 信号	或用于多轴监控

2. 刀具的自动监控

在金属切削加工过程中，由于刀具的磨损和破损未能及时发现，将导致切削过程的中断，引起工件报废或机床损坏、甚至使整个停止运行，造成很大的经济损失，因此，应在 AMS 中设置刀具磨损和破损的检测与监控装置。

刀具的磨损是逐渐变化的，刀具破损（包括崩刃、破裂等）则是随机的，它们引起切削力的变化情况也不同。加工条件（如工件材质、刀具材料以及切削用量等）的不同，切削状态（连续切削和断续切削）的不同，还有切削环境恶劣（如有切屑、冷切液等），都使刀具监控复杂化。刀具监控系统要能根据其破损形式确定其特征量和判别基准，在破损发生（或即将发生）时能立即发出信号，使机床迅速采取相应的措施，以免产生事故。刀具磨损最简单检测方法是记录每把刀具的实际切削时间，并与刀具寿命极限值进行比较，达到极限值就发出换刀信号。刀具破损最简单检测方法是将每把刀具在切削加工开始前或切削加工结束后移近固定的检测装置，以检测是否破损，这两种方法已得到广泛应用。刀具的自动监控还有以下几种方式：

（1）机电式监控。其属于非连续性直接测量法。其特点是用机械接触的方法去检查刚使用过的刀具或刚加工过的工件，以发现刀具是否折断或破损。常用的检查装置有两种：其一，机电式孔深检查装置，常用于自动线和多工位组合机床，主要用于钻头（特别是小钻头）的破损监控。另一种是机电式刀具破损监控装置，它是一种在加工中心中常用的监控装置，用于刀具破损检查。一般装在回转工作台的底座上。在使用时用气缸转到预定位置。在编程中指定要检查的刀具，将刀具送到预定位置和刀具破损检查装置接触并发出信号。如果刀具破损，则通知数控系统，要求换刀或换出替代刀具。单独使用这种办法不能即时报告刀具破损，如能将其和刀具扭矩监测、刀具寿命管理等结合应用，则有可能比较有效地即时判断刀具是否破损。

（2）光电式监控。也是一种直接测量切削刃位置的监控方法。一般是将刚使用过的刀具回到一个特定的位置，使其刀尖（或切削刃）正好处于红外线光束的通路上。当刀刃损坏，红外传感器会发出相应的信号。这种监控仪一般采用超小型的红外发射器。装置体积小，检测精度高，工作稳定可靠，抗干扰能力强。既可用于柔性加工系统、加工中心，也可用于一般自动化机床（如深孔钻床）的刀具检查。缺点是不能实时监控。

（3）声发射（AE）监控。所谓声发射是指在外力作用下物体发生形变或断裂时，以弹性波形式快速释放应变能的现象。所发出的声波称为 AE 波。由 AE 传感器检测得到的对 AE 波的响应信号称为 AE 信号。在正常切削过程中，由于弹性塑性变形产生的 AE 信号是连续 AE 信号，而在刀具异常磨损和破损时主要发出的是非周期性的突发型 AE 信号。AE 信号的有效值在崩刃后比正常状态增加 50%～250%，出现裂纹时有效值增加 200%左右。利用 AE 波来监视刀具的破损，是一种很有前途的监控方法。如图 4-38 所示，AE 传感器装在主轴前端附近。AE 波作用于传感器后，经放大、滤波和预处理，形成一组刀具工况的 AE 特征信息。此信号与鉴别器中的信号比较。如超过则向机床控制器发出警告信号，使机床停机。然后 NC 装置再给出复位信号，重新开始监测。AE 信号的下列特征量可用于刀具监测，如：有效值，当刀具正常切削时，AE 信号的有效值不超过 0.2V，当刀具出现崩刃剥落等损坏时，AE 的有效值将增加，甚至接近 1V；检波后的信号，正常切削时，信号在 0.2V 以内，发生破损后信号明显增大；AE 信号的功率谱，在发生刀具破损时，AE 信号的最大功率谱的谱值增大 50%；突发脉冲幅值，在发生刀具破损时，突发脉冲信号的幅值急剧增大；脉冲计数率，在发生刀具破损时，脉冲计数率约由 0.5×10^3 次/s 增加到 1.3×10^3 次/s。

声发射信号受切削条件变化影响小，灵敏度高，实时性强，并可用于对多轴加工的多把刀具进行监控，是一种很有发展前途的监控方法，但仍有许多问题有待解决。如：判断基准的确定，包括两个方面的问题：一是要区分产生微量剥落（小裂纹）还是产生了崩刃和破损，前者还可以继续工作，后者需要立即停机。二是要能准确地区分切屑形成断裂时产生的 AE 波，还是刀具破损时产生的 AE 波，要排除外界的强干扰信号。此外，AE 信号的衰减和安装位置合理的选定，AE 信号在固体中传播时衰减比较快，特别是通过分界面时，所以选择一个合理的安装位置非常重要。

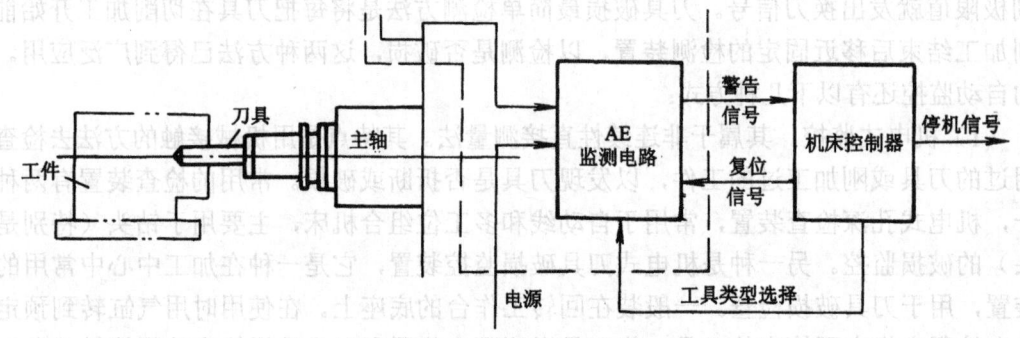

图 4-38　声发射监控系统

（4）切削力监控。最常用的是采用测力轴承对切削力的变化进行监控。

切削力刀具监测系统包括测力轴承、放大器和微处理器控制的信号分析装置。通过数据总线与 CNC 系统相连。测力轴承可以采用通常的预加载荷的滚珠轴承，轴承上装有应变片。通过应变片采集与负载成正比的电流信号。信号通过从轴承的轴肩前端引出的电缆线传出。因此，把一个标准轴承改成一个测力轴承并不困难。传感器的灵敏度很高，足以测出轴承上微小的力，可以用于对小型刀具进行监控（可用于直径为 3mm 的钻头）。

利用测力轴承可以监测机床 X、Y、Z 三个方向的切削力。把监测到的力信号不断与程序中设置的有关数值进行比较，并对切削力进行判别。不同的刀具可设置不同的极限值，这样既可对已破损的刀具发出警报，要求停机。也可对即将破损的刀具发出预报，要求换刀。

（5）功率（扭矩）监控。当刀具破损时，随着切削力和扭矩的变化，电动机的功率也发生变化。利用测电动机电流的方法来测定功率（或扭矩）的变化，借以对刀具破损进行监控，这是一种比较易行的方法。特别是在刀具不直接装入带测力轴承的主轴（如多轴头，车端面头）时，传给主轴轴承的切削力不明显，利用电动机电流进行监控更为合适。

4.5.6　基于神经网络的机械加工信息融合

实践证明，单一的传感器很难正确反映加工状态，向多传感器信息融合发展是必然之路。多传感器能够提供加工过程多方面的信息，对这些信息进行综合和知识提取（即信息融合），进而对加工过程进行正确的预测和控制。信息融合需要很强的数据处理能力和有效的算法，计算机和人工神经网络为此提供了强有力的支持，使得信息融合技术在机械加工中得到了广泛的应用。神经网络由于和其他方法相比具有如下许多优点而被广泛应用于机械加工中，即：并行结构，便于融合多信号；学习功能，有很强的知识获取能力；联想推理功能和自调整功能；很强的非线性映射功能，便于复杂系统建模。基于神经网络的这些特征，神经网络在机械加工中最有前途的应用领域是多传感器信息融合。多传感信息融合与人工神经网络等理论相结合的系统是一个多参数、多模型系统，有待研究和实用化技术很多，这种技术应用于制造系统状态及加工过程刀具磨损、破损等状态监控是必然发展趋势，应用前景广阔。

4.5.6.1 多传感信息融合和集成系统的层次化结构和功能模块结构

多传感器信息融合和集成系统相比较单一传感器系统其优点突出地表现在信息的冗余性、互补性、价廉和及时性等方面。多传感器信息融合就是充分合理地选取各种传感器，提取对象的有效信息，充分利用多个传感器资源，通过对它们的合理支配和使用，把多个传感器在空间或时间上的冗余信息或互补信息依据某种准则来进行组合，以获得被测对象的一致性解释或描述，使该信息系统由此获得比它的各组成部分的子集所构成的系统更为优越的性能。融合的基本策略就是先对同一层次上的信息进行融合，从而获得更高层次的信息，再汇入相应的信息融合层次，信息融合本质上是一个由低层至顶层对多元信息进行整合，逐层抽象的信息处理过程。融合模型见下图 4-39 所示。

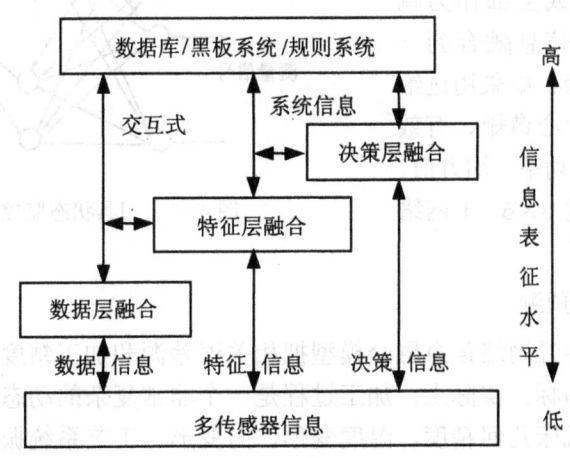

图 4-39 融合系统的层次化结构

总融合系统功能模块如下图 4-40 所示。

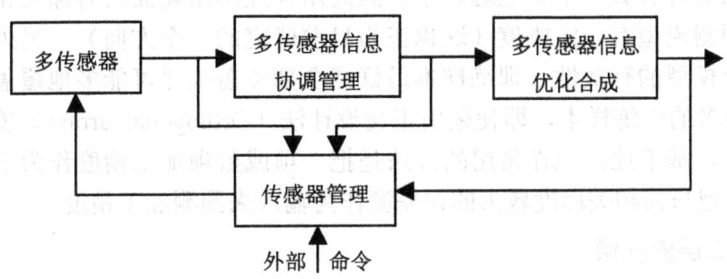

图 4-40 融合系统的功能模块结构

4.5.6.2 机械加工中刀具状态监控

最初的刀具状态监控大都基于一种因素（如切削力检测法），误报率较高，甚至将两种因素结合在一起可靠性仍然有限。如钻削过程中，在不同切削条件下用主轴电流信号检测刀具状态正确率为 70%，用进给电流信号检测的正确率为 75%，两者结合起来检测正确率为 80%。因此利用人工神经网络对多种信息进行融合，就能基本上消除外界干扰，提高检测的可靠性。神经网络的并行结构不限制输入量的个数，为了保证每项输入均与输出有较大的相关程度，通常采用方差分析和序贯向前结寻优法（sequential forward search）决定输入的种类和数量。输入大致分为两种情况，一是把全部测量信号或某一部分作为输入；二是把测量信号或其一部分和切削参数作为输入，在各种切削条件下对网络进行训练，如在钻削过程中把主轴、进给电流信号和切削参数作为三层神经网络的输入，刀具磨损状态作为输出。信息融合刀具状态监控通用模型如图 4-41 所示。此外，把模糊系统引进神经网络，根据刀具状态监控的要求，设计合理的模糊神经网络模型，融合切削力、振动、主轴电动机功率信号，把刀具状态切划为新刃、初期磨损、中期磨损、急剧磨损和破损，可将神经网络的应用又推进一步。神经网络的输入既可以用信号本身又可以用其统计量和谱特征量（如有效值、均值、方差等），把某一信号的统计量和谱特征量的一部分或全部作为输入，将该信号的各种信息融合到一起，也可称为信息融合。如采用进给切削力的二阶标准化中心谱矩、有效值、均值、切削分量的功率、均方值、均值 6 个输入量，通过 6×6×1 网络检测刀具状态效果很好。

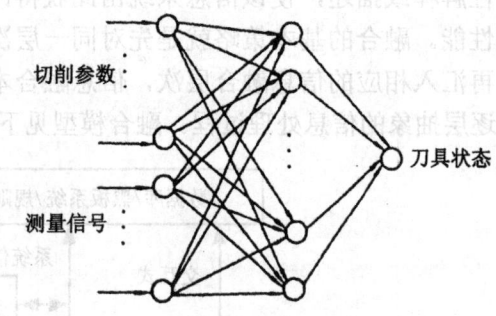

图 4-41 刀具状态监控模型原理图

4.5.6.3 机械加工精度预测

从理论上讲，用神经网络信息融合模型把相关误差源和加工精度指标联系起来，可以预测任意项加工精度指标。实际上，加工过程是一个非常复杂的动态系统，影响加工精度的误差源很多，包括机床几何精度、温度变形、力变形、工艺系统振动、刀具磨损、切削液类型和润滑情况、切削参数、刀具类型、工件材质等，而且其中有些项还包括多个分量，如机床加工中温度变形是一个非常复杂的问题，需要加工系统内外多处的温度分布值，有时温度传感器的数量有数十个甚至近百个。因此用神经网络建立所有加工精度指标与所有误差源的通用预测模型有一定难度（这也正为目前研究的一个方向）。另外为了保证基于神经网络的融合模型的有效性，训练样本最好能全部覆盖或尽可能多地覆盖所有的加工状态，这需要很多的训练样本，即使采用正交设计法（Orthogonal arrays）安排试验，试验次数也是惊人的，基于此，现在常用的方法是把一项或数项加工精度作为三层神经网络融合模型的输出，把与其相关程度较大的误差源作为输入来预测加工精度。

4.5.6.4 机械加工误差补偿

误差补偿是机械加工中的重要研究方向。国内外很多文献对误差补偿进行了大量研究，提出了多种建立误差补偿模型的方法，如三角关系法、有限元法、有限差分法、变分法、齐次坐标变换法和神经网络法等，其中人工神经网络法有非常强的学习能力和非线性映射能力，并且与其他方法相比具有直接性，经过适当训练能准确地实现从误差源到定位误差的映射，避免了其他方法工作量大或边界条件不充分的缺点，在误差补偿中得到了广泛应用，已经成为实现误差补偿的有效工具。一般认为机床在加工时刀具相对工件的运动精度决定着零件的加工精度，影响运动精度的主要因素是机床的几何精度、热变形和力变形。刀具相对工件的运动误差是位置、温度分布和切削参数的函数，从位置、温度分布和切削参数到运动误差是一个复杂的非线性映射，利用神经网络的大量线性映射能力，基于神经网络的信息融合误差补偿模型的一般形式如图 4-42 所示。

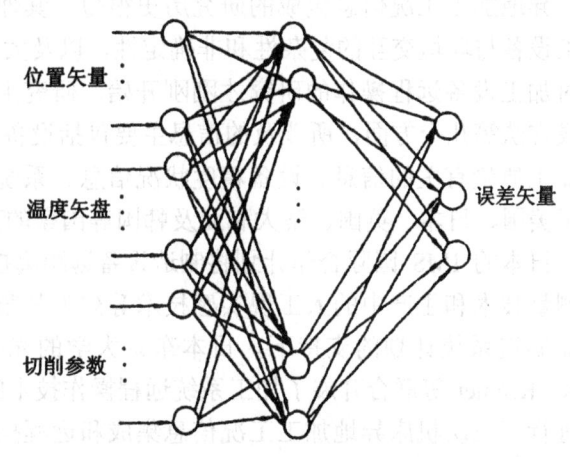

图 4-42 误差补偿模型原理图

4.5.6.5 机械加工在线测量

在线测量是加工测量一体化的关键技术，能够大大提高产品质量和生产率。机床的在线测量与坐标测量机的功能相似，把刀具换成传感器即可测量已加工表面，因此需要补偿机床的运动误差，这里指加工完后对工件进行测量。在机床上测量过程的误差补偿与加工中的误差补偿不同，它没有切削，不存在切削力的影响，从加工误差补偿模型中去掉切削参数的影响即可得到在线测量的误差补偿模型。训练样本和检验样本的获得基本上和机械加工误差补偿中的方法相同，只是第二种方法需减去力变形部分，即零件在高精度测量机上测得的误差值减去在机床上测得的误差值。

4.5.7 基于计算机网络的远程加工工况信息集成技术

4.5.7.1 远程加工工况信息集成的基本思想

远程工况信息集成是提高企业敏捷性的重要手段之一。近年来，计算机网络技术的发展，为现代集成制造系统打破地域局限、建立异地集成制造系统提供了强有力的技术支持。

异地加工工况信息集成，就是应用多传感器数据融合、信号处理和计算机网络技术将实际物理制造系统和基于信息的制造系统有机地联系起来，从而为基于信息的制造系统提供更加符合实际的初始数据，使其产生更加符合实际的结果，为指导实际物理系统有效工作提供新的手段。通过远程工况信息集成系统，产品设计人员、工艺规划人员、相关产品开发和系统维护、组织、调度人员可及时获得设备运行及设备误差分布等状况，为生产调度与运行仿真系统、设备维护与故障诊断系统提供了必不可少的信息，为数控编程系统有效补偿各种加工误差、提高加工精度以及虚拟制造系统初始化提供数据，为高级专家和高级管理人员指导生产提供了更加有效的手段。

4.5.7.2 远程加工工况信息集成研究的发展状况

异地加工工况信息集成的研究历史很短，其理论和技术尚不成熟。在制造领域，由于加工设备与环境交互的复杂性和非确定性，以及大数据量的实时传输受到通信条件的限制，针对加工设备远程操作的研究才刚刚开始。研究主要在信息感知、信息处理、数据融合和集成方法等几个方面，所涉及的信息主要包括设备运行状态信息、与切削过程有关的信息、与加工质量有关的信息、设备精度状况信息、系统工作环境状况信息等。该项技术研究得到了美国、日本、英国、澳大利亚及韩国等国家的高度重视。

日本的 IMS 国际合作计划将制造设备远距离控制技术、远程传感技术、相应于人感觉的测量技术和生产中的人工现实感技术等列为其第一个十年计划的重要研究内容。在日本智能制造系统计划的支持下，日本东京大学的光石卫助教授等与美国乔治华盛顿大学的 Bruce Kramer 等联合开展了加工系统远程操作技术的研究，分别于 1991 年、1992 年和 1994 年进行了三次机床异地加工工况信息集成和远程操作的原理性试验，被称为"从地球背面操作机床"，三次试验虽然都取得了预期的效果，但仍然存在许多有待解决的理论和技术问题。澳大利亚在这方面也进行了研究，开发了利用因特网的加工单元异地加工工况信息集成与控制系统。

韩国的 Pohang 理工大学于 1996 年建成了基于 Internet 的网络虚拟制造系统，开发出异地设计系统、异地车间控制系统、异地监控系统以及服务于以上三个系统的通信媒介。这四个系统的计算机集成满足了用户异地设计的需要，将生产命令送到位于 Pohang Chargwon 的工厂，从而通过虚拟制造预测远程制造的可行性，为实现制造敏捷性提供了有力支持。德国阿亨工业大学开展了切削过程远程监控技术的研究，建立了演示实验系统。美国林肯大学以 Internet 为基础开展了电火花加工过程监控与信息集成技术的研究。美国麻省理工学院以 Internet 为基础正在开展远程加工和装配单元一体化研究，远程工况信息集成是其中的重要组成部分。

远程控制作业在我国已开始受到重视，863 计划中的智能机器人主题已将基于虚拟环境技术的遥控作业列为关键技术进行研究，但是针对制造加工系统的远程遥控作业及信息集成技术的研究才刚刚起步。

建立异地加工工况信息集成系统，将大大改善加工操作的环境，提高设备利用率和灵活性以及人机一体化智能水平，开展对远程加工工况信息集成研究是十分必要的。

4.5.7.3 远程加工工史信息集成技术基础及应用前景

近年来，计算机网络，无论是网络硬件、网络协议、还是网络接口编程技术和理论的发展都十分迅速。Internet/Intranet 网络已成功应用于许多领域的远程控制中，如医疗领域的专家汇诊、远程手术指导、远程作业机器人控制等，为实现制造过程远程加工工况信息集成提供了良好的物质、技术条件和宝贵经验。同时，经过几十年的发展，在传感器技术、信息处理与数据融合技术、加工过程检测监控技术、制造系统运行控制与管理技术、制造系统故障诊断技术、机床特性的建模、加工误差分析与建模方法、切削过程和切削机理的研究、建模与仿真技术等方面的研究深化和所取得的成就，业已构成了远程加工工况信息集成技术的技术基础。

异地工况信息集成系统,作为连接现实物理制造系统和虚拟制造系统的桥梁,将为虚拟制造系统提供初始化信息,为异地产品设计人员提供实际工况信息,从而使虚拟制造系统的工作过程和结果输出更加符合实际,大大减少产品设计和工艺设计的质量事故,缩短产品开发周期,这符合了制造自动化技术的虚拟化、敏捷化、全球化的发展方向。我国机械制造企业众多,随着计算机网络技术的应用,异地工况信息集成将成为机械制造企业的网上工具,因此,它在未来企业中的应用将是十分广泛的,具有十分广阔的市场。

参 考 文 献

1　刘飞,张旭梅,但斌．制造自动化技术的回顾与展望（上）．机械工艺师,1999(9)：4～6
2　刘飞．制造自动化的广义内涵．研究现状和发展趋势．机械工程学报,1999,Vol.35(1)：1～5
3　国家自然科学基金委员会．先进制造技术基础．北京：高等教育出版社；德国：施普林格出版社,1998
4　张根保,陈子辰,龚光容等编．自动化制造系统．北京：机械工业出版社,1999.5
5　何光远．世纪之交的中国机械制造业．中国机械工程,1998,9(1)：2～9
6　王志杰,赵象元,李楠,刘飞．面向知识经济时代现代制造模式的比较研究．机械与电子,1999(3)
7　张宝林等编著．数控技术．北京：机械工业出版社,1997
8　李爱平等编著．制造系统与设备的控制．上海：同济大学出版社,1998
9　白英彩,唐治文,余巍编著．计算机集成制造系统-CIMS概论．北京：清华大学出版社,1997
10　王选逵主编．计算机辅助制造．北京：清华大学出版社,1999
11　张明亮,解旭辉,李圣怡．开放性数控技术的发展．机电工程．1999(4)：65～67
12　机械与汽车制造技术考察团．日本,美国汽车制造技术考察报告．工厂建设与设计,1997(4)：9～15
13　邓中亮编著．非圆零件车削加工技术．北京：人民邮电出版社,1998
14　机械工程手册,电动机工程手册编辑委员会编．机械工程手册：电工、电子与自动控制卷（第2版）．北京：机械工业出版社,1997
15　吴启迪,严隽薇,张洁编著．柔性制造自动化的原理与实践．北京：清华大学出版社,1997
16　冯辛安,黄玉美,杜文等编著．机械制造装备设计．北京：机械工业出版社,1999
17　蔡建波,刘冲,梁汤昌编著．机械智能学．重庆：重庆出版社,1997
18　赵东标,朱剑英．智能制造技术与系统的发展与研究．中国机械工程,1999,10(8)：927～931
19　钱锐,魏源迁,路林吉．智能制造理论及其基本结构．机械制造,1996(7)：4～7
20　王清明,卢泽生．基于神经网络的机械加工信息融合．航空工艺技术,1999(2)：37～39
21　姚英学,路勇．基于计算机网络的远程加工工况信息集成技术研究．航空工艺技术,1999(1)：13～14,28
22　邱静等．制造系统的状态监测与多传感器信息融合．中国机械工程,1996,7(1)：18～20
23　罗振璧,朱耀祥编．现代制造系统．北京：机械工业出版社,1995
24　杨叔子,吴波．依托基金项目．开展创新研究——国家自然科学基金重点项目"智能制造技术基础"研究综述．中国机械工程,1999,10(9)：987～990

第 5 章　先进制造生产模式

摘要　先进制造生产模式是应用与推广先进制造技术的组织方式。本章阐述了在新的国际经济、科技形势下，制造业生产模式的演变和战略目标。探讨了先进制造生产模式有待解决的管理共性问题。在此基础上简述了敏捷制造、精益生产、并行工程、智能制造等先进制造模式的定义、内涵、特点、关键技术等，从管理及信息集成的角度，为推动制造模式的发展，阐述了计算机集成制造、企业资源计划、虚拟制造、分散网络化制造系统等管理综合自动化技术的主要思路和要点。展望了制造业未来的竞争环境、竞争模式所面临的主要挑战和迎接这些挑战的关键技术。

5.1　制造业生产模式的演变及产生背景

5.1.1　制造业生产模式的演变

人类制造业及制造系统生产模式的发展已有了漫长的历史。但长期以来，人类社会处于手工技术和手工业的水平，制造业及制造生产模式的真正形成与发展，还只有近两百年的历史。回顾历史，人类制造业的生产方式的发展大致经历了四个主要阶段。

1. 手工与单件生产方式

从 1765 年瓦特蒸气动力机的发明，促使制造业取得了革命性的变化，引发了工业革命，出现了工场式的制造厂，从手工业到机器作业，从作坊到批量生产，生产率有了较大提高，揭开了近代工业化大生产的序幕。其基本特征是：

（1）采用手动操作的通用机床，按用户要求进行生产，生产的产品可靠性和一致性不能得到保证。

（2）生产效率低，生产成本低。

（3）生产者是整台机器的作坊业主。

（4）工厂组织结构松散，管理层次简单。

2. 大批量生产方式

从 19 世纪中叶到 20 世纪中叶，由于 E.Whitney 提出"互换性"与大批量生产，Oliver Evons 将传送带引入生产系统，F.W.Taylor 的"科学管理"，H.Ford 开创的汽车装配自动流水生产线，使制造业开始了第一次生产方式的转换，这种模式推动了工业化进程，为社会提供了大量的经济产品，促进了市场经济的高度发展，成为各国仿效的生产方式。其主要特征是：

（1）实行从产品设计、加工制造到管理的标准化和专业化生产。

（2）采用移动式的装配线和高效的专用设备。

（3）实行纵向一体化管理。把一切与最终产品相关的工作都归并到厂内自制。

3. 柔性自动化生产方式

从 50 年代开始，人们逐渐认识到刚性自动化的不足：劳动分工过细，导致了大量功能障碍；对市场和用户需求的应变能力较低；纵向一体化的组织结构形成了臃肿官僚的"大而全"的塔形多层体制。

面对市场的多变性和顾客需求的个性化、产品品种和工艺过程的多样化以及生产计划与调度的动态性，迫使人们寻找新的生产方式，提高工业企业的柔性和生产率。

1952 年美国麻省理工学院试制成功世界上第一台数控铣床，揭开了柔性自动化的序幕：1958 年研制成功"自动换刀镗铣加工中心；1962 年在数控技术基础上，研制成功第一台工业机器人、自动化仓库和自动导引小车；1966 年出现了用一台大型通用计算机集中控制多台数控机床的 CNC 系统；1968 年英国莫林公司和美国辛辛那提公司建造了第一条由计算机集中控制的自动化制造系统，定名为柔性制造系统；70 年代，出现了各种微型机数控系统、柔性制造单元、柔性生产线和自动化工厂。

以上这些技术进步和发展，标志着柔性生产的开始。与刚性自动化的工序分散，固定节拍和流水生产的特征相反，柔性自动化的共同特征是：工序相对集中，没有固定的节拍，物料的非顺序输送；将高效率和高柔性融于一体，生产成本低；具有较强的灵活性和适应性。

4. 高效、敏捷与集成经营生产方式

自 70 年代以来，不同时期不同国家的经济增长、繁荣与停滞、衰退交替出现，企业所处的外部环境日趋复杂多变，使得世纪之交的企业面临一系列前所未有的挑战。

（1）市场需求波动，消费者行为更加具有选择性，产品需求朝多样化发展。开放——自由表达——多样化潮流的发展，是消费者价值观念结构性变化的必然结果，消费者不仅要求产品体现个性，且其需求的变化十分迅速。

（2）市场对产品性能、质量要求更高，产品寿命缩短。

（3）国际合作成为科学发展的强大势头。科学技术、经济、生产及市场的全球化、一体化、社会化已成为必然趋势，国家间的市场界线即将消失，企业经营处于全球化竞争环境之中，科技的发展对经济和社会的影响将空前广泛，愈加深刻。

（4）竞争日趋激烈。技术的迅速发展，市场的用户化、经济的全球化及基于不同基础上的企业竞争行为等组合作用的结果，使竞争形势瞬息万变，其速度远远超过了现有企业内部因素变化的速度，使得企业的生存与发展愈来愈取决于对市场变化的响应速度。

（5）技术的迅猛发展。大量新技术的不断涌现，并向各个领域渗透，科技内部的交叉和联系，以及科学技术与社会相互作用的进一步增强，使技术、知识及产品的更新速度加快，特别是计算机技术、信息技术的发展，将引起人类生产力的飞跃和社会生产方式的巨变，是推动企业全面变革的主导力量。

近些年来，在日本、美国有关制造模式的新概念层出不穷，例如精益生产、敏捷制造、智能制造、并行工程等，这些新方法的出现彻底动摇了原有的管理理论和生产方式，以"专业化分工"和"科层递阶控制"为特征的传统管理方式已经过时。这些新概念、新思想的出发点和目标并不一致，但他们共同特点是：

（1）以技术为中心向以人为中心转变，使技术的发展更加符合人类社会发展的需要。

（2）企业的组织结构将从金字塔式的多层次生产管理结构向分布式扁平的网络结构转

变。

（3）从传统的顺序工作方式向并行工作方式转变。

（4）制造系统的策略将集中在灵活组织社会资源，企业从按功能划分部门的固定组织形式向动态的、自主管理的小组工作组织形式转变。

（5）质量是企业尊严和品牌价值的起点，快速响应市场的竞争策略是制胜的法宝。

（6）企业从单纯竞争走向既有竞争、又有结盟之路。

（7）技术创新将成为 21 世纪企业竞争的焦点。

两百多年来的历程，充分显示了技术推动与市场牵引两项因素对制造生产模式发展的作用。

5.1.2 制造业生产模式产生的背景

为使制造业摆脱困境，人们仍沿传统思路企望依靠制造技术的改进和管理方法的创新来解决问题。具体地讲就是，抓住由于计算机的普及应用所提供的有利契机，以单项的先进技术（如 CAD、CAM、CAPP、MRP、GT、CE、FMS 等）和全面质量管理（TQC）作为工具与手段，来全面提高产品质量和赢得供货时间。单项先进制造技术和 TQC 的应用确实取得了很大成效，但在响应市场的灵活性方面并没有实质性的改观，而且巨额投资和实际效果形成了强烈反差，其中以国内外应用 FMS 的教训最为深刻。至此人们才意识到问题不在具体制造技术和管理方法本身，而是因为它们仍在大批量生产模式的旧框架之中。先进制造生产模式就是在对大批量生产模式的质疑、反思和扬弃中应运而生的。

5.2 先进制造生产模式创立基点及战略目标

5.2.1 先进制造生产模式的创立基点

为适应市场竞争新形势的需要，加上科学技术发展提供的可能性，工业发达国家进一步重视制造系统理论的研究，相继提出了一系列制造系统的新概念、新模式。诸如计算机集成制造（CIM）、精益生产（LP）、敏捷制造（AM）、并行工程（CE）、全能制造系统（HMS）、经营程序再造（BPR）、分形（fractal）制造和仿生（bionic）制造等等。

根据相似工程的观点，制造系统的各种模式，既然有其相同的目标或目的，必然具备相似的功能或能力。制造系统的功能要求既然相似，其哲理或方法，其机理或行为，其组织结构，其内部与外部要素之间的关系以及其表观的性质便会有诸多的相似。而在研究或借鉴制造系统诸模式的相似性时，又必须同时注意研究其所依赖的条件，并根据自身条件的不同而有所变异。

先进制造生产模式，其本质就是集成经营。集成经营是在新的市场环境下，将企业经营所涉及的各种资源、过程与组织进行一体化的并行处理。通过集成使企业获得精细、敏捷、优质与高效的特征，以适应环境变化对质量、成本、服务及速度的新要求。

联合国在关于 50 年代西欧经济增长的决定因素的报告中，首次指出并分析了技术、组织、人因三种资源对企业经营的关键作用。事实上技术、组织与人因三大资源集成构成了现代企业制造生产方式的基石。以此为基石的关键性支撑模式，目前普遍受到重视的主要有三类：① 智能制造与柔性生产；② 精益生产；③ 敏捷制造。为能实现制造企业的战略目标，制造企业采用先进制造生产模式可从几种途径入手：制造技术、人的作用和制造组织；所依赖的手段主要是投资和创新。由图 5-1 可以看出它们的特点与区别。

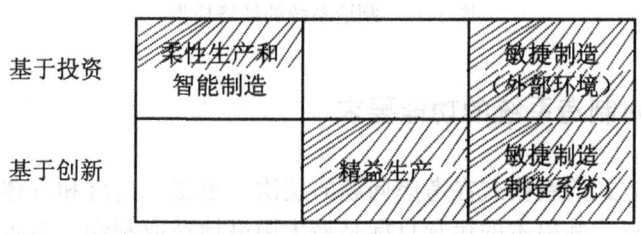

图 5-1　先进制造生产模式创立的基点与途径

5.2.2　制造系统的工程属性和经济属性

从工程角度看，制造系统是一个由硬件、软件和人员构成的动态技术系统。它在物料、信息和能量的流动过程中，将原材料转变成产品，见图 5-2。

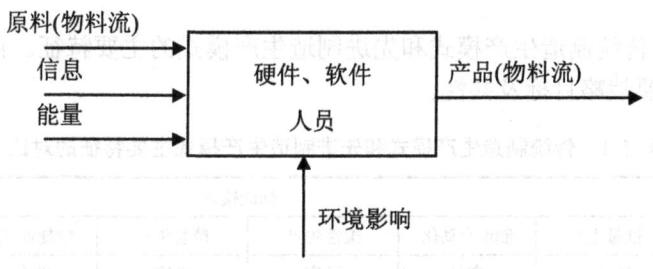

图 5-2　制造系统的工程模型

从经济角度看，制造系统作为一个企业，是一个由固定资产、流动资产和无形资产构成的动态经济系统。它在资金的流动过程中，使资产增值并获得收益，见图 5-3。

图 5-2 和图 5-3 所示的工程模型和经济模型分别描述了制造系统的工程和经济的两方面属性。在市场经济条件下，其经济属性是最根本的属性。也就是说，工程属性服从于经济属性的要求。一个从工程属性来看技术性能虽好，但从经济属性来看是亏损的制造系统，绝不是一个成功的制造系统。

制造系统作为一个企业，其运营的主要形式，是实现资金与产品的相互转化。通过这种相互转化，使制造系统的工程和经济两方面属性紧密联系起来。

制造系统作为企业，其运营的根本目标，是在经济、政策、法规以及社会效益等环境的约束条件下（见图 5-3），持续地、最快最多地获得利润。为此，必须尽量增加销售额，同时尽力降低成本。

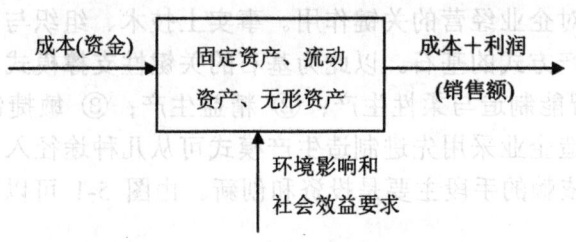

图 5-3 制造系统的经济模型

5.2.3 运营目标对制造系统的功能要求

先进制造生产方式的新模式在考虑问题的层次、范围、角度和具体实施等方面有很大差别,但就目标而言,其根本的运营目标是最大限度地获取利润。为实现此目标,力图使企业提高并具备下述四种能力:

(1) 时间竞争能力。产品上市快,生产周期短,交货及时。
(2) 质量竞争能力。产品不仅可靠性高、而且用户满意。
(3) 价格竞争能力。产品生产成本低。销售价格适中。
(4) 创新竞争能力。产品有特色,生产有柔性,竞争有策略。

5.2.4 先进生产模式的战略目标

表 5-1 对比了传统制造生产模式和先进制造生产模式的主要特征。由此可概括出先进制造生产模式的主要战略目标及共性。

表 5-1 传统制造生产模式和先进制造生产模式主要特征的对比

主要特征	制造模式					
	大批量生产	制造自动化	柔性生产	精益生产	敏捷制造	LAF 生产系统
制造企业定向	产品	产品	顾客	顾客	顾客	顾客
制造战略重点	成本	质量	品种	质量	时间	时间
制造指导思想	技术主导	技术主导	技术主导	组织精益	组织变革	组织创新,人因发挥
竞争优势	低成本	高效率	柔性	精益性	灵捷	精益、灵捷柔性
手段或动因	机器	技术	技术进步	人因发挥	组织创新	技术-人因-组织集成
原则或机制	分工与专业化	自动化	高技术集成	生产过程管理	资源快速集成	资源快速集成
制造经济性	规模经济性	规模经济性	范围经济性	范围经济性	集成经济性	集成经济性

5.2.4.1 获取生产有效性为首要目标

卖方市场的特征使大批量制造生产模式的生产有效性成为既定满足的条件,致力于生产效率的提高成为了大批量制造生产模式的中心任务。当今复杂多变的市场环境,特别是消费者需求的主体化与多样化倾向使得制造生产的有效性问题突现出来。先进制造生产模式不得不将生产有效性置于首位,由此导致制造价值定向(从面向产品到面向顾客)、制造战略重点(从成本、质量到时间)、制造原则(从分工到集成)、制造指导思想(从技术主导到组织创新和人因发挥)等出现一系列的变化。

5.2.4.2 以制造资源集成为基本制造原则

制造是一种多人协作的生产过程,这就决定了"分工"与"集成"是一对相互依存的组织制造的基本形式。制造分工与专业化可大大提高生产效率,但同时却造成了制造资源(技术、组织和人员)的严重割裂,前者曾使大批量生产模式获得过巨大成功,而后者则使大批量生产模式在新的市场环境下陷入困境。

5.2.4.3 经济性源于制造资源的快速有效集成

经济性是任何一种制造活动都要追求的主要目标。先进制造生产模式的经济性体现在制造资源快速有效集成所表现出的制造技术的充分运用、各种形式浪费的减少、人的积极性的发挥、供货时间的缩短和顾客满意程度的提高等。

5.2.4.4 着眼于组织创新和人因发挥

与以技术为主导的大量制造生产模式不同的是,先进制造生产模式更强调组织和人因的作用。技术、人员和组织是制造生产中不可缺少的三大必备资源。技术是实现制造的基本手段,人是制造生产的主体,组织则反映制造活动中人与人的相互关系。技术作为用于实际目的的知识体系,它本身就源于人的实践活动,也只有通过被人所掌握与应用才能发挥其作用。而在制造活动中人的行为又受到他所在组织的影响、诱导、制约和激励。所以,制造技术的有效应用有赖于人的主动积极性,而人因的发挥在很大程度上取决于组织的作用。显然,先进制造生产模式着眼于组织与人因是抓住了问题的关键。

5.2.4.5 重视发挥新技术和计算机信息的作用

抓住由于计算机发展和应用所提供的契机,以最新技术(如 CAD、CAM、CAE、CAID、CAPP、MRP、GT、CE 以及 FMS 等)、全面质量管理(TQC)以及计算机网络作为工具和手段,将这些当今先进的技术与组织变革和人因改善有效集成起来,便可发挥出巨大潜能。

5.3 先进制造生产模式的管理

任何事物发展的各个阶段,均有其创新和继承,个性和共性两个侧面,制造系统也不例外,它虽有创新却继承了过去的某些原理,其创新模式各有特色,抽取其沿用的原理和共性,从管理角度来看先进制造生产模式有待解决的核心问题是:

5.3.1 组织创新

未来企业之间的竞争,除了比谁的资源和技术具有关键性外,另一个决定性的因素就是组织的创新优化。如图 5-4 所示，制造系统的组织优化包括空间组织优化与时间组织优化。空间组织优化侧重于制造系统的结构优化，包括逻辑结构和物理结构优化。时间组织优化则主要针对信息流与物料流结构。

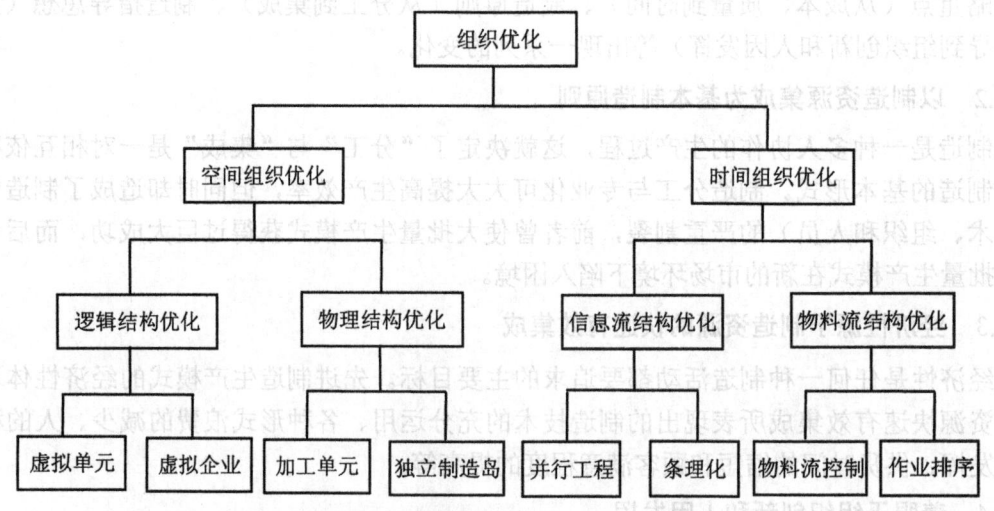

图 5-4　制造系统组织优化原理框图

现代企业组织结构的特性主要体现在以下几个方面：

1. 灵活性

利用不同地区的现有资源，迅速组合成为没有围墙的、超越空间约束的、靠电子手段联系的统一指挥的经营实体——虚拟企业和虚拟单元，见图 5-5。它具有企业功能上的不完整性、地域上的分散性和组织结构上的非永久性。这种组织结构不是固定不变的，可以根据目标和环境的变化进行组合，动态地调整组织结构。

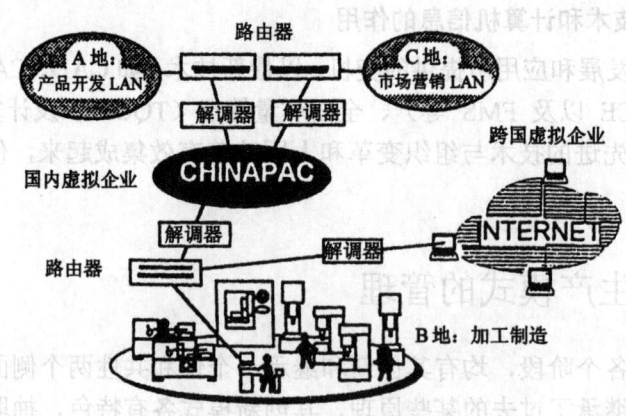

图 5-5　一个跨国虚拟企业的结构

2. 分散性

由于知识、信息的分散性，制造企业面临的环境具有随机性、动态性和竞争性。企业内部管理日趋复杂，为了使资源信息快速、准确地提供给组织内各个潜在的决策者，也为了使决策者能迅速调动所需资源，需要用信息网络将组织成员连接起来，形成组织结构的网络化。

3. 动态性

图 5-6 描绘了从传统企业一维组织形式逐步过渡到多维的动态组织形式以及未来的能够重组的组织形式。从图中可见，要实现企业的目标，企业的组织结构将从传统的、递阶层次的"机械结构型"向更适合市场竞争的"化学分子型"和"生物细胞型"转变。成为扁平的多元化"神经网络"。这种组织结构在整个产品生产周期是动态变化的可及时重组和解体。

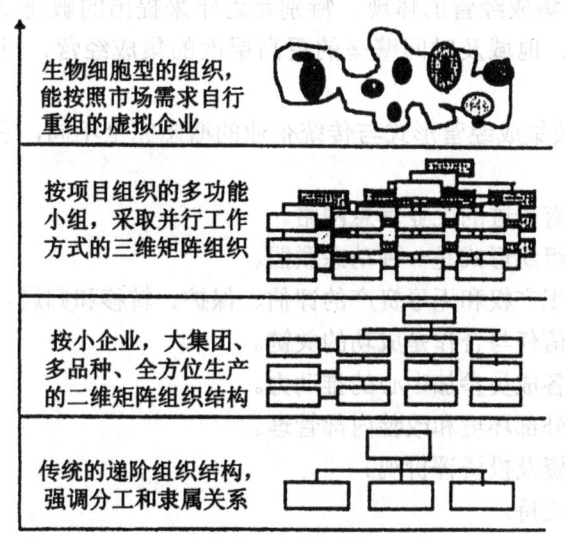

图 5-6　制造企业的组织结构

4. 并行性

产品开发工作虽然是有序的，但并不一定按简单的串行方式相联接，而是在时间坐标上相互重叠与交叉，小组内的成员并行工作，协同完成产品设计、制造、销售等任务。见图 5-7 并行工程的产品开发模式。

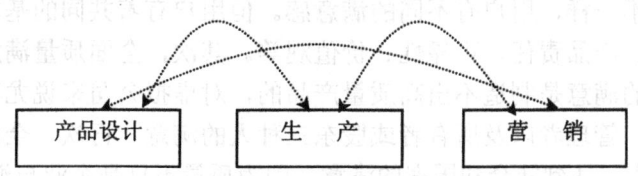

图 5-7　基于并行工程的产品开发组织模式

5. 独立性

项目组在企业内是相对独立的，项目负责人有权决策项目内的活动。

6. 简单性

项目组内以简单的工艺流程来代替传统的整个工厂集中控制的复杂的流程。

5.3.2 集成经营

代表精细、敏捷与柔性的"21世纪方式"的集成经营将成为21世纪的生产模式。集成经营是在新的市场环境下，运用系统集成思想与技术，将企业经营所涉及的各种资源、过程与活动进行一体化的并行处理。联合国在关于50年代西欧经济增长的决定性因素的报告中，首次指出并分析了技术、组织、人因三种资源对企业经营的关键作用。而后，人们又提出了由物料、信息及服务构成的"供应键"的概念，主张将市场、研究、开发、制造、销售等方面作集成化考虑。此外，制造资源需求计划（MRPII）、计算机集成制造系统（GIMS）等都是集成经营的体现。特别是近年来提出的敏捷制造，则是一种打破传统经营所面临的组织、地域及时间壁垒的更高层次的集成经营，可实现国家乃至跨国范围的集成经营。

企业这种快速有效集成经营形式与传统企业的概念完全不同，它的创建与运行提出了一系列新的管理问题：

(1) 集成经营要有先进的工业信息网络。
(2) 集成经营的组织形式是一种动态联盟。
(3) 妥善处理知识产权和无形资产的评估、保护、转移和归属。
(4) 成员间相互信任与合作是成功的关键。
(5) 利益驱动是各成员参加中心的推动力。
(6) 创造良好的外部环境和改善内部管理。
(7) 建立新的投资及投资评价观。
(8) 信息技术的支持。

5.3.3 新的质量保证体系

在目前消费者需求主体化、个性化和多样化的趋势下，对先进制造生产模式而言，质量成为多元化问题，甚至是国际化问题。

1. 新的三维质量观

(1) 全面质量满意。首先体现在产品整个生命周期中用户的满意程度。由于用户立场不同，服务需求度不一样，用户有不同的满意感。但用户有着共同的基本需要，包括产品功能、价格、服务、产品责任、可靠性、价值观等。其次，全面质量满意应包括企业本身的满意。没有企业的满意是制造不出高质量产品的，对虚拟公司来说尤其如此。企业的满意主要指一般员工、管理者以及所有者或股东三种人的满意。再次，全面质量满意应与自然和社会环境相适应，达到社会和国家的满意。因为质量不只是企业与消费者之间的问题，还涉及到包括非消费者在内的大多数人，质量如果不能与自然和社会环境相适应，不能满足社会和国家的需要，企业最终仍会走上失败之路。第四，全面质量满意应达到国际社会的满意。

(2) 适度质量。这是质量的经济性问题。先进制造生产模式是为了快速有效地集成制造资源。过高的、超过需要的质量则人为造成资源浪费，而过低则达不到全面满意。因此，在解决了全面质量满意的测度之后，如何运用经济学原理确定适度的质量水平，就十分必要。

（3）质量的时间性。市场瞬息万变，消费者的价值观也在变化，因此质量具有时间性。在目前时间点上是适度质量的产品，若干时间后则可能是不良质量的。质量概念的历史发展完全证实了质量时间性的存在。如何通过时间性来把握质量问题，也是一个新的研究领域。

   2. 新的质量保障体系

先进制造生产模式的产生与发展以及人类质量观念的不断更新，要求新的质量保障体系必须是着眼于战略层次、内容丰富的开放系统。从现代质量管理的理论角度讲，建立先进制造生产模式下的质量保障体系应遵循以下三个基本原则。

（1）人本原则。建立质量保障体系并使其正常有效运行，人是起决定性作用的资源和要素。人因的发挥、信任员工、自主管理和员工参与都是人本原则的具体体现。这一切都有赖于对员工的质量培训与质量教育。质量教育是质量保障体系的一项重要内容。

（2）过程监控。质量管理目标也要通过对其过程监控来实现，只有识别、组织、建立和协调各项质量过程网络及其接口，才能创造、改进和提供稳定的质量。这就是过程监控原则。据此，新的质量保障体系的着眼点必须从过程的结果（产品质量）转移到管理过程本身，以过程质量确保产品质量。

（3）体系管理。任何一个企业（组织），只有依据实际的环境条件，策划、建立和实施质量体系，实施体系管理，才能管理有效。因此，必须以系统论、信息论与控制论为指导，实行体系管理。

5.3.4 重组工程

重组工程是对现有生产过程进行根本性的再思考和彻底的再设计，以求大幅度地提高现今生产过程所追求的主要绩效：成本、质量、服务和速度。它有四个基本观点：

（1）过程观点。生产过程涉及为达到生产目的而实施的一组逻辑上相关的任务。它包括人、物流、能源、设备等的逻辑组合和实现特定目标的工作程序，因而必是有机联系的。

（2）根本性的再思想。就是要摒弃过时的生产观点和管理思想，重新深入思考"企业应该做什么"这一类基本问题。

（3）彻底的再设计。就是要进行全面创新，而不仅仅是在某些方面的改进性活动。

（4）大幅度提高绩效。这是重组工程的目的，也是衡量它成功与否的标志。

5.3.5 以人为本

在先进制造系统中，人的因素越来越受到广泛重视，人的积极性能否充分发挥对先进制造生产方式至关重要。所以管理的职能不再是对人的监督、控制和奖惩，而应是对人的不断关心、激励和培训。其实现途径为：

（1）对各种不同特点和专业特长的人才优化组合。一个好的团队应该充分考虑到人才之间性格、专长和能力的互补，这样组合起来的群体作用会大大超过个体之和。反之会对企业的高效运作起破坏作用。

（2）创造以人为中心的企业文化和价值观。员工应从控制对象转变为授权对象，尽可能让他们参与过程运营的日常决策，创建更加开放、更加简捷的交流报告机制。

（3）跨学科项目团队的建设将大大解放创造力，激发员工的积极性。传统的工作模式，即长期从事一项工作会使员工与此项工作无关的能力丧失，墨守陈规和强求一致会扼杀人的创造力，人们将不知不觉地被异化，其员工的创造性和主观能动性越来越低。在新的生产模式中，跨学科的团队必须具备"开放式"思维、"网络式"思维和"动态"思维，从而为员工的学习和创新提供动力源泉，这种网络团队要求员工掌握多门学科知识，具有对各种挑战的应变能力，以并行方式集成每一个人的全部知识和技能，使员工具有很强的创新能力和很高的工作效率。

（4）团队之间的互相信任是团队成员合作的基础。信任是减少偷懒行为和增强合作绩效的最有效机制。它能充分发挥人的积极性与潜力，从而使团队产生个人效用和他人效用同步增长。所以说以人为本，尊重人与信任人是团队顺利工作的前提。在团队内部建立竞争与合作并存的机制，促进团队在已有核心能力的基础上不断创新。

5.3.6 人机分工，人机匹配

1. 人机分工原则

人和机器各有所长，在制造系统中要加以分工，相互匹配，使总体功能优化。其分工原则为：

（1）不宜用人者完全由机器完成。

（2）人可简易完成，机器极难完成或不能完成者，应由人去完成。

（3）人、机均可完成者，可根据技术、经济条件，在两种方案中选择：① 以机为主，人作后备，以提高系统的可靠性；② 由人完成，条件具备时再向前者转化。

2. 人机系统均要考虑人文因素

制造系统作为人机系统，其总体功能发挥的状况，取决于人的作用的发挥状况。但人与机器不同，他发挥作用的积极性、主动性、创造性和能力，取决于如下人文因素：

（1）激励政策。

（2）良好企业文化和工作作风的建立。

（3）充分的员工培训和继续教育。

（4）合理的组织结构和岗位责任。

（5）合理的运作规则和程序。

（6）宜人的工作条件和环境。

5.3.7 用分工协作代替全能

在现代社会，分工协作原则被扩展应用于企业之间。每个企业放弃全能，保留专长，各自发挥自身优势。利用企业间的分工协作，优势互补，实现共同目标。协作范围可以跨行业、跨地区以至跨国界。协作领域可以是产品零部件配套生产、新技术研究和新产品开发。企业间协作关系，不是由指令，而是由共同利益驱动，由协约来保证。

5.3.8 用并行或交叉作业代替串行作业

任何工程作业均有其流程特性,即先行工序与后续工序的顺序不能颠倒,亦不能同时进行。

在符合流程特性的前提下,将串行作业改为并行或交叉作业,是缩短工作总周期的一种广为应用的方法。

在生产技术准备工作中,通过一体化和并行地设计产品及其相关过程(包括制造过程和支持过程),利用计算机网络和模拟仿真技术,对分布式进行的各种相关工作环节,按其流程顺序传送和反馈彼此相关信息。通过反复地相互迭代设计和仿真检验,使整个技术准备工作同时完成,以缩短工作周期。

5.4 先进制造生产模式

先进制造生产模式是应用推广先进制造技术的组织方式,它以获取生产有效性和适应环境变化对质量、成本、服务及速度的新要求为首要目标。以制造资源集成为基本原则,将企业经营所涉及的各种资源、过程与组织进行一体化的并行处理,使企业获得精细、敏捷、优质与高效的特征。

在探索先进制造生产模式的种种尝试中,西方工业发达国家走在了前列,其中在理论上初具体系,在实践中亦取得成效的主要包括敏捷制造、精益生产、并行工程、智能制造。

5.4.1 敏捷制造 AM(Agile Manufacturing)

5.4.1.1 AM 产生的背景

自二次世界大战以后,日本和西欧各国的经济遭受战争破坏,工业基础几乎被彻底摧毁,只有美国作为世界上惟一的工业国,向世界各地提供工业产品。所以美国的制造商们在 60 年代以前的策略是扩大生产规模。到了 70 年代,西欧发达国家和日本的制造业已基本恢复,不仅可以满足本国对工业的需求,甚至可以依靠本国廉价的人力、物力生产廉价的产品打入美国市场,致使美国的制造商们将策略重点由规模转向成本。80 年代,原西德和日本已经可以生产高质量的工业品和高档的消费品与美国的产品竞争,并源源不断地推向美国市场,又一次迫使美国的制造商将制造策略的重心转向产品质量。进入 90 年代,当丰田生产方式在美国产生了明显的效益之后,美国人认识到只降低成本、提高质量还不能保证赢得竞争,还必须缩短产品开发周期,加速产品的更新换代。当时美国汽车更新换代的速度已经比日本慢了许多,因此速度问题成为美国制造商们关注的重心。"敏捷"从字面上看正是表明要用灵活的应变去对付快速变化的市场需求。

1991 年美国里海大学(Lehigh University)在研究和总结美国制造业的现状和潜力后,发表了具有划时代意义的《21 世纪制造企业发展战略》报告,提出了敏捷制造和虚拟企业的新概念,其核心观点是除了学习日本的成功经验外,更要利用美国信息技术的优势,夺回制造工业的世界领先地位。这一新的制造哲理在全世界产生了巨大的反响,并且已经取得了引人瞩目的实际效果。

5.4.1.2 AM 的内涵及概念

1. AM 的内涵

"美国机械工程师学会"（ASME）主办的"机械工程"杂志 1994 年期刊中，对敏捷制造做了如下定义："敏捷制造就是指制造系统在满足低成本和高质量的同时，对变幻莫测的市场需求的快速反应"。因此，敏捷制造的企业，其敏捷能力应当反映在以下六个方面：

（1）对市场的快速反应能力。判断和预见市场变化并对其快速地作出反应的能力。

（2）竞争力。企业获得一定生产力、效率和有效参与竞争所需的技能。

（3）柔性。以同样的设备与人员生产不同产品或实现不同目标的能力。

（4）快速。以最短的时间执行任务（如产品开发、制造、供货等）的能力。

（5）企业策略上的敏捷性。企业针对竞争规则及手段的变化、新的竞争对手的出现、国家政策法规的变化、社会形态的变化等做出快速反应的能力。

（6）企业日常运行的敏捷性。企业对影响其日常运行的各种变化，如用户对产品规格、配置及售后服务要求的变化、用户定货量和供货时间的变化、原料供货出现问题及设备出现故障等做出快速反应的能力。

AM 的基本思想是通过把动态灵活的虚拟组织结构、先进的柔性生产技术和高素质的人员进行全方位的集成，从而使企业能够从容应付快速变化和不可预测的市场需求。它是一种提高企业竞争能力的全新制造组织模式。

2. AM 主要概念

（1）全新企业概念。将制造系统空间扩展到全国乃至全世界，通过企业网络建立信息交流高速公路，建立"虚拟企业"，以竞争能力和信誉为依据选择合作伙伴，组成动态公司。它不同于传统观念上的有围墙的有形空间构成的实体空间。虚拟企业从策略上讲不强调企业全能，也不强调一个产品从头到尾都是自己开发、制造。

（2）全新的组织管理概念。简化过程，不断改进过程；提倡以"人"为中心，用分散决策代替集中控制，用协商机制代替递阶控制机制；提高经营管理目标，精益求精，尽善尽美地满足用户的特殊需要；敏捷企业强调技术和管理的结合，在先进柔性制造技术的基础上，通过企业内部的多功能项目组与企业外部的多功能项目组——虚拟公司把全球范围内的各种资源，集成在一起，实现技术、管理和人的集成。敏捷企业的基层组织是多学科群体，是以任务为中心的一种动态组合。敏捷企业强调权力分散，把职权下放到项目组。提倡"基于统观全局的管理"模式，要求各个项目组都能了解全局的远景，胸怀企业全局，明确工作的目标、任务和时间要求，而完成任务的中间过程则完全可以自主。

（3）全新的产品概念。敏捷制造的产品进入市场以后，可以根据用户的需要进行改变，得到新的功能和性能，即使用柔性的、模块化的产品设计方法。依靠极大丰富的通信资源和软件资源，进行性能和制造过程仿真。敏捷制造的产品保证用户在整个产品生命周期内满意，企业的这种质量跟踪将持续到产品报废为止，甚至包括产品的更新换代。

（4）全新的生产概念。产品成本与批量无关，从产品看是单件生产，而从具体的实际和制造部门看，却是大批量生产。高度柔性的、模块化的、可伸缩的制造系统的规模是有限的，但在同一系统内可生产出产品的品种却是无限的。

5.4.1.3 敏捷制造 AM 的基本特点

1. AM 是自主制造系统

AM 具有自主性，每个工件和加工过程、设备的利用以及人员的投入都由本单元自己掌握和决定，这种系统简单、易行、有效。再者，以产品为对象的 AM，每个系统只负责一个或若干个同类产品的生产，易于组织小批或者单件生产，不同产品的生产可以重叠进行。如果项目组的产品较复杂时，可以将之分成若干单元，使每一单元对相对独立的分产品的生产负有责任，分单元之间分工明确，协调完成一个项目组的产品。

2. AM 是虚拟制造系统

AM 系统是一种以适应不同产品为目标而构造的虚拟制造系统，其特色在于能够随环境的变化迅速地动态重构，对市场的变化做出快速的反应，实现生产的柔性自动化。实现该目标的主要途径是组建虚拟企业。其主要特点是：

（1）功能的虚拟化。企业虽具有完备的企业职能，但没有执行这些功能的机构。

（2）组织的虚拟化。企业组织是动态的，倾向于分布化，讲究轻薄和柔性，呈扁平网状结构。

（3）地域的虚拟化。企业中产品开发、加工、装配、营销分布在不同地点，通过计算机网络加以联结。

3. AM 是可重构的制造系统

AM 系统设计不是预先按规定的需求范围建立某过程，而是使制造系统从组织结构上具有可重构性、可重用性和可扩充性三方面的能力，它有预计完成变化活动的能力，通过对制造系统的硬件重构和扩充，适应新的生产过程，要求软件可重用，能对新制造活动进行指挥、调度与控制。

5.4.1.4 AM 企业的主要特征

敏捷制造企业的特征及要素，构成了敏捷企业的基础结构，通过一系列功能子系统的支持使敏捷制造的战略目标得以实现。这些功能子系统，一般称为"使能系统（Enabling System）"。敏捷企业特征主要包括：

- 并行工作
- 继续教育
- 顾客拉动的组织结构
- 动态多方合作
- 尊重雇员
- 向团队成员施权
- 改善环境
- 柔性重构
- 可获得与可使用的信息
- 具有丰富知识和适应能力的雇员
- 开放的体系结构
- 一次成功的产品设计
- 产品终生质量保证

- 缩短循环周期
- 技术领先作用
- 灵敏的技术装备
- 整个企业集成
- 具有远见卓识的领导

5.4.1.5 AM 战略体系

敏捷制造战略系统所包含的内容，详见表 5-2。

表 5-2 敏捷制造战略体系

●基于特征 　●●人的参与与智能化 　●●快速反应 　●●不断改进 ●三大支柱 　●●人员 　●●管理 　●●柔性 ●机制 　●●竞争-合作 　●●集成与分散 　●●智能增强 　●●宏/微观强/活化 ●组织 　●●功能交叉工作小组 　●●虚拟公司 　●●动态联盟 ●管理 　●●自组织模式 　●●分形组织 　●●放权与协调 　●●经济可承受性 　●●JIT 逻辑 　●●简洁化 　●●激励 　●●持续发展 　●●分布式群决策	●评价与优化 　●●企业集成与柔性 　●●非财务快速成本控制 　●●财务保障 　●●合作伙伴选择与评价 ●技术 　●●快速开发与快速生产 　●●分布式集成 　●●高柔性制造 　●●高新与极限制造技术 　●●并行工程 　●●全方位与动画仿真 　●●虚拟现实制造 　●●标准化与成组技术 　●●模块重组与插件式兼容 　●●计辅技术与装备 　●●敏捷化的装备与工具 　●●敏捷软件 　●●智能传感、控制与过程监控 　●●非线性控制 　●●自治控制 　●●模糊控制 　●●并行计划（ANN） 　●●全能制造（HM） 　●●单元制造与 CIMS 　●●质量工程 　●●网络与通信技术	●基础 　●●社会支撑条件——法律(规) 　●●技术推广与商品化 　●●培训与教育 　●●通信与信息 　●●用户与供应厂商动态合作 　●●宽带网络与用户交互及互联网络 　●●零故障与污染的消除或处理 　●●社区关系 ●灵捷竞争与市场环境 　●●用户满意的产品与服务 　●●灵活快速响应 　●●合作共享、平等竞争 　●●有序的市场环境 　●●售前/售后服务

5.4.1.6 实施 AM 的技术

为了推进敏捷制造的实施，1994 年由美国能源部制定了一个"实施敏捷制造技术"（Technologies Enabling Agile Manufacturing-TEAM）的五年计划（1994～1999），该项目涉及联邦政府机构、著名公司、研究机构和大学等 100 多个单位。1995 年，该项目的策略规划和技术规划公开发表，它将实施敏捷制造的技术分为产品设计和企业并行工程、虚拟制造、制造计划与控制、智能闭环加工和企业集成五大类。

1. 产品设计和企业并行工程

产品设计和企业并行工程的使命就是按照客户需求进行产品设计、分析和优化，并在整个企业内实施并行工程。通过产品设计和企业并行工程，产品设计者在概念优化阶段就可同时考虑产品整个生命周期的所有重要因素，诸如质量、成本、性能，以及产品的可制造性、可装配性、可靠性、可维护性。

2. 虚拟制造

虚拟制造就是"在计算机上模拟制造的全过程"。具体地说，虚拟制造将提供一个功能强大的模型和仿真工具集，并且在制造过程分析和企业模型中使用这些工具。过程分析模型和仿真包括产品设计及性能仿真、工艺设计及加工仿真、装配设计及装配仿真等；而企业模型则考虑影响企业作业的各种因素。虚拟制造的仿真结果可以用于制定制造计划、优化制造过程、支持企业高层进行生产决策或重新组织虚拟企业。由于产品设计和制造是在数字化虚拟环境下进行的，这就克服了传统试制样品投资大的缺点，避免失误，保证投入生产一次成功。

3. 制造计划与控制

制造计划与控制的任务就是描述一个集成的宏观（企业的高层计划）和微观（详细的信息生产系统，包括制造路径、详细的数据以及支持各种制造操作的信息等）计划环境。该系统将使用基于特征的技术、与 CAD 数据库的有效连接方法、具有知识处理能力的决策支持系统等。

4. 智能闭环加工

智能闭环加工就是应用先进的控制和计算机系统以改进车间的控制过程。当各种重要的参数在加工过程中能够得到监视和控制时，产品质量就能够得到保证。智能的闭环加工将采用投资少、效益高、以微机为基础的具有开放式结构的控制器，以达到改进车间生产的目的。

5. 企业集成

企业集成就是开发和推广各种集成方法，在适应市场多变的环境下运行虚拟的、分布式的敏捷企业。TEAM 计划将建立一个信息基础框架——制造资源信息网络，使得地理上分散的各种设计、制造工作小组能够依靠这个制造资源信息网络进行有效的合作，并能够依据市场变化而重组。

5.4.2 精益生产 LP（Lean Production）

5.4.2.1 LP 的提出及发展背景

50 年代初，制造技术的发展突飞猛进，数控、机器人、可编程序控制器、自动物料搬运器、工厂局域网、基于成组技术的柔性制造系统等先进制造技术和系统迅速发展，但它们只是着眼于提高制造的效率，减少生产准备时间，却忽略了可能增加的库存而带来的成本的增加。当时日本丰田汽车公司副总裁大野耐一先生开始注意到制造过程中的浪费是造成生产率低下和增加成本的根结，他从美国的超级市场受到启迪，形成了看板系统的构想，提出了准时生产制 JIT。

丰田汽车在 1953 年先通过一个车间看板系统的试验，不断加以改进，逐步进行推广，经过 10 年的努力，发展为准时生产制，同时又在该公司早期发明的自动断丝检测装置的启示下研制出自动故障检报系统，从而形成了丰田生产系统。这种方式先在公司范围内实现，然后又推广到其协作厂、供应商、代理商以及汽车以外的各个行业，全面实现丰田生产系统。到 80 年代初，日本的小汽车、计算机、照像机、电视机以及各种机电产品自然而然地占领了美国和西方发达国家的市场,从而引起了美国为首的西方发达国家的惊恐和思考。

美国麻省理工学院在剖析总结日本丰田汽车公司创造的丰田生产方式后,于1990年在国际汽车计划(IMVP)研究报告中提出了以改革生产管理为中心的LP体系,他们称之为"世界级制造技术的核心"。这个概念被德国人吸收,并在1992年宣布要以LP来"统一制造技术的发展方向"。德国Achen工业大学继续发展了这个概念,描绘了21世纪的现代生产方式和目标,将其归纳为精益生产方式。

5.4.2.2 LP的内涵及体系

精益生产的核心内容是准时制生产方式JIT(Just-in-time),该种方式通过看板管理,成功地制止了过量生产,实现了"在必要的时刻生产必要数量的必要产品",从而彻底消除产品制造过程中的浪费,以及由之衍生出来的种种间接浪费,实现生产过程的合理性、高效性和灵活性。JIT方式是一个完整的技术综合体,包括经营理念、生产组织、物流控制、质量管理、成本控制、库存管理、现场管理等在内的较为完整的生产管理技术与方法体系。见图5-8。

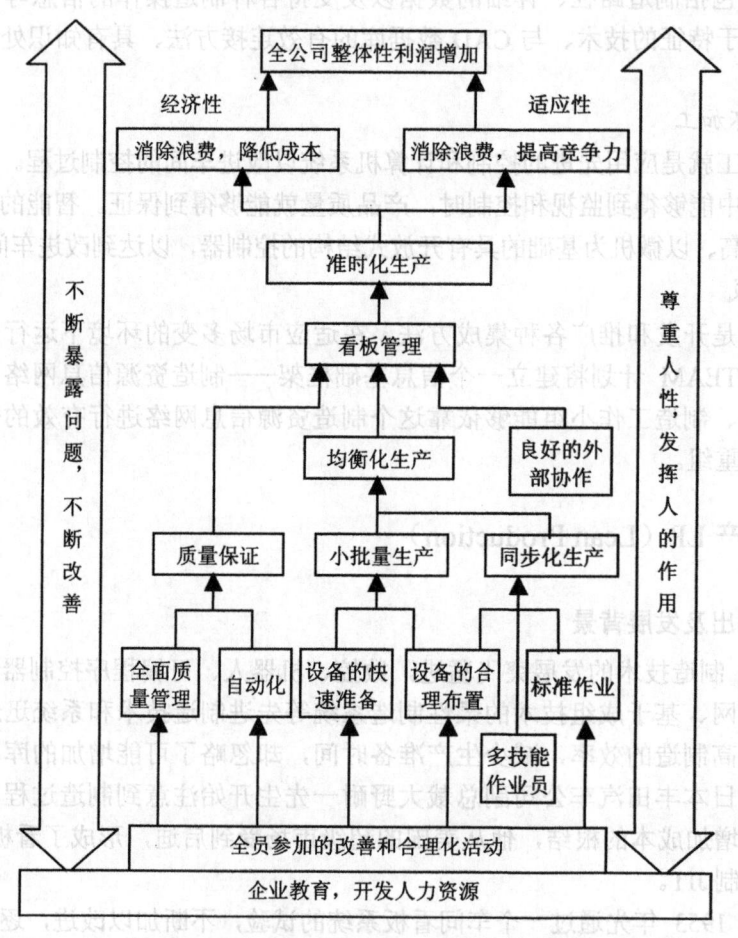

图5-8 丰田准时化生产方式的技术体系构造

精益生产是在JIT生产方式、成组技术GT以及全面质量管理TQC的基础上逐步完善的,构造了一幅以LP为屋顶,以JIT、GT、TQC为三根支柱,以CE和小组化工作方式为基础的建筑画面,见图 5-9。它强调以社会需求为驱动,以人为中心,以简化为手段,以技术为支撑,以"尽善尽美"为目标。主张消除一切不产生附加价值的活动和资源,从系统观点出发将企业中所有的功能合理地加以组合,以利用最少的资源、最低的成本向顾客提供高质量的产品服务,使企业获得最大利润和最佳应变能力。其特征具体可归纳为以下几方面:

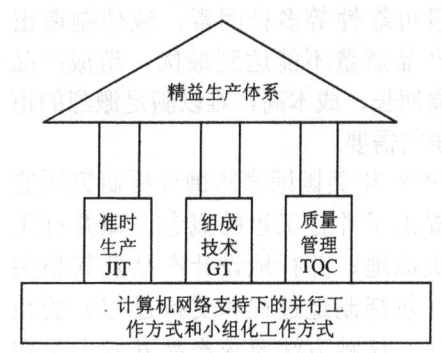

图 5-9　精益生产的体系构成

（1）简化生产制造过程,合理利用时间,实行拉动式的准时生产,杜绝一切超前、超量生产。采用快换工装模具新技术,把单一品种生产线改造成多品种混流生产线,把小批次大批量轮番生产改变为多批次小批量生产,最大限度地降低在制品储备,提高适应市场需求的能力。

（2）简化企业的组织机构,采用"分布自适应生产",提倡面向对象的组织形式（OOO,Object Oriented Organizsation）,强调权力下放给项目小组,发挥项目组的作用。采用项目组协作方式而不是等级关系,项目组不仅完成生产任务而且参与企业管理,从事各种改进活动。

（3）精简岗位与人员,每一生产岗位必须是增值的,否则就撤除。在一定岗位的员工都是一专多能,互相替补,而不是严格的专业分工。

（4）简化产品开发和生产准备工作,采取"主查"制和并行工程的方法。克服了大量生产方式中由于分工过细所造成的信息传递慢、协调难、开发周期长的缺点。

（5）减少产品层次——。

（6）综合了单件生产和大量生产的优点,避免了前者成本高和后者僵化的弱点,提倡用多面手和通用性大、自动化程度高的机器来生产品种多变的大量产品。

（7）建立良好的协作关系,克服单纯纵向一体化的做法。把 70%左右的产品零部件的设计和生产委托给协作厂,主机厂只完成约占产品 30%的设计和制造。

（8）JIT 的供货方式。保证最小的库存和最少的在制品数。为实现这种供货关系,应与供货商建立起良好的合作关系,相互信任,相互支持,利益共享。

（9）"零缺陷"的工作目标。精益生产追求的目标不是尽可能好一些,而是"零缺陷",即最低成本、最好质量、无废品、零库存与产品的多样性。

5.4.3　并行工程 CE（Concurrent Engineering）

5.4.3.1　CE 的提出及特性

1. CE 的提出

传统产品开发的组织形式是一种线性阶段模式,产品开发过程是顺序过程:概念设计→详细设计→过程设计→加工制造→试验验证→设计修改→工艺设计→……正式投产→营销,如图 5-10 所示。这种方法在设计的早期不能全面地考虑其下游的可制造性、可装配性和质量可靠性等多种因素，致使制造出来的产品质量不能达到最优，造成产品开发周期长，成本高，难以满足激烈的市场竞争的需要。

1988年美国国家防御分析研究所完整地提出了并行工程的概念，即并行工程是集成地、并行地设计产品及其相关过程（包括制造过程和支持过程）的系统方法。这种方法要求产品开发人员在一开始就考虑产品整个生命周期中从概念形成到产品报废的所有因素，包括质量、成本、进度计划和用户要求等。如图5-11所示。

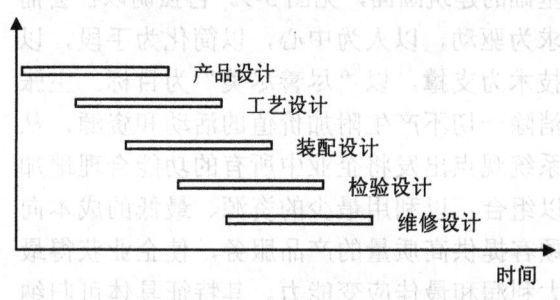

图 5-10　并行工程示意图

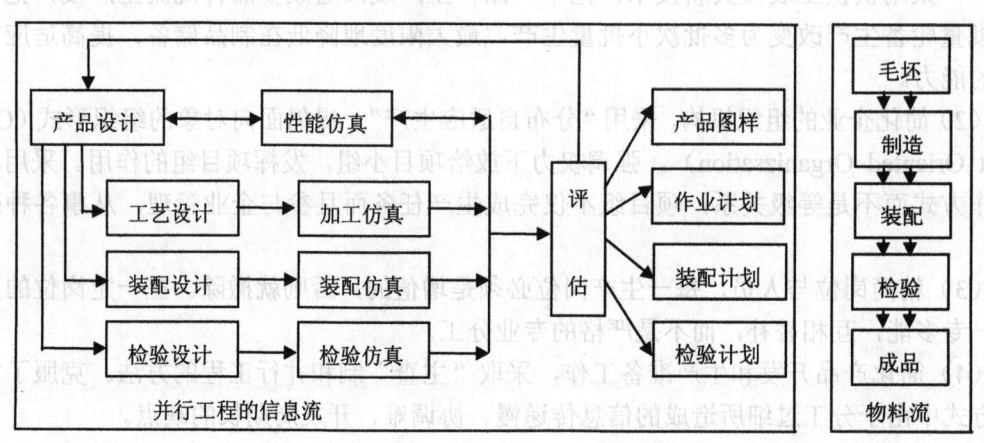

图 5-11　并行工程的内涵及其组成

由此可见，并行工程是一种现代产品开发中新发展的系统化方法，它以信息集成为基础，通过组织多学科的产品开发小组，利用各种计算机辅助手段，实现产品开发过程的集成，达到缩短产品开发周期，提高产品质量，降低成本，提高企业竞争能力的目标。顺序工程和并行工程在产品创新、质量、生产成本和柔性上的比较，如表5-3所列。

表 5-3　顺序工程和并行工程在产品创新、质量、生产成本和柔性上的比较

竞争优势	并　行　工　程	顺　序　工　程
产品质量	●较好 ●在生产前即已注意到产品的制造问题	●设计和制造之间沟通不足，致使产品质量无法达到最优化
生产成本	●由于产品的易制造性提高，生产成本较低	●新产品开发成本较低，但制造成本可能较高
生产柔性	●适于小批量、多品种生产 ●适于高新技术产业的产品	●适于大批量、单一品种生产 ●适于低技术产品
产品创新	●较快速推出新产品，能从产品开发中学习及时修正的方法及创新意识，新产品投放市场快，竞争能力强	●不易获得最新技术以及市场需求变化趋势，不利于产品创新

2. CE 的特性

（1）并行特性。把时间上有先后的作业活动转变为同时考虑和尽可能同时处理和并行处理的活动。

（2）整体特性。将制造系统看成是一个有机整体，各个功能单元都存在着不可分割的内在联系，特别是有丰富的双向信息联系，强调全局性地考虑问题，把产品开发的各种活动作为一个集成的过程进行管理和控制，以达到整体最优的目的。

（3）协同特性。特别强调人们的群体协同作用，包括与产品全生命周期（设计、工艺、制造、质量、销售、服务等）的有关部门人员组成的小组或小组群协同工作，充分利用各种技术和方法的集成。这种途径生产出来的产品不仅有良好的性能，而且产品研制的周期也将显著缩短。

（4）约束特性。在设计变量（如几何参数、性能指标、产品中各零部件）之间的关系上，考虑产品设计的几何、工艺及工程实施上的各种相互关系的约束和联系。

5.4.3.2 CE 的理论基础与运行机理

1. CE 的理论基础

从本质上讲，CE 是一种以空间换取时间来处理系统复杂性的系统化方法（Systematic Approach），它以信息论、控制论和系统论为理论基础，在数据共享、人－机交互等工具及集成上述工具的智能技术支持下，按多学科、多层次协同一致的组织方式工作。与传统串行工作模式相比，它大大地扩大了系统状态空间，大大地缩短了复杂问题交互式求解进程的迭代次数，促使最终目标一次成功，以非线性的管理机制和整体性思想，赢得集成附加的协同效益。

2. CE 的运行机理

CE 不是某种现成的系统或结构，不能像软件或硬件产品一样买来安装即可运行。它是一种自顶向下进行规划、自底向上进行实施的哲理。

将 CE 思想贯穿于产品开发过程中，需要管理、设计、制造、支持等知识源的有机协调。它不仅依靠各知识源之间有效的通信，同时要求有良好的决策支持结构。其运行机理的要点为：

（1）突出人的作用，强调人的协同工作。

（2）一体化、并行地进行产品及其有关过程的设计，其中，尤其要注意早期概念设计阶段的并行协调。统计表明，概念设计阶段的成本占产品全部成本的 70%。

（3）重视满足客户的要求。

（4）持续地改善产品有关的过程。CE 的工作模式中要注意持续、尽早地交换、协调、完善关于产品有关的制造／支持等各种过程的约定和定义，从而有助于 CE 三个目标的实现。

（5）注意 CE 中信息与知识财富的开发与管理。

（6）注重目标的不变性。

（7）五个"不"。CE 不是不费力气就能成功的"魔术方法"；CE 不能省去产品串行工程中的任一环节；CE 不是使设计与生产重叠或同时进行；CE 不同于"保守设计"；CE 不需保守测试策略。

5.4.3.3 CE 的体系结构及关键技术

1. CE 的体系结构

在产品并行设计过程中，按四个阶段进行设计和评价，如图 5-12 所示。

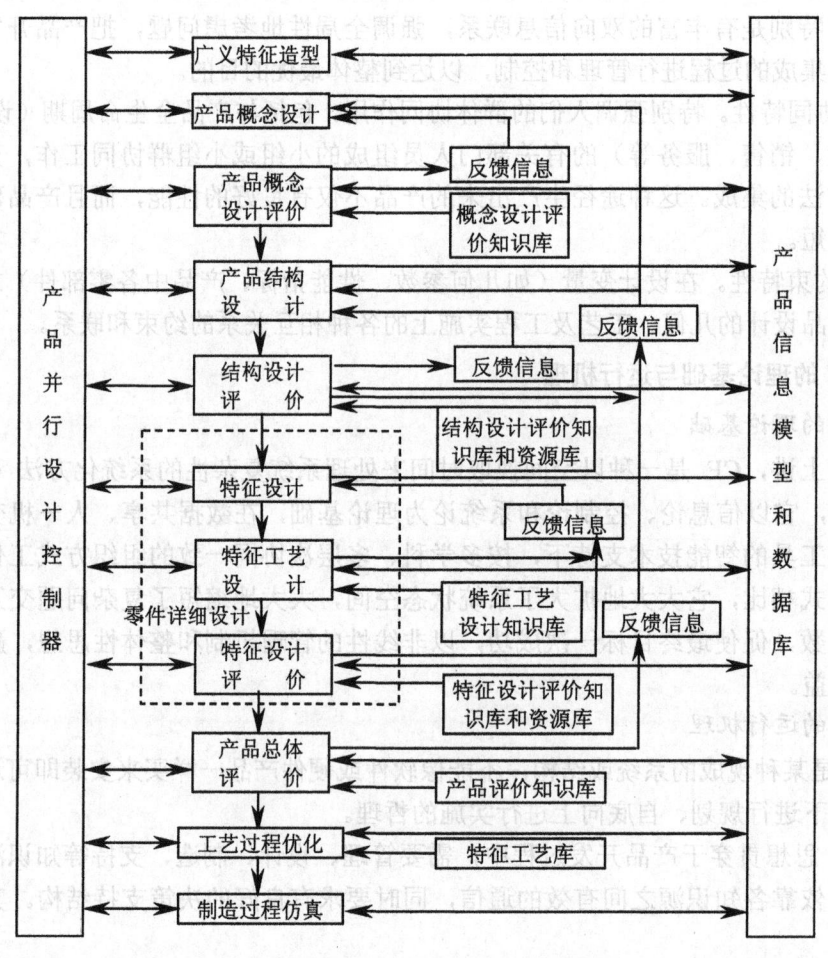

图 5-12 计算机辅助产品并行设计系统

（1）产品概念设计。对产品设计要求进行分组描述和表述，如设计实体的模式，以性质、属性等之间的关系描述，并对方案优选、产品批量、类型、可制造性和可装配性评价，选出最佳方案，指导产品概念设计。

（2）结构设计及其评价。将产品概念设计获得的最佳方案结构化，确定产品的总体结构形式以及零件部件的主要形状、数量和相互间的位置关系；选择材料，确定产品的主要结构尺寸，以获得产品的多种结构方案，并对各种制造约束条件、加工条件、装夹方案、工装设计和零件标准化等，对各种方案进行评价和决策。选择最佳结构设计方案或提供反馈信息，指导产品的概念设计和结构设计。

（3）详细设计及其评价。根据结构设计方案对零部件进行详细设计。零件由许多个特征组合而成，进行特征设计的同时进行工艺设计（生成其加工方法、切削参数、刀具选用和装夹方式等），并对其可制造性进行评价，即时反馈修改信息，指导特征设计，实现了特征／工艺并行设计。

（4）产品总体性能评价。该阶段由于产品信息较完善，对产品的功能、性能、可制造性和成本等采用价值工程方法对产品进行总体评价，并提出反馈信息，指导产品的概念设计、总体设计和详细设计。

在完成上述四个阶段的设计和评价后，还必须进行工艺过程优化，在完成产品设计、工艺设计和工装设计的基础上，对零件的实际加工过程进行仿真。

从图 5-10 可知，基于广义特征建立的产品信息模式，为产品并行设计过程中各项活动的信息交换与共享提供了切实的保证。而并行设计控制器是一协调板，它对设计结构进行发布和接收设计的反馈信息，对设计过程中的上下游活动进行协调与控制。实现多学科工程技术人员以及专家系统的协同工作，控制方式有电子邮件、文件传输、远程登录、远程布告牌和系统菜单操作等。并行设计是在各种资源约束下进行反复迭代（设计与修改），获得产品最优解和满意解的过程。

2. CE 的关键技术

（1）产品开发过程的重构。并行工程的产品开发过程是跨学科群组在计算机软硬件工具和网络通信环境的支持下，通过规划合理的信息流动关系及协调组织资源和逻辑制约关系，实现动态可变的开发任务流程。为了使产品开发过程实现并行、协调，并能面向全面质量管理做出决策分析，就必须从产品特征、开发活动的安排、开发队伍的组织结构、开发资源的配置、开发计划以及全面的调度策略等各个侧面来考虑它们对产品开发过程的影响。并行设计多视图活动模型的第三个视图是开发组织，该组织的人可以担任第二个视图中的角色。

因此，一个并行设计单元的定义是：由某一个人担任某一角色，针对某一个设计对象，在某一个规定的时间约束范围内，利用指定的资源开展并行设计活动，完成某个设计任务。产品数据管理平台系统将从三个视图建立并行设计的支持环境，保证并行设计工作协调有序地进行。

（2）集成产品信息模型。并行设计强调产品设计过程上下游协调与控制以及多专家系统协同工作，因此设计过程的产品信息交换成为关键问题，它是并行设计的基础。集成产品信息模型是为产品生命周期的各个环节提供产品的全部消息。基于 STEP 标准，对产品进行定义和描述。基于广义特征，建立产品生命周期内的集成产品信息模型。广义特征包括产品开发过程中全部特征信息，如：用户要求、产品功能、设计、制造、材料、装配、费用和评价等特征信息。基于面向对象 O-O 技术，采用 Express 语言描述和表达产品信息模型，并把 Express 语言中各实体映射到 C++中的类，生成 STEP 中性文件，为 CAD、CAPP、可制造性评价和制造集成与并行提供充分的信息。因此该模型是实现产品设计、工艺设计、产品制造、产品装配和检测等开发活动共享信息和并行进行的基础和关键。

（3）并行设计过程协调与控制。并行设计的本质是许多大循环过程中包含小循环的层次结构，它是一个反复迭代优化产品的过程。产品设计过程的管理、协调与控制是实现并行设计的关键。产品数据管理（Product Data Management, PDM）能对并行设计起到技术支撑平台的作用。它集成和管理产品所有相关数据及其相关过程。在并行设计中，产品数据是在不断地交互中产生的，PDM 能在数据的创建、更改及审核的同时跟踪监视数据的存取，确保产品数据的完整性、一致性以及正确性，保证每一个参与设计的人员都能即时地得到正确的数据，从而使产品设计返回率达到最低。

5.4.4 智能制造系统 IMS（Intelligent Manufacturing System）

5.4.4.1 IMS 的提出

IMS 是适应以下几方面的情况需要而兴起的：一方面是制造信息的爆炸性的增长，以及处理信息的工作量的猛增，这要求制造系统表现出更大的智能；另一方面是专业人材的缺乏和专门知识的短缺，严重制约了制造工业的发展，在发展中国家是如此，在发达国家，由于制造企业向第三世界转移，同样也造成本国技术力量的空虚；第三是动荡不定的市场和激烈的竞争要求制造企业在生产活动中表现出更高的机敏性和智能；第四，CIMS 的实施和制造业的全球化的发展，遇到两个重大的障碍，即目前已形成的"自动化孤岛"的联接和全局优化问题，以及各国、各地区的标准、数据和人－机接口的统一的问题，而这些问题的解决也有赖于智能制造的发展。

5.4.4.2 IMS 的定义及特征

1. 定义

智能制造包括智能制造技术（IMI）和智能制造系统（IMS）。智能制造系统是一种由智能机器和人类专家共同组成的人机一体化智能系统，它在制造过程中能以一种高度柔性与集成的方式，借助计算机模拟人类专家的智能活动进行分析、推理、判断、构思和决策等，从而取代或延伸制造环境中人的部分脑力劳动。同时，收集、存贮、完善、共享、继承和发展人类专家的智能。

2. 特征

与传统的制造系统相比智能制造系统具有以下特征：

（1）自组织能力。自组织能力是指 IMS 中的各种智能设备，能够按照工作任务的要求，自行集结成一种最合适的结构，并按照最优的方式运行。完成任务以后，该结构随即自行解散，以备在下一个任务中集结成新的结构。自组织能力是 IMS 的一个重要标志。

（2）自律能力。IMS 能根据周围环境和自身作业状况的信息进行监测和处理，并根据处理结果自行调整控制策略，以采用最佳行动方案。这种自律能力使整个制造系统具备抗干扰、自适应和容错等能力。

（3）自学习和自维护能力。IMS 能以原有专家知识为基础，在实践中，不断进行学习，完善系统知识库，并删除库中有误的知识，使知识库趋向最优。同时，还能对系统故障进行自我诊断、排除和修复。

（4）整个制造环境的智能集成。IMS 在强调各生产环节智能化的同时，更注重整个制造环境的智能集成。这是 IMS 与面向制造过程中的特定环节、特定问题的"智能化孤岛"的根本区别。IMS 涵盖了产品的市场、开发、制造、服务与管理整个过程，把它们集成为一个整体，系统地加以研究，实现整体的智能化。

IMS 的研究是从人工智能在制造中的应用开始的，但又不同于它。人工智能在制造领域的应用，是面向制造过程中特定对象的，研究的结果导致了"自动化孤岛"的出现，人工智能在其中是起辅助和支持的作用。而 IMS 是以部分取代制造中人的脑力劳动为研究目标的，并且要求系统能在一定范围内独立地适应周围环境，开展工作。

同时，IMS 不同于计算机集成制造系统（CIMS），CIMS 强调的是企业内部物料流的集成和信息流的集成，而 IMS 强调的则是最大范围的整个制造过程的自组织能力，IMS 难度更大。但两者又是密切相关的，CIMS 中的众多研究内容是 IMS 发展的基础，而 IMS 又将对 CIMS 提出更高的要求。集成是智能的基础，而智能又推动集成达到更高水平，即智能集成。因此，有人预言，下一世纪的制造工业将以双 I（Intelligent 和 Integration）为标志。

5.4.4.3 IMS 的支撑技术及研究热点

1. IMS 研究的支撑技术

（1）人工智能技术。IMT 的目标是用计算机模拟制造业人类专家的智能活动，取代或延伸人的部分脑力劳动，而这些正是人工智能技术研究的内容。因此，IMS 离不开人工智能技术（专家系统、人工神经网络、模糊逻辑）。IMS 智能水平的提高依赖着人工智能技术的发展。同时，人工智能技术是解决制造业人才短缺的一种有效方法，在现阶段 IMS 中的智能主要是人（各领域专家）的智能。但随着人们对生命科学研究的深入，人工智能技术一定会有新的突破，最终在 IMS 中取代人脑进行智能活动，将 IMS 推向更高阶段。

（2）并行工程。针对制造业而言，并行工程作为一种重要的技术方法学，应用于 IMS 中，将最大限度地减少产品设计的盲目性和设计的重复性。

（3）虚拟制造技术。用虚拟制造技术在产品设计阶段就模拟出该产品的整个生命周期，从而更有效、更经济、更灵活地组织生产，达到产品开发周期最短，产品成本最低，产品质量最优，生产效率最高的目的。虚拟制造技术应用于 IMS，为并行工程的实施提供了必要的保证。

（4）信息网络技术。信息网络技术是制造过程的系统和各个环节"智能集成"化的支撑。信息网络是制造信息及知识流动的通道。因此，此项技术在 IMS 研究和实施中占有重要地位。

（5）自律能力构筑。即搜集与理解环境信息和自身的信息并进行分析判断和规划自身行为的能力。强有力的知识库和基于知识的模型是自律能力的基础。

（6）人机一体化。IMS 不单纯是"人工智能"系统，而是人机一体化智能系统，是一种混合智能。想以人工智能全面取代制造过程中人类专家的智能，独立承担起分析、判断、决策等任务，是不现实的。人机一体化一方面突出人在制造系统中的核心地位，同时在智能机器的配合下，更好地发挥出人的潜能，使人机之间表现出一种平等共事、相互"理解"、相互协作的关系，使二者在不同的层次上各显其能，相辅相成。

（7）自组织与超柔性。智能制造系统中的各组成单元能够依据工作任务的需要，自行组成一种最佳结构，使其柔性不仅表现在运行方式上，而且表现在结构形式上，所以称这种柔性为超柔性，如同一群人类专家组成的群体，具有生物特征。

2. 智能制造当前的研究热点

（1）制造知识的结构及其表达，大型制造领域知识库，适用于制造领域的形式语言、语义学。

（2）计算智能（Computing Intelligence）在设计与制造领域中的应用，计算智能是一门新兴的与符号化人工智能相对应的人工智能技术，主要包括人工神经网络、模糊逻辑、遗传算法等方法。

（3）制造信息模型（产品模型、资源模型、过程模型）。

（4）特征分析、特征空间的数学结构。

（5）智能设计、并行设计。

（6）制造工程中的计量信息学。

（7）具有自律能力的制造设备。

（8）通讯协议和信息网络技术。

（9）推理、论证、预测及高级决策支持系统，面向加工车间的分布式决策支持系统。

（10）车间加工过程的智能监视、诊断、补偿和控制。

（11）灵境技术和虚拟制造。

（12）生产过程的智能调度、规划、仿真与优化等。

5.4.4.4 IMS的构成及典型结构

由于IMS结构体系尚处于研究阶段，在此只作简单探讨。

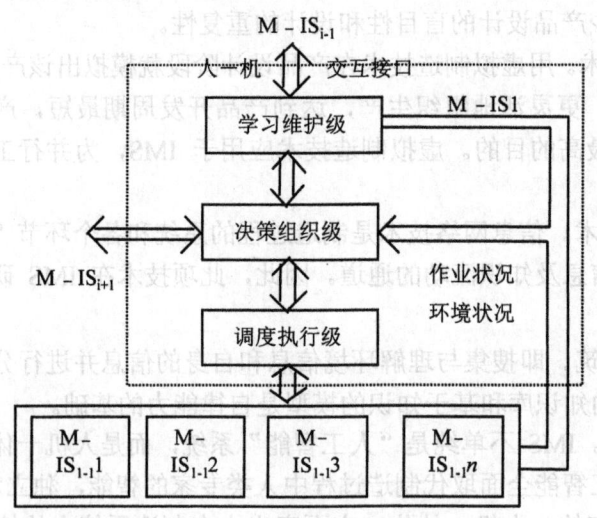

图5-13　M—IS结构图

从智能组成方面考虑，IMS是一个复杂的智能系统，它是由各种智能子系统按层次递阶组成，构成智能递阶层次模型。该模型最基本的结构称为元智能系统（Meta-Intelligent System, M-IS）。其结构如图5-13所示，大致分为学习维护级、决策组织级和调度执行级三级。

学习维护级，通过对环境的识别和感知，实现对M-IS进行更新和维护，包括更新知识库、更新知识源、更新推理规则以及更新规则可信度因子等。决策组织级，主要接受上层 M-IS 下达的任务，根据自身的作业和环境状况，进行规划和决策，提出控制策略。在 IMS 中的每个 M-IS 的行为都是上层 M-IS 的规划调度和自身自律共同作用的结果，上层 M-IS 的规划调度是为了确保整个系统能有机协同地工作，而 M-IS 自身的自律控制则是为了根据自身状况和复杂多变的环境，寻求最佳途径完成工作任务。因此，决策组织级要求有较强的推理决策能力；调度执行级，完成由决策组织级下达的任务，并调度下一层的若干个 M-IS 并行协同作业。

M-IS 是智能系统的基本框架，各种具体的智能系统是在此 M-IS 基础之上。对其扩充。具备这种框架的智能系统具有以下特点：① 决策智能化；② 可构成分布式并行智能系统；③ 具有参与集成的能力；④ 具有可组织性和自学习、自维护能力。

从智能制造的系统结构方面来考虑，未来智能制造系统应为分布式自主制造系统（Distributed Autonomous Manufacturing System）。该系统由若干个智能施主（Intelligent Agent）组成。根据生产任务细化层次的不同，智能施主可以分为不同的级别。如一个智能车间可称为一个施主，它调度管理车间的加工设备，它以车间级施主身份参与整个生产活动；同时对于一个智能车间而言，它们直接承担加工任务。无论哪一级别的施主，它与上层控制系统之间通过网络实现信息的联接，各智能加工设备之间通过自动引导小车（AGV）实现物质传递。

在这样的制造环境中，产品的生产过程为：通过并行智能设计出的产品，经过 IMS 智能规划，将产品的加工任务分解成一个个子任务，控制系统将子任务通过网络向相关施主"广播"。若某个施主具有完成此子任务的能力，而且当前空闲，则该施主通过网络向控制系统投出一份"标书"。"标书"中包含了该施主完成此任务的有关技术指标，如加工所需时间，加工所能达到的精度等内容。如果同时有多个施主投出"标书"，那么，控制系统将对各个投标者从加工效率、加工质量等方面加以仲裁，以决定"中标"施主。"中标"施主若为底层施主（加工设备），则施主申请，由 AGV 将被加工工件送向"中标"的加工设备，否则，"中标"施主还将子任务进一步细分，重复以上过程，直至任务到达底层施主。这样，整个加工过程，通过任务广播、投标、仲裁、中标，实现生产结构的自组织。

5.4.5 全能制造系统 HMS（Holoson Manufacturing System）

5.4.5.1 HMS 的概念

全能体这个词是以希腊字 holos（意思是整个、全部）加上字尾"on"转化而来的。意思是全能的，整体是可以分解为局部的。它有两个含义：一是如果一个复杂系统由若干个简单系统组成，这个系统将比全新设计的一个系统更快和更稳定。二是整体和局部是相对的，一台机器可以看成整体，但对企业来说，它又是局部。

全能制造的要点就是要建立一个高度分布的制造系统的体系结构。它是由一系列标准的、半标准的、独立的、协作的智能模块组成。它适用于整个制造系统，也适用于某种制造手段。

5.4.5.2 HMS 的特点及目标

1. HMS 的特点
   （1）全能体之间具有暂时的递阶层次关系。
   （2）自动化规模可大可小，可以扩展。
   （3）能够迅速自组织，以适应市场对产品、产量和交货期的改变。
   （4）全能制造的目标不是取代人的技能，而是支持人的技能得到充分的发挥。
   （5）组织结构从传统的、固定不变的"机械型"向更适合市场竞争的"生物型"转化。
   （6）全能制造的精髓是加强基本单元的独立自主性和相互协调。

2. 将 HMS 的概念引入制造范畴的目的
   （1）加快产品设计速度和提高产品可靠性。
   （2）加速建立新的和改造现有的制造系统。
   （3）自动化规模可大可小，可以扩展。
   （4）能够迅速自组织，以适应市场对产品、产量和交货期的改变。
   （5）由于将监控、诊断和质量保证集成在内，系统运行更加可靠。

3. 实现 HMS 的前提
   （1）精简一切不必要的环节、过程和结构。
   （2）将企业的各种活动进行要素化和标准化。
   （3）做到各个装备和各生产线自律化，由此来适应制造活动全球化的发展趋势，减少过于庞大的重复投资，并通过先进、灵活的制造过程的实现来解决制造系统中的人因问题。

5.4.6 绿色制造 GM（Green Manufacturing）

5.4.6.1 GM 的提出及可持续发展制造战略

制造业是创造财富的主要产业，同时又是环境污染的源头。

制造过程是一个复杂的输入输出系统。输入生产系统的资源和能源，一部分转化为产品，而另一部分则转化为废弃物，排入环境造成了污染和危害。如图 5-14，要想提高加工系统的效益（经济效益和社会效益），系统在输出产品的同时，应具有较少的输入和附加输出物，即使系统达到有效利用输入和优化输出的效果。

70 年代以来，工业污染所导致的全球性环境恶化达到了前所未有的程度。整个地球面临资源匮缺、环境恶化、生态系统失衡的全球性危机。20 世纪的 100 年消耗了几千年甚至上亿年才能形成的自然资源。工业界已逐渐认识到，工业生产对环境质量的损害不仅严重地影响了企业形象，而且不利于市场竞争，直接制约着企业的发展。

可持续发展的制造业应是以不损害当前的生态环境和不危害子孙后代的生存环境为前提，应是最有效地利用资源（能源和材料）和最低限度地产生废弃物和最少排放污染，以更清洁的工艺制造绿色产品的产业。一种干净而有效的工业经济，应是能够模仿自然界具有材料再循环利用能力、同时又产生最少废弃物的经济。

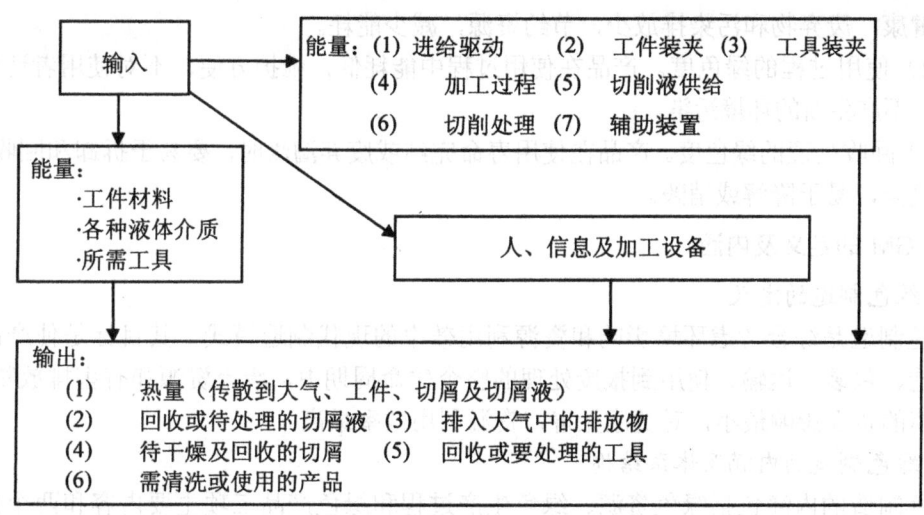

图 5-14 产品生产过程的输入输出物质简图

事实上,环境问题融入商业对企业来说不仅是一种威胁,更是一种机会。这是由如下因素造成的:① 法律约束。各种环境法规和技术标准、环境税和排污费等对企业约束,不仅增加了企业成本,而且增加了企业的环境风险。② 贸易限制。指国际贸易对环境有害产品加以限制。据统计,我国每年因不符合环境标准而造成的出口损失高达 40 亿美元,且有增长之势。③ 消费选择。指消费者对绿色产品的需求增加和认可。据统计,1989 年北美绿色产品贸易额高达 1060 亿美元,欧洲为 1000 亿美元,亚太地区 500 亿美元,这就造成一种新的商业机会。

有鉴于此,如何使企业进行环境友善生产是当前环境问题研究的一个重要方面。绿色制造由此产生。

世纪的交替将伴随着新一轮的产品更新换代和生产方式的革命。低耗节能、无损健康的绿色产品将滚滚而来。绿色汽车、绿色电脑、绿色冰箱、绿色彩电等一系列绿色产品将在未来的 5～10 年逐步进入千家万户。用不了几年,绿色产品将是人们首选的产品。与 ISO9000 系列国际质量标准一样重要的 ISO14000 国际环保标准已经发布,制造过程的绿色化将是摆在每个企业家面前的任务。

5.4.6.2 绿色产品

绿色产品就是在其生命过程(设计、制造、使用和销毁过程)中,符合特定的环境保护和人类健康的要求,对生态环境无害或危害极少,资源利用率最高,能源消耗最低的产品。未来市场竞争的深化,焦点不仅是产品的质量、寿命、功能和价格,人们同时更加关心产品对环境带来的不良影响。

绿色产品的特征是:小型化(少用材料);多功能(一物多用);使用安全和方便(对健康无害);可回收利用(减少废弃物和污染)。

产品的"绿色度"是衡量产品满足上述特征的程度,目前还不能定量地加以描述。但

是,绿色度将是未来产品设计主要考虑的因素,它包括:

(1) 制造过程的绿色度。原材料选用与管理,以及制造过程和工艺都要有利环境保护和工人健康,废弃物和污染排放少,节约资源,减少能耗。

(2) 使用过程的绿色度。产品在使用过程中能耗低,维护方便,不对使用者造成不便和危害,不产生新的环境污染。

(3) 回收处理的绿色度。产品在使用寿命完结或废弃淘汰时,要易于拆卸和回收重用,或安全废弃,易于降解或销毁。

5.4.6.3 GM 的定义及内涵

1. 绿色制造的定义

绿色制造是综合考虑环境影响和资源利用效率的现代制造模式,其目标是使产品从设计、制造、包装、运输、使用到报废处理的整个生命周期中,废弃资源和有害排放物最小,即对环境的负面影响最小,对健康无害,资源利用效率最高。

2. 绿色制造的内涵及体系结构

绿色制造的内涵包括绿色资源、绿色生产过程和绿色产品三项主要内容和两个层次的全过程控制。绿色制造的体系结构如图 5-15 所示。

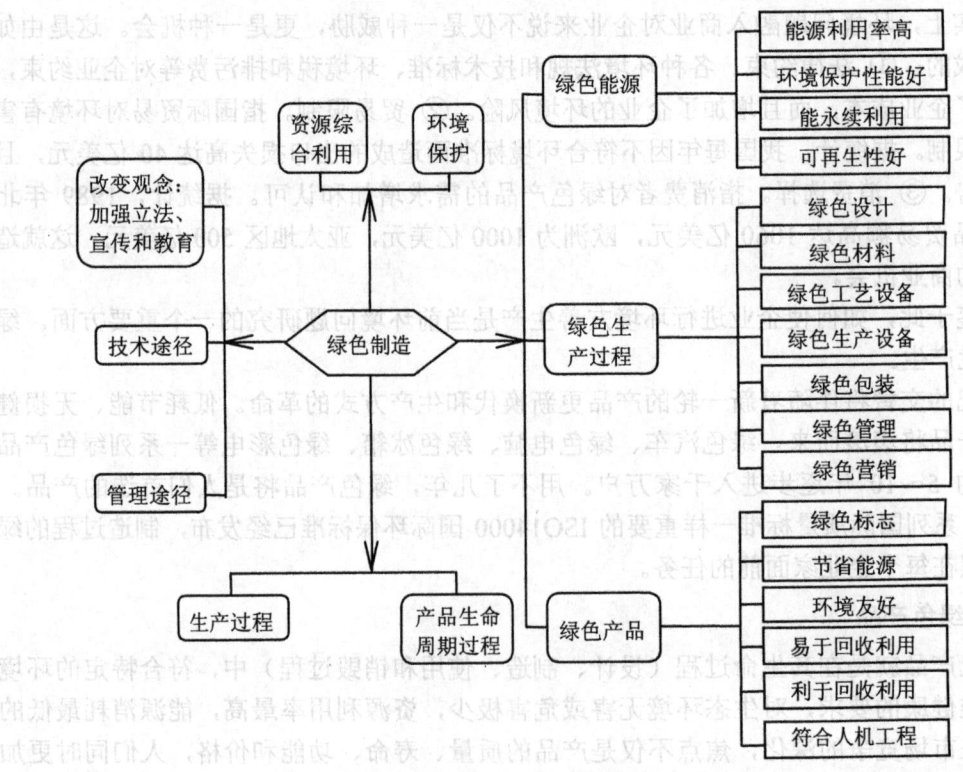

图 5-15 绿色制造系统模型

绿色制造的两个过程:产品制造过程和产品的生产周期过程。也就是说,在从产品的规划、设计、生产、销售、使用到报废淘汰的回收利用、处理处置的整个生命周期，产品的生产均要做到节能降耗、无或少环境污染。

绿色制造内容包括三部分：用绿色材料、绿色能源，经过绿色的生产过程（绿色设计、绿色工艺技术、绿色生产设备、绿色包装、绿色管理等）生产出绿色产品。

绿色制造追求两个目标：通过资源综合利用、短缺资源的代用、可再生资源的利用、二次能源的利用及节能降耗措施延缓资源能源的枯竭，实现持续利用；减少废料和污染物的生成和排放，提高工业产品在生产过程和消费过程中与环境的相容程度，降低整个生产活动给人类和环境带来的风险，最终实现经济效益和环境效益的最优化。

实现绿色制造的途径有三条：一是改变观念，树立良好的环境保护意识，并体现在具体行动上，可通过加强立法、宣传教育来实现；二是针对具体产品的环境问题，采取技术措施，即采用绿色设计、绿色制造工艺、产品绿色程度的评价机制等，解决所出现的问题；三是加强管理，利用市场机制和法律手段，促进绿色技术、绿色产品的发展和延伸。

绿色制造是一个动态概念，绝对的绿色是不存在的，它是一个不断发展永不间断的持续过程。

5.4.6.4 可持续性发展战略的实施

在企业发展战略中，除经济目标外，还必须考虑社会目标和环境目标，并尽量使三者达到平衡。就环境目标而言，实施过程关键为以下几方面：

1. 环境战略的选择

为实现上述战略目标，企业应选择恰当的环境战略。就环境技术而言，根据其清洁化程度依次可以分为：末端治理技术、清洁生产技术和绿色制造技术。与之对应，企业环境战略可分为消极型、适应型、预防型和主动型。消极型战略指企业甘冒环境风险并希望逃避处罚；适应型战略指企业为避免风险而采取遵守环境法规的策略；预防型战略指企业在遵守现行环境法规的前提下，为满足未来可预见的环境管理要求而采取的对策；主动型战略则是将市场开拓、企业竞争力的提高与环境保护融为一体而采取的创新策略。

从长远利益考虑，企业选择主动型环境战略是明智的，况且与 ISO9000 国际质量标准同样重要的 ISO14000 国际环保标准已经发布，制造过程的绿色化将是摆在每个企业家面前的任务。因此，企业应该采用绿色制造技术，从而最大限度地提高资源利用率并减少或消除环境污染。

2. 绿色制造的实现途径

由图 5-16 可见，企业实施绿色制造的关键是技术设计和企业管理。

（1）技术设计。为了实现绿色制造，必须进行物料转化和产品生命周期两个层次的全过程控制。产品生命周期是包括市场分析、产品设计、工艺规划、加工制造、装配调试、包装运输、产品销售、用户服务和报废回收的整个过程。产品生命周期的每个环节都直接或间接影响到资源的消耗和环境污染。实施绿色制造就是要对每个环节重新审视和规划，如图 5-17 所示。

（2）企业管理。企业对产品生命周期全过程的管理包括材料管理、工艺管理、设备管理、生产管理和环境管理等。

由于环境问题的多学科性与复杂性,企业必须改变管理思想,以系统的观点来看待和处理环境问题和组织问题,并引入产品生命周期分析、废弃物审计、环境报告和审计等方法,促使企业从更长时间周期和更广视野来看待企业发展。

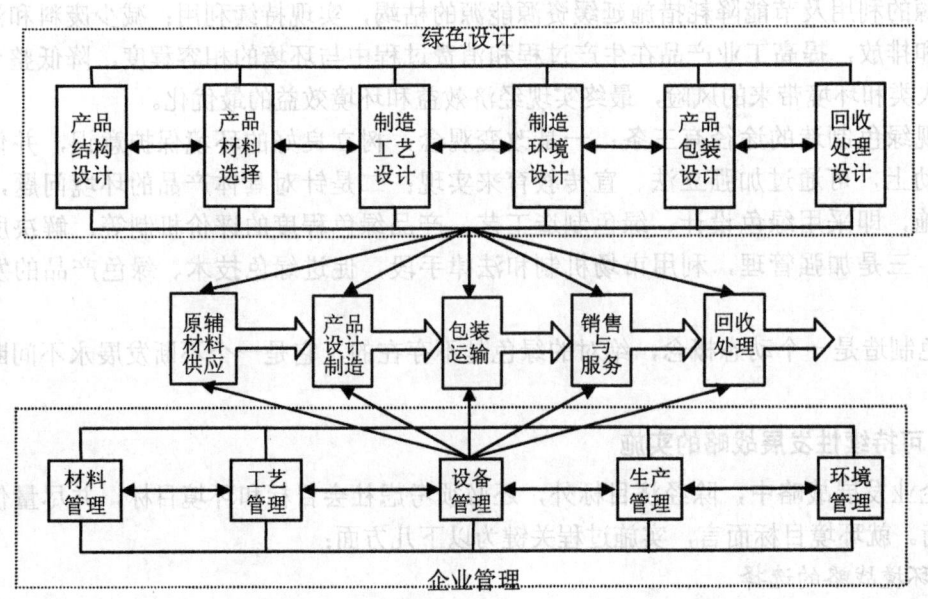

图 5-16 企业实施绿色制造的系统框图

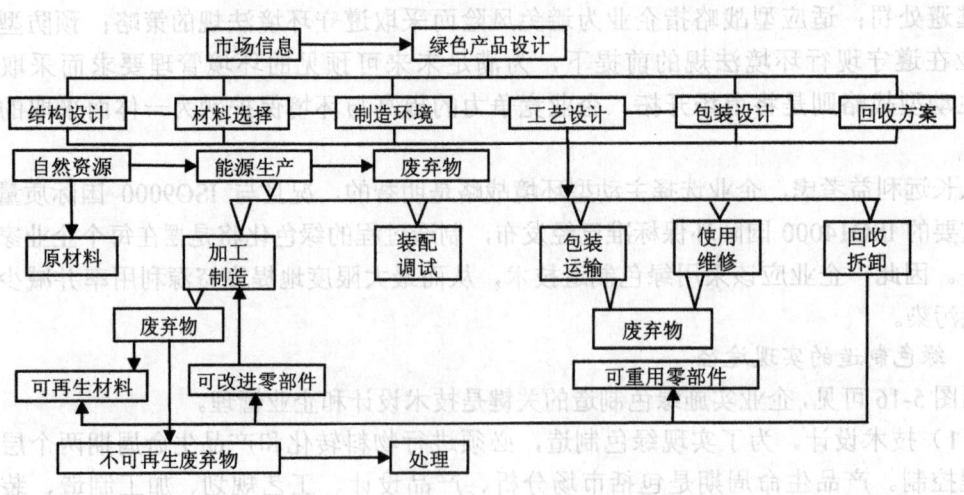

图 5-17 绿色制造的主要实施环节

1)观念的转变。改变观念,树立良好的环境保护意识,把过去的"资源浪费型"的消费方式改变为"资源循环型"的消费方式,改变企业的经营观念和消费者的消费观念。

2）企业职能的转变。产品研究开发部门需要在技术发展与新产品开发中考虑新产品、新工艺可能产生的废弃物及其对环境的影响，从而调整技术战略，开发清洁技术。产品设计部门需要更新设计思想，采用与环境相容的绿色产品设计方法。财务部门需要更新核算方法，采用包括环境成本、环境风险和环境效益在内的全成本核算法。生产部门需要及时进行物料平衡、库存控制和废弃物分离，并加强对各生产工序的废物审计，以便及时发现污染源并采取解决措施。营销部门需要更新营销策略并尽快建立回收废弃产品的渠道，让用户接受绿色产品并协助解决环境污染问题。

3）组织机构的转变。在企业设立环保部门，环保部门的职能不仅仅局限于废弃物的治理和污染纠纷的解决，还将参与企业战略制定、技术创新决策等，以确保在产品的源头上就采取措施削减废弃物，因此企业的权力分配格局将发生变化。

4）教育与培训。由于现有教育体制中缺乏有关环境保护的内容，为促进绿色制造顺利实施，管理部门需制定培训方案以提高企业员工的环境意识和环保知识水平。

5）企业边界扩展。由于环境问题的复杂性，仅靠企业自身的研究开发能力和资金实力往往难以满足产品和工艺创新的需要。为此，企业之间、企业与政府之间、企业与其他相关组织之间的合作和合作创新将比以往任何时候都显得重要和频繁。由于形式多样的合作研究与创新，企业的边界将变得更为模糊，研究开发组织将变得更为柔性。

5.5 管理综合自动化技术

近年来，制造企业经营管理的新概念、新模式不断涌现，反映了迅速发展的制造业对于现代企业管理技术的迫切需要和现代企业管理技术相应的发展。目前，现代管理技术已成为一项综合性的系统技术，它在信息集成、功能集成、过程集成和资源集成的基础上，最大限度地发挥已有技术、设备、资源和人员的作用，最大限度地提高企业经济效益和竞争力。

在现代制造系统管理技术中，管理信息系统是体现其自动化程度的重要技术，它是一个由人和计算机等组成的能进行信息收集、传输、加工、保存、维护和使用的系统。它能辅助管理国民经济部门或企业的各种运行情况；能利用过去的数据预测未来；能从全局出发辅助决策；能利用信息控制国民经济部门或企业的活动，并帮助其实现规划目标。它又是一门综合管理科学、系统理论、计算机科学的系统性边缘学科。

综合自动化总体与集成技术是指一系列以计算机为基础的贯穿于企业生产全过程的各种分散的自动化系统的有机集成。它除了包括生产过程中的各种自动化技术以外，还包括它们之间的信息集成与系统优化等技术，其中信息集成与系统优化技术是支持制造企业的人、技术和管理的集成以及信息流、物流与价值流的有机集成，它是在网络化敏捷制造环境中实现企业内和全球化企业间全局集成的使能技术与基础设施。这些技术包括：计算机集成制造系统、虚拟制造、分散网络化生产系统、企业资源计划及智能资源计划技术等。

5.5.1 计算机集成制造系统 CIMS（Computer Intergrated Manufacturing System）

5.5.1.1 CIMS 的概念

CIMS 的概念是 1974 年由美国学者 Joseph Harrington 率先提出的，它含有两个基本观点：

(1) 系统的观点。企业生产的各个环节，即从市场分析、产品设计、加工制造、经营管理到售后服务的全部生产活动是一个不可分割的整体，要紧密连接，统一考虑。

(2) 信息化的观点。整个生产过程实质上是一个数据的采集、传递和加工处理的过程，最终形成的产品可以看作是数据的物质表现。

随着科学技术的突飞猛进，企业如何寻求一种技术与管理高度结合的新的生产方式，以缩短产品开发周期，制造高度精密复杂的产品，增强市场的应变能力和竞争能力。近十多年来，CIM 哲理及其技术在实践中不断充实完善与发展，人们发现，这些自动化技术的集成能够带来更高的技术和经济效益。

技术上的可能和市场竞争的需要，Joseph 在 1974 年提出的 CIM 概念由不被重视而迅速地成为一些技术上处于先导地位的企业和一些国家政府的实践活动。世界上一些著名的大公司，从 20 世纪 70 年代末、80 年代初开始制定本公司实现 CIMS 的规划，建立 CIMS 的生产工厂（车间）。一些工业发达国家政府，如美国、日本、欧洲共同体和经互会成员国，都把 CIMS 作为科学技术发展的一个战略目标，通过制定各种计划、规划，建立国家级研究实验基地等手段积极推进这一新的生产方式的发展。我国在 1987 年开始实施的"高技术研究发展计划纲要"，把 CIMS 作为主要研究方向，一些部门、企业、研究所和高等院校也制定了自己实施 CIMS 的规划、计划，并从各个方面对 CIMS 有关技术进行研究、开发。

5.5.1.2 CIMS 的内涵和构成

1. CIMS 的内涵

CIMS 是一种组织、管理与运行企业的哲理，它将传统的制造技术与现代信息技术、管理技术、自动化技术、系统工程技术等有机结合，借助计算机（硬、软件），使企业产品的生命周期（市场需求分析—产品意义—研究开发—设计—制造—支持，包括质量、销售、采购、发送、服务以及产品最后报废、环境处理等）各阶段活动中有关的人、组织、经费管理和技术等要素及信息流、物流和价值流有机集成并优化运行，实现企业制造活动中的计算机化、信息化、智能化、集成优化，以达到产品上市快、高质、低耗、服务好、环境清洁，提高企业的柔性、健壮性、敏捷性，使企业在市场竞争中立于不败之地。

对于上述 CIM 的内涵可进一步阐述如下：

(1) CIMS 是一种组织、管理与运行企业的生产哲理，其宗旨是使企业的产品高质量、低成本、上市快、服务好、环境清洁，使企业提高柔性、健壮性、敏捷性以适应市场变化，进而使企业赢得市场竞争的主动权。

(2) 企业生产的各个环节，即市场分析、经营决策、管理、产品设计、工艺规则、加工制造、销售、售后服务、产品报废等全部活动过程是一个不可分割的有机整体，要从系统的观点进行协调，进而实现全局的集成优化。其集成优化的模式按照信息集成优化、过程集成优化及企业间集成优化三个阶段发展。

(3) 企业生产过程的要素包括人、组织、技术及经营管理。其中，尤其要重视发挥人在现代企业生产中的主导作用，进而实现各要素间的集成优化。

(4) 企业生产活动中包括信息流（采集、传递和加工处理）、物流及价值流等三大部分。现代企业中尤其重视价值流的管理、运行、集成、优化及价值流、信息流和物流间的集成优化。

(5) CIM 技术是基于传统制造技术、信息技术、管理技术、自动化技术、系统工程技术的一门综合性技术。具体地讲，它综合并发展了企业生产各环节有关的技术，即包括总体技术（CIMS 集成模式、体系结构、标准化技术、系统的建模与仿真等）、支撑技术（网络、数据库、CASE、集成框架、企业级产品数据管理、计算机支持协同技术、人机接口等）。设计自动化技术（CAD、CAE、CAPP、CAM、DFX）、加工制造自动化技术（DNS、CNC、工业机器人、FMC、FMS、拟实加工、绿色加工制造）、管理与决策信息系统技术（MIS、OA、MRP I—III、JIT、CAQ、BPR、ERP）。

(6) CIMS 的主要特征是"四化"——计算机化、信息化、智能化和集成优化。随着计算机技术、信息技术、人工智能技术、系统工程技术、自动化技术及制造技术的发展，CIMS 还将不断地发展。目前，具体地讲，CIMS "四化"的发展趋势表现在网络化、数字化、虚拟化、以人为核心的智能化和重视企业间的集成优化等方面。

(7) CIM 的哲理及有关技术不仅适用于离散型制造业，而且还适用于流程及混合型制造业。

2. CIMS 的构成

由于 CIMS 是发展中技术，它的组成还没有统一的模式。但是根据前述概念，可以从生产过程各主要职能计算机辅助系统及数据和通信的支撑系统等不同角度，把 CIMS 看成是由下述四个系统组成的：① 集成化工程设计与制造系统（CAD / CAE / CAPP / CAM）；② 集成化生产管理信息系统（CAPM 或 MIS）；③ 柔性制造系统（FMS/FMC）；④ 数据库与网络（DB 与 NW）。

CIMS 包含了一个制造工厂的设计、制造、质量控制、经营管理四种主要功能，要使这四种功能集成起来，还需要计算机网络、数据库及柔性制造系统作为支撑环境，见图 5-18。

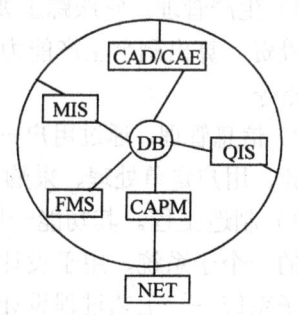

图 5-18 CIM 各功能模块图

5.5.1.3 CIMS 的结构体系

在对传统的制造管理系统功能需求进行深入分析的基础上，美国提出了 CIMS 分级控制结构，它由五级组成，见图 5-19，即：工厂级、车间级、单元级、工作站和设备级。每一级又可进一步分解成子级或模块，并都由数据驱动，还可扩展成树状结构。

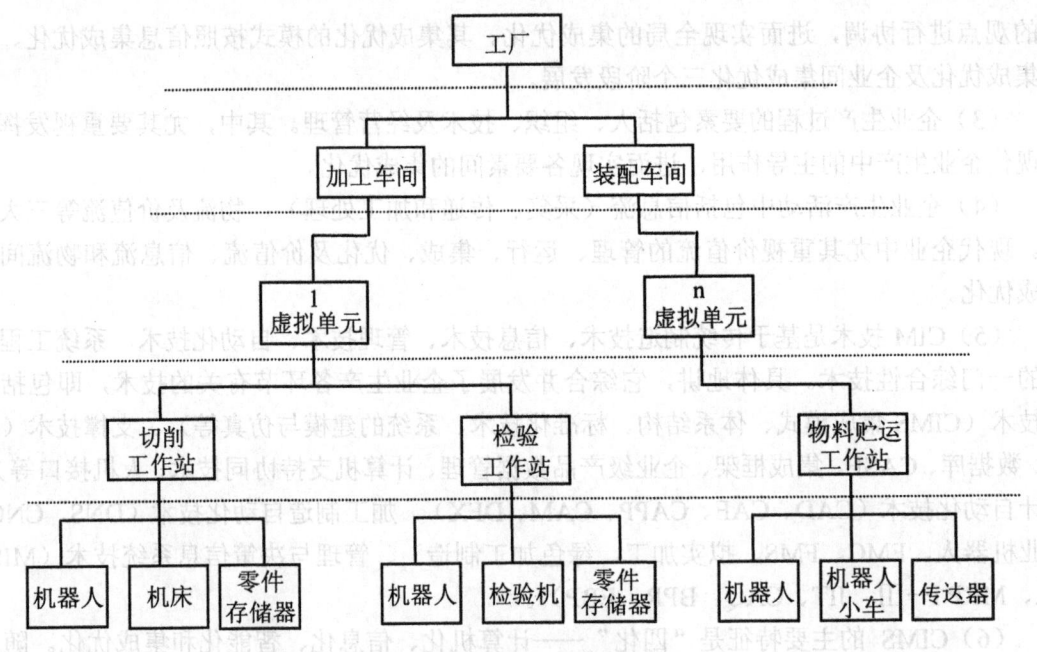

图 5-19 CIMS 分级控制结构

现分述如下:
1. 工厂级控制系统

它是最高一级控制,进行生产管理,履行"厂部"职能。它的规划时间范围(指任何控制级完成任务的时间长度)可以从几个月资源分配到几年。这一级按主要功能又分为三个子系统:生产管理、信息管理和制造工程。

(1) 生产管理。它跟踪主要项目,制定长期生产计划,明确生产资源需求,确定所需的追加投资,算出剩余生产能力,汇总质量性能数据。根据生产计划数据确定交给下一级的生产指令。

(2) 信息管理。通过用户-数据接口实现必要的行政或经营的管理功能。如成本估算、库存统计、用户定单处理、采购、人事管理以及工资单处理等等。

(3) 制造工程。其功能一般都是通过用户-数据接口,在人的干预下实现的。CAD 是其中的一个子系统,用于设计几何尺寸规格和提出部件、零件、刀具和夹具的材料表。另一个子系统——工艺过程设计子系统则用于编制每个零件从原材料到成品的全部工艺规程。

2. 车间级控制系统

这一级控制系统负责协调车间的生产和辅助性工作,以及完成上述工作的资源配置。其规划时间范围从几周到几个月。它设有两个主要模块:

(1) 任务管理模块,负责安排生产能力计划,对定单进行分批,启用和撤消"虚拟"单元,把任务及资源分配给各单元,跟踪定单直到完成,跟踪设备利用情况,安排所有切削刀具、夹具、机器人、机床及物料运输设备的预防性维修,以及其他辅助性工作。

（2）资源分配模块。负责分配单元级进行各项目具体加工时所需的工作站、贮存区、托盘、刀具及材料等。它还根据"按需"原则，把一些工作站分配给特定的"虚拟"单元，动态地改变 AMRF 的组织结构。

3. 单元级控制系统

这一级负责相似零件分批通过工作站的顺序和管理诸如物料贮运、检验及其他有关辅助工作。它的规划时间范围可以从几小时到几周。具体的工作内容是完成任务分解，资源需求分析，向车间级报告作业进展和系统状态，决定分批零件的动态加工路线，安排工作站的工序，给工作站分配任务以及监控任务的进展情况。

4. 工作站级控制系统

这一级控制系统负责指挥和协调车间中一个设备小组的活动。它的规划时间范围可以从几分钟到几小时。

5. 设备级控制系统

该控制系统是机器人、机床、测量仪、小车、传送装置等各种设备的控制器。采用这种控制是为了加工过程中的改善修正、质量检测等方面的自动计量和自动在线检测、监控。这一级控制系统向上与工作站控制系统接口连接，向下与厂家供应的设备控制器连接。

5.5.1.4 CIMS 的关键技术

1. 信息集成

针对设计、管理和加工制造中大量存在的自动化孤岛，实现信息正确、高效的共享和交换，是改善企业技术和管理水平必须首先解决的问题。信息集成的主要内容有：

（1）企业建模、系统设计方法、软件工具和规范。没有企业的模型就很难科学地分析和综合企业各部分的功能关系、信息关系以至动态关系。企业建模及设计方法解决了一个制造企业的物流、信息流、价值流（如资金流）、决策流的关系，这是企业信息集成的基础。

（2）异构环境下的信息集成。所谓异构是指系统中包含了不同的操作系统、控制系统、数据库及应用软件。如果各个部分的信息不能自动地交换，则很难保证信息传送和交换的效率和质量。异构信息集成主要解决下面三个问题：不同通信协议的共存及向 ISO / OSI 的过渡；不同数据库的相互访问；不同商用应用软件之间的接口。

2. 过程集成

企业为了提高 T、Q、C、S，除了信息集成这一技术手段之外，还可以对过程进行重构（process reengineering）。产品开发设计中的各个串行过程尽可能多地转变为并行过程，在设计时考虑到下游工作中的可制造性、可装配性，设计时考虑质量（质量功能分配），则可以减少反复，缩短开发时间。

3. 企业集成

为充分利用全球制造资源，把企业调整成适应全球经济、全球制造的新模式，CIMS必须解决资源共享、信息服务、虚拟制造、并行工程、资源优化、网络平台等关键技术，以更快、更好、更省地响应市场。

5.5.2 企业资源计划 ERP（Enterprise Resource Planning）以及智能资源计划 IRP（Intelligent Resource Planning）

5.5.2.1 概述

进入 90 年代以来，随着计算机技术的日益普及和应用的深入，以主生产计划库存管理为主线的闭环控制系统——MRPⅡ系统的管理哲理、管理思想和管理方法，在工业界得到了广泛的应用，对提高企业的现代化管理水平产生了深远的影响。但是，随着市场竞争的日趋激烈，新的管理思想不断涌现。尤其是企业集团作为现代单体企业与社会化大生产和市场经济矛盾发展的产物，作为现代企业管理制度和组织机构的高级形式，其特点是：规模大型化、产业金融一体化、经济多角化、成员多元化、布局分散化、结构层次化、文化多元化、组织机构柔性化、市场国际化。企业集团的管理体制、管理思想与单体企业相比发生了根本性的变化。以单体企业为背景，以主生产计划库存管理为主线的闭环控制系统——MRPⅡ已难于满足企业集团资源管理的需要。因此，在当前的形势下，研究基于集团化管理的新系统功能发展和体系，具有十分重要的意义。

5.5.2.2 ERP 及 IRP 定义

制造资源计划 MRPⅡ是针对制造业生产经营活动所建立的一种模型，它实现了企业的生产计划和供应计划的管理，更详细地编制了能力需求计划和物料需求计划，并可以方便地对几种计划方案进行测试和评价。MRPⅡ系统提供了一组工具，管理人员可以用它来对企业进行有效的管理。MRPⅡ中的每个功能模块都有明确的管理目标，它包括：编制生产计划大纲；编制主生产计划；设计物料需求计划；设计能力需求计划；编制车间作业计划；输入/输出的控制；产品销售管理；财务管理等等。

企业资源计划 ERP 是在 MRPⅡ的基础上扩展了管理范围，给出了新的结构，把客户需求和企业内部的制造活动，以及供应商的制造资源整合在一起，体现了完全按用户需求制造的思想。ERP 的基本思想是将制造业企业的制造流程看作是一个紧密连接的供应链，其中包括供应商、制造工厂、分销网络和客户等；将企业内部划分成几个相互协同作业的支持子系统，如财务、市场营销、生产制造、质量控制、服务维护、工程技术等，还包括对竞争对手的监视管理。

智能资源计划 IRP 是一种具有智能及优化功能的管理思想模式，它打破了"面向事务处理"的管理模式，可使管理人员按照设定的目标寻求最佳方案，在整个经营管理过程中贯彻智能活动，把制造过程从订货、产品设计、生产、生产管理、市场营销管理直到售后服务以柔性方式集成起来并迅速执行。这样就可紧紧跟踪甚至超前于市场的需求变化，快速做出正确的决策，随之改变原有的计划，并以最快的速度执行这些变化，并解决什么将是市场最需要的产品，如何实现以最正确的方式、在最恰当的时间内、最好的场所、以最好的设备、用最好的资源、由最合适的人员来进行生产，然后以最畅通的渠道将产品提交到市场，尽快完成资本循环，并且要具有最小的和可控的产品提前期。这些都是 IRP 以前的管理方法无法解决的。同时 IRP 还将解决以前无法解决的"协同制造"以及"约束资源"

等问题。

5.5.2.3 ERP 及 IRP 的特点

90 年代以来，国际经济关系中出现了一些新情况，与此对应，在制造系统领域也出现了一些新理论。新情况对 ERP 和 IRP 提出了更高的要求，新理论丰富了 ERP 和 IRP，并提供了有力的支撑，从而为下一世纪初 ERP 与 IRP 技术的发展打下了良好的基础。由此而引起了 ERP 与 IRP 技术的发展有了一些新的特点：

（1）跨越企业的制造资源。ERP 和 IRP 所管理的制造资源除本制造企业外还将主要上下游企业、客户的资源纳入到管理的范畴。

（2）资源类别的扩大。ERP 和 IRP 所管理的制造资源除物料（包括原材料、毛坯、在制品、半成品、零件、组件、部件、总成、成品）、设备、资金外，将组织与人这一更重要的资源也纳入了管理的范畴。

（3）制造企业类型扩大。ERP 和 IRP 所管理的企业规模扩大到了中小型企业。中小型企业面广量大，但由于技术力量和资金的限制，实施 MRPⅡ 有一定困难。ERP 和 IRP 针对中小型协作配套企业的特点，考虑到高档微机迅速发展的巨大潜力，设计以 PC 为平台，采用 Client/Server 技术的微区区域网络。这种结构具有很强的处理能力，资源可以共享，能进行有效的信息集成，具有很强的针对性、扩充性，而且经济性和实用性好，既适合中小企业需求，又适应当前信息处理技术发展的趋势。

（4）资源之间的平衡协调。ERP 和 IRP 所适用的企业类型扩大到了混合型企业。事实上单纯离散型或单纯流程型的企业并不多见，大多为混合型的，MRPⅡ 并不具备这一功能。ERP 和 IRP 在原通用模块的基础上，再增加配方管理、批量跟踪、流程作业管理、设备维护管理及 JIT 管理等专用模块，以及不同生产类型输入、输出接口模块等供不同类型制造厂家选择，在生产制造类型上满足广义的要求。

（5）企业内部组织机构改革。成功实施 ERP 和 IRP 的前提是企业内部组织机构的改革。在我国企业中，首先要适应市场经济的需求，在建立现代企业制度的过程中，建立起以市场销售、生产制造和财务会计三大支柱为主的相互制约的企业基本组织形式。为加快企业内部的信息传递，提高企业管理的效率，减少企业递阶结构的层次是一种必然趋势。因此，具有高效率、高柔性、高可靠性的分布式或适度递阶控制结构、矩阵组织结构应该越来越受到重视。

（6）资源之中以人为核心。实施 ERP 和 IRP 要靠具有主人翁精神的人。欧共体研究项目 FAST 提出的一种先进的制造思想，主要观点是要对人员技能、组织协作和相应的高技术进行优化使用，被认为是有效的、富于竞争力的工业现代化工具。

（7）持久的全员职工培训。实施 ERP 和 IRP 的保证是持久的不断更新的培训。ERP 和 IRP 起源于 MRPⅡ，但它又高于 MRPⅡ。ERP 和 IRP 在市场销售、生产计划、采购进货、财务成本、质量管理等方面都有其特点，而且，当今新技术、新概念还在不断涌现，因而 ERP 和 IRP 是一个不断演变的长期进程。特别是高层管理人员和即将进入高层管理的人员，必须培养采用 ERP 和 IRP 思想进行项目管理的能力，以及通过相互平等的通信进行自我协调的能力。

（8）制造资源之间的集成。ERP 和 IRP 的易集成性首先指在制造企业内部能与设计自动化分系统和制造自动化分系统集成。其次指当企业发生变化，不论是组织机构、管理方式的改变，还是新技术、新设备的引进都应适应这种变化，方便地导入这种变化，融合到原系统中去，集成为一体。再次指适应企业集团管理体制的纵向集成和适应供应商、制造企业、客户三位一体经营体制的横向集成。就 ERP 和 IRP 而言，要建立一个能将正确的信息，在正确的时间，送给正确的人的准时信息系统（JIT In-formation System），作为 ERP 和 IRP 与其他分系统集成的基础。

5.5.2.4 系统结构

根据现代企业的管理特点和要求，ERP 系统从管理功能上，主要分集团层资源计划和成员企业层资源计划，如图 5-20 所示

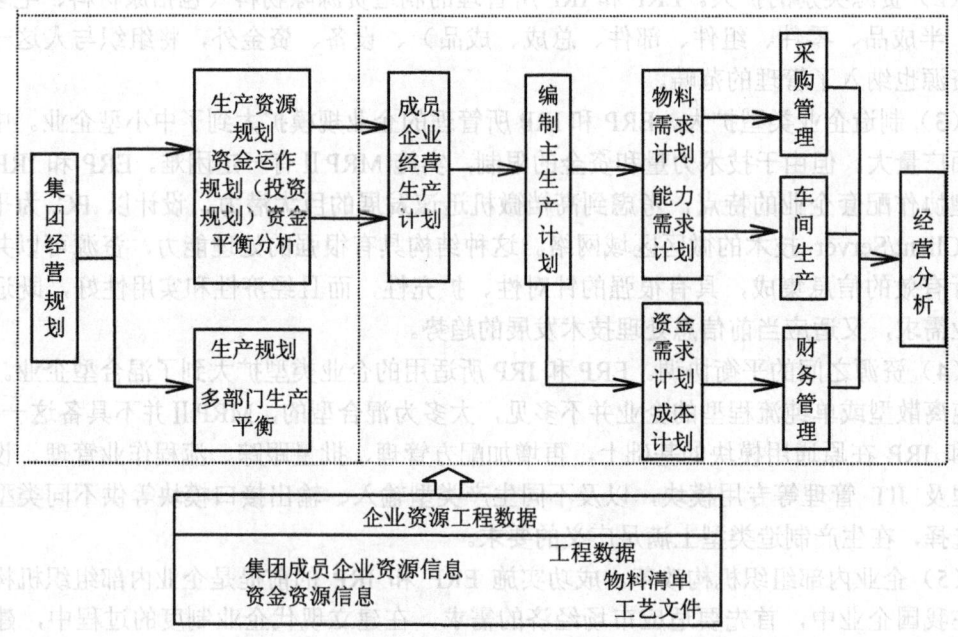

图 5-20　ERP 系统示意图

1. 企业集团层次资源计划

系统主要从企业集团的全局出发，宏观控制整个集团的资源配置。根据企业集团的经营规划进行企业集团的生产资源规划、资金规划和资金平衡；对企业集团各企业成员进行多部门再生产平衡，组织集团生产的最佳供应链，保证集团整体资源的最有效利用和整体集团效益最大化。

2. 成员企业资源计划

该层主要是对成员企业的具体生产进行控制，包括经典的 MRPⅡ。同时，还应加入流动资金需求计划、成本计划控制等。企业的经营生产过程，是一个资金与物资形态不断变化的过程。必须从物资流、资金流两方面同时入手，使企业的物资流、资金流达到均衡，企业才能取得最大经济效益。

5.5.2.5 关键技术

ERP 与 IRP 要解决的技术关键有：

（1）计算机环境从传统 Client/Server 环境过渡到以 WEB 和 Internet/Intranet 的网络计算环境为支撑。

（2）实时数据库管理系统。

（3）仿真技术和多媒体技术，使其制造模块成为可视的。

（4）软件结构上，不再追求大而全，而更趋于灵活、实际和面向具体用户。多采用面向对象技术和图形用户接口（GUI）技术等。

（5）与其他系统如 CIMS 等的集成技术。

（6）分布式系统技术，以适应敏捷制造的要求。

5.5.3 虚拟制造 VM（Virtual Manufacturing）

5.5.3.1 概念

虚拟制造是一种新的制造技术，它以信息技术、仿真技术、虚拟现实技术为支持，在产品设计或制造系统的物理实现之前，就能使人体会或感受到未来产品的性能或者制造系统的状态，从而可以作出前瞻性的决策与优化实施方案。

虚拟制造是一个集成的、综合的可运行制造的环境，用来改善各个层次的决策和控制。这里的"综合"，指的是既有真实的，又有仿真的对象、活动和过程，是一种混合的状态。"环境"，是指提供的各种分析工具、设备以及组织方法，并以协同工作的方式，支持用户构造特定用途的制造仿真。"运行"，指的是利用上述环境进行构造和操作特定的制造仿真。"改善"，指的是增加其精度和可靠性。"层次"，指的是从产品概念设计到回收利用的各个阶段、从车间级到执行位置的各个等级、从物质的转换到信息的传递等各个方面。"决策"和"控制"，指的是进行改变而掌握其影响，预测效果的真实性。

虚拟制造技术的应用将从根本上改变现行的制造模式，对未来制造业的发展产生深远影响，它的重大作用主要表现为：

（1）运用软件对制造系统中的五大要素（人、组织管理、物流、信息流、能量流）进行全面仿真，使之达到了前所未有的高度集成，为先进制造技术的进一步发展提供了更广大的空间，同时也推动了相关技术的不断发展和进步。

（2）可加深人们对生产过程和制造系统的认识和理解，有利于对其进行理论升华，更好地指导实际生产，即对生产过程、制造系统整体进行优化配置，推动生产力的巨大跃升。

（3）在虚拟制造与现实制造的相互影响和作用过程中，可以全面改进企业的组织管理工作，而且对正确做出决策有不可估量的作用。

（4）虚拟制造技术的应用将加快企业人才的培养速度。

5.5.3.2 VM 的类别

（1）以设计为中心的 VM。这类研究是将制造信息加入到产品设计与工艺设计过程中，并在计算机中进行数字化"制造"，仿真多种制造方案，检验其可制造性或可装配性，预测产品性能和报价、成本。其主要目的是通过"制造仿真"来优化产品设计及工艺过程，尽早发现设计中的问题。

（2）以生产为中心的 VM。这类研究是将仿真能力加入到生产计划模型中，其目的是方便和快捷地评价多种生产计划，检验新工艺流程的可信度，产品的生产效率，资源的需求状况（包括购置新设备、征询盟友等），从而优化制造环境的配置和生产的供给计划。

（3）以控制为中心的 VM。这类研究是将仿真能力增加到控制模型中，提供对实际生产过程仿真的环境。其目的是在考虑车间控制行为的基础上，评估新的或改进的产品设计与车间生产相关的活动，从而优化制造过程，改进制造系统。

5.5.3.3 VM 的技术特征

虚拟现实（Virtual Reality, VR）技术是在人类为改善人与计算机的交互方式，提高计算机可操作性所进行的努力中产生的。它是指综合利用计算机图形系统、各种显示和控制等接口设备，在计算机上生成的、可交互的三维环境（称为虚拟环境——Virtual Environment）中提供沉浸感觉的技术。这里的"沉浸"，是指用户感觉其视点或身体的某一部分处于计算机生成的空间之中。由图形系统及各种接口设备组成的，用来产生虚拟环境并提供沉浸感觉，以及交互性操作的计算机系统，称为虚拟现实系统。

虚拟现实系统包括操作者、机器和人－机接口三个基本要素，其中"机器"是指安装了适当的软件程序，用来生成用户能与之交互的虚拟环境的计算机，"人－机接口"则是指将虚拟环境与操作者连接起来的传感与控制装置。与其他计算机系统相比，VR 系统可提供实时交互性操作、三维视觉空间和多通道（如视觉、听觉、触觉、味觉等）的人－机界面。VR 系统不仅提高了人与计算机之间的和谐程度，也成为一种有力的仿真工具。

利用 VR 系统可以对真实世界进行动态模拟，计算机能够跟踪用户的交互输入，并及时按输入修改虚拟环境，使用户产生身临其境的沉浸感觉，并充分发挥他们的想像力，来提高所创造的虚拟环境的性能。因此，并互性（Interaction）、沉浸性（Immersion）和想像力（Imagination）成为 VR 系统在人－机关系上的基本特征。这三个基本特征充分反映了人的主导作用：从过去只能由外部观看计算机处理的结果，到能沉浸到计算机系统创建的环境中去；从只能通过键盘、鼠标同计算机环境中的单维数字化信息发生交互作用，到能用多种传感器同多维化信息发生交互作用；从只能从以定量计算为主的结果得到启发，到有可能从定性和定量综合的环境中得到感性和理性的认识，让用户沉浸其中，以获取知识和形成新的概念。

5.5.3.4 VM 的体系结构

虚拟制造与其他制造概念有许多重叠之处，大体来看，主要包括虚拟制造技术 VMT（Virtual Manufacturing Technologu）和虚拟企业 VE（Virtual Enterprise）两个部分。因此，在这里提出了一个虚拟制造体系结构如图 5-21 所示，它主要有三大部分组成：VMT、VE 和系统集成。

1. 虚拟制造技术 VMT

VMT 是由多学科知识形成的综合系统技术，基本质是以计算机支持的仿真技术为前提，对设计、制造等生产过程进行统一建模，在产品设计阶段，适时地、并行地模拟出产品未来制造全过程及其对产品设计的影响，预测产品性能、产品制造技术、产品的可制造性、产品的可装配性，从而更有效、更经济地、柔性灵活地组织生产，使工厂和车间的设计与布局更合理、更有效，以达到产品的开发周期和成本的最小化，产品设计质量的最优化，生产率的最高化。因此，虚拟制造技术可以通俗而形象地理解为：在计算机上模拟产品的制造和装配过程。借助于建模和仿真技术，在产品设计时，就可以把产品的制造过程、工艺设计、作业计划、生产调度、库存管理以及成本核算和零部件采购等生产活动在计算机屏幕上显示出来，以便全面确定产品设计和生产的合理性。虚拟制造技术是一种软件技术，它填补了 CAD/CAM 技术与生产过程和企业管理之间的技术鸿沟，把企业的生产和管理活动在产品投入生产之前就在计算机屏幕上加以显示和评价，使设计员和工程师能够预见可能发生的问题和后果。基于计算机模拟的产品开发环境使得人们能够在"真实地生产产品"之前"虚拟地生产产品"。零件生存周期的模拟将提供精确的数据，这些数据排除开发难制造的或不能制造的产品设计。AM 被称为 21 世纪美国制造业的发展战略，而其关键技术之一就是虚拟制造技术。

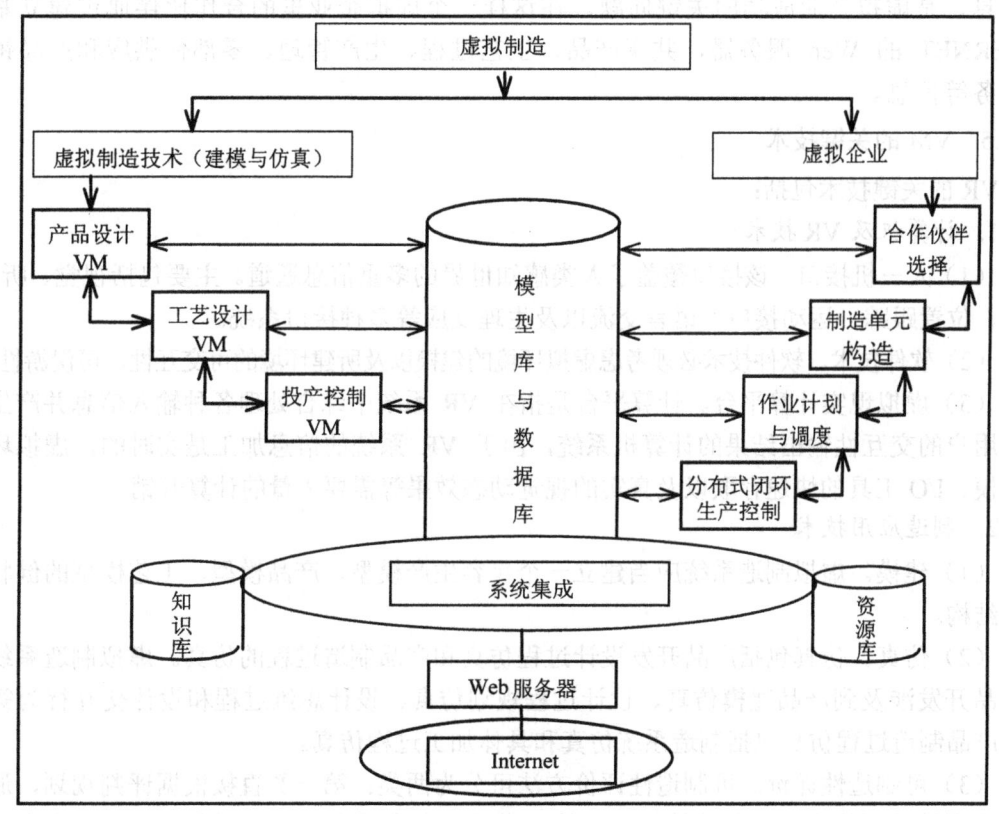

图 5-21　虚拟制造体系结构

2. 虚拟企业 VE

虚拟企业也称虚拟公司，是虚拟制造环境下的一种企业生产模式和组织模式，是一种企业的合作伙伴关系，这些企业以快速响应市场机遇的快速配套，多重关系的网络形式所组成。合作伙伴在地域上可能是分布在不同地方，具有不同的规模和技术组合，对虚拟企业贡献其核心的能力，提高以准时方式提供价廉质优的产品的能力。它把不同地区的合作伙伴的现有资源，利用网络通信技术，迅速组合成为一种跨企业、跨地区的统一指挥、协调工作的经营实体。

有些学者把它看成是 AM 的核心，因为 AM 的主要思想是充分意识到小规模、模块化的生产方式。一个公司不追求全能，而追求很有特色的、很先进的局部优势。当市场上新的机遇出现时，组织几个有关公司合作，各自贡献特长，以最快的速度、最优的组合赢得这一机遇，完成之后又独自经营。

3. 系统集成

系统集成是综合建模和仿真、虚拟企业中产生的信息，并以数据、知识和模型的形式，通过建立交互通信的网络体系，支持分布式的、不同计算机平台的和开放式的虚拟制造环境。其目标是为合作伙伴制造企业的活动提供一个紧密集成的健壮结构和工具，并使虚拟企业共享合作伙伴企业的技术、资源和利益，以达到最大的敏捷性，即"在连续变化的、不可预见的环境里茁壮成长的能力"。通过国际互联网络交换合作伙伴之间的信息，是虚拟企业成功的关键问题。在这样一个虚拟企业里的合作伙伴通过建立基于 INTERNET 的 Web 服务器，共享产品、工艺过程、生产管理、零部件供应和产品销售和服务等信息。

5.5.3.5 VM 的关键技术

VR 的关键技术包括：

1. 计算机及 VR 技术

（1）人—机接口。该接口覆盖了人类感知世界的多重信息通道。主要包括视觉、听觉、触觉、位置跟踪、运动接口、语言交流以及生理反应等多种接口系统。

（2）软件技术。软件技术必须考虑虚拟环境的建模以及所建环境的可交互性、可漫游性等。

（3）虚拟现实计算平台。计算平台是指在 VR 系统中综合处理各种输入信息并产生作用于用户的交互性输出结果的计算机系统，由于 VR 系统的信息加工是实时的，虚拟环境的建模、I/O 工具的快速存取以及真实的视觉动态效果等需要大量的计算开销。

2. 制造应用技术

（1）建模。虚拟制造系统应当建立一个包容生产模型、产品模型、工艺模型的健壮的体系结构。

（2）仿真。仿真包括产品开发设计过程仿真和产品制造过程的仿真。虚拟制造系统中的产品开发涉及到产品建模仿真、设计过程规划仿真、设计思维过程和设计交互行为等仿真。产品制造过程仿真包括制造系统仿真和具体加工过程仿真。

（3）可制造性评价。可制造性评价方法可分为两类：第一类直接根据评判规划，通过对设计属性的评价来给可制造性定级；第二类是对一个或多个制造方案，借助于成本和时间等标准来检测是否可行或寻求最佳方案。

5.5.4 分散化网络制造系统 DNPS（Dispersed Networked Production System）

5.5.4.1 DNPS 的总体构思

敏捷制造是一种快速响应市场的制造哲理，但从名称上并没有描述它的特征。分散网络化制造系统是实现敏捷制造和可持续发展的一种生产模式。分散与分布不同，分散的含义是指集团成员是动态的、没有规律的和地理上相隔的。网络化意味着利用信息和通信技术把它们加以组织起来进行生产，它从名称上就指明了我国当前构建虚拟企业的特点和物理含义，比笼统地称为虚拟企业，更容易为人们理解和接受，便于在中国制造企业中推广。

分散网络化制造系统是利用不同地区的现有生产资源，把它们迅速组合成为一种没有围墙的、超越空间约束的、靠电子手段联系的、统一指挥的经营实体，以便快速推出高质量、低成本的新产品。

5.5.4.2 DNPS 的组成

（1）快速地、并行地组织不同的部门或集团成员将新产品从设计转入生产。

（2）快速地将产品制造厂家和零部件供应厂家组合成虚拟企业，形成高效经济的供应链。

（3）在产品实现过程中各参加单位能够就用户需求、计划、设计、模型、生产进度、质量以及其他数据进行实时交换和通信。

分散网络化制造将由企业内联网和企业外联网、系统集成、数据库技术、系统安全和防火墙技术、网络和通信技术等支撑技术组成，见图 5-22。

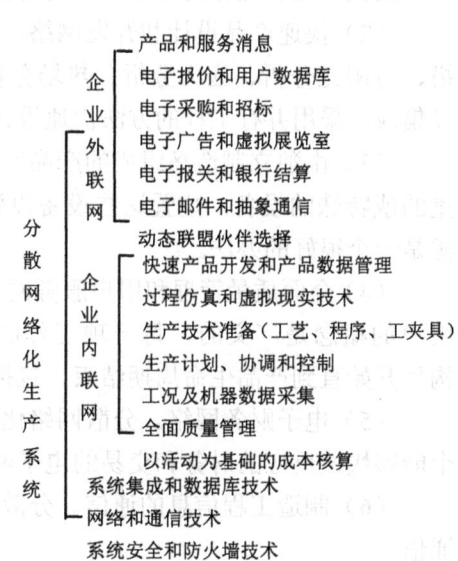

图 5-22 分散网络化生产系统的组成

5.5.4.3 DNPS 的主要类型及关键技术

1. DNPS 的类型

（1）一主多从型。主要是复杂产品的生产，主导企业仅从事产品的装配。例如，汽车的生产，大量的汽车零部件是由成千上百个分散在不同地点的企业供应的，由总装厂装配成最终产品。随着产品的多样化和顾客化，不仅零部件的数量不断增加，核心企业的生产组织和管理方式也发生了很大的变化。在这种情况下，采用分散网络化生产系统对推行准时生产、零库存和全面质量管理都有很大的好处，可以促使实现高效率的供应链，为主机厂和配套厂都带来经济效益。

（2）专有技术型。在设计、开发和制造高新技术产品的过程中，往往需要某些专有技术和特种设备，例如复杂构件的强度和应力分析、热变形分析、复杂过程的仿真、快速原型制造、超精密加工等。这种具备专有技术的小公司是知识型和智力型的，他们虽然不具有大型生产设备和能力，但却掌握关键的高新技术，往往是分散网络化生产系统的重要组成部分，可以促使专有技术和特种设备社会化和商业化，实现利益分享。

（3）动态联盟型。随着经营机遇和产品、经营过程和合作伙伴、经营目标和核心资源、产品供应链以及风险和利益等关系的变化，分散网络化生产系统的主导企业可能发生变化，"盟主"地位是动态的。谁能最先抓住市场机遇，并对整个产品的概念和关键技术有所创新，谁就可能优先获得领导权。当然，盟主应该是相对稳定的，但也可以交错的，即就某种产品而言，本企业是盟主，而在另一产品的制造过程中，是配角。动态联盟的成败关键在于如何构成满足顾客需求的联合生产过程的运行机制，使生产要素有效地耦合，资源的利用更加合理。

2. DNPS 的关键技术

（1）制造企业信息网络。在这个网络上提供集团成员的制造资源和专有技术，以便相互选择伙伴，建立动态联盟，快速设计、开发和制造某种产品。同时，还可以利用它建立可靠的供应链和进行高效率的市场营销活动。

（2）快速产品设计和开发网络。将不同单位的产品设计的各种工具和经验，如实体建模、有限元分析、应力分析、热场分析、快速原型制造、虚拟现实、加工和制造仿真等加以集成，采用并行工程的方法快速设计和开发产品。

（3）由独立制造岛组成的产品制造网络。制造高科技、高附加值的产品，往往需要贵重的或特殊的设备，购置这些设备投资风险大，利用率又不高，通过网络合理利用社会资源是一个很好的办法。

（4）全面质量管理和用户服务网络。质量是用户的满意度，在分散网络化制造系统中，用户的概念是广义的，每一项工作的下一步接受者都是用户。全面质量管理就是从产品构思开始直到产品生命周期结束，包括维修、报废和回收。

（5）电子财务网络。分散网络化制造系统的经济活动涉及不同的经营实体和人员，一个能够快速反应的财务和交易的电子网络是非常必要的。

（6）制造工程信息的通信。分散网络化生产系统的基础是信息的处理、交换、传送和通信。

5.5.4.4 建立分散网络化制造系统 DNPS 的指导思想和方法

1. 建立 DPNS 的指导思想

建立分散网络化制造系统，不可能一蹴而就，根据我国目前的条件，建立分散网络化生产系统的指导思想应该是：

（1）企业家的思想观念的改变比引进新技术更加迫切。

（2）把全体人员的培训放在最重要位置，充分考虑人力资源的节约和合理利用，推行小组改造方式、大工种、多岗位、一专多能，大力提高人员的柔性和积极性。

（3）所采用的技术要先进，但要考虑企业的资金、技术和人员的承受能力，可以先试点，后推广，遵照可持续发展和循序渐进原则，分批投入，逐步完善和扩大。

（4）塑造实施新的生产模式的环境，精简机构，权力下放，普及计算机和各种网络的应用，逐步实现日常业务工作的高效率和无纸化。

（5）把获得经济效益放在首要地位，分散网络化生产系统的实施必须结合生产实际需要，给企业带来好处，在短期间形成自我投资的良性循环。

2. 建立 DNPS 的方法

企业在为提高市场响应速度（敏捷性）进行改造或重组时，首先要确定自己在市场竞争中的位置。

- 面对顾客需求和市场竞争，企业的创新与机遇到底怎么样？
- 面对市场的变化，企业是否具有应变能力，能否快速作出反应？
- 改变产品时，企业的经营要素、生产过程和关键设备的可用性怎样？
- 在新的分散网络化制造系统模式中，企业将处于何种地位？

在明确上述问题的基础上，根据企业所期望的市场定位，确定改造或重组的战略目标，选择合作伙伴，进行过程重组，通过仿真反复优化，并按照敏捷性度量指标进行评估。根据项目的定义，进行组织设计、人员培训、组织项目工作小组；最后，在风险分担和利益分配达成协议后，付诸实施，如图5-23所示。

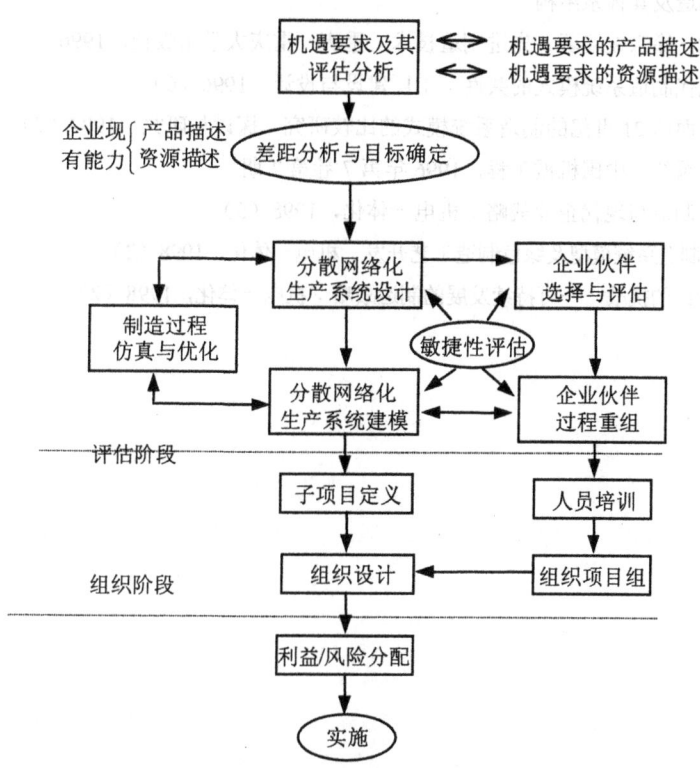

图 5-23　组建分散网络化生产系统的步骤

参 考 文 献

1　吴澄，李伯虎．从计算机集成制造到现代集成制造．计算机辅助设计与制造，1998（10）
2　高建民等．基于企业集团化管理制造资源计划系统．中国机械工程，1995（5）
3　严隽琪等．虚拟制造系统的体系结构及其关键技术．中国机械工程，1998（11）
4　张曙，屈贤明等．工厂建设与设计，1997（6）
5　张曙．分散网络化生产系统．机电一体化，1997（6）
6　张曙，林德生．可持续发展生产模式——分散网络化生产系统．中国机械工程　1998（9）
7　汪应洛等．先进制造生产模式与管理研究．中国机械工程，1997（2）
8　张洁等．敏捷企业的组织管理模式及其生产制造系统．机电一体化，1999（2）
9　唐立新，江汉红等．先进制造技术系统讲座．机械与电子，1996（12）
10　陈炳森等．并行工程在产品开发中的应用．机电一体化，1998（4）
11　陈晓川等．并行工程的研究概况综述．机械制造，1999（3）
12　熊斌等．基于并行工程的产品开发组织模式．机电工程，1999（1）

13 汪应洛．虚拟研究开发中心．中国机械工程，1998（9）
14 赵涛，齐二石．生产方式的发展演变历程．工业工程，1998（3）
15 魏大鹏．准时化生产方式的技术支撑体系．工业工程与管理，1998（2）
16 沈斌等．虚拟制造及其体系结构
17 张根保，王时龙，徐宗俊编著．先进制造技术．重庆：重庆大学出版社，1996
18 魏铁华等．论现代制造系统模式的共性．工厂建设与设计，1996（6）
19 顾新建，祁连．面向21世纪的制造系统模式的比较研究．探讨与研究，1997（7）
20 张曙．全能制造系统．中国机械工程，1996年第7卷第2期
21 马祖军等．绿色制造与现代企业战略．机电一体化，1998（5）
22 刘志峰等．绿色制造系统模型及绿色制造工艺开发．机电一体化，1998（2）
23 张曙．绿色21世纪的挑战——可持续发展的制造战略．机电一体化，1998（2）